本书由大连市人民政府资助出版

陶瓷材料的焊接

于启湛　编著

机 械 工 业 出 版 社

本书对各类陶瓷材料的性能、焊接性、焊接材料的选用、焊接工艺、焊接质量保障等方面进行了比较详细的阐述，包括 Al_2O_3 陶瓷的焊接、SiO_2 陶瓷的焊接、ZrO_2 陶瓷的焊接、碳化物陶瓷的焊接、氮化物陶瓷和其他陶瓷材料的焊接。

本书可供从事陶瓷材料焊接的研究人员、生产和维修技术人员以及高等院校师生参考。

图书在版编目（CIP）数据

陶瓷材料的焊接/于启湛编著．—北京：机械工业出版社，2018.7
ISBN 978-7-111-60553-9

Ⅰ．①陶…　Ⅱ．①于…　Ⅲ．①陶瓷—金属材料—焊接工艺
Ⅳ．①TG457.1

中国版本图书馆 CIP 数据核字（2018）第 168319 号

机械工业出版社（北京市百万庄大街 22 号　邮政编码 100037）
策划编辑：吕德齐　责任编辑：吕德齐
责任校对：刘　岚　封面设计：马精明
责任印制：张　博
三河市宏达印刷有限公司印刷
2018 年 10 月第 1 版第 1 次印刷
184mm×260mm · 20.75 印张 · 505 千字
0001—1500 册
标准书号：ISBN 978-7-111-60553-9
定价：98.00 元

凡购本书，如有缺页、倒页、脱页，由本社发行部调换

电话服务	网络服务
服务咨询热线：010-88361066	机 工 官 网：www.cmpbook.com
读者购书热线：010-68326294	机 工 官 博：weibo.com/cmp1952
010-88379203	金 书 网：www.golden-book.com
封面无防伪标均为盗版	教育服务网：www.cmpedu.com

前　言

随着科学技术的发展，具有特别性能的新型工程材料不断涌现，陶瓷材料就是其中的重要一员。

陶瓷是一种既古老又新颖的材料，由于新型的陶瓷材料具有熔点高、耐高温、耐腐蚀、耐磨损等特殊性能，而且还具有抗辐射、耐高频、耐高压、绝缘等优良的电气性能，因此在化学工业、电子工业、核工业、航空航天工业和现代通信事业中得到了广泛的应用。

在这些领域中，不可避免地会发生陶瓷与陶瓷、陶瓷与金属之间的焊接。因此研究它们的焊接性，提高其焊接接头的性能，具有重要的意义，这也是提高陶瓷使用效能的关键。

陶瓷材料是一种焊接性很差的材料，它涉及现代物理、化学、力学、材料学、真空技术、表面工程技术、焊接冶金和检测设备等技术，需要采用特殊的焊接工艺和焊接材料才能得到比较满意的接头。

陶瓷材料是一种很有应用潜力的新型高温结构材料，它比高强度镍基合金有更高的高温强度、更加优异的抗氧化和耐腐蚀能力、较低的密度和较高的熔点，可以在更高的温度和恶劣的环境下工作，在航空航天等高技术领域有着广阔的应用前景。

由于陶瓷材料具有其他材料无法取代的性能，因此它作为很有应用前景的新型材料而受到人们的关注。近年来，人们对陶瓷材料进行了大量的研究，我国的科学技术工作者，在这一领域也取得了不少重要的研究成果，并且已经在一些重要结构上得到了应用。为了适时总结这些成果，使其得到进一步的推广应用，我们编写了此书。

由于陶瓷材料是以金属与非金属的化合物为基体的材料，因此陶瓷材料自身或者陶瓷材料与其他材料（比如金属或者金属间化合物）之间的焊接往往有多种化学元素参与其中。也就是说，陶瓷材料的焊接往往有多种化学元素的相互作用、相互扩散、相互反应，形成了十分复杂的系统。这个系统在外界条件的作用下，能够形成非常复杂的组织。外界条件发生些许改变，系统的组织就会发生剧烈的变化，其性能也就会发生巨大的变化。换句话说，焊接条件的些许改变，就会使得接头组织和性能发生很大变化，也就是说，焊接条件对陶瓷材料接头的组织和性能有着巨大的影响，所以本书在讨论陶瓷材料焊接时，将重点分析焊接接头界面反应产生的接头组织。

陶瓷材料主要用于制造工作条件比较恶劣的构件，也是开发应用时间较短，但是发展很快的新型材料。因此本书将国内外关于这类材料焊接应用的研究成果汇集成册，以供从事陶瓷材料焊接应用的研究人员、生产和维修技术人员以及高等院校师生参考。

本书中对各类陶瓷材料的性能、焊接性、焊接材料的选用、焊接工艺、焊接质量保障进行了比较详细的讨论。

由于本人水平有限，加之科学技术发展迅速，有关新技术、新材料不断涌现，因此书中难免有不足和谬误之处，敬请广大读者指正、谅解。若本书对您有所裨益，本人不胜荣幸。对本书引用资料的国内外作者表示敬意和感谢！

本书由大连市人民政府资助出版。

大连交通大学　于启湛

目　录

第1章

陶瓷材料概述

1.1 陶瓷材料的种类、性能及用途

1.1.1 陶瓷材料的种类

1. 按组成物分类

（1）氧化物陶瓷　这种陶瓷材料最多，它包括简单的氧化物，如 Al_2O_3、SiO_2、MgO、TiO_2、BeO、CaO、V_2O_3等，以及各种氧化物的混合物，如 Al_2O_3中加入 SiO_2、MgO 及 CaO；ZrO_2中加入 Y_2O_3或加入 MgO、CaO；SiO_2中加入 Na_2O、Al_2O_3、MgO 等。还有具有超导性能的复杂的氧化物陶瓷，如 Y-Ba-Cu-O（$YBa_2Cu_3O_{7-x}$）、Bi-Pb-Sr-Ca-Cu-O（$Bi_{1.6}Pb_{0.4}Sr_2Ca_2Cu_3O_y$）等。

（2）非氧化物陶瓷　包括如下种类：

1）碳化物陶瓷，如 WC、HfC、ZrC、W_2C、ThC、BC、ZrC、MoC、SiC、TiC、VC、TaC、NbC 等。

2）氮化物陶瓷，如 ZrN、HfN、TaN、UN、BeN、VN、Cr_2N、Mo_2N、SiN、TiN、Si_3N_4、BN、AlN、NbN 等。

3）硼化物陶瓷，如 ZrB_2、HfB_2、TaB_2、WB_2、WB、NbB_2、ThB_2、MoB_2、MoB、CrB_2、TiB_2、W_2B_5等。

4）硅化物陶瓷，如 Mg_2Si、WSi_2、W_5Si_3、$MoSi_2$、$NbSi_2$、Zr_6Si_3、CoSi、ZrSi、Ti_5Si_3、TiSi、HfSi 等。

5）氟化物陶瓷，如 CaF_2、BaF_2、MgF_2等。

6）硫化物陶瓷，如 ZnS、TiS_2、$M_xMo_6S_8$（M 为 Pb、Cu、Cd）等。

生产中广泛应用的主要是氧化物陶瓷、碳化物陶瓷、氮化物陶瓷等，本书也只是讨论这些陶瓷的焊接问题。

2. 按结晶组织分类

按结晶组织分类，有单晶相陶瓷、多晶相陶瓷和非晶相陶瓷。生产中单晶相陶瓷较少，多晶相陶瓷较为普遍。单晶相陶瓷有蓝宝石、钇铝石榴石和水晶石等，多晶相陶瓷有 Al_2O_3、ZrO_2、BeO、Si_3N_4、BN、SiC、结晶化玻璃等，其晶体结构有面心立方结构（FCC）、密排六方结构（HCP）和体心立方结构（BCC）。

非晶相陶瓷主要是各种成分的玻璃。

3. 按形态分类

按形态分类，陶瓷主要有粉状陶瓷、纤维状陶瓷和块状陶瓷以及薄膜陶瓷等。

粉状（颗粒状）陶瓷可以加入金属形成金属基颗粒增强复合材料，以达到增大强度、塑性和韧性的目的，如 Al_2O_3质量分数为30%的6061Al的铝基复合材料等。

将陶瓷材料制成纤维状或者丝状，并加入金属形成金属基纤维增强复合材料，同样可以达到增大强度、塑性和韧性的目的，如 SiC 质量分数为 20%的 6061Al 的铝基晶须复合材料等。

此外，陶瓷还可以按用途进行分类。

1.1.2 陶瓷材料的性能

由陶瓷材料的种类可知，陶瓷材料是各种金属与氧、氮及碳等经人工合成的无机化合物材料。

1. 物理性能

陶瓷材料在耐热性、耐磨损性、耐蚀性、绝热性、电气绝缘性、强度、硬度等诸方面有着比金属更加优越的性能，有的还具有超导以及其他特殊性能，在电子工业、化工、汽车、冶金、航天、航空、能源、机械、光学及其他产业得到了广泛的应用。但是，由于陶瓷是脆性材料，韧性极低，容许缺陷的尺寸极小，强度波动大，易发生脆性破坏，加工困难，因此很难单独用来制造结构件。此外，陶瓷材料价格也高，加工性很差，这就决定了它必须与金属材料复合才能得到实际应用。目前所用的陶瓷主要是氧化铝、氮化硅、氮化铝、碳化硅及部分稳定的氧化锆（PSZ）。

陶瓷是非常坚固的离子/共价键结合，比金属键强得多。这种结合使陶瓷具有高硬度、低导热性、低导电性、化学不活泼性的特点。一般认为陶瓷是热/电绝缘体，而陶瓷氧化物（如以 Y-Ba-Cu-O 为基的陶瓷）则具有高温超导性。金刚石、BeO 和 SiC 的导热性比 Al 和 Cu 还好。

表 1-1~表 1-3 给出了一些陶瓷的熔点、表面张力和一些体系的固-液界面能的数据。表 1-4、表 1-5 分别给出了几种简单氧化物陶瓷和多元氧化物陶瓷的物理性能。表 1-6 所列为几种非氧化物陶瓷的物理性能，表 1-7 列出了一些非氧化物高温陶瓷的物理性能。

表 1-1 一些陶瓷的熔点

陶瓷材料	熔点/℃	陶瓷材料	熔点/℃	陶瓷材料	熔点/℃	陶瓷材料	熔点/℃
Al_2O_3	2054	ZnO	1975	Y_2O_3	24.3	TaC	3985
BaO	2013	V_2O_5	2067	UO_2	2825	ZrC	3420
MgO	2852	TiO_2	1857	Fe_3O_4	1597	$MgSiO_3$	1577
ZrO_2	2677	SiC	2837	Fe_2O_3	1462（分解）	TiC	3070
Bi_2O_3	825	Li_2O	1570	TiB_2	2897	WC	2775
BeO	2780	In_2O_3	2325	ZrN	2980	Mg_2SiO_4	1898
CaO	2927	$CaSiO_3$	1544				

2. 陶瓷材料的热物理和力学性能

（1）陶瓷的线胀系数　陶瓷的线胀系数比较低，而有些金属的线胀系数较高，在陶瓷材料与金属的焊接中容易产生较大残余应力，从而降低接头强度。表 1-8 给出了一些陶瓷材料的平均线胀系数。影响陶瓷材料线胀系数的因素如下：

表 1-2　一些陶瓷的表面张力

材料	温度/℃	表面张力/(N/m)	材料	温度/℃	表面张力/(N/m)	材料	温度/℃	表面张力/(N/m)
云母	25	0.38	Al_2O_3(S)	1850	0.905	Na_2SiO_3(L)	1000	0.25
B_2O_3	900	0.08	BaF_2	-195	0.28	KCl	25	0.11
MgO	20	1.00	NaCl	-196	0.32	CaF_2	-195	0.45
Al_2O_3	1850	0.905	NaCl	25	0.227			
Al_2O_3(L)	2080	0.70	TiO_2	1100	1.190			

表 1-3　一些体系的固-液界面能

体系	Al_2O_3-Pb	Al_2O_3-Ag	Al_2O_3-Fe	SiO 玻璃-硅酸钠	SiO 玻璃-Cu	TiC-Cu	MgO-Ag	MgO-Fe
温度/℃	1000	1000	1570	1000	1120	1200	1300	725
界面能/(J/mm^2)	1.44	1.77	2.30	<0.025	1.37	1.225	0.85	1.60

表 1-4　几种简单氧化物陶瓷的物理性能

性　能		氧化铝			氧化铍 (BeO)	氧化锆 (ZrO_2)	氧化镁 (MgO)
		$w(Al_2O_3)=75\%$	$w(Al_2O_3)=95\%$	$w(Al_2O_3)=99\%$			
熔点（分解点）/℃		—	—	2025	2570	2550	2800
密度/(g/cm^3)		3.2~3.4	3.5	3.9	2.8	3.5	3.56
弹性模量/GPa		304	304	382	294	205	345
抗压强度/MPa		1200	2000	2500	1472	2060	850
抗弯强度/MPa		250~300	280~350	370~450	172	650	140
线胀系数/$10^{-6}K^{-1}$	25~300℃	6.6	6.7	6.8	6.8	≥10	≥10
	25~700℃	7.6	7.7	8.0	8.4	—	—
热导率/[W/(cm·K)]	25℃	—	0.218	0.314	1.592	0.0195	0.419
	300℃	—	0.126	0.159	0.838	0.0205	—
电阻率/Ω·cm		$>10^{13}$	$>10^{13}$	$>10^{14}$	$>10^{14}$	$>10^{14}$	$>10^{14}$
介电常数（1MHz）		8.5	9.5	9.35	6.5	—	8.9
介电强度/(kV/mm)		25~30	15~18	25~30	15	—	14

表 1-5　几种多元氧化物陶瓷的物理性能

物理性质	滑石瓷 ($MgO·SiO_2$)	镁橄榄石瓷 ($2MgO·SiO_2$)	致密堇青石瓷 ($2MgO2Al_2O_35SiO_2$)	锆石瓷 ($ZrO_2·SiO_2$)
密度/(g/cm^3)	2.65	2.90	2.65	3.68
最高使用温度/℃	930	980	1200	1160
线胀系数/×$10^{-6}K^{-1}$	4.4	5.8	2.1	2.4
抗拉强度/MPa	7000	7000	6650	8400
介电强度/(kV/m)	9600	9600	9200	9200
介电常数	6.1	6.2	6.2	8.8
介电损耗	0.007	0.002	0.0579	0.009

表 1-6 几种非氧化物陶瓷的物理性能

性能	氮化硅 (Si_3N_4)		碳化硅 (SiC)		氧化硼 (BN)		氮化铝 (AlN)	赛隆 (Sialon)	
	热压烧结	反应烧结	热压	常压	六方	立方	—	常压	热压
熔点（分解点）/℃	1900（升华）	1900（升华）	2600（分解）	2600（分解）	3000（分解）	3000（分解）	2450（分解）	—	—
密度/(g/cm^3)	3~3.2	2.2~2.6	3.2	3.09	2.27	—	3.32	3.18	3.29
硬度 HRA	91~93	80~85	93	90~92	2（莫氏）	4.8（莫氏）	1400H	92~93	95
弹性模量/GPa	320	160~180	450	405	—	—	279	290	31.5
抗弯强度/MPa	65	20~100	78~90	45	—	—	40~50	70~80	97~116
线胀系数/$10^{-6}K^{-1}$	3	2.7	4.6~4.8	4	7.5	—	4.5~5.7	—	—
热导率/[W/(cm·K)]	0.30	0.14	0.81	0.43	—	—	0.7~2.7	—	—
电阻率/Ω·cm	$>10^{13}$	$>10^{13}$	$10\sim10^3$	$10\sim10^3$	$>10^{14}$	$>10^{14}$	$>10^{14}$	$>10^{12}$	$>10^{12}$
介电常数	9.4~9.5	9.4~9.5	45	45	3.4~5.3	3.4~5.3	8.8	—	—

表 1-7 一些非氧化物高温陶瓷的物理性能

材料	熔点/℃	密度/(g/cm^3)	热导率/[W/(m·K)]	线胀系数/$10^{-6}K^{-1}$
TaN	3100	14.1	—	—
ZrN	2980	7.32	13.8	6~7
TiN	2950	5.43	21.7	9.3
BN	3000（升华）	2.27	15.0~28.8	0.59~10.51
AlN	2450	3.26	20.0~30.1	4.03~6.09
Al_3N_4	1900（升华）	3.44	1.67~2.09	9
VN	2030	6.04	11.3	—
SiC（热压）	2500（分解）	3.2	65	4.8
BiC	2450	2.52	29	2.6~5.8

1）陶瓷材料熔点的影响。线胀系数与熔点有一定关系。

元素的线胀系数与熔点的关系为

$$\alpha=0.020/T_m \tag{1-1}$$

化合物的线胀系数与熔点的关系为

$$\alpha=(0.020/T_m)-7.0\times10^{-6} \tag{1-2}$$

图 1-1 给出了一些化合物的线胀系数与熔点之间的关系。

表 1-8 一些陶瓷材料的平均线胀系数

材料	线胀系数 (0~1000℃)/$10^{-6}K^{-1}$	材料	线胀系数 (0~1000℃)/$10^{-6}K^{-1}$
Al_2O_3	8.8	AlN	4.5
BeO	9.0	BN	2.7（垂直热压方向）
MgO	13.5	Si-B-C-N	0.5
莫来石	5.3	Y_2O_3	9.3
尖晶石	7.6	ZrO_2（稳定化的）	10.8
ThO_2	9.2	熔融 SiO_2 玻璃	0.5
UO_2	10.0	钠-钙-硅酸盐玻璃	9.0
B_4C	4.5	瓷器	6.0
TiC	7.4	黏土耐火材料	5.5
SiC①	4.4	$MgO \cdot Al_2O_3$	9.0
SiC②	4.8	$Al_2O_3 \cdot TiO_2$	2.5
SiC③	4.8	锂霞石	-6.4
$Si_3N_4$④	3.2	锂辉石	1.0
$Si_3N_4$②	3.4	堇青石	2.5
$Si_3N_4$⑤	2.6	TiC 金属陶瓷	9.0
β-塞隆	3	$ZrSiO_4$	4.5

①浸硅法。

②常压烧结。

③CVD 法。

④反应烧结。

⑤热压烧结。

2）线胀系数与温度的关系。材料的线胀系数一般随着温度的升高而增大，陶瓷材料也是如此。图 1-2 所示为非晶体 Si_3N_4 伸长量与温度之间的关系，可以明显看到存在两个线性区。

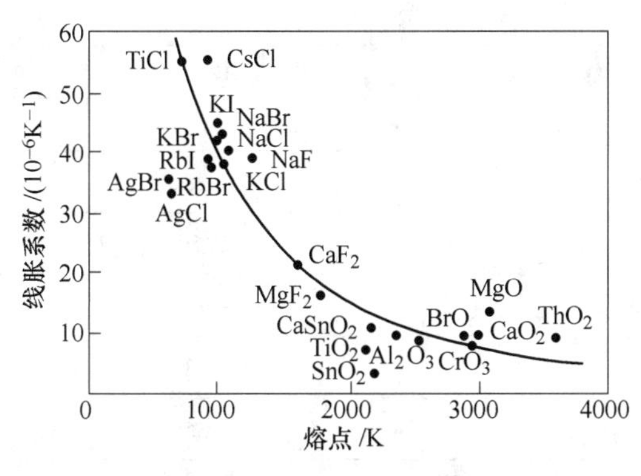

图 1-1 一些化合物的线胀系数与熔点之间的关系

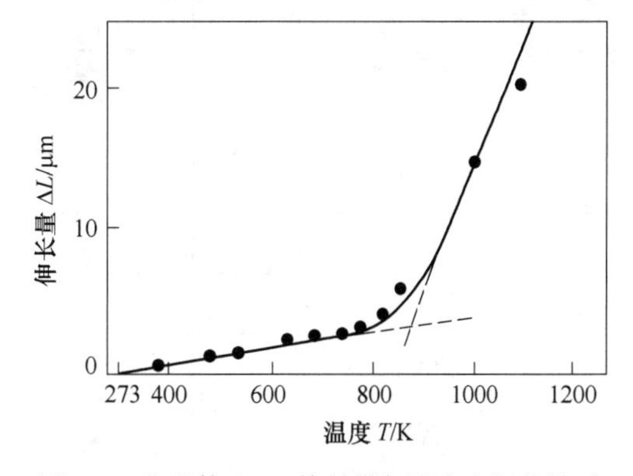

图 1-2 非晶体 Si_3N_4 伸长量与温度之间的关系

3）组织特征的影响。非晶体比晶体的线胀系数大得多。晶粒尺寸越大，线胀系数越小，如 α-Al_2O_3 陶瓷，其晶粒直径为 80nm，线胀系数为 $9.3\times10^{-6}K^{-1}$；晶粒直径为 105nm，线胀系数为 $8.9\times10^{-6}K^{-1}$；晶粒直径为 5μm，线胀系数为 $4.9\times10^{-6}K^{-1}$。

4）线胀系数的方向性。线胀系数还具有方向性，表 1-9 给出了一些陶瓷在垂直和平行方向上的线胀系数。

表 1-9 一些陶瓷在垂直和平行方向上的线胀系数 （单位：$10^{-6}K^{-1}$）

材料	方向		材料	方向	
	垂直 c 轴	平行 c 轴		垂直 c 轴	平行 c 轴
Al_2O_3	8.3	9.0	$LiAlSi_2O_6$	6.5	−2.0
Al_2TiO_3	−2.6	11.5	$LiAlSiO_4$	8.2	−17.6
莫来石	4.5	5.7	$NaAlSi_3O_8$	4.0	13.0
$CaCO_3$	−6.0	25.0	石英	14.0	9.0
TiO_2	6.8	8.3	$ZrSiO_4$	3.7	6.2

5）化学成分的影响。化学成分对陶瓷材料的膨胀率也有影响，有时会有很特殊的影响。图 1-3 所示为氧化硅含量对 Li_2O-Al_2O_3-SiO_2(LAS) 陶瓷材料膨胀率的影响，可以明显看到，当氧化硅质量分数超过 40%之后膨胀率急剧下降，甚至达到负值；达到最小值之后，氧化硅开始固溶，膨胀率又有增加。

（2）导热性 表 1-10 给出了一些陶瓷材料的热导率。

3. 化学性能

陶瓷的组织结构十分稳定，在某些陶瓷的组织中，金属原子被非金属原子（如氧）所包围，金属原子难以再与介质中的氧发生作用，因而具有十分稳定的化学性能，甚至在高达 1000℃ 的温度下也不会发生氧化。因此，大多数陶瓷都具有良好的耐酸、碱、盐腐蚀的性能。

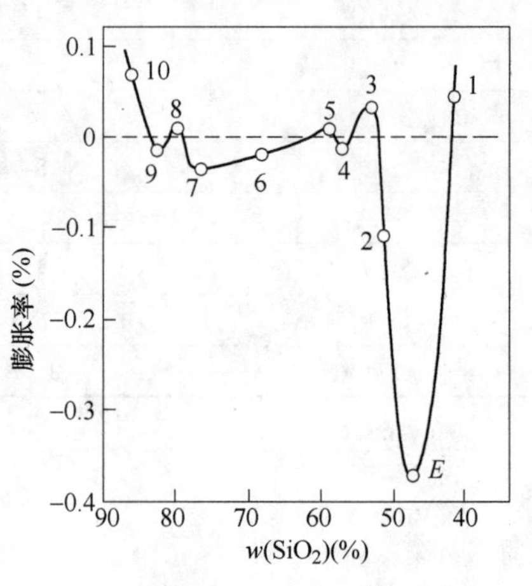

图 1-3 氧化硅含量对 Li_2O-Al_2O_3-SiO_2（LAS）陶瓷材料膨胀率的影响

表 1-10 一些陶瓷材料的热导率

材料	温度/℃	
	100	1000
	热导率/[W/(m·K)]	
致密 Al_2O_3	30.14	6.28
致密 BeO	219.80	20.50
致密 MgO	37.68	7.12
ThO_2	10.48	2.93
UO_2	10.05	3.35
石墨	180.00	62.8
立方 ZrO_2	1.97	2.30
熔融 SiO_2 玻璃	2.01	2.51
$MgAl_2O_4$	15.07	5.86

4. 力学性能

由于陶瓷大多是由离子键（如 Al_2O_3）或共价键（如 SiN、SiC 等）构成的晶体，其多晶体的滑移系很少，在外力作用下几乎不发生塑性变形就会断裂；陶瓷材料的气孔很多，致密性较差，抗拉强度较低；但是，由于陶瓷材料的气孔很多，气孔受压时不会导致裂纹扩展，因此其抗压强度还是比较高的，脆性材料铸铁的抗拉强度与抗压强度之比为 1/3，而陶瓷为 1/10 左右；陶瓷几乎不能发生塑性变形，韧性极低，常常发生脆性断裂；陶瓷的硬度和室温弹性模量都很高；容许缺陷的尺寸极小，强度波动大，难以发生延迟破坏，加工困难，因此很难单独用来制造结构件。

（1）陶瓷的弹性模量　表 1-11 为一些陶瓷材料的弹性模量，陶瓷材料的弹性模量与其熔点有关，图 1-4 给出了这些关系。

表 1-11　陶瓷的弹性模量和泊松比

材料	弹性模量/GPa	泊松比	材料	弹性模量/GPa	泊松比	材料	弹性模量/GPa	泊松比
金刚石	1000~1050	0.1	ZrO_2	160~241	0.31	ZrB_2	440	0.144
WC	400~650	—	莫来石	145~230	0.24	ZrO_2(PSZ)	190	0.30
TaC	310~550	—	玻璃	35~45	—	B_4C	417~450	0.17
WC-Co	400~530	—	Cf	250~450	—	SnO_2	263	0.29
NbC	340~520	—	AlN	310~350	0.25	$ZrSiO_4$	195	0.25
SiC	450	0.193	$MgO \cdot SiO_2$	90	—	SiO_2	94	0.17
Al_2O_3	390	0.20~0.25	$MgAl_2O_4$	248~270	—	NaCl，LiF	15~68	—
BeO	386	0.34	BN	84	—	TiO_2	29	—
TiC	379~456	0.18	MgO	250~300	0.18	TiB_2	500~570	0.11
Si_3N_4	220~320	0.22	多晶石墨	10	—			

$$E=(100kT_m)/V_a \tag{1-3}$$

式中　V_a——原子体积或者分子体积；

T_m——熔点；

k——常数。

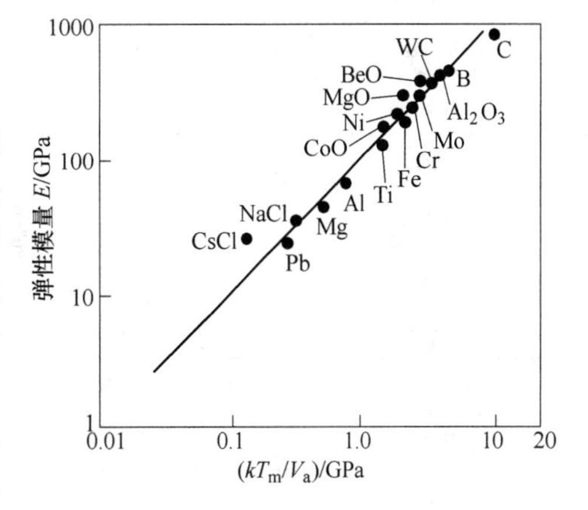

图 1-4　弹性模量与 kT_m/V_a 之间的关系

陶瓷材料一般由粉末烧结而成，因此不可避免地存在不同程度的空隙，使其密度受到烧结条件（温度、保温时间、压力等）的影响，这种密度的变化对弹性模量也会产生一定的影响，因此弹性模量还与密度有关。图 1-5 所示为密度率对 Al_2O_3 陶瓷弹性模量的影响。

（2）陶瓷材料的硬度　对于大多数陶瓷材料来说，陶瓷材料的硬度很高。实际上，陶瓷材料的硬度值覆盖的范围很广，表 1-12 给出了代表性陶瓷材料莫氏硬度的分级。

（3）陶瓷材料的断裂韧度　陶瓷材料的断裂韧度很低，表 1-13 给出了一些陶瓷材料的断裂韧度值。

（4）陶瓷材料的强度　影响陶瓷材料强度的因素有：

1）显微组织的影响。

①晶粒尺寸的影响。众所周知，晶粒尺寸对材料强度有明显的影响，晶粒尺寸对强度的影响可以用哈尔-裴茨（Hall-Petch）关系式来描述。

$$\sigma=\sigma_{\infty}+cd^{-1/2} \tag{1-4}$$

式中　σ——强度；

σ_{∞}——晶粒尺寸无限大时的强度；

c——与材料结构有关的系数；

d——晶粒尺寸。

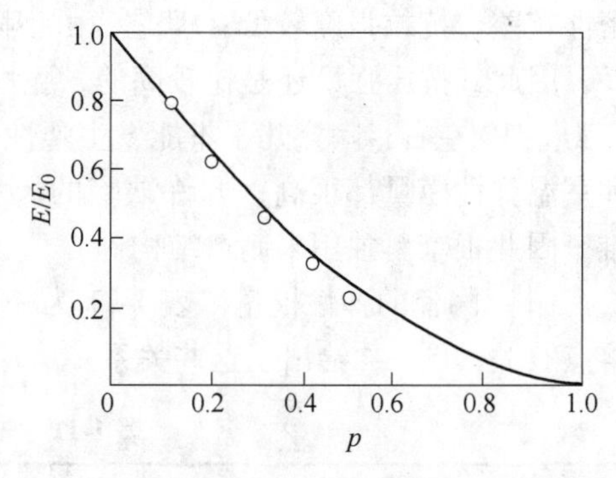

图 1-5　密度率对 Al_2O_3 陶瓷弹性模量的影响

表 1-12　陶瓷按照莫氏硬度分级

硬度分级	材料	硬度分级	材料	硬度分级	材料
1	滑石	6	正长石	11	熔融氧化铝
2	石膏	7	SiO_2 玻璃	12	刚玉
3	方解石	8	石英	13	碳化硅
4	萤石	9	黄玉	14	碳化硼
5	磷灰石	10	石榴石	15	金刚石

注：在莫氏十级分类中不包含 7、10、11、13、14 级。

表 1-13　一些陶瓷材料的断裂韧度值

材料	断裂韧度/(MPa·$m^{1/2}$)	材料	断裂韧度/(MPa·$m^{1/2}$)
Si_3N_4(热压)	3.0~10.0	莫来石	2.0~4.0
SiC(热压)	3.0~6.0	SiC 单晶	3.7
Al_2O_3	3.5~5.0	Al_2O_3 单晶（0001）	>6.0
MgO	2.5	Al_2O_3 单晶（$10\bar{1}2$）	2.2
TiC	3.0~5.0	Y_2O_3	1.5
c-ZrO_2	3.0~3.6	ThO_2	1.6
ZrO_2(PSZ)	3.0~15.0	TiC	3.0~5.0
ZrO_2-Y_2O_3	8.0~15.0	WC	6.0~20.0
$MgAl_2O_4$	1.9~2.4	CaF_2	0.8
MgF_2	1.0	SrF_2	1.0
硅酸盐玻璃	0.7~0.9	B_4C	3.0~3.2

在材料晶粒尺寸很小时，断裂的发生往往是从材料表面的裂纹开始的，因此在晶粒尺寸与材料强度的关系图上，明显分为两个区。图 1-6 所示为 TiO_2 晶粒尺寸与弯曲强度之间的关系。

②其他组织因素的影响。可以通过加入溶质原子或者弥散析出第二相而强化，还可以通过纤维强化、晶须强化，如陶瓷基增强材料等。

2）温度的影响。图 1-7 所示为几种陶瓷材料的弯曲强度与温度之间的关系。可以看到，陶瓷材料强度随着温度的升高而下降的趋势比金属及其合金要平缓得多。因此，陶瓷材料比金属及其合金更耐高温。

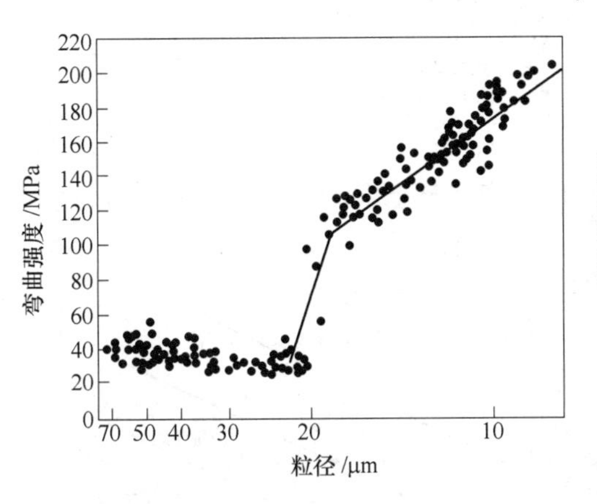

图 1-6　TiO_2 晶粒尺寸与弯曲强度之间的关系

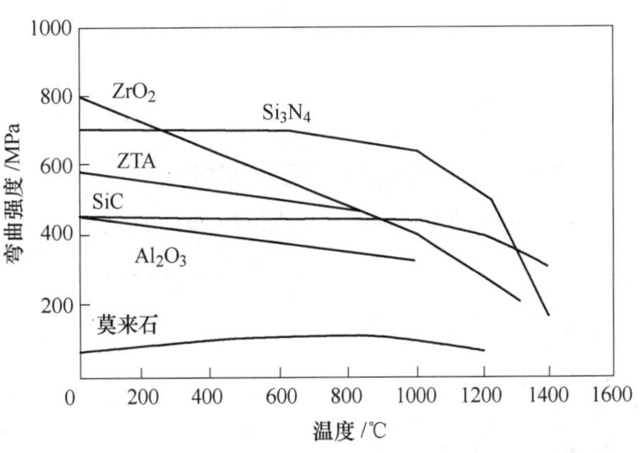

图 1-7　几种陶瓷材料的弯曲强度与温度之间的关系

（5）陶瓷材料的应变特征　由于陶瓷材料多由离子和共价键构成，其滑移系统少，因此一般塑性较差。图 1-8 所示为陶瓷、金属和天然橡胶的应力-应变曲线，可以看到，陶瓷材料的塑性变形明显比金属和天然橡胶低得多。

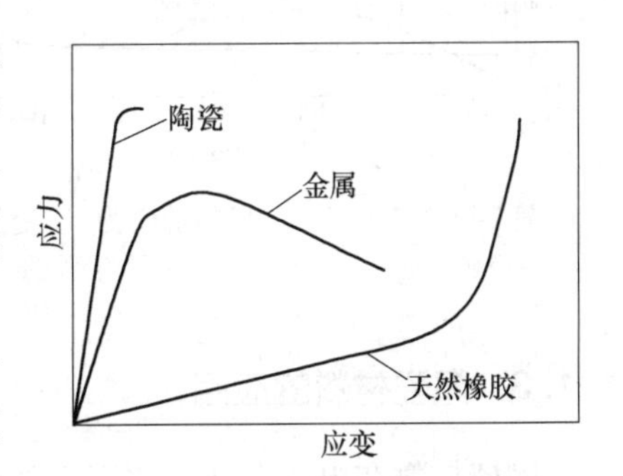

图 1-8　陶瓷、金属和天然橡胶的应力-应变曲线

（6）陶瓷材料的超塑性　细晶（晶粒直径小于 10μm）陶瓷材料，在 $T_m/2$ 以上的温度及应变速率在 $10^{-6}\sim10^{-2}s^{-1}$ 之间容易发生超塑性。图 1-9 所示为氧化铝单晶的屈服应力与温度和应变速率之间的关系。可以看到，随着温度的升高，材料的屈服应力降低；而随着应变速率的增大，材料的屈服应力增大。

1）晶粒尺寸对超塑性的影响。图 1-10 所示为不同晶粒尺寸在 $1.3\times10^{-4}/s$ 的应变速率下，1400℃时 TZP 多晶体的应力-应变曲线。可以看到，随着晶粒尺寸的减小，流动应力也减小，材料的塑性增大。

2）应变速率的影响。图 1-11 所示为不同应变速率下，TZP+5%Si（质量分数）的应力-应变曲线。可以看到，在温度超过 1200℃之后，材料出现明显的超塑性。随着温度的升高，材料的延伸率增大；另外，随着应变速率的增大，流变应力也增大；而在相同的应变速率下，流变应力随着温度的升高而减小（见图 1-12）。

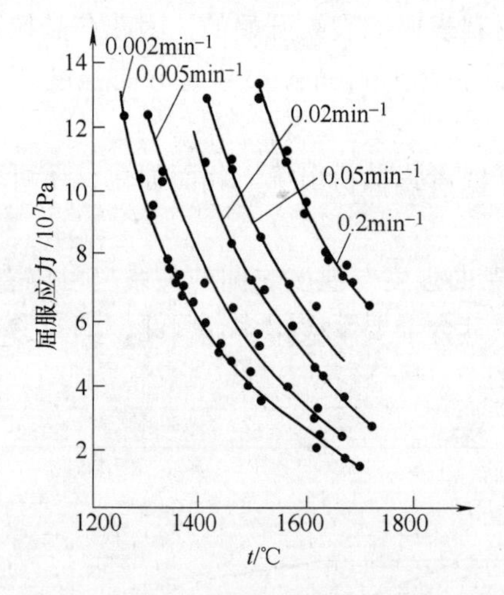

图 1-9 氧化铝单晶的屈服应力与温度和应变速率（min^{-1}）之间的关系

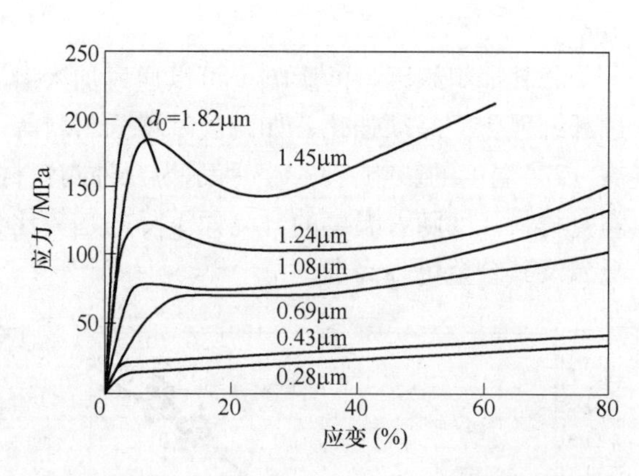

图 1-10 晶粒尺寸对 TZP 应力-应变曲线的影响

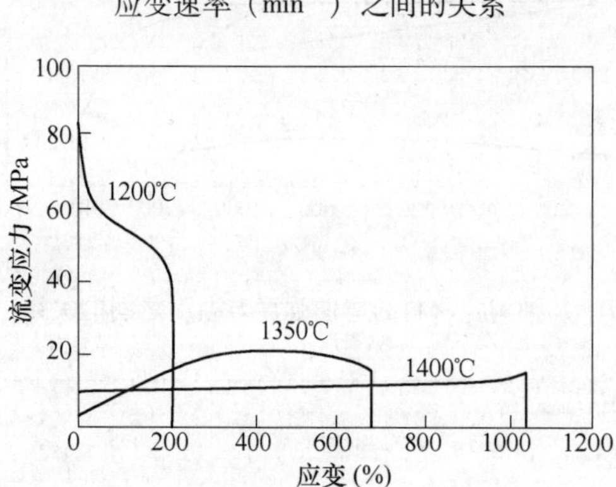

图 1-11 TZP+5%Si 材料的应力-应变曲线

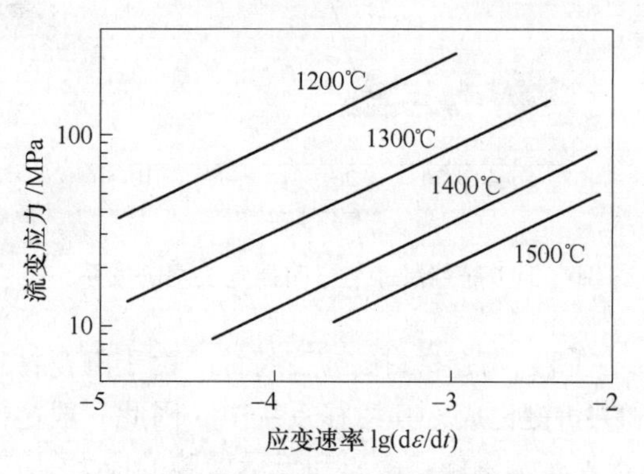

图 1-12 应变速率对 TZP 多晶材料流变应力的影响

1.1.3 陶瓷材料的应用

陶瓷材料在电子工业、化工、汽车、冶金、航天、航空、能源、机械、光学及其他产业得到了广泛的应用。表 1-14 给出了陶瓷材料的特性和用途。

表 1-14 陶瓷材料的特性和用途

分类	特性	典型材料和状态	主要用途
力学特性	高强度（常温和高温）	Si_3N_4、SiC 致密烧结体、Al_2O_3、BNB_4C、金刚石（金属结合）	叶片、转子、活塞、内衬、喷嘴
	高韧性	TiC、B_4C、Al_2O_3、WC（致密烧结体）	切削工具
	高硬度	Al_2O_3、B_4C、金刚石（粉状）	研磨、模具材料
热特性	耐高温性	BeO、ThO_2、AlN、BN、HfO_2、Al_2O_3、ZrO_2、MgO、CaO、SiC、B_4C、ZrB_2、Mo_3Si（致密烧结体）	高温用坩埚、导弹、鼻锥体、天线罩、窗口

（续）

分类	特性	典型材料和状态	主要用途
热特性	耐热性	ThO_2、ZrO_2、Al_2O_3、SiC（致密烧结体）	耐热结构材料、高温炉
	绝热性	K_2O、$nTiO_2$（纤维）、CaO、$nTiO_2$（多孔质体）	耐热绝缘体、节能炉
	传热性	BeO（高纯致密烧结体）	轻质绝热体、不燃性壁材
电子特性	绝缘体	Al_2O_3（高纯致密烧结体、薄片状）、BeO（高纯致密烧结体）	集成电路衬底、散热性绝缘衬底、微波器件
	介电性	$BaTiO_3$（致密烧结体）	大容量电容器
	压电性	$Pb(Zr_xTi_{1-x})O_3$（经极化致密烧结体） ZnO(定向薄膜)	滤波器 表面波延迟元件
	热释电性	$Pb(Zr_xTi_{1-x})O_3$（经极化致密烧结体）	红外检测元件
	铁电性	PLZT（致密透明烧结体）	图像记忆元件
	离子导电性	SnO_2、β-Al_2O_3（致密烧结体）、稳定ZrO_2（致密烧结体）	玻璃电极
	半导体	$LaCrO_3$、SiC	电阻发热体
		$BaTiO_3$（控制显微结构）	正温度系数的热敏电阻
		SnO_2（多孔质烧结体）	气体敏感元件
		ZnO（烧结体）	变阻器
	超导性	Cu-Y-Ba-O、La-Ba-Cu-O	超导元件
	电子发射性	LaB（致密烧结体、单晶）	电子枪用热阴极
磁学特性	软磁性	$Zn_{1-x}Mn_xFe_2O_4$（致密烧结体）	记忆运算元件、磁心、磁带
	硬磁性	$SnO\cdot 6Fe_2O_3$（致密烧结体）	磁铁、隐形战斗机材料
	磁流体发电	Al_2O_3、BeO、Y_2O_3、BN、ZrO_2、Zr_2O_3	电离气流通道、电极
光学特性	透光性	Al_2O_3、MgO、Y_2O_3、CaF_2、BeO、PLZT、PBZT（致密透明烧结体）	新型光源发光管、激光窗口镜片、光存储
	透红外性	MgF_2、ZnS、CaF_2、MgO、Al_2O_3（热压烧结体）	红外透过窗、导弹、整流罩
	荧光性	Y_2O_3、Eu（粉体）、GaAs、GaAsP	荧光体、有色电视、显像管、激光二极管
	导光性	玻璃纤维	通信光缆、胃照相机
	偏光性	SnO_2（涂膜）、PLZT（致密透光烧结体）	半导体性可见光、防止模糊玻璃
	光反射性	TiN（金属光泽表面）	太阳热聚焦器
	红外线反射性	SnO_2（涂膜）	红外反射、节能用窗玻璃
化学特性	传感	SnO_2、ZnO、NiO、FeO、$MgCr_2O$-TiO_2、Al_2O_3、SiO_2、Si_3N_4	气体、湿度、化学传感器
	催化	Al_2O_3、堇青石（Fe-Mn-Zn）、铝酸钙	催化载体、催化剂
放射特性	放射性	UO_2、UC、B_4C、SiC、Li_2O 钒酸纤维、ThC_2	核燃料、核反应堆、放射性废物处理
	反应	UO_2、UC、ThO、BeC、SmO、GdO、HfO、B_4C、BeO、WC	陶瓷核燃料、减速剂、吸收热中子、反应堆反射

（续）

分类	特性	典型材料和状态	主要用途
吸声特性	吸声	多孔陶瓷、陶瓷纤维	吸声板
	生物骨材替代	Al_2O_3、Ca_5（F、Cl）P_3O_{12}（高强烧结体）	人造骨、人造齿、生物陶瓷
生物和化学特性	载体性	SiO_2（孔径控制多孔体）、Al_2O_3、TiO_2（多孔质体）	酵系载体、触媒剂载体
	触媒性	$K_2O \cdot nTiO_2$（多孔质烧结体）	反应触媒用

1. 氧化物陶瓷

（1）Al_2O_3 陶瓷　Al_2O_3 陶瓷是最重要的一种陶瓷，它的主要成分为 Al_2O_3、CaO 和 SiO_2，还有 MgO、TiO、FeO、K_2O、Na_2O 等。Al_2O_3 的含量越高，性能越好，但生产工艺更复杂，成本也更高。Al_2O_3 陶瓷有 75 瓷（Al_2O_3质量分数为 75%）、95 瓷（Al_2O_3质量分数为 95%）、97 瓷（Al_2O_3质量分数为 97%）和 99 瓷（Al_2O_3质量分数为 99%）等。

Al_2O_3 陶瓷的主要性能特点是硬度高（760℃时硬度为 87HRA，1200℃时硬度为 82HRA），有良好的耐热性和耐磨损性，可以在 1600℃的高温下使用。还有很强的耐蚀性、绝热性、电气绝缘性能，特别是在高频下的电气绝缘性能尤为突出，介电强度>8000V/mm。氧化铝陶瓷的缺点是韧性差，抗热振性能差，不能承受温度的急剧变化。表 1-15 给出了部分 Al_2O_3 陶瓷的化学成分，表1-16给出了一些 Al_2O_3 陶瓷的主要物理性能，图1-13所示为 Al_2O_3 陶瓷的主要性能与 Al_2O_3 含量之间的关系。图 1-14 所示为 $CaO-Al_2O_3-SiO_2$ 相图和 $MgO-Al_2O_3-SiO_2$ 相图。Al_2O_3 陶瓷的主要用途是制造刀具、模具、轴承、熔化金属的坩埚、高温热电偶套以及化工零件，如化工用泵的密封滑环、机轴套、叶轮等。

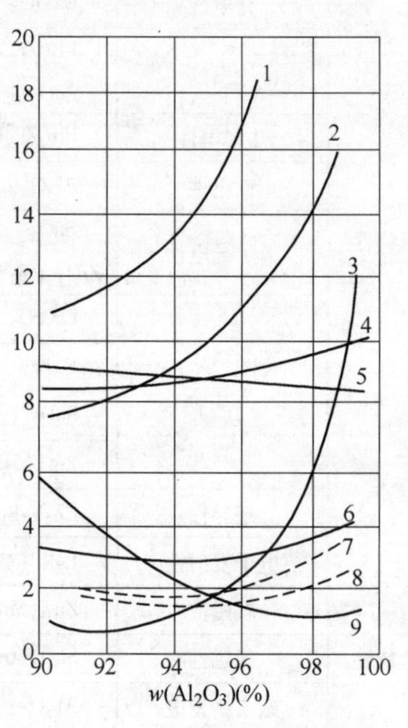

图 1-13　Al_2O_3 陶瓷的主要性能与 Al_2O_3 质量分数之间的关系

1—抗拉强度/9.8MPa　2—介电强度/(MV/m)　3—热导率/[0.116W/(cm·K)]　4—介电常数　5—莫氏硬度　6—密度/(g/cm^3)　7—弹性模量/9.8GPa　8—比热容/[4.19W/(g·K)]　9—$\tan\delta/10^{-4}$

表 1-15　部分 Al_2O_3 陶瓷的化学成分（质量分数）　（%）

主要成分	SiO_2	Al_2O_3	TiO_2	Fe_2O_3	CaO	MgO	Re_2O	BaO
75 陶瓷	14.5	73.83	0.25	0.38	1.38	0.65	0.53	3.13
95 陶瓷	2.5	94.7	微量	0.10	2.50	微量	0.20	—
99 陶瓷	0.30	99.28	微量	0.14	微量	0.37	0.36	—

表1-16 Al_2O_3 陶瓷的主要物理性能

项目		Al_2O_3 陶瓷名义组成						
		100%	86%	90%	92%	93%	96%	96%
吸水率（%）		3~10	<0.01	<0.01	<0.01	<0.01	<0.01	<0.01
密度/(g/cm^3)		3.0	3.5	3.6	3.7	3.6	3.7	3.8
颜色		白色	紫色	白色	褐色	白色	白色	白色
瓷化温度/℃		1500	1500	1500	1500	1500	1500	1500
安全使用温度/℃		1400	1200	1200	1200	1200	1200	1200
抗弯强度/MPa		167	265	216	216	265	265	265
抗压强度/MPa		687	1569	1569	1569	1569	1569	1569
显微硬度（荷量500g）HV		—	1400	1400	1400	1350	1650	1650
弹性模量/GPa		—	—	255	294	294	343	343
线胀系数 $/10^{-6}K^{-1}$	100~500℃	7.7	7.2	7.2	7.1	7.2	7.3	7.3
	100~800℃	8.8	7.8	7.9	7.8	7.8	7.8	7.8
热导率/[W/(m·K)]		<16.7	16.7	16.7	16.7	16.7	20.9	20.9
耐热冲击 ΔT/℃		—	200	200	200	200	200	200
介电强度（50Hz）/(kV/mm)		10	13	18	16	14	18	15
体积电阻率 /Ω·cm	25℃	$>10^{12}$	$>10^{14}$	$>10^{14}$	$>10^{14}$	$>10^{14}$	$>10^{14}$	$>10^{14}$
	500℃	$>10^{7}$	$>10^{8}$	$>10^{8}$	$>10^{8}$	$>10^{8}$	$>10^{8}$	$>10^{8}$
介电常数（1MHz）		6.5	9.8	8.7	9.6	9.0	9.6	9.5
介电损耗角正切（1MHz）$\tan\delta/\times10^{-4}$		—	15.0	8.9	7.4	6.5	1.9	2.6

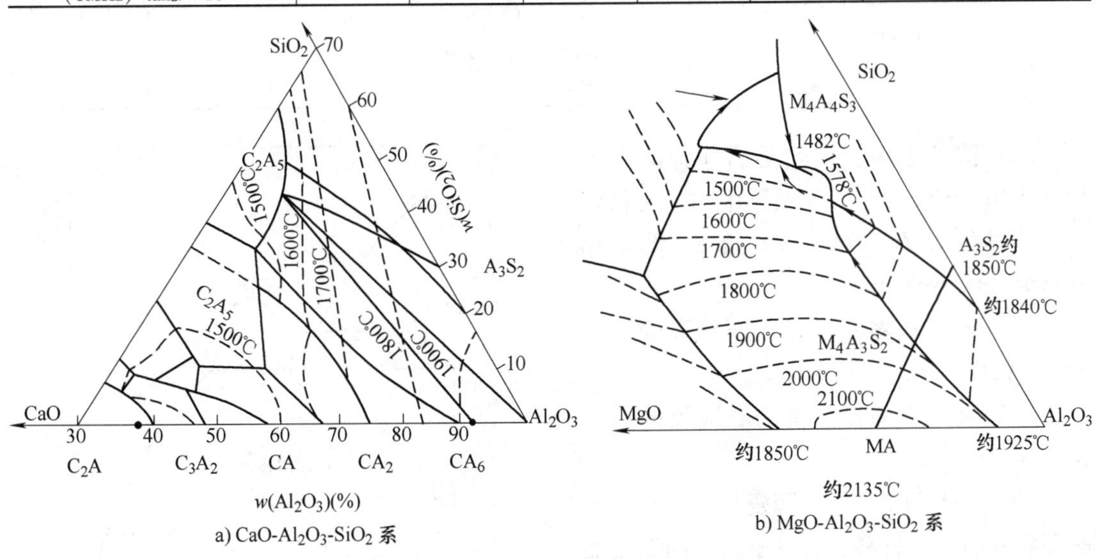

图1-14 CaO-Al_2O_3-SiO_2相图和MgO-Al_2O_3-SiO_2相图

（2）BeO陶瓷　BeO陶瓷的BeO质量分数一般在95%以上，其最大特点是在高温下仍有很好的导电性能，其电导率几乎与金属铝接近，这是其他陶瓷材料无可比拟的；BeO陶瓷具有非常高的导热性，其低温导热性是其他陶瓷无可比拟的，近似于铝；有毒。

BeO陶瓷的力学性能良好，抗振性能和介电性能优良。其熔点很高，为2570℃。

（3）滑石陶瓷　滑石陶瓷是由天然滑石矿（$3MgO \cdot 4SiO_2 \cdot H_2O$）加工而成，其主要相是偏硅酸镁（$MgO \cdot SiO_2$）。它的最大特点是介电性能优良（介电常数低、介质损耗小、电绝缘性好），容易机械加工，原料丰富，成本低廉，是早期电子器件中广泛应用的陶瓷之一。表1-17所列为滑石陶瓷的性能。

MgO与SiO_2还可能形成其他陶瓷，如图1-14和图1-15所示。

（4）镁橄榄石陶瓷　镁橄榄石陶瓷也是以MgO为主要成分的陶瓷，化学式为$2MgO \cdot SiO_2$，质量分数在65%~75%之间。

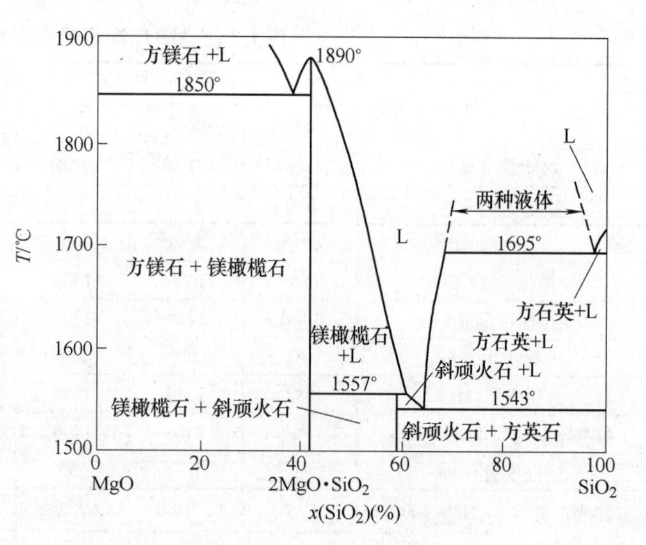

图1-15　MgO-SiO_2相图

表1-17　滑石陶瓷的性能

性能	H-1	H-2	H-3	H-6	H-7	其他
介电常数（1.5MHz）	6~6.6	6~7	6~7	<7	<7	≤7.5
介电损耗角正切（1.5MHz）/10^{-4}	6~8	3~6	7~8	12~30	≤6	<10
介电强度/(kV/mm)	>20	>20	20	>20	≥20	≥20
电阻率（100℃±5℃）/Ω·cm	10^{12}	10^{13}	10^{12}~10^{13}	>10^{12}	>10^{12}	>10^{12}
抗拉强度/MPa	(1.4~1.5)×10^8	(1.6~2)×10^8	(1.4~1.5)×10^8	>1.2×10^8	>1.4×10^8	>1.4×10^8
线胀系数/$10^{-6}K^{-1}$	7~7.5	6.5~7	6~7	—	—	—

（5）锆英石陶瓷　锆英石陶瓷的主要相是$ZrO_2 \cdot SiO_2$，是二元系统中的二元化合物，其成分为$ZrO_2$67.2-$SiO_2$32.8，图1-16所示为ZrO_2-SiO_2相图。

（6）堇英石陶瓷　堇英石陶瓷的主要相是$2MgO \cdot 2Al_2O_3 \cdot 5SiO_2$。

（7）莫来石陶瓷　莫来石陶瓷的主要相是$3Al_2O_3 \cdot 2SiO_2$。

（8）ZrO_2陶瓷　ZrO_2陶瓷是一种具有多晶型转变的陶瓷材料，它可根据不同温度而转变晶型：低温下是单斜晶ZrO_2，升温到1170℃转变为四方ZrO_2，再升温到2300℃又转变为立方ZrO_2；从高温降温到2300℃时，又转变为四方ZrO_2，但是降温到1170℃时并不发生转变，而是降温到

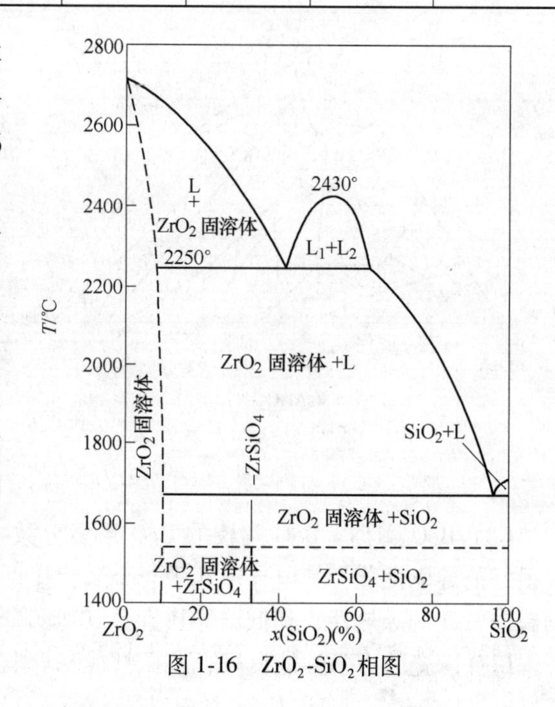

图1-16　ZrO_2-SiO_2相图

1000℃时才转变为单斜晶 ZrO_2。表1-18给出了纯 ZrO_2 陶瓷和纯 Al_2O_3 陶瓷的主要性能。

表1-18 纯 ZrO_2 陶瓷和纯 Al_2O_3 陶瓷的主要性能

陶瓷名称	孔隙率（%）	密度/(g/cm^3)	弹性模量/GPa	压缩强度/MPa	拉伸强度/MPa	挠曲强度/MPa
ZrO_2 陶瓷	0	4.9~5.56	150~190	1750	—	150~700
	1.5	5.75	210~240	—	—	280~450
	5	—	150~200	—	—	50~500
	28	3.9~4.1	—	<400	—	50~65
Al_2O_3 陶瓷	0	3.93~3.96	380~400	4000~5000	350	400~560
	25	2.8~3.0	150	500	—	70
	35	—	—	200	—	55
	50~75	—	—	80	—	6~11.4

ZrO_2 陶瓷加入适量的稳定剂后，t相也可部分地以亚稳定状态存在于室温，称为部分稳定化 ZrO_2 陶瓷，记为PSZ。在应力作用下，可以发生t相→m相的马氏体转变，称为“应力诱发相变”。这种相变过程会吸收能量，使裂纹尖端的应力松弛，增加裂纹扩展阻力，提高韧性。因此，部分稳定的 ZrO_2 陶瓷的断裂韧度远高于其他结构陶瓷。目前发展起来的几种 ZrO_2 陶瓷中，常用的稳定剂有MgO、Y_2O_3、CaO、CeO等。

1）Mg-PSZ陶瓷。高强度型 ZrO_2 陶瓷（Mg-PSZ）的抗弯强度为800MPa，断裂韧度为10MPa·$m^{1/2}$；抗振型 ZrO_2 陶瓷（Mg-PSZ）的抗弯强度为600MPa，断裂韧度为8~15MPa·$m^{1/2}$。

2）Y-TZP陶瓷。四方多晶 ZrO_2 陶瓷TZP是PSZ的一个分支，以 Y_2O_3 为稳定剂，抗弯强度可达800MPa，最高可达1200MPa，断裂韧度为10MPa·$m^{1/2}$以上。

3）PSZ-Al_2O_3陶瓷。利用 Al_2O_3 的高弹性模量可使Y-TZP陶瓷晶粒细化，硬度提高，t相含量增加，强度和韧性大大提高。用热压烧结的 ZrO_2-Al_2O_3 陶瓷的抗弯强度可达2400MPa，断裂韧度可达17MPa·$m^{1/2}$。

目前TZP陶瓷正逐渐应用于发电机元件，其抗弯强度可达600~981MPa。

（9）具有超导性能的复杂的氧化物陶瓷　如Y-Ba-Cu-O（$YBa_2Cu_3O_{7-x}$）、Bi-Pb-Sr-Ca-Cu-O（$Bi_{1.6}Pb_{0.4}Sr_2Ca_2Cu_3O_y$）等复杂的氧化物陶瓷具有良好的超导性能。

2. SiC陶瓷

SiC陶瓷按制造方法不同有反应烧结SiC陶瓷、常压烧结SiC陶瓷和热压烧结SiC陶瓷三种。其最大的特点是高温强度高，在1400℃抗弯强度可高达500~600MPa。SiC陶瓷还有很好的耐磨性、耐蚀性、抗蠕变性能，热传导能力强，在陶瓷中仅次于BeO陶瓷。

SiC陶瓷具有耐高温、强度高的特点，因此可以用来制造尾喷管的喷嘴、浇注金属用的喉嘴、热电偶套管、炉管以及燃气轮机的叶片、轴承等零件。因其良好的耐磨性可应用于各种泵的密封圈，SiC陶瓷也可用于制造陶瓷发电机的材料。SiC陶瓷的抗氧化性能很好，在1550℃下仍有良好的抗氧化能力。但是，SiC陶瓷在800~1140℃时抗氧化能力较差。这时其表面的氧化膜比较疏松，难以保护基体进一步被氧化。

3. 氮化物陶瓷

（1）烧结氮化物陶瓷

1）氮化硅陶瓷。氮化硅陶瓷按制造方法不同有反应烧结氮化硅陶瓷和热压烧结氮化硅陶瓷两种，热压烧结的温度为1600～1700℃。氮化硅是六方晶系的晶体，有极强的共价性，有 α-Si_3N_4和 δ-Si_3N_4两种晶体。

氮化硅陶瓷的主要性能特点是高强度、高硬度（仅次于金刚石、立方氮化硼和碳化硼等几种物质）、抗热振性能好、组织结构稳定。表1-19给出了几种非氧化物（其中包括氮化硅）陶瓷的物理性能和力学性能。

表1-19 几种非氧化物（其中包括氮化硅）陶瓷的物理性能和力学性能

性能	氮化硅 (Si_3N_4)		碳化硅 (SiC)		氮化硼 (BN)		氮化铝 (AlN)	赛隆 (Sialon)	
	热压烧结	反应烧结	热压	常压	六方	立方	—	常压	热压
熔点（分解点）/℃	1900（升华）	1900（升华）	2600（分解）	2600（分解）	3000（分解）	3000（分解）	2450（分解）	—	—
密度/(g/cm^3)	3～3.2	2.2～2.6	3.2	3.09	2.27	—	3.32	3.18	3.29
硬度 HRA	91～93	80～85	93	90～92	2（莫氏）	4.8（莫氏）	1400（HV）	92～93	95
弹性模量/GPa	320	160～180	450	405	—	—	279	290	31.5
抗弯强度/MPa	65	20～100	78～90	45	—	—	40～50	70～80	97～116
线胀系数/$10^{-6}K^{-1}$	3	2.7	4.6～4.8	4	7.5	—	4.5～5.7	—	—
热导率/[W/(cm·K)]	0.30	0.14	0.81	0.43	—	—	0.7～2.7	—	—
电阻率/Ω·cm	$>10^{13}$	$>10^{13}$	$10\sim10^3$	$10\sim10^3$	$>10^{14}$	$>10^{14}$	$>10^{14}$	$>10^{12}$	$>10^{12}$
介电常数	9.4～9.5	9.4～9.5	45	45	3.4～5.3	3.4～5.3	8.8	—	—

氮化硅陶瓷的结构稳定，不易与其他物质发生反应，能耐除了熔融 NaOH 和 HF 以外的所有无机酸和碱溶液的腐蚀，抗氧化温度可达1000℃。

氮化硅陶瓷主要用于热机、耐磨部件以及热交换器等，是制造新型陶瓷发电机的重要材料。用氮化硅陶瓷制造的发动机可以在更高的温度下工作，使燃料充分燃烧，提高热效率，减少能源消耗和环境污染。

它与金属材料的焊接可以采用活性金属法、钎焊、液相扩散焊、固相扩散焊、摩擦焊等化学连接法，还可采用烧结法、压入法、热嵌法、铸包法等机械连接法。被焊接的陶瓷有铝和锆的氧化物、氮化硅、氮化铝、碳化硅等非氧化物，与其焊接的金属材料有钢铁、Cu 合金、Al 合金、Ni 基合金、Mo、Nb 等。焊接方法也以活性金属法、固相扩散焊、摩擦焊为多。

氮化硅陶瓷的抗热振性能好，反应烧结氮化硅陶瓷的线胀系数仅为 $2.53\times10^{-6}K^{-1}$，其抗热振性能大大优于其他陶瓷材料。

2）赛隆陶瓷（Sialon）。赛隆陶瓷是由 δ-Si_3N_4和 Al_2O_3 构成的复相陶瓷，其成形和烧结性能都优于 Si_3N_4陶瓷，物理性能与 δ-Si_3N_4接近，化学性能与 Al_2O_3接近。这种陶瓷采用挤压、模压、浇注等技术成形，在1600℃常压无活性气氛中烧结，即可达到热压氮化硅的性能，是目前常压烧结强度最高的陶瓷。近年来赛隆陶瓷得到了较快的发展。

（2）氮化铝陶瓷　氮化铝陶瓷与其他陶瓷的性能比较在表1-20中给出。它主要应用于电子器件上。

表1-20　氮化铝陶瓷与其他陶瓷的性能比较

性　能	AlN（东芝）	Al_2O_3	BeO	SiC
热导率(25℃)/[W/(m·K)]	70、130、170、200、270	20	250~300	270
体积电阻率（25℃）/Ω·cm	$>10^{14}$	$>10^{14}$	$>10^{14}$	$>10^{14}$
介电强度(25℃)/(kV/cm)	140~270	100	100	0.7
介电常数（25℃，1MHz）	8.8	8.5	6.5	40
$\tan\delta$（1MHz)/10^{-4}	5~10	3	5	500
线胀系数（25~400℃)/$10^{-6}K^{-1}$	4.5	7.3	8	3.7
密度/(g/cm^3)	≈3.3	3.9	2.9	3.2
抗弯强度/MPa	294.20~490.33	235.36~490.33	166.71~225.50	441.30
烧结方法	气氛加压	气氛加压	气氛加压	添加BeO，热压

（3）氮化硼陶瓷　氮化硼陶瓷的晶体形态有α型（六方晶系）、β型（立方晶系）和γ型（纤维锌矿型）。由于氮化硼基本上是共价键，故其粉末烧成致密的陶瓷材料很困难。其生产方法为热压法（HP法）和化学气相沉积法（CVD法）。氮化硼陶瓷在冶金、化工工业中有应用。

1.2　陶瓷材料性能的改善

1.2.1　陶瓷材料的韧化

众所周知，陶瓷材料虽然具有耐高温、耐磨损、耐腐蚀和密度小等一系列优良的特殊性能，但是它也存在一个致命的弱点，就是脆性大，这就大大限制了它的实际应用。为了减轻它的脆性，改善力学性能，可以从两个方面入手：采用烧结和热处理方法，使其在显微组织中产生增韧相；在陶瓷材料制备中，采用机械混合的方法加入起到增韧作用的第二相，陶瓷基增强复合材料就属于这一类。

1. 相变韧化

ZrO_2陶瓷的同素异构转变就属于相变韧化。前已述及，ZrO_2陶瓷在从液态冷却下来的时候，能够发生下述的同素异构转变：液相(L)→立方相(c)→正方相(t)→单斜相(m)，其中t→m属于马氏体相变。t→m相变时伴随着5%的体积膨胀，相变产生的体积效应和形状效应，能够吸收大量能量，从而表现出非常高的韧性。在ZrO_2陶瓷中加入足够的稳定剂（前已述及，如Y_2O_3等），使得t→m相变点*Ms*稳定到室温以下。这样，ZrO_2陶瓷在承载中就会发生应力诱发t→m相变，从而提高韧性。

采用加入不同含量的稳定剂或者热处理的方法可以得到t+m、c+t、c+t+m的组织，由于这些组织中都存在t相，可以产生t→m相变韧化效应，这种组织就是PSZ。

2. 增强组织韧化

图 1-17 给出了 SiC 晶须与 ZrO_2 复合增韧陶瓷材料的强度与断裂韧度。图 1-18 所示为不同 SiC 晶须增强复合陶瓷材料的断裂韧度。

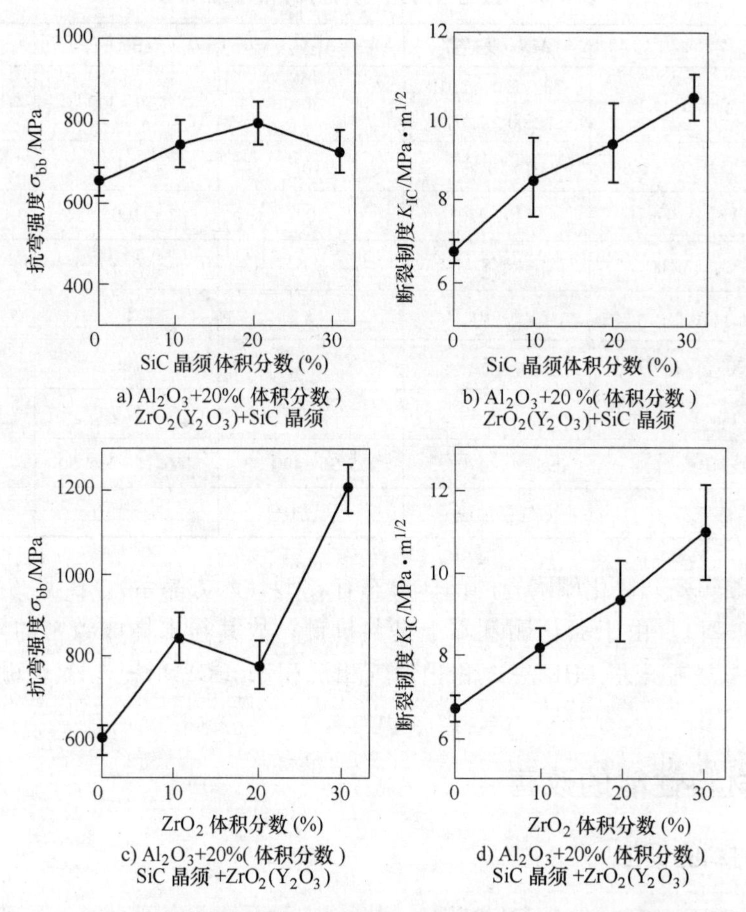

图 1-17 SiC 晶须与 ZrO_2 复合增韧陶瓷材料的强度与断裂韧度

1.2.2 复合增韧陶瓷材料的组织

1. 复合增韧陶瓷材料的组织特征

所谓复合材料，就是人为地把一种材料混入某种基体材料之中而得到的多相材料，它不是利用相变在材料内部产生的。图 1-19 所示为复合材料组织的模型。图 1-20 和图 1-21 所示分别是 C 纤维/SiO_2纤维增强复合材料横截面和 C 纤维/Si_3N_4纤维增强复合材料横截面的光学显微照片。

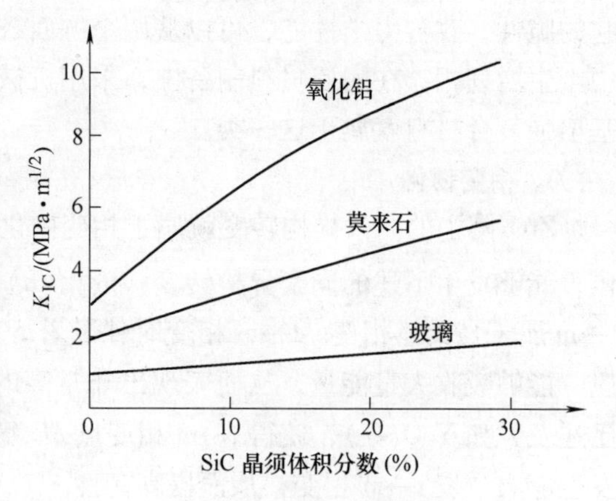

图 1-18 不同 SiC 晶须增强复合陶瓷材料的断裂韧度

图 1-22 和图 1-23 分别为颗粒增强 ZrO_2 颗粒/Al_2O_3 和 ZrO_2 颗粒/（莫来石+Al_2O_3） 复合

材料的显微组织。图1-24和图1-25分别是晶须增强SiC晶须/ZrO_2和SiC晶须/Al_2O_3复合材料的显微组织。图1-26所示为颗粒和晶须联合增强Al_2O_3+ZrO_2颗粒+SiC晶须复合材料的显微组织。

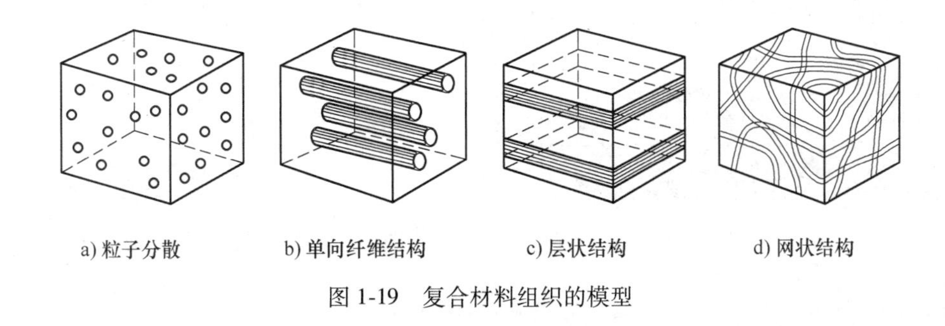

a) 粒子分散　b) 单向纤维结构　c) 层状结构　d) 网状结构

图1-19　复合材料组织的模型

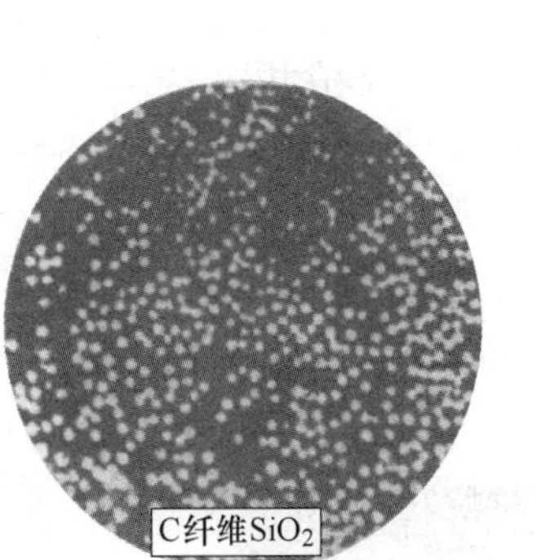

图1-20　C纤维/SiO_2纤维增强复合材料横截面的光学显微照片

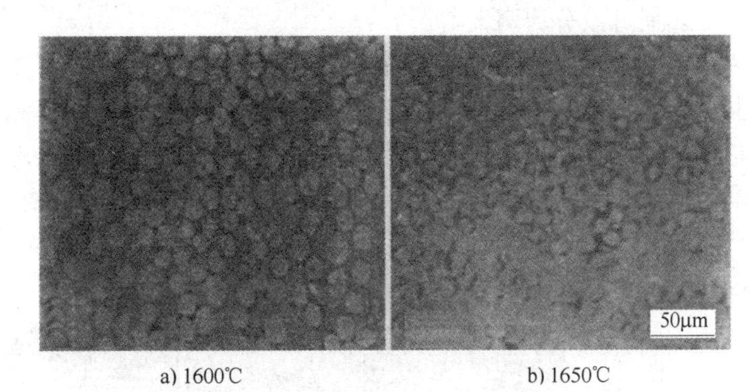

a) 1600℃　b) 1650℃

图1-21　C纤维/Si_3N_4纤维增强复合材料横截面的光学显微照片

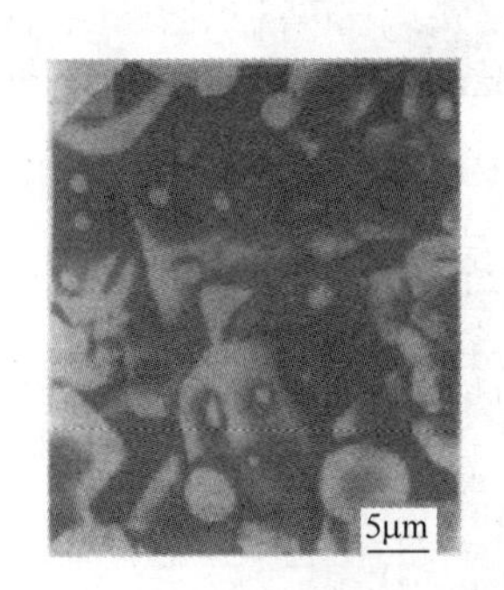

图1-22　颗粒增强ZrO_2颗粒/Al_2O_3复合材料的显微组织

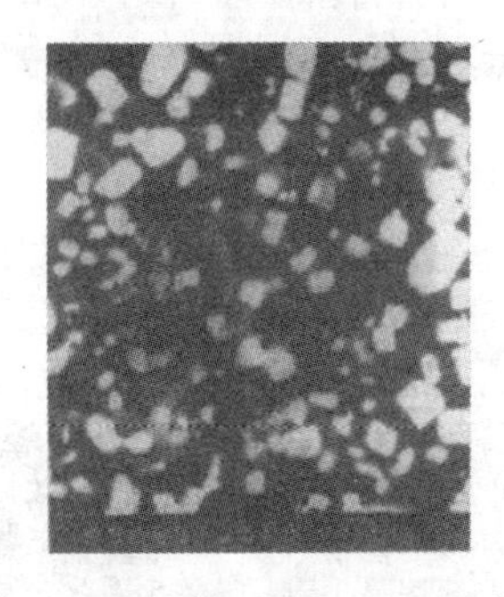

图1-23　颗粒增强ZrO_2颗粒/（莫来石+Al_2O_3）复合材料的显微组织

图1-24　晶须增强SiC晶须/ZrO_2复合材料且微组织

2. 陶瓷基复合材料的界面

界面是复合材料的一个很重要的问题，界面的性质决定了复合材料的性能。界面的性质主要是指界面的物理和化学的相容性：物理相容性是指基体和增强体之间弹性模量和线胀系数是否匹配；化学相容性是指它们之间是否存在化学反应或者界面反应层。

图 1-25 晶须增强 SiC 晶须/Al_2O_3复合材料的显微组织

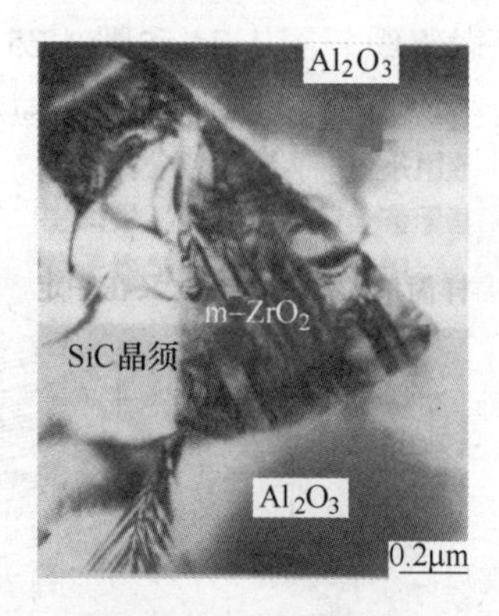

图 1-26 颗粒和晶须联合增强 Al_2O_3+ZrO_2颗粒+SiC 晶须复合材料的显微组织

界面可以分为两大类：

一类是没有反应层的界面，这类界面是增强体与基体直接结合，形成共格、半共格、非共格界面，晶须或者颗粒增强的陶瓷基复合材料中增强体和基体的界面大多是非共格界面，这种界面比存在化学反应的界面较弱，有利于界面的解离和韧性的提高。图 1-27 所示为 SiC 晶须/ZrO_2（含有质量分数为 2%的 Y_2O_3）复合材料的界面结构，图 1-28 为（α+β）-赛隆/SiC 颗粒复合材料中 α/β-赛隆界面和 β-赛隆/SiC 晶须颗粒界面的 HREM 像。可以看出，界面均为原子之间直接结合。

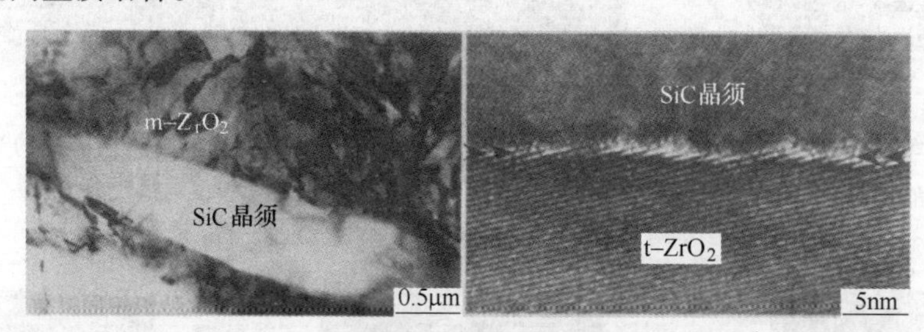

图 1-27 SiC 晶须/ZrO_2（含有质量分数为 2%的 Y_2O_3）复合材料的界面结构

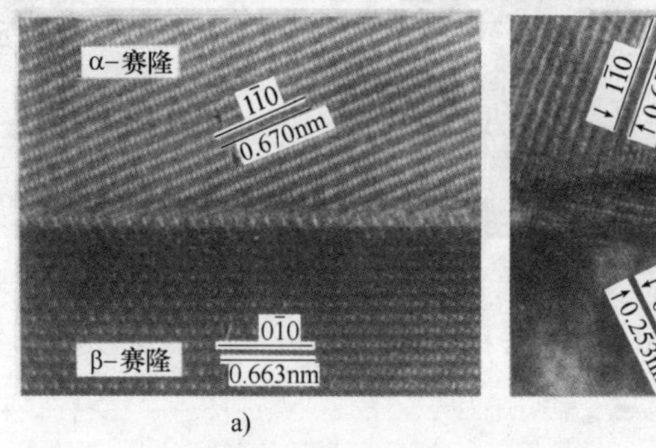

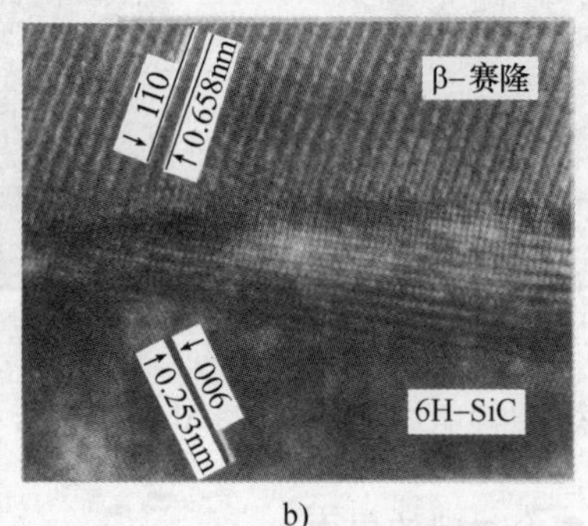

a) b)

图 1-28 （α+β）-赛隆/SiC 颗粒复合材料中 α/β-赛隆界面和 β-赛隆/SiC 晶须颗粒界面的 HREM 像

另外一类是具有反应层的界面，在增强体和基体之间存在一个反应层或者扩散层，这一个中间层将增强体和基体紧密地结合在一起，增加了界面的结合强度。图 1-29 所示为 SiC

晶须/ZrO_2（含有质量分数为6%的Y_2O_3）复合材料的界面结构，可以清楚地看到界面中间反应层的形成。界面中间反应层的形成及其性质与形成界面两相的化学相容性、原材料粉体的表面化学纯度和材料烧结添加剂的类型和含量等因素有关。

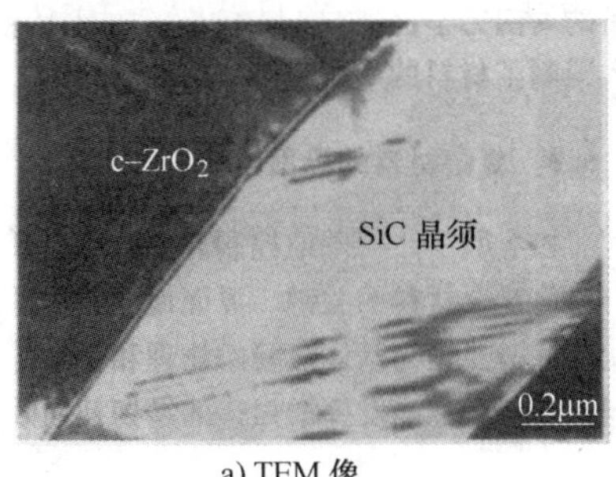

a) TEM 像

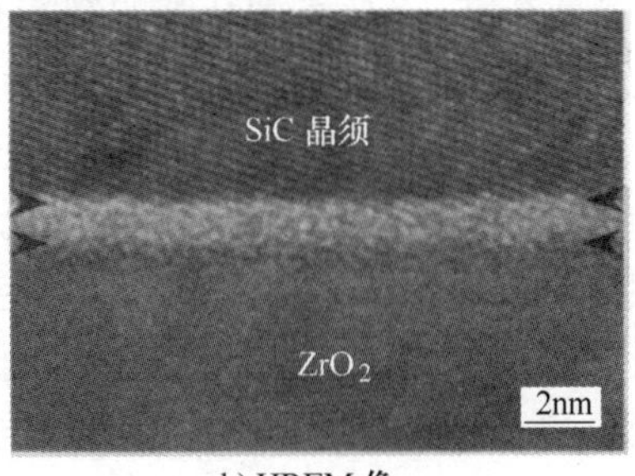

b) HREM 像

图1-29　SiC晶须/ZrO_2（含有质量分数为6%的Y_2O_3）复合材料的界面结构

1.3　陶瓷基增强复合材料的分类、性能及应用

1.3.1　陶瓷基增强复合材料的分类

陶瓷基增强复合材料是指通过在陶瓷基体中引入第二相增强材料，以实现增强、增韧为目的的多相材料，又称为多相复合陶瓷或复相陶瓷。

下面介绍陶瓷基增强复合材料的分类方法。

1. 根据基体的不同进行分类

根据基体的不同陶瓷基增强复合材料可以分为玻璃基复合材料、氧化物陶瓷基复合材料和非氧化物陶瓷基复合材料。

（1）玻璃基复合材料　玻璃基复合材料的优点是可以在较低温度下制备，增强纤维不会受到热损伤，因而增韧效果好；而且在制造过程中可以通过基体的黏性流动进行致密化，增韧效果好。其主要的基体有：钙铝硅酸盐（CAS）、锂铝硅酸盐（LAS）、镁铝硅酸盐（MAS）、硼硅酸盐（BS）等。典型的玻璃基复合材料有CP/石英玻璃、碳化硅/LAS复合材料等。玻璃基复合材料的致命缺点是由于玻璃相的存在而容易产生高温蠕变，同时玻璃相很容易向晶态转变而发生析晶，使性能受到损害。

（2）氧化物陶瓷基复合材料　氧化物陶瓷基复合材料主要是以MgO、Al_2O_3、SiO_2、ZrO_2以及莫来石等为基体的复合材料。这些材料都不宜在高应力和高温环境下使用，因为Al_2O_3和ZrO_2抗热振性较差；SiO_2易发生高温蠕变和相变；莫来石虽然有较低的线胀系数和良好的抗蠕变性能，但是使用温度不能超过1200℃。

（3）非氧化物陶瓷基复合材料　非氧化物陶瓷基复合材料主要有Si_3N_4、SiC等。由于这类非氧化物陶瓷基复合材料具有较高的强度、弹性模量和抗热振性以及优良的高温力学性能而受到重视。

2. 以增强相的化学成分进行分类

（1）Al_2O_3系列（包括莫来石）纤维　这类纤维材料的优点是高温抗氧化性能优良，有可能用于1400℃的高温环境。但是，作为增强材料主要存在两个问题：一是高温下产生晶体相变、晶粒粗化，以及由于玻璃相的蠕变导致纤维的高温强度下降；二是在高温成型及使用过程中，氧化物纤维容易与陶瓷基体（特别是氧化物陶瓷）形成很强的结合界面，易于导致连续增强纤维的脆性破坏，丧失纤维的增强作用。

（2）SiC 系列纤维　SiC 系列纤维的制造有两种方法：一类是化学气相沉积法，这种方法制造的碳化硅系列纤维高温性能好，但是直径太大（大于 0.1mm），不利于制造形状复杂的工件，而且价格昂贵；二是有机聚合物先驱体转化法，这类纤维存在有氧和游离碳等杂质，从而影响纤维的高温性能，日本碳公司已经能够生产含氧量低的碳化硅系列纤维，具有良好的高温性能，其强度在 1500~1600℃下变化不大。

（3）氮化硅系列纤维　它实际上是由 Si、N、C 和 O 组成的复相陶瓷纤维。这类纤维也是采用有机聚合物先驱体转化法制造的，与同样方法制造的 SiC 系列纤维存在同样的问题，性能也相近。

（4）碳纤维　这种纤维已经有 30 余年的发展历史，也是目前开发得最成功、性能最好的纤维之一，被广泛用于复合材料的增强材料。碳纤维的高温性能很好，在惰性气体中，在 2000℃的高温下强度基本不变，是目前高温性能最佳的增强纤维。其最大的缺点是高温抗氧化性能差，在空气中 360℃以上就出现明显的氧化，引起质量损耗和强度下降。

除了上述几种增强纤维之外，正在开发的增强纤维还有 BN、TiC、B_4C 等复相纤维。

3. 以增强相的形态进行分类

1）纤维增强陶瓷基复合材料。常用的纤维有 SiC、C 及 Al_2O_3 等。它们与陶瓷基体有良好的化学相容性和物理相容性。

2）晶须增强陶瓷基复合材料。常用的晶须有 SiC 晶须等。

3）颗粒增强陶瓷基复合材料。颗粒有刚性（硬质）颗粒及延性颗粒两种，均匀分散于陶瓷基体中，起到增加强度和韧性的作用。刚性（硬质）颗粒是高强度、高硬度、高热稳定性及高化学稳定性的陶瓷颗粒，如 SiC、TiC 及 B_4C 等。延性颗粒是金属颗粒，如 Cr 等。金属的高温性能比陶瓷基体低，因此延性颗粒增强陶瓷基复合材料的高温性能较差，但中、低温时的韧性显著提高。

4）原位生长陶瓷基复合材料。通过在基体原料中加入可以生成第二相的元素或化合物，在陶瓷基体致密化的过程中直接通过高温化学反应或相变过程，原位生长出均匀分布的增强相，而形成陶瓷基复合材料。这种陶瓷基复合材料的室温和高温力学性能均优于同组分的其他类型复合材料。

1.3.2 陶瓷基增强复合材料的性能及应用

与一般陶瓷相比，陶瓷基增强复合材料具有更高的强度和韧性，而与一般金属相比，陶瓷基增强复合材料具有耐高温、耐氧化、强度高、耐腐蚀、弹性模量大等特点。

（1）陶瓷基颗粒增强复合材料的性能　表 1-21 给出了陶瓷基颗粒增强复合材料的性能。

（2）陶瓷基晶须增强复合材料的性能　陶瓷基晶须增强复合材料具有增韧的效果，SiC 晶须/Al_2O_3和 SiC 晶须/Si_3N_4最为成熟。表 1-22 给出了陶瓷基晶须增强复合材料的性能。

（3）陶瓷基纤维增强复合材料的性能　陶瓷基纤维增强复合材料具有最佳增强、增韧的效果。表 1-23 给出了陶瓷基纤维增强复合材料的性能。

表1-21　陶瓷基颗粒增强复合材料的性能

复合材料种类	颗粒体积分数（%）	抗弯强度/MPa	断裂韧度/$MPa \cdot m^{1/2}$
TiC颗粒/Al_2O_3	30	≤700	3.2
SiC颗粒/Al_2O_3	20	≤520	4.0~5.0
B_4C颗粒/Al_2O_3	50	620	4.5
TiB颗粒/SiC	16	480	≤8.9
TiC颗粒/SiC	15	680	5.1
TiC颗粒/Si_3N_4	30	800	4.3
SiC颗粒/Si_3N_4	20	≤600	≤7.0
Cr颗粒/Al_2O_3	8	150~240	≤7.8

表1-22　陶瓷基晶须增强复合材料的性能

材料种类	晶须体积分数（%）	抗弯强度/MPa		断裂韧度/$MPa \cdot m^{1/2}$	密度/(g/cm^3)	备　注
		25℃	1350℃			
SiC晶须/Al_2O_3	0	300~400	—	2.5~4.0	—	—
	20	650~800	—	7.5~9.0	—	—
SiC晶须玻璃	0	77	—	1.0	—	—
	20	125~190	—	3.8~5.5	—	—
SiC晶须/莫来石	0	200	—	2.2	—	—
	20	420	—	4.7	—	—
SiC晶须/Si_3N_4	0	500~800	—	4.0~5.5	—	—
	20	750	200	8.05	3.26	Y_2O_3-Al_2O_3作为烧结助剂
	20	850.1	271.4	9.45	3.28	Y_2O_3-Al_2O_3作为烧结助剂，经酸处理
	20	598.1	488.5	5.52	3.43	Y_2O_3-La_2O_3作为烧结助剂
	20	804.3	804.3	10.47	3.54	Y_2O_3-La_2O_3作为烧结助剂，经酸处理
	30	700~950	—	6.5~7.5	—	—
SiC晶须/尖晶石	0	320	—	—	—	—
	30	415	—	—	—	—
SiC晶须/ZrO_2	—	1150	—	6.8	—	—
	—	600	—	10.2	—	—
SiC晶须/B_4C	—	—	—	4.0	—	—
	—	—	—	5.3	—	—
SiC晶须/SiC	20	595	—	6.7	—	—

表 1-23 陶瓷基纤维增强复合材料的性能

复合材料	纤维体积分数(%)	抗弯强度/MPa	弹性模量/GPa	断裂韧度/(kJ/m^2)	密度/(g/cm^3)
C 纤维/B_2O_3-SiO_2-Na_2O-Al_2O_3（单向纤维增强）	0	100	60	0.004	—
	50	700	193	5.0	—
C 纤维/LAS（Li_2O-Al_2O_3-SiO_2）（单向纤维增强）	0	150	77	0.003	—
	50	680	168	3.0	—
C 纤维/SiO_2 玻璃（单向纤维增强）	0	51.5	—	0.009	—
	50	600	—	7.9	—
SiC 纤维/LAS（Li_2O-Al_2O_3-SiO_2）	46	755	138	—	—
SiC 纤维/LAS（Li_2O-Al_2O_3-SiO_2）	46	1380	134	—	—
SiC 纤维/SiO_2 玻璃	35	506	102	—	—
SiC 纤维 B_2O_3-SiO_2-Na_2O-Al_2O_3	65	830	290	—	2.9
	35	850	185	18.8	2.6
SiC 纤维/Si_3N_4	30	755	—	9.45	—
SiC 纤维/SiC	30	750	—	25	—

（4）陶瓷基增强复合材料的应用　陶瓷基颗粒增强复合材料主要应用于高温材料和超硬高强材料，如陶瓷发动机中燃气轮机的转子、定子和蜗形管，无水冷陶瓷发动机中的活塞顶盖、燃烧器，柴油机的火花塞、活塞罩、气缸套、副燃烧室等。

SiC 晶须/Al_2O_3陶瓷基晶须增强复合材料主要应用于制造磨具，刀具，耐磨球阀和轴承，内燃机喷嘴、缸套、抽油阀门和各种内衬等；SiC 晶须/Si_3N_4可以应用于制造燃气轮机的转子、定子，无水冷陶瓷发动机中的活塞顶盖、燃烧器，柴油机的火花塞、活塞罩、气缸套等。

陶瓷基连续增强纤维复合材料还可以应用于制动系统、光学反射镜、高温连接件及热保护系统中。

关于陶瓷基增强纤维复合材料的焊接读者可参阅《复合材料的焊接》（于启湛、史春元编，机械工业出版社 2011 年出版），本书不再述及。

第 2 章

陶瓷材料的焊接性

由于陶瓷材料的可加工性差，塑性和冲击韧度低，耐热冲击性弱，而且，其零件形状较复杂，通常还需要与金属连接，而陶瓷材料与金属的原子键结构根本不同，因此，陶瓷材料的焊接性较差。

2.1 陶瓷与陶瓷及金属与陶瓷之间的焊接性

2.1.1 陶瓷与陶瓷及金属与陶瓷之间的润湿性

陶瓷与陶瓷及金属与陶瓷之间能够实现焊接的前提是金属材料对陶瓷能不能润湿。研究发现，钎料的润湿铺展有三个过程：首先，是快速的非反应铺展过程；其次，是反应过程，这个阶段钎料的润湿铺展加快，对于 AgCuZn 钎料，在氧化铝陶瓷上的润湿铺展与在界面生成的钛的氧化物有关；最后阶段，仍然处在反应过程中，AgCuZn 钎料在氧化铝陶瓷上的润湿铺展由生成的 Cu_3Ti_3O 化合物决定。润湿铺展的润湿条件是加热温度、保温时间、反应产物、活性元素的含量等。

1. 钎焊温度对润湿性的影响

以摩尔分数（%）Au-40Ni 在陶瓷 ZrB_2 在上的润湿为例，在 980℃生成 Ni 的硼化物的情况下，润湿角及液滴半径随着时间的变化如图 2-1 所示，呈缓慢抛物线关系。而当温度升高到 1170℃时，Ni 的硼化物已经不能稳定存在，这时 Zr_2B 则剧烈地向 Au-40Ni 钎料中溶解，其润湿角及液滴半径随着时间的变化如图 2-2 所示。可以看出，保温时间随着钎焊温度的变化而发生影响。可以认为，这实际上也是反应产物的影响。

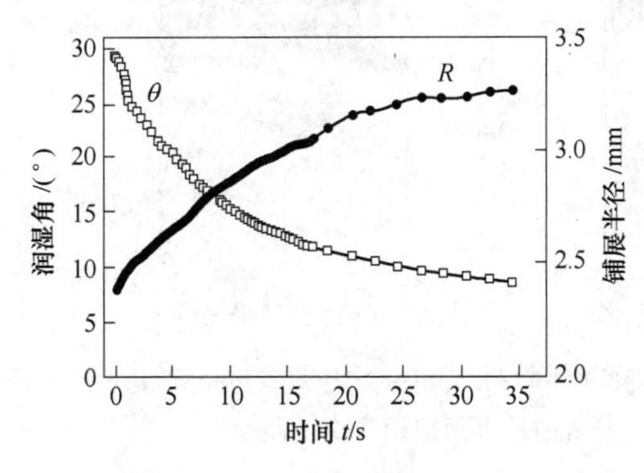

图 2-1 980℃时 Au-40Ni 陶瓷 ZrB_2 在上的润湿角及液滴半径随着时间的变化曲线

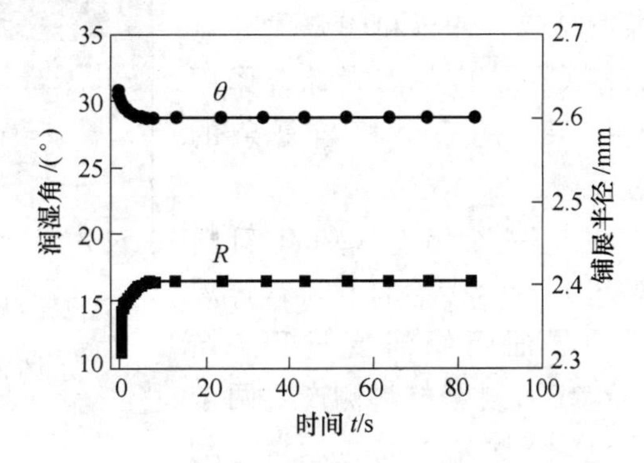

图 2-2 1170℃时 Au-40Ni 陶瓷 ZrB_2 在上的润湿角及液滴半径随着时间的变化曲线

2. 活性元素含量的影响

（1）活性元素含量对润湿性的影响　在采用 AgCu-Ti/Al_2O_3 的 AgCu-Ti/Al_2O_3 润湿体系中，钎料中的 Ti 是钎料能够在 Al_2O_3 陶瓷润湿的关键。在 AgCu（共晶合金）中添加摩尔分数 3%的 Ti，其稳定的润湿角就降低为 10°。而 Ti 含量较低，界面只生成 $Ti_{1.75}O$ 时，其稳定的润湿角就升高为 60°~65°。这说明活性元素含量的提高有利于改善润湿性。

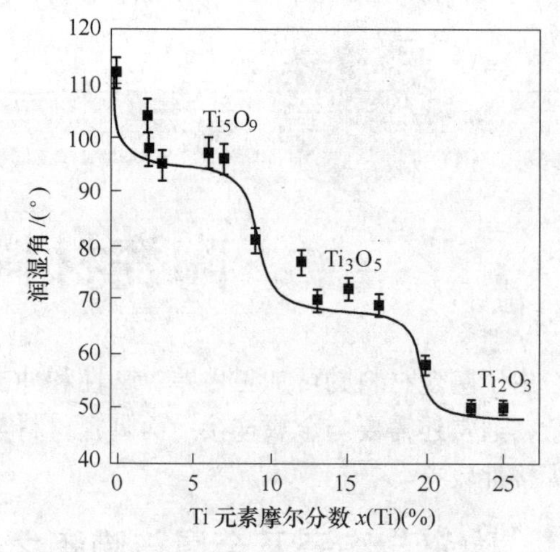

图 2-3　1300℃时 NiPd-Ti 合金（钎料）在单晶氧化铝表面的平衡润湿角与 Ti 的摩尔分数的关系

（2）反应产物的影响

1）活性元素在反应产物中含量的影响。NiPd-Ti 合金（钎料）在单晶氧化铝表面的平衡润湿角与钎料中 Ti 的摩尔分数有关，在 1300℃下，这个关系如图 2-3 所示。可以看出，Ti 在氧化物中的摩尔分数越高，润湿角越小，表明润湿性越好。

2）反应产物中形成固溶体的影响。采用 AgCuZn 钎料在 TiC-Ni 陶瓷表面进行润湿性研究中发现，Zn 有利于促进陶瓷中的 Ni 向钎料中发生溶解反应，而与钎料中的 Cu 形成（Cu，Ni）固溶体，使之由非润湿转变为润湿状态。

由此可以看到，钎料在陶瓷表面对润湿铺展与钎焊温度、保温时间、钎料和陶瓷成分息息相关，是这些因素综合作用的结果，是一个相当复杂的过程。

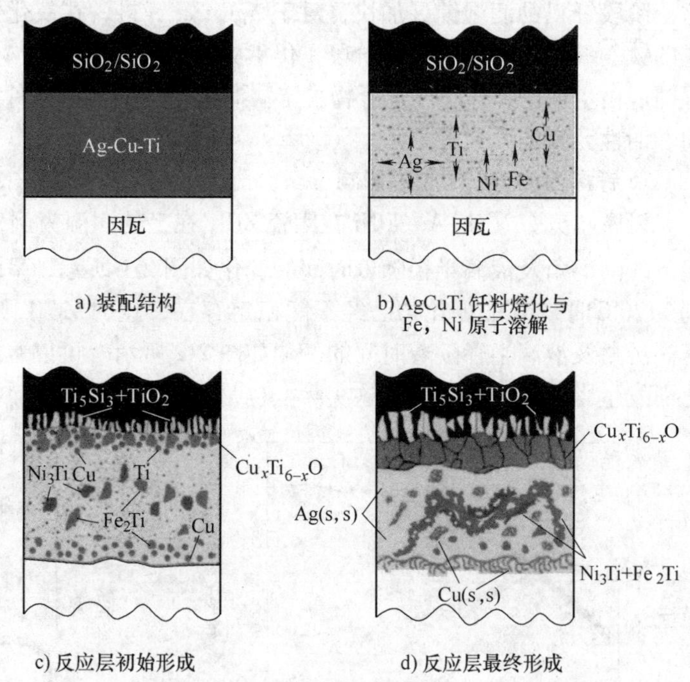

图 2-4　AgCuZn 钎料对 SiO_2/SiO_2 复合材料进行钎焊时的界面组织演变过程

图 2-4 给出了 AgCuZn 钎料对 SiO_2/SiO_2 复合材料进行钎焊时的界面组织演变过程。在 SiO_2/SiO_2 复合材料侧产生两个反应层，优先生成的是靠近陶瓷的 TiO+TiSi 反应层，随后是在靠近 AgCuZn 钎料侧产生的 CuTiO。就是这两个反应层实现了 AgCuZn 钎料对 SiO_2/SiO_2 复合材料的钎焊连接。

2.1.2　陶瓷与陶瓷及金属与陶瓷之间焊接的问题

1. 陶瓷材料的润湿性很差

陶瓷材料的润湿性很差或者根本就不能润湿是影响其焊接加工的首要问题。陶瓷材料与金属的原子键结构根本不同，陶瓷材料主要是离子键和共价键，表现为非常稳定的电子配位。这样，欲通过熔化焊使金属与陶瓷材料产生接触是不可能的，也很难被熔化的金属所湿润。因此，在陶瓷材料之间或陶瓷材料与金属之间直接进行熔化焊接是十分困难的。

2. 陶瓷材料与金属之间的线胀系数之差大，残余应力大，容易产生裂纹

陶瓷材料的线胀系数很小，而金属的线胀系数较大（见图 2-5），通过加热来连接陶瓷材料与金属（或用金属作为中间层来连接陶瓷材料）时，会产生较大的残余应力，削弱接头的力学性能，甚至导致接头开裂。

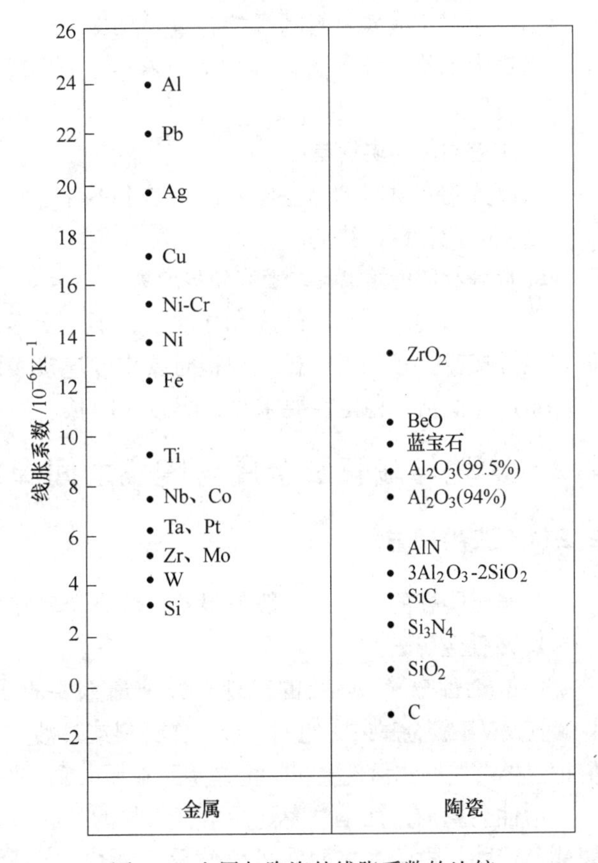

图 2-5　金属与陶瓷的线胀系数的比较

线胀系数不同是影响金属与陶瓷异种材料焊接接头力学性能的基本要素之一。由于两者线胀系数不同，在从焊接温度冷却下来时，将会产生较大的残余应力。

在弹性范围内因线胀系数不匹配时，两材料之间将产生的残余压力可用下式给出：

$$\sigma_i = -\sigma_j = [E_i E_j/(E_i + E_j)](\alpha_i - \alpha_j)\Delta T \tag{2-1}$$

式中　σ——残余压力；

E——弹性模量；

α——线胀系数；

ΔT——焊接温度与室温之差。

由上式可见，焊接温度与室温之差 ΔT 和线胀系数之差越大，残余应力也越大。陶瓷与金属焊接时，陶瓷的线胀系数较小，因此，一般来说，陶瓷受压，金属受拉。若用塑性中间层，则使接头中的残余应力更加复杂。

降低这种残余应力的方法有三种：一是选用合理的表面加工及结合角度等形状；二是在陶瓷与金属之间插入能够缓和焊接残余应力的过渡中间层；三是设计合理的焊接接头形式。而采用过渡中间层的方法也有两点：一是采用低线胀系数的金属作为过渡中间层；二是使高残余应力向韧性好的金属方向移动，使较软的过渡中间层金属发生塑性变形而降低应力。前者以 W、Mo 及其合金箔为多，但它们的线胀系数也无法与陶瓷材料一致，作为后者的金属为无氧铜，但其降低残余应力的效果与厚度有关。

接头的形状尺寸对残余应力也有很大影响。

从上面两个方面来考虑，它们都是由金属与陶瓷异种材料的焊接温度较高引起的。与钎焊和扩散焊相比，摩擦焊与阳极结合的加热温度较低和焊接时间较短，对金属与陶瓷异种材料的焊接可能更加有利。

3. 陶瓷材料与金属的结合界面

由于陶瓷材料与金属之间的焊接不能通过加热、熔化、结晶的方式进行，只能通过扩散及（或）反应形成的过渡层来实现连接。这个界面反应通过三种途径而发生：由于陶瓷材料一般由烧结而成，因此存在一定的空隙，将会发生渗透现象；元素的扩散和元素之间发生化学反应，这个过程对于陶瓷材料与金属接头的形成和性能有决定性的影响。因此，研究这个界面反应对于陶瓷材料的焊接有重要意义。

当集中加热（比如熔化焊）时，在接头的陶瓷一侧容易产生高的残余应力，此处很容易产生裂纹。

4. 陶瓷材料导电性差

大部分陶瓷材料的导电性差或基本上不导电，因此，很难采用电焊的方法来连接陶瓷材料，必须采取特殊的措施。

5. 陶瓷材料的熔点高、硬度和强度高

陶瓷材料的熔点高，硬度和强度高，不易变形，陶瓷材料之间以及陶瓷材料与金属之间的扩散焊接都比较困难。扩散焊接时要求被连接表面非常平整（要求表面粗糙度 *Ra* 值小于 0.1μm）和清洁，稳定性要求高，焊接时间长。

2.2 陶瓷与陶瓷及金属与陶瓷之间焊接性的改善

2.2.1 改善润湿性

金属对陶瓷的润湿性一般都很差，液态金属在典型陶瓷表面的接触角见表 2-1。

1. 活性金属法

（1）活性金属法焊接的机理　以前最重要的成果之一是采用了 Cr、V、Nb、Ti、Zr 等ⅣB 族及ⅤB 族金属或它们的合金用作钎料或过渡中间层，显著改善了润湿性及结合强度，人们把这类金属叫作活性金属。把这些元素加入 Cu 及 Cu-Ag 合金等的焊接方法叫作活性金属法。

活性金属的特征是对陶瓷元素有很强的亲和力，从而在钎焊或扩散焊的加热温度下，陶瓷能与这些活性金属之间发生化学反应形成一个反应层，作为媒介将陶瓷和金属连接为一体。还有所谓“楔子型”结构时也会有较高的结合强度。这个反应层的晶体结构、力学性能、厚度对金属与陶瓷焊接接头强度有影响，其厚度也有影响。厚度过大，反而会降低接头强度。如果产生的是脆性化合物，将对其结合强度产生不良影响。但减薄其厚度，就可以减轻这种不良影响。

Co 虽然不是活性金属，但是，它与 Si 的化合物却具有良好的韧性。在 SiC 的钎焊中，采用 Co-Si 合金作为钎料，可以取得良好的效果。在 1327℃以上的高温下，可得到高强度、耐热性、耐蚀性都很好的金属与陶瓷异种材料的焊接接头。

活性金属钎焊法，用得最多的是 Ag-Cu 系银钎料。银钎料中加入 Ti 或 Zr 作为活性金属（Ti 最多），对于氧化铝、碳化硅、氮化硅、氮化铝等类陶瓷有良好的润湿性，可以用于多种金属与陶瓷的钎焊。这里就用银钎料钎焊碳化硅或氮化硅与金属的结合机构进行简单的说明。

表 2-1　液态金属在典型陶瓷表面的润湿角

分　类	化合物	金属	温度/℃	气氛	润湿角/(°)
碳化物	TiC	Fe	1550	真空	45
		Co	1450	真空	30
		Ni	1500	真空	38
	WC	Fe	1490	真空	≈0
		Co	1420	真空	≈0
		Ni	1380	真空	≈0
氮化物	BN	Cu	1100	真空	
		Al	850~1000	真空	146
		Fe	~熔点	Ar	142
		Co	~熔点	Ar	118
		Ni	1100	Ar	134
	TiN	Fe	1550	真空	≈100
		Co	1550	真空	104
		Ni	1550	真空	≈70
	Si_3N_4	Cu	1100	真空	60
		Fe	~熔点	Ar	90
		Co	~熔点	Ar	90
		Ni	1550	真空	120
硼化物	TiB_2	Cu	1120	真空	142
		Al	1000	真空	114
		Fe	1450~1550	Ar	100
		Co	1500~1600	Ar	100~64
		Ni	1500	真空	0
氧化物	Al_2O_3	Cu	1200	真空	138
		Al	940	Ar	170
		Fe	1550	真空	≈90
		Co	1550	真空	>90
		Ni	1450	真空	≈45
	SiO_2	Cu	1100	真空	148
		Fe	1550	N_2	115
		Ni	1550	N_2	125
	TiO_2	Fe	1550	真空	72
		Ni	1500	真空	104
	ZrO_2	Fe	1550	真空	92
		Ni	1500	真空	118

钎焊焊接接头的高温强度受到钎料熔点的支配。为了提高焊接接头的高温强度，应当选用 Ni 或 Pd（钯）基的高熔点钎料，或者不用液相而用固相焊接。

活性金属法焊接陶瓷是一种化学结合，它是利用在界面上发生扩散、固溶、化学反应等形成一种新物质，使之形成高强度的结合界面的一种材料连接方法。

元素向陶瓷的扩散对焊接工艺和焊接质量也有一定的影响，图 2-6 给出了一些元素在某些陶瓷中的扩散系数。

(2) 焊接陶瓷所适用的活性金属的种类　最初以 Al_2O_3 陶瓷为代表的氧化物陶瓷采用活性金属法焊接。后来随着氮化物和碳化物等非氧化物陶瓷的应用，开发出不少相应的活性金属。焊接陶瓷所适用的活性金属，根据对陶瓷的分类列入表 2-2。从表 2-2 可以看到，元素周期表中第Ⅳ族，特别是含 Ti 的活性金属占大多数，并加入 Cu-Ag 共晶成分，以降低熔点（如质量分数为 2% 的 Ti-Cu-Ag 为 780℃），一般是作为硬钎焊的钎料；其次是第Ⅲ族 Al 及其合金也较多；另外，还有第Ⅴ族元素和少数其他元素也作为活性金属得到应用。这些活性金属元素在焊接材料中扩散，并在与陶瓷材料的交界面上与陶瓷发生反应而形成反应产物，以达到牢固的连接。

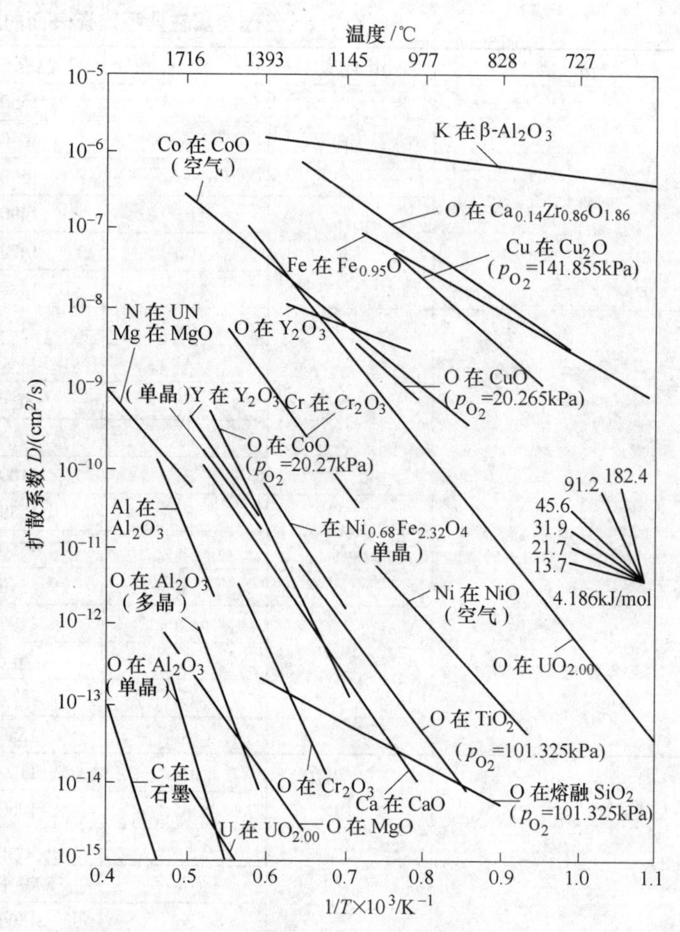

图 2-6　陶瓷中一些元素的扩散系数

(3) 活性金属中间层材料的形态　表 2-2 所给出的活性金属，会被制作成不同形态的中间层。表 2-3 为这些活性金属被制成中间层材料的形态。一般都呈箔片状、粉末状以及与其他金属混合。这些活性金属的含量可以根据需要随意控制，以得到最适宜的化学成分。

表 2-2　陶瓷连接使用的活性金属（＊为固相连接，其余为硬钎焊）

陶瓷种类	陶瓷连接使用的活性金属		
	族	系	活性金属举例
Si_3N_4	Ⅳ	Ti	Ti＊，Ti-Cu，Ti-Cu-Ag，Ti-Ag，Ti-Cu-Ni，Ti-Cu-Au，Ti-Cu-Be，Ti-Cu-Be+Zr，Ti-Ni，Ti-Ni-P，Ti-Ni-TiH_2，Ti-Al，Ti-Al-V，Ti-Al-Cu
		Zr	Zr＊，Zr-Cu，Zr-Cu-Ni，Zr-Ni
		Hf	Hf＊
	Ⅲ	Al	Al，Al-Cu，Al-Ag，Al-Ni，Al-Ti，Al-Zr，Al-Si，Al-Mg，Al-Mg-Cu-Si，Al-Cu-Mg-Mn，Al-Si-Mg
	Ⅴ	V	V＊
		Nb	Nb＊，Nb-Cu-Al
		Ta	Ta＊
	其他	Ni	Ni＊，Ni-Cr＊
		Cu	Cu-Mn，Cu-Cr，Cu-Nb，Cu-V，Cu-Al-V
		Co	Co

（续）

陶瓷种类	陶瓷连接使用的活性金属		
	族	系	活性金属举例
赛隆	Ⅳ	Ti	Ti-Cu，Ti-Cu-Ag，TiH_2+Cu-Ag，TiH_2+Al-Ni，TiH_2+Al，Ti-Al
		Zr	Zr-Cu
	Ⅲ	Al	Al，Al-Cu，Al-Cr
	其他	Ni	Ni-Cr，Ni-Cr-Pd，Ni-Cr-Pd-Si
		Fe	Fe-Cr-Ni
AlN	Ⅳ	Ti	Ti*，Ti-Cu，Ti-Cu-Ag，Ti-Ag，Ti-Cu-Sn
		Zr	Zr*，Zr-Cu
		Hf	Hf-Cu，Hf-Cu-Ag
	Ⅲ	Al	Al，Al-Cu，Al-Li，Al-Cu-Li
	Ⅴ	Ta	Ta*
BN	Ⅳ	Ti	Ti-Cu-Ag
	Ⅴ	Ta	Ta*
SiC	Ⅳ	Ti	Ti*，Ti-Cu，Ti-Cu-Ag，Ti-Cu-Ag-Sn，Ti-Ni，Ti-Al，Ti-Al-V
		Zr	Zr*，ZrH_2+Ni，Zr-Ni-Si-Cr，Zr-Al
		Hf	Hf-Al
	Ⅲ	Al	Al，Al-Cu，Al-Si，Al-Si-Cu，Al-Ti，Al-Mo，Al-W，Al-Cr，Al-V，Al-Nb，Al-Ta
	Ⅴ	V	V*
		Nb	Nb*
	其他	Ni	Ni*，Ni*-Cr，-Mo，-Ti，-W，-Nb，Ni-Si-Cr-Zr
		Cu	Cu，Cu-Mn
		Ge*	
B_4C	Ⅲ	Al	Al
ZrB_2	Ⅳ	Ti	Ti-Cu，Ti-Cu-Ag，Ti-Al
		Zr	Zr-Cu，Zr-Al
		Hf	Hf-Cu，Hf-Al
Al_2O_3	Ⅳ	Ti	Ti*，Ti-Cu-Ag，Ti-Cu-Ag-In，Ti-Cu-Ag+Cu+Cu_2O，Ti-Cu-Ag-Sn，Ti-Cu-Be，Ti-Cu-Fe，Ti-Cu-Ge，Ti-Cu-Ni，Ti-Cu-Sn，Ti-Cu-Au，Ti-Cu-Au-Ni，Ti-Zr-Cu，Ti-Zr-Cu-Ni，Ti-Ni，Ti-Ni-Ag，Ti-Ni-Au，Ti-Ni-Al-B，Ti-Fe，Ti-Al-Si，Ti-Sn
		Zr	Zr*，Zr-Cu-Ag，Zr-Al，Zr-Al-Si，Zr-Ni，Zr-Fe
		Hf	Hf*
	Ⅲ	Al	Al，Al-Cu，Al-Si，Al-Si-Cu，Al-Si-Mg，Al-Ni，Al-Ni-C，Al-Li，Al-Cu-Li
	Ⅴ	V	V*，V-Ti-Cr
		Nb	Nb*，Nb-Al-Si
	其他	Ni	Ni*，Ni-Cr，Ni-Y
		Cu	Cu，Cu_2O，CuS+高岭土
		Cr-Pd	

（续）

陶瓷种类	陶瓷连接使用的活性金属		
	族	系	活性金属举例
ZrO_2	Ⅳ	Ti	Ti-Cu，Ti-Cu-Ag，Ti-Cu-Ag-Sn
		Zr	Zr-Cu
	Ⅲ	Al	Al-Cu，Al-Mg
	其他	Ni	Ni*，Ni
		Cu	Cu*，Cu，Cu_2O+C
		Pt	Pt*，Pt-Ni*，Pt-Pd*
		Sn	
MgO	Ⅲ	Al	Al
	其他	Ni*，Cu	
BeO_2	Ⅳ	Ti	Ti-V-Zr，Ti-Zr-Be-V
2MgO·SiO_2	Ⅳ	Ti	Ti*
V_2O_3	Ⅳ	Ti	Ti-Cu-Ag
		Zr	Zr-Cu-Ag
	Ⅲ	Al	Al-Cu-Ag
$Ba_2Cu_3O_{7-x}$	其他	Ag*，Ag_2O*	

表 2-3 活性金属中间层材料的形态

形态				活性金属举例
箔片	一层	合金	晶体	Ti-Cu-Ag 合金，Al-Si 合金等
			非晶体	Ti_{50}-Cu_{50} 等
		复层		Ti/Cu-Ag，Ti/Cu，Ti/Ni 等
	多层	箔状合金组合	晶体	Ti/Cu-Ag，Ti/Cu/Ag，Ti/Cu/Ni 等
			非晶体	Ti/Ni-P 等
粉	匀质	合金粉		Ti-Cu-Ag 合金等
		超微颗粒		Nb
	混合	粉体组合		Ti/Cu 等
		氢化物		ZrH_2/Ni 等
箔+粉	上述组合			Ti-Cu-Ag/Cu+Cu_2O，Ti-Ni/TiH_4-Ni，Al，Al-Si/Ti，Zr，Hf 等
复合	PVD	喷涂		Ti，Ni 等
		离子镀		Ti/Cu/Ag
	IVD			Ti 蒸气附着+N^+注入
	等离子弧喷涂			
复合+箔	PVD	喷涂		Ti+Ag-Cu，Ni/Au+In-Sn，Ti-Cu-Ag-Sn
		离子镀		Ti/Al
	离子注入			Ti，Fe 蒸气附着+N^+注入

（4）适合的焊接加热方法　表 2-4 为结合能的供应方法，亦即适合的焊接加热方法。活性金属被加热到熔化，有利于促进界面反应。一般来说，几乎都是间接加热，即在真空或惰

性气体保护下的电阻炉或高频炉内加热。最近出现了直流电结合（阳极结合）、有导电性能陶瓷的通电加热、摩擦加热等。

表 2-4　结合能的供应方法

能量供应方法		焊接举例
间接加热	发热体加热	多数
	高频加热	多数
	热压	多数
	绝热加压	多数
直接加热	高频加热	多数
	通电加热+压接	Ti-Cu-Ag/ZrB_2，Ti/SiC-Si
	直流电结合（阳极结合）	Cu/ZrO_2，Cu，Ni/ZrO_2
其他	摩擦焊	Al/Si_3Ni_4，ZrO_2，SiC
	超声波焊	Al，Cu/Al_2O_3，AlN，Si_3Ni_4，ZrO_2，SiC
	表面活化+常温压焊	Cu 或 Ni/Au 镀 Al_2O_3/In-Sn，Au，Cu/Si_3Ni_4，AlN，Al_2O_3

陶瓷与金属的焊接性取决于高强度结合界面的形成及其残余应力的下降。

（5）陶瓷与金属焊接结合界面的显微结构　如前所述，采用活性金属作为中间层来焊接陶瓷与金属，在陶瓷与活性金属界面上将会形成一种反应生成物而形成强固的结合。如采用 Ag-Cu-2.2Ti 活性金属作为中间层来焊接 Si_3N_4 陶瓷，Ti 原子将在中间层熔液中扩散而偏析于 Si_3N_4 陶瓷侧，发生如下反应而形成化合物：

$$Si_3N_4 + 9Ti \longrightarrow 4TiN + Ti_5Si_3 \tag{2-2}$$

（6）活性金属法焊接接头的高温强度　活性金属法焊接陶瓷的接头强度，特别是高温强度是不令人放心的，尤其是硬钎焊。为了降低熔点，特别加入了降低熔点的元素。另外，为了充分利用陶瓷的耐热性，希望其焊接接头具有较高的高温强度。在实际的焊接接头中设计一个焊接残余应力缓和层，也能提高焊接接头的高温强度。

（7）典型活性金属钎料的性能

1）Ag-Cu-Ti 活性金属钎料。

①Ag-Cu-Ti 活性金属钎料与陶瓷的相互作用。Ag-Cu-Ti 活性金属钎料已广泛用于陶瓷-陶瓷和陶瓷-金属的钎焊中，它不仅适用于 Al_2O_3、ZrO_2 等氧化物陶瓷，也适用于 SiC、BN、Si_3N_4 等非氧化物陶瓷。表 2-5 为 AgCu28Ti3 活性金属钎料钎焊陶瓷-金属材料的接头抗拉强度。

表 2-5　AgCu28Ti3 活性金属钎料钎焊陶瓷-金属材料的接头抗拉强度

材质	Si_3N_4-Si_3N_4	Si_3N_4-FeNiCo	95Al_2O_3-Cu	Si_3N_4-40Cr
抗拉强度/MPa	230（静弯强度）	98	70	208

非氧化物陶瓷 SiC、AlC、Si_3N_4 等与氧化物陶瓷一样，靠活性元素 Ti 与陶瓷中的 N、C 扩散结合为 TiN、TiC 结合层，从而增强结合强度。图 2-7 给出了 AgCu28Ti3 活性金属钎料对几种陶瓷的润湿性。图 2-8 是 AgCu28Ti3 活性金属钎料与 Al_2O_3 陶瓷的结合界面。

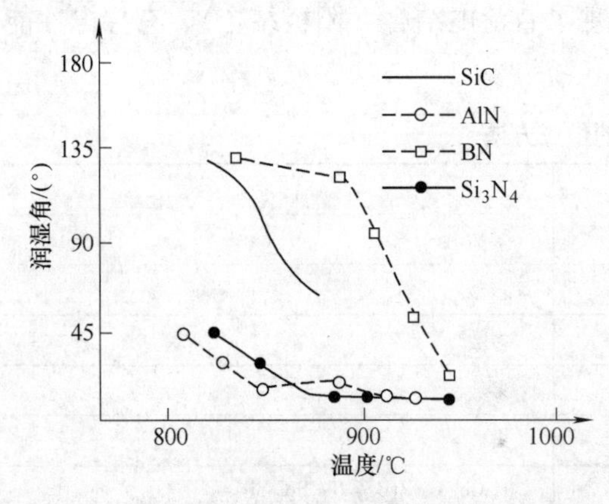

图 2-7 AgCu28Ti3 活性金属钎料对几种陶瓷的润湿性

图 2-8 AgCu28Ti3 活性金属钎料与 Al_2O_3 陶瓷的结合界面

②Ti 的活化作用。Ti 与 Al_2O_3、ZrO_2 陶瓷的活化作用并不是钎料中的 Ti 在结合界面上与 Al_2O_3 作用形成 TiO，而是钎料在陶瓷表面发生了润湿行为，也就是说，并不是发生了氧化还原反应。因为即使在 1800℃的高温，Ti 与 Al_2O_3、ZrO_2 陶瓷的反应自由能都是正值。

实际上，Ti 与 Al_2O_3、ZrO_2 陶瓷的活化作用是陶瓷中的失氧与 Ti 原子的扩散直接结合，即在钎焊温度下陶瓷中的氧化物分解的氧的扩散与 Ti 原子的扩散直接结合，其主要的能量是氧的扩散激活能。

2）高温含 Hf 活性钎料。北京航空工艺研究所研制了新的高温含 Hf 活性钎料，其化学成分为 Ni-25.6Hf-18.6Co-4.5Cr-4.7W，其相组成见表 2-6。它由 γ(Ni 固溶体）和 NiHf 相所组成，其固液相线分别为 1195℃及 1232℃。Hf 是高温合金重要合金元素之一，可以提高中温强度的塑性；而且与其他金属间化合物不同，NiHf 的显微硬度较低，具有一定的塑性。因此，这种钎料用于工程陶瓷与金属之间的连接是比较适宜的。

表 2-6 新的高温含 Hf 活性钎料的相组成

相	Cr	Ni	W	Hf	Co	体积分数（%）
初生 NiHf	0.52	43.32	1.16	43.15	12.88	17.50
共晶 NiHf	0.73	43.58	0.60	42.28	12.81	51.20
共晶 γ	9.10	49.62	7.51	1.60	32.17	31.30

该钎料中的 Ni、Cr、Co 均是高温合金的组成元素，且不含 B、Si 等脆性相形成元素。所以，钎料与高温合金的冶金相容性较好。钎料中的 18.6%Co 和 4.7%W（质量分数）可显著提高钎焊接头的热强度。Hf 在 γ′相中的溶解度为 7%（质量分数），Hf 的加入有利于在钎缝金属中形成 γ′相，从而提高其强度；另外，Hf 又是碳化物形成元素。钎焊过程中，Hf 与来自母材的 C 及 Al 形成 MC_2 型碳化物和 γ′相。它们的熔点分别为 1260℃和 1230℃，比 NiHf 相的熔点高。它们的形成消耗了一部分 Hf，使钎料发生等温结晶，重新熔化的温度提高，这意味着钎焊接头使用温度提高。

（8）活性金属化的应用举例　表 2-7 给出了一些典型材料钎焊的主要工艺参数，表 2-8 给出了活性金属化的应用。

表 2-7　一些典型材料钎焊的主要工艺参数

陶瓷材料	金属材料	箔片材料	最低钎焊温度/℃	最高钎焊温度/℃	除气温度/℃
Al_2O_3 陶瓷、镁橄榄石陶瓷	Cu	Ti	875	910	1000
Al_2O_3 陶瓷、镁橄榄石陶瓷	Cu	Zr	885	910	1000
Al_2O_3 陶瓷、镁橄榄石陶瓷	Ti	Ni	955	1050	1200
Al_2O_3 陶瓷、锆石瓷	Zr	Ni	960	1050	1200
Al_2O_3 陶瓷，锆石瓷	Zr	Fe	934	1015	1200

表 2-8　活性金属化的应用

方法	活性金属	主要成分（质量分数）（%）	连接温度/℃	保温时间/min	陶瓷材料	金属材料	钎料	接头质量及应用
生产中常用的方法	Ti-Ag-Cu	Ti 粉，3-7Ti 箔片，20～40μm	820/850	3～5	高 Al_2O_3，蓝宝石，透明 Al_2O_3，镁橄榄石微晶，石墨	Cu、Ti，Nb、可伐等	Ag-Cu（0.1～0.2g/cm^2）或 Ti-Ag-Cu 合金	结合强度高，气密性好，95% Al_2O_3+Cu 应用广，钎料蒸气压较高，陶瓷绝缘下降
	Ti-Ni	71.5Ti-28.5Ni	990±10	3～5	高 Al_2O_3，镁橄榄石	Ti	Ni 箔（10～12μm）	润滑性好，结合性强，熔点虽高，但蒸气压低，多适用于 Ti-镁橄榄石连接，应用广
	Ti-Cu	25-30Ti	900/1000	2～5	高 Al_2O_3，镁橄榄石	Cu、Ti、Mo、Ni-Cu、Ta Nb 及可伐	Ti-Cu 箔或粉状	熔点高，结合性好，蒸气压低，多适用于高强度陶瓷及管件的连接
其他活性金属法	Ti-Ni-Cu	28.5Ni，10Cu（或 33Ni）	900/980	5	高 Al_2O_3 陶瓷	Ti	10～12 μm Ni 箔，镀 Cu 重量比为 3.8～1.9	结合性较好，连接温度介于 Ti-Ni 与 Ti-Ag-Cu 之间。合金比 Ti-Ni 软，接头强度高于 Ti-Nb
	Ti-Au-Cu	Ti 粉，30～40μm 箔片	970/980	5	高 Al_2O_3	Cu	80Au20Cu	连接温度高，蒸气压低，合金扩散不易控制
	Ti-Ni-Ag	—	1000	7	高 Al_2O_3	Ni	2μm Ti 箔+100μm Ag 箔	连接温度高，蒸气压高，特殊情况下使用，应用范围不广

（续）

方法	活性金属	主要成分（质量分数）（%）	连接温度/℃	保温时间/min	陶瓷材料	金属材料	钎料	接头质量及应用
其他活性金属法	Ti-Ag, Zr-Ag	15Ti85Ag 15Zr85Ag	1000 1000	—	高 Al_2O_3，镁橄榄石	Ni，Mo	Ag	润湿性差，结合性一般，蒸气压高。很少应用
	Zr-Nb-Be Zr-Ti-Be Zr-V-Ti Ti-Cu-Be	19Nb，6Be 48Ti，4Be 28V，16Ti 49Cu，2Be	1050 1050 1250 ≥1000	10	高 Al_2O_3，蓝宝石，透明 Al_2O_3，UO_2 石墨，BeO 高温陶瓷	Ta，Nb 及其合金，不锈钢等	各种相应的钎料	连接温度高，耐高温，耐腐蚀，多用于核能、特殊光源、导弹、火箭等领域
	Ti-V-Cr Ti-Zr-Ta Ti-Zr-Ga Ti-Zr-Nb	21V，25Cr — — —	1550/1650 1650/2100 1300/1600 1600/1700	—	高 Al_2O_3，石墨 高 Al_2O_3 石墨 石墨 石墨	W、Mo Nb，Ta W、Mo Nb，Ta W、Mo Nb，Ta W、Mo Nb，Ta	各种相应的钎料	由于连接温度非常高，只能在特殊情况下应用
	Pb-Sn-Zn-Sb	1Zn，2-3Sb	143~297	—	陶瓷，玻璃	可伐，Cu Fe-Ni 合金	相应的钎料	连接温度低，多用于半导体集成电路焊接，加压和超声波连接等
	Pb-Sn（Zn-Sb-Si-Ti-Cu）	—	170~300	—	陶瓷，玻璃，Si，Ge 等	可伐，Cu	相应比例的钎料	连接温度低，多用于半导体集成电路焊接，加压和超声波焊接等

2. 陶瓷烧结粉末金属化法

陶瓷烧结粉末金属化法种类繁多，采用较多的是 Mo-Mn 法。此外，还有 Mo-Fe 法、MoO_2 法、Mo-Ti 法、W-Fe 法、WO_2-MnO_2-Fe_2O_3 法和 MoO_3-MnO_2-Cu_2O 法，还有纯 Mo、纯 W、W-Y_2O_3、熔液金属法及氧化铜法等。

（1）Mo-Mn 法陶瓷烧结粉末金属化法

1）金属粉末的配制。这种方法就是在陶瓷材料表面预先进行金属化的方法，也是最古老的一种方法。一般采用 Mo-Mn、W-SiO_2 作为焊接材料。Mo-Mn 法陶瓷烧结粉末金属化法是先在 Mo 粉中加入质量分数为 10%~25%的 Mn 粉（在 Mo 粉中加入质量分数为 10%~25%的 Mn 粉可以改善金属镀层与陶瓷的结合）混合后，加入适量的硝棉溶液、醋酸丁酯或草酸二乙酯等，经过球磨稀释后用毛刷刷涂或喷涂在陶瓷表面上，在高温氢气流中进行烧结，以使其表面形成一层 Mo 层（表 2-9 为常用的 Mo-Mn 法陶瓷烧结粉末金属化法的配方和烧结工艺参数）。金属化层厚度以 20~35μm 为宜，过厚的金属化层容易漏气，过薄的金属化层容易使强度下降。然后，为了改善钎料的润湿性而电镀 Ni 或 Cu，再进行钎焊。镀镍层厚度一般为 4~6μm，镀镍后的陶瓷应在 1000℃氢气炉中保温 15~25min 而进行金属化。还有以 W 为主要成分的糊膏剂涂布于新鲜的氧化铝薄片上进行烧结而金属化的方法，制造出陶瓷外壳。采用陶瓷烧结粉末金属化法进行陶瓷表面金属化的工艺流程如图 2-9 所示。

表 2-9 常用的 Mo-Mn 法陶瓷烧结粉末金属化法的配方和烧结工艺参数

序号	配方组成（质量分数,%）								适用陶瓷	涂层厚度/μm	金属化温度/℃	保温时间/min
	Mo	Mn	MnO	Al_2O_3	SiO_2	CaO	MgO	Fe_2O_3				
1	80	20	—	—	—	—	—	—	75%Al_2O_3	30~40	1350	30~60
2	45	—	18.2	20.9	12.1	2.2	1.1	0.5	95%Al_2O_3	60~70	1470	60
3	65	17.5	95%Al_2O_3 粉 17.5						95%Al_2O_3	35~45	1550	60
4	59.5	—	17.9	12.9	7.9	1.8 ($CaCO_3$)	—	—	95%Al_2O_3 (Mg-Al-Si)	60~80	1510	50
5	50	—	17.5	19.5	11.5	1.5	—	—	透明刚玉	50~60	1400~1500	40
6	70	9	—	12	8	1	—	—	99%BeO	40~50	1400	30
									95%Al_2O_3		1500	60

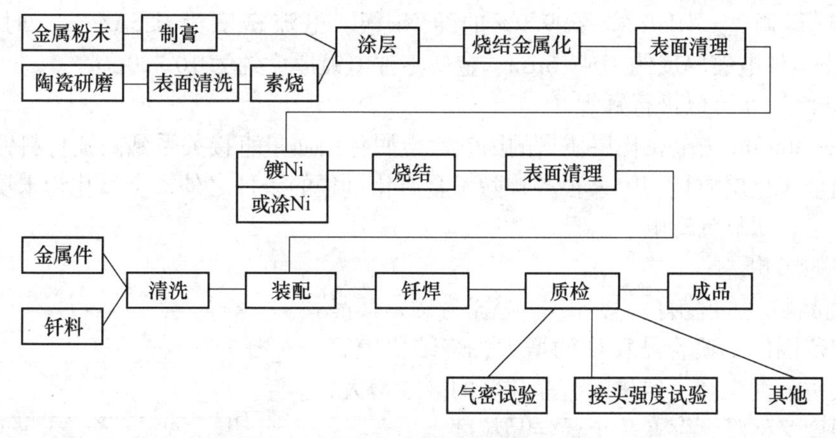

图 2-9 陶瓷表面金属化的工艺流程

2）粉末配方的调整。

①提高 Mn 含量。提高 Mn 含量可以降低烧结温度或者缩短保温时间。如将 Mn 含量从质量分数 20%提高到 50%，可以将烧结温度降低 100℃。

②加入 Ti。加入 Ti 可以降低 Mn 含量，也可以取代 Mn 而成为 Mo-Ti 法。Ti 可以以 TiO 或者 TiH 的形式加入。由于 Ti 是一种活性元素，它可以提高钎焊过程的润湿性和接头强度。

③以 Ni 代替部分 Mn。以 Ni 代替部分 Mn，可以降低烧结温度或者缩短保温时间。

④以 Si 代替部分 Mn。可以加入 SiO_2，其配方见表 2-10。

表 2-10 Mo-Mn-Si 法陶瓷烧结粉末金属化法

序号	配方组成（质量分数,%）	金属化温度/℃	保温时间/min	应用
1	Mo78+Mn15+$SiO_2$7	1215~1370	30	99BeO
2	$MoO_3$80+MnO9+$SiO_2$11	1200~1300	—	99.49BeO 99.8BeO
3	Mo78+Mn6.8+$SiO_2$14.8	1300~1500	—	96Al_2O_3 99.1Al_2O_3

Mo 粉也可以以 MoO_3 的形式加入。

金属化烧结条件也是影响金属化质量的重要因素。图 2-10 给出了表 2-10 中 2、3 号配方的金属化条件的曲线。

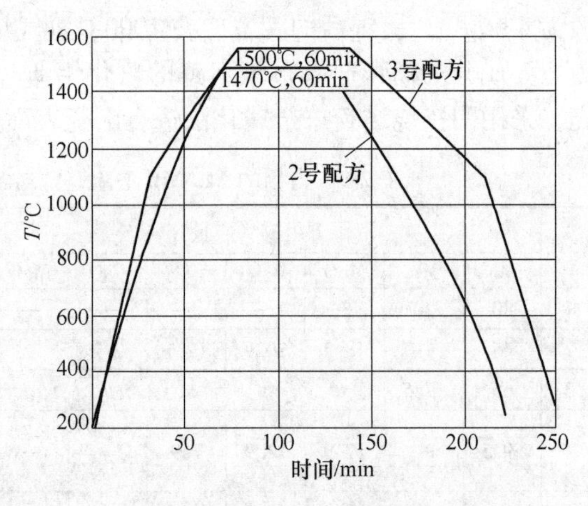

图 2-10 表 2-10 中 2、3 号配方的金属化条件的曲线

3）涂（镀）Ni。涂（镀）Ni 是金属化烧结之后很重要的一个工序，其主要作用是改善钎焊时的润湿性及缓解接头的残余应力。

镀 Ni 的方法很多，电镀、化学镀皆可，但是电镀比较方便。

常用的电镀液配方为 $NiSO_4 \cdot 7H_2O$140g/L、$Na_2SO_4 \cdot 10H_2O$50g/L、$MgSO_4 \cdot 7H_2O$30g/L、$H_3BO_3$20g/L 和 NaCl5~8g/L。镀 Ni 液的 pH 值一般为 5~6。如果偏离此值，可以加入 3%（指质量分数）的 H_2SO_4 溶液或者 3% 的 NaOH 溶液进行调整。阳极采用 99.9% 的纯 Ni 板。电流密度为 0.5A/cm^2，时间为 40~50min，陶瓷零件电镀厚度约为 4~6μm，金属零件电镀厚度约为 10~20μm。

电镀 Ni 之后就可以进行钎焊。

4）影响 Mo-Mn 法金属化层质量的因素。金属化层质量直接关系到陶瓷材料钎焊接头的质量。影响金属化层质量的因素很多，除了金属化过程的条件之外，金属化粉末质量和陶瓷材料的质量也有明显的影响。

①陶瓷的影响。

a. 陶瓷晶粒度的影响。以 Al_2O_2 陶瓷为例，其晶粒度在一定范围内，随着晶粒度的增大，烧结比较容易，钎焊接头强度提高。但是随着晶粒度的继续增大，钎焊接头强度又下降，存在一个最佳晶粒度。

b. 陶瓷成分的影响。在晶粒度大体不变的情况下，陶瓷成分对接头强度也有明显的影响。图 2-11 给出了这种影响，表 2-11 为其化学成分。

c. 金属化温度的影响。如图 2-11 所示，在一定温度范围内，金属化温度升高，接头强度也提高。

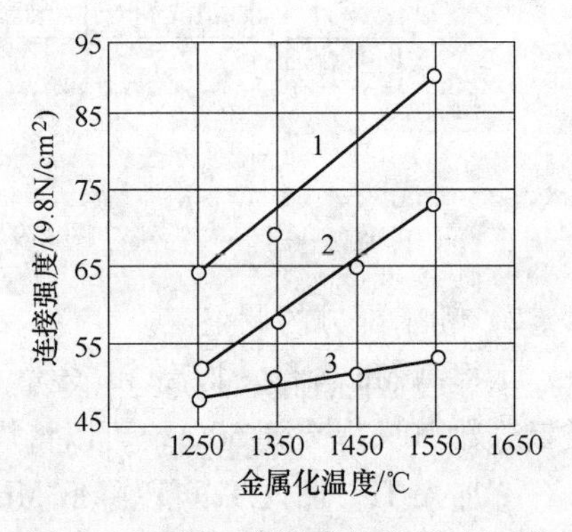

图 2-11 Al_2O_2 陶瓷成分和 Mo-Mn 法金属化温度对钎焊接头强度的影响

d. 陶瓷表面状态的影响。陶瓷表面状态对金属化层质量有很大的影响。表 2-12 给出了表面状态对 Al_2O_2 陶瓷接头强度的影响。

表 2-11 图 2-11 采用的 Al_2O_2 陶瓷成分（质量分数）和晶粒度

陶瓷试验号	Al_2O_3/%	SiO_2/%	CaO/%	MgO/%	晶粒尺寸/μm
1	94	4.5	0.5	1.0	6.3
2	94	3.0	2.0	1.0	7.1
3	94	1.5	1.5	3.0	6.1

表 2-12　表面状态对 Al_2O_2 陶瓷接头强度的影响

磨料号	未研磨	F100	F120	F280	F320
接头强度/MPa	74.12	68.4	72.52	87.12	90.16

②粉末的影响。

a. Mo 含量的影响。以 Al_2O_2 陶瓷为例，Mo-Mn 法烧结金属化中 Mo 含量对金属化层质量具有明显的影响。试验表明，Mo 粉质量分数为 56%，其他质量分数在 44%（MnO50-$SiO_2$30-$Al_2O_3$20），在空气中进行烧结，烧结温度为 1400℃，保温 45min，可以得到满意的金属化层。

b. Mo 粉末粒度的影响。Mo 粉末粒度越小，接头强度越高。这可能是由于粒度小，堆积的表面能增大，烧结温度降低，有利于提高接头强度。

c. 烧结前粉末涂层厚度的影响。烧结前粉末涂层厚度对 Al_2O_2 陶瓷钎焊接头强度有影响，存在一个最佳厚度。

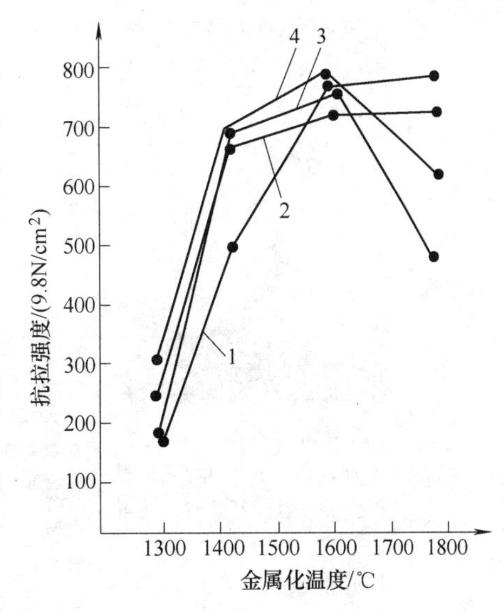

图 2-12　94%的 Al_2O_2 陶瓷金属化烧结温度对钎焊接头强度的影响
1—1500℃　2—1600℃
3—1650℃　4—1700℃

③金属化烧结温度的影响。图 2-12 所示为质量分数 94%的 Al_2O_2 陶瓷金属化烧结温度对钎焊接头强度的影响（图中烧结温度为 Al_2O_2 陶瓷的烧结温度）。

④金属化层的缺陷。金属化层出现缺陷的特征、原因和解决措施见表 2-13。

表 2-13　金属化层出现缺陷的特征、原因和解决措施

缺陷	特　征	原　因	解 决 措 施
金属化层出现裂纹	龟形裂纹	粉末膏的黏结剂太多，搅拌不均匀，涂覆层不均匀，干燥过程中黏结剂分解、挥发收缩不匀	调整黏结剂含量，搅拌均匀；涂覆厚度要均匀；烧结加热要缓慢
金属化层起泡	发生局部凸起，表面不平滑，影响镀 Ni	陶瓷表面有杂质，烧结过程中发生氧化而起泡；涂层质量不合格或者配方不当，而造成烧结时有化学反应而起泡	提高涂层质量和调整配方；涂层中要限制 Mn 含量，因为过多的 Mn 可以与陶瓷表面或金属化层发生反应而发生气泡
金属化层掉粉	烧结之后用陶瓷片刮擦发生掉粉或者金属化层部分脱落	金属化烧结温度低，气氛氧化性小，金属化粉末配方不合理或者材料性能和成分不合格	适当提高烧结温度，调节气氛氧化性，调整配方，采用优质材料
金属化层表面氧化	表面呈现氧化色（棕红色或者蓝紫色）	金属化后，在高温下发生的氧化	金属化后，降低出炉温度，同时用氢气保护，或者出炉后将零件立即浸入酒精中
金属化层起皮	金属化层局部鼓起，甚至脱离陶瓷表面	涂层的黏结剂太多；太黏，与陶瓷表面润湿性不好；涂覆层太厚；涂覆不均匀；或者烧结时升温太快	调整黏结剂；提高对陶瓷的润湿性；均匀涂抹涂层；降低升温速度

（续）

缺陷	特征	原因	解决措施
出现渗透裂纹	在陶瓷与可伐合金（Fe-Co-Ni合金）采用Ag-Cu钎料或者Cu基钎料钎焊时，在可伐合金附近钎缝中会产生Cu的渗透裂纹，如图	渗透深度/μm 8.0 6.4 4.8 3.2 1.6；Ag-Cu-Sn；Ag-Cu；Au-Ni；600 700 800 900 1000 1100 温度/℃ 首先可伐合金是单相奥氏体组织，在钎焊的高温下会发生晶粒长大；在钎焊温度下，钎料熔化后，流动性较好，可能沿可伐合金晶界渗透和扩散，从而在可伐合金中产生裂纹。Cu和Sn，特别是Cu容易产生这种裂纹	尽量选用渗透裂纹倾向小或者不容易产生渗透裂纹的钎料，最好不采用含Cu的钎料，如左图所示，选用Au-Ni钎料可以大大降低其扩散深度，大大降低渗透裂纹产生的可能性 在钎焊之前在可伐合金表面镀上一层Ni，然后再钎焊，就可以避免产生渗透裂纹，因为Ni-Cu无限互溶，可以防止Cu沿可伐合金晶界渗透 合理选用钎焊条件，使得钎焊温度不要太高，保温时间不要太长，也可以减少和防止渗透裂纹的发生
烧结中陶瓷变形和开裂		陶瓷太薄，或者薄厚不均，而且局部厚度变化太大，组装时放置不平，烧结温度过高或者保温时间太长，就容易产生变形；涂层质量低劣，构件结构复杂，烧结时受热不均，温差较大，或者升温和降温速度太快，都可能发生陶瓷开裂	装配时根据结构形状和复杂程度，适当夹紧和安放；改变设计，避免采用太薄的陶瓷工件及其厚度变化太大的陶瓷工件；选择合适的烧结工艺：合理的烧结温度和保温时间，减缓加热和冷却速度。一旦出现变形和开裂，只能报废

（2）Mo-Fe法陶瓷烧结粉末金属化法　此法可以用于滑石陶瓷、镁橄榄石陶瓷和Al_2O_3陶瓷等的金属化，其配方有Mo98-Fe2、Mo96-Fe4、Mo70-Fe30等。表2-14给出了Mo-Fe法陶瓷烧结粉末金属化法配方及烧结工艺参数。

表2-14　Mo-Fe法陶瓷烧结粉末金属化法配方及烧结工艺参数

陶瓷种类	金属化配方（质量分数,%）		涂层厚度/μm	金属化温度/℃	保温时间/min	气氛
	Mo	Fe				
滑石陶瓷（含ZrO_2）	98	2	25~35	1315~1345	45	$N_2$800L/h，$H_2$150L/h，空气63L/h
镁橄榄石陶瓷	98	2	15~20	1240~1250	20	$N_2:H_2=72:28$，微量O_2
滑石陶瓷（含B_2O_3）	98	2	35~45	1290~1310	45	N_2 500L/h，H_2 100L/h，空气110L/h
95% Al_2O_3陶瓷	96~100	4~0	—	1500~1600	30	N_2+H_2，含O_2 0.25%

（3）W-Fe法陶瓷烧结粉末金属化法　W-Fe法陶瓷烧结粉末金属化法是在Mo-Mn法陶瓷烧结粉末金属化法基础上发展起来的，其金属化工艺程序也与Mo-Mn法基本相同。W-Fe法配方比较简单，主要是W90-Fe10，再配以硝棉、醋酸乙酯等，混合后涂于陶瓷表面，厚度为25~50μm。

在这个配方中还可以加入Mn、TiO_2、MgO等，用这些配方进行BeO陶瓷表面金属化的条件见表2-15。

表2-15　BeO陶瓷表面金属化的条件

序号	配方组成（质量分数,%）	金属化温度/℃	保温时间/min	气氛
1	W(80 ~ 90) + Fe(10 ~ 5) + Mn(10 ~ 5)	1520 ~ 1540	20	—
2	W(74.3) + Fe(8.3) + SiO_2(14.9) + TiO_2(2.5)	1600	5 ~ 10	H_2 N_2/H_2
3	W(81) + Fe(9) + 滑石粉(10)	1500	5 ~ 10	H_2 H_2/N_2
4	W(88.3) + Fe(9.8) + MgO(1.9)	1500	5 ~ 10	H_2 H_2/N_2

（4）WO_2-MnO_2-Fe_2O_3法陶瓷烧结粉末金属化法　采用配方$WO_3$92.7-$MnO_2$6.2-$Fe_2O_3$1.1折算为W94-Mn5-Fe1，进行陶瓷烧结粉末金属化时，可以制成膏剂，配方折算为$WO_3$100g、$MnO_2$6.7g、$Fe_2O_3$1.2g，配以硝棉溶液2.5mL，环烷酸2.5mL，再加入丁基溶液（相对分子质量为118.7，沸点为170.6℃）65mL。将此膏剂研磨成2μm的微粒在氢气环境中进行900~1150℃的烧结，无须镀镍，就可以直接进行钎焊。

（5）MoO_3-MnO_2-Cu_2O法陶瓷烧结粉末金属化法　采用此法的材料配方为$MoO_3$95-$MnO_2$5-Cu_2O0.1，研磨MoO_3为4μm，MnO为1μm，混合后加入硝棉溶液及草酸二乙酯制成膏剂，涂在陶瓷表面35~50μm的厚度。可以将选择的钎料直接加在这一涂层上。根据钎料的熔点确定金属化烧结温度。如果采用Ag基钎料，其金属化烧结温度可以为900~1150℃，保温1~1.5h。

采用此法钎焊94%~99.5%的Al_2O_3陶瓷，其抗拉强度可达80~100MPa。采用MoO_3-MnO_2-Cu_2O法进行陶瓷烧结粉末金属化的条件和接头抗拉强度的试验结果见表2-16。

（6）氧化铜法　它是将Cu_2O94.2-$Al_2O_3$5.8的粉末在空气中加热1250℃保温0.5h进行烧结，冷却后粉碎，然后喷涂到陶瓷表面上，再与金属化涂层一样，加热到涂层熔点以上的温度在氧化性气氛中进行烧结，冷却凝固后，在还原性气氛中加热到1000℃，便在陶瓷表面形成一层铜的金属化层，可以直接进行钎焊。

（7）硫化铜法　此法是将硫化铜+高岭土制成膏剂，涂在陶瓷表面，在空气中加热到1200~1300℃。在加热过程中还可以在涂层上添加Ag_2CO_3，而使之表面银化，其钎焊接头强度可达48MPa。

（8）纯Mo、W法　纯Mo、W粉末烧结法是一种采用纯金属Mo粉、W粉对陶瓷进行金属化的方法。

表 2-16 采用 MoO_3-MnO_2-Cu_2O 法进行陶瓷烧结粉末金属化的条件和接头抗拉强度的试验结果

陶瓷	钎料	金属化温度/℃	保温时间/min	抗拉强度/(N/cm^2)	备 注
75%Al_2O_3	Ag	1000	60	9470	
95% Al_2O_3	Ag	1000	60	9230	
	Ag	1000	60	9200	用聚乙烯醇代替硝棉
		1000	30	2960	
	Ge-Cu	1000	60	8300	
95% Al_2O_3	Ag	1000	60	8510	
96% Al_2O_3	Ag	1000~1040	60	8730①	用 MnO
99% Al_2O_3	Ag	1000	60	12670	
石墨陶瓷	Ag-Cu	900	60	1270	多孔性陶瓷
95% Al_2O_3	涂 Ag-Cu 粉单独金属化	900	60	5060	金属化后，Ag-Cu 810℃ 2min 钎焊
96% Al_2O_3	涂 Ag_2O 粉单独金属化	1020~1040	40	8950①	MoO_3 80%，MnO 20%，Cu_2O 0.1%，金属化后进行 Ag 钎焊
95% Al_2O_3，SiC 衰减瓷	单独金属化	1170	60	耐 750℃热冲击三次以上	MoO_3 85.4%，MnO_2 4.26%，Li_2CO_3 8.54%，Cu_2O 1.9%

① 抗拉件本身断裂值。

以 Mo 为例，将纯金属 Mo 粉加入硝棉溶液和醋酸乙酯混合后涂在 Al_2O_3 陶瓷表面，在露点 40℃的氮气+氢气氛围下，加热到 1450~1500℃，保温 1h，就可以得到牢固的金属化层。镀镍后，采用 Ag-Cu 共晶钎料，在氢气中加热到 790℃，保温 5min，可以得到抗拉强度为 47MPa 的接头。

(9) MoO_3 法 钎焊 Al_2O_3 陶瓷时，将 MoO_3 用黏结剂调和后涂在陶瓷表面，在氢气中进行 1750℃、保温 5min 的烧结，可以获得多孔的 Mo 金属层。镀 Ni 后，即可进行钎焊。

采用 MoO_3 法进行陶瓷表面金属化比用纯 Mo 的效果好。

(10) WO_3 法 此法与 MoO_3 法相似，在氢气中进行 1850℃、更长时间保温的烧结，比采用纯 W 的效果好。

表 2-17 给出了采用金属粉末烧结法进行陶瓷表面金属化的配方和工艺。

3. 蒸气附着法

蒸气附着法是在真空（4×10^{-3}Pa）条件下先将陶瓷焊件预热（300~400℃保温 10min），再在陶瓷材料表面用金属蒸气或离子气使陶瓷材料表面金属化。可以作为蒸发材料的有 Mo、Ti、Al 等的单层蒸发和 Ti/Mo/Cu 的多层蒸发。多层蒸发是先蒸镀钛，再蒸镀钼，在钛、钼镀层上再镀 0.2μm 厚度的镍。最后在真空炉中用无氧纯铜片或者 AgCu28 钎料与陶瓷进行钎焊。蒸气附着法的优点是金属化温度低，能适于各种陶瓷的金属化，陶瓷不会有变形及破裂的危险。表 2-18 给出了部分金属材料的蒸发温度。

4. 溅射沉积法

它是将陶瓷放入真空容器中并充以一定压力的氩气，然后在电极之间加上直流电压，形成气体辉光放电，利用气体辉光放电产生的正离子轰击靶面，把靶面材料溅射到陶瓷表面上形成金属薄膜，从而实现金属化。沉积到陶瓷的第一层金属化材料是钼、钨、钛、钽或铬等；第二层金属化材料是铜、镍、银或金。在溅射过程中，陶瓷的沉积温度应保持在 150~200℃。

表 2-17 采用金属粉末烧结法进行陶瓷表面金属化的配方和工艺

序号	配方组成（质量分数,%）	金属化温度/℃ 保温时间/min	金属化气氛	适用陶瓷	二次金属化	焊料	钎焊条件	连接金属	抗拉强度 R_m /(×9.8N/cm²)	备注
1	Mo 100	1600~1650	—	Al_2O_3	—	—	—	—	—	—
		1450~1500	H_2/N_2，+40℃	（含3%MnO）Al_2O_3	镀Ni，900℃，15min，干H_2	Ag-Cu	790℃，5min	可伐合金	470	
		1470	干，湿H_2	99.5%氧化铍	Ni	—	—	—	133	
2	W 100(25.4μm)	1600 45	湿H_2	94%氧化铝	镀Cu，Ni	Ag-Cu	—	—	872	金属化带涂敷
		1650~1700 30	干H_2	95%氧化铝生瓷	镀Ni，1000℃，H_2	Ag-Cu	850℃，5min	可伐合金	1820（抗弯）	瓷烧结与金属化一次完成
3	MoO_3 或 WO_3 100	1750或1850 5	-50℃ H_2 或 +20℃ H_2	高Al_2O_3，MgO尖晶石	Re_2O_7，干H_2，1000℃，5min	Co/Pd35/65	—	—	—	耐Cs蒸气500h；金属化，焊接可一次完成
					Ru_2O/MoO_3 40/60，H_2，1950℃，3min	Ru_2O/MoO_3	1950℃			
					Ru/Mo共熔，1000℃，H_2	Pd-Co共熔	1235℃	Mo		
					Rh/Mo	—	—	—		
4	$W98+Y_2O_32$	1650 45	+35℃，H_2	99.5%氧化铝	不镀	Cu	1100℃（-60℃），H_2	—	1397	可用水调膏，注意蚀穿
						Pd	1570	Nb	1000	
	$W80+Y_2O_320$	1575~1675	H_2，H_2/N_2	96%~100%氧化铍	Ni，Cu，Au	—	—	—	—	—
5	W90+Mo10	1620~1650 30	干H_2	95%氧化（含3% TiO_2）铝生瓷	镀Ni，1000℃，H_2	Ag-Cu	850℃，5min	可伐合金	1450（抗弯）	瓷烧结与金属化一次完成

（续）

序号	配方组成（质量分数,%）	金属化温度/℃ 保温时间/min	金属化气氛	适用陶瓷	二次金属化	焊料	钎焊条件	连接金属	抗拉强度 R_m/(×9.8N/cm^2)	备注
6	Mo80+$Y_2O_3$10+$Al_2O_3$10	1800 90	净化 Ar	Al_2O_3	—	Y_2O_3/Al_2O_3 38/62	1800℃，60min	Mo	—	耐 Cs，用水调膏
7	Mo69.13+Mn11.77+（95%Al_2O_3）瓷粉 19.10	1680 20	氨发 H_2	95%氧化铝生瓷	镀 Ni	Ag-Cu	—	—	—	瓷烧结与金属化一次完成
8	Mo(70~80)+Cr_2O_3(20~30)	1500~1650 10~20	湿 H_2	高 Al_2O_3	—	Cu-Pt	1250℃	—	—	耐熔融 Cu 1150℃，作用 30min
9	MoO_3 100	1300~1400 60	湿 H_2	95%氧化铝	涂 Cu_2O，1075℃ 90min，烧 H_2，镀 Cu	Cu	1125℃	Fe-Ni-Co Fe-Ni	—	一定时间耐熔融 Na
10	Mo90+Mn10	1300±20	+20℃ H_2	镁橄榄石	—	—	—	—	—	—
	$MoO_3$90+Mn10	1250	还原	镁橄榄石	—	—	—	—	—	—
11	Mo80+Mn20（25.4μm）	1280~1300	−25~−18℃ H_2	72%氧化铝	涂 Ni，1050℃，3h，−60~−50℃，H_2	Ag-Cu 共熔	干 H_2	可伐合金	—	—
		1450 60	40℃ H_2/N_2	94%氧化铝	镀 Ni 900℃，15min，干 H_2	Ag-Cu	790℃，5min，H_2	可伐合金	500	—
12	Mo83.3+Mn16.7（10~25μm）	1510±10 30	H_2/N_2 3/1 10~25℃	94%氧化铝	镀 Ni(5~10)μm，1000℃，15min，H_2	Ag-Cu 共熔	分裂氨	可伐合金	—	—
13	Mo60+$MnO_2$40	1600 10	−29℃ H_2	96%氧化铍	镀 Ni(10~20）μm	—	—	可伐合金	504	—
14	Mo40+Mn60	1350 30	非氧化	高 Al_2O_3	—	Cu	1100℃	可伐合金	—	—
15	Mo75+Mn20+Si5(35~50μm)	1300~1330 45	H_2：N_2：空气=150：800：63	75%氧化铝	镀 Ni，1000℃	Ag	—	—	530	—

16	Mo78+Mn15+$SiO_2$7	1215~1375 30	湿 H_2	99%氧化铍	镀 Ni13μm	Incusil15	780~785℃，45min，10℃，H_2	—	392~605	—
17	Mo80+Mn12. 8+$SiO_2$7. 2	1300	—	99. 49%氧化铍	镀 Cu8μm	Cu-Au	—	Cu	471	—
				99. 8%氧化铍					385	
				94%氧化铝					830	
18	$MoO_3$80+$SiO_2$11+MnO9	1300	—	99. 49%氧化铍	镀 Cu8μm	Cu-Au	—	Cu	485	—
		1200		99. 8%氧化铍					556	
19	Mo78. 4+$SiO_2$14. 8+Mn6. 8	1300	湿分裂 NH_4	96%氧化铝	镀 Ni5~7. 5μm，1050℃，20min，湿 H_2	Cu	—	—	924	—
		1500		99. 6%氧化铝					1055	
	Mo78+Mn7+$SiO_2$15	1550 60	湿 H_2	99%氧化铝	—	Ag-Cu 共熔	—	Cu	1544	—
	Mo89. 24+$SiO_2$7. 38+Mn3. 38	1575±50	30℃ H_2	99. 5%氧化铝	镀 Ni，Cu	Cu	1100℃	—	—	—
20	Mo76. 5+Mn6. 8+$SiO_2$14. 7+CaO2	1500. 60	湿 H_2	99%氧化铝	—	Ag-Cu	—	Cu	1537	—
21	$MoO_3$66+$MnO_2$17. 5+$SiO_2$13+$TiO_2$35	1280~1340	30~50℃ H_2 或 H_2/N_2	镁橄榄石	镀 Ni，Cu，700~800℃，H_2	—	—	—	—	—
	$MoO_3$73+$MnO_2$19+$SiO_2$4+$TiO_2$4	1400~1600 30~40		Al_2O_3						
	$MoO_3$72+MnO18. 7+$SiO_2$4. 65+$TiO_2$4. 65	1425		99. 49%氧化铍	镀 Cu8μm	Cu-Ag	—	Cu	930	—
22	Mo56+MnO22+$SiO_2$13. 2+$Al_2O_3$8. 8	1400 45	干 H_2，湿 H_2	(96~99. 6)% Al_2O_3，蓝宝石	镀 Ni，涂 Ni，1000℃，300min，H_2	Au-Ni	—	—	—	MnO 与氧化物先熔配成 Mn 玻璃
23	Mo78. 06+Mn19. 5+$SiO_2$1. 95+$Al_2O_3$0. 49	1450±10 45	N_2/H_2 4/1 40~43℃	92. 95%氧化铝	镀 Ni，975℃，15min	V78	780℃，5min	可伐合金	1400~2100（抗弯）	—
24	Mo79+$MnO_2$19+Ti2	1550 30	湿 H_2	99%氧化铍	镀 Ni3μm	Incusil15	800℃	—	459	—

（续）

序号	配方组成（质量分数,%）	金属化温度/℃ 保温时间/min	金属化气氛	适用陶瓷	二次金属化	焊料	钎焊条件	连接金属	抗拉强度 R_m /(×9.8N/cm^2)	备注
25	Mo77+Mn19+Ti4(10~20μm)	1350 30~40	35℃ H_2	92%氧化铝	镀 Cu	Cu-Ag	779℃	—	—	—
26	$MoO_3$76+$MnO_2$20+$TiO_2$4(25μm)	1425 30	38℃ H_2/N_2 3/1	93%氧化铝	镀 Cu12.7μm 1000℃，20min	Cu	1110℃， 10min	Cu-Ni	950	—
	$MoO_3$75+$MnO_2$21+$TiO_2$4	1425 30	37.8℃ H_2N_2 1/3	94%氧化铝	—	Cu	1110℃	Cu-Ni	1130	—
		1550 30		99%氧化铝					894	
27	Mo85+Mn10+$TiH_2$5	—	—	96%氧化铝	—	—	—	—	1015	—
28	Mo69+$MnO_2$27+$TiO_2$6	1280~1340	30~50℃ H_2，H_2/N_2	镁橄榄石	镀 Ni，Cu 800~1000℃， H_2	—	—	—	—	—
		1400~1600		Al_2O_3						
29	MoO_3(60~70)+Mn(5~10)+TiO_2(20~30)	1400±50 30	+20℃ H_2	99%氧化铝，氧化铍，氧化镁	Ni	Cu	—	—	—	—
30	Mn80+Mn(14~12)+硅铁(6~8)	1200~1350	—	高 Al_2O_3	涂 Ni(5~7)μm	—	—	—	—	—
31	Mo78.7+Mn15.8+Fe3.9+$SiO_2$0.8+CaO0.8	—	—	100%氧化铝	—	—	—	—	—	—
32	Mo74.6+Mn14.9+Fe3.7+$Al_2O_3$3+$TiH_2$3+$SiO_2$0.8	1500 30 或 1250 45	湿 H_2	高 Al_2O_3	镀 Ni(5~7)μm	Ni-Cu Ag-Cu	—	Cu	—	—
33	Mo45+MnO18.2+$Al_2O_3$20.9+$SiO_2$12.1+CaO2.2+MgO1.1+$Fe_2O_3$0.5(60~70μm)	1470 60	湿 H_2	95%氧化铝	镀 Ni6μm， 1050℃， 25min，H_2	Ag-Cu 共熔	800~810℃， 2min	Cu，Ni， Mo， 可伐合金	970	我国常用配方

34	Mo50+MnO17.5+ $Al_2O_3$19.5+$SiO_2$11.5+ CaO1.5(50~60μm)	1400~1500 40	干 H_2	99.8%氧化铝，99%氧化铝，白宝石	镀 Ni	Ag-Cu 共熔	810℃，10min	—	1990（抗弯）	我国常用配方
						Ag	1030℃，10min		1900（抗弯）	
35	Mo50+MnO20+$Al_2O_3$22+ $SiO_2$6+CaO2(50~60μm)	—	—	不含 CaO，95%氧化铝	—	—	—	—	1100~1250	—
36	Mo70+Mn9+$Al_2O_3$12+ $SiO_2$8+CaO1(40~50μm)	1400 30 或 1450 45	湿 H_2	99%氧化铍 95%氧化铝	镀 Ni4μm	Ag	—	—	596~1066	活化剂组成比例同 34
37	Mo59.52+MnO17.85+ $Al_2O_3$12.9+$SiO_2$7.93+ $CaCO_3$1.8(60~80μm)	1510 50	湿 H_2	95%氧化铝	镀 Ni(5~6)μm，950~1000℃，20~30min，H_2	Ag	1020℃	可伐合金	2643（抗弯）	我国常用配方
38	Mo65+Mn17.5+（95% Al_2O_3）瓷粉 17.5(35~45μm)	1550 60	湿 H_2	95%氧化铝	镀 Ni4μm	Ag	1000℃	可伐合金	873	我国常用配方
39	$MoO_3$84.8+ Mn14.3+$Li_2CO_3$0.9	1280~1300 10~30	H_2	Al_2O_3，镁橄榄石	Ni	—	—	—	—	—
40	Mo90+$LiMnO_3$10	1500±50	30℃ H_2	94%氧化铝	镀 Ni(5~7.5)μm 1050℃，20min，H_2	Cu	—	—	1065	—
41	Mo(75~78.5)+Mn20+ V_2O_5(1.5~5.0)	1350~1380	—	高 Al_2O_3，BeO	—	—	—	—	—	—
42	Mo97.5+Ti2.5	1500	湿分裂 NH_3	94%氧化铝	镀 Ni(5~7.5)μm 1050℃，20min，H_2	Cu	—	—	1500	—
43	Mo（或 W）90+Ti（或 Zr）10	1600	湿 H_2	刚玉	Ni(0.7~1)μm	Cu-Ag	820℃	—	—	—

（续）

序号	配方组成（质量分数，%）	金属化温度/℃ 保温时间/min	金属化气氛	适用陶瓷	二次金属化	焊料	钎焊条件	连接金属	抗拉强度 R_m /（×9.8N/cm^2）	备注
44	Mo(88.1~96.1)+ TiH_2(1.3~5.3)+ Cr_2O_3(2.6~6.6)	1280~1300	H_2/N_2	镁橄榄石	—	—	—	—	—	Cr_2O_3 使金属化层被侵蚀减少
45	Mo(60~95)+ TiN(或 TiC)(5~40)	1450~1900	74℃ H_2	99.5%~99.9%氧化铝	Ni	—	—	—	—	—
46	Mo98+Fe2(15~20μm)	1245~1250 20	N_2/H_2 72/28 微量 O_2	镁橄榄石	涂 Ni15μm 1100℃，15min	Ag	1000℃，10min	可伐合金	—	—
		1300~1330 45~60	$N_2+H_2+O_2$，O_2 占 1.1%~3.3%	滑石	镀 Ni，1000℃	Ag	—	可伐合金	700~980（抗弯）	
47	Mo96+Fe4(12.7μm)	1500~1600 30	—	95%氧化铝	镀 Ni，再镀 Cu980℃，45min，H_2	Ag	1050℃	—	—	—
48	Mo70+Fe30	1350	—	ZrO，SiO_2	涂 Ni，1000℃	Ag，Ag-Cu	—	Cu	—	可不用涂 Ni，直接焊
49	$MoO_3$65+F3-V 合金 35	1300~1500	含 H_2 还原气	95%氧化铝	Ni，Cu	—	—	—	—	V 含量升高，金属化强度降低
50	Mo(90~95)+MgO(5~10)	1500	还原气体	>94%氧化铝	—	—	—	—	—	—
51	Mo(80~99.5)+ W(20~0.5)	1250~1400	惰性气体	SiC	—	—	—	—	—	—
52	Mo97+滑石 3	1600	湿分裂 NH_3	94%氧化铝	镀 Ni5~7.5μm 1050℃，20min，H_2	—	—	—	1080	—
	Mo80+滑石 20	1450~1700 60	湿 H_2，H_2/N_2	>95%氧化铝	Ni 2.54~5μm	Ag-Cu	780℃，3~5min	—	2660（抗弯）	—
		1550~1650 60		BeO		Ag	1083℃ 3~5min			
		1500~1700 60		ZrO_2						

53	Mo76. 6+$CeO_2$23. 4	1500	湿分裂 NH_3	96%氧化铝	镀 Ni5~7. 5μm 1050℃， 20min，H_2	—	—	—	1108	—
54	Mo94. 14+$CeO_2$5. 86	1575±50	30℃ H_2	100%氧化铝	—	—	—	—	—	—
55	Mo62. 5+CaO37. 5	1500 10	−29℃ H_2	96%氧化铍	镀 Ni 10~20μm	—	—	可伐合金	413	—
56	W90+Fe10(25~50μm)	1340~1360	H_2，H_2/N_2	镁橄榄石， ZrO_2	Ni，Cu 或不涂	Ag-Cu， Cu	—	—	—	金属化层可直接焊
57	W(80 ~ 90) + Fe(10 ~ 5) + Mn(10 ~ 5)	1520~1540 20	—	85%，96% 氧化铝	—	—	—	—	—	—
58	W74. 3+Fe8. 3+ $SiO_2$14. 9+ $TiO_2$2. 5(51μm)	1600 5~10	H_2/N_2，H_2	BeO	Ni，Cu	—	—	—	—	—
59	W81+Fe9+滑石瓷粉 10	1500 5~10	H_2，H_2/N_2	BeO	—	—	—	—	—	—
60	W88. 3+Fe9. 8+ MgO1. 9(51μm)	1500 5~10	H_2，H_2/N_2	BeO	Ni，Cu，900~ 1000℃，2~ 5min，H_2	—	—	—	—	—
61	W95. 1+$Al_2O_3$4. 9	1200~1400 120	—	99. 8%氧化铝	—	Cu-2Ni	1150℃	—	1430	—
62	W95. 2+$Al_2O_3$4. 7+ $Y_2O_3$0. 1					Pd	1570℃		1000	
						V-Nb-Ti	1805℃		840	
63	W95. 8+$Al_2O_3$4. 1+ $CaCO_3$0. 1					Ru-Mo	1945℃		—	
64	W78+$MnO_2$15+$TiO_2$3. 5+ $SiO_2$3. 5 或 W63+$MnO_2$20+ $TiO_2$5+Re12	1280~1340 1400~1600 30~40	H_2，H_2/N_2	镁橄榄石 Al_2O_3	镀 Ni，Cu， 800~1000℃， H_2	—	—	—	—	—
65	WC60+TiC10+Fe30	比瓷烧结 温度低 20~90℃	29~23℃ 保护气	镁硅酸盐 铝硅酸盐	镀 Ni 或涂 Ni， 1200~ 1280℃，H_2	—	—	—	—	—

（续）

序号	配方组成（质量分数,%）	金属化温度/℃ 保温时间/min	金属化气氛	适用陶瓷	二次金属化	焊料	钎焊条件	连接金属	抗拉强度 R_m /（×9.8N/cm^2）	备注
66	MoO_3+涂 Au	1000~1180	湿分裂 NH_3	高 Al_2O_3，BeO 滑石，镁橄榄石	—	Pb/Sn40/60	—	钢	685~707	—
67	$MoO_3$94.9+$MnO_2$5+Cu_2O0.1	900~1150	湿 H_2 或分裂 NH_3	高 Al_2O_3	不需镀	Cu	900~1150℃	—	980	涂膏后可直接焊接，涂膏后再涂 Ag_2O 粉单独金属化
		1100	5℃ H_2	96%氧化铍					800	
68	$MoO_3$85.5+$Li_2CO_3$8.5+$MnO_2$4.3+Cu_2O1.7（30~40μm）	1170 60	干 H_2	95%氧化铝，SiC 衰减瓷	镀 Ni	Ag	—	可伐合金	—	金属化可与焊接一起进行
69	$MoO_3$97.9+Ti2.02+Cu_2O0.08 再涂 Au	1090~1116	湿分裂 NH_3	高 Al_2O_3，BeO 滑石，镁橄榄石	—	—	—	钢	680~707	金属分散在氧化物层中
70	$MoO_3$69+MnO14+$Al_2O_3$10+$SiO_2$6+CaO1+Cu_2O0.5（外加）（80~100μm）	1280 40~60	H_2	95%氧化铝	镀 Ni	Ag-Cu	—	可伐合金	1430	可单独金属化
	MoO_3(25~30)+Mo(25~30)+MnO(20~30)+SiO_2(15~18)+Al_2O_3(8~10)+CuO0.5+Cu_2O(0.1~0.6)	1170 30~60	H_2	95%氧化铝	镀 Ni	Ag-Cu	—	可伐合金	1150	可单独金属化
71	MoB60+Cu_2O15+Mn15+$MnO_2$10	1150~1285 30	空气通过木炭后，空气热裂为 H_2+N_2	96%氧化铝	Cu，Ag，Ni	—	—	—	—	—
72	$WO_3$92.7+$MnO_2$6.2+$Fe_2O_3$1.1	900~1150	干、湿 H_2，分裂 NH_3	(94~100)%氧化铝	—	—	—	—	697~1030	—
73	$MoO_3$55+LiOH15+H_2O30	1320±20 15	H_2	镁橄榄石	镀 Ni（10~15μm）	Cu	1100℃±20℃	Mo 镀 Cu	900~1000	—
		1350 30		95%氧化铝					800	

74	钼酸铵 16.8g+ 硝酸锰(50%)2mL 或钼酸铵 30g+ 硝酸锰(50%)0.5mL	900~1100	湿 H_2， 分裂 NH_3	(96~99.8)% 氧化铍	不需镀	Cu	—	—		—
				94%氧化铝					930	
75	钼酸铵 24g+ 高锰酸钾 0.2g	1100	5℃分裂 NH_3	94%氧化铝	不需镀	Cu	—	—	1080	—
76	磷酸钼 10g+ 硝酸锰（50%）3mL+ 钼粉 1g	1100	5℃分裂 NH_3	94%氧化铝	不需镀	Cu	—	—	728	—
				99.5%氧化铝					665	
77	钨酸 10g+ 氢氧化铵 25mL+ 钨酸锰 0.5g	1100	5℃分裂 NH_3	94%氧化铝	不需镀	Cu	—	—	963	—
78	钼酸铵 60g+ 五氧化二钒 0.4g	1100	5℃分裂 NH_3	94%氧化铝	不需镀	Cu	—	—	665	—
79	$(NH_4)_2MoO_4$86g+ NH_4OH 100mL+ H_2O 60mL+LiOH12g	1200 3	H_2/N_2 71/29	高 Al_2O_3， 镁橄榄石	镀 Cu	Cu	1100℃， 3min	Ta， Mo 针等	—	金属化、焊接一次完成
80	$MoO_3$97+NiO_3	—	—	98%氧化铝， 滑石， 镁橄榄石	—	Cu；Ag/Cu 21/79	1200℃， 3~5min； 800℃，3min	可伐合金， Mo Fe-Ni	—	一次封成，用于针封
81	$MoO_3$40+Ni-Mn 合金 60（Ni-Mn 合金， Ni40，Mn60）	1050~1100 10	还原	—	—	—	—	—	—	—
82	Mo50+Mn40+易熔玻璃 10 （易熔玻璃：$SiO_2$80.5， B_2O_3 12.9，Na_2O3.8， K_2O0.4，$Al_2O_3$2.2）	1250	—	>94%氧化铝， 镁橄榄石， 锆石，块滑石， 长石	—	—	—	—	—	可用 30% Ni 代替 Mo
83	Mo(60~80)+Mn(40~20)+ Fe+Na_2SiF_6(5~10) (10~20μm)	1000~1200 10 1250~1300	湿 H_2/N_2	Al_2O_3， 镁橄榄石	镀 Cu，Ni	Ag-Cu 共熔	800~850℃	—	1200~1500	金属化要进行两次

（续）

序号	配方组成（质量分数,%）	金属化温度/℃ 保温时间/min	金属化气氛	适用陶瓷	二次金属化	焊料	钎焊条件	连接金属	抗拉强度 R_m /(×9.8N/cm²)	备注
84	Mo33.4+Mn4.8+Cu28.5+Ag19+$TiH_2$14.3	1000 3	H_2	95%氧化铝	—	—	—	—	—	—
85	Mo74.4+Mn6.8+$MoSi_2$18.8	1170 30	20℃ H_2/N_2 1/3	Al_2O_3，BeO	—	—	—	—	1015	—
86	Mo70+Cr30	1100~1150 30	H_2	(50~75)%氧化铝	—	—	—	—	—	Cr含量升高，金属化温度降低
87	Ag90+Cu_2O5+$Al_2O_3$5	1000~1100		98%氧化铝	烧Ag粉	Ag-Cu-Zn-Cd	气喷灯	Fe-Ni	—	—
88	Ag46+Mn18+Cu36	820	真空，-50℃，H_2	Al_2O_3，镁橄榄石，滑石尖晶石，富铝红柱石	—	—	—	Ni，Fe-Ni，Fe-Ni-Co镀Ag	—	—
89	Mo34+CuO66或Mo25+CuO75	830~950 短时间 ↓ 1000~1050 ↓ >1200	空气 ↓ H_2 ↓ H_2	—	—	—	—	—	—	金属化分三步进行
90	Cu_2O94.2+$Al_2O_3$5.8	>1190 ↓ 1100	氧化 ↓ 还原	Al_2O_3	—	—	—	—	—	原料在空气中1250℃下烧30min，冷后粉碎再涂，金属化分两步进行
91	Pt91+MnO4.63+$SiO_2$2.73+硬脂醇锰1.64	1250 30	空气	>85%氧化铝	—	Au	1063℃	—	175	对F、Cl不活泼，硬脂醇锰的作用是增加粉末在溶液中的分散度

注：1. 所收集的是生产实用的或者经经验证明是较好的配方。
2. 表中列出的相应工艺条件是较好的条件，具体试验过程及工艺条件的范围请查阅有关参考资料。
3. 表中所列连接强度一般指抗拉强度，若为其他强度则加以注明。
4. 配方组成后面有时列出微米数，是涂层厚度数值。
5. 列表顺序大体是按金属化温度高低排列的。1600℃以上为高温，1200~1600℃为中温，1200℃以下为低温金属化。

表 2-18　部分金属材料的蒸发温度

金属	熔点/℃	沸点/℃	蒸发温度（气压 1.33322Pa）/℃	金属	熔点/℃	沸点/℃	蒸发温度（气压 1.33322Pa）/℃
Mg	648.8	1090	443（升华）	Cu	1083.4	2567	1237
Sb	630.74	1750	678	Au	1064.43	2807	1465
Bi	271.3	1560	698	Ti	1660	3287	1546
Pb	327.5	1740	718	Ni	1453	2732	1510
In	156.61	2080	952	Pt	1772	3827	2090
Ag	961.93	2212	1094	Mo	2617	4612	2533
Ga	29.78	2403	1093	Ta	2996	5425	2820
Al	660.37	2467	1143	W	3410	5660	9309
Sn	231.97	2270	1189	Zn	420	—	896（升华）
Cr	1857	2672	1205	Cd	320.9	—	814（升华）

与蒸镀法相比，溅射法操作简单，涂层厚度均匀，与陶瓷结合牢固，可涂覆大面积的金属膜，还能制造合金或氧化物薄膜，能在降低的沉积温度下沉积高熔点金属层，可适合任何种类的陶瓷。

表 2-19 给出了不同溅射沉积材料和溅射金属化层厚度对钎焊接头强度的影响，表 2-20 所示为陶瓷表面状态对钎焊接头强度的影响。

表 2-19　不同溅射沉积材料和溅射金属化层厚度对钎焊接头强度的影响

溅射金属及其厚度/nm	抗拉强度/(N/cm²)	气　密　性
Ti 129，Mo 225	10450	气密性好 $\varphi \leqslant 1\times10^{-8}$Pa・L/s
Ti 129，Mo 356	12050	
Ti 129，Mo 675	10900	
Ti 129，Mo 900	10600	
Ti 251，Mo 675	10750	
Ti 129，Ta 675	11250	$\varphi \leqslant 1\times10^{-8}$Pa・L/s
Ti 129，Nb 475	6790	
Ti 129，Pt 500	5190	1/3 漏气
Zr 129，Mo 675	8170	气密性好 $\varphi \leqslant 1\times10^{-8}$Pa・L/s
Zr 129，Ta 675	8240	
Zr 129，Nb 475	7210	
Mo 450	810	气密性好 $\varphi \leqslant 1\times10^{-8}$Pa・L/s
Mo 900	915	
Mo 135	930	
Ti 430	823	气密性好 $\varphi \leqslant 1\times10^{-8}$Pa・L/s
Ta 900	980	
Zr 430	817	
Nb 475	606	
Pt 500	246	漏气

表 2-20　陶瓷表面状态对钎焊接头强度的影响

陶瓷表面抛光方法	F320 白刚玉粉	F280 金刚砂	F120 SiC 粉	自然表面
陶瓷表面粒径/μm	4.1	5.7	6.7	4.0，6.3，11.0，6.0
采用 Ag-Cu-Ti 钎料 R_m/(N/cm²)	8930	8180	6470	8480
溅射金属化 R_m/(N/cm²)	10460	12180	11160	10390

溅射沉积法有直流溅射、高频溅射和磁控溅射等；直流溅射又可以分为二极溅射、三极溅射和四极溅射，其中，二极溅射最为简单，也最为常用。

图 2-13 和图 2-14 所示分别为二极溅射和四极溅射装置示意图。四极溅射除了阳极和阴极之外，还有一个辅助阳极和磁场线圈。

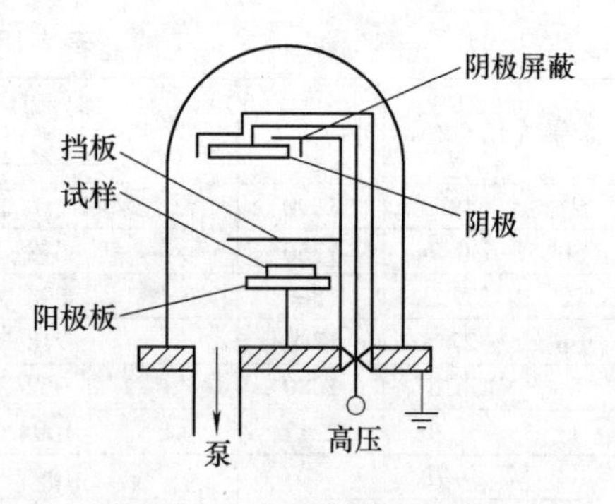

图 2-13 二极溅射装置示意图

5. 热喷涂法

图 2-15 所示为低压等离子弧热喷涂系统示意图，是在 Si_3N_4 陶瓷表面喷涂两层 Al 的方法。喷涂第一层时将陶瓷预热到略高于 Al 熔点的温度，以获得 Al 对 Si_3N_4 陶瓷（因为形成了 AlN 的缘故）较强的吸附，此时喷涂的 Al 层不会太厚，约 2μm。在此基础上再喷涂第二层 200μm 的 Al 层。喷涂 Al 层后的 Si_3N_4 陶瓷就以 Al 层在 700℃×15min、加压 0. 5MPa 的条件下进行钎焊。

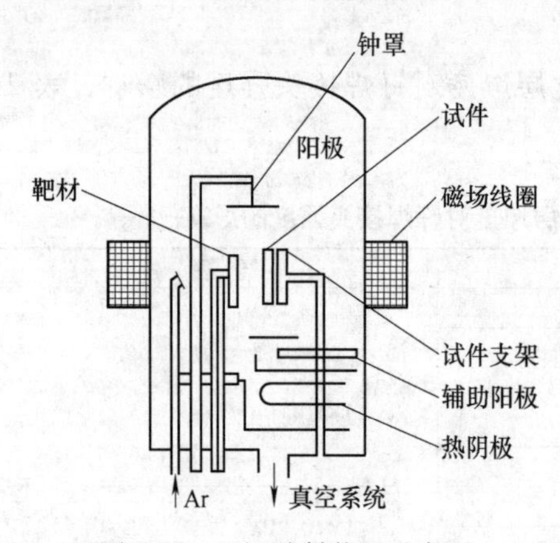

图 2-14 四极溅射装置示意图

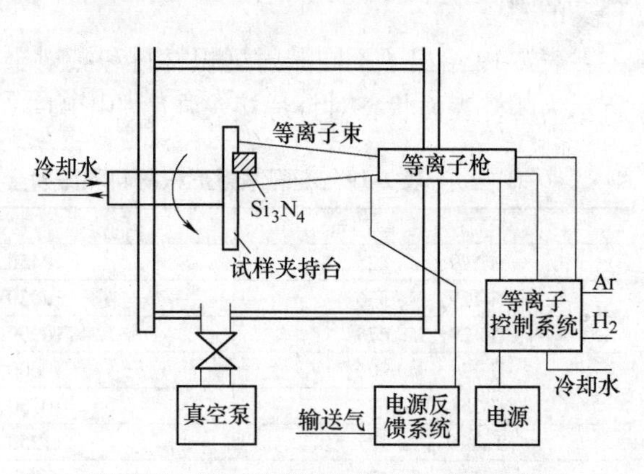

图 2-15 低压等离子弧热喷涂系统示意图

6. 离子涂覆法

图 2-16 所示为低真空离子涂覆法装置原理图。作业时，将陶瓷放在阴极上，涂覆材料作为阳极，成为蒸发源，通以 3Pa 的氩气，加上 1~5kV 的高压。先轰击工件 5~15min，使之表面光滑清洁，然后再蒸发活性金属 Ti、Al 等进行离子涂覆，达到 250~500Å 之后，再蒸发一层 Cu 或者 Ni，达到一定厚度并对表面进行处理后，就可以进行钎焊工序。

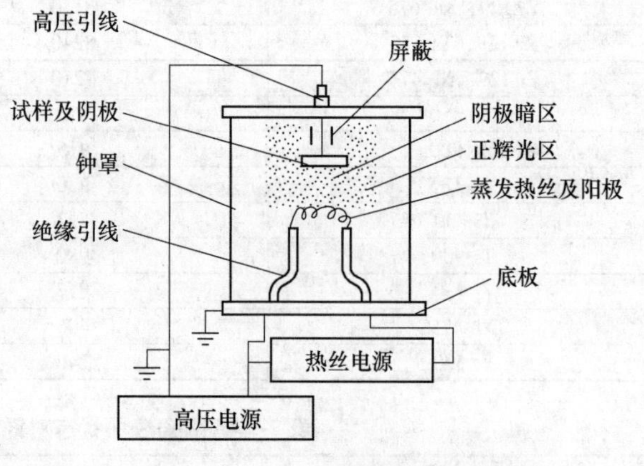

图 2-16 低真空离子涂覆法装置原理图

7. 离子注入法

由于活性钎料中的活性元素一般是 Ti，它会使钎料变硬、变脆，而且，接头中也会出现脆性相。为克服这些缺点，可采用离子注入法直接将活性元素 Ti 注入陶瓷（如 Al_2O_3 陶瓷）中，使陶瓷形成可以被一般钎料所润湿的表面。以高纯 Al_2O_3 陶瓷为母材，MEVVA 离子源的发射电压为 40kV，当离子注入范围为 2×10^{16} ~ 3.1×10^{17} 个/cm^2 时，Ti 的注入深度可达 50 ~ 100nm。经过离子注入后的陶瓷表面显著改善了非活性钎料的润湿性，用 Ag-Cu 非活性钎料对陶瓷表面的润湿性可以达到与活性钎料相同的程度。离子注入后的陶瓷表面改善非活性钎料的润湿性的原因有三：一是离子注入 Al_2O_3 陶瓷表面后更加金属化，导电性提高，并呈现金属光泽，减少了陶瓷与金属之间的电子不连续性；二是离子注入陶瓷表面产生缺陷，使陶瓷表面能提高，可以促进润湿；三是离子注入陶瓷表面形成了改善导电性及促进润湿的新相。

2.2.2　降低接头应力

降低接头应力的方法之一是尽可能地减少焊接接头的温度梯度，降低加热速度和冷却速度；另一个方法是采用塑性材料或者线胀系数与陶瓷材料相接近的金属材料作为中间层：采用塑性材料是通过塑性材料的塑性变形来减小陶瓷材料附近的应力；而采用线胀系数与陶瓷材料相接近的金属材料作为中间层则是将陶瓷中的应力转移到中间层去。这种中间层可以采用两层：用镍作为塑性材料；用钨作为低线胀系数材料。

1. 降低材料线胀系数差

采用复合钎料（中间层），即在金属钎料（中间层）中加入陶瓷，以降低金属钎料（中间层）的线胀系数，从而降低材料线胀系数差，进而达到减小残余应力的目的。

1）采用 AgCuTi 钎料+TiN 陶瓷形成复合钎料来钎焊 Si_3N_4 和 42CrMo。当添加 TiN 陶瓷的体积分数为 5%时，接头的抗剪强度达到 376MPa。

2）采用 AgCuTi 钎料+B_4C 陶瓷形成复合钎料来钎焊 SiC 时，接头的抗剪强度达到 140MPa，提高了 52%。

2. 降低脆性反应生成物

1）采用 AgCuTi/Cu/AgCu 复合钎料钎焊 SiO_2 和 BN 时，随着钎料中 Cu 的增加，接头中的 Fe_2Ti 和 Ni_3Ti 脆性金属间化合物逐渐得到抑制，接头的抗剪强度比采用单一的 AgCuTi 钎料提高 207%。

2）在采用 AgCuTi 钎料钎焊 C/C 复合材料和 Ni 基高温合金时，由于接头残余应力太大，并且生成了 Ni-Ti 金属间化合物，陶瓷侧容易出现裂纹。在改为采用 AgCu/Al_2O_3/AgCu 复合钎料钎焊 C/C 复合材料和 Ni 基高温合金之后，一方面 Al_2O_3 阻断了高温合金中的 Ni 向 C/C 复合材料扩散，另一方面抑制了 Ni-Ti 金属间化合物的生成，可以得到致密的钎焊接头。

3. 采用梯度钎料（中间层）

用图 2-17 所示的梯度钎料（中间层）钎焊 Al_2O_3 和 Si_3N_4 时，可以得到没有裂纹的接头。

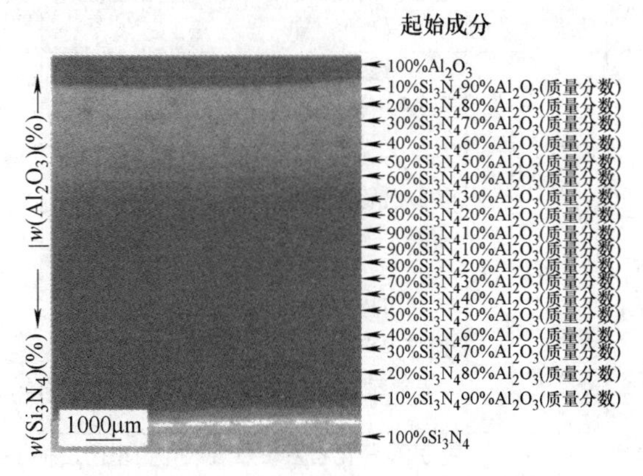

图 2-17　采用梯度钎料（中间层）的接头

2.3 陶瓷材料适用的焊接方法

表 2-21 给出了陶瓷之间及金属与陶瓷之间主要的焊接方法。此外，还有超声波焊、摩擦焊、液相过渡焊接、微波焊接、粘接等。但是，用得最多的还是钎焊和扩散焊，正在研究中的还有熔化焊、反应烧结连接等。

表 2-21　陶瓷之间及金属与陶瓷之间主要的焊接方法

连接方法		原　理	适用材料	说　明
钎焊法	Mo-Mn 法	以 Mo 或 Mo-Mn 粉末（粒度为 3~5μm）同有机溶剂混合成膏剂作为钎料，涂于陶瓷表面，在水蒸气气氛中加热进行钎焊	陶瓷-金属连接	广泛用于 Al_2O_3 等氧化物系陶瓷与金属的连接，如各种电子管和电气机械中陶瓷与金属连接部位的密封
	活性金属法	对氧化性的金属（Ti、Zr、Nb、Ta 等）添加某些金属（如 Ag、Cu、Ni 等）配置成低熔点合金作为钎料（这种钎料熔融金属的表面张力和黏性小、润湿性好），加到被连接的陶瓷与金属的间隙中，在真空或 Ar 等惰性气氛炉内加热钎焊	陶瓷-金属连接	所连接的工件形状可任意，适合于产量大的场合，Al_2O_3 与金属连接时，钎料可用 Ti-Cu、Ti-Ni、Ti-Ni-Cu、Ti-Ag-Cu、Ti-Au-Cu 等合金；要求良好高温强度的场合，钎料可用 Ti-V 系和 Ti-Zr 系添加 Ta、Cr、Mo、Nb 等的合金，钎焊温度为 1573~1923K
	陶瓷熔接法	采用熔点比陶瓷和金属低的混合型氧化物玻璃质钎料，用有机胶黏剂调成膏状，嵌入接头中，在氢气中加热熔接	陶瓷-金属连接	Al_2O_3-CaO-MgO-SiO_2 钎料用于陶瓷与耐热金属的连接，加热温度在 1200℃ 以上。Al_2O_3-MnO-SiO_2 钎料用于陶瓷与铁系合金、耐热金属的连接，加热温度在 1400℃以上
	氧化铜法	用氧化铜（CuO）粉末（粒度为 2~5μm）作为中间材料，在真空或氧化性气氛中加热，借熔融铜在 Al_2O_3 陶瓷面上的良好润湿性，与氧化物反应进行钎焊	氧化物系陶瓷（Al_2O_3、MgO、ZrO_2）之间的连接，氧化物系与金属的连接	通常的钎焊条件是：在真空度 6.67×10^{-5} Pa 的真空炉中，约 773K 温度下加热 20min
	非晶体合金法	用厚约 40~50μm、宽约 10μm 的非晶体二元合金（Ti-Cu、Ti-Ni 或 Zr-Cu、Zr-Ni）箔作为钎料，置于结合面中，然后在真空或 Ar 气氛炉中加热钎焊	Si_3N_4、SiC 等陶瓷-陶瓷连接，Si_3N_4 或 SiC 与金属连接	活性金属法的变种。用 Cu-Ti 合金箔作为钎料连接 Si_3N_4-Si_3N_4 或 SiC-SiC 等非氧化物系陶瓷，可获得较高的接头强度
	超声波钎焊法	利用超声波振动的表面摩擦功能和搅拌作用，同时用 Sn-Pb 合金软钎料（通常添加 Zn、Sb 等）进行浸渍钎焊	玻璃、Al_2O_3 陶瓷等的连接	质量分数为 99.6%的 Al_2O_3 难以用本法钎焊。质量分数为 96%的 Al_2O_3 用 Sn-Pb 钎料加 Zn 进行钎焊，可大大提高接头强度
	激光活化钎焊法	用氢氧化物系耐热玻璃作为中间层置于接头中，在 Ar 或 N_2 气氛下边加热边用激光照射，使之活化，进行钎焊	玻璃、Al_2O_3 陶瓷等的连接	—

（续）

连接方法		原　理	适用材料	说　明
熔化焊法	激光焊法	这是利用高能量密度的激光束照射陶瓷接头区进行熔化连接的方法，激光器采用输出功率峰值大的脉冲振荡方式。焊前工件需预热，以防止激光集中加热因热冲击而产生裂纹	氧化物系陶瓷（Al_2O_3、莫来石等）、Si_3N_4、SiC 与陶瓷之间的连接	对于 Al_2O_3 来说，预热温度为 1300K。因不采用中间层，可获得与陶瓷本身强度接近的接头强度。预热时可利用非聚焦的激光束。为增大熔深，焊接速度宜慢，但过慢会使晶粒粗大
	电子束焊接法	利用高能量密度的电子束照射接头区进行熔化连接	与激光焊法相同。此外还可连接 Al_2O_3 与 Ta、石墨与 W	同激光焊法。但需在真空室内进行焊接
	电弧焊接法	用气体火焰加热接头区，到温度上升至陶瓷具有某种导电性时，通过气体火焰炬中的特殊电极在接头处加上电压，使结合面间电弧放电并产生高热，以进行熔化连接	某些陶瓷-陶瓷连接，陶瓷与某些金属连接（如 ZrB_2 与 Mo、Nb、Ta，ZrB_2、SiC 与或 Ta）	具有导电性的碳化物陶瓷和硼陶瓷可直接焊接。焊接时需控制电流上升速度和最大电流值
固相连接法	气体-金属共晶法	在陶瓷与金属的连接面处覆以金属箔，在稍具氧化性气氛（氧或磷、硫等）炉中加热至低于金属熔点（对于 Cu 为 1065℃），利用气体与金属反应后的共晶作用实现连接	陶瓷与 Cu、Fe、Ni、Co、Ag、Cr 等金属的连接，尤其适用于 Al_2O_3 与 Cu 的连接	—
	各向同时加压法（HIP 法）	将连接表面加工到近似网状，把连接件组合后封入真空（133×10^{-3}Pa）容器中，在适当温度下于各个方向同时施加静水压（50～250MPa），在较短时间内即形成连接（为促进界面连接，有时在界面上放置金属粉末或 TiN 等陶瓷粉末作为中间层）	陶瓷-陶瓷连接，陶瓷-金属连接，尤其适合于 Al_2O_3、Zr_2O、SiC 等与金属的连接	由于各向同时加压，在连接区塑性变形小的情况下使界面密切接触，接头强度较高。陶瓷粉末覆盖于金属表面，能形成较厚且致密的表面层
	附加电压连接法	在将接头区加热至高温的同时，通以直流电压使结合界面极化，通过金属向陶瓷扩散进行直接连接。通常在连接区附加 0.1～1.0kV 直流电压，于温度 773～873K 下持续 40～50min	玻璃与金属、Al_2O_3 与 Cu、Fe、Ti、Al 等金属连接，也适用于陶瓷与半导体的连接	如同时施加外压力，则在较低的电压和温度下就能实现连接
	反应连接法	借陶瓷与金属接触后进行反应而直接连接的方法。又分为非加压方式和加压方式两种	氧化物系陶瓷与贵金属（Pt、Pd、Au 等）和过渡族金属（如 Ni）的连接，陶瓷-金属连接	非加压方式：在大气（有时在 Ar 或真空）中加热至金属熔点（热力学温度）的 90%，仅施加使结合面产生物理接触的压力进行连接 加压方式：在氢气中加热（温度为金属熔点的 90%）的同时再施加外压力使金属产生变形并形成连接
	扩散连接法	在接头的间隙中夹以中间层（钎料）于真空炉中加热并加压	陶瓷-金属连接	在柴油机排气阀中用于镍基耐热合金与 Si_3N_4 的连接

2.3.1 胶接

胶接是一种古老的连接方法，它是依靠胶粘剂把陶瓷与陶瓷或者陶瓷与金属连接在一起的。但是接头的强度很低，而且仅限于300℃以下的温度使用。

2.3.2 高能束焊接

事实上，采用高能束焊接陶瓷与金属时经常不使陶瓷熔化，只是部分金属熔化，使其润湿陶瓷，以达到连接的目的。

1. 电子束焊接

电子束焊接可以在真空中进行，也可以在非真空中进行。焊接环境对熔深的影响很大，这是因为在非真空条件下，电子束会受到气体分子的碰撞而损失能量，还能够产生散焦，降低功率密度，因此熔深减小。

2. 激光焊接

激光焊接是以激光器产生的激光束为热源，使得被焊材料瞬间熔化而实现焊接，其光束直径很小，可以小到微米级。当激光功率增大到一定程度时（比如大于$10^3 W/mm^2$），材料就会被蒸发，产生附加压力，从而排开液态材料，露出固态材料而凹陷，熔深增加。功率密度增加到一定程度时，就会形成很深的小孔，甚至穿透整个厚度，从而实现焊接。

2.3.3 摩擦焊

摩擦焊是一种固相焊接方法，陶瓷与金属的待焊表面在转动力矩和轴向力的作用下发生相对运动，产生摩擦热。当金属表面达到塑性状态后停止转动，并施加较大的顶锻力，从而使陶瓷与金属连接在一起。摩擦焊是一种高效率的焊接方法，但是，焊件必须是棒状，而且金属必须能够润湿和黏附陶瓷。目前这种方法已经实现了陶瓷与铝的焊接。

2.3.4 超声波焊

超声波焊是一种室温焊接方法，它是在静压的作用下，依靠超声振动使陶瓷与金属的接触表面相互作用，发生往返移动而产生摩擦热，这样加热接触表面使得接触表面附近温度升高而局部塑性变形，同时在压力作用下，实现陶瓷与金属之间的连接。其特点是操作简单，连接时间很短（小于1s）。超声波焊对工件表面的清理要求不高，但是要想得到质量良好的接头，必须选择合适的焊接工艺。目前，超声波焊已经能够焊接陶瓷与铝的接头，可以采用中间层，也可以不采用中间层，接头的抗剪强度为20~50MPa。

2.3.5 微波焊接

微波焊接是一种内部产生热量的焊接方法，这种方法是以陶瓷在微波辐射场中分子极化产生的热量为热源，并在一定压力下完成焊接过程。其特点是节省能源、升温速度快、加热均匀、接头强度高，如Al_2O_3/Al_2O_3接头的强度可以达到420MPa。但是不易精确控制温度，对于介质损耗小的陶瓷还需要采用耦合剂来提高产热。现在，这种方法还只能进行陶瓷与陶瓷之间的焊接。

2.3.6 表面活化焊接

表面活化焊接也是一种室温焊接方法，它是利用惰性气体（如氩）的中性低能原子束照射陶瓷与金属连接表面，使得表面清洁并且发生原子活化，之后在压力作用下通过表面之间的相互作用而实现陶瓷与金属的连接。这种方法可以用于高强度结构陶瓷或者高温超导陶瓷与金属之间的连接，也可以用于超大规模集成电路与电路基板的焊接，焊接面之间的电阻极小。表面活化焊接的 Si_3N_4/Al 接头的抗拉强度为 110MPa。

2.3.7 自蔓延高温合成焊接

自蔓延高温合成焊接（SHS）是由制造难熔化合物（如碳化物、氮化物和硅化物）的方法发展起来的。它是首先在陶瓷与金属之间放置能够燃烧并放出大量生成热的固体粉末，然后用电弧或者辐射把粉末局部点燃而发生化学反应，并由放出的热量自发地推动反应继续向前推进，最后由化学反应生成物将陶瓷与金属牢固地连接在一起。这种方法的优点是能耗低、生产率高、对母材的热影响小、通过合理选用反应产物还可以降低接头的残余应力。但是，燃烧时可能产生有害气体及杂质，从而产生气孔及降低接头强度。最好在保护气体中进行，并在焊接过程中对其加压。

焊接时还可以配制梯度材料，以利用其在焊缝中形成功能梯度材料来克服母材之间物理性能、化学性能和力学性能的不匹配；可以在反应物中加入增强颗粒、短纤维、晶须等，形成复合材料。如用 Ti、Ni、C 粉的简化钎料焊接 SiC 陶瓷与 GH128Ni 高温合金，结合良好。

目前自蔓延高温合成焊接（SHS）已经成功地用于 Mo/W、Mo/石墨、Ti/不锈钢、石墨/石墨、石墨/W 的焊接。自蔓延高温合成焊接（SHS）的配方、压力、气氛容易控制，反应时间短（一般只有几秒），显著节约能源及加工时间。但是，由于反应太快，连接过程难以控制。

2.3.8 场助扩散焊

它是在电场辅助作用下的固相扩散焊接。利用高压电场的作用，使陶瓷内的电介质发生极化，并使负离子向金属一侧迁移，从而在靠近金属的陶瓷表面层内充满正离子。由于正、负离子之间的相互吸引，使得陶瓷和金属的相邻表面达到紧密接触，再通过原子扩散使陶瓷和金属连接在一起。这种方法只适合可以产生分子极化的陶瓷和薄膜金属的连接，同时要求待焊表面清洁而平整。其特点是焊接温度低、变形小、时间短、操作简单。这种方法已经用于如 Al_2O_3/0.15μmAl 箔的焊接。

2.3.9 过渡液相焊接

过渡液相焊接（TLPB）是一种以液相为中间媒介的焊接方法。在焊接温度下，这个液相可以是通过填充材料熔化而得到的；也可以是母材与周围气体或者加入的中间层发生反应、中间层与中间层相互作用而形成的低熔共晶。这种方法已经实现了 Cu 与 Al_2O_3 及 Si_3N_4 陶瓷的焊接。

2.3.10 局部过渡液相焊接

局部过渡液相焊接是在过渡液相焊接的基础上发展起来的。局部过渡液相焊接

(PTLPB）与过渡液相焊接（TLPB）的区别在于，前者的中间层局部熔化，后者的中间层全部熔化。局部过渡液相焊接（PTLPB）是采用多层金属作为中间层，中间为较厚的耐热金属，两侧为很薄的低熔点金属。在焊接温度下，低熔点金属先发生熔化或者与中间层的金属作用产生低熔共晶而熔化，此后在保温过程中通过原子扩散而使液相消失和成分均匀化，从而实现焊接。在这种方法中，中间层的选择是非常重要的，中间层与两侧的中间层金属之间无论在固态还是液态，都应该完全固溶，最好液态存在的温度范围狭窄，以利于凝固和成分均匀化。这种方法兼具钎焊和扩散焊的优点，焊接温度低、接头强度高、耐热性能好，是一种很有发展前途的方法。已经实现了采用 Cu/Nb/Cu 作为中间层焊接 Al_2O_3/Al_2O_3、采用 Ti/Cu/Ni/Cu/Ti 作为中间层焊接 Si_3N_4/Si_3N_4 以及采用 Sn 基钎料/CuTi/Sn 基钎料作为中间层焊接 Al_2O_3/AISI304 等，得到的接头强度分别为 250MPa（抗弯）、260MPa（抗弯）和 90MPa（抗剪强度）。

2.3.11 混合氧化物焊接

实际上这是一种以混合氧化物为钎料的钎焊。混合氧化物焊接是采用类似于涂层烧结时所用的混合氧化物材料，在一定温度下，使这些氧化物熔化，并通过化学反应使陶瓷与金属焊接在一起。这种混合氧化物与被焊接的陶瓷有很好的相容性，其显著特点是接头强度高，特别是高温强度高。可以用于焊接的混合氧化物很多，见表 2-22。例如，$Al_2O_3$44~50-CaO35~40-BaO12~16-SrO1.5~5（均指质量分数），其钎焊温度一般在 1500℃ 左右。表 2-23 给出了这两种混合氧化物钎料的主要性能。还可以采用 Y_2O_3-Al_2O_3-SiO_2 系和 Al_2O_3-CaO-MgO-SiO_2 混合氧化物钎料，用它来焊接 Si_3N_4/Si_3N_4，前者其接头强度在 1000℃ 温度下抗弯强度高达 555MPa；采用 Al_2O_3-CaO-MgO-SiO_2 焊接 Si_3N_4/Si_3N_4 时，可以在 1200℃ 以上的温度下进行陶瓷与耐热金属的焊接。

表 2-22 常用混合氧化物钎料的组成

系列	序号	配方组成（质量分数，%）			钎焊温度/℃	线胀系数 $/10^{-7}K^{-1}$
Al-Ca		Al_2O_3	CaO			—
	1	50	50		1400	
	2	66.5	33.5		1590	
Al-Ca-Mg		Al_2O_3	CaO	MgO		—
	3	73	26	1.0	1483	
	4	54	38.5	7.5	1345	
	5	51.8	41.5	6.7	1455	
	6	49	42.7	8.3	1513	
	7	46	45.2	8.8	1513	
	8	42.3	51.5	6.2	1450	
Al-Ca-B		Al_2O_3	CaO	B_2O_3		—
	9	30	30	40	—	
Al-Mn-Si		Al_2O_3	MnO	SiO_2		—
	10	24	41	35	1200（920~930）	
	11	19	52	29	1200（1150~1160）	
	12	13	52	35	1160（1070~850）	
	13	11	62	27	1150（1190~1130）	
	14	7	46	47	1200（1070~890）	

（续）

系　列	序号	配方组成（质量分数,%）							钎焊温度/℃	线胀系数 $/10^{-7}K^{-1}$
Al-Dy-Si		Al_2O_3	Dy_2O_3	SiO_2						
	15	15	65	20					—	76~82
	16	20	55	25					—	76~82
Al-Y-Si		Al_2O_3	Y_2O_3	SiO_2						
	17	31	42.5	25.5					—	—
Al-Ba-B		Al_2O_3	BaO	B_2O_3						
	18	30	30	40					1450	—
Al-Ca-Mg-Ba		Al_2O_3	CaO	MgO	BaO					
	19	50	35	3	12					88
	20	49	36	11	4				1550	
	21	45	36.4	4.7	13.9				1410	
	22	40.4	14	5.3	40.3					
Al-Ca-Mg-B		Al_2O_3	CaO	MgO	B_2O_3					
	23	46	44.1	6.1	3.8					—
	24	41.8	49.2	7.5	1.5				1500	
Al-Ca-Mg-Sr		Al_2O_3	CaO	MgO	SrO					
	25	46.1	16	6	31.9				—	—
Al-Ca-Mg-Si		Al_2O_3	CaO	MgO	SiO_2					
	26	40.2	46	6.9	6.9				1450	—
Al-Ca-Ba-B		Al_2O_3	CaO	BaO	B_2O_3					
	27	46	36	16	2				1325	94~98
Al-Ca-Ba-Y		Al_2O_3	CaO	BaO	Y_2O_3					
	28	44.4	33.3	11.1	11.1				1405	—
Al-Ca-Ba-Sr		Al_2O_3	CaO	BaO	SrO					
	29	44~50	35~40	12~16	1.6~5				1500（1310~1350）	77~91
	30	47	34.4	15	3.6					
	31	40	35	15	10				1500	95
Al-Ca-Ta-Y		Al_2O_3	CaO	Ta_2O_3	Y_2O_3					
	32	45	49	3	3				1380	75~85
Al-Ca-Mg-Ba-B		Al_2O_3	CaO	MgO	BaO	B_2O_3				
	33	40	45	3	2	10			—	—
	34	20	69.4	3.5	6.1	1.0				
Al-Ca-Mg-Ba-Sr		Al_2O_3	CaO	MgO	BaO	SrO				
	35	33.5	11	4.5	30.2	20.8			1590	—
Al-Ca-Mg-Ba-Y		Al_2O_3	CaO	MgO	BaO	Y_2O_3				
	36	40~50	30~40	3~8	10~20	0.5~5			1480~1560	67~76
Al-Ca-Mg-Sr-Si		Al_2O_3	CaO	MgO	SrO	SiO_2	K_2O	Na_2O		
	37	38	42	8	5	7	0.3	0.6		—
	38	37.1	43	6	1.5	11			1500	
Al-Ca-Mg-Ba-B-Si		Al_2O_3	CaO	MgO	BaO	B_2O_3	SiO_2			
	39	44	38	6	9	2	1			—
	40	32.6	50.4	10.3	4.2	1.8	0.5		1450	
Al-Ca-Sr-Ba-B-Si		Al_2O_3	CaO	SrO	BaO	B_2O_3	SiO_2			
	41	25	18	18	14	5	20		—	—

（续）

系　列	序号	配方组成（质量分数,%）	钎焊温度/℃	线胀系数 $/10^{-7}K^{-1}$
Al-Ca-Sr-Ba-Mg-Y	42	Al_2O_3 44~50　CaO 35~40　SrO 1.5~5　BaO 12~16　MgO 0.5~1.5　Y_2O_3 0.5~1.5	1500	
Si-Zn-Al	43	SiO_2 30~60　ZnO 25~35　Al_2O_3 2.5~10	1000	
Zn-B-Si-Li-Al	44	ZnO 29~57　B_2O_3 19~56　SiO_2 4~26　Li_2O 3~5　Al_2O_3 0~6	1000	49
Si-B-Al-Na-K-Ba	45	SiO_2 70~75　B_2O_3 20　Al_2O_3 4~8　Na_2O 4~7　K_2O 6　BaO 0~2	1000	
Si-Ba-Al-Li-Co-P	46	SiO_2 55~65　BaO 25~32　Al_2O_3 0~5　Li_2O 6~11　CoO 0.5~1　P_2O_5 1.5~3.5	950~1100	104
Si-Al-K-Na-Ba-Sr-Ca	47	SiO_2 63~68　Al_2O_3 3~6　K_2O 8~9　Na_2O 5~6　BaO 2~4　SrO 5~7　CaO 2~4 还含有少量的 Li_2O、MgO、TiO_2、B_2O_3	1000	85~93

表 2-23　两种混合氧化物钎料的主要性能

项　目	Al_2O_3+CaO+BaO+SrO 44~50+35~40+12~16+1.5~5	Al_2O_3+CaO+MgO+BaO+Y_2O_3 40~50+30~40+3~8+10~20+0.5~5
钎焊温度/℃	1500	1480~1550
熔化保温时间/h	1.5~2	1~2
转变温度/℃	828①	—
析晶温度/℃	900~950	920~970
最高工作温度/℃	750~820	—
线胀系数 $\alpha/10^{-7}K^{-1}$	（室温至 100~800℃）76.7~91.1	（20~300℃）66.6 （20~400℃）72.4 （20~500℃）76.4
半透明 Al_2O_3 陶瓷润湿角	（室温至 100~900℃）56.9~79.2	（20~300℃）65.2 （20~400℃）68.3 （20~500℃）71.4
钎料对 Nb 润湿角/(°)	18	21.24
半透明 Al_2O_3 陶瓷润湿角	12	—
析出的主要晶相	$BaO·Al_2O_3$、$12CaO·7Al_2O_3$ 多量 $3CaO·Al_2O_3$ 少量	$3CaO·Al_2O_3$ 多量 $CaO·Al_2O_3$ 少量
耐 Na 腐蚀性	Na 灯燃 10000h 未见漏 Na	Na 灯燃 10000h 未见漏 Na。800℃下经 1000h，Na 渗透深度为 80~90μm
半透明 Al_2O_3 陶瓷+Nb 的接头抗拉强度/(N/cm^2)	—	5760（夹 Nb 片） 3165（与陶瓷直接结合）
钎料的流动温度/℃	1266②	1301②

①膨胀仪测定值。

②差热分析仪测定值。

2.3.12　钎焊

钎焊是焊接陶瓷常用的方法，陶瓷的钎焊以钎料在陶瓷表面能够润湿为前提，但是一般来说陶瓷很难为钎料所润湿。可以采用以下两种方法促使钎料在陶瓷表面能够润湿。一是先使陶瓷表面金属化，然后再使用钎料进行钎焊，称为间接钎焊，实际上它是熔化的钎料与陶瓷表面的金属接触，是在钎料与陶瓷表面的金属之间进行钎焊，所以比较容易实现。这种方法不仅可以改善非活性钎料对陶瓷的润湿性，还可以保护在高温钎焊时陶瓷材料不会发生分解和产生空洞。二是采用活性钎料进行钎焊，称为直接钎焊。它是在钎料中加入活性金属元素在陶瓷表面产生渗透、扩散和反应而改变陶瓷的表面状态，从而增大陶瓷与钎料的相容性，形成可润湿的表面。

使陶瓷表面金属化的方法已如上述。采用活性钎料的直接钎焊，重要的是选用合理的钎料，正确地说是合理使用活性元素。这些活性元素主要是 Ti、Zr、V 和 Cr 等。在钎焊过程中，这些活性元素会与陶瓷发生化学反应形成反应层。一方面反应层中的反应物与金属（钎料）具有相同或者相似的结构，能够被液态金属（钎料）所润湿；另一方面，界面反应物在金属（钎料）与陶瓷之间形成了化学键，实现了金属（钎料）与陶瓷之间的冶金结合。表 2-24 和表 2-25 分别给出了陶瓷焊接常用的钎料及高温活化钎料，表 2-26 为一些陶瓷真空活性钎焊适用的钎料和工艺参数。

表 2-24　陶瓷焊接常用的钎料

钎　料	成分（质量分数,%）	熔点/℃	流点/℃	钎　料	成分（质量分数,%）	熔点/℃	流点/℃
Cu	100	1083	1083	Ag-Cu	Ag 50，Cu 50	779	850
Ag	>99.99	960.5	960.5	Ag-Cu-Pd	Ag 58，Cu 32，Pd 10	824	852
Au-Ni	Au 82.5，Ni 17.5	950	950	Au-Ag-Cu	Au 60，Ag 20，Cu 20	835	845
Cu-Ge	Ge 12，Ni 0.25，Cu 余量	850	965	Ag-Cu	Ag 72，Cu 28	779	779
Ag-Cu-Pd	Ag 65，Cu 20，Pd 15	852	898	Ag-Cu-In	Ag 63，Cu 27，In 10	685	710
Au-Cu	Au 80，Cu 20	889	889				

表 2-25　陶瓷钎焊常用的高温活化钎料

钎　料	熔化温度/℃	钎焊温度/℃	用途及接头性能
92Ti-8Cu	790	820~900	陶瓷-金属的连接
75Ti-25Cu	870	900~950	陶瓷-金属
72Ti-28Ni	942	1140	陶瓷-陶瓷，陶瓷-石墨，陶瓷-金属
50Ti-50Cu	960	980~1050	陶瓷-金属的连接
50Ti-50Cu（原子比）	1210~1310	1300~1500	陶瓷与蓝宝石，陶瓷与锂的连接
7Ti-93（BAg72Cu）	779	820~850	陶瓷-钛的连接
5Ti-68Cu-26Ag	779	820~850	陶瓷-钛的连接
100Ge	937	1180	自粘接碳化硅-金属（R_m=400MPa）
49Ti-49Cu-2Be	—	980	陶瓷-金属的连接
48Ti-48Zr-4Be	—	1050	陶瓷-金属
68Ti-28Ag-4Be	—	1040	陶瓷-金属
85Nb-15Ni	—	1500~1675	陶瓷-铌（R_m=145MPa）

（续）

钎　料	熔化温度/℃	钎焊温度/℃	用途及接头性能
47.5Ti-47.5Zr-5Ta	—	1650~2100	陶瓷-钽
54Ti-25Cr-21V	—	1550~1650	陶瓷-陶瓷，陶瓷-石墨，陶瓷-金属
75Zr-19Nb-6Be	—	1050	陶瓷-金属
56Zr-28V-16Ti	—	1250	陶瓷-金属
83Ni-17Fe	—	1500~1675	陶瓷-钽（R_m=140MPa）

表 2-26　一些陶瓷真空活性钎焊适用的钎料和工艺参数

接头	ZrO_2/Cu/1Cr18Ni9Ti	Si_3N_4/W	ZrO_2/铸铁	ZrO_2/铸铁	Al_2O_3/Ni	Al_2O_3/Ni
钎料	Ag57Cu38Ti5	PdCu+Nb	Cu-Ga-Ti	Cu-Sn-Pb-Ti	Cu77Ti18Zr5	Cu70Ti25Zr5
钎焊温度/℃	850	1210	1150	950	1020	1020
保温时间/min	30		10	10	10	10
抗剪强度/MPa	105	150	277	156	145	162

2.3.13　扩散焊

1. 无压力扩散焊

扩散焊也是焊接陶瓷常用的方法，可分为直接扩散焊和加中间层的扩散焊。为了缓解因为陶瓷与金属之间线胀系数不同而引起的残余应力和控制界面反应，在陶瓷与金属的扩散焊中一般都采用加中间层的扩散焊。影响扩散焊质量的焊接参数有钎焊温度、保温时间、压力、气体介质、母材表面状态和中间层的化学成分等。钎焊温度一般控制在（0.6~0.8）T_m（T_m 是母材及反应生成物中熔点最低材料的熔点）之间，压力一般控制在 3~10MPa。表 2-27 给出了一些陶瓷真空扩散焊的工艺参数及接头性能。

表 2-27　一些陶瓷真空扩散焊的工艺参数及接头性能

接头	SiC(Si)/Nb	SiC(Si)/Nb	SiC(Si)/Nb	Al_2O_3/AISI304	Si_3N_4/Ni	AlN/(Ti 膜)/Cu
中间层	—	—	—	TiCu	FeNiCu	—
钎焊温度/℃	1400	1400	1400	800	1050	900
保温时间/min	30	30	30	60	60	30
压力/MPa	0.49	1.96	1.49	15	0.1	6
抗剪强度/MPa	38	87	53(800℃)	65	150	55

2. 压力扩散焊

这种方法是在压力作用之下进行的扩散焊。在压力作用之下，金属与陶瓷紧密接触，在加热过程中，界面上的原子处于高度激活状态，加速相互扩散，通过回复、再结晶、晶界变化实现连接。

在实际的焊接中，考虑到金属与陶瓷的物理性能，特别是线胀系数的巨大差别，为了缓和焊接过程中产生的应力，通常采用中间层，用于改善接头性能。

陶瓷与陶瓷、陶瓷与金属及其他材料的扩散焊，可以有直接扩散焊、加单层或多层中间层的扩散焊、局部过渡液相扩散焊和过渡液相扩散焊等。表 2-28 给出了一些陶瓷与金属直接扩散焊接头中可能出现的化合物。

表 2-28　陶瓷与金属直接扩散焊接头中可能出现的化合物

接头组合	界面反应产物
Al_2O_3-Cu	$CuAlO_2$，$CuAl_2O_4$
SiC-Nb	Nb_5Si_3，$NbSi_2$，Nb_2C，$Nb_5Si_3C_x$，NbC
SiC-Ni	Ni_2Si
SiC-Ti	Ti_5Si_3，Ti_3SiC_2，TiC
Si_3N_4-Al	AlN
Si_3N_4-Ni	Ni_3Si，Ni(Si)
Si_3N_4-FeCr 合金	Fe_3Si，Fe_4N，Cr_2N，Fe_xN
Si_3N_4-V	V(Al)，V_2N，V_5Al_8，V_3Al

2.3.14　无压固相反应焊接

在不加压或者加很小压力的情况下，通过中间层金属与陶瓷表面之间的化学反应将陶瓷材料焊接起来。由于大部分陶瓷的耐压性较差，因此，这种方法得到重视。中间层金属含有 Ti、Zr 等活性元素，能够与陶瓷反应形成化合物而达到焊接的目的。这种方法可以获得致密的焊接接头，但是其力学性能很差，只适于密封接头的焊接，不适合承受载荷。

下面详细介绍陶瓷与陶瓷及金属与陶瓷之间最常用的一些焊接方法。

2.4　陶瓷与陶瓷及金属与陶瓷之间的钎焊

钎焊是连接陶瓷与陶瓷及金属与陶瓷最常用的方法之一，欲通过熔化焊使金属与陶瓷材料产生接触是不可能的，陶瓷材料也很难被熔化的金属所湿润。因此，为了实现陶瓷与陶瓷及金属与陶瓷之间的钎焊，必须使钎料能够与陶瓷表面发生作用。为达到此目的，可采用两种方法：一是在钎料中加入活性元素，使其能够与陶瓷发生作用；二是使陶瓷表面金属化。

2.4.1　陶瓷与陶瓷及金属与陶瓷之间钎焊存在的问题和解决的措施

1. 陶瓷与陶瓷及金属与陶瓷之间钎焊存在的问题

1）钎料难以润湿陶瓷。

2）金属基钎料与陶瓷钎焊时产生热应力。

由于金属基钎料与陶瓷的线胀系数相差较大，因此，钎焊时会产生较大的热应力，导致接头性能降低，甚至产生裂纹。

2. 解决的措施

（1）采用活性钎料　在钎料中加入能够与陶瓷表面发生化学反应的元素，这种元素叫活性元素。通过钎料中的活性元素与陶瓷表面发生化学反应，从而实现表面的强力结合。

过渡族元素 Ti、Zr、Cr、V、Hf、Nb、Ta 等，通过化学反应可以在陶瓷表面形成反应层，这种反应层主要由金属与陶瓷的复合物组成，这种复合物在大多数情况下表现为与金属相同的结构，因此，可以被熔化的金属润湿。

1）采用加 Ti 的活性钎料。

①Ag-Cu-Ti 系。经常应用的活性元素是 Ti，在 Ag、Cu 或 Ag-Cu 的共晶中加入 1%~5% 的 Ti。常用的 Ag-Cu-Ti 三元系活性钎料是在 Ag-Cu 二元系钎料的基础上加入活性元素 Ti 形成的 Ag-Cu-Ti 三元系活性钎料。

②Ag-Cu-Ti 系钎料的改善。钎焊工业纯 Ti 与 Al_2O_3 陶瓷时，在 Al_2O_3 陶瓷表面涂一层 TiH_2，可以改善接头强度。用 TiH_2 涂覆在陶瓷表面，采用 Ag 基非活性钎料也可以得到很好的钎焊接头。

③减小脆性的方法。在钎焊 Al_2O_3 陶瓷与 Fe-42Ni 合金时，为防止活性元素 Ti 扩散入 Fe-42Ni 中而产生缺陷，在 Fe-42Ni 合金表面镀一层 5μm 厚的 Ni、Cu 或 Ni 与 Cu 的阻挡层。先用有机黏结剂将 TiH_2 涂覆在 Al_2O_3 陶瓷表面，再用 Ag-Cu-Ti 系钎料在 850~900℃的氮气中进行钎焊。采用表面镀 Ni 或 Ni 与 Cu 的阻挡层时，Fe 向钎缝和 Al_2O_3 陶瓷表面过渡得较少。Fe 向钎缝和 Al_2O_3 陶瓷表面过渡得越少，接头强度越高。

2）采用加 Zr 的活性钎料 Ag-Cu-Zr 系。试验发现，用 Ag-Cu-Zr 系钎料在 750~950℃的真空中钎焊 99.9%纯度的 α-Al_2O_3 陶瓷与 Ni-Cr 钢和 Cu 时，结果发现，在陶瓷与钎料的界面上形成了 6.0~10.0μm 的 ZrO_2 层。如果在这种钎料中再加入 Sn，则可以使 Zr 的活性进一步增大，界面反应形成的 ZrO_2 层增厚，并使 Cu-Zr 化合物的比例减小，从而提高了接头强度。在 Ag-Cu-Zr 系钎料中加入 Al 也有类似的效果。但 Ag-Cu-Zr 系钎料的活性不如 Ag-Cu-Ti 系钎料。

3）采用加 Pd 的活性钎料 Ag-Cu-Pd 系。可以用 Pd 代替 Ti 作为活性钎料来钎焊陶瓷材料。

4）采用低熔点活性钎料。以 Sn 或 Pb 为基的活性钎料，其熔点在 300℃以下。由于这些活性元素对氧的亲和力较大，极易被氧化，因此，用这种钎料钎焊时，必须在真空中或纯度很高的保护气体（比如惰性气体）中进行，钎焊温度下真空度一般要高于 10^{-2}Pa。

在钎料中加入 In 可以改善钎料的流动性和提高活性元素 Ti 的活度。用 In-Ti、In-Ag-Ti 及 In-Ag-Cu-Ti 钎料，在 650~900℃的真空中钎焊 AlN 和 Cu 时，对 AlN 陶瓷具有良好的润湿性，并可提高接头的强度，这是因为 Cu 向钎缝中扩散形成了 In_9Cu_4。

5）含铪（Hf）的镍基高温活性钎料。工程陶瓷的熔化温度很高，多应用于高温环境，钎料（绝大部分是银基）的熔点一般较低，一般不能超过 400~500℃，不能适应高温工作环境。为了提高陶瓷和陶瓷-高温合金钎焊接头的使用温度，必须大幅度提高钎料的熔化温度，同时还要具备耐腐蚀、抗氧化以及与高温合金之间的冶金相容性。最近，我国研制出了一种含铪（Hf）的镍基高温活性钎料。这种钎料中的铪能够与镍形成熔点为 1152℃、1202℃和 1132℃的三种 Ni-Hf 共晶。

（2）对陶瓷表面的预金属化　陶瓷表面的预金属化，不仅可以改善非活性钎料对陶瓷的润湿性，而且，还可以用于高温钎焊时保护陶瓷不发生分解，从而防止产生空洞。以性能较好的 Si_3N_4 陶瓷为例，在真空中（10^{-3}Pa）1100℃以上就要发生分解，而产生空洞。用耐热钎料对 Si_3N_4 陶瓷进行钎焊时，钎焊温度都较高，Si_3N_4 陶瓷很容易发生分解。为了解决这一问题，可以在 Si_3N_4 陶瓷表面进行预涂层或改变钎焊气氛来实现。比如，用 Ag-Cu-In-Ti 系活性钎料在 133.3×10^{-5}Pa 的高真空中、900℃下将陶瓷预涂覆 10min 后，再用 Pd-Ni-Ti 钎料在 1250℃下钎焊时，就可以有效地防止 Si_3N_4 陶瓷发生分解。

（3）减少热应力对陶瓷与金属钎焊质量的不利影响

1）采用中间层。由于陶瓷与金属的线胀系数不同，因而在钎焊接头中产生热应力，尤其是在界面上的陶瓷边沿会产生高应力。为了解决这个问题，可以通过使用塑性材料或线胀系数适合陶瓷的材料作为中间层材料或两种以上的中间层材料来降低应力，但这样也使接头性能复杂化。

2）改进接头形式。将陶瓷与金属的连接面由平面改为圆弧面（陶瓷为凸面，金属为凹面）。

2.4.2　陶瓷与陶瓷及金属与陶瓷之间钎焊的钎料

1. 对钎料的要求

由于陶瓷与金属的钎焊应当在氢气炉或者真空炉中进行，当用金属化法对陶瓷制真空电子器件进行钎焊时，对钎料有如下要求：

1）钎料中不能含饱和蒸气压高的合金元素，如 Zn、Cd 和 Mg 等，以免在钎焊过程中污染电子器件或造成电介质漏电。

2）钎料中氧的质量分数不能超过 0.001%，以免在氢气中钎焊时形成水汽。

2. 钎料

（1）金属钎料　陶瓷金属化后再进行钎焊，用得最多的钎料是 BAg72Cu，也可以选用其他钎料。表 2-24 给出了陶瓷与金属钎焊时常用的钎料，它们是未加活性元素的钎料。陶瓷直接钎焊时，应该选择含有活性元素的活性钎料。表 2-29 给出了直接钎焊陶瓷的高温活性钎料。其二元钎料以 Ti-Cu、Ti-Ni 为主，这类钎料的蒸气压较低，700℃时小于 1.33×10^{-3} Pa，可以在 1200~1800℃条件下使用。三元系钎料为 Ti-Cu-Be 或 Ti-V-Cr，其中 49Ti-49Cu-2Be 具有与不锈钢相近的耐蚀性，而且，蒸气压较低，可以在防泄漏及防氧化的真空密封接头中使用。不含 Cr 的 Ti-Zr-Ta 系钎料，可以成功地直接钎焊 MgO 和 Al_2O_3 陶瓷，其接头可以工作在温度高于 1000℃的条件下。国内生产的 Ag-Cu-Ti 系钎料，可以直接钎焊陶瓷与无氧铜，其抗剪强度可达到 70MPa。

表 2-29　直接钎焊陶瓷的高温活性钎料

钎　　料	熔化温度/℃	钎焊温度/℃	用途及接头性能
92Ti-8Cu	790	820~900	陶瓷-金属的连接
75Ti-25Cu	870	900~950	陶瓷-金属
72Ti-28Ni	942	1140	陶瓷-陶瓷，陶瓷-石墨，陶瓷-金属
50Ti-50Cu	960	980~1050	陶瓷-金属的连接
50Ti-50Cu（原子比）	1210~1310	1300~1500	陶瓷与蓝宝石，陶瓷与锂的连接
7Ti-93（BAg72Cu）	779	820~850	陶瓷-钛的连接
5Ti-68Cu-26Ag	779	820~850	陶瓷-钛的连接
100Ge	937	1180	自粘接碳化硅-金属（R_m=400MPa）
49Ti-49Cu-2Be	—	980	陶瓷-金属的连接
48Ti-48Zr-4Be	—	1050	陶瓷-金属
68Ti-28Ag-4Be	—	1040	陶瓷-金属
85Nb-15Ni	—	1500~1675	陶瓷-铌（R_m=145MPa）
47.5Ti-47.5Zr-5Ta	—	1650~2100	陶瓷-钽
54Ti-25Cr-21V	—	1550~1650	陶瓷-陶瓷，陶瓷-石墨，陶瓷-金属
75Zr-19Nb-6Be	—	1050	陶瓷-金属
56Zr-28V-16Ti	—	1250	陶瓷-金属
83Ni-17Fe	—	1500~1675	陶瓷-钽（R_m=140MPa）

（2）氧化物钎料　玻璃体法采用的钎料是利用毛细现象来实现钎焊的，这种方法不加金属钎料，而加无机钎料，如氧化物、氟化物的钎料。氧化物钎料熔化后形成的玻璃相不仅能向陶瓷渗透，而且能润湿金属表面，最后达到钎焊的目的，表2-30给出了用于陶瓷钎焊的玻璃体法氧化物钎料配方。

表2-30　用于陶瓷钎焊的玻璃体法氧化物钎料配方

系　列	主要组成（质量分数,%）	熔化温度/℃	线胀系数/$10^{-6}K^{-1}$
Al-Dy-Si	Al_2O_3 15，Dy_2O_3 65，SiO_2 20	—	7.6~8.2
Al-Ca-Mg-Ba	Al_2O_3 49，CaO 3，MgO 11，BaO 4	1550	—
	Al_2O_3 45，CaO 36.4，MgO 4.7，BaO 13.9	1410	8.8
Al-Ca-Ba-B	Al_2O_3 46，CaO 36，BaO 16，B_2O_3 2	(1320)	9.4~9.8
Al-Ca-Ba-Sr	Al_2O_3 44~50，CaO 35~40，BaO 12~16，SrO 1.5~5	1500 (1310)	7.7~9.1
	Al_2O_3 40，CaO 33，BaO 15，SrO10	1500	9.5
Al-Ca-Ta-Y	Al_2O_3 45，CaO 49，Ta_2O_3 3，Y_2O_3 3	(1380)	7.5~8.5
Al-Ca-Mg-Ba-Y	Al_2O_3 40~50，CaO 30~40，MgO 10~20，BaO 3~8，Y_2O_3 0.5~5	1480~1560	6.7~7.6
Zn-B-Si-Al-Li	ZnO 29~57，B_2O_3 19~56，SiO_2 4~26，Li_2O 3~5，Al_2O_3 0~6	(1000)	4.9
Si-Ba-Al-Li-Ca-P	SiO_2 55~65，BaO 25~32，Al_2O_3 0~5，Li_2O 6~11，CaO 0.5~1，P_2O_5 1.5~3.5	(950~1100)	10.4
Si-Al-K-Na-Ba-Sr-Ca	SiO_2 43~68，Al_2O_3 3~6，K_2O 8~9，Na_2O 5~6，BaO 2~4，SrO 5~7，CaO 2~4，另含少量 Li_2O、MgO、TiO_2、B_2O_3	(1000)	8.5~9.3

注：括号中的数据为参考温度。

调整钎料配方可以得到不同熔点和不同线胀系数的钎料，以适应不同陶瓷和金属的钎焊，这种钎料实际上是渗透到陶瓷晶粒间空隙的黏结相（如Al_2O_3、Y_2O_3、MgO等）以及杂质SiO_2。钎焊在超过1530℃的高温下（约相当于Y-Si-Al-O-N的共晶点）进行，不需加压，通常用氮气保护。由于玻璃体固化后韧性极低，无法承受陶瓷的收缩，只能依靠调配其成分使其线胀系数尽可能与陶瓷的线胀系数相近。因此，这种方法的实际应用是比较困难的。

2.4.3　陶瓷与陶瓷及金属与陶瓷之间的钎焊工艺

1. 金属与陶瓷之间钎焊的注意事项

（1）合理选择金属与陶瓷之间的匹配　选择线胀系数相近的金属与陶瓷匹配，如钛与镁橄榄石陶瓷和镍与95%Al_2O_3陶瓷的钎焊，它们在800℃之内的线胀系数基本一致。还可以利用金属的塑性变形来降低钎焊接头的残余应力，如无氧铜与95%Al_2O_3陶瓷之间的钎焊。虽然金属与陶瓷之间的线胀系数相差较大，但是，由于可以利用无氧铜良好的塑性和延展性来降低钎焊接头的应力，仍可得到优质的钎焊接头。选择高强度、高热导率陶瓷，如 BeO、AlN 等，也可以降低钎焊接头的应力，改善钎焊接头性能。图 2-18 给出了金属与陶瓷钎焊结构的应用实例。

a) 真空开关管外壳

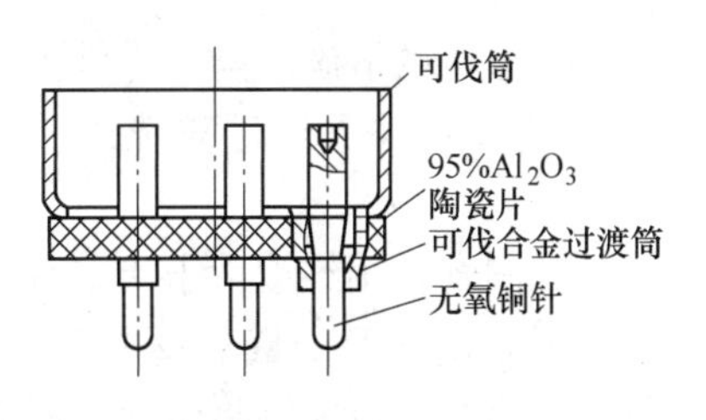

b) 套封型过渡针封芯柱

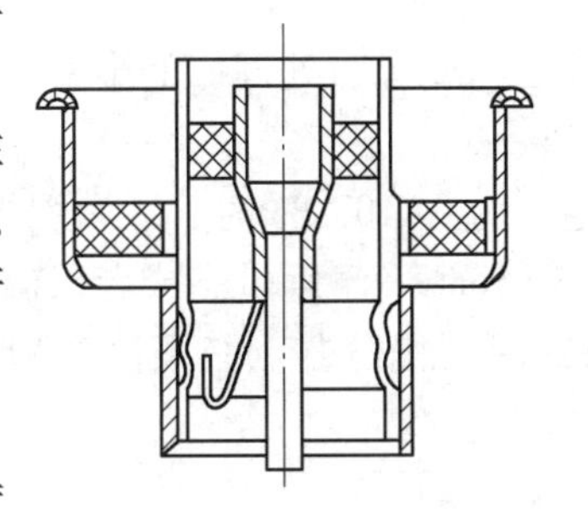

c) 内外套封与过渡针封复合结构

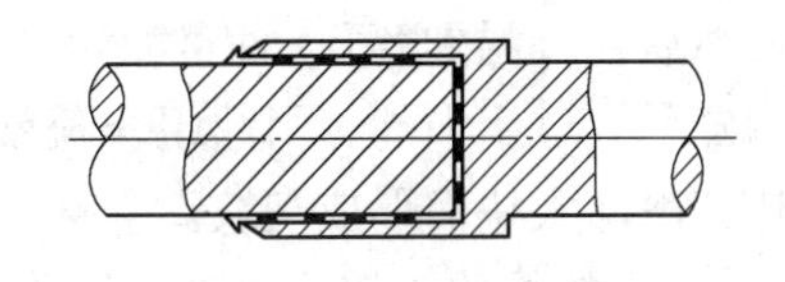

d) 陶瓷涡轮轴与金属轴连接结构

图 2-18　金属与陶瓷钎焊结构的应用实例

（2）利用金属件的弹性变形来降低钎焊应力　利用薄壁金属零件的弹性变形，设计出绕形结构以释放应力，如图 2-19 所示。

（3）避免应力集中　陶瓷零件应避免尖角厚度的突变，尽量采用圆形或者圆弧过渡。

（4）合理地选择钎料　选择屈服强度低和塑性好的钎料，如 Ag-Cu 共晶、纯 Ag、纯 Cu、纯 Au 等，以最大限度地释放应力。由于这些纯金属价格昂贵，因此钎料应尽可能地薄及选择适当的焊脚长度，一般以 0. 3~0. 6mm 为宜。

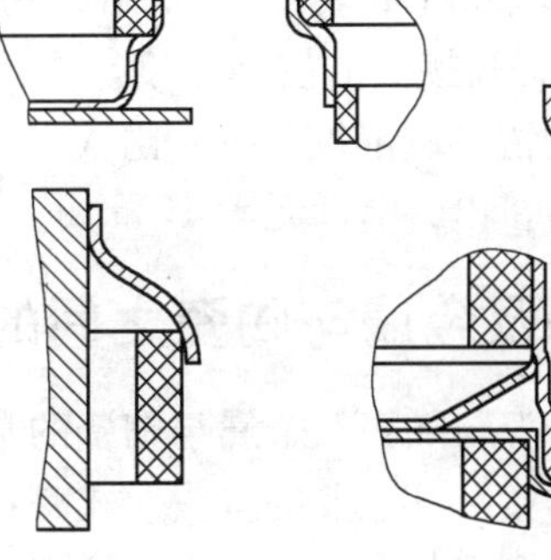

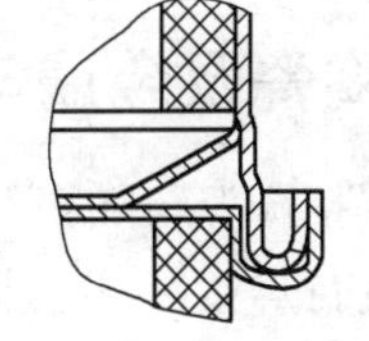

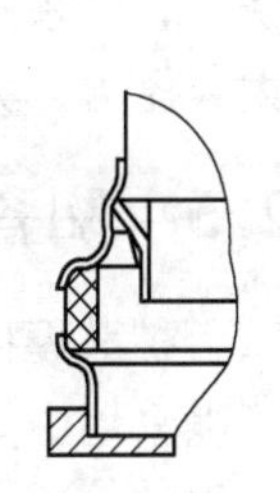

图 2-19　绕形结构

2. 陶瓷-金属钎焊工艺

（1）陶瓷金属化钎焊工艺　以 Mo-Mn 陶瓷金属化钎焊为例，钎焊步骤如下：

1）零件的清洗。陶瓷零件可以在超声波清洗机中用清洗液清洗，然后用离子水清洗后烘干。金属零件要经过碱洗或者酸洗，以去除其表面的油污和氧化膜等，并用清水清洗和烘干。

2）涂膏。涂抹已经调配好的 Mo-Mn 膏剂（粉末粒度 1~5μm），用毛刷涂抹到需要金属化的陶瓷表面上，涂层厚度为 30~60μm。

3）陶瓷金属化。将涂抹好的陶瓷件放入氢气炉中，在 1300~1500℃ 的温度下保温 0. 5~1h。

4）镀镍。金属化层是 Mo-Mn 层，难以被钎料润湿，必须镀上一层 4~5μm 厚的镍。

5）装配。将处理好的金属和陶瓷或者陶瓷与陶瓷的待钎焊面夹上钎料。

6）钎焊。将装配好的工件置入氢气炉或者真空炉中进行钎焊，钎焊温度由钎料决定，并选择合适的加热和冷却速度。

7）出炉检验。按要求进行检验。

（2）活性钎焊加工工艺　以活性金属 Ag-Cu-Ti 系钎料的钎焊为例，钎焊步骤如下：

1）零件的清洗。陶瓷零件可以在超声波清洗机中用清洗液清洗，然后用离子水清洗后烘干。金属零件要经过碱洗或者酸洗以去除其表面的油污和氧化膜等，并用清水清洗和烘干。

2）制膏。用纯度大于 99.7%、粒度为 270~360 号筛的钛粉，加入质量分数约为钛粉 1/2 的硝酸棉溶液及少量草酸二乙酯稀释，调成糊状。

3）涂膏。用毛刷将活性金属 Ti 钎料的膏剂均匀涂抹到陶瓷被钎焊表面上，涂层厚度为 25~40μm。

4）装配。将晾凉膏剂后的陶瓷件之间或者与处理好的金属待钎焊面之间夹上 Ag-Cu 系钎料（如 AgCu28）。

5）钎焊。在真空炉中钎焊，真空度为 5×10^{-3}Pa 时，逐渐缓慢升温到 780℃，使钎料熔化，然后再升温到 820~840℃，保温 3~5min（温度过高或者保温时间过长都会使活性元素与陶瓷反应过于强烈，引起组织疏松）后缓慢冷却。必须注意加热和冷却速度，以免因为加热和冷却太快而形成裂纹。

6）出炉检验。按要求进行检验。

2.4.4　表面状态及钎焊工艺对钎焊接头强度的影响

在用 Ag-Cu-Ti 钎料钎焊 Si_3N_4 陶瓷和 Cu 的接头时，Cu 表面粗糙度和钎焊中的加压对剪切功和抗剪强度有影响。Cu 表面越光滑，剪切功和抗剪强度越高；施加不大压力（2.5kPa）就可以明显提高接头的抗剪强度。原因是施加不大压力可使先熔化的 Ag 钎料被挤出，剩余的钎缝中的富 Cu 相较多，Cu 比 Ag 软更易变形，有利于减缓接头应力；若施加太大压力，大量钎料被挤出，活性元素 Ti 量减少，使之不易润湿陶瓷，因此，强度降低。

2.5　陶瓷与陶瓷及金属与陶瓷之间的扩散焊

扩散焊接是焊接陶瓷与陶瓷及金属与陶瓷的常用和重要的方法之一，可以直接焊接，也可以采用中间层进行焊接。其主要的接头形式有：陶瓷与陶瓷的直接焊接；金属与陶瓷的直接焊接；用中间层焊接陶瓷与陶瓷；用中间层焊接金属与陶瓷。

与熔化焊相比，陶瓷与陶瓷及金属与陶瓷之间固相扩散焊接的主要优点是：强度高；变形小；尺寸易于控制。其主要缺点是：需要较高的温度：较长的时间；通常需要在真空中进行；设备昂贵；成本高；尺寸受限制。

固相扩散焊接的过程包括：塑性变形、扩散（包括表面扩散、体扩散、晶界扩散、两工件界面扩散）、蠕变、再结晶和晶粒长大等。影响固相扩散焊接质量的因素有：焊接温度、焊接时间、焊接压力、环境因素、工件的表面状态、两工件间的化学和物理性能等。

2.5.1　金属与陶瓷材料扩散焊中的中间层

由于陶瓷材料具有高硬度、耐高温、耐腐蚀及特殊的电化学性能，故其近年来得到了飞快的发展，特别是一些具有特殊性能的工程陶瓷，已经在生产中得到应用。但是，常常遇到把陶瓷本身或与其他材料连接在一起的问题。近年来，陶瓷材料连接技术已经成为国际焊接界研究的热门课题。采用中间层是解决陶瓷材料焊接问题的有效方法。

1. 陶瓷材料焊接中的中间层

（1）陶瓷材料焊接中中间层的作用

1）改善焊接性。在扩散连接（或钎焊）过程中，很多熔化的金属在陶瓷表面不能润湿。因此，在陶瓷连接过程中，往往在陶瓷表面用物理或化学的方法涂上一层金属，这也称为陶瓷表面的金属化，而后再进行陶瓷与其他金属的连接。实际上就把陶瓷与陶瓷或陶瓷与其他金属的连接变成了金属之间的连接，这也是过去常用来连接陶瓷的方法。但是，这种方法有一点不足，即接头的结合强度不太高，主要用于密封的焊缝。对于结构陶瓷，如果连接界面要承受较高的应力，扩散连接时必须选择一些活性金属作为中间层，或让中间层材料中含有一些活性元素，以改善和促进金属在陶瓷表面的润湿过程。

2）降低内应力。金属与陶瓷材料连接时，由于陶瓷与金属线胀系数不同，在扩散连接或使用过程中，加热和冷却必然产生热应力，容易在接头处由于残余内应力的作用而破坏。因此，常加入中间层缓和这种内应力，通过韧性好的中间层变形吸收这种内应力。选择连接材料时，应当使两种连接材料的线胀系数差小于 10%。

（2）陶瓷材料连接中间层的选择　有以下几个原则：

1）用活性材料或这种材料生成的能与陶瓷进行反应的物质，改善润湿和结合情况。

2）用塑性较好的金属做中间层，以缓解接头内应力。

3）通过在冷却过程中发生相变，使中间层体积膨胀或缩小，来缓和接头的内应力。

4）用作中间层或连接的材料必须有良好的真空密封性，在很薄的情况下也不能泄漏。

5）必须有较好的加工性能。

实际上很难找到完全满足上述要求的材料，有时为了满足综合性能的要求，可采用两层或三层不同金属组合的中间过渡层。

常用的中间层合金材料有不锈钢（1Cr18Ni9Ti）、可伐合金等，用作中间层的纯金属主要有铜、镍、钽、钴、钛、锆、钼及钨等。

2. 陶瓷材料焊接中中间层的应用

（1）用活性金属做中间层的连接　这种方法的原理是活性金属在高温下与陶瓷材料中的结晶相发生化学反应，生成新的氧化物、碳化物或氮化物，使陶瓷与反应生成物层形成可靠的结合，最后形成材料间的可靠连接。

常用的活性金属主要有铝、钛、锆、铌及铪等，这些都是很强的氧化物、碳化物及氮化物形成元素，它们可以与氧化物、碳化物、氮化物陶瓷反应，从而改善金属对连接界面的润湿、扩散和连接性能。活性金属与陶瓷相的典型反应如下：

$$Si_3N_4 + 4Al = 3Si + 4AlN$$

$$Si_3N_4 + 4Ti = 3Si + 4TiN$$

$$3SiC + 4Al = 3Si + Al_4C_3$$

$$4SiC + 3Ti = 4Si + Ti_3C_4$$

$$3SiO_2 + 4Al = Al_2O_3 + 3Si$$

$$Al_2O_3 + 4Al = 3Al_2O$$

$$Si_3N_4 + 4Zr = 3Si + 4ZrN$$

以这种反应为基础，可以用活性金属做中间层连接陶瓷。表 2-31 列出了一些金属与陶瓷连接的试验结果。钛、锆金属也可以与其他陶瓷很好地结合。

表 2-31　一些金属与陶瓷连接的试验结果

陶瓷＼金属	Mg	Al	Zn	Sn	Cu	Ag	Au
Si	○	○	●	○	●	●	◇
SiC	○	○	●	●	◇	◆	◆
Si_3N_4	○	○	◇	◇	◇	◆	◆
$SrTiO_3$	○	○	◇	◇	◇	◆	◆
Al_2O_3	●	◎	◇	◇	◆	◆	◆
SiO_2	●	◎	◇		◆	◆	◆

注：$p=10^{-6}\sim10^{-5}$Pa，高真空。○ 表示可以结合，● 表示结合有裂纹，◎ 表示少量结合，◇ 表示微量结合，◆表示不结合。

用钛箔做中间层连接 $Y_2O_3$3%（质量分数）-ZrO_2 陶瓷和碳素钢的接头性能与结合条件的关系如图 2-20 所示。弯曲破坏发生在 ZrO_2 与钛的界面。

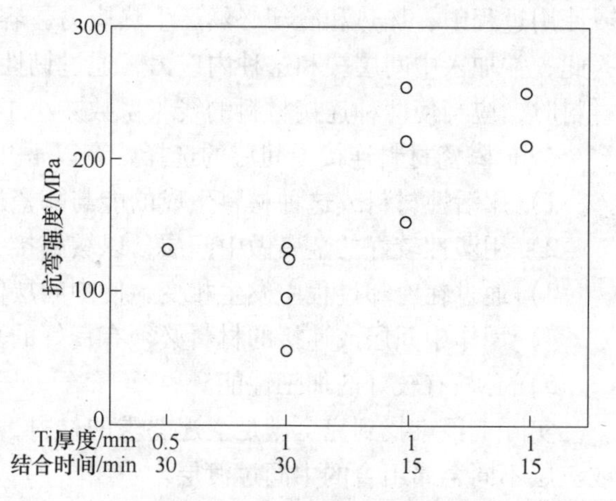

图 2-20　用钛箔连接陶瓷和碳素钢的接头性能与结合条件的关系

用铝做中间层连接陶瓷，不同扩散焊接温度条件下，接头的界面结构和抗弯强度与试验温度的关系如图 2-21 所示。由图中可以看出，低温连接时，由于在接头界面残留有铝，因此接头的抗弯强度随着温度的升高而急剧下降，经过 1970K 处理的接头抗弯强度随着试验温度的升高而增加（见图 2-21b），这是由于残留的铝更加致密，而使 AlN 与 AlSi 聚合带更加致密。

用活性金属做中间层，活性金属与陶瓷进行化学反应而形成连接带，通过连接带连接陶瓷与陶瓷或陶瓷与金属。

(2) 用氧化物组成复合盐作为中间层　这种连接形式是通过在金属表面生成一定的氧化物，而后在一定温度下，使带有氧化物的连接表面与陶瓷连接，造成金属表面氧化物与陶瓷中的氧化物发生共晶反应，组成新的复合盐，从而达到连接的目的。

在用铜做中间层连接陶瓷与石英玻璃时，就有这种反应。如用铜做中间层连接 Al_2O_3，焊前通过氧化铜变成低价的氧化亚铜，而后与 Al_2O_3 反应生成 $CuAl_2O_4$。

Cu_2O 与基体结合较好，同时它的线胀系数与石英玻璃相近。因此，也可以用这种方法连接石英玻璃。

这种方法的加工工艺是在真空中把铜加热到 950℃，保温 3min，而后冷却。当温度降至 300~400℃之间时通入空气，在铜的表面生成玫瑰色的致密氧化膜。为了避免 Cu_2O 在真空中分解升华，扩散连接应在 $1.7\times10^{-2}\sim1.3\times10^{-1}$Pa 较低的真空度下进行，生成的 $CuAl_2O_4$ 可以连接铜和 Al_2O_3，但铜表面的氧化膜不能太厚，氧化膜的厚度应控制在 3~10μm。图 2-22 及图 2-23 给出了铜与 Al_2O_3 连接时，铜表面氧化膜厚度与接头抗拉强度和断裂韧度的关系。

由图 2-22 和图 2-23 可以看出，铜表面的氧化膜厚度必须控制在适当的范围。当铜表面的 Cu_2O 膜太薄时，由于生成共晶太少，不足以改善对 Al_2O_3 表面的润湿性，连接不良；而当 Cu_2O 膜太厚时，则由于生成的 $CuAl_2O_4$ 太厚太脆，使接头性能变差。

(3) 用复合中间层的扩散焊

可以用线胀系数相近的材料作为中间层，或从接头结构设计、连接工艺中想办法加以解决，以得到满足工程要求的优质接头。其中一个有效的方法就是用复合中间层来保证接头性能。

在 Al_2O_3 与黄铜之间加入钼、金属陶瓷、钛及铌做中间层，用有限元计算，温度在 700~725℃之间。由于材料线胀系数的差异，在接头处产生的内应力大小与中间层厚度的关系如图 2-24 所示。表 2-32 给出了几种物质的线胀系数。

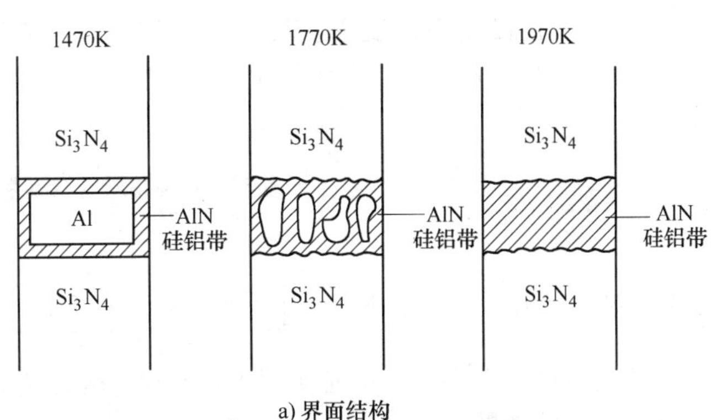

a) 界面结构

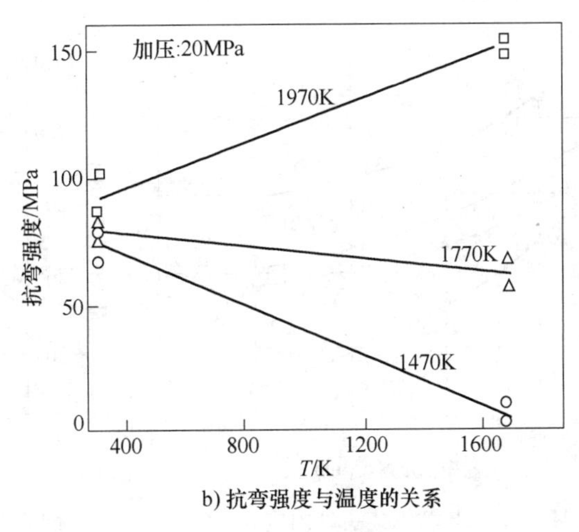

b) 抗弯强度与温度的关系

图 2-21 接头的界面结构和抗弯强度与试验温度的关系

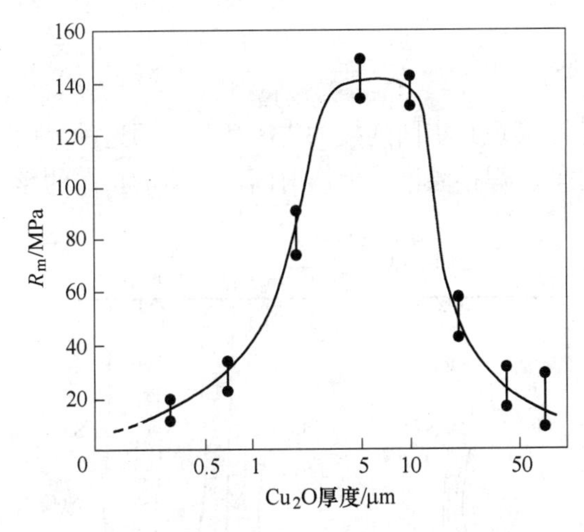

图 2-22 用铜连接 Al_2O_3 接头 Cu_2O 膜厚度与接头抗拉强度的关系（T=1070K，t=2min）

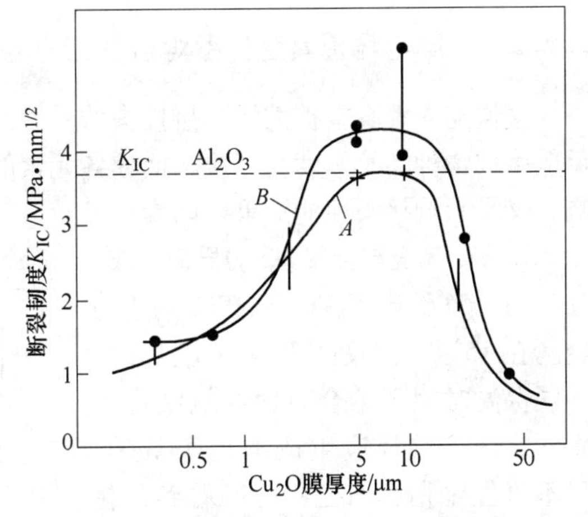

图 2-23 用铜连接 Al_2O_3 接头 Cu_2O 膜厚度与接头断裂韧度的关系

A—缺口开在铜箔上 B—缺口开在界面

由图 2-24 及表 2-32 中的数据可以看出：由于 Al_2O_3 与 Nb 的线胀系数相同，因此用 Nb 做中间层接头内应力最小。但用 Nb 做中间层与钢连接时，Nb 可以与钢中的碳形成脆性的碳化物（NbC），使接头性能变差。因此，又加入 Mo 来防止 Nb 与钢的直接作用，则形成 Al_2O_3/Nb/Mo/钢接头。钼层的厚度也直接影响接头内应力的大小，钼层厚度对该接头内应力的影响如图 2-25 所示。

表 2-32 几种物质的线胀系数

材料	Al_2O_3	钢	Nb	Ti	Mo	Fe-Al_2O_3
线胀系数/($10^{-6}K^{-1}$)	8.1	13.0	8.1	11.0	5.7	11.0

当然也可以用 Ti 代替 Nb 进行 Al_2O_3 与 SiO_2 陶瓷和不锈钢的连接，再加 Ni 做复合中间层也得到类似的结果。

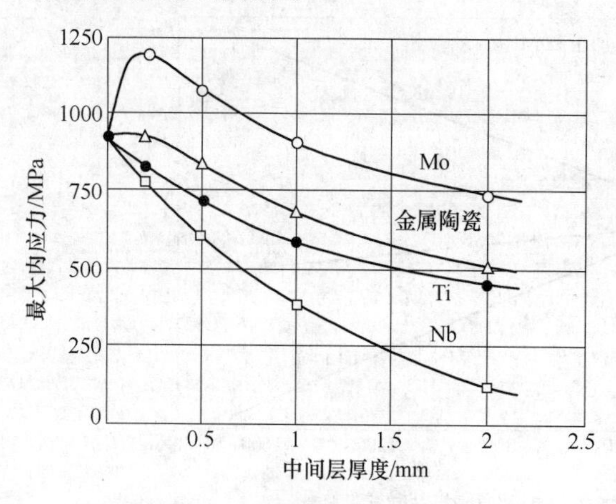

图 2-24 Al_2O_3与黄铜接头处内应力与中间层厚度的关系

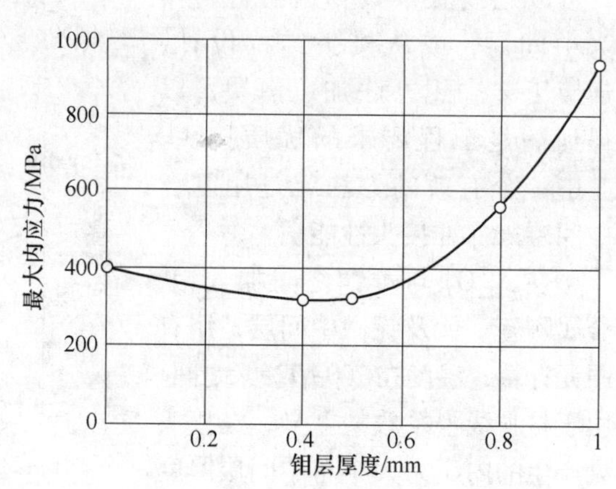

图 2-25 钼层厚度对 Al_2O_3/Nb/Mo/钢接头内应力的影响

2.5.2 金属与陶瓷真空扩散焊接头的界面反应

金属与陶瓷真空扩散焊焊接接头的界面反应是实现其牢固连接的先决条件，而这种界面反应生成物种类及厚度受到接触面处各元素的性能、焊接温度、保温时间、元素的扩散的影响，又是影响接头性能的重要因素。

1. SiC 陶瓷与金属 Nb 的界面反应

图 2-26 给出了 SiC/Nb/SiC 陶瓷与金属在 1517℃ 温度下真空扩散焊时，不同保温时间下结合界面组织结构示意图，两边的反应生成物是等效的，只不过位置相反而已。可以看到，在靠近 SiC 陶瓷的界面上生成 $Nb_5Si_3C_x$ 相，而在靠近金属 Nb 的界面上，则生成 Nb_2C 相。随着保温时间的延长，$Nb_5Si_3C_x$ 相增厚迅速，而 Nb_2C 相增厚缓慢，这是受 C 的扩散控制的缘故，因为 C 通过 $Nb_5Si_3C_x$ 相才能生成 Nb_2C 相。分析发现，

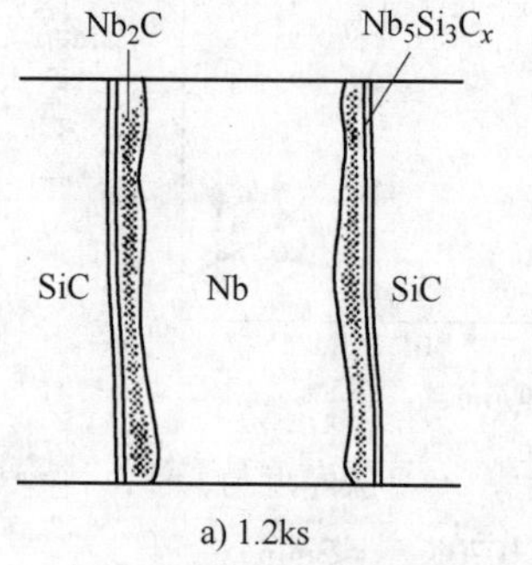

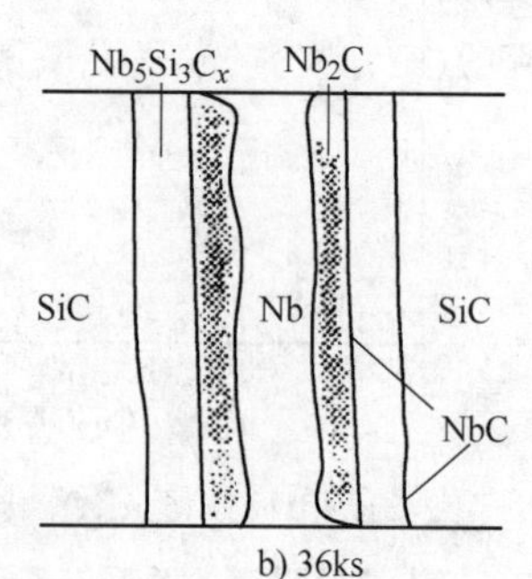

图 2-26 SiC/Nb/SiC 真空扩散焊结合界面组织结构示意图（1517℃）

在 SiC/$Nb_5Si_3C_x$ 和 $Nb_5Si_3C_x$/Nb_2C 的界面上还存在着块状的 NbC。如果金属 Nb 很薄，作为过渡层，则随保温时间的延长金属 Nb 将消失，会产生高 Si 含量的 $NbSi_2$ 相，形成 SiC/NbC/$NbSi_2$/NbC/$NbSi_2$/NbC/SiC 的层状结构。

当然也可以用钛代替铌进行 Al_2O_3 与 SiO_2 陶瓷和不锈钢的连接，再加镍做复合中间层也得到类似的结果。

图 2-27 给出了反应相的生成规律，其反应生成相的厚度由下式给出：

$$x^2 = kt,\ k = k_0\exp[-Q/RT] \tag{2-3}$$

式中　x——反应生成相的厚度（m）；

k——反应生成相的成长速度（m^2/s）；

k_0——反应生成相的成长常数（m^2/s）；

Q——反应生成相的成长激活能（kJ/mol）；

t——保温时间（s）；

T——加热温度（℃）；

R——气体常数（=8.314J/K·mol）。

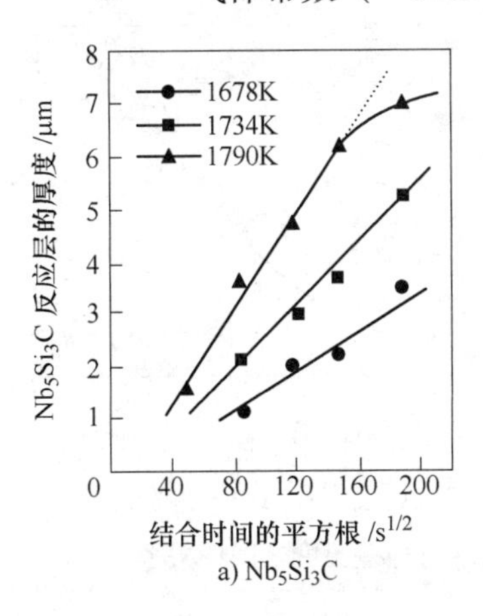

a) Nb_5Si_3C

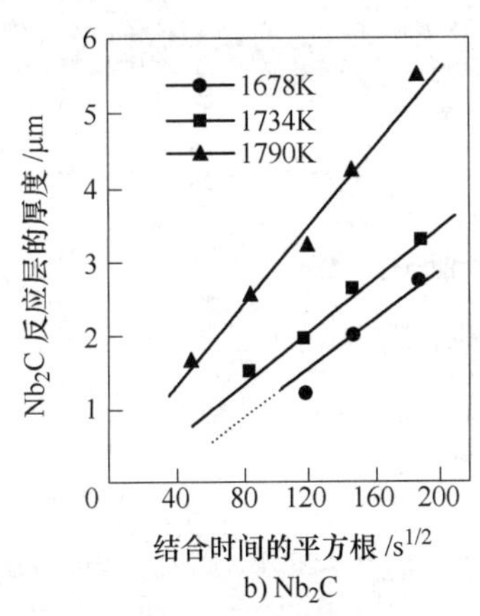

b) Nb_2C

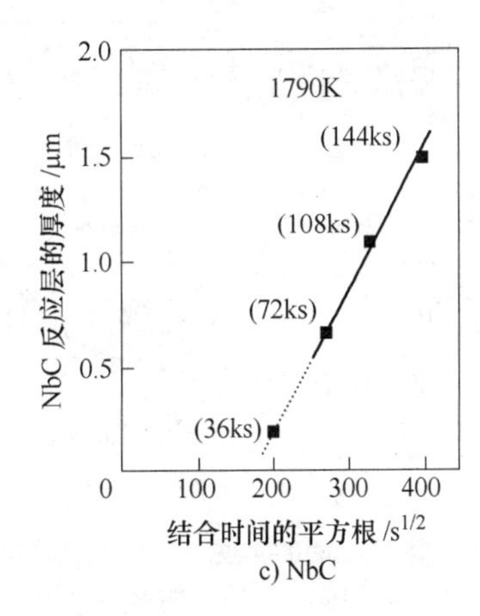

c) NbC

图 2-27　反应相的生成规律

其结果为

$Nb_5Si_3C_x$ 相：$x^2=1.57\times10^{-5}\exp\ [-535\times10^3/(RT)]$

Nb_2C 相：$x^2=1.91\times10^{-4}\exp\ [-382\times10^3/(RT)]$

SiC/Nb 系：$x^2=1.48\times10^{-5}\exp\ [-359\times10^3/(RT)]$

因此，容易形成 $Nb_5Si_3C_x$ 相。

2. 界面反应产物对接头强度的影响

界面反应产物的性能、厚度等都会对接头强度产生极其重要的影响。如当 NbC 薄层在 SiC 侧形成而尚未出现 $NbSi_2$ 相时，抗剪强度最高，可达 187MPa。

2.5.3　影响固相扩散焊质量的因素

1. 焊接温度的影响

焊接温度是固相扩散焊接的重要参数，一般来说，焊接温度应达到金属或陶瓷熔点（热力学温度 K）的 60%以上。固相扩散焊接时，通常将发生化学反应，反应层的厚度对接头强度有十分重要的影响。

例如：用0.5mm的Al作为中间层来固相扩散焊接钢和Al_2O_3陶瓷时，反应层的厚度与焊接温度之间的关系如图2-28所示。

焊接温度对接头抗拉强度的影响也有相同的趋势，研究表明焊接温度与接头抗拉强度（R_m）之间存在如下关系：

$$R_m = B_0 \exp[-Q_{app}/(RT)] \tag{2-4}$$

式中 B_0——常数；

Q_{app}——表观激活能，可以是各种激活能的总和。

例如：用0.5mm的Al作为中间层来固相扩散焊接钢和Al_2O_3陶瓷时，接头抗拉强度与焊接温度之间的关系如图2-29所示。

应当指出，图2-28和图2-29给出的资料还是有限的，它是在反应层厚度不太大的范围内。事实上，当焊接温度超过某一个温度后，由于高温下界面反应的加剧，反应层厚度增大。由于反应产物一般为脆性物质，因此，反应层厚度太大，接头强度反而下降。这个事实，已经为很多研究结果所证实。

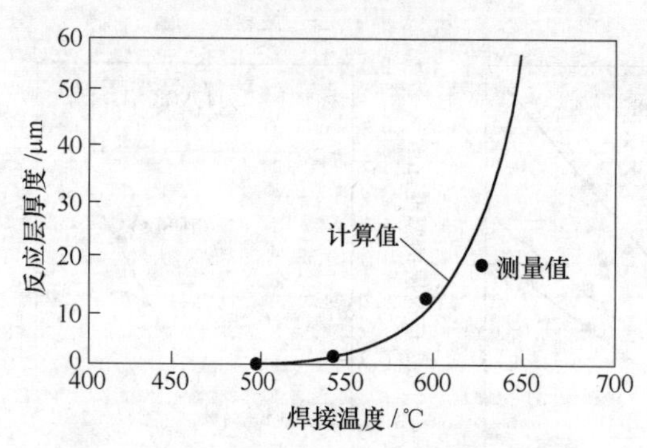

图2-28 固相扩散焊接钢和Al_2O_3陶瓷时反应层的厚度与焊接温度之间的关系

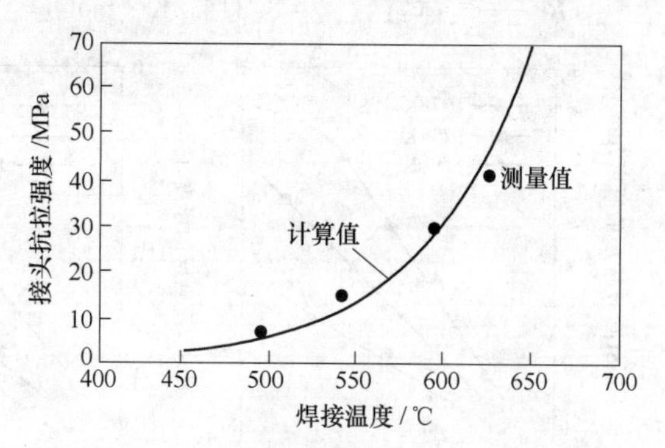

图2-29 固相扩散焊接钢和Al_2O_3陶瓷时接头抗拉强度与焊接温度之间的关系

但是，焊接温度的升高是有限的，焊接温度的升高，会引起残余应力的增大以及陶瓷性能的改变。一般来说，焊接温度不应高于金属或陶瓷的熔点，而是存在一个最佳焊接温度。图2-30给出了Al_2O_3陶瓷与金属固相扩散焊接接头抗拉强度与金属熔点之间的关系。

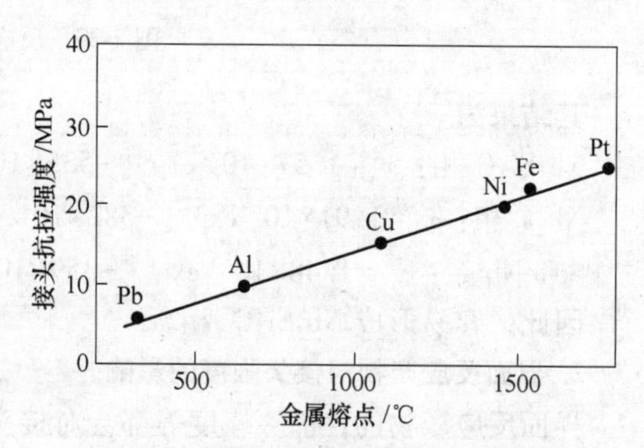

图2-30 Al_2O_3陶瓷与金属固相扩散焊接接头抗拉强度与金属熔点之间的关系

2. 焊接时间的影响

焊接时间（t）也同样影响到反应层的厚度（X），图2-31给出了SiC陶瓷与Nb固相扩散焊接时反应层的厚度与焊接时间之间的关系。同样，固相扩散焊接时焊接时间对接头抗拉强度的影响也有相同的趋势，研究表明焊接时间与接头抗拉强度（R_m）之间存在如下关系：

$$R_m = B_0 t^{1/2} \tag{2-5}$$

在一定的温度下，焊接时间对接头抗拉强度的影响存在一个最佳值。图2-32给出了

Al_2O_3 陶瓷与金属 Al 进行固相扩散焊接时焊接时间对接头抗拉强度的影响。

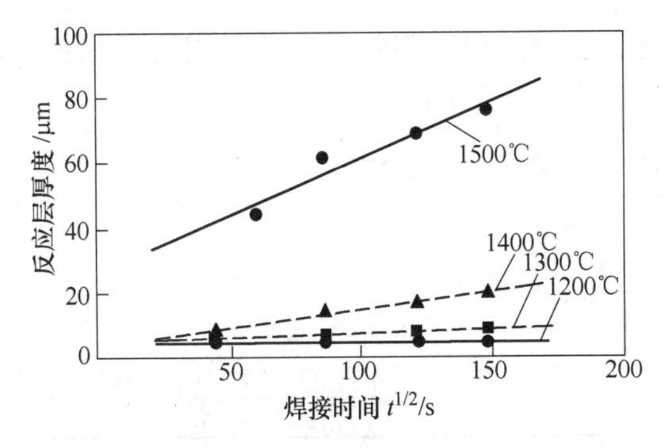

图 2-31　SiC 陶瓷与 Nb 固相扩散焊接时反应层的厚度与焊接时间之间的关系

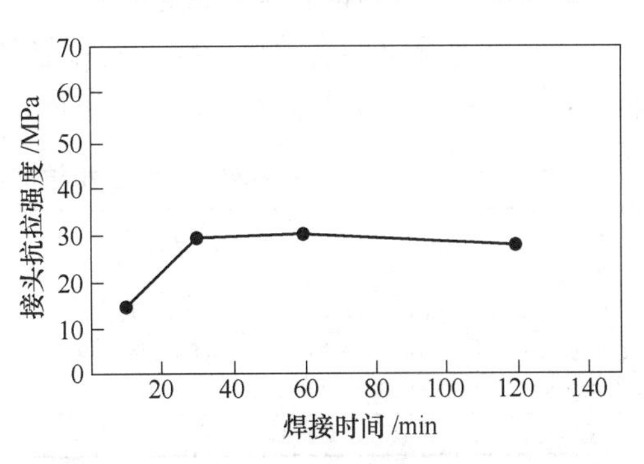

图 2-32　Al_2O_3 陶瓷与金属 Al 进行固相扩散焊接时焊接时间对接头抗拉强度的影响

在以 Nb 为中间层进行 SiC 陶瓷-SUS304 不锈钢的固相扩散焊接时，焊接时间对接头抗剪强度（τ_b）的影响也存在一个最佳值，如图 2-33 所示。焊接时间太长，会产生线胀系数与 SiC 陶瓷相差很大的 $NbSi_2$ 相，因而接头抗剪强度降低。当用 Al 作为中间层来固相扩散焊接 Si_3N_4 陶瓷和因瓦接头及用 V 作为中间层来固相扩散焊接 AlN 时，焊接时间太长，而且产生了 V_5Al_8 脆性相，因而接头抗剪强度降低。

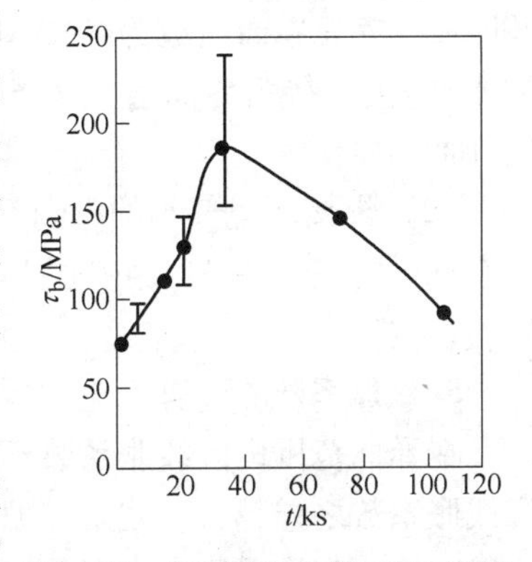

图 2-33　SiC 陶瓷-SUS304 不锈钢的固相扩散焊接时焊接时间对接头抗剪强度的影响

3. 压力的影响

固相扩散焊接时，施加压力是为了使工件产生塑性变形，减小表面不平整和破坏表面氧化膜，增加表面接触，为扩散创造条件。用 Cu 或 Ag 来焊接 Al_2O_3 陶瓷、用 Al 来焊接 SiC 陶瓷时，施加压力对接头抗剪强度的影响如图 2-34 所示。用贵金属（如 Au、Pt）来焊接 Al_2O_3 陶瓷时，金属表面的氧化膜非常薄，随着压力的升高，抗弯强度可以提高到一个稳定值，如图 2-35 所示。有时也存在一个最佳接头抗弯强度值，如用 Al 来固相扩散焊接 Si_3N_4 陶瓷和用 Ni 来焊接 Al_2O_3 陶瓷，其最佳压力分别为 4MPa 和 15～20MPa。可见压力的影响还与材料的类型、厚度及表面状态有关。

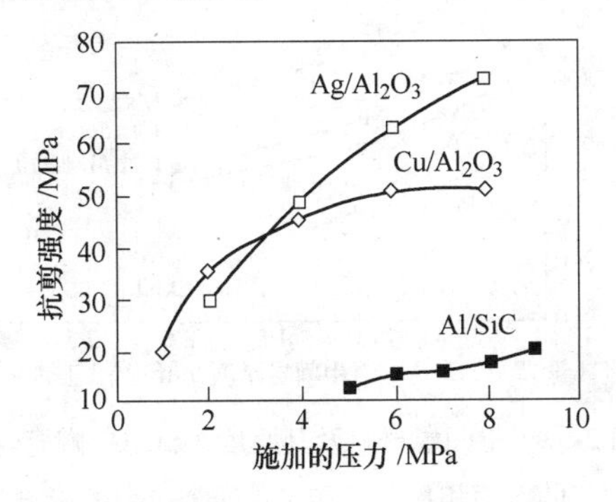

图 2-34　压力对接头抗剪强度的影响

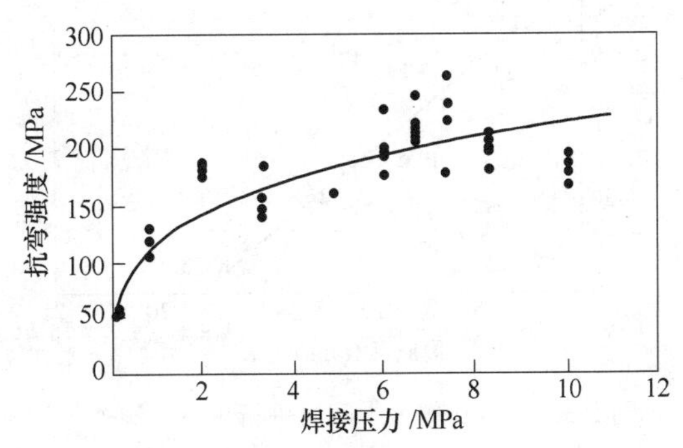

图 2-35　Pt-Al_2O_3 陶瓷固相扩散焊接时施加压力对接头抗弯强度的影响

4. 固相扩散焊接时化学反应的影响

（1）界面反应形成的化合物　在用金属中间层进行陶瓷与陶瓷或金属与陶瓷固相扩散焊接时，会发生各种化学反应，形成不同的化合物，表2-33给出了几个例子。

表2-33　各种固相扩散焊接组合中可能出现的化合物

焊接组合	化学反应化合物	焊接组合	化学反应化合物
Al_2O_3-Cu	$CuAlO_2$，$CuAl_2O_4$	Si_3N_4-Al	AlN
Al_2O_3-Ni	$NiO\cdot Al_2O_3$，$NiO\cdot SiAl_2O_3$	Si_3N_4-Ni	Ni_3Si，Ni(Si)
SiC-Nb	Nb_5Si_3，$NbSi_2$，Nb_2C，$Nb_5Si_3C_x$，NbC	Si_3N_4-Fe-Cr合金	Fe_3Si，Fe_4N，Cr_2N，CrN，Fe_xN
SiC-Ni	Nb_2Si	AlN-V	V(Al)，V_2N，V_5Al_8，V_3Al
SiC-Ti	Ti_5Si_3，Ti_3SiC_2，TiC		

焊接条件不同，反应产物不同，接头性能也不同。如1517℃下用金属Nb做中间层固相扩散焊接SiC陶瓷，焊接时间2h时，接头界面组成为SiC/$Nb_5Si_3C_x$/Nb_2C/Nb；焊接时间2~20h时，接头界面组成为SiC/NbC/$Nb_5Si_3C_x$/NbC/Nb_2C/Nb；焊接时间超过20h后，接头中的Nb消失，接头界面组成为SiC/NbC/$NbSi_2$/NbC/$NbSi_2$/NbC/SiC，出现$NbSi_2$后，接头强度降低。

（2）焊接环境气氛的影响　一般情况下，在真空中固相扩散焊接的接头强度比在氩气和空气中的高。用Al做中间层固相扩散焊接Si_3N_4时，其接头强度依下列顺序降低：氩气，氦气，空气。

5. 线胀系数的影响

在弹性范围内因线胀系数不匹配时，两材料之间将产生残余应力。焊接温度与室温之差和线胀系数之差越大，残余应力也越大。陶瓷与金属焊接时，陶瓷的线胀系数较小，因此，一般来说，陶瓷受压，金属受拉。若再用塑性中间层，则使接头中的残余应力更加复杂。图2-36给出了用Al作为中间层进行Al_2O_3陶瓷与金属焊接时，线胀系数的不匹配对抗拉强度的影响。因此，选用线胀系数与陶瓷相差较小的金属，就可以降低接头的残余应力。

6. 中间层材料的影响

固相扩散焊接使用中间层是为了降低焊接温度、减少焊接时间和降低焊接压力，以及促进扩散和去除杂质，同时也可以降低残余应力。图2-37给出了中间层材料及其厚度对Al_2O_3

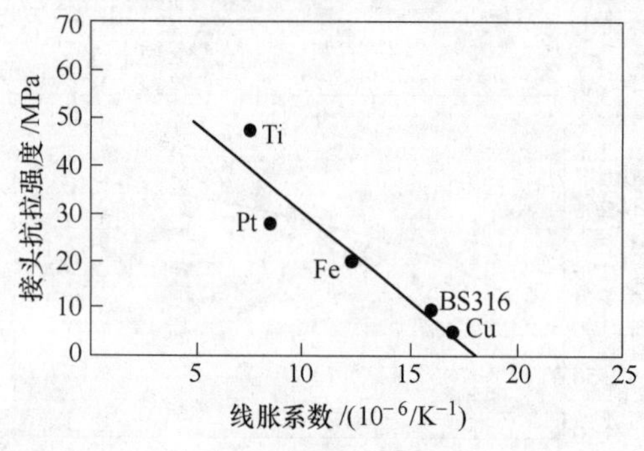

图2-36　用Al作为中间层进行Al_2O_3陶瓷与金属焊接时线胀系数的不匹配对抗拉强度的影响（BS316为英国316不锈钢）

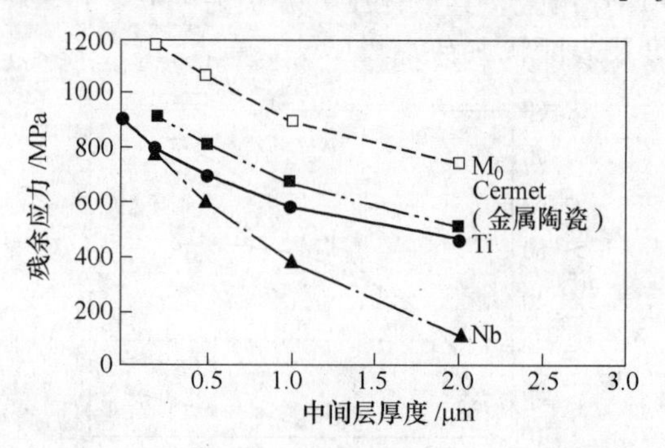

图2-37　中间层材料及其厚度对Al_2O_3陶瓷与AISI405固相扩散焊接接头残余应力的影响

陶瓷与铁素体不锈钢（AISI405）固相扩散焊接接头残余应力的影响。但是，正如前面所述，中间层材料将使接头中的残余应力更加复杂。

7. 表面状态的影响

表面状态对固相扩散焊接接头强度有十分重要的影响，表面粗糙将使接头强度降低。

8. 焊后退火的影响

Si_3N_4 陶瓷在加热1500℃、加压21MPa、保温60min的情况下，在1MPa的氮气中进行直接固相扩散焊接时，界面不会完全消失。但是，焊后经过1750℃保温60min的退火处理后，可显著改善界面组织，提高接头强度，使接头的室温抗弯强度从380MPa提高到1000MPa左右，达到陶瓷母材的强度。

2.5.4　固相扩散焊的焊接参数及接头性能

Al_2O_3、SiC、Si_3N_4 以及硬质合金WC（可看作碳化物陶瓷）开发较早，发展比较成熟。其他陶瓷发展较晚，其焊接的研究和应用尚在进行中。各种陶瓷材料之间及陶瓷材料与金属之间组合进行固相扩散焊的焊接参数及接头性能在表2-34中给出。关于陶瓷接头的力学性能试验，只有强度试验，可用（四点或三点）弯曲试验或者剪切及拉伸试验。一般来说，陶瓷材料为脆性材料，塑性和韧性很低，测定比较困难，因而，一般也只测定强度。

陶瓷的硬度和强度都比较高，不易发生变形，所以陶瓷的焊接除了要求其表面非常平整和清洁外，扩散焊的压力也很大、温度也较高（为金属或陶瓷熔点的50%~90%）、保温时间也较长（但不可过长，以免引起陶瓷产生裂纹）。

表2-34　不同陶瓷材料组合时固相扩散焊的焊接参数及接头性能

材　料	温度/℃	时间/min	焊接压力/MPa	气氛和气氛压力/mPa	中间层厚度/μm	强度/MPa	K_{IC}/MPa·$m^{1/2}$
Al_2O_3-Ti_5Ta-Al_2O_3	1150	20	0.2	0.13	700	56（拉）	—
Al_2O_3-Ag	900	0	3	大气	—	70（拉）	—
Al_2O_3-AlSi-低碳钢	600	30	5	30	2200	23（拉）	—
Al_2O_3-Cu-AISI1015	1000	300	3	氧气	100	100（弯）	—
Al_2O_3-Ti-1Cr18Ni9Ti	870	30	15	13.3	200	32（拉）	—
Al_2O_3-AA7075	360	600	6	665	—	60（剪）	—
Al_2O_3-Ni	1350	20	100	氢气	—	200（A）	
Al_2O_3-Pt	1550	1.7~20	0.03~10	氢气	—	200~250（A）	—
Al_2O_3-Al	600	1.7~5	7.5~15	氢气	—	95（A）	—
Al_2O_3-Cu	1025~1050	155	1.5~5	氢气	—	153（A）	—
Al_2O_3-Cu_4Ti	800	20	50	真空	—	45（T）	—
Al_2O_3-Fe	1375	1.7~6	0.7~10	氢气	—	220~231（A）	—
Al_2O_3-Co-低碳钢	1450	120	<1	真空	—	3~4（S）	—
Al_2O_3-Ni-低碳钢	1450	240	<1	真空	—	0（S）	—
Al_2O_3-Al-高合金钢	625	30	50	真空	500	41.5（T）	—
Al_2O_3-Cr	1100	15	120	真空	—	57~90（S）	—
Al_2O_3-Pt-Al_2O_3	1650	240	0.8	空气	—	220（A）	—
Al_2O_3-Cu-Al_2O_3	1025	15	50	真空	—	177（B）	2.24
Al_2O_3-Cu-Al_2O_3	1000	120	6	真空	—	50（S）	—
Al_2O_3-Ni-Al_2O_3	1350	30	50	真空	—	149（B）	3.70
Al_2O_3-Ni-Al_2O_3	1250	60	15~20	真空	—	75~80（T）	—
Al_2O_3-Fe-Al_2O_3	1375	2	50	真空	—	50（B）	0.83

（续）

材　料	温度/℃	时间 /min	焊接压力 /MPa	气氛和气氛压力 /mPa	中间层厚度 /μm	强度/MPa	K_{IC} /MPa·$m^{1/2}$
Al_2O_3-Ag-Al_2O_3	900	120	6	真空	—	68（S）	—
Si_3N_4-Al-因瓦合金	727~877	7	0~0.15	空气	500	110~200（A）	—
Si_3N_4-Nimanic80A	1100	6~60	0~50	真空	—	—	—
Si_3N_4-Nimanic80A	1200	—	—	—	Cu，Ni，可伐合金	—	—
Si_3N_4-Al-Si_3N_4	770~986	10	0~0.15	空气	10~20	320~490（B）	—
Si_3N_4-ZrO_2-Si_3N_4	1550	40~60	0~1.5	真空	—	175（B）	—
Si_3N_4-Si_3N_4	1500	60	21	1MPa 氮气	—	室温，380(A)；1000℃，230(A)	—
Si_3N_4-Si_3N_4	1500	60	21	0.1MPa 氮气	—	室温，220(A)；1000℃，135(A)	—
Si_3N_4-Al-WC/Co	610	30	5	真空	—	208（A）	—
Si_3N_4-AlSi-WC/Co	610	30	5	真空	—	50（A）	—
Si_3N_4-FeNiCr-WC/Co	1050~1100	180~360	3~5	真空	—	>90（A）	—
Si_3N_4-Al-Si_3N_4	630	300	4	真空	—	100（S）	—
Si_3N_4-Ni-Si_3N_4	1150	0~300	6~10	真空	—	20（S）	—
Si_3N_4-因瓦合金-AISI316	1000~1100	90~1440	7~20	真空	—	95（S）	—
Si_3N_4-因瓦合金-AISI316	1050	5.4	7	2	250	95（S）	—
Si_3N_4-Ni20Cr-Si_3N_4	1150	3.6	100	0.14	125	100（弯）	—
Si_3N_4-Ni20Cr-Si_3N_4	1150	3.6	100	氩气	125	300（弯）	—
Si_3N_4-NiCr-Si_3N_4	1150	3.6	22	氩气	200	160（弯）	—
Si_3N_4-Ni	1000	3.6	5	6.65	—	32（拉）	—
Si_3N_4-V-Mo	1055	5.4	20	5	25	118（剪）	—
Si_3N_4-AISI316	1100	10.8	7	1	—	37（剪）	—
SiC-Nb	1400	30	1.96	真空	—	87（S）	—
SiC-Nb-SiC	1400	600	—	真空	—	室温，187(S)；800℃，≥100(S)	—
SiC-Nb-SiC	1517	60	7.3	1.33	12	187（剪）	—
SiC-Ta-SiC	1500	480	7.3	1.33	20	72（剪）	—
SiC-Cr-SiC	1200	30	7.3	1.33	25	89（剪）	—
SiC-Ti-SiC	1500	60	7.3	1.33	20	250（剪）	—
SiC-Ti-SiC	1200	60	7.3	1.33	20	154（剪）	—
SiC-AlSi-可伐合金	600	30	4.9	30	600	113（弯）	—
SiC-Nb-SUS304	1400	60	—	真空	—	125	—
SiC-SUS304	800~1517	30~180	—	真空	—	0~40	—
AlN-V-AlN	1300	90	—	真空	25	120（S）	—
ZrO_2-Ni-Si_3N_4	1000~1100	90	>14	真空	200	57（S）	—
ZrO_2-Cu-ZrO_2	1000	120	6	真空	—	97（T）	—
ZrO_2-Ni-ZrO_2	1100	60	10	真空	100	150（A）	—
ZrO_2-Cu-ZrO_2	900	60	10	真空	100	240（A）	—
ZrO_2-NiCr-ZrO_2	1100	120	10	100	125	574（弯）	—
ZrO_2-NiCr(O)-ZrO_2	1100	120	10	100	126	620（弯）	—
ZrO_2-AISI316-ZrO_2	1200	60	10	100	100	720（弯）	—

注：强度数值后括号内的字母 A—四点弯曲；B—三点弯曲；T—拉伸；S—剪切。

陶瓷与金属直接用固相扩散焊有困难时，可以用中间过渡层的方法，而且，有了中间过渡层，还可以利用其焊接加热产生的塑性变形来降低陶瓷表面的加工精度。例如，在陶瓷与 Fe-Ni-Co 合金之间加入 20μm 的铜箔作为中间过渡层，采用压力 15MPa，保温 10min，在温度 1050℃工艺条件下，可达到抗拉强度为 72MPa 的扩散焊接头。这种中间过渡层，可以直接使用金属箔片，也可以用前面介绍过的真空蒸气法、离子溅射、化学气相沉积（CVD）、喷涂、电镀、烧结金属粉末法、活性金属法、金属粉末或钎料等作为中间过渡层进行扩散焊。扩散焊不仅用于陶瓷与陶瓷及陶瓷与金属的焊接，也可以用于微晶玻璃、半导体陶瓷、石英、石墨等与金属的焊接。表 2-35 给出了各种陶瓷与金属利用或者不利用中间过渡层进行扩散焊的工艺参数。表 2-36 给出了无氧铜与 Al_2O_3 陶瓷在氢气气氛中固相扩散焊的焊接参数。表 2-37 给出了 Fe-Ni 合金与 α-Al_2O_3 蓝宝石固相扩散焊的焊接参数，表 2-38 给出了铜与硫化锌陶瓷固相扩散焊的焊接参数。表 2-39 给出了一些陶瓷与金属进行直接扩散焊的主要参数，表 2-40 给出了一些陶瓷扩散焊接参数和接头强度。

表 2-35　各种陶瓷与金属利用或者不利用中间过渡层进行扩散焊的工艺参数

材料组合	过渡层	焊接温度/℃	压力/MPa	时间/min	真空度/Pa	备　注
硅硼玻璃-可伐	Cu 箔 0.05mm	590	5	20	5×10^{-2}	抗拉 10MPa
硅铝玻璃-Nb	—	840	50~100	15	$(2\sim5)\times10^{-2}$	抗拉 18MPa，耐 Cs，650℃，800h
石英玻璃-Cu	蒸 Cu 5~10μm	950	10	30	$5\times10^{-2}\sim10^{-1}$	抗拉 29MPa，耐 700℃热冲击
微晶玻璃-Cu	—	850~900	5~8	15~20	$10^{-3}\sim10^{-2}$	抗拉 139MPa，600℃热冲击 16 次
微晶玻璃-Al	—	620	8	60	10^{-2}	—
微晶玻璃-Cu	Al 箔	420	5	45	10^{-2}	—
94%Al_2O_3 瓷-Cu	—	1050	10~12	50~60	—	H_2 中，抗弯 230MPa
94% Al_2O_3 瓷-Ni，Mo、可伐	Cu 箔	1050	18	15	—	H_2 中
95%Al_2O_3 瓷-Cu	—	1000~1020	20~22	20~25	—	H_2 中，ϕ135mm 瓷件
95%Al_2O_3 瓷-4J42	—	1150~1250	15~18	8~10	10^{-1}	—
蓝宝石-(Fe-Ni 合金)	—	1000~1100	2	10	5×10^{-2}	合金中 Ni 的质量分数为 46%
BeO 瓷-Cu	Ag 箔 25μm	250~450	10~15	10	—	—
ZnS 光学陶瓷-Cu、可伐	—	850	8~10	40	—	Ar 中
(ZnO-TiO)瓷-Ti	CVD 沉积 Ni	750	15	15	10^{-2}	—
(Al_2O_3-SiC-Si) 瓷-(Ni-Cr)	沉积 Ni	650	15	15	10^{-2}	(Ni-Cr) 合金中 Ni80%，Cr20%（指质量分数）
ZrO_2 瓷-Pt	Ni 箔	1150~1300	2~3	5~20	10^{-2}	—
硅晶体-Cu	镀 Au 后 Ni 为中间层	370	20	60	10^{-1}	—
硅晶体-Mo	镀 Ag6~8μm，夹 Ag 箔 10~30μm	400	5~300	50~60	—	300~-196℃ 热循环 5 次
硅晶体-W	—	1100~1150	17	30	10^{-1}	—
	Al 箔 0.1mm	500	23	60	10^{-1}	—
钇-钆石榴石铁氧体-Cu	Cu 箔 0.6mm	1000~1050	16~20	15~20	10^{-1}	抗拉 68MPa

（续）

材料组合	过渡层	焊接温度/℃	压力/MPa	时间/min	真空度/Pa	备　注
Mn（Ni）-Zn 铁氧体磁头	Al-Mg 玻璃 1～10μm	550～750	10～50	15～90	10^{-1}	焊后不影响铁氧体电磁性能
石墨-Ti	化学镀 Ni 10～30μm	850	3	35	10^{-1}	—
	Ni 箔 1μm	850	1	35	10^{-1}	—
		1100	7	45	10^{-1}	—
石墨-不锈钢	—	1250～1300	1～2	5	5×10^{-4}	—
石墨-Mo、Nb	Cr、Ni 粉	1650～1750	1	5	—	惰性气体，Cr 粉 80%，Ni 粉 20%（指质量分数）

表 2-36　无氧铜与 Al_2O_3 陶瓷在氢气气氛中固相扩散焊的焊接参数

陶瓷与金属	厚度/mm	焊　接　参　数						
		焊接温度/℃	焊接时间/min	压力/MPa	加热速度/(℃/min)	冷却速度/(℃/min)	总加热时间/min	总冷却时间/min
Al_2O_3+无氧 Cu	7+0.4	1000	20	19.6	10	3	60～70	120
Al_2O_3+无氧 Cu	7+0.4	1000	20	21.56	15	10	70	120
Al_2O_3+Cu	7+0.5	1000	20	21.56	10	3	70	120
Al_2O_3+Cu	7+0.5	1000	20	19.6	10	10	60	120

表 2-37　Fe-Ni 合金与 α-Al_2O_3 蓝宝石固相扩散焊的焊接参数

金属+陶瓷	气体	焊　接　参　数				
		焊接温度/℃	焊接时间/min	压力/MPa	加热速度/(℃/min)	冷却速度/(℃/min)
Fe-Ni 合金+蓝宝石	H_2	1000	10	0.98	20	5
Fe-Ni 合金+蓝宝石	H_2	1000	10	1.98	20	5
Fe-Ni 合金+蓝宝石	H_2	1050	15	17.64	20	5
Fe-Ni 合金+蓝宝石	H_2	1100	10	4.9	20	5
Fe-Ni 合金+蓝宝石	H_2	1200	10	1.96	20	6
Fe-Ni 合金+蓝宝石	H_2	1250	15	4.9	20	7
Fe-Ni 合金+蓝宝石	H_2	1300	10	4.9	20	7
Fe-Ni 合金+蓝宝石	H_2	1300	15	7.24	20	7

表 2-38　铜与硫化锌陶瓷固相扩散焊的焊接参数

异种材料	介质	焊　接　参　数			
		焊接温度/℃	焊接时间/min	压力/MPa	真空度/Pa
铜+硫化锌陶瓷	氩气	850	35	7.81	1.333×10^{-1}
铜+硫化锌陶瓷	氩气	800	40	7.81	1.333×10^{-1}
铜+硫化锌陶瓷	氩气	850	35	9.8	1.333×10^{-1}
铜+硫化锌陶瓷	氩气	800	40	7.81	1.333×10^{-1}
铜+硫化锌陶瓷	氩气	850	40	9.8	1.333×10^{-1}
铜+硫化锌陶瓷	氩气	850	40	9.8	1.333×10^{-1}

表 2-39　一些陶瓷与金属进行直接扩散焊的主要参数

陶瓷-金属	过渡层	扩散焊温度 /℃	抗压强度 /(N/mm^2)	扩散焊时间 /min	真空度 /Pa	注解
94% Al_2O_3-Cu	—	1050	10~12	50~60	—	H_2 中；抗弯 23000N/cm^2
94% Al_2O_3-Ni、Mo、可伐合金	Cu 箔	1050	18	15	—	H_2 中
95% Al_2O_3-Cu	—	1000~1020	20~22	24~25	—	H_2 中；ϕ135
95% Al_2O_3-可伐合金(4J42)	—	1150~1250	15~18	8~10	10^{-2}	—
蓝宝石-Fe-Ni 合金	—	1000~1100	2	10	5×10^{-2}	含 Ni 46%
BeO 陶瓷-Cu	Ag 箔 25μm	250~450	10~15	10	—	—
ZnS 光学陶瓷-Cu、可伐合金	—	850	8~10	40	—	在 Ar 中
(ZnO-TiO) 陶瓷-Ti	CVD 沉积 Ni	750	15	15	10^{-2}	—
(Al_2O_3-SiC-Si)瓷-Ni-Cr	沉积 Ni	650	15	15	10^{-2}	20Cr-80Ni
ZrO_2 陶瓷-Pt	Ni 箔片	1150~1300	2~3	5~20	10^{-2}	—
硅晶体-Cu	镀 Au(Ni)	370	20	60	10^{-1}	
石墨-Ti	镀 Ni10~30μm	850	3	35	10^{-1}	
石墨-不锈钢	—	1250~1300	1~2	5	5×10^{-4}	
石墨-Mo、Nb	Cr-Ni 粉	1650~1750	4	5	—	Ar 气体，Cr 粉 80% Ni 粉 20%（指质量分数）

表 2-40　一些陶瓷扩散焊接参数和接头强度

材料组合		中间层厚度 /μm	截面尺寸 /mm	温度 /K	时间 /min	压力 /MPa	气氛和压力 /mPa	接头强度 /MPa
SiC 组合	SiC/Ta/SiC	20	ϕ6	1773	480	7.3	1.33	72（剪）
	SiC/Nb/SiC	12	ϕ6	1790	600	7.3	1.33	187（剪）
	SiC/V/SiC	25	ϕ6	1373~1673	30~180	30	1.33	130（剪）
	SiC/Ti/SiC	20	ϕ6	1773	60	7.3	1.33	250（剪）
	SiC/Cr/SiC	25	ϕ6	1473	30	7.3	1.33	89（剪）
	SiC/Al-Si/可伐	600	8×8	873	30	4.9	30	113（弯）
	SiC/Co-50Ti/SiC	100	ϕ6	1723	30	20	1.33	60（剪）
	SiC/Fe-50Ti/SiC	100	ϕ6	1623	45	20	1.33	133（剪）
Si_3N_4 组合	Si_3N_4/Ni-20Cr/Si_3N_4	125	15×15	1473	60	100	0.14	100（弯）
		125	15×15	1423	60	100	Ar	300（弯）
	Si_3N_4/V/Mo	25	ϕ10	1328	90	20	5	118（剪）
	Si_3N_4/Invar/AISI316	250	ϕ10	1323	90	7	2	95（剪）
	Si_3N_4/AISI316	—	ϕ10	1373	180	7	1	37（剪）
	Si_3N_4/Fe-36Ni+Ni/MA6000	2000+1000	3.5×2.5	1473	120	100	—	75（弯）
	Si_3N_4/Ni	—	ϕ10	1273	60	5	6.65	32（拉）
	Si_3N_4/Ni-Cr/Si_3N_4	200	15×15	1423	60	22	Ar	160（弯）
	Si_3N_4/Ni+Ni-Cr+Ni+Ni-Cr+Ni/Si_3N_4	10+60+60+60+10	15×15	1423	60	22	Ar	391（弯）
	Si_3N_4/Cu-Ti-B+Mo+Ni/40Cr	50+100+1000	ϕ14	1173	40	30	6	180（剪）

（续）

材料组合		中间层厚度/μm	截面尺寸/mm	温度/K	时间/min	压力/MPa	气氛和压力/mPa	接头强度/MPa
Al_2O_3组合	Al_2O_3/Ti/1Cr18Ni9Ti	200	$\phi10$	1143	30	15	1.33	32（拉）
	Al_2O_3/1Cr18Ni9Ti	—	$\phi10$	1273	60	7	1.33	18（拉）
	Al_2O_3/Cu/Al	200	20×20	773	20	6	1.33	108（拉） 55（剪）
	Al_2O_3/Cu/AISI1015	100	$\phi10$	1273	30	3	O_2	100（弯）
	Al_2O_3/Al-Si/低碳钢	2200	$\phi32$	873	30	5	30	23（拉）
	Al_2O_3/Ti-5Ta/Al_2O_3	700	$\phi16$	1423	20	0.2	0.13	56（拉）
	Al_2O_3/Ag	—	$\phi8$	1173	0	3	Ar	70（拉）
	Al_2O_3/SUS321	—	$\phi13$	1300	10	25	1.33	60（拉）
	Al_2O_3/AA7075	—	$\phi10$	633	600	6	665	60（剪）
ZrO_2组合	ZrO_2/Ni-Cr/ZrO_2	125	$\phi15$	1373	120	10	100	574（弯）
	ZrO_2/Ni-Cr-(O)/ZrO_2	126	$\phi15$	1373	120	10	100	620（弯）
	ZrO_2/AISI316/ZrO_2	100	$\phi15$	1473	60	10	100	720（弯）

2.6 陶瓷与陶瓷及金属与陶瓷之间的过渡液相焊接

固相扩散焊接及活性和表面金属化钎焊可成功地应用于陶瓷与陶瓷及金属与陶瓷之间的焊接，但是，其接头难以适应高温和高应力状态下的应用，这是中间层材料引起的后果。中间层材料造成了焊接接头在物理和力学性能的不连续，导致残余压力及压力集中。

若想使陶瓷与陶瓷及金属与陶瓷之间的固相扩散焊接及活性和表面金属化钎焊能够适应高温应用，必须提高中间层材料的熔化温度，并相应地提高焊接温度。焊接温度的提高，将加大残余应力和组织性能的变化。

Peaslee 和 Boom 在 1952 年提出的过渡液相焊接的初衷就是希望能够解决这些问题。

2.6.1 局部过渡液相焊接的机理

用于焊接陶瓷与陶瓷及金属与陶瓷之间的局部过渡液相焊接（Partial Transient Liquid Phase Bonding，PTLPB），是由过渡液相焊接（TLPB）发展而来的。TLPB 的焊接温度使材料发生完全熔化而形成完全的液相。以二元共晶相图为例（见图 2-38），它分为如下四个阶段：

第一阶段：中间层材料的快速熔化。

第二阶段：液相继续扩大，化学成分达到液相线。液层宽度可以由平衡相图计算出。这一阶段既有液相扩散，又有固相扩散，而且，固相扩散更重要。

第三阶段：液相结晶阶段，由固相扩散控制。结晶时间取决于液相宽度和反比于互扩散系数。

第四阶段：固相均匀化阶段。

2.6.2 局部过渡液相焊接的过程

1. 金属过渡液相焊接（PTLPB）的过程

以简单的二元共晶合金的过渡液相焊接为例，图 2-38 所示为二元共晶合金的相图，图

2-39 给出了金属过渡液相焊接的过程的示意图。比如 Ag/Cu/Ag 的连接就是这一个过程。

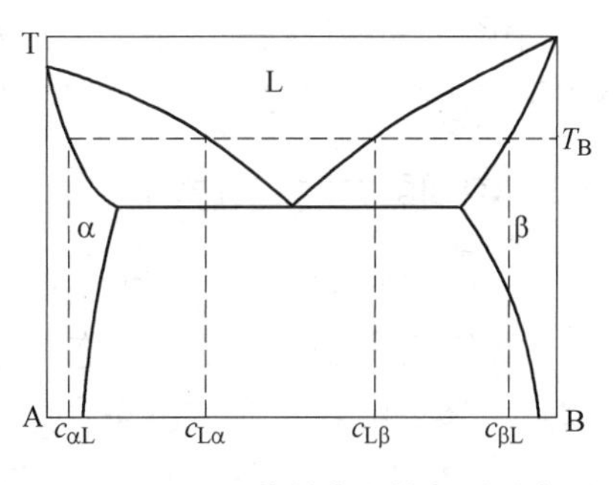

图 2-38　二元共晶合金的相图示意图

2. 陶瓷局部过渡液相焊接（PTLPB）的过程

在陶瓷局部过渡液相焊接中，图 2-40 给出了陶瓷局部过渡液相焊接的过程的示意图。其中液态金属由金属 B 的熔化而成。采用 B/A/B 中间层进行陶瓷的焊接就属于这一过程。它通常在界面形成一个反应层，这个反应层对于焊接过程和接头质量有重大影响。

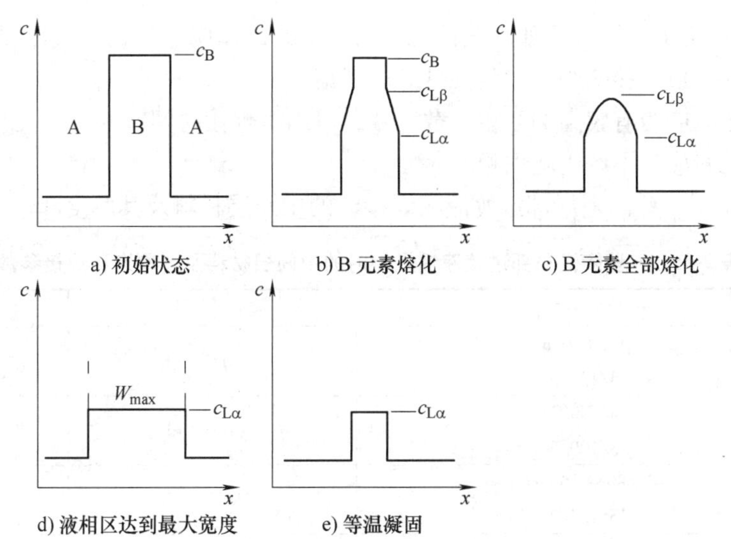

图 2-39　金属过渡液相焊接的过程的示意图

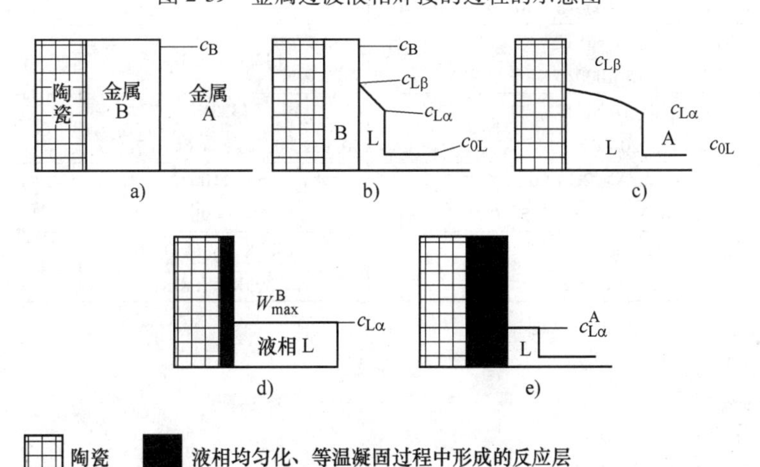

图 2-40　陶瓷局部过渡液相焊接的过程的示意图

3. 陶瓷局部过渡液相焊接的特点

陶瓷局部过渡液相焊接的特点在于：它具有钎焊和扩散焊的优点：它的液态金属起钎料的作用，由于液态金属参与焊接过程，不但加快了焊接进程，还降低了对工件表面加工的要求，并消除了固相焊接中难以完全消除的界面孔洞；与活性钎焊也不相同，在液态金属的等温凝固和随后的均匀化过程，又具有扩散焊的特征。

2.6.3 中间层材料的选择

以 B/A/B 形式的多层中间层为例，介绍中间层材料的选择原则：

1）B 熔化或者 B/A 形成液态合金应该能够润湿陶瓷，因此，必须有一种是活性材料。

2）如果是由 B/A 形成液态合金，应该有合适的共晶温度，这个共晶温度就决定了焊接温度，就是要求低于焊接温度；如果是通过 B 的熔化形成液相，焊接温度应当高于它的熔点。

3）为了保证接头性能（比如耐热性），金属 A 的选择应当根据其线胀系数和弹性模量（影响接头残余应力）、接头强度、耐蚀性综合考虑。

4）A、B 之间应当有较高的互相扩散系数，以缩短焊接时间。

5）A、B 之间应当不产生脆性相。

表 2-41 给出了一些陶瓷局部过渡液相焊接时的中间层材料及其厚度和焊接参数。

表 2-41 一些陶瓷局部过渡液相焊接时的中间层材料及其厚度和焊接参数

陶瓷	金属中间层/μm	连接条件	接头强度/MPa①
Al_2O_3	Cu/Pt/Cu 3/127/3	1150℃，6h	233③
Al_2O_3	Cu/Ni/Cu 3/100/3	1150℃，6h	160②
Al_2O_3	Cu/80Ni-20Cr/Cu 25/125/25	1150℃，6h	137②
Al_2O_3	Ti/Cu/Ti 5，10，20，30，40/8000/5，10，20，30，40	1273K，0.5h	
Si_3N_4	Ti/Ni/Ti 5/1000/5	1323K，5.4ks	234②
Si_3N_4	Ti/Ni/Ti 20/800/20	1323K 0.9ks，1.8ks，3.6ks，7.2ks	138.6③
Si_3N_4	Au/Ni-22Cr/Au 2.5，0.9/125，25/2.5，0.9	960~1100℃ 0.5~9h	272②
Si_3N_4	Ti/Cu/Ni/Cu/Ti 2/30/800/30/2	（1323K，3.6ks）+ （1393K，1.8ks）	260③

① 四点抗弯强度。
② 平均接头强度。
③ 最高接头强度。

2.6.4 中间层材料的设计

过渡液相焊接（TLPB）的优点在于用较低的焊接温度和较低的焊接压力形成接头，这有利于避免母材组织性能因较高的焊接温度发生不利的变化和因较高的焊接压力而发生过大的变形。这一过程可由多层复合中间层来实现，中间层应当由两层以上熔点及活性不同的金属组成，且必须具备以下条件：

1）在较低温度下，能够通过低熔点层的熔化或者复合中间层之间的相互反应形成一薄层液态金属，这个液态金属要能够与陶瓷反应形成牢固的结合面。

2）在焊接温度下，这个液态金属要能够与高熔点层快速相互扩散并形成以高熔点层原始成分为主的均匀组织。

3）接头焊缝的熔点比焊接温度高且高温性能好。

这个多层复合中间层通常由一薄层低熔点材料（或可以通过反应来形成低熔点物质）熔敷在较高熔点的其他中间层上，由低熔点材料熔化形成过渡液相，这个过渡液相要能够与高熔点物质发生反应而形成合适的高熔点物质，从而消耗掉低熔点物质。例如：

用Cu/Nb/Cu作为复合中间层来焊接Al_2O_3陶瓷时，过渡液相可以与Al_2O_3陶瓷发生反应而在界面上形成不连续的Cu-Al-O相，反应的结果既消耗了Cu，又形成了难熔化合物；用Ti/Ni/Ti作为复合中间层来焊接Si_3N_4陶瓷时，Ti-Ni在942℃存在一个共晶点，若在1050℃焊接，共晶液相与Si_3N_4陶瓷接触，Ti与Si_3N_4陶瓷反应在界面上形成TiN，同时，过渡液相还与Ni能够反应形成熔点在1378℃的Ni_3Ti，这些都是高熔点化合物。这就是由低熔点材料熔化（此处是Ti-Ni共晶相）形成过渡液相，这个过渡液相与高熔点物质发生反应而形成合适的高熔点物质，从而消耗掉低熔点物质的例子。

还有一种情况就是在较低温度下过渡液相与难熔金属发生反应形成一层高熔点物质（比如，难熔的金属间化合物）。采用Sn/Nb/Sn作为复合中间层来焊接陶瓷时，Sn作为低熔点材料熔化形成过渡液相，Nb和Sn可以形成三种金属间化合物，其中，Nb_3Sn可以在高温下稳定存在，选择合适的焊接温度就可以得到稳定的Nb_3Sn相。其接头经过1500℃退火后的室温强度可达母材的70%。

如果必要，在焊后还可以进行不加压的高温退火。

在选择多层复合中间层时，要考虑中间层材料之间的二元相图或多元相图；还要考虑中间层材料与陶瓷之间的反应，可能形成的新相及其力学性能。

2.6.5　多层复合中间层的应用

1. 用Cu/Pt/Cu复合中间层焊接Al_2O_3陶瓷

用气相沉积法在Al_2O_3陶瓷上沉积3μm左右的Cu作为过渡液相，127μm左右厚的Pt层作为高熔点物质，与通过气相沉积法涂Cu的Al_2O_3陶瓷在真空中加5.1MPa的压力进行焊接。焊接参数为：焊接温度1150℃（略高于Cu的熔点，远低于Pt的熔点），保温6h，加热速度4℃/min，冷却速度2℃/min，真空度在（1.1~2.7）$\times10^{-3}$Pa以上。

Cu与Pt在高温下可以完全互溶，因此，在Cu的熔点以上形成的液态Cu可以由于Cu向Pt中扩散而消失。Pt的线胀系数与Al_2O_3陶瓷相近，且具有优越的抗氧化性能。接头区分析可见：靠近陶瓷的界面上Cu的质量分数最高，可达6%~9%，中间层中心Cu的质量分数最低，约为1%，在整个中间层中Cu的平均质量分数为4.2%。Pt在中间层中占94%。其固相线约在1740℃，接近纯Pt的熔点。不能用纯Pt焊接Al_2O_3陶瓷，因为用纯Pt焊接Al_2O_3陶瓷时，固相扩散焊接温度需要在1700℃。而用Cu/Pt/Cu复合中间层形成的过渡液相却可以在1150℃下焊接Al_2O_3陶瓷，这种焊接接头四点抗弯强度可达100~220MPa，最高可达240MPa（母材则为250~310MPa）。在1000℃下退火10h，接头强度会提高。

2. 用 Cu/Nb/Cu 复合中间层焊接 Al_2O_3 陶瓷

Nb 作为高熔点材料，其不仅熔点高，而且，线胀系数与 Al_2O_3 陶瓷相近。从相图上看不出它与 Cu 能够形成脆性相，在 Cu 的熔点以上 Nb 在 Cu 中的平衡溶解度很低，但少量的 Nb 溶入液态 Cu 中，可以降低作为过渡液相的 Cu 合金的润湿角，有利于形成强的金属与陶瓷的结合。

采用气相沉积法在 Al_2O_3 陶瓷表面沉积 3μm 左右的 Cu 作为过渡液相，用 99.99%的纯 Nb 作为高熔点中间相。焊接条件与用 Cu/Pt/Cu 复合中间层焊接 Al_2O_3 陶瓷相同，则焊接接头四点抗弯强度可达 119~255MPa，平均强度可达 181MPa。其断口在金属与陶瓷的界面上，大部分断口还拽出一块陶瓷来。拽出的陶瓷越多，强度越高。还发现在金属与陶瓷的界面上有 Cu 以及析出的第二相，这种第二相的成分为 Cu-Al-O，可能是 Cu 的铝酸盐，大部分析出的第二相中还有 Si。其呈现两种形态：一种析出在 Nb 的晶粒边界，勾画出 Nb 的晶粒轮廓，显示 Nb 的平均晶粒直径为 60μm 左右；另一种则分散析出在 Nb 的晶粒内部。这种析出相与金属和陶瓷结合得很好，断裂穿过析出相。

用 Cu/Nb/Cu 复合中间层焊接 Al_2O_3 陶瓷的接头，经过 1000℃下退火 10h，接头强度会提高。

3. 用 Cu/Ni/Cu、Cr/Cu/Ni/Cu/Cr 和 Cu/Ni80-Cr20/Cu 复合中间层焊接 Al_2O_3 陶瓷

Ni 是相对于作为过渡液相 Cu 的熔点较高的元素，作为高熔点的元素，它也是高温合金的基本元素，因此，用它来焊接陶瓷是可以将接头使用在高温条件下的。

Cu 与 Ni 可以无限互溶，用 Cu/Ni/Cu 作为复合中间层可以更容易地均匀化。用厚度 100μm 左右的镍片和厚度 3μm 左右的铜片作为复合中间层形成过渡液相在 1150℃×6h 下焊接 Al_2O_3 陶瓷，形成的中间层已经均匀化，此中间层为 Cu6Ni94 的合金，其液相线为 1430℃，接近纯镍的熔点 1453℃。

用 Cu/Ni/Cu 作为复合中间层进行过渡液相焊接，其接头抗弯强度为 61~267MPa，平均强度可达 160MPa。分散度比 Cu/Pt/Cu 和用 Cu/Nb/Cu 作为复合中间层时接头的抗弯强度大，但其最高强度仍高于陶瓷。其高强度接头断裂在陶瓷中。

采用同样的条件以 Cu/Ni80-Cr20/Cu 为复合中间层焊接 Al_2O_3 陶瓷时，虽然均匀化后，仍有少量未完全扩散，但其固相线仍高于 Cu 的熔点 1150℃。用这种材料作为复合中间层焊接 Al_2O_3 陶瓷时，由于 Cr 含量的提高，中间层的屈服强度提高，不利于降低接头的残余应力，但其接头强度分布较为均匀，平均抗弯强度可达 230MPa。

用 Cr/Cu/Ni/Cu/Cr 作为复合中间层进行过渡液相焊接时，先在 Al_2O_3 陶瓷表面涂覆一层 10nm 的 Cr，Cr 可以降低富 Cu 相对 Al_2O_3 陶瓷的润湿角。

4. 用 Cu-Au-Ti/Ni/Cu-Au-Ti 复合中间层焊接 Si_3N_4 陶瓷

用 48%Cu、4μm 的 Au 和 4%Ti（指质量分数）作为复合中间层的低熔点合金，其熔点为 910~920℃。加 Ti 是为了改善其对 Si_3N_4 陶瓷的润湿性，用厚 25μm 的 Ni 作为高熔点的材料。在焊接过程中，焊接温度要略高于 910~920℃，使 Cu-Au-Ti 熔化而作为过渡液相，而后 Ni 熔入其中，形成 Ni80-Cu10-Au10 的中间层，其熔点为 1300~1350℃。在冷却过程中温度低于 970℃，将出现 Ni 与 Cu-Au 的分离，形成富 Ni 相和富 Cu-Au 相，这样对接头的高温性能不利。这种接头耐高温性能较差。

5. 用 Au/Ni80-Cr20/Au 复合中间层焊接 Si_3N_4 陶瓷

用 125μm 或 25μm 后的 Ni80-Cr20 作为核心材料，涂以厚度 2.4~2.6μm 的 Au，在 960~1000℃进行焊接，加压 0.5MPa。在 1000℃下保温 4h，接头的平均强度为 272MPa，与用 Ni80-Cr20 进行扩散焊的接头强度相当。若将焊接压力提高到 5MPa，其接头的平均强度与加压 0.5MPa 相当。

2.6.6　以 Al 作为中间层用过渡液相扩散法焊接 SiC 陶瓷

用 0.4mm 厚的纯 Al 作为中间层采用过渡液相扩散法在真空中用 700~1100℃×0~240min 的条件来焊接 RBSiC（反应烧结 SiC）陶瓷，并以不同的冷却速度得到焊接接头。用 Al 焊接 RBSiC 时，形成了一薄层富 Si 层和一厚层的陶瓷连接层。富 Si 层中的 Si 浓度超过了焊接温度下液相的饱和浓度，在一定条件下可以得到 100%的纯 Si 层。富 Si 层中的 Si 浓度取决于焊接温度和冷却速度，而与焊接时间关系不大。当焊接温度为 880℃，冷却速度为 0.4℃/min 时，就可以得到 100%的纯 Si 层；焊接温度 1000℃和炉冷的冷却速度也可以得到 100%的纯 Si 层。而陶瓷反应层的厚度随焊接温度的升高而加厚，冷却速度与焊接时间对陶瓷反应层厚度的影响不大。

在 1000℃×30min 和冷却速度 0.4℃/min 的条件下焊接 RBSiC 得到的焊接接头的室温四点抗弯强度可达 270MPa，而 1000℃×90min 和炉冷得到的焊接接头在 700℃时的四点抗弯强度仍可达到 220MPa。

表 2-42 给出了不同条件下过渡液相扩散焊接法焊接的各种陶瓷焊接接头的四点抗弯强度。

表 2-42　不同条件下过渡液相扩散焊接法焊接的各种陶瓷焊接接头的四点抗弯强度

陶瓷	连接材料	温度/℃	时间/h	压力/MPa	环境	抗弯强度/MPa
Al_2O_3	3μm Cu/127μm Pt/3μm Cu	1150	6	5.1	真空	160±60
Al_2O_3	3μmCu/Nb/3μm Cu	1150	6	5.1	真空	181
Al_2O_3	3μmCu/100μm Ni/3μm Cu	1150	6	—	真空	160±63
Al_2O_3	Cu/Ni80-Cr20/Cu	1150	6	—	真空	230±19
Si_3N_4	4μmAu-Cu-Ti/25μm Ni/4μmAu-Cu-Ti	950	2	—	真空	770±200，380（650℃）
Si_3N_4	4μmAu-Cu-Ti/25μmNi/4μmAu-Cu-Ti	1000	4	—	真空	770±200
Si_3N_4	2.5μmAu/25μm 或 125μmNi/2.5μmAu	1000	4	0.5，5	真空	272
SiC	Cu-Au-Ti/Ni/Cu-Au-Ti	950	—	—		260±130
Si_3N_4	2.5μmAu/125μm Ni-Cr22/2.5μmAu	1000	4	—	真空	272
RBSiC	0.4mmAl	1000	0.5			270±50
RBSiC	0.4mmAl	800	1.5			250±50
RBSiC	0.4mmAl	1000	1.5			230±100，220±10（700℃）

注：连接材料栏中数值为厚度。

2.7　金属与陶瓷材料的摩擦焊

摩擦焊比较适合于金属与陶瓷材料的焊接，各种铝合金与陶瓷的摩擦焊都得到了高强度的焊接接头。以贵金属及各种活性金属作为过渡层，对无氧铜与 SiC、Si_3N_4 和部分稳定化的 ZrO_2 陶瓷进行摩擦焊的结果表明，用 Fe、Ni、Ag 金属箔作为过渡层时，与直接焊接一样，在焊接之后就在界面发生分离，得不到一个优质的焊接接头。但是，以 Ti、Zr、Nb 等活性金属和 Al 金属箔作为过渡层时，就可以得到一个优质的焊接接头，且可以明显看到无氧铜的变形。这种结果表明，即使对于摩擦焊，活性金属作为过渡层也能改善金属与陶瓷材料的焊接接头强度。分析后看到，在结合界面的铜中，存在着活性金属与铜机械混合的很复杂的组织，其最大的宽度可达数百微米。但是，其反应层比钎焊和扩散焊都薄，用透射电镜也看不到。图 2-41 所示为用 Ti 作为过渡层时 SiC-Cu 摩擦焊接头的界面层。可以看到，与 SiC 陶瓷结合处有约 10nm 厚的一层 Cu，接着就是 20nm 厚的 TiC 层。在 TiC 层的 Cu 侧形成 Ti_5Si_3 层（在图 2-41 的范围里看不到）。同样的反应层，在摩擦焊的界面也是非常薄，比用 Cu-Ti 合金作为钎料的钎焊接头的界面要薄得多。钎焊界面上 TiC 层与 SiC 层之间的 Cu 层对接头强度有着不良的影响，且 Cu 层越厚，接头强度越低。摩擦焊焊接接头的拉伸试验及弯曲试验都断在陶瓷上，界面反应层对接头强度没有明显的影响。而钎焊时，反应层如果较薄，对接头强度是有好处的。

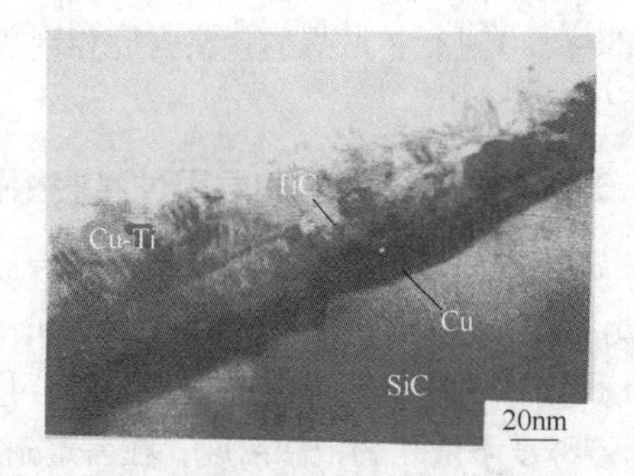

图 2-41　用 Ti 作为过渡层时 SiC-Cu 摩擦焊接头的界面层

为了了解图 2-41 所示界面反应层是如何形成的，在焊接凝固后，立即将其投入冰水中，使其保持凝固时的组织状态，其结果如图 2-42 所示。Cu、TiC、Ti_5Si_3 都看不到，这说明它们都是在焊后缓慢冷却中形成的。但是，在结合界面上有一个几纳米宽的富 Ti 层。这可以看出 Ti 过渡层金属的明显作用，用 Nb 作为过渡层也可以看到同样的效果。

图 2-42　急冷处理对用 Ti 作过渡层对 SiC-Cu 摩擦焊接头的界面层组织的影响

用活性金属作为过渡层之所以能够改善摩擦焊焊接接头的强度，可能是去除了陶瓷表面氧化膜的缘故。图 2-43 给出了用 Ti 作为过渡层时在 SiC-Cu 摩擦焊接头的界面上残留的 Si-O 系非晶体氧化物，这个氧化物来源于 SiC 陶瓷表面的氧化膜。其大部分在摩擦焊过程中因与 Ti 活性金属过渡层作用而除去。

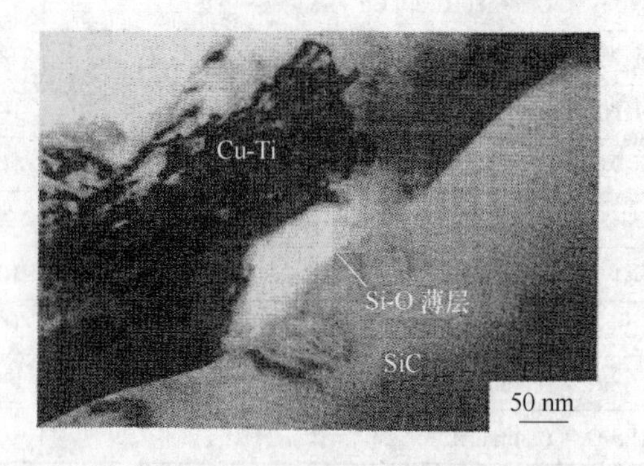

图 2-43　用 Ti 作为过渡层时 SiC-Cu 摩擦焊接头的界面上残留的 Si-O 系非晶体氧化物

表 2-43 给出了以 Ti、Nb、Zr 作为过渡层时 SiC-Cu 摩擦焊接头弯曲试验的结果（试验条件为：Ⅰ——$t=10s$，$p=30MPa$；Ⅱ——$t=6s$，$p=30MPa$；Ⅲ——$t=10s$，$p=70MPa$）。可以看到，在大多数情况下都是断在结合面临近的 SiC 陶瓷上，但断裂强度比 SiC 陶瓷低，这可能是由残余应力及摩擦扭矩产生的缺陷造成的。适当地选择活性金属过渡层的厚度及其

化学成分可以改善摩擦焊焊接接头的强度。

表 2-43　以 Ti、Nb、Zr 作为过渡层时 SiC-Cu 摩擦焊接头弯曲试验的结果

过渡层	Ti	Ti	Ti	Ti	Ti	Nb	Nb	Nb	Zr	Zr	Zr	Zr
焊接条件	Ⅰ	Ⅰ	Ⅰ	Ⅰ	Ⅲ	Ⅱ	Ⅱ	Ⅱ	Ⅰ	Ⅰ	Ⅰ	Ⅰ
抗弯强度/MPa	44	33	56	79	109	67	90	87	46	67	72	82
断裂位置	SiC	SiC	SiC	SiC	SiC	SiC+界面	SiC+界面	SiC+界面	SiC	SiC	SiC	SiC

表 2-44 还给出了一些陶瓷与铝和铝合金摩擦焊的接头强度。

表 2-44　一些陶瓷与铝和铝合金摩擦焊的接头强度

陶　瓷		金　属	接头抗拉强度/MPa	断裂位置
Al_2O_3		Al	45.1，35.3，34.3	Al_2O_3 中
		Al-4.5Mg	29.4，20.6，11.8	
ZrO_2	Zr-15	Al	124.4，96.0	ZrO_2
	Zr-9M	Al	62.7，59.8，33.3	ZrO_2
		Al-4.5Mg	7.8	
	Zr-YT2	Al	>125	ZrO_2
Si_3N_4		Al	>172，156，92.1	结合界面

2.8　陶瓷材料的静电加压焊接

图 2-44 给出了陶瓷材料静电加压焊接的原理图。这种焊接方法是指陶瓷或者玻璃与金属薄片在压力作用下，接通高压电，使得在接触面上产生焦耳热而加热工件，在静电吸引力和高温作用下，经过一定时间，实现了陶瓷或者玻璃与金属薄片之间的连接。表 2-45 给出了 β-Al_2O_3 陶瓷与金属静电加压焊接参数。

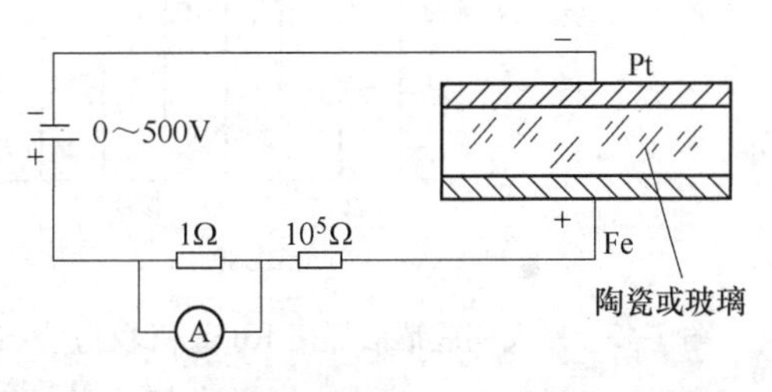

图 2-44　陶瓷材料静电加压焊接的原理图

表 2-45　β-Al_2O_3 陶瓷与金属静电加压焊接参数

金　属	气氛	温度/℃	电压/V	电流/mA	时间/min	断裂
Cu	N_2	600	300	2	600	界面
可伐合金（预氧化）	N_2	550	50	2	120	界面
	空气	500	500	10	45	
	N_2	500	250	5	600	
Fe	N_2	550	200	2	120	界面
	H_2	550	300	1	120	
Mo	N_2	500	200	2	90	界面
Ti	N_2	600	300	5	45	界面
Al	空气	500	500	10	45	陶瓷内
	N_2+H_2	550	300	2	120	
	空气	550	75	0.5	600	

这种焊接方法的工艺过程比较简单，但是，设备比较复杂，耗电能较大，电压较高，影响了它的应用。

2.9 陶瓷的反应成形法和反应烧结法焊接

2.9.1 陶瓷的反应成形法焊接

陶瓷的反应成形法焊接是从 SiC 陶瓷的反应成形中发展而来的，目前主要用于焊接 SiC 基陶瓷和其纤维增强复合材料。目的主要是克服金属中间层钎焊或扩散焊时，接头使用温度低于母材，以及因金属与陶瓷的线胀系数不匹配而产生残余应力，而使接头性能降低的一种方法。

陶瓷的反应成形法的焊接工艺是：先将碳的化合物置于接头区域，将工件装在夹具上，在 110~120℃下干燥 10~20min，使其与焊件粘合在一起，然后将 Si 或含 Si 的合金制成片状、膏状或悬浮液状置于接头区，加热到 1250~1425℃，保温 10~15min，熔化的 Si 或含 Si 合金与碳反应形成 SiC 及含量可控的 Si 或其他相。接头厚度可以通过调整含碳物和夹紧力来控制，接头厚度与成分对其低温和高温性能有明显的影响。

采用反应成形法焊接的 RBSiC（反应烧结 SiC）陶瓷接头，其显微组织由基体 Si 相与粗细不均匀的 SiC 颗粒组成，接头中还存在一些空洞。用反应成形法焊接 RBSiC（反应烧结 SiC）和烧结 SiC 陶瓷接头时，接头和母材在不同试验温度下的四点抗弯强度在图 2-45 中给出。接头一般都断在连接层中。

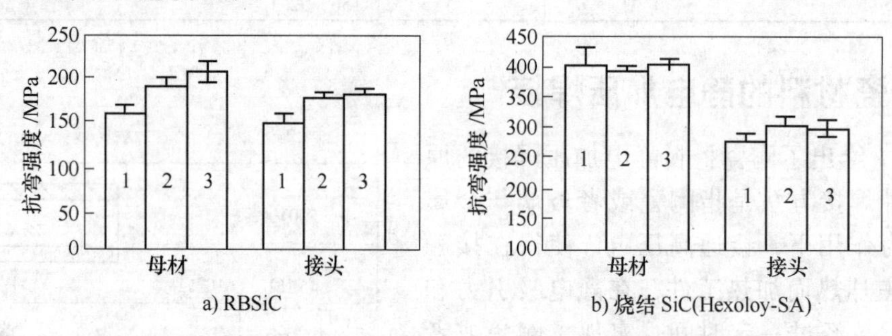

图 2-45 用反应成形法焊接 RBSiC（反应烧结 SiC）和烧结 SiC 陶瓷时接头和母材的四点抗弯强度

1—室温 2—1200℃ 3—1350℃

还可以将树脂陶瓷化来焊接陶瓷。用 Preceremic 聚合物 SR350 硅酮树脂，在纯酒精中将其溶解为 4300g/L 的浆料，将此浆料涂在陶瓷表面上，将两陶瓷夹在一起形成接头，并加压 12.7kPa，在空气中加热 200℃保温 2h，以得到完全交联的热固性硅酮树脂，并形成均匀厚度约为 14~18μm 的聚合物连接层。然后，在流动的氩气中加热到 800~1200℃保温 60min。加热和冷却速度都非常慢，约 1℃/min，以减少因线胀系数的不匹配而产生的残余压力。在这个温度下保温过程中，聚合物向陶瓷转变形成 Si-O-C 非晶体的共价键陶瓷，此陶瓷作为无机黏结剂将使两块 RBSiC 连接在一起形成化学键。硅酮树脂聚合物分解得到的 Si-O-C 非晶体的共价键陶瓷的平均线胀系数为 $3.14\times10^{-6}K^{-1}$，而 RBSiC 陶瓷在 20~1200℃范围内的平均线胀系数为 $4.5\times10^{-6}K^{-1}$。用这种方法焊接的 RBSiC 陶瓷接头的四点抗弯强度将随焊接温度而变（见图 2-46）。这是因为温度不同，连接层厚度不同。温度越高，连接层厚度越低，在 800℃、1000℃、1200℃时的连接层厚度分别为 6.5μm、4.5μm、2.5μm。

2.9.2 陶瓷的反应烧结法焊接

用锆石粉烧结法可以焊接 Al_2O_3 陶瓷和莫来石陶瓷。锆石粉（粒度 1.2μm 和 1.5μm）

用质量分数为 1%的散凝剂与 30%或 60%的乙醇混合，将被焊陶瓷面磨到表面粗糙度达 $Ra1\mu m$ 后，涂抹上锆石粉混合液，装配后在 60℃下干燥 24h，在 1600~1680℃下焙烧 1.5h。

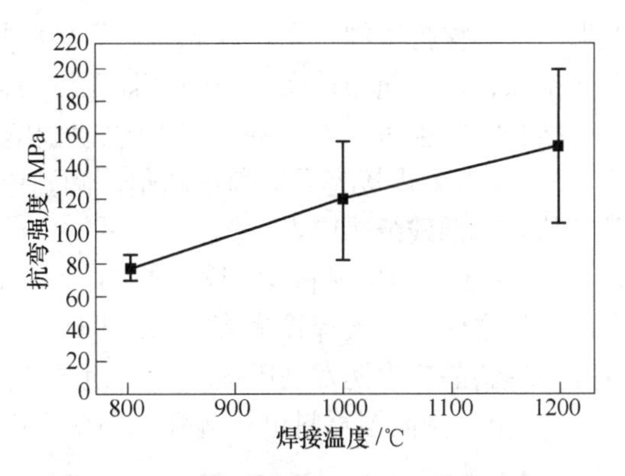

图 2-46　用树脂反应陶瓷化焊接 RBSiC 陶瓷接头的四点抗弯强度与温度之间的关系

锆石与莫来石是稳定而固相相容的材料。锆石在包晶温度（约 1600℃）以上形成 ZrO_2 和液相，此液相与莫来石不平衡。莫来石溶入液相，其成分沿液相线移动，液相润湿莫来石基体。液相凝固形成玻璃相，玻璃相含量及组织与锆石含量有关，锆石含量高，玻璃相含量大，而且，玻璃相促进 ZrO_2 晶粒的粗化。表 2-46 给出了用锆石粉烧结法焊接 Al_2O_3 陶瓷和莫来石陶瓷接头在室温和 1200℃时的四点抗弯强度。用质量分数为 40%的锆石粉烧结法来焊接 Al_2O_3 陶瓷，也可得到良好的焊接接头。

表 2-46　用锆石粉烧结法焊接 Al_2O_3 陶瓷和莫来石陶瓷接头四点抗弯强度　（单位：MPa）

温度	室温	1200℃
莫来石陶瓷	110~130	123~143
用 70%锆石粉烧结法的焊接接头	27~37	45~55
用 40%锆石粉烧结法的焊接接头	140~150	155~165

2.10　用超塑性陶瓷作为中间层来焊接陶瓷

陶瓷之间的连接自古以来都是采用粘接或机械连接，近年来开发出利用涂布（电镀、喷镀）及活性金属得到化学结合的方法。但是，这些方法的高温强度及质量的稳定性还不能令人满意，因为中间层多是采用热压或 HIP 等直接连接的方法。当连接面积增加时，就需要采用提高温度和加大压力，这样工件就会发生塑性变形，从而影响产品的精度。

2.10.1　超塑性陶瓷作为中间层来焊接陶瓷的特性

最近发现 3Y-TZP（含摩尔分数 3%的 Y_2O_3 正方晶的 ZrO_2 多晶体）等几种陶瓷具有与金属一样的超塑性，其特性是有很高的塑性及很低的变形抗力，且几乎没有弹性。在进行陶瓷之间的焊接时，使用这种超塑性陶瓷作为中间层，被焊接的陶瓷完全不需要发生塑性变形，只要超塑性陶瓷中间层在被连接陶瓷之间发生超塑性流动，在中间层陶瓷的超塑性温度下发生扩散，与被连接陶瓷发生原子之间的结合即可。也就是说，被焊接陶瓷不需要发生任何塑性变形就可以进行焊接。另外，由于中间层也是陶瓷，它仍然具有陶瓷所具有的耐热性、耐磨性、耐蚀性。

采用超塑性陶瓷作为中间层来焊接陶瓷的方法有以下一些特点：

1）由于中间层处于超塑性状态，变形抗力非常小，被连接材料几乎不变形就可以进行焊接。由于它具有极大的塑性，被连接陶瓷的结合面即使不发生任何滑动，仅靠中间层的超塑性流动就可以布满整个结合面间隙。

2）超塑性陶瓷颗粒平均直径一般在微米级以下，而且以超塑性变形形式在晶间滑动，变形后仍然保持微细状态。因此，被焊接材料与作为中间层的超塑性陶瓷接触时，如果接触存在空隙，由于超塑性陶瓷中间层颗粒极小，能够向空隙处扩散，这些空隙很快就会消失。由于结合时间很短，不会析出有害的脆性相。

3）在陶瓷焊接完后，利用超塑性陶瓷中间层的超塑性变形，可以使中间层陶瓷变得很薄，从而降低残余热应力。

4）由于中间层材料3Y-TZP或3Y-20A[80%(3Y-TZP)+20%Al_2O_3]是以正方晶的ZrO_2多晶体为主体，比被焊接陶瓷（如Al_2O_3、Si_3N_4、SiAlON）的线胀系数还小，发生ZrO_2正方晶→单斜晶应力诱发马氏体相变而使ZrO_2膨胀，使残余热应力减小。

5）由于中间层材料也是陶瓷，因此，陶瓷的特征不会有损失。

2.10.2 焊接机理

从Al_2O_3与ZrO_2相图上知道，在1500℃以下的温度既不会熔化，也不会出现新的化合物相，但对结合面附近的X射线分析表明，几乎看不到Zr、Y、Al等元素的扩散。这是由于它们各自被束缚在Al_2O_3与3Y-TZP中。因此，它们之间的结合过程如下。

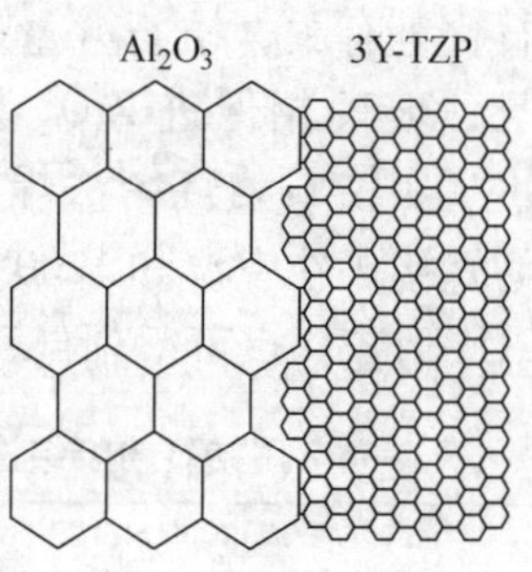

图2-47 Al_2O_3与3Y-TZP最初接触模型

由于中间层材料3Y-TZP主要在晶界流动，3Y-TZP等轴状颗粒微细组织，将布满Al_2O_3陶瓷材料的不平处，如图2-47所示。这时Al_2O_3颗粒与3Y-TZP颗粒接触后，又在焊接加压应力作用下以图2-48所示的方式进行。也就是说，最初是点和线状的接触，在外加压应力作用下，局部产生很大应力，中间层材料3Y-TZP产生塑性变形，这个应力还促进体扩散及表面扩散而形成颈项并结合在一起。其驱动力即外加压应力。虽然Al_2O_3与3Y-TZP之间的线胀系数存在较大差异，但并没有产生裂纹或龟裂，从而获得了良好的焊接接头。

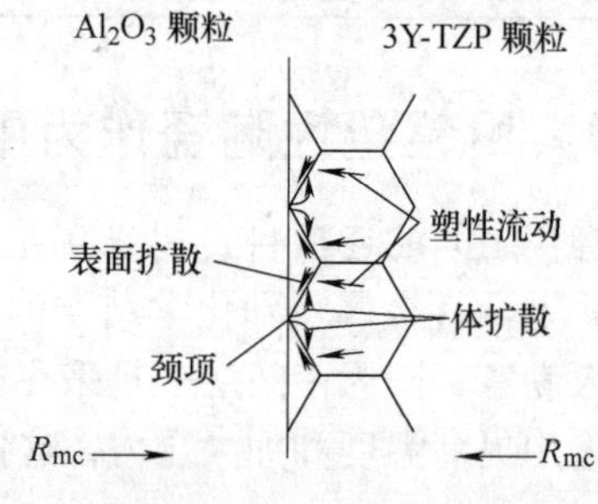

图2-48 焊接过程示意图

2.10.3 用超塑性陶瓷作为中间层的Al_2O_3的HIP材陶瓷的焊接

1. 焊接材料及焊接条件

（1）焊接材料　被焊接陶瓷为Al_2O_3的多晶体（尺寸：3mm×4mm×15mm），纯度为99.5%的HIP材（HIP条件：1500℃×14.7MPa×1h），中间层材料为3Y-TZP（尺寸：3mm×4mm×0.1~0.6mm）常压烧结材。Al_2O_3与3Y-TZP的性能在表2-47中给出，图2-49所示为试样形状及试验装置简图。

表2-47 Al_2O_3与3Y-TZP的性能

材料	密度 /(g/cm³)	晶粒直径 /μm	抗弯强度 /MPa	K_{1C}① /(MN/m^{3/2})	弹性模量 /GPa	线胀系数② /$10^{-6}K^{-1}$	制造方法
Al_2O_3	3.97	1.35	680	3.7	370	7.6	HIP
3Y-TZP	6.05	0.3	1180	7.2	206	12.0	烧结

① 显微缺口。

② 200~1300℃。

（2）焊接条件　在约 10^{-4} mmHg（1mmHg = 133.3Pa）的真空中和大气中，焊接温度 1375～1400℃，焊接压力 6～10MPa，从室温升到焊接温度用时 30min，在真空中，焊接时间 20min，大气中，焊接时间 20～60min，焊接后冷却到室温 2h。

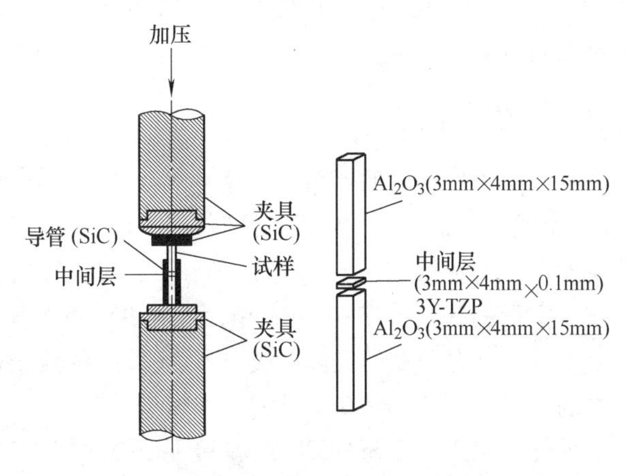

图 2-49　试样形状及试验装置简图

2. 试验结果

（1）真空中焊接　依焊接条件其焊接接头有两种状态：由于中间层材料的超塑性流动而完全填满结合面间的空隙，及由于中间层材料的超塑性流动不足而未能完全填满结合面间的空隙。焊接温度×焊接加压应力为 1400℃×≥10MPa、1450℃×≥8MPa、1500℃×≥6MPa 时，会得到第一种状态的结果，见表 2-48。焊接温度低，焊接加压应力提高，才能保证焊接质量。中间层材料的超塑性流动的变形速度在温度较低、加压应力较小时也较慢，因此，要产生充分的超塑性流动就需要更长的时间，实用性不大。但如果所加压应力太大，Al_2O_3 将产生塑性变形。所以，为了得到良好的焊接接头，使中间层材料的超塑性流动达到一个合适的程度，就存在一个良好的条件范围。

表 2-48　焊接接头的质量（中间层材料为 3Y-TZP，保温时间 20min）

焊接加压应力 \ 焊接温度/℃	1375	1400	1450	1500
6MPa	—	—	●	◎
8MPa	—	●	◎	○
10MPa	●	◎	○	○

注：◎—母材 Al_2O_3 不产生塑性变形，焊接接头的质量良好的焊接条件。
○—焊接接头的质量良好，但母材 Al_2O_3 产生塑性变形并产生弯曲的焊接条件。
●—结合面有较多的空隙，焊接接头的质量和强度较低的焊接条件。

图 2-50 所示为 Al_2O_3 与中间层材料 3Y-TZP 第一种状态结合界面的 SEM 组织图。可以看到，结合界面几乎没有空隙，表示结合面经历了充分的扩散而达到了完全结合。图 2-51 给出了焊接接头四点弯曲的试验结果。可以看到，焊接温度越高，焊接加压应力越大，抗弯强度越高。约为 Al_2O_3 的抗弯强度（约 700MPa）的 70%～90%，在与结合面相距 0.2～1.0mm 的 Al_2O_3 母材处断裂。第二种状态结合时则在结合面断裂。

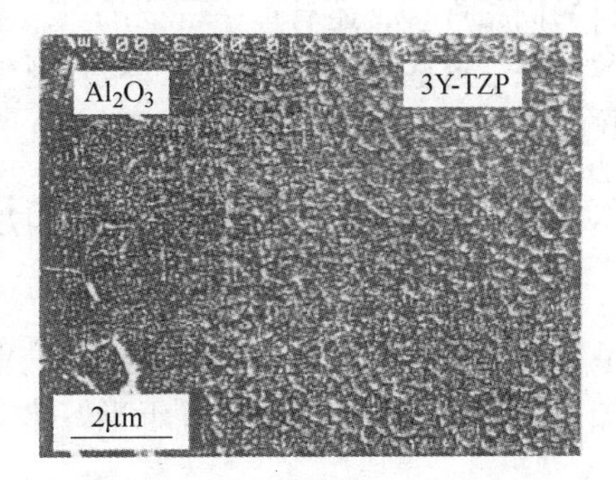

图 2-50　Al_2O_3 与中间层材料 3Y-TZP 第一种状态结合界面的 SEM 组织图

（2）在大气中焊接　在大气中焊接与在真空中焊接相比，即使在相同条件（焊接温度、焊接加压应力、保温时间）下，其结合面空隙也多得多，这是空气残留造成的。其焊接接头四点弯曲的抗弯强度也比在真空中低约 100MPa。但焊接质量良好时也在 Al_2O_3 的母材处断裂。

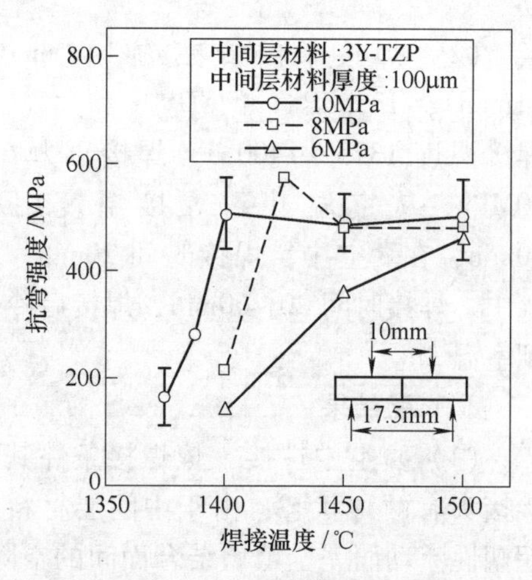

图 2-51 焊接接头四点弯曲的试验结果

2.10.4 残余应力

虽然由于这种线胀系数的差异，冷却过程中，使 Al_2O_3 侧受压，3Y-TZP 侧受拉，但是，经 TEM 分析，并未发现任何显微裂纹。这是因为在 3Y-TZP 颗粒内存在一定量的等量的 T 相和 M 相，而在 3Y-TZP 颗粒内因 T→M 应力诱发马氏体相变而缓解了这种残余热应力的结果。

另外，Si_3N_4 或 SiAlON 的焊接中，若采用 3Y-TZP/Al_2O_3 复合材料作为中间层，且中间层较厚时，由于被焊材料与中间层材料在线胀系数存在较大差异，在与结合面垂直方向上产生不少龟裂，使接头强度下降。为了防止这种现象的生生，应当减薄中间层的厚度，或者超塑性陶瓷在烧结前以粉末状使用，使粉末烧结与焊接同时进行，可以有效地利用中间层超塑性陶瓷的作用，以改善陶瓷焊接的质量。

2.10.5 其他采用陶瓷材料作为中间层来焊接陶瓷的技术

用陶瓷材料作为中间层来焊接陶瓷的技术由来已久。在 Si_3N_4 陶瓷的焊接中，采用 ZrO_2 及 $ZrSiO_4$ 粉末，或者 Si_3N_4、Si_3N_4/Y_2O_3 粉末作为中间层材料，用 CaO-SiO_2-TiO_2 系玻璃纤维作为中间层材料，用玻璃/陶瓷复合材料的方法，还有不用中间层而直接焊接的方法，在被焊 Si_3N_4 陶瓷中加入 Al_2O_3、MgO、CaO 等，利用它们的扩散进行焊接。

对于 SiAlON 的焊接，采用 Y-SiAlO 或 Y-SiAlON 系玻璃作为中间层材料。而对于 Al_2O_3 陶瓷的焊接，可以采用 Al_2O_3 粉末作为中间层材料。还有 Al_2O_3 和 Si_3N_4 异种陶瓷的焊接，也可以采用 Al_2O_3 或 AlN 粉末作为中间层材料等。

上述这些方法虽然使同质陶瓷的焊接取得了良好的结果，但与采用超塑性陶瓷作为中间层来比较，这些方法一般需要高温、高压应力及较长时间保温。

不采用超塑性陶瓷作为中间层，而采用同质陶瓷作为中间层来进行陶瓷焊接的方法，如用 Y-TZP 或与 ZrO_2/Al_2O_3 系复合材料进行同质材料的扩散焊接，以及它们与 Al_2O_3 陶瓷材料的固相焊接，还有莫来石/ZrO_2 系的复合材料进行同质材料的扩散焊接，都可以得到很好的结果。这些材料的焊接中，被焊材料有一侧为超塑性陶瓷时，在超塑性陶瓷一侧就会发生较大的塑性变形。因此，这种方法在允许被焊材料有较大变形的情况下是个有效的方法。

2.11 在半熔化的材料中加压溶浸进行金属与陶瓷的连接

在对材料的要求复杂化的今天，复合材料是一种比较复杂的形态，它有颗粒弥散强化型、纤维强化型、复合板型三种。这里介绍的是复合板型，但这种形态也同样可以进行零件加工。它是将多孔的陶瓷置于半熔化合金中加压溶浸而成。

2.11.1 采用加压溶浸制备复合材料

这种方法是将多孔焊接陶瓷的陶瓷置于熔点较低的熔化合金中的一种粉末冶金技术，也叫浸透法、含浸法、浸润法。它是利用毛细管现象将液态熔化金属吸入有孔的陶瓷缝隙中，例如，Fe-Cu、TiC-高速钢等的组合就是采用这种方法制造的。与多孔材料（或实体材料）不能润湿的材料无法利用毛细管现象将液态熔化金属吸入有孔的陶瓷孔洞中，因此，不能用这种方法。加压溶浸就是对液态金属用加压的方法强行使液态熔化金属吸入有孔的陶瓷缝隙中。对液态熔化金属加压，大多数情况下都是利用金属型及冲压方法的高压铸造技术。现在用这种技术来制造颗粒弥散型、纤维强化型复合材料，金属间化合物，通气性材料等。这种加压溶浸是制备复合材料的有效方法。

2.11.2　半熔化金属加工

半熔化金属是固态颗粒被液态金属充满了的金属，在外力作用下，具有特殊的变形机构（固相粒子的相对滑移、位错、断裂、移动等），因此，不仅可以大大减轻加工负荷，还可能控制其金属组织。例如，采用机械搅拌可以使组织细化及颗粒弥散强化，采用轧制、挤出、锻造等而控制其组织和形状。另外，这种方法不仅可以控制组织，还成为材料的焊接及复合化的重要手段。现在有各种材料的焊接及复合化的方法。可以利用半熔化金属的特殊流动性，即液相先于固相流动，使金属的轧制、挤出、锻造更容易，还可以将固相与液相分离。

1. 加压溶浸制备金属-陶瓷复合板的原理

图 2-52 给出了加压溶浸制备金属-陶瓷复合板的过程原理图。首先将多孔陶瓷和半熔化的金属先后置于金属型中，如图 2-52（1）所示，然后如图 2-51（2）那样加压。由于加压使液相金属浸入陶瓷的孔隙中，而固相金属则堆积在陶瓷表面。若将表面堆积的固相金属除去，得到的是如图 2-52（3）所示表面为金属与陶瓷的复合板材料，若将表面堆积的固相金属保留，则得到的是如图 2-52（4）所示金属与陶瓷的复合板材料。用这种方法制备金属-陶瓷复合板有如下特点：

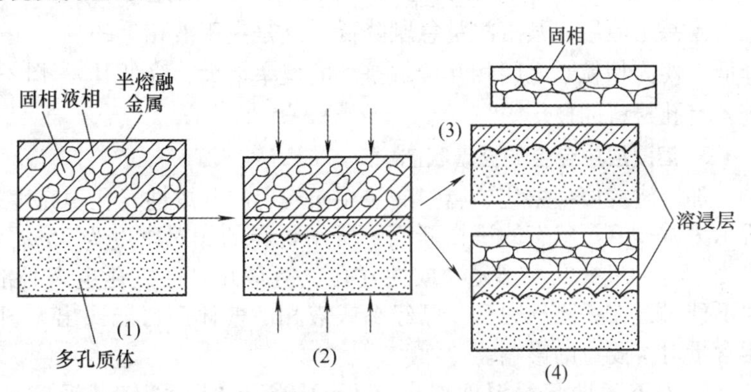

图 2-52　加压溶浸制备金属-陶瓷复合板的过程原理图

1）带溶浸层的复合组织的形成及两种材料结合成为复合板的时间短。

2）互相润湿性差及反应性低的固液相的焊接也成为可能。

3）加压溶浸的材料处于半熔化状态，温度较低。

4）操作容易而且安全。

5）由于材料已经软化，施加压力较小。

2. 半熔化金属的加压溶浸行为

一般来讲，多孔材料中的气孔分为两类：一类是通向表面的开放性气孔；另一类是不通向表面的闭塞性气孔。前一类气孔的存在是发生溶浸过程的前提条件。图 2-53 所示为试验用 Al_2O_3 陶瓷（颗粒直径 1μm 的半烧结状态），其相对密度与开放性气孔和闭塞性气孔之间的关系。图中虚线为总气孔率，是开放性气孔和闭塞性气孔的总和。可以看到，在试验中的四个水平（R 为 75%、80%、90%、95%）的相对密度中，随着相对密度的增大，开放性气孔率降低，而闭塞性气孔率升高。因此，为了进行金属与陶瓷的焊接或复合，选择具有适当相对密度及气孔率的陶瓷材料是很重要的。

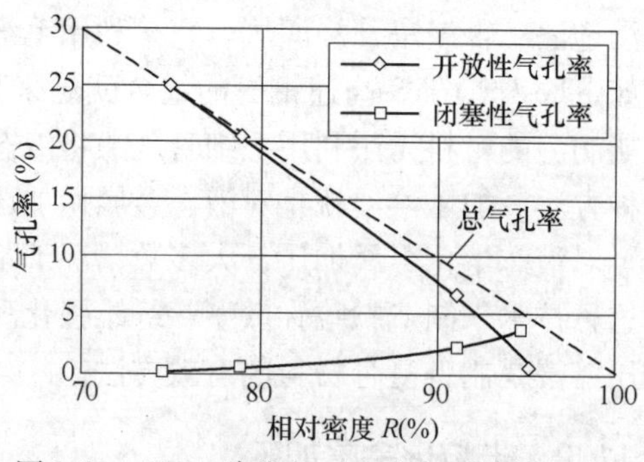

图 2-53 Al_2O_3 陶瓷相对密度与开放性气孔率和闭塞性气孔率之间的关系

下面介绍半熔化金属 Pb-Sn 合金对 Al_2O_3 陶瓷的加压溶浸行为。图 2-54 即为其溶浸试样的断面，图中黑色区即为被半熔化金属 Pb-Sn 合金溶浸的部分。图 2-55 所示为上述试验中压力（p）与固相在半熔化 Pb-Sn 合金中含量（ψ）对溶浸量的影响。可以看到，在未加压或施加压力较小时不发生溶浸，在压力大于 10MPa 以上才能发生溶浸。它们是互相不润湿的材料，为此润湿所加压力必须大于这个压力。固相在半熔化 Pb-Sn 合金中含量（ψ）对溶浸量的影响也很大，当这个含量大于某定值后，其溶浸量急剧降低。这是由于液相量的降低，使固相粒子之间相互接触挤压的概率增大，降低其进入有孔材料的概率。

图 2-54 形成溶浸层的试样断面

3. 溶浸层中合金的充填状态

加压溶浸使半熔化金属中的液相向陶瓷的开放性气孔中充填是个很重要的问题，图 2-53 所示为试样溶浸状态的试样断面。所用材料的相对密度为 75%，从图 2-53 可知，其相对密度为 75%的气孔几乎都是开放性气孔。但是开放性气孔也未必都能被液相填满，因为润湿性不佳时，在去除压力后，已经渗入液相的气体还可能逸出。图 2-55 所示为溶浸压力和固相含量对溶浸量的影响。

图 2-56 表明溶浸温度一定（$T = 210℃$）时，随卸载温度（T_u）的不同，充填率（β，为溶浸层中开放性气孔被充填的部分占全部开放性气孔的比例）也有所不同。可以看到，随卸载温度的下降，充填率提高。本合金的共晶点为 183℃，在这个温度卸载其充填率约在 0.8 以上，而卸载温度降到 150℃时，充填率可达 1，因为这个温度下合金已经凝固，卸载后溶浸层中的液相或者流动性已经下降，或者已经凝固，因此，充填率提高，以至于达到 1。

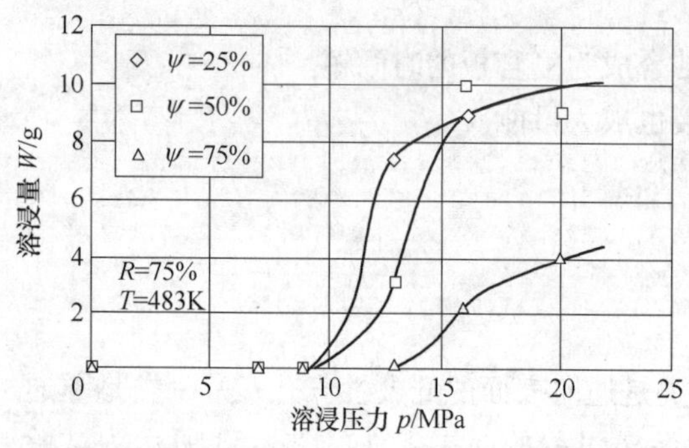

图 2-55 溶浸压力和固相含量对溶浸量的影响

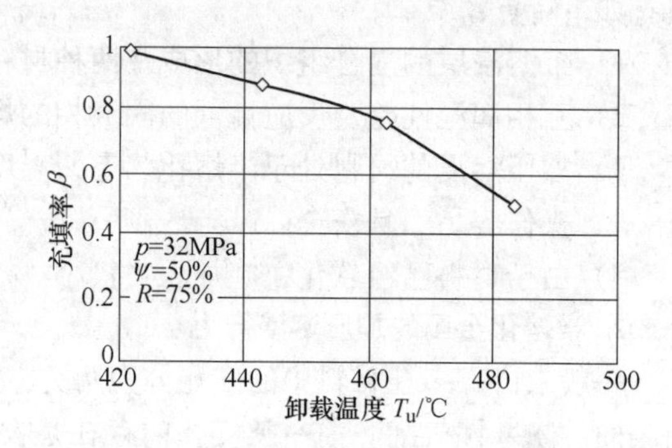

图 2-56 充填率（β）与卸载温度（T_u）之间的关系

4. 利用溶浸层焊接金属与陶瓷

对半熔化合金进行加压溶浸，使液相材料渗入陶瓷的气孔中，从而使固相堆积在陶瓷表面。若这个压力一直保持到渗入陶瓷的液相材料凝固，则堆积在陶瓷表面的固相就会与陶瓷中的溶浸层融合为一体。渗入的凝固了的合金就起到将陶瓷表面堆积的合金与陶瓷焊接在一起的作用，这就可以使即使不能发生反应的两种材料也能焊接在一起。图 2-57 所示为用此法后试件界面的显微组织，白色为半熔化合金，灰色为陶瓷。可以清楚地看到合金渗入陶瓷的形态。图 2-58 给出了陶瓷的相对密度对界面结合强度的影响，可以看到，陶瓷的相对密度在 70%～80%有最高的结合强度。

5. 半熔化材料加压溶浸方法的应用

图 2-59 给出了应用半熔化材料加压溶浸方法得到的复合材料的模型。图 2-59a 为带有加压溶浸层的陶瓷表面复合的陶瓷材料（M 为金属，C 为陶瓷），图 2-59b 为陶瓷加压溶浸层与金属结合的部分，图 2-59c 是采用加压溶浸方法得到的金属-陶瓷焊接接头，图 2-59d 为加压溶浸方法得到的加压溶浸层的模型。这种复合材料在组织上并非是金属单纯地分散在陶瓷基体上，而是金属原子之间互相连成网状，如同烧结状态将金属与陶瓷缠绕在一起，因而，兼有金属与陶瓷的双重性能。由于这种复合材料在组织上具有这种特征，能使陶瓷强韧化，以这个复合层组织为中间层来焊接异种材料，还可以用来制造复合板，利用金属与陶瓷适当的组合，制造具有表面滑动、振动、导热、导电性能的陶瓷产品，或者制造具有耐磨性、耐热性、耐腐蚀性的金属制品。

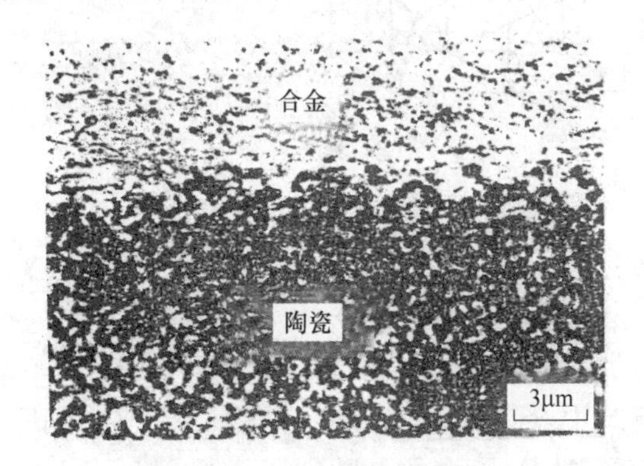

图 2-57　结合界面的显微组织

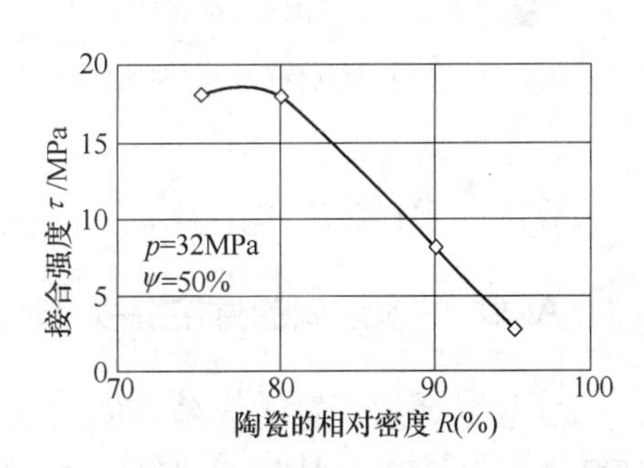

图 2-58　陶瓷的相对密度对界面结合强度的影响

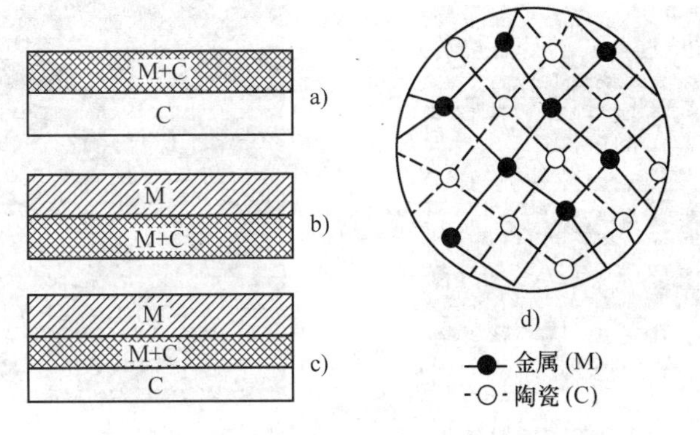

图 2-59　应用半熔化材料加压溶浸方法得到的复合材料的模型

第 3 章

Al_2O_3 陶瓷的焊接

Al_2O_3 陶瓷的晶体有三种结构形态：α-Al_2O_3 陶瓷属于三角晶系，天然 α-Al_2O_3 陶瓷单晶体又称刚玉，其刚玉型结构的离子排列如图 3-1 所示，呈红色的叫红宝石，呈蓝色的叫蓝宝石；γ-Al_2O_3 陶瓷晶体为立方结构，可以看作含有正离子空位的尖晶石结构，如图 3-2 所示；β-Al_2O_3 陶瓷是复合化合物，呈六角结构，如 $Na_2O \cdot 11Al_2O_3$。

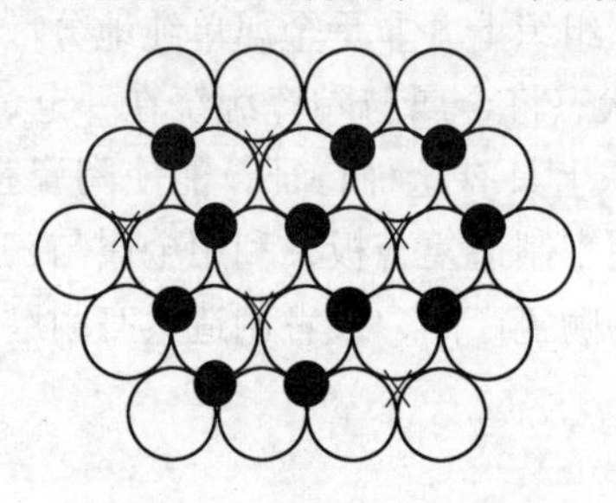

图 3-1　刚玉型结构的离子排列

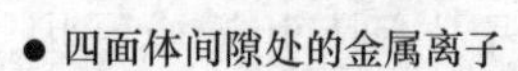

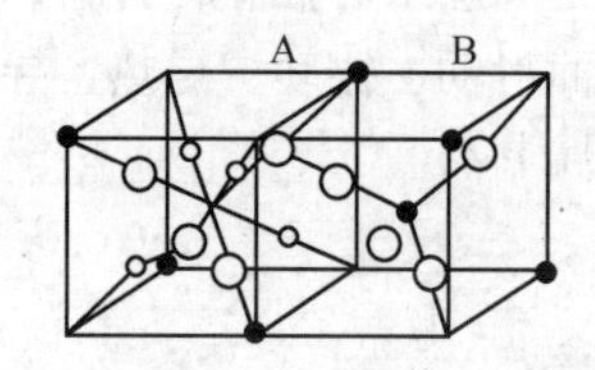

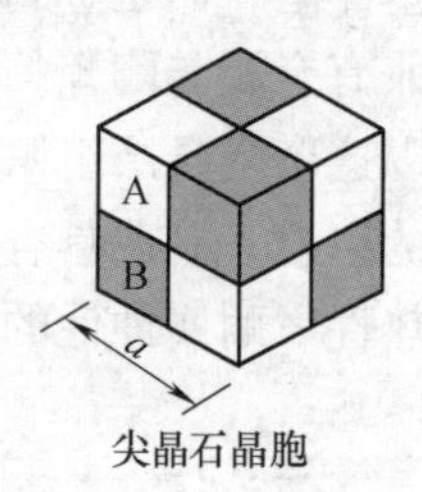

图 3-2　尖晶石结构

3.1　Al_2O_3 陶瓷之间的焊接

3.1.1　Al_2O_3 陶瓷之间的直接焊接

由于 Al_2O_3 陶瓷主要是烧结而成，因此，组织中会存在不同程度的空隙，图 3-3 和图 3-4 所示分别为烧结 α-Al_2O_3 陶瓷的等轴晶粒形态和 Al_2O_3 陶瓷的晶界。

图 3-3　烧结 α-Al_2O_3 陶瓷的等轴晶粒形态

图 3-4　Al_2O_3 陶瓷的晶界

1. “气-电一体化”焊接

Al_2O_3 陶瓷在室温下是绝缘体，不导电，但是，在高温或者熔化状态下导电性急剧增大，于是为“气-电一体化”焊接提供了可能。其焊接原理如图 3-5 所示。它是将结合剂（可以是有机物环氧树脂、聚氯苯甲乙酯和苯酚类的组合剂，也可以是无机物，如 S-10A、S-180A 等）放在连接位置后，先用火焰对结合处加热，使之升温到可以导电，便接通电源。在电阻热的作用下，温度上升，结合剂熔化，导电性提高，电流同时增大。当连接处达到合适的温度时，施加压力，切断电源，实现 Al_2O_3 陶瓷之间的直接焊接。

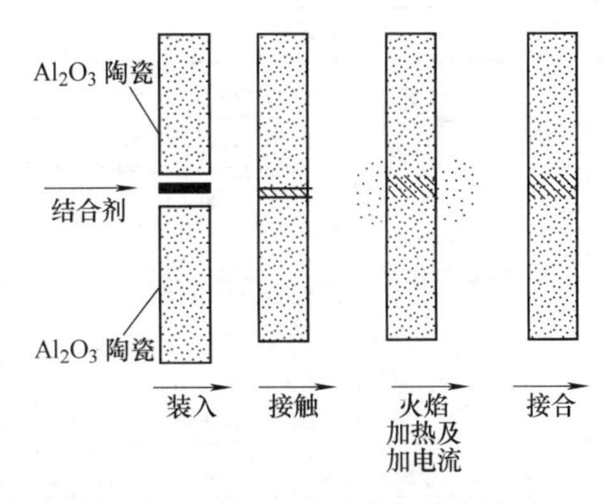

图 3-5 “气-电一体化”焊接原理

由于结合剂的问题，这种接头的工作温度不能高于 100℃。

2. 氧化铝陶瓷之间的电子束焊

氧化铝陶瓷（质量分数为 85%及 95%）、高纯度氧化铝陶瓷、半透明氧化铝陶瓷之间的电子束焊可选择的工艺参数为：功率 3kW，加速电压 150kV，最大的电子束电流 20mA，用电子束聚焦直径为 0.25~0.27mm 的高压电子束焊机进行焊接。

3. Al_2O_3 陶瓷与不同金属固相扩散焊

表 3-1 给出了 Al_2O_3 陶瓷与不同金属固相扩散焊条件及接头强度。Al_2O_3 陶瓷焊接接头会发生比较复杂的界面反应，表 3-2 给出了一些 Al_2O_3 陶瓷与金属扩散焊接头可能产生的界面反应产物。

表 3-1 Al_2O_3 陶瓷与不同金属固相扩散焊条件及接头强度

陶瓷-金属组合		气氛	温度/℃	抗弯强度/MPa
95%氧化铝瓷（含 MnO）	Fe-Ni-Co	H_2	1200	100
	Fe-Ni-Co	真空	1200	120
	不锈钢	H_2	1200	100
	不锈钢	真空	1200	200
	Ti	真空	1100	140
	Ti-Mo	真空	1100	100
72%氧化铝瓷	Fe-Ni-Co	H_2	1200	100
	不锈钢	H_2	1200	115
	不锈钢	真空	1200	115
	Ti	真空	1100	125
	Ni	真空	1200	130
99.7%氧化铝瓷	不锈钢	真空	1250~1300	180~200
	Ni	真空	1250~1300	150~180
	Ti	真空	1250~1300	160
	Fe-Ni-Co	真空	1250~1300	110~130

（续）

陶瓷-金属组合		气氛	温度/℃	抗弯强度/MPa
99.7%氧化铝瓷	Fe-Ni 合金	真空	1250~1300	50~80
	Nb	真空	1250~1300	70
	Ni-Cr	H_2	1250~1300	100
	Ni-Cr	真空	1250~1300	100
	Pd	H_2	1250~1300	160
	Pd	真空	1250~1300	160
	3 钢	H_2	1250~1300	50
	3 钢	真空	1250~1300	50
94%氧化铝瓷	不锈钢	H_2	1250~1300	30

注：真空度均为 10^{-3}~10^{-2}Pa；保温时间：15~20min。

表 3-2　一些 Al_2O_3 陶瓷和金属扩散焊接头可能产生的界面反应产物

接头组合	温度/K	时间/ks	压力/MPa	气氛	反应产物
Al_2O_3/Cu/Al	803	1.8	6	真空	Al+$CuAlO_2$、Cu+$CuAl_2O_4$
Al_2O_3/Ti/1Cr18Ni9Ti	1143	1.8	15	真空	TiO、$TiAl_x$
Al_2O_3/Cu/AlSI1015	1273	18	3	O_2	Cu_2O、$CuAlO_2$、$CuAl_2O_4$
Al_2O_3/Cu/Al_2O_3	1313	86.4	5	真空	Cu_2O、$CuAlO_2$
Al_2O_3/Ta-33Ti	1373	1.8	3	真空	TiAl、Ti_3Al、Ta_3Al
Al_2O_3/Ni	—	—	—	—	NiO、Al_2O_3、NiO，Al_2O_3
Ni/ZrO_2/Zr	1273	3.6	2	真空	Ni_5Zr、Ni_7Zr_2
ZrO_2/Ni-Cr-(O)/ZrO_2	1373	10.8	10	真空	$NiO_{1-x}Cr_2O_{3-y}ZrO_{2-z}$，$0<x，y，z<1$

4. Al_2O_3 陶瓷的高温自蔓延合成焊接

（1）材料和焊接工艺　选用 99% 的 Ni 粉、98.5%的 Al 粉和 98.5%的 Ti 粉，分别按摩尔分数（2Ni+Al+Ti）和［90%(3Ni+Al)+5%Ti+5% Al_2O_3 粉］，在 300MPa 的压力下压制成圆形块料作为焊接材料置于两块 Al_2O_3 陶瓷之间，并且加压以使其紧密接触。在 1.33×10^{-2}Pa 真空条件下，采用电阻加热方式，加热 1250℃，保温 120min，压力 35MPa。

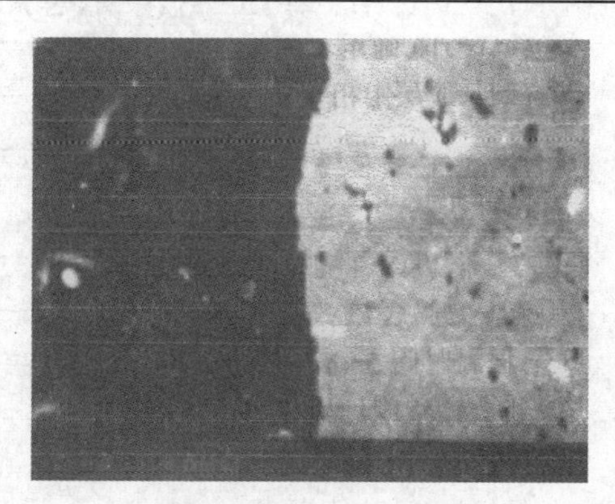

图 3-6　摩尔配比为（2Ni+Al+Ti）时得到的 Al_2O_3 陶瓷的高温自蔓延合成焊接接头的组织

（2）接头组织

1）图 3-6 为摩尔配比为（2Ni+Al+Ti）时得到的 Al_2O_3 陶瓷的高温自蔓延合成焊接接头的组织。图 3-7 为其合成产物能谱分析的结果，计算为 50.5%Ni-22.6%Al-26.9%Ti，即组织为 Ni_2AlTi。未见有元素的富集。图 3-8 为陶瓷与合成产物界面附近各元素线扫描的结果，可以看到，过渡区约为 10μm。

2）图 3-9 为摩尔分数为 90%(3Ni+Al)+5%Ti+5%Al_2O_3 时得到的 Al_2O_3 陶瓷的高温自蔓

延合成焊接接头的组织。图3-10为其合成产物能谱分析的结果，为 Al_2O_3 颗粒和 Ni_3Al，即成为以 Al_2O_3 颗粒为增强相的 Al_2O_3P/Ni_3Al 复合材料。未见有元素的富集。

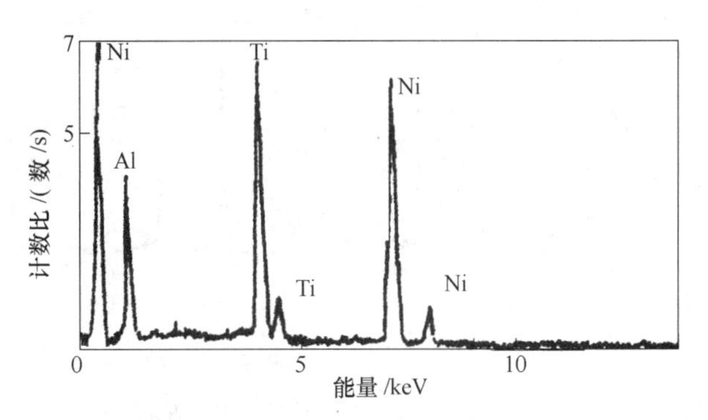

图3-7 摩尔配比为（2Ni+Al+Ti）时得到的 Al_2O_3 陶瓷的高温自蔓延合成产物能谱分析的结果

5. 钎焊

（1）材料 母材为99.0的 Al_2O_3 陶瓷，钎料为Au-17.5Ni和Au-20Cu。

（2）钎焊工艺

1）对 Al_2O_3 陶瓷表面进行金属化处理。采用Ag-27.4Cu-4.4Ti钎料在

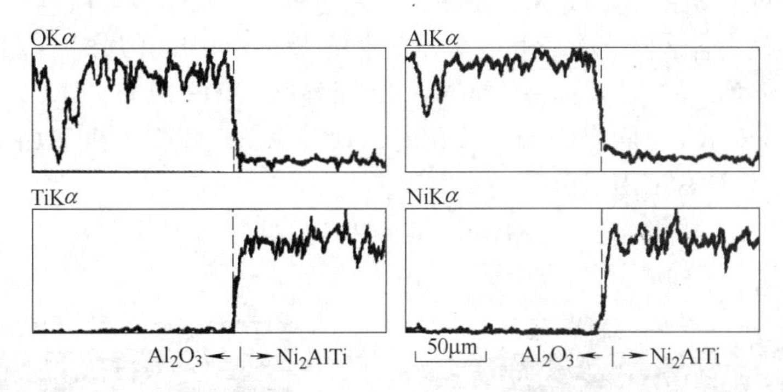

图3-8 Al_2O_3 与 Ni_2AlTi 结合界面附近O、Al、Ti、Ni元素的EDS线扫描分析结果

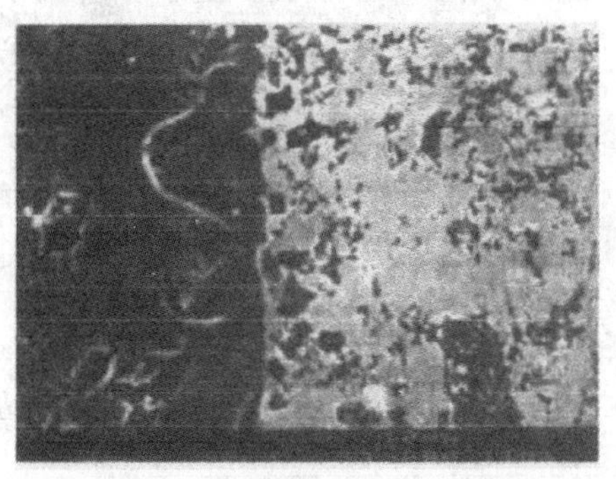

a) 接头全貌

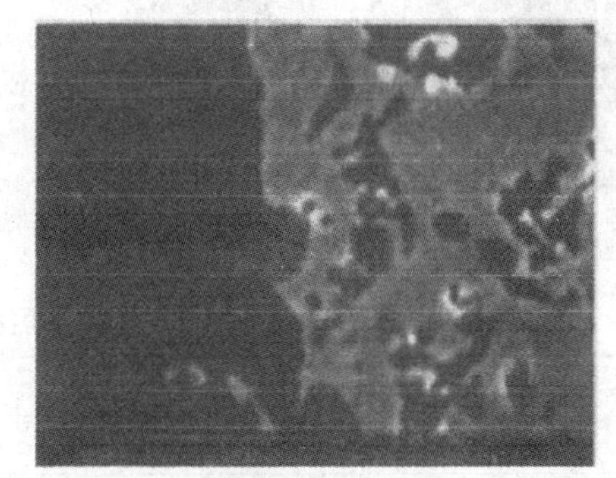

b) 界面区域放大图像

图3-9 摩尔分数为90%（3Ni+Al）+5%Ti+5% Al_2O_3 时得到的 Al_2O_3 陶瓷的高温自蔓延合成焊接接头的组织

880℃，保温10min，对 Al_2O_3 陶瓷表面进行金属化处理。

2）钎焊方法。将钎料Au-17.5Ni和Au-20Cu各轧制为50μm的箔状，超声波清洗、干燥之后，各夹于两被焊工件之间。钎焊参数为：加热温度980℃，保温时间10min，加热速度0℃/min，真空度 8×10^{-3} Pa。

（3）接头组织

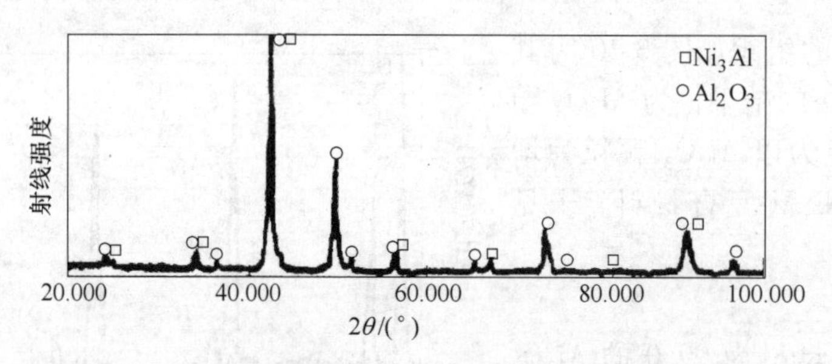

图 3-10 摩尔分数为 90%(3Ni+Al)+5%Ti+5%Al_2O_3 时得到的 Al_2O_3 陶瓷的高温自蔓延合成产物能谱分析的结果

1）Al_2O_3/Au-17.5Ni/Al_2O_3 的接头组织。接头组织在图 3-11 中给出，分为四层。灰色的 1 层是很薄的反应层，为 TiO+Al_2O_3；2~4 层分别为（Au-Ni）、（Au-Ni-Cu）和（Au-Ni-Cu）固溶体。灰色的 2 层为（Au-Ni）固溶体，白色的 3 层基体和灰白色的块状为（Au-Ni-Cu）固溶体。其接头各区的元素含量在表 3-3 中给出。接头组织为 Al_2O_3/TiO+Al_2O_3/(Au-Ni）固溶体+(Au-Ni-Cu)固溶体+(Au-Ni-Cu)固溶体/TiO+Al_2O_3/Al_2O_3。即在采用 Ag-27.4Cu-4.4Ti 钎料对 Al_2O_3 陶瓷进行金属化时，Ti 与 Al_2O_3 陶瓷发生了如下反应，产生了 TiO，于是，形成了 TiO+Al_2O_3 层。

$$3Ti+Al_2O_3=3TiO+2Al \tag{3-1}$$

而钎缝则形成了不同成分的固溶体（见图 3-12）。

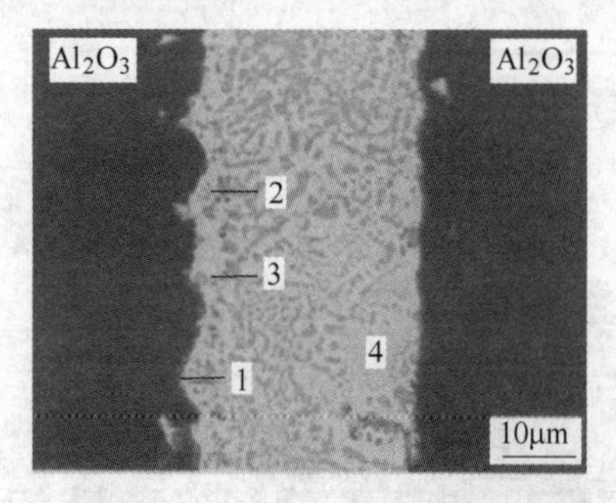

图 3-11 Al_2O_3/Au-17.5Ni/Al_2O_3 的接头组织

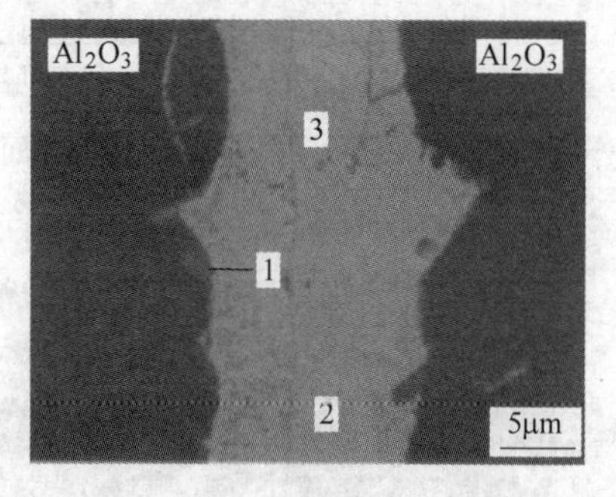

图 3-12 Al_2O_3/Au-20Cu/Al_2O_3 的接头组织

表 3-3 图 3-11 中各区的元素含量及可能的组织

微区	元素含量							推断物相
	Al	O	Au	Cu	Ti	Ni	Ag	
1	17.99	55.78	4.80	0.90	18.22	2.05	0.26	Al_2O_3，TiO
2	0.05	1.82	29.44	5.06	4.90	58.52	0.21	（Au，Ni）固溶体
3	0.31	5.14	59.40	10.71	2.68	18.39	3.37	（Au，Ni，Cu）固溶体
4	0.04	1.35	54.26	10.04	1.80	31.37	1.15	（Au，Ni，Cu）固溶体

2）Al_2O_3/Au-20Cu/Al_2O_3 的接头组织。与 Al_2O_3/Au-17.5Ni/Al_2O_3 的接头组织相比，Al_2O_3/Au-20Cu/Al_2O_3 的接头组织比较单一（见图 3-12），没有看到明显的块状组织，接头质量良好。图 3-12 中各区的元素含量及可能的组织见表 3-4。接头中的 Ti 和 Au 发生了反应，形成了多种金属间化合物。

表 3-4　图 3-12 中各区的元素含量及可能的组织

微区	元素含量						推断物相
	Al	O	Ti	Cu	Au	Ag	
1	2.24	42.87	40.01	4.66	10.19	0.04	TiO
2	0.07	2.47	30.90	5.43	61.14	—	Ti-Au
3	0.30	2.54	2.44	43.52	50.66	0.54	(Au，Cu) 固溶体

3.1.2　Al_2O_3 陶瓷之间加中间层的焊接

1. Al_2O_3 陶瓷之间加中间层的扩散焊

Al_2O_3 陶瓷之间加中间层的焊接主要是采用扩散焊，作为中间层的可以是 Al、Cu、Ti、Ta、Mo、Nb、Ni、Cr、Ni-Cr 及钢等。

在 Al_2O_3 陶瓷之间加中间层的扩散焊时，环境因素和焊接温度对接头性能有明显的影响，表 3-5 和表 3-6 分别给出了这种影响。

表 3-5　Al_2O_3 陶瓷/Ni/Al_2O_3 陶瓷环境气氛对扩散焊接头强度的影响

气氛	氩气	氩气+氢气	真空
压力/Pa	大气压	2.7×10^4	1.3×10^{-2}
接头强度/MPa	30.7	45.8	55.2

表 3-6　Al_2O_3 陶瓷/Ni/Al_2O_3 陶瓷环境气氛和焊接温度对扩散焊接头强度的影响

温度/℃	气氛	接头强度/MPa	温度/℃	气氛	接头强度/MPa
550	大气	43	750	$15\%H_2+85\%N_2$	28
550	$15\%H_2+85\%N_2$	33	1000	大气	32
750	大气	39	1000	$15\%H_2+85\%N_2$	>63

表 3-7～表 3-9 分别给出了 Al_2O_3 陶瓷/钢/Al_2O_3 陶瓷、Al_2O_3 陶瓷/铝/Al_2O_3 陶瓷和 Al_2O_3 陶瓷/Ti/Al_2O_3 陶瓷扩散焊工艺参数和接头强度。可以看到，压力焊工艺参数，特别是加热温度对接头强度具有明显的影响。

表 3-7　Al_2O_3 陶瓷/钢/Al_2O_3 陶瓷扩散焊工艺参数和接头强度

温度/℃	压力/MPa	接头强度/MPa	温度/℃	压力/MPa	接头强度/MPa
750	200	1.0	1300	10	52
800	400	1.0	1300	50	105
1100	50	4.0	1300	50	150

表 3-8　Al_2O_3 陶瓷/铝/Al_2O_3 陶瓷扩散焊工艺参数和接头强度

温度/℃	压力/MPa	接头强度/MPa	温度/℃	压力/MPa	接头强度/MPa
400	200	<1.0	600	20	104
450	200	<0.15	630	10	65
550	20	19	700	50	20（有熔出）
600	20	87			

表 3-9　Al_2O_3 陶瓷/Ti/Al_2O_3 陶瓷扩散焊参数和接头强度

温度/℃	压力/MPa	接头强度/MPa
1000	200	2.0
1200	200	>65

此外，采用 Cu 作为中间层，进行 Al_2O_3 陶瓷之间的扩散焊，其接头强度也可以达到 88MPa。但是，如果采用 Ta 作为中间层，进行 Al_2O_3 陶瓷之间的扩散焊，其接头强度只有 27MPa，这是因为加热温度较高（约 1400℃）而产生的化合物 $AlTa_3O_9$ 和 $AlTaO_4$ 很脆。

采用 Cr 作为中间层，进行 Al_2O_3 陶瓷之间的扩散焊，加热温度 1100℃，其接头强度也可以达到 70MPa；采用 Ni 作为中间层，进行 Al_2O_3 陶瓷之间的扩散焊，接头强度能够达到 35MPa；采用 Cr20-Ni80 作为中间层，进行 Al_2O_3 陶瓷之间的扩散焊时，加热温度 1300℃，其接头强度也可以达到 130MPa。

2. Al_2O_3 陶瓷之间加活性中间层的扩散焊

Al_2O_3 陶瓷之间加活性中间层的扩散焊的活性材料见表 3-10。

表 3-10　Al_2O_3 陶瓷之间加活性中间层的扩散焊的活性材料

陶瓷	用活性金属法连接 Al_2O_3 陶瓷		
	族	系	活性金属实例
Al_2O_3 陶瓷	Ⅳ族	Ti 系	Ti，Ti-Cu，Ti-Cu-Ag
			Ti-Cu-Ag-In，Ti-Cu-Ag+Cu+Cu_2O
			Ti-Cu-Ag-Sn，Ti-Cu-Be
			Ti-Cu-Fe，Ti-Cu-Ge
			Ti-Cu-Ni，Ti-Cu-Sn
			Ti-Cu-Au，Ti-Cu-Au-Ni
			Ti-Ni，Ti-Ni-Ag，Ti-Ni+Au
			Ti-Ni-Al-β
			Ti-Fe，Ti-Al-Si，Ti-Sn
		Zr 系	Zr，Zr-Cu-Ag，Zr-Al，Zr-Al-Si
			Zr-Ni，Zr-Fe
		Hf 系	Hf
	Ⅲ族	Al 系	Al，Al-Cu，Al-Si，Al-Si-Cu
			Al-Si-Mg，Al-Ni，Al-Ni-C
			Al-Li，Al-Cu-Li
	Ⅴ族	V 系	V，V-Ti-Cr
		Nb 系	Nb，Nb-Al-Si
	其他	Ni 系	Ni，Ni-Cr，Ni-Y
		Cu 系	Cu，Cu_2O
		Cr-Pd	

3. Al_2O_3 陶瓷采用活性钎料的钎焊

（1）活性钎料的采用　活性钎料的钎焊是在钎料中加入活性元素，利用活性元素与陶瓷的反应将陶瓷与金属连接起来。要在陶瓷与金属的界面上发生化学反应，就必须在液态金属中添加能够与陶瓷发生反应的活性元素。陶瓷与金属界面若能够发生化学反应，就能够改善润湿性，这些活性元素如表 3-10 所示，主要是第Ⅲ、第Ⅳ副族。采用加入活性元素的活性钎料是一个好办法。这些活性钎料有 Ag 基活性钎料（见表 3-11）和主要用于非氧化物陶瓷（如碳化物、硅化物）的高温活性钎料（见表 3-12）。

表 3-11　Ag 基活性钎料

钎料	成分（质量分数,%）	固相线温度 $T_{固}$/℃	液相线温度 $T_{液}$/℃
Ag-Cu-Ti	70.5-26.5-3	780	805
Ag-Cu-Ti	72-26-2	780	800
Ag-Cu-Ti	64-34.5-1.5	700	810
Ag-Cu-In-Ti	72.5-19.5-5-3	730	760
Ag-In-Ti	98-1-1	950	960
Ag-Ti	96-4	970	970
Ag-Cu-Ti-Li	60-28-2-10	640	720
Ag-Cu-Sn-Ti	60-28-10-2	620	750

表 3-12　高温活性钎料

钎料	成分（质量分数,%）	固-液相线温度/℃
Pd-Ni-Ti	58.2-38.8-3	1204～1239
Pd-Cu-Pt-Ti	51-43-2-4	1099～1170
Ag-Pd-Ti	56-42-2	—
Ag-Pd-Pt-Ti	53-39-5-3	1195～1250
Pt-Cu-Ti	55-43-2	1208～1235
Zr-Cr-Cu	73-12-15	—
Ni-Hf	70-30	1200～1225
Co-Ti	90-10	1215-1320
Au-Pd-Ti	90-8-2	1148～1205

用得最多的活性元素还是 Ti，它几乎可以与氧化物陶瓷、碳化物陶瓷、氮化物陶瓷发生反应，而且价格比较便宜，为此，发展了 Ag 基、Cu 基、Ni 基及 Pd 基等活性钎料。如果是陶瓷与钛及钛合金钎焊，就不需要采用活性钎料，钛及钛合金母材中的钛元素就起到活性元素的作用。表 3-13 给出了 Al_2O_3 陶瓷与金属的活性钎焊工艺参数及力学性能。

表 3-13　Al_2O_3 陶瓷与金属的活性钎焊工艺参数及力学性能

钎焊系统	钎焊温度/℃	保温时间/min	典型界面产物	抗剪强度/MPa	三点抗弯强度/MPa	四点抗弯强度/MPa
Al_2O_3/AgCuTi/钢	1000	15	TiO, Cu_3Ti_3O	92	—	—
Al_2O_3/AgCuZr(Sn)/钢	925.950	30	Zr_2O	—	—	—
Al_2O_3/AgCuTi/Cu	850～900	20～60	Cu_3Ti_3O	90	—	—

（续）

钎焊系统	钎焊温度/℃	保温时间/min	典型界面产物	抗剪强度/MPa	三点抗弯强度/MPa	四点抗弯强度/MPa
Al_2O_3/Ti/Cu	1000	30	TiO, Cu_3Ti_3O, $(Ti,Al)_3Cu_3O$	33	—	—
Al_2O_3/AgCuTi(In)/CuNi	750,850,900	15	$(Ti,Al)_3Cu_3O$	—	—	—
Al_2O_3/AgCuTi(In)/Fe-Ni-Co	720	15	TiO, Cu_3TiO	—	120	—
	850	30				
Al_2O_3/AgCuTi/可伐合金	930	10	TiAl, Ti_3Al	—	—	270
Al_2O_3/AgCuTi/可伐合金	900	5	TiO	160	—	—
Al_2O_3/AgCuTi/TC4	820	3	Ti_2O	120	—	—
Al_2O_3/AgCuTi/Nb	770~1120	2-60	TiO, Ti_2O	223	—	—
Al_2O_3/CuTiZr/Nb	1020	10	Cu_2Ti_4O, CuTi	162	—	—
Al_2O_3/FeTiZr/Nb	1250	10	TiO	130	—	—

（2）活性钎料与 Al_2O_3 陶瓷的作用

1）活性钎料与 Al_2O_3 陶瓷的润湿作用。钎料与陶瓷的润湿是钎焊能够进行的前提，钎料与陶瓷的润湿存在以下三个理论模型：

①界面反应自由能理论。这个理论认为从热力学分析，系统内能够自发进行的反应必然使系统内的自由能降低，系统内的自由能降低得越多，界面反应越激烈，润湿性越好。

②陶瓷体积变化理论。这个理论认为，并不是所有界面反应都能够改善金属在陶瓷上的润湿性，只有这个界面反应使得陶瓷的体积增大时，才能够在界面形成一层致密的反应物薄层。由于界面反应自由能的变化，使得陶瓷与金属界面反应自由能在动态平衡时为零，才使得润湿性得到改善。而这个界面反应使得陶瓷的体积缩小时，由于体积缩小而产生表面空洞，这种空洞阻止了液态金属在陶瓷表面的铺展，降低了润湿性。

③界面反应物润湿理论。这个理论认为活性金属与陶瓷润湿的关键不是反应本身，而是界面反应物的性质。认为平衡润湿角不是液态金属在原始基体上的润湿角，而是液态金属在反应物上的润湿角。反应物的金属性越好，润湿性就越好。如在 Cu/SiC 体系中，液/固界面上反应产生的是碳，由于 Cu 在碳上不润湿，所以润湿性不好；而在 Ni-Al/Al_2O_3 陶瓷体系内，界面产生的是 Ni_2Al_3，它与液态金属具有相似的性质，改善了润湿性。

2）界面反应物及其对接头性能的影响。在采用活性钎料钎焊的过程中，陶瓷与钎料的反应是实现钎焊的关键，而界面反应物的种类、分布及性能则直接影响接头的质量。

①界面反应产物。在采用 Al_2O_3 陶瓷表面涂敷纯 Ti 的 Ti-Al_2O_3 陶瓷扩散偶中，在 Ti-Al_2O_3 陶瓷界面上的产物是 Ti-Al 系，而不是 Ti-O 系。一致认为，在 1050~1100℃时，在 Ti 层较薄时界面产物是 Ti_3Al，在 Ti 层较厚时，界面产物是 Ti_3Al+TiAl，这两种可能产物的扩散路径如图

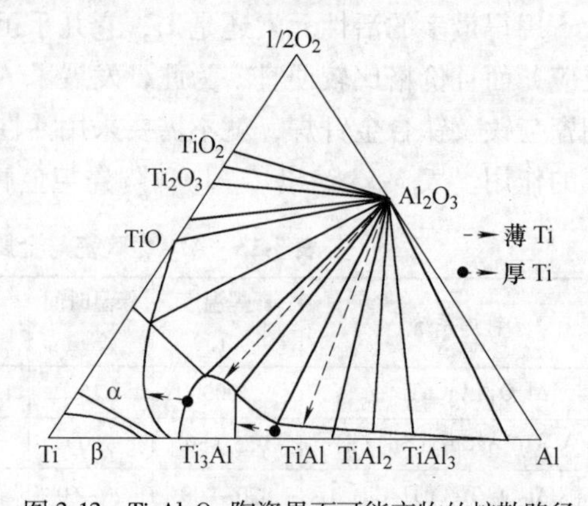

图 3-13 Ti-Al_2O_3 陶瓷界面可能产物的扩散路径

3-13所示。

以Ti为中间层在900℃扩散焊接 Al_2O_3 陶瓷与不锈钢时，在 Al_2O_3 陶瓷与Ti的界面上只发现 Ti_3Al 颗粒。

在超高真空的条件下，在Ti-Al_2O_3 陶瓷界面上，反应层应该是Ti-O相和（Ti，Al）$_2O_3$ 相与Al相的结合。

一般情况下，不用纯Ti，而是将Ti加入到常用钎料中。

在1000℃时，Ti在Ag-Cu共晶合金中，Ti与 Al_2O_3 陶瓷的平衡产物是TiO。Ti的活度随着Cu含量的提高而降低，随着Ag含量的提高而提高。Sn的加入降低了Ti的活度，这可能是因为Ti在Sn中的溶解度比在Ag中的大。

图3-14给出了界面产物的示意图。在钎焊温度下，Ti元素向 Al_2O_3 陶瓷表面富集，促进 Al_2O_3 分解，释放出Al原子和O原子。O与Ti反应形成Ti-O系化合物，然后又与钎料中的CuTi反应形成Ti-Cu-O三元化合物。而Al原子先固溶于Cu中，而后被Ti-Cu-O三元化合物溶解。

可以看到，在Ag-Cu-Ti/Al_2O_3 陶瓷界面上的反应产物大致可以归纳为四类：（Ti，Al）$_2O_3$ 相，氧化钛（TiO_x），钛铝金属间化合物（TiAl、Ti_2Al、Ti_3Al）以及复杂氧化物［Cu_3Ti_3O、$Cu_2(Ti,Al)_4O$］等。

②界面反应物对接头性能的影响。以 Al_2O_3 陶瓷与Ti-6Al-4V合金的钎焊为例，其接头抗剪强度与反应层厚度之间的关系如图3-15所示。

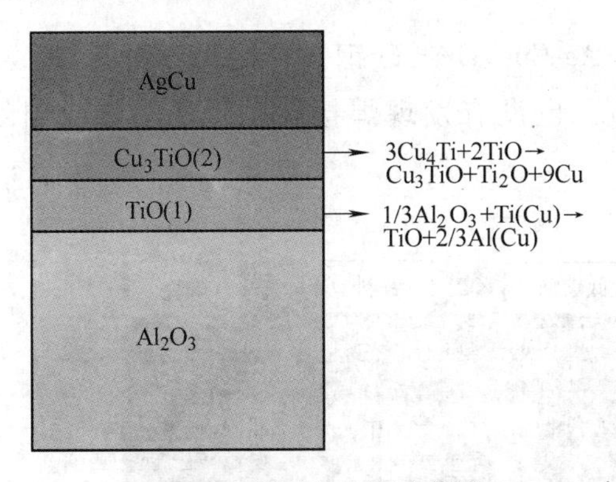

图3-14 界面产物的示意图

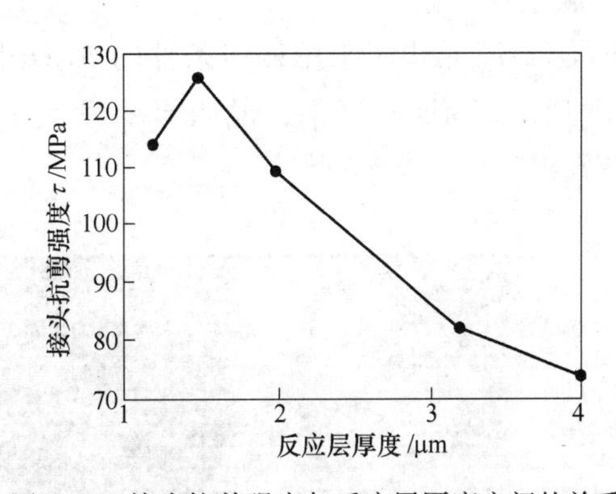

图3-15 接头抗剪强度与反应层厚度之间的关系

3.2 Al_2O_3 陶瓷与Fe及其合金的焊接

3.2.1 Al_2O_3 陶瓷与Fe的扩散焊

先将Fe的表面进行氧化处理，使之生成FeO，成为Fe-FeO复合体。再将Fe-FeO与 Al_2O_3 陶瓷加热到1177℃左右，保温36min，加压29.3MPa，在 10^{-3}Pa的真空条件下进行扩散焊，可以得到良好的效果，其结合强度可达到130MPa。

3.2.2 Al_2O_3 陶瓷与低碳钢的钎焊

1. 钎焊工艺

采用 Al_2O_3 陶瓷的质量分数（%）为：$96Al_2O_3$-$2SiO_2$-2CaO，钎料为Ag-Cu-3Ti。钎焊是

在 10^{-4}Pa 的真空条件下进行的，钎焊温度为 900℃，保温时间为 5min。

2. 接头强度

图 3-16 给出了钎焊温度和保温时间对接头抗剪强度的影响。可以看到，钎焊温度为 900℃和保温时间为 5min 时接头抗剪强度最大，达到 103MPa。

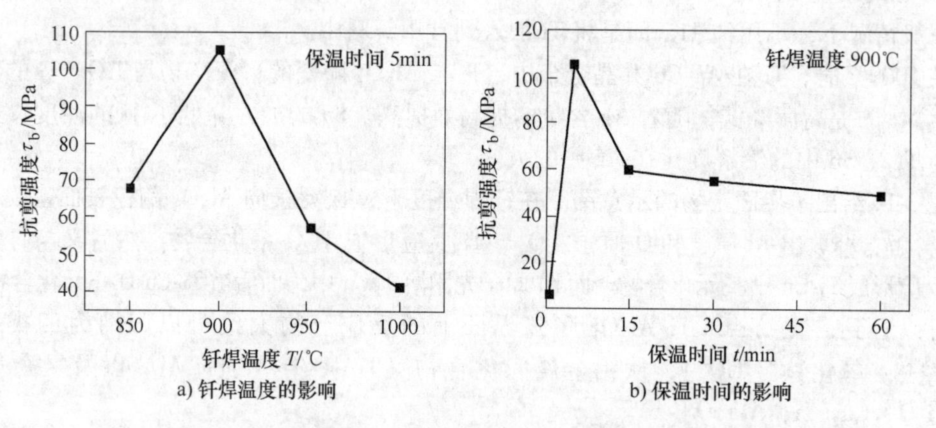

图 3-16 钎焊温度和保温时间对接头抗剪强度的影响

3. 接头组织

图 3-17 给出了采用最佳条件的 Al_2O_3 陶瓷/Ag-Cu-3Ti/低碳钢钎焊接头界面形貌。可以看到，界面凹凸不平，说明界面发生了反应；也没有发现焊接缺陷，说明接头组织致密。

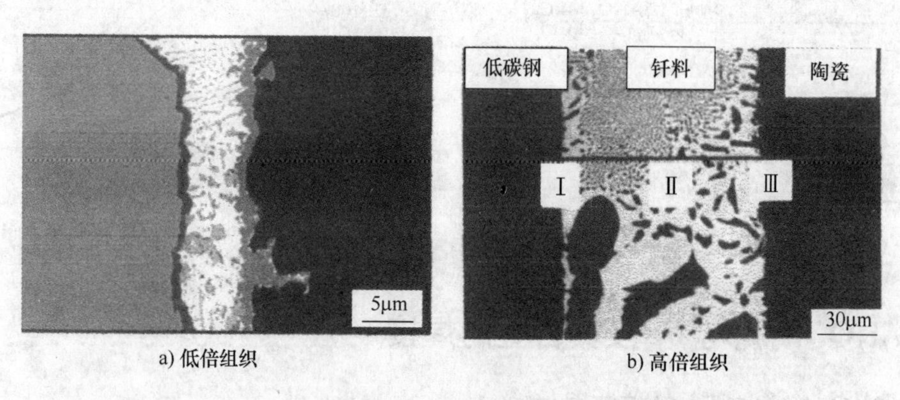

图 3-17 Al_2O_3 陶瓷/Ag-Cu-3Ti/低碳钢钎焊的接头界面形貌

图 3-18 所示为 Al_2O_3 陶瓷/Ag-Cu-3Ti/低碳钢钎焊接头化学成分线扫描的结果（扫描位置如图 3-17 所示），明显看到，在 Al_2O_3 陶瓷/Ag-Cu-3Ti 及 Ag-Cu-3Ti/低碳钢钎焊接头两个界面上 Ti 出现了两个高峰，这说明，Ti 在界面反应中起到了重要的作用。而在钎缝中央则为 Ag 基和 Cu 基固溶体或者它们的共晶体。

图 3-19 为 Al_2O_3 陶瓷/Ag-Cu-3Ti 及 Ag-Cu-3Ti/低碳钢钎焊接头两个界面的组织，表 3-14 给出了图 3-19 中各点的能谱分析结果。

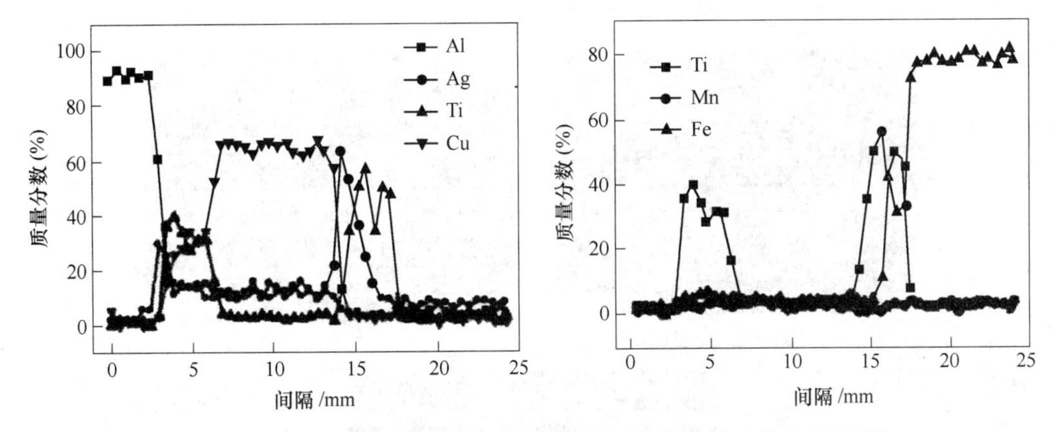

图 3-18 Al_2O_3 陶瓷/Ag-Cu-3Ti/低碳钢钎焊接头化学成分线扫描的结果

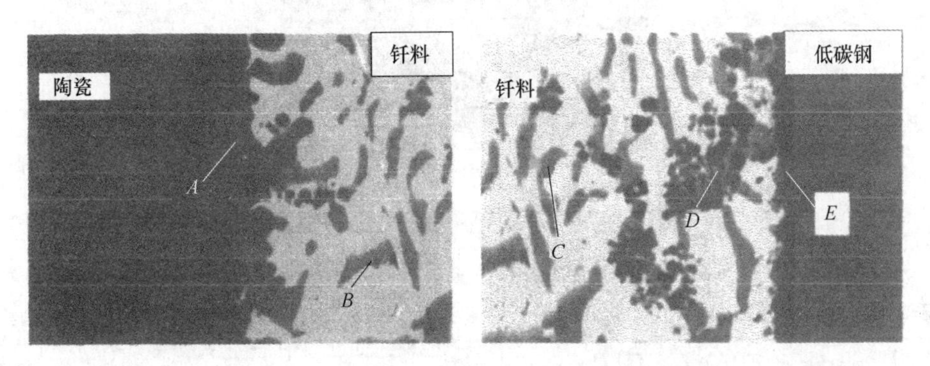

图 3-19 Al_2O_3 陶瓷/Ag-Cu-3Ti 及 Ag-Cu-3Ti/低碳钢钎焊接头两个界面的组织

表 3-14 图 3-19 中各点的能谱分析结果

区域	元素质量分数（%）								相
	C	Al	Mn	Ag	Ti	Fe	Cu	O	
A	—	5.6	—	4.8	43.3	1.2	36.4	11.7	$Ti_xCu_yO_z$
B	—	2.5	1.2	70.2	5.1	3.2	7.2	4.0	Ag（s，s）
C	—	1.3	1.5	25.3	2.3	1.2	69.7	2.0	Cu（s，s）
D	2.0	3.8	13.6	9.4	39.3	12.8	8.6	3.4	$Ti_xMn_yTi_xFe_y$
E	37.5	0.3	0.3	2.3	43.8	5.9	2.4	2.0	TiC

于是得到接头组织为 Al_2O_3 陶瓷/Ti_3Cu_3O/Ti_3Al/$TiFe_2$+TiMn+Ag 基固溶体+Cu 基固溶体/TiC/低碳钢。可以看到，Ti 充分地参与了界面反应，与 Al_2O_3 陶瓷反应生成了 Ti_3Cu_3O 和 Ti_3Al，与低碳钢反应生成了 $TiFe_2$ 和 TiMn。Ti 在接头的形成中起到了重要作用。

4. 接头断口组织

图 3-20 所示为采用最佳条件的 Al_2O_3 陶瓷/Ag-Cu-3Ti/低碳钢钎焊接头界面断口形貌。表 3-15 为对 Al_2O_3 陶瓷/Ag-Cu-3Ti/低碳钢钎焊接头断口图 3-21a 上 *A*、*B* 两区 EDS 的分析结果。可以看到，*A* 区主要是 Al_2O_3，也有从钢和钎料扩散过来的元素；*B* 区则比较复杂，其钢和钎料的元素较多，但是主要还是 Ti_3Al。断裂属于脆性断裂。

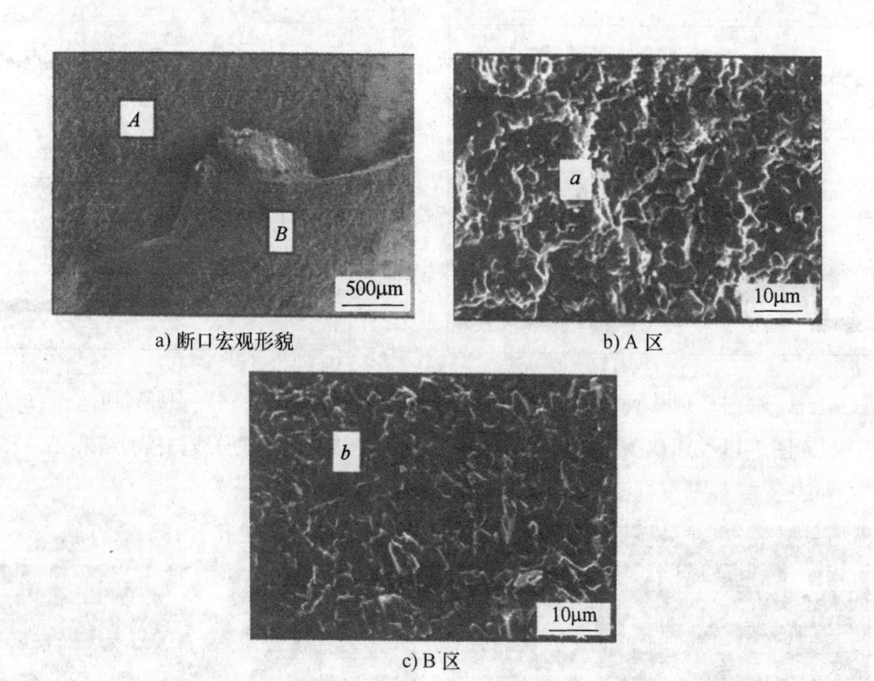

a) 断口宏观形貌　b) A 区　c) B 区

图 3-20　Al_2O_3 陶瓷/Ag-Cu-3Ti/低碳钢钎焊接头界面断口形貌

表 3-15　Al_2O_3 陶瓷/Ag-Cu-3Ti/低碳钢钎焊接头断口图 3-21a 上 *A*、*B* 两区 EDS 的分析结果

	Al	O	Fe	Mn	Ti	Ag	Cu	断裂位置
a 点	39.0	49.0	2.1	0.7	2.9	1.5	1.4	Al_2O_3
b 点	30.2	8.3	6.0	8.0	28.8	7.3	7.5	Ti_3Al

3.2.3　Al_2O_3 陶瓷与 Q235 钢的钎焊

1. 材料

母材采用质量分数为 99% 的 Al_2O_3 陶瓷与市售 Q235 钢，钎料采用 Cu70Ti30。钎料是用乙二醇将粒度为 200 号筛、纯度为 99.9%的钛粉调制成膏后，在 30μm 的纯度为 99.9%的铜箔上涂上 60μm 厚度而得到的。

2. 钎焊工艺

（1）焊前准备　母材经过研磨后，在丙酮中进行超声波清洗。

（2）钎焊参数　真空度不低于 10^{-2}Pa，钎焊温度 1100℃，保温 10min。

3. 接头组织

图 3-21 所示为 Al_2O_3 陶瓷与 Q235 钢钎焊接头组织图，从图 3-21b 中可以清楚地看到，在界面上存在三个层次：首先是液体钎料填充陶瓷微孔形成的反应层，厚度约为 10~12μm；其次是钎料熔化形成的约为 8~10μm 的 TiCu 合金层；最后是钎料润湿钢的表面，是钎料与钢相互扩散的扩散层。

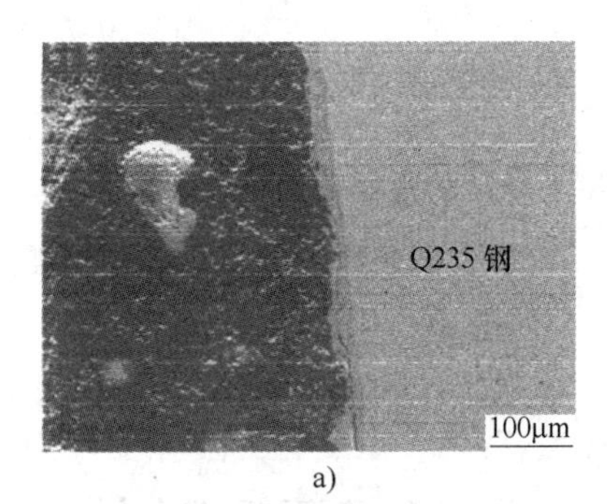

a)

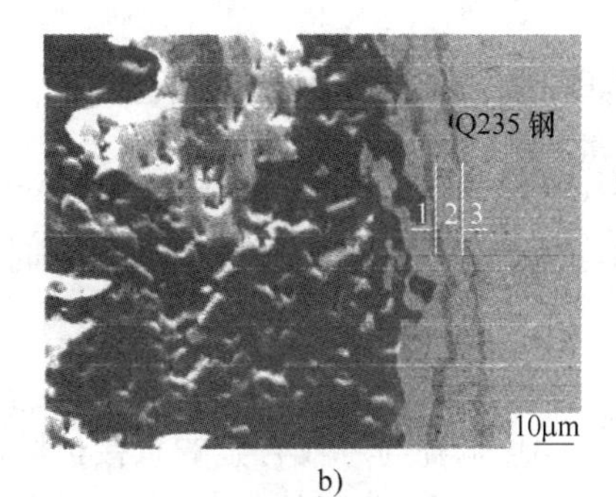

b)

图 3-21　Al_2O_3 陶瓷与 Q235 钢钎焊接头组织图

图 3-22 所示为 Al_2O_3 陶瓷/Cu-Ti/Q235 钢界面 EDS 能谱分析。在 Al_2O_3 陶瓷与钎料的界面上（即 *B* 区）及 Q235 钢与钎料的界面上的化学成分见表 3-16。图 3-23 给出了采用 Cu-Ti 钎料钎焊 Al_2O_3 陶瓷与 Q235 钢时接头界面 X 射线衍射谱。可以看到，在 Al_2O_3 陶瓷界面上的反应产物是 Cu_3TiO_4、Cu_3Ti、$AlCu_4$ 等；而在 Q235 钢界面上的反应产物为 TiC 及 $TiFe_2$ 等。接头没有微孔和裂纹等缺陷，组织致密。

a) 界面 SEM 像

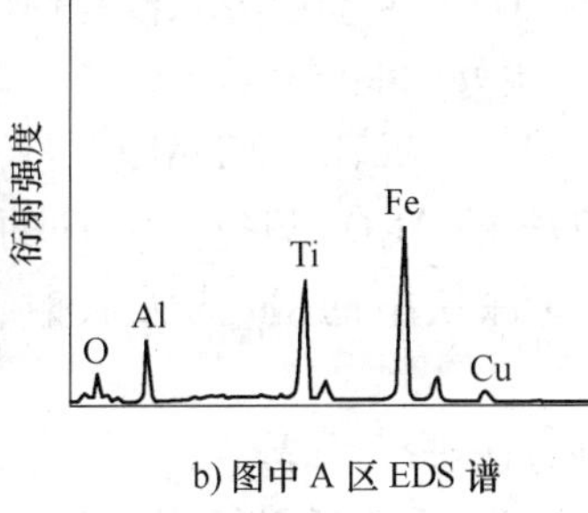

b) 图中 A 区 EDS 谱

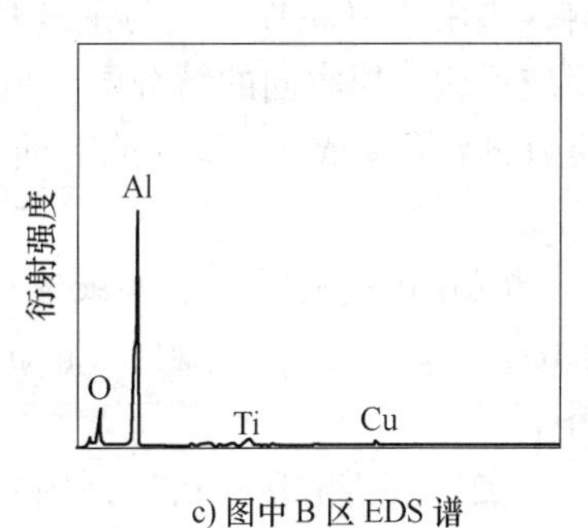

c) 图中 B 区 EDS 谱

图 3-22　Al_2O_3 陶瓷/Cu-Ti/Q235 钢界面 EDS 能谱分析

表 3-16　图 3-23 中 *A*、*B* 两区中的化学成分分布（摩尔分数）　　（%）

区域	O	Al	Ti	Cu	Fe
A	33.52	18.24	13.97	2.89	31.38
B	46.17	51.26	1.04	1.53	

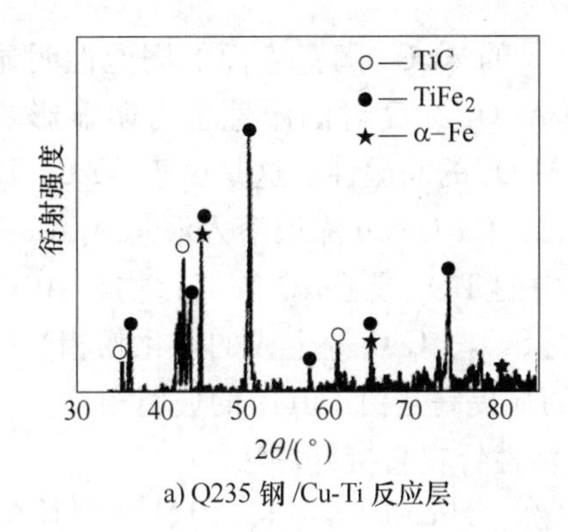

a) Q235 钢 /Cu-Ti 反应层

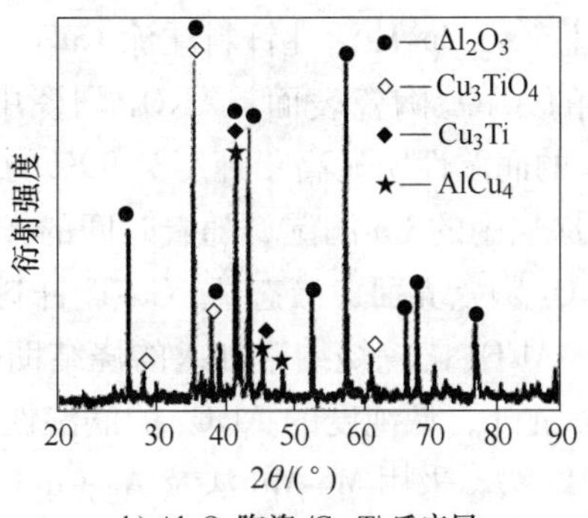

b) Al_2O_3 陶瓷 /Cu-Ti 反应层

图 3-23　钎焊界面 X 射线衍射谱

3.2.4 Al_2O_3 陶瓷与可伐合金的焊接

1. Al_2O_3 陶瓷与可伐合金（Kovar，Fe-Co-Ni 合金）的直接扩散焊

对 Al_2O_3 陶瓷与可伐合金进行直接压焊时，在 Al_2O_3 陶瓷会发生 Fe 的扩散，在界面上发生如下反应：

$$FeO+Al_2O_3 \rightarrow FeAl_2O_4 \text{ 陶瓷} \qquad (3\text{-}2)$$

从而实现了 Al_2O_3 陶瓷与可伐合金的直接扩散焊。

2. 用 Cu_2O+Cu 做中间层的 Ag-Cu-Ti 活性钎料钎焊 Al_2O_3 陶瓷和可伐合金

Al_2O_3 陶瓷和钢的焊接方法很多，以 Mo-Mn 法、添加活性金属 Ti 入 Ag-Cu 钎料（Ag-Cu-Ti 钎料）中的钎焊就是代表性的例子。Mo-Mn 法需要涂覆、电镀和钎焊三个过程，而用 Ag-Cu-Ti 钎料的钎焊则要求与 Al_2O_3 陶瓷具有良好的润湿性。用活性钎料 Ag-Cu-Ti 来钎焊 Al_2O_3 陶瓷和钢，虽然成本较低，但是，润湿性不是很好，不适于大面积钎焊。

Cu_2O+Cu 做中间层的 Ag-Cu-Ti 活性钎料钎焊是将 Cu_2O+Cu 与 Al_2O_3 陶瓷制造成复合材料，再用 Ag-Cu-Ti 钎料与钢进行钎焊的方法。这种方法首先使 Al_2O_3 陶瓷和 Cu_2O+Cu 发生反应形成一层牢固的结合层，Ag-Cu-Ti 钎料与这个结合层具有良好的润湿性，与钢能够进行良好的钎焊。Al_2O_3 陶瓷纯度低，有更好的润湿性。

$$Al_2O_3+Cu_2O \rightarrow 2CuAlO_2 \qquad (3\text{-}3)$$

（1）焊接材料　采用96%和99%的 Al_2O_3 陶瓷，含 Ti 的质量分数为 2%的 Ag-27.5Cu-2.0Ti（即 BAg-8）钎料，Cu_2O+Cu 涂层中的 Cu 为无氧铜（C1020），钢为 Fe-26Ni-16Co 合金。

（2）钎焊方法　可以采用三种方法进行钎焊。

1）Cu_2O+Cu 做中间层的 Ag-Cu-Ti 活性钎料钎焊。Al_2O_3 陶瓷表面涂约 10μm 的 20% Cu_2O+80% Cu（质量分数），与钢之间夹入 Ag-Cu-Ti 钎料箔，在 5×10^{-4} Torr（1Torr = 133.322Pa）真空下，进行 840℃×10min 的钎焊。

①涂镀方法。Al_2O_3 陶瓷表面涂 Cu_2O+Cu 时采用蒸涂法，工艺如下：将无氧铜置入容器内，然后抽真空度为 2×10^{-5}Torr 后，充入一定的氧气，进行等离子弧焊接。调整氧量（质量分数为 20%）使其与蒸发的 Cu 结合为 Cu_2O，使得在 Al_2O_3 陶瓷表面蒸涂厚度约 10μm 的 20%Cu_2O+ 80%Cu。

②润湿性。Ag-Cu-Ti 活性钎料在涂 Cu_2O+Cu 的 Al_2O_3 陶瓷表面的润湿性明显高于未经涂 Cu_2O+Cu 的 Al_2O_3 陶瓷表面；Al_2O_3 陶瓷中 Al_2O_3 纯度对润湿性也有明显影响，纯度为 96%的 Al_2O_3 的润湿性明显高于纯度为 99%的 Al_2O_3 的润湿性。这是由于 Ag-Cu-Ti 钎料首先与 Cu_2O+Cu 涂层中的 Cu 润湿，随着时间的推移，Cu_2O+Cu 涂层溶入液态 Ag-Cu-Ti 钎料中，使其达到 Al_2O_3 陶瓷界面，液态 Ag-Cu-Ti 钎料中的 TiO_2 或 Cu_2O 等氧化物与 Al_2O_3 及 Al_2O_3 中的玻璃相（Al_2O_3 陶瓷烧结时加入的烧结助剂 SiO_2、CaO 等生成的氧化物相）反应，从而改善润湿性。此外，低纯度的 Al_2O_3 的润湿性明显提高是由于其中的玻璃相较多。

2）Mo-Mn 法。采用 Mo-Mn 法及 Ag-Cu-Ti 活性钎料直接钎焊法。

首先，按照 ASTM F19 的规定，准备 Mo 粉：Mn 粉 = 4：1，用黏结剂拌匀，涂覆于 Al_2O_3 陶瓷表面，置于 25%H_2-75%N_2 中进行 1500℃×60min 金属化；然后在这个金属化层上电镀约 10μm 的 Ni；最后，将 Ag-Cu（BAg-8）箔钎料夹在经上述处理过的 Al_2O_3 陶瓷与 Fe-26Ni-16Co 可伐合金之间进行 800℃×10min 的钎焊。

3）Ag-Cu-Ti 活性钎料直接钎焊法。将 Ag-Cu-Ti 活性钎料直接夹在 Al_2O_3 陶瓷与 Fe-26Ni-16Co 可伐合金之间，在 5×10^{-4}Torr 真空下，进行 840℃×10min 的钎焊。

（3）钎焊接头抗剪强度　图 3-24 为用 Cu_2O+Cu 做中间层的 Ag-Cu-Ti 活性钎料钎焊 Al_2O_3 陶瓷和 Fe-26Ni-16Co 可伐合金钎焊接头抗剪强度。为了对比，也给出了 Mo-Mn 法和 Ag-Cu-Ti 直接钎焊法的试验结果。可以看到，Cu_2O+Cu 作为中间层的 Ag-Cu-Ti 活性钎料比 Mo-Mn 法和 Ag-Cu-Ti 直接钎焊法接头有更高的抗剪强度，当 Al_2O_3 陶瓷纯度较低时，抗剪强度也高。

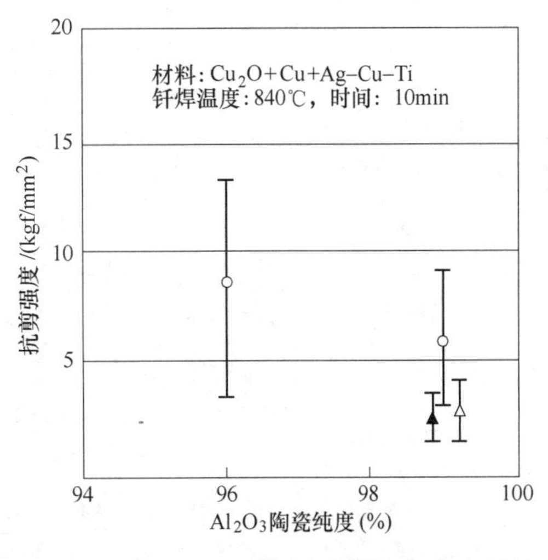

图 3-24　用 Cu_2O+Cu 做中间层的 Ag-Cu-Ti 活性钎料钎焊 Al_2O_3 陶瓷和 Fe-26Ni-16Co 可伐合金钎焊接头抗剪强度

注：○—Cu_2O+Cu+Ag-Cu-Ti 法；▲—Mo-Mn 法；△—Ag-Cu-Ti 直接钎焊法

（4）元素在接头的分布　图 3-25 所示为钎焊接头 Al_2O_3 陶瓷界面处元素线分布（焊接条件：840℃×10min）。从图 3-25 中可以明显看到 Ti 和 Ag 的富集，Cu_2O+Cu 层已经消失。

图 3-26 给出了 Cu_2O+Cu 涂层的 X 射线衍射分析，从图 3-26 中可以看到，Ag-Cu-Ti 活性钎料对 Al_2O_3 陶瓷的 Cu_2O+Cu 涂层形成了牢固致密的结合。

（5）Cu_2O+Cu 做中间层的 Cu+Ag-Cu-Ti 活性钎料钎焊法结合机理　从质量分数为 96% 的 Al_2O_3 陶瓷与可伐合金接头界面电子探针的分析结果可以看到，在 Ag-Cu-Ti 活性钎料一侧存在 Ti、O、Cu 等元素，实际上是存在 Ti 和 Cu 的氧化物，这些氧化物对 Al_2O_3 陶瓷具有良好的钎焊性。

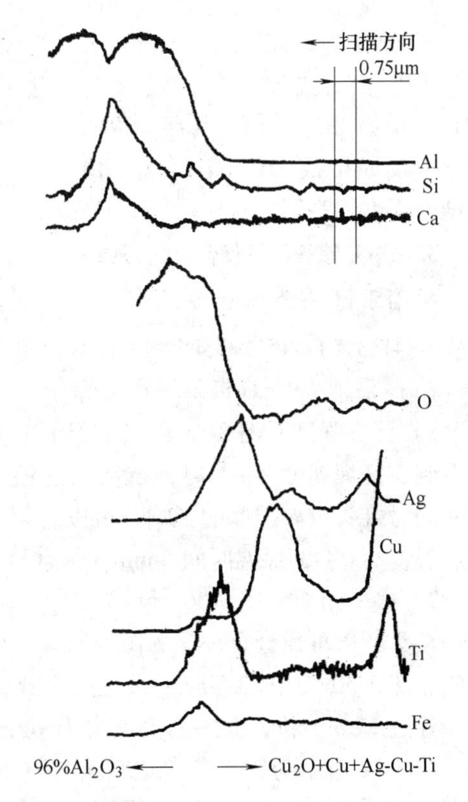

图 3-25　钎焊接头 Al_2O_3 陶瓷界面处元素线分布（结合条件：840℃×10min）（×10000）

图 3-27 为 840℃×10min 条件下 Cu_2O+Cu 做中间层的 Ag-Cu-Ti 活性钎料钎焊 Al_2O_3 陶瓷和 Fe-26Ni-16Co 合金接头的 SEM 显微组织。可以看到，Cu_2O+Cu 已溶入 Ag-Cu-Ti 钎料中。经 EMPA 检测，在 Al_2O_3 陶瓷界面（Ag-Cu-Ti）上有 Ti、Cu、O 的存在，表明为 Ti、Cu 的氧化物

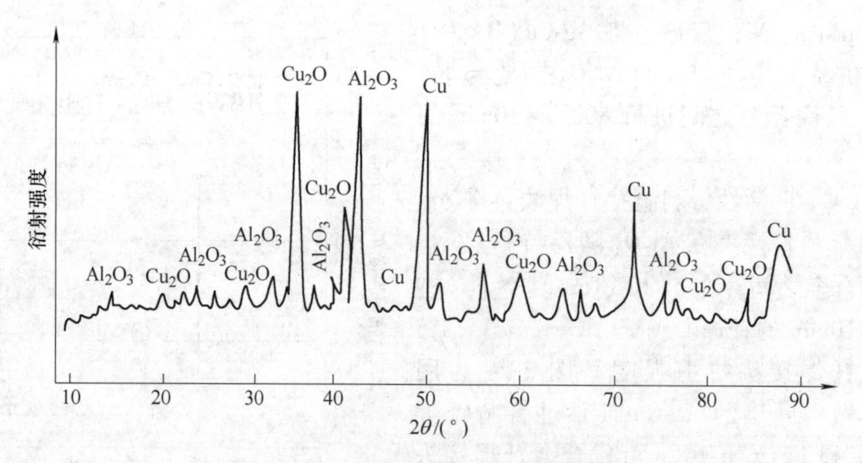

图 3-26 Cu_2O+Cu 涂层的 X 射线衍射分析

与 Al_2O_3 陶瓷结合。

用 Ag-Cu-Ti 活性钎料对 Cu_2O+Cu 做中间层的 Al_2O_3 陶瓷和 Fe-26Ni-16Co 合金进行钎焊，其接头的剪切试样断口的 Al_2O_3 陶瓷界面经 20% HNO_3 溶液溶解后，进行了 XPS（电镜扫描）分析，发现有 TiO_2、Ag 及 CuO_2 与 Cu 共存，说明有化学反应生成 TiO_2 及 CuO_2，使其结合强度提高了。

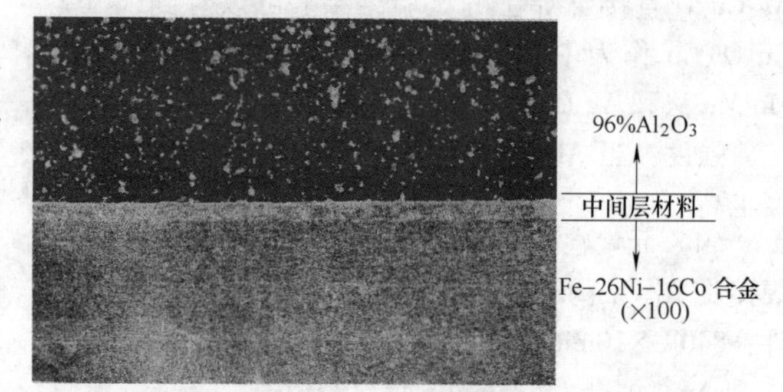

图 3-27 Cu_2O+Cu 做中间层的 Ag-Cu-Ti 活性钎料钎焊 Al_2O_3 陶瓷和 Fe-26Ni-16Co 合金的接头的 SEM 显微组织（加热温度 840℃，保温时间 10min）

3. Al_2O_3 陶瓷与可伐合金的钎焊

采用质量分数为 95% 的 Al_2O_3 陶瓷与 4J33（Fe-15Co-33Ni）可伐合金进行钎焊，钎料是 AgCuTi 活性钎料。

（1）采用 AgCuTi 钎料进行钎焊

1）接头强度。图 3-28 给出了保温时间 5min 时，钎焊温度对接头抗剪强度的影响。可以看到，钎焊温度 900℃时，抗剪强度最高达到 144MPa。图 3-29 为钎焊温度 900℃时，保温时间对接头抗剪强度的影响。可以看到，保温时间为 5min 时，抗剪强度最高。也就是说，钎焊温度 900℃，保温时间 5min 为最佳钎焊参数，这时的接头抗剪强度最高，为 144MPa。

2）接头组织。图 3-30 所示为 Al_2O_3 陶瓷/AgCuTi/可伐合金（钎焊参数为 950℃×5min）钎焊接头断口可伐合金一侧的微观照片。图 3-30b 为图 3-30a 中 *A* 处，其 EDS 分析为 Al_2O_3 陶瓷；图 3-30c 为图 3-30a 中 *B* 处，其 EDS 分析为 Ag 的固溶体；图 3-30d 为图 3-30a 中 *C* 处，经过 EDS 分析，其中的 1 点为 $TiNi_3$，2 点为 $TiFe_2$，3 点为 Ag 的固溶体。

图 3-31 所示为钎焊参数 1000℃×5min 的 Al_2O_3 陶瓷/AgCuTi/可伐合金钎焊接头断口可伐合金一侧的微观照片。可以看到，其断口由 1 点 $TiFe_2$ 和 2 点 $TiNi_3$、金属间化合物堆积而成，已经很难看到软的固溶体，断口完全在这些金属间化合物小颗粒晶界断裂，接头强度下降。

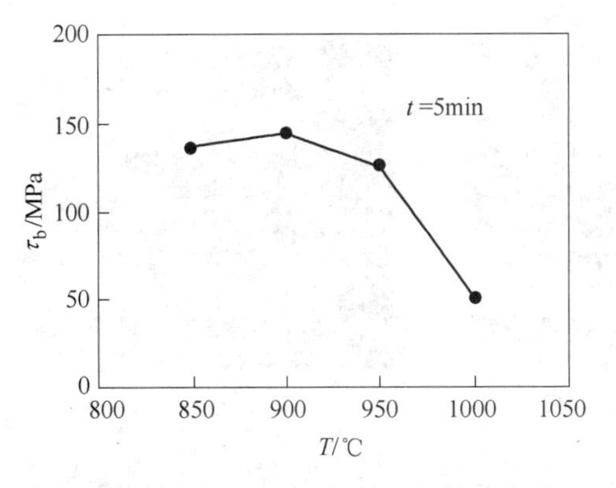

图3-28 保温时间5min时，钎焊温度对接头抗剪强度的影响

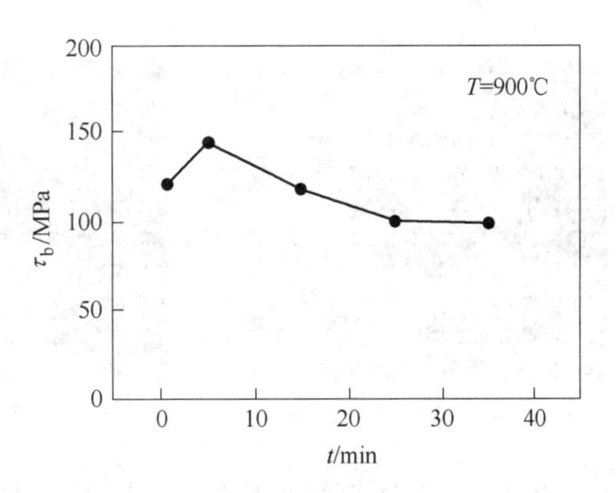

图3-29 钎焊温度900℃时，保温时间对接头抗剪强度的影响

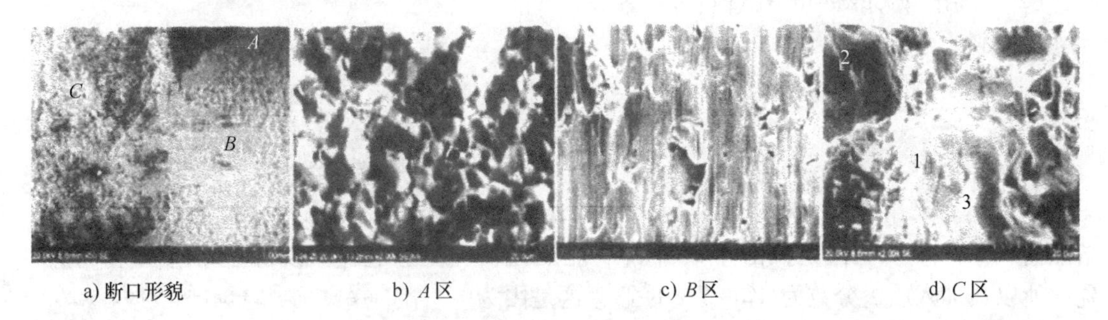

a) 断口形貌　b) A区　c) B区　d) C区

图3-30 Al_2O_3 陶瓷/AgCuTi/可伐合金（950℃×5min）钎焊接头断口可伐合金一侧的微观照片

3）接头断裂因素分析。采用TiCuNi钎料代替AgCuTi钎料钎焊 Al_2O_3 陶瓷/可伐合金接头，在钎料/可伐合金接头界面上都发现了裂纹，如图3-32所示。如上所述，在钎料/可伐合金界面发现有两种与活性元素Ti有关的金属间化合物 $TiFe_2$ 和 $TiNi_3$，究竟是哪个促使产生裂纹呢？有人分别用纯Fe、Co、Ni代替可伐合金采用TiCuNi钎料与 Al_2O_3 陶瓷进行钎焊，其接头组织如图3-33所示。发现只有用纯Fe代替可伐合金时才有裂纹，这说明引起接头脆性的主要原因是金属间化合物 $TiFe_2$。

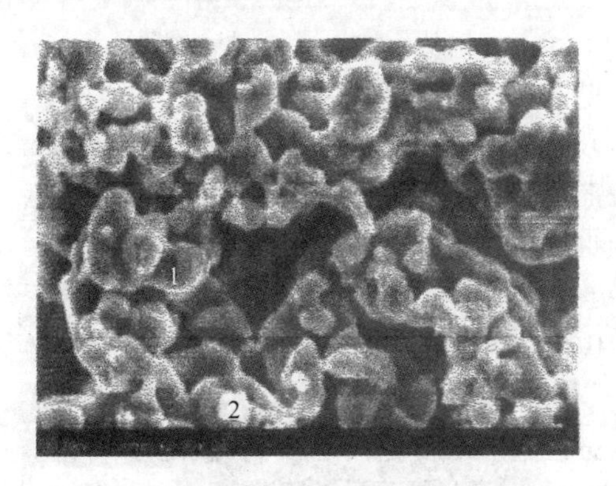

图3-31 钎焊参数1000℃×5min的 Al_2O_3 陶瓷/AgCuTi/可伐合金钎焊接头断口可伐合金一侧的微观照片

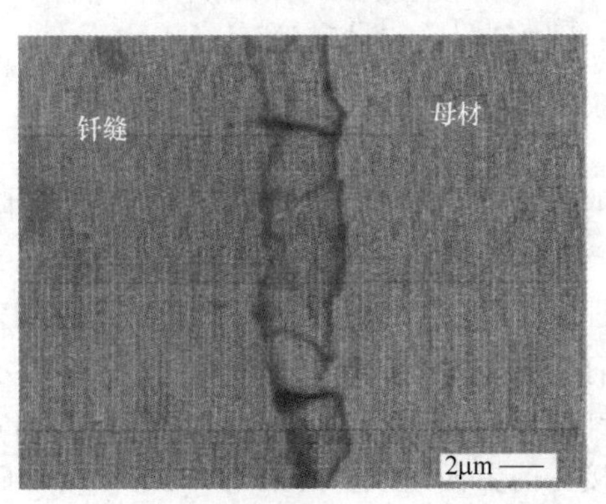

图3-32 Al_2O_3 陶瓷/TiCuNi/可伐合金钎焊接头背散射照片

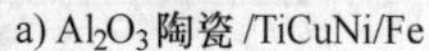
a) Al_2O_3陶瓷/TiCuNi/Fe

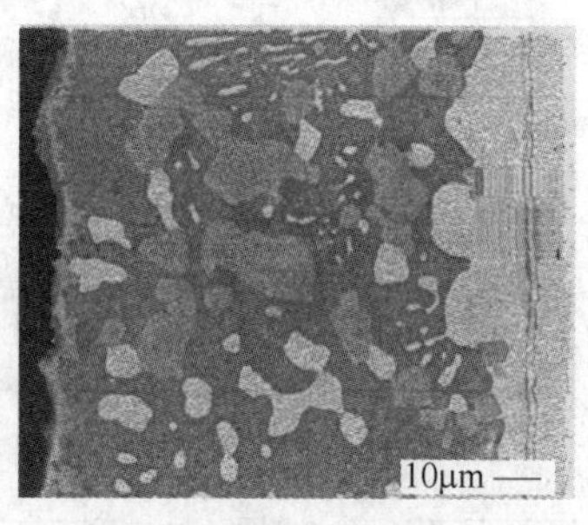

b) Al_2O_3陶瓷/TiCuNi/Co

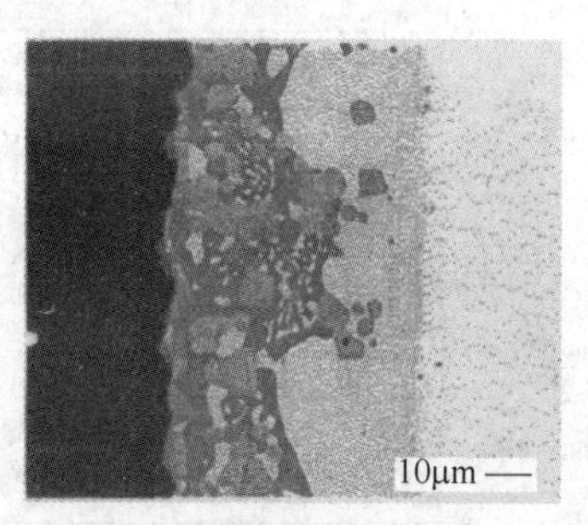

c) Al_2O_3陶瓷/TiCuNi/Ni

图 3-33 Al_2O_3 陶瓷/TiCuNi/Fe、Al_2O_3 陶瓷/TiCuNi/Co、Al_2O_3 陶瓷/TiCuNi/Ni 钎焊接头背散射照片

（2）采用 Ag-Cu-Sn-In-Ni 钎料进行钎焊

1）材料。

①母材。陶瓷母材为质量分数 95% 的 Al_2O_3 陶瓷。

可伐合金为 4J33(Fe-15Co-33Ni)。

②钎料。采用 Ag42-Cu51.8-Sn4-In2-Ni0.2 钎料，熔点为 693～769℃。但是，由于该钎料不能润湿陶瓷，所以，加入质量分数为 4%～7%的 Ti，这是因为 Ti 可以与陶瓷发生反应（$Al_2O_3+3Ti=3TiO+2Al$），从而能够润湿 Al_2O_3 陶瓷。根据 Ti 与 Ag 和 Cu 的二元合金相图，Ti 与 Ag 和 Cu 的固溶度分别为 7%和 4%质量分数，为使 Ti 全部溶入 Ag 和 Cu 中不产生它们的金属间化合物，可加入质量分数为 4%～7%的 Ti，来代替部分 Cu，使其成为 Ag42-Cu46.8-Sn4-In2-Ti(4～7)-Ni0.2（质量分数），Ag42-Cu46.8-Sn4-In2-Ti5-Ni0.2（质量分数）的熔点为 762～783℃。

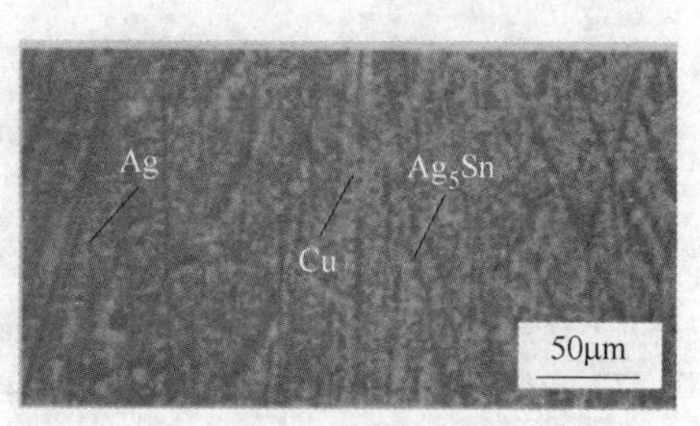

a) Ag42-Cu51.8-Sn4-In2-Ni0.2

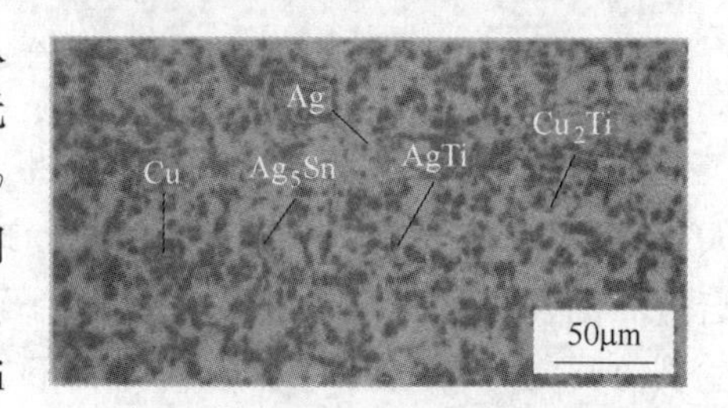

b) Ag42-Cu46.8-Sn4-In2-Ti5-Ni0.2

图 3-34 钎料的显微组织

图 3-34 所示为钎料的显微组织。

2）钎焊参数。钎焊温度 850～870℃，保温时间 5min，真空度 $(2\sim5)\times10^{-2}$Pa。

3）钎焊接头的显微组织。图 3-35 所示为钎焊接头的显微组织，可以看到，组织细化，且随着钎料中 Ti 含量的提高，组织越来越细。在合金与钎缝界面有脆性金属间化合物 Fe_2Ti+Ni_3Ti 形成，在陶瓷与钎缝界面有 $TiO+TiAl_3+Ti_3Cu_3O$ 形成。图 3-36 所示为采用不同钎料 Al_2O_3 陶瓷与可伐合金 4J33(Fe-15Co-33Ni) 钎焊接头的界面组织。其采用钎料为 Ag42-Cu46.8-Sn4-In2-Ti5-Ni0.2(质量分数）的钎焊接头组织为（与图 3-36 中的数字相对应）1-Fe_2Ti+Ni_3Ti、2-Ag、3-Cu、4-AgTi、5-Cu_2Ti、6-$TiO+TiAl_3+Ti_3Cu_3O$。

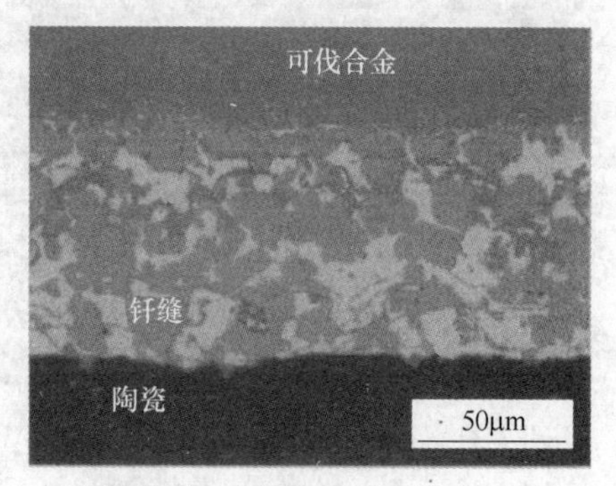

图 3-35 钎焊接头的显微组织

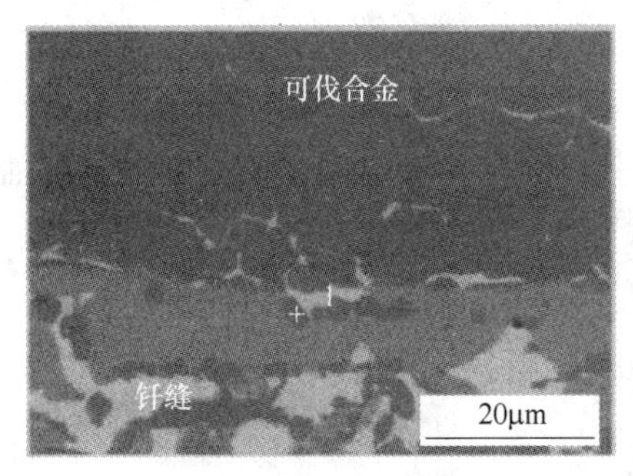

a) 可伐合金 / 钎缝界面

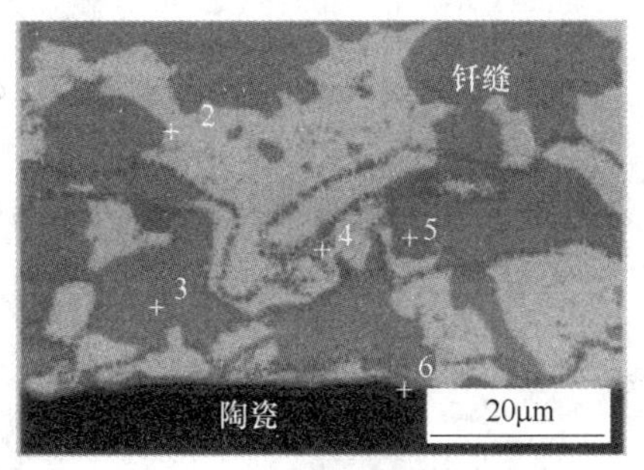

b) 钎缝 / 陶瓷界面

图 3-36　采用不同钎料 Al_2O_3 陶瓷与可伐合金 4J33（Fe-15Co-33Ni）钎焊接头的界面组织

4）钎料中 Ti 含量对接头性能的影响。图 3-37 给出了钎料中 Ti 含量对接头性能的影响。可以看到，在钎焊温度 870℃，保温时间 5min，真空度 $(2\sim5)\times10^{-2}$ Pa 的钎焊工艺条件下，采用钎料为 Ag42-Cu46. 8-Sn4-In2-Ti6-Ni0. 2（质量分数）的钎焊接头性能最好，达到 107MPa。

图 3-37　钎料中 Ti 含量对接头性能的影响

3. 2. 5　Al_2O_3 陶瓷与不锈钢的焊接

1. Al_2O_3 陶瓷与不锈钢的钎焊

（1）材料　采用 Al_2O_3/30%SiC 晶须复合陶瓷与 1Cr18Ni9Ti（非标在用钢号）奥氏体不锈钢接头，在氩气保护下进行钎焊。钎料为 Ag-Cu-Ti 系，成分为在 Ag-Cu 共晶（Ag39. 9-Cu60. 1）中加入质量分数为 3%的 Ti，钎料厚度为 0. 1mm。

（2）钎焊工艺　钎料的线胀系数为 $19.6\times10^{-6}K^{-1}$，陶瓷的线胀系数为 $5.42\times10^{-6}K^{-1}$，不锈钢的线胀系数为 $20\times10^{-6}K^{-1}$。由于陶瓷与钎料和不锈钢的线胀系数相差太大，所以，在钎焊过程中的加热速度和冷却速度必须严格控制，以免产生裂纹。

图 3-38 和图 3-39 所示分别为钎焊温度和保温时间对钎料和陶瓷润湿性、接头抗剪强度的影响。综合这些影响，选择钎焊温度 900℃和保温时间 15min 为最佳钎焊参数。

（3）接头组织　图 3-40 所示为钎焊界面组织的 X 射线衍射分析。可以看到在界面上存在比较复杂的反应产物，由于这些反应产物的脆性较大，因此应当将其降低到尽量低的水平，所以，焊接温度和保温时间都应该精心选择。

2. Al_2O_3 陶瓷与不锈钢的扩散焊

（1）材料　采用质量分数为 99%的 Al_2O_3 陶瓷与 AISI201 不锈钢，中间层材料为 300 号筛镍粉，采用纯镍片进行 Al_2O_3 陶瓷的真空蒸发镀镍。

（2）Al_2O_3 陶瓷的真空蒸发镀镍工艺　用砂纸打磨以去除镍片表面的氧化膜，用无水酒精超声波清洗，自然风干之后，放入刚玉坩埚中作为蒸发源。Al_2O_3 陶瓷用无水酒精超声波清洗 20min，自然风干之后，在真空度 25Pa 的真空炉中，加热 1250℃，保温 60min 镀镍。

（3）Al_2O_3 陶瓷与不锈钢的扩散焊工艺

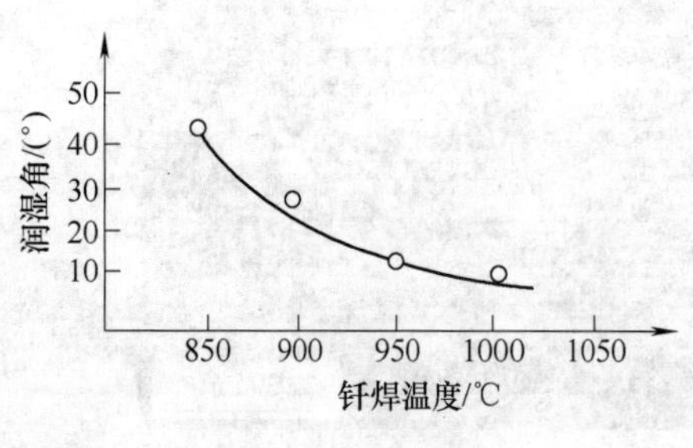

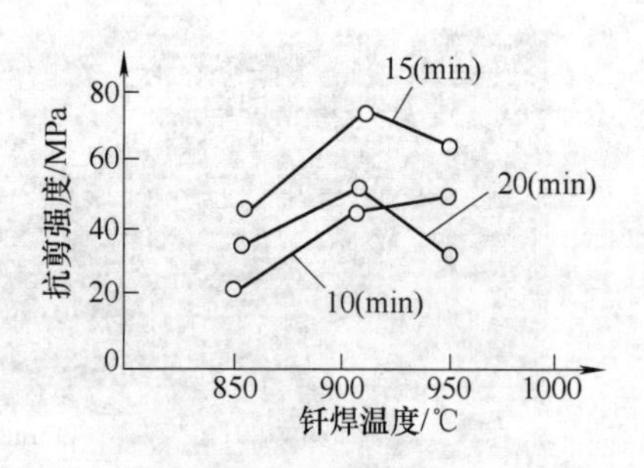

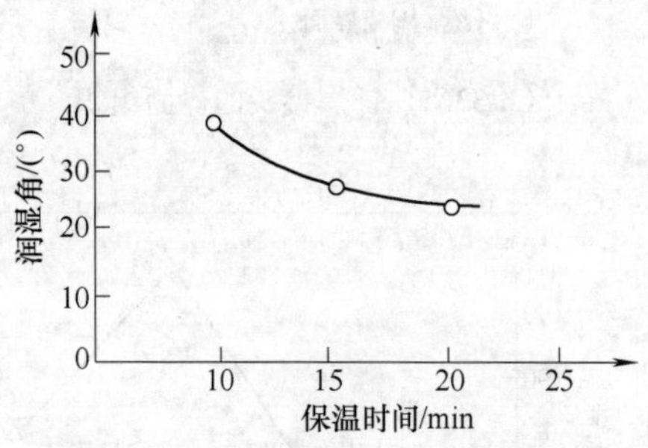

图 3-38 钎焊温度和保温时间对钎料和陶瓷润湿性的影响

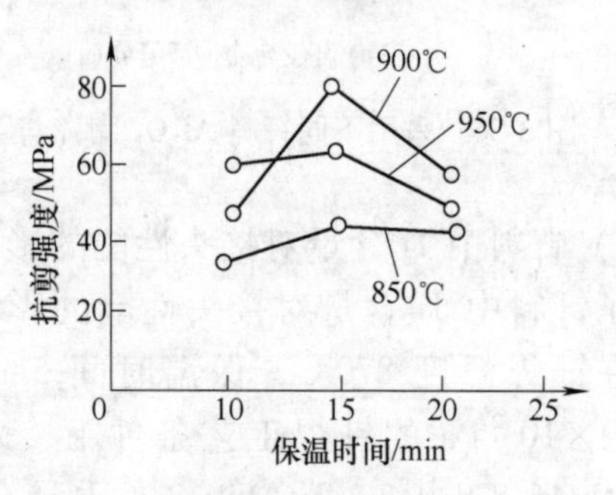

图 3-39 钎焊温度和保温时间对钎料接头抗剪强度的影响

1）对不锈钢的清理。首先采用砂纸打磨不锈钢表面，再用王水去除不锈钢表面的氧化膜，然后用无水酒精超声波清洗，冷风吹干。

2）扩散焊接工艺。将表面清理之后的不锈钢、表面已经镀镍的 Al_2O_3 陶瓷和作为中间层的镍片，置入真空热压炉内进行扩散焊接。焊接参数为：采用钢块使之施加 30kPa 的压强、真空度 25Pa、升温速率 50℃/min、焊接温度 900℃、保温时间 120min、焊后以 10℃/min 的速率冷却到 500℃。

（4）接头强度 在上述扩散焊接参数只是改变焊接温度的条件下，焊接温度与接头强度之间的关系如图 3-41 所示。可以看出，焊接温度为 900℃时，有最大的抗剪强度，这时接头的显微组织表明接头组织致密，没有裂纹、气孔的焊接缺陷。断裂发生在陶瓷与中间层的结合面处。

（5）界面反应 图 3-42 所示为陶瓷与中间层的结合面处的 XRD 衍射图谱，可以看到，在陶瓷与中间层的结合面处产生了金属间化合物 AlNi。这种金属间化合物 AlNi，一方面由于其线胀系数介于 Al_2O_3 陶瓷与不锈钢之间，可以降低接头的残余应力，从而提高接头强度；另一方面，

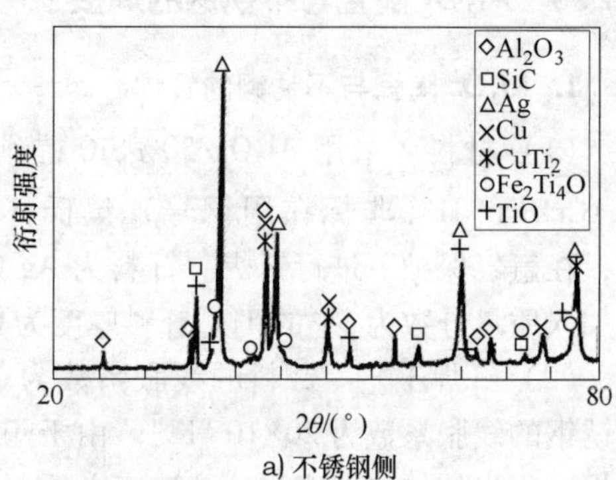

a) 不锈钢侧

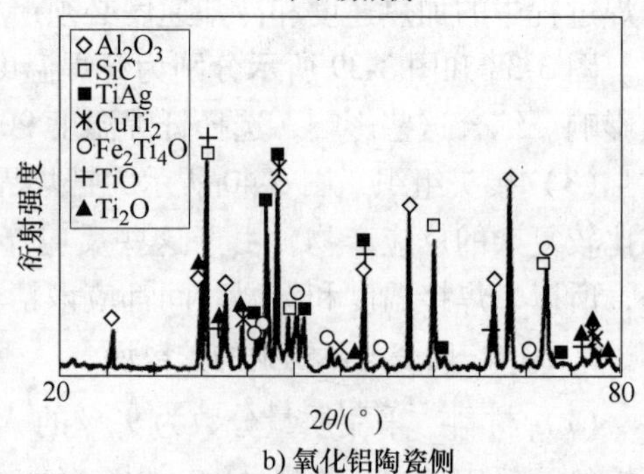

b) 氧化铝陶瓷侧

图 3-40 钎焊界面的组织特征（X 射线衍射分析）

由于其是一种脆性组织，形成一定厚度的薄膜，就会降低接头强度。焊接温度超过 900℃之后，生成的金属间化合物 AlNi 薄膜太厚，因此，接头强度下降。

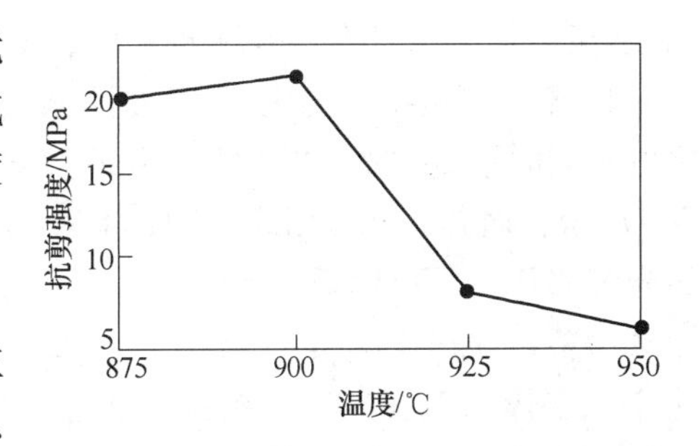

图 3-41　焊接温度与接头强度之间的关系

3. Al_2O_3 陶瓷与马氏体不锈钢自蔓延高温合成连接

由于气蚀和磨粒磨损是水电站水轮机转轮的主要失效形式，而 Al_2O_3 陶瓷具有良好的耐气蚀性、耐磨粒磨损性，如果在马氏体钢转轮上焊接一层 Al_2O_3 陶瓷，将对延长水轮机转轮的寿命，具有重要意义。

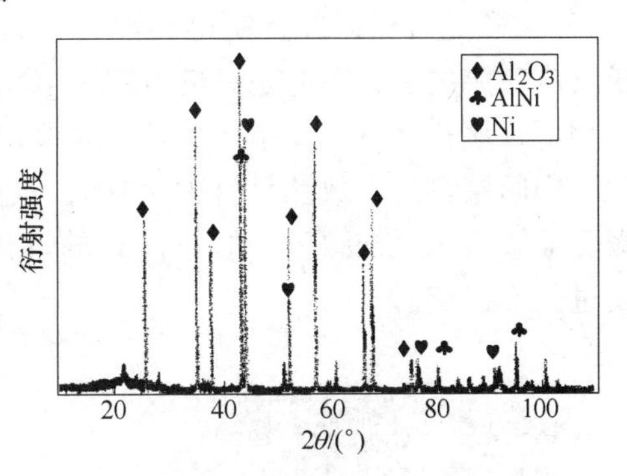

图 3-42　陶瓷与中间层的结合面处的 XRD 衍射图谱

由于 Al_2O_3 陶瓷与马氏体不锈钢在物理、化学以及力学性能上有很大差异，其焊接性能很差。而近年来发展起来的高温自蔓延合成连接技术，采用适宜的中间层自反应放热材料。一方面提供能源，另一方面作为中间层，以改善这两种材料的焊接性，特别适用于这类难以焊接的材料的连接。

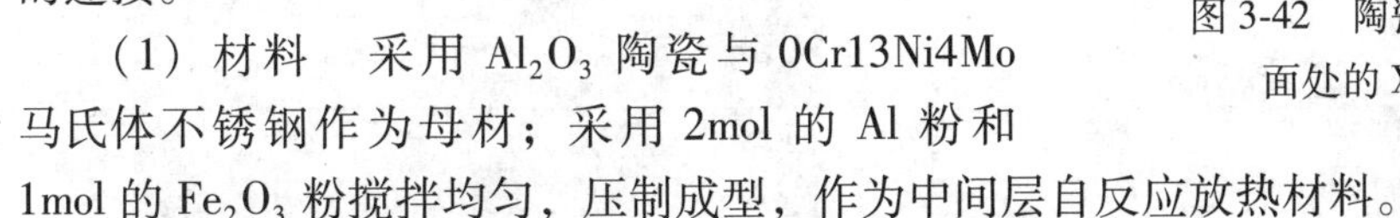

（1）材料　采用 Al_2O_3 陶瓷与 0Cr13Ni4Mo 马氏体不锈钢作为母材；采用 2mol 的 Al 粉和 1mol 的 Fe_2O_3 粉搅拌均匀，压制成型，作为中间层自反应放热材料。

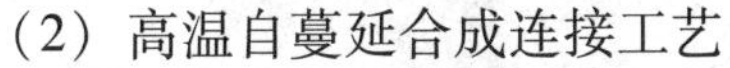

（2）高温自蔓延合成连接工艺

1）试样的装配。中间层为 $Al+Fe_2O_3$，压制为坯体，然后将其与 Al_2O_3 陶瓷与马氏体不锈钢装配在一起，如图 3-43 所示。

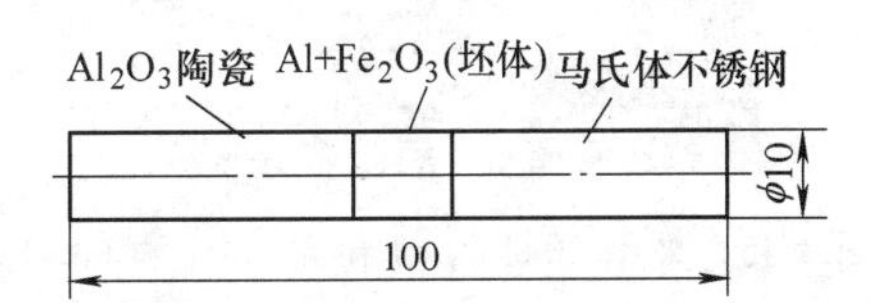

图 3-43　试样的装配（母材应为 Al_2O_3 陶瓷与马氏体不锈钢）

2）连接过程。将装配好的试样，置入 Gleeble-1500 热模拟试验机中，加压力 400N，之后在 1min 之内加热到 900℃，保温 2min，停止加热。然后点燃中间层自反应放热材料，进行自蔓延高温合成连接。

（3）焊接接头的显微组织

1）“焊缝”显微组织。图 3-44 所示为中间层自反应放热材料燃烧后的凝固组织（相当于熔化焊的焊缝）。可以清楚地看到，组织均匀致密，没有明显的气孔和裂纹。电子探针分析表明：区域 1 的灰白色相主要为 α-铁素体；黑色相 2 主要是 99%的 Al_2O_3 相和 1%的 $FeO\cdot Al_2O_3$ 尖晶石相，这个 Al_2O_3 相和 $FeO\cdot Al_2O_3$ 尖晶石相是在 Al_2O_3 陶瓷上形核、长大的中间层自反应放热材料燃烧后的凝固组织。在高温自蔓延合成过程中，会发生如下反应：$2Al+Fe_2O_3=Al_2O_3+2Fe$，即中间层自反应放热材料燃烧后的凝固组织

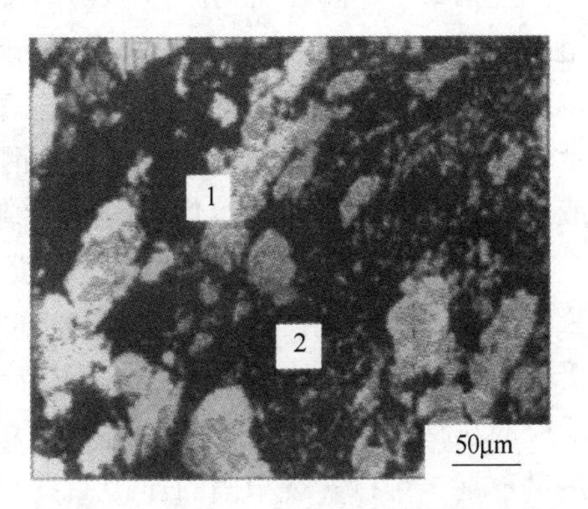

图 3-44　中间层自反应放热材料燃烧后的凝固组织（相当于熔化焊的焊缝）

（相当于熔化焊的焊缝）由α-铁素体、Al_2O_3 相和微量的 $FeO \cdot Al_2O_3$ 尖晶石相所组成。

2）影响焊接接头显微组织的因素。图 3-45 和图 3-46 分别为中间层自反应放热材料比例不同时引起“焊缝”显微组织的变化。图 3-45 所示为采用 2mol 的 Al 粉和 1mol 的 Fe_2O_3 粉、而图 3-46 为采用 2. 1mol 的 Al 粉和 1mol 的 Fe_2O_3 粉所得到的焊接接头不锈钢侧的光镜照片。可以明显看到，后者的α-铁素体比前者明显增多，这是由于后者原料中 Al 含量增多，使得反应 $2Al+Fe_2O_3=Al_2O_3+2Fe$ 向右进行，反应生成的 Al_2O_3 和 Fe 增多，因此α-铁素体增多。另外，在界面结合区与自蔓延合成的 Al_2O_3 陶瓷显微组织更加致密，在扫描电镜下也没有发现裂纹，这表明，中间层自反应放热材料中过量的 Al 含量，有利于 Al_2O_3 陶瓷的合成，并且使得界面结合区的显微组织致密化。这是因为 Al 的熔点低，合成反应完成之后，首先是高熔点的 Al_2O_3 陶瓷凝固，然后低熔点的 Fe 和 Al 在毛细现象的作用下，填充 Al_2O_3 陶瓷凝固区的空洞、裂纹等。Al 的熔点比 Fe 更低，更容易流动，因此，中间层自反应放热材料中含有适当过量的 Al 有利于界面结合区与自蔓延合成的 Al_2O_3 陶瓷显微组织更加致密；但是，Al 的熔化需要吸收能量，太多的 Al 会造成自蔓延燃烧合成过程不稳定。

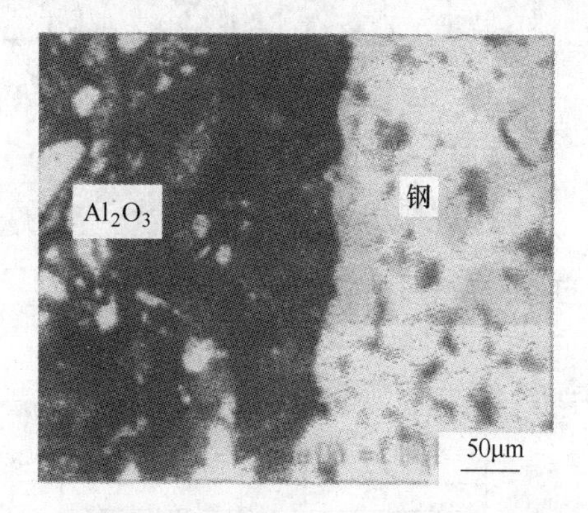

图 3-45 采用 2mol 的 Al 粉和 1mol 的 Fe_2O_3 粉作为中间层自反应放热材料的“焊缝”显微组织

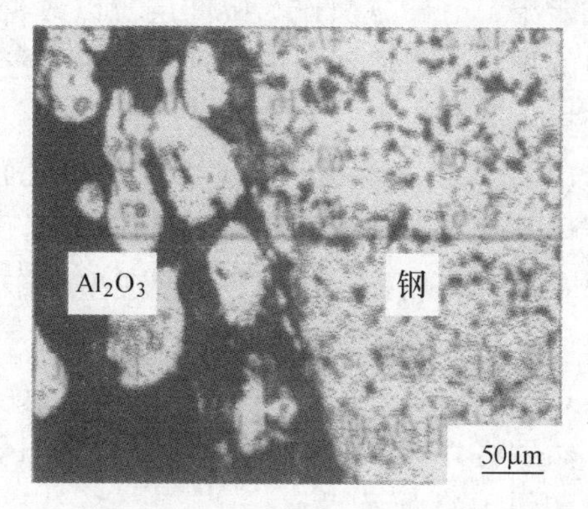

图 3-46 采用 2. 1mol 的 Al 粉和 1mol 的 Fe_2O_3 粉作为中间层自反应放热材料的“焊缝”显微组织

（4）界面显微组织　图 3-47 所示为高温自蔓延合成连接 Al_2O_3 陶瓷与马氏体不锈钢接头的电镜显微组织照片。可以看出，Al_2O_3 陶瓷焊缝与马氏体不锈钢结合界面有着明显的凹凸不平，这表明在高温自蔓延合成连接 Al_2O_3 陶瓷与马氏体不锈钢的“焊缝”在液态时，不锈钢发生了熔化，因此，结合良好。

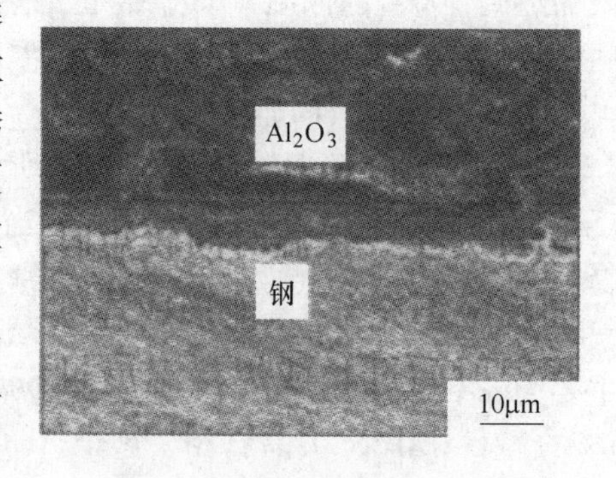

图 3-47 高温自蔓延合成连接 Al_2O_3 陶瓷与马氏体不锈钢接头的电镜显微组织照片

（5）中间层自反应放热材料厚度对接头质量的影响　表 3-17 给出了中间层自反应放热材料厚度对接头质量的影响。从表 3-17 中可以看到，中间层自反应放热材料厚度太低，Al 粉和 Fe_2O_3 粉反应放出的热量不足，难以实现牢固的连接；只有达到一定的厚度，能够发生反应放出足够的热量，才能够实现牢固的连接。

表 3-17　中间层自反应放热材料厚度对接头质量的影响　　（单位：mm）

厚度	0.30	0.60	1.30	1.78	2.0	2.40	2.57	3.0
焊接质量	差	差	差	较好	好	好	好	好

（6）合成机理　Al/Fe_2O_3 体系的反应，开始于 Al 熔化之后，并受到扩散过程和毛细作用的控制。这一个反应过程经历两个过程，即燃烧过程和转变过程：

初始燃烧　$$6Al+4Fe_2O_3 = 3Al_2O_3+3FeO+5Fe \tag{3-4}$$

结构转变　$$2Al+3FeO = Al_2O_3+3Fe \tag{3-5}$$

结构转变滞后于初始燃烧，这就使得 Al_2O_3 陶瓷熔体中必然存在 FeO 组元，使得 Al_2O_3 陶瓷相中形成 $FeO \cdot Al_2O_3$ 尖晶石相。

与金属结晶一样，Al_2O_3 陶瓷结晶也经历成核和长大的过程，在 Al/Fe_2O_3 体系中遵循 FeO/Al_2O_3 共晶凝固规律，在温度降到 1800℃以下时，熔体发生共晶转变，共晶析出 Al_2O_3 陶瓷相和 $FeO \cdot Al_2O_3$ 尖晶石相。其中 Al_2O_3 陶瓷相为高温自蔓延合成的主要相，还有少量 $FeO \cdot Al_2O_3$ 尖晶石相和 α-铁素体相。

4. Al_2O_3 陶瓷与不锈钢的电弧焊

（1）试验用材料　原材料为采用自蔓延合成技术制造的内衬 Al_2O_3 陶瓷的不锈钢管，尺寸是 ϕ24mm×4mm×400mm，陶瓷层厚度为 1.5～2.0mm，采用 ϕ2.0mm 的奥 102 不锈钢焊条。

（2）焊接工艺　用砂轮将管外不锈钢材磨去，露出陶瓷表面。焊接时，在侧面不锈钢上引弧，然后移至陶瓷表面。为了控制温度，采用断续灭弧焊方法，焊接电流 60～65A，电弧电压 19～21V。焊接参数对焊接质量具有重大影响。由于 Al_2O_3 陶瓷与不锈钢在物理性能和化学性能上有很大差异，不锈钢在 Al_2O_3 陶瓷上的润湿性很差。焊接电流太小时，熔化的不锈钢焊条熔滴不能润湿陶瓷；焊接电流太大时，容易烧穿陶瓷。根据上述试验，选用 60～65A 的焊接电流是合适的。其抗剪强度也有提高，分别为 18.72MPa 和 34.46MPa。

（3）接头组织　与母材相比，焊接之后的 Al_2O_3 陶瓷与不锈钢的结合由机械结合（见图 3-48）转变为具有凹凸结合面的机械结合加微冶金结合（见图 3-49）。图 3-50 和图 3-51 所示分别为焊接接头和陶瓷焊接热影响区的组织，陶瓷焊接热影响区的组织与焊前没有区别。

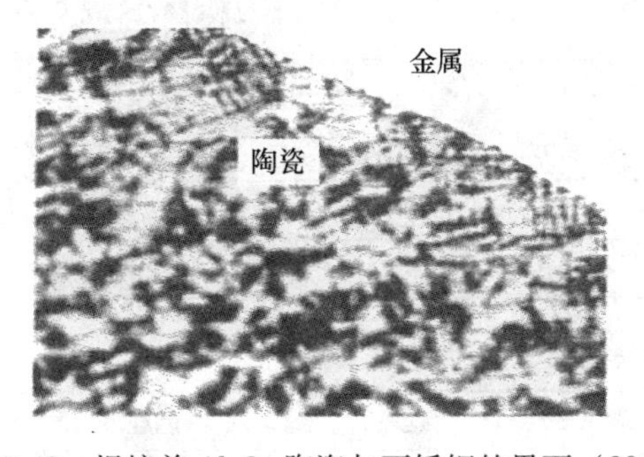

图 3-48　焊接前 Al_2O_3 陶瓷与不锈钢的界面（80×）

图 3-49　焊接后 Al_2O_3 陶瓷与不锈钢的界面（150×）

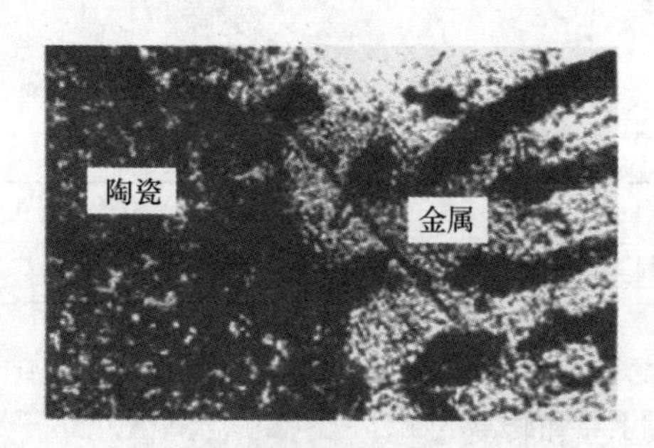

图 3-50 焊接接头（450×）

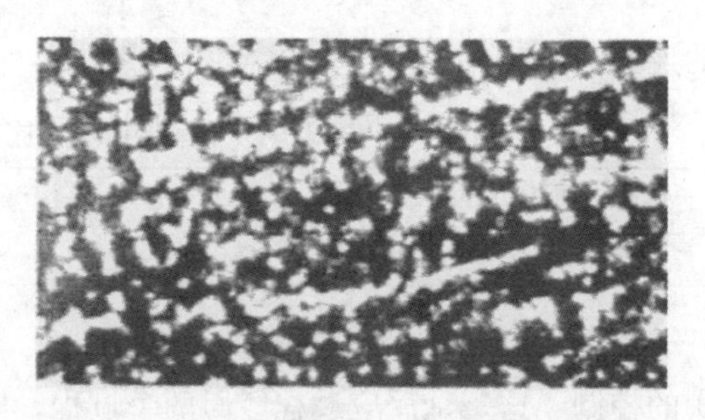

图 3-51 陶瓷焊接热影响区的组织（200×）

5. 氧化铝陶瓷与不锈钢之间的电子束焊

在石油化工工业中使用的一些传感器需要在强烈腐蚀介质中工作，通常采用氧化铝陶瓷制造，而导体就用 18-8 不锈钢，这就需要进行氧化铝陶瓷与不锈钢之间的焊接。焊缝必须耐热、耐腐蚀、牢固可靠和致密不漏。

氧化铝陶瓷是一根长度 15mm、外直径 10mm、壁厚 3mm 的管状体，与不锈钢管进行搭接。采用真空电子束焊，其参数在表 3-18 中给出。

表 3-18 氧化铝陶瓷与 18-8 不锈钢真空电子束焊的参数

母材厚度/mm	电子束电流/mA	加速电压/kV	焊接速度/（m/min）	预热温度/℃	冷却速度/（℃/min）
4+4	8	10	62	1250	20
5+5	8	11	62	1200	22
6+6	8	12	60	1200	22
8+8	10	13	58	1200	23
10+10	12	14	55	1200	25

焊前应当对工件表面用酸洗法进行清理，以去除油脂及污物。焊前需以 40～50℃/min 的加热速度将工件加热到预热温度，保持 4～5min，然后进行电子束焊接；第一道焊缝焊完后，还要将工件加热到预热温度，然后再进行第二道焊缝的焊接；第二道焊缝焊完后，以 20～25℃/min 的冷却速度冷却，不可过快；冷却到 300℃以后，可以空冷。

3.2.6 复相 Al_2O_3 基陶瓷和 45 钢的火焰钎焊

1. 复相 Al_2O_3 基陶瓷

表 3-19 和表 3-20 分别为复相 Al_2O_3 基陶瓷的化学成分和性能。钎料为质量分数 60%的 Cu-Zn，采用硼砂作为钎剂。

表 3-19 复相 Al_2O_3 基陶瓷的化学成分（质量分数） （%）

Al_2O_3	(W, Ti)C	Ni	MgO
40～55	40～55	0.5～0.8	0.2～0.5

表 3-20 复相 Al_2O_3 基陶瓷材料的主要性能

抗弯强度/MPa	硬度 HRA	冲击韧度/(J/cm^2)	密度/(g/cm^3)	晶粒度/μm
800～1180	94～95	≥1.5	≥6.65	≤0.5

2. 钎焊工艺

为了避免产生裂纹，对母材进行预热，陶瓷预热至 800~850℃，45 钢预热至 300℃。火焰加热，钎焊时间为 2~2.5min。钎焊时间太短，连接不牢；钎焊时间太长，陶瓷侧容易产生裂纹。

3. 接头组织

图 3-52 所示为复相 Al_2O_3 基陶瓷和 45 钢的火焰钎焊接头的 SEM 头像。可以看到接头质量良好。表 3-21 为图 3-53 对应各点的能谱分析结果。

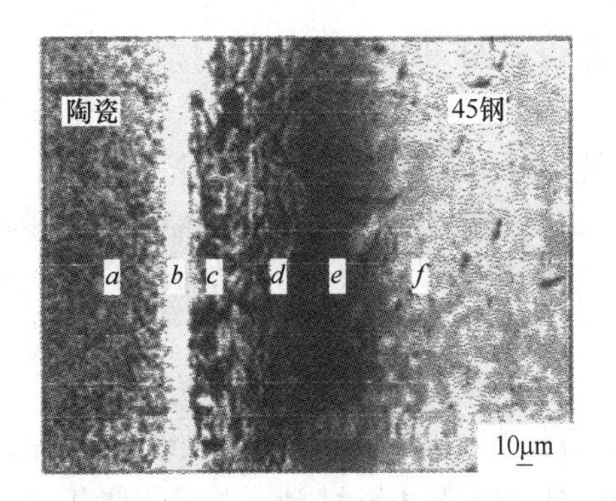

图 3-52　复相 Al_2O_3 基陶瓷和 45 钢的火焰钎焊接头的 SEM 头像

表 3-21　图 3-53 对应各点的能谱分析结果

区域	Al	Ti	W	Cu	Zn	Cr	Si	Fe
a	26.52	18.67	50.85	—	—	0.97	—	2.99
b	15.85	16.81	31.19	—	—	0.85	—	35.90
c	5.21	2.55	29.04	3.16	2.29	—	—	57.74
d	2.36	0.16	60.66	0.94	0.14	0.33	—	35.42
e	0.45	0.05	1.96	0.18	0.01	0.24	3.69	93.52
f	—	—	0.19	0.18	0.05	0.54	0.21	98.83

3.3　Al_2O_3 陶瓷与铝及其合金的焊接

Al_2O_3 陶瓷具有很高的硬度，但是，塑性很低。即使 Al_2O_3 陶瓷内存在玻璃相（多分布在 Al_2O_3 陶瓷晶粒周围），Al_2O_3 陶瓷也要加热到 1100~1300℃才会出现塑性。陶瓷（包括 Al_2O_3 陶瓷）与大多数金属扩散焊时的紧密接触是在金属的塑性变形过程中发生的。

3.3.1　Al_2O_3 陶瓷与 Al 的焊接

1. Al_2O_3 陶瓷和 Al 的钎焊

（1）Al 对 Al_2O_3 陶瓷的润湿性　在钎焊前 Al 和 Al_2O_3 陶瓷表面必须进行仔细的清理，方法是研磨后抛光，再用丙酮清洗干净。

1）在大气环境下 Al 对 Al_2O_3 陶瓷的润湿性。Al_2O_3 陶瓷和 Al 的钎焊效果，关键是看熔化的液态 Al 对 Al_2O_3 陶瓷的润湿性如何。试验表明，液态 Al 能够对 Al_2O_3 陶瓷表面进行润湿，但是，这种润湿与时间呈现周期性变化（见图 3-53）。这种变化主

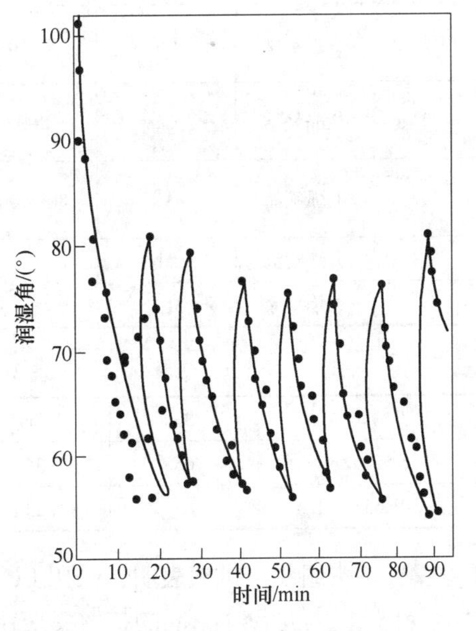

图 3-53　Al 对 Al_2O_3 陶瓷润湿角随着时间的变化

要是由于 Al 和 Al_2O_3 陶瓷的接触面发生 $4Al+Al_2O_3 = 3Al_2O$ 反应引起的。这个反应形成的 Al_2O 蒸气压很高，很快就被排出。于是 Al_2O 的产生和排出的交替进行，就使得 Al 对 Al_2O_3 陶瓷的润湿性也发生交替作用。

2）焊接环境下 Al 对 Al_2O_3 陶瓷的润湿性。焊接环境对 Al 对 Al_2O_3 陶瓷润湿性也有明显的影响，如图 3-54 所示。

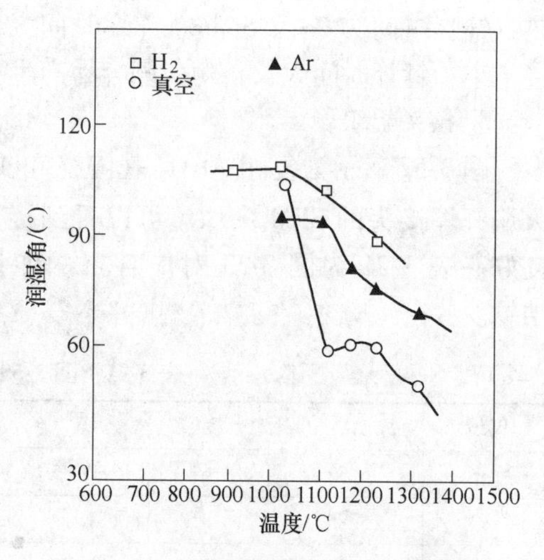

图 3-54 气氛和温度对 Al 对 Al_2O_3 陶瓷润湿角的影响

（2）Al_2O_3 陶瓷和 Al 的低温钎焊

1）钎焊材料和工艺。Al_2O_3 陶瓷是电子工业中优良的电路基板材料，广泛用于雷达、卫星等电子电路。在实际应用中，是将陶瓷基板和金属 Al 连接在一起，其连接温度不能高于 350℃。这样低的连接温度，不可能采用活性钎料进行直接钎焊，而应该对 Al_2O_3 陶瓷进行表面金属化，再施行低温软钎焊的方法。采用真空离子溅射、共晶烧结、电弧喷涂和火焰喷涂等方法对 Al_2O_3 陶瓷进行表面金属化。表 3-22 给出了 Al_2O_3 陶瓷表面金属化后进行低温钎焊的试验结果，钎焊是采用 Sn-Zn 钎料配合 $NH_4Cl-ZnCl_2$（质量比 1：3）水溶液钎剂进行的。结果表明，采用共晶烧结 Cu 的 Al_2O_3 陶瓷表面金属化效果较好。表 3-23 为采用钎料的化学成分。

表 3-22 Al_2O_3 陶瓷表面金属化后进行低温钎焊的试验结果

序号	金属化方法	金属化层材料	厚度 $\delta/\mu m$	表面质量及结合强度	初步连接结果
1	真空离子溅射	Cu	8~10	表面光滑，有金属光泽，金属层致密，与基体有一定的结合强度	钎料润湿，填缝效果好，接头强度稳定
2	共晶烧结	Cu	200	Cu 层与陶瓷基体结合良好，且表面未见氧化	钎料润湿，填缝效果好，接头强度稳定
3	电弧喷涂	Al	80~100	表面较粗糙，厚度不均匀，结合强度不稳定	钎焊中涂层易剥落
4	火焰喷涂	Al	35~50	表面呈暗灰色，结合强度不高	钎焊中涂层易被熔蚀，接头强度不稳定
5	火焰喷涂	Zn-Al 合金			

表 3-23 钎料的化学成分

钎料牌号	Sn	Zn	Cd	Si	Ag	Al
S-Sn65Zn	65	35	—	—	—	—
S-Sn65ZnCd	65	25	10	少量	—	—

2）接头组织。试验表明，采用 Cu 进行 Al_2O_3 陶瓷表面金属化效果较好。Sn 对 Cu 的作用比 Al 强，因此 Sn 向 Cu 的扩散集聚比 Al 强，容易形成各种金属间化合物；而 Zn 与 Cu 和 Al 都有较大的固溶度，能够形成固溶体。

但是，钎料 S-Sn65Zn 与 S-Sn65ZnCd 还是有所不同，以 S-Sn65ZnCd 作为钎料时，在 Al 侧固溶体的成长向 Al 中延伸较深，这与钎料中的 Si 有关；Si 在 Al 中有较强的扩散能力，可以形成 Al-Zn-Si 相。在 Cu 侧，除了形成固溶体之外，还会形成 Cu-Sn 金属间化合物，Zn 还能够向 Cu 内扩散到很深的地方。这种组织结构提高了接头界面的强度。

（3）采用 Cu 对 Al_2O_3 陶瓷进行表面金属化后与 Al 的钎焊

1）钎焊工艺。采用 Cu 对 Al_2O_3 陶瓷表面进行真空等离子溅射（Cu 层约为 8～10μm）或者金属粉末烧结（Cu 层约为 200μm），使表面 Cu 金属化后，再用 Sn65Zn 作为钎料与 Al 进行钎焊。

2）钎焊结果。钎料 Sn65Zn 对 Al 和 Cu 都有良好的润湿性，在它们的界面上也都可以发生冶金反应。其中 Zn 在 Al 和 Cu 中都可以溶解而形成固溶体，还可以形成 Cu-Sn 金属间化合物，特别是 Sn-Zn 钎料在 Al 基体中能够形成凸尖形物质，可以增强结合性（见图 3-55）。Cu 对 Al_2O_3 陶瓷的结合也是很致密的（见图 3-56）。

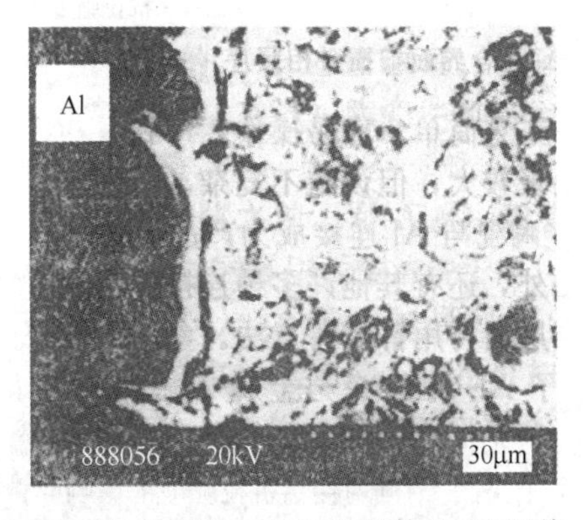

图 3-55　Sn65Zn 钎料与 Al 基体的界面形貌

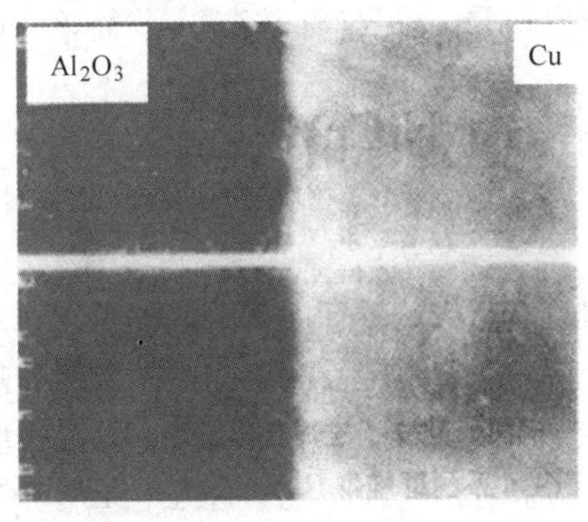

a) 微观组织500×

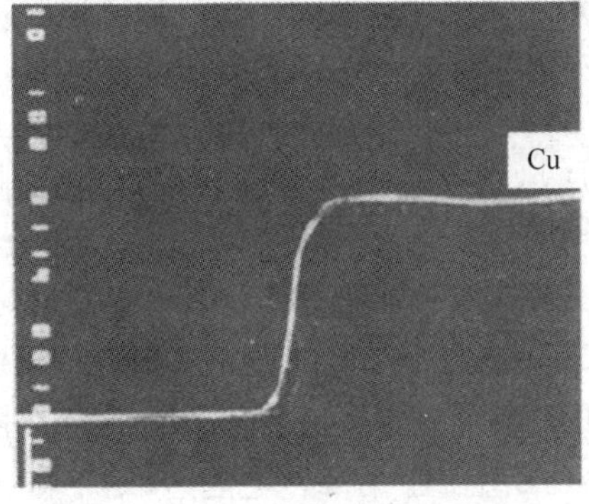

b) Cu元素的线扫描

图 3-56　钎料 Sn65Zn 钎焊接头中 Cu/Al_2O_3 陶瓷界面的显微组织及 Cu 的分布

2. 氧化铝陶瓷与铝的扩散焊

（1）氧化铝陶瓷/铜/铝的夹中间层的扩散焊　采用氧化铝陶瓷/铜/铝的夹中间层的扩散焊，在焊接条件的选择上，根据接头所承受负载形式的不同而不同。采用焊接参数优化的数学模型，得到综合评价接头性能的回归方程，经过回归得到最佳焊接温度 504℃，最佳保温时间 1226s。图 3-57 给出了在最佳焊接温度 504℃下保温时间对接头抗拉强度的影响，可以看到：在这个最佳温度下进行扩散焊接时，接头抗拉强度最佳的保温时间是 15min，而抗剪强度最佳的保温时间是 25min，采用最佳保温时间 1226s。图 3-58 给出了在最佳保温时间 1226s 条件下，不同焊接温度对接头强度的影响，可以看到：接头抗拉强度和抗剪强度所对应的最佳焊接温度是不同的，前者是 763K，最大抗拉强度是 114MPa，后者是 788K，最大抗剪强度是 47MPa。而如果采用焊接温度 777K 和保温时间 1226s，这时的抗拉强度和抗剪强度分别是 108MPa 和 45MPa。

（2）Al_2O_3 陶瓷与 Al 的场效扩散焊　一般来说，陶瓷与金属的连接主要采用钎焊和扩散焊两种方法，但扩散焊比钎焊连接的接头性能好得多，因为扩散焊加热温度比钎焊高，而且还有较高的压力。场效扩散焊（Field Assisted Diffusion Bonding，FADB）就是不加压力的扩散焊，连接可在大气中进行。

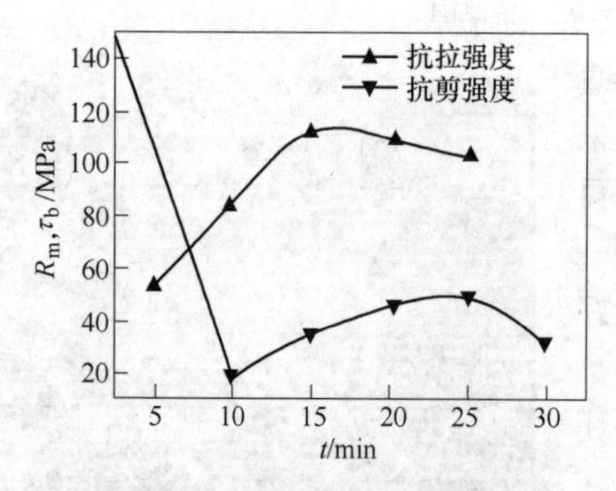

图 3-57 最佳焊接温度 504℃下保温时间对接头抗拉强度的影响

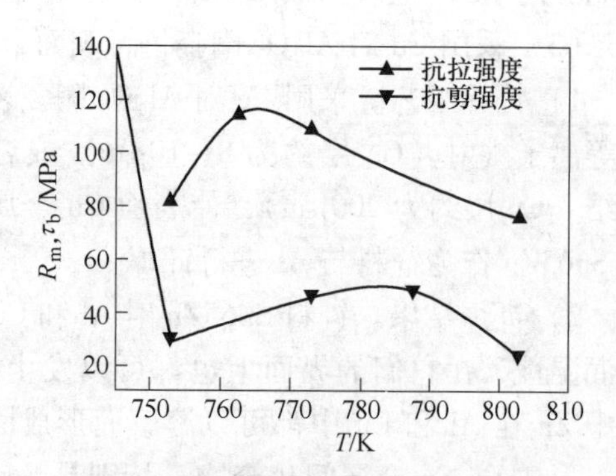

图 3-58 最佳保温时间 1226s 条件下不同焊接温度对接头强度的影响

1）场效扩散焊（FADB）工作原理。FADB 的特点是在陶瓷与金属之间不外加任何的中间金属材料，连接温度低，被焊材料变形小，压力均匀，连接时间短，方法简单，可连接非常薄的材料。

首先将要连接的已经加工过的陶瓷（或玻璃）材料的一个表面放在金属表面上，随后将这对试样加热到一定温度，同时在试样上加直流电压，并保持一定时间，这样就实现了连接。

由于试样表面微观上是不平的，两试样之间只是点接触，而大部分表面是有间隙的。陶瓷（或玻璃）本身不导电（见图 3-59），但由于它们含有一定量的电介质，当被加热后，在一定电场的作用下，又具有导电性。这样在陶瓷（或玻璃）内邻近金属的区域就形成了一个极化区（见图 3-60）。以 Al_2O_3-Al 这一对连接偶来讲，在其间施加直流电压后，在其间产生了电场，在 1μm 间隙的 Al_2O_3-Al 间施加 500V 的直流电压，将产生 5×10^6V/cm 的电场。这种电场在间隙处产生了静电力，从而将两块材料吸在一起，并保持相当高的压力。

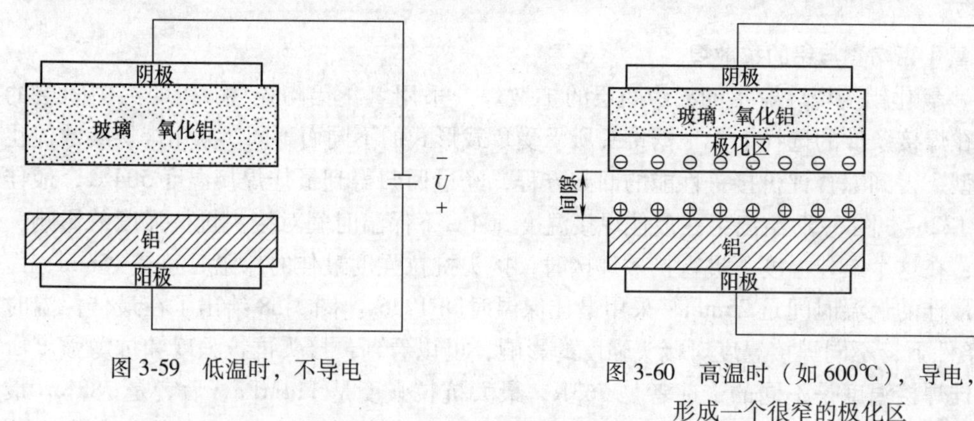

图 3-59 低温时，不导电

图 3-60 高温时（如 600℃），导电，形成一个很窄的极化区

2）Al_2O_3 陶瓷与铝的连接。1mmAl_2O_3 陶瓷与铝的连接条件为 200V、4mA、加热 500℃、保温 5min。加热速度<50℃/min，冷却速度<10℃/min。铝板厚度 0. 5mm，结果在玻璃与铝的结合处产生了裂纹。而当铝箔厚度为 0. 015mm 时，连接条件为 200V、4mA、加热

500℃、保温 8min。加热速度<50℃/min，冷却速度<10℃/min，则连接良好，没有变形，没有裂纹。

3. Al_2O_3 陶瓷与铝的静电高压焊

（1）Al_2O_3 陶瓷与铝的静电高压焊原理　图 3-61 所示为 Al_2O_3 陶瓷与铝的静电高压焊原理。

（2）Al_2O_3 陶瓷与铝的静电高压焊工艺　采用厚度 0.015mm 的铝箔，Al_2O_3 陶瓷内含有 5%~10%的电解质。Al_2O_3 陶瓷与铝的接触面用 600 号金相砂纸研磨，并用丙酮清洗。进炉后加热到 550~610℃，保温后，通 4~4.4mA 的直流电，加压 1000~2000V，保温 30min，就实现了牢固的连接。图 3-62 所示为 Al_2O_3 陶瓷与铝的静电高压焊界面照片。

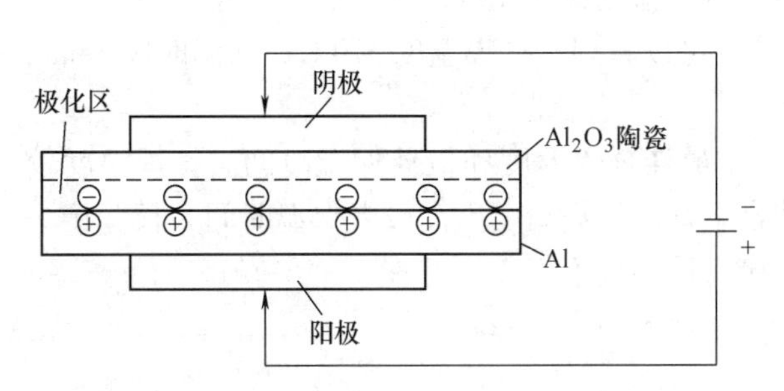

图 3-61　Al_2O_3 陶瓷与铝的静电高压焊原理

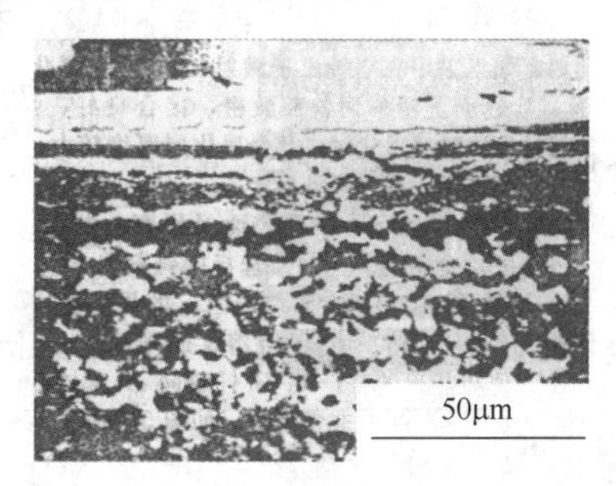

图 3-62　Al_2O_3 陶瓷与铝的静电高压焊界面照片

3.3.2　Al_2O_3 陶瓷与 Al 合金的焊接

由于 Al 合金中含有一定量的合金元素，如果这种合金元素能够与 Al_2O_3 陶瓷发生冶金反应，则可以改善 Al_2O_3 陶瓷与 Al 合金的焊接性。下面以 Al-Mg 合金为例。

1. Al_2O_3 陶瓷与 Al-Mg 合金的直接扩散焊接

由于 Mg 有一定的活性，能够改善对陶瓷的润湿性。Al_2O_3 陶瓷与 Al-Mg 合金进行表面处理后，接触并加热就可能发生如下的冶金反应：

$$Al_2O_3+3Mg = 3MgO+2Al \tag{3-6}$$

如果 Al-Mg 合金含 Mg 量高（比如达到质量分数 8%），除能产生 MgO 之外，还能够形成 $MgAl_2O_4$。这种冶金产物的多少（厚度）取决于反应条件（加热温度和保温时间），加热温度在一定范围内提高，或者延长保温时间，都可以增大冶金产物的数量和厚度。由于这些冶金产物具有相当的脆性，因此，冶金产物太多太厚，将降低接头强度。如果加热温度和保温时间选择适当，就可以提高接头强度。但是，总的说来，Al_2O_3 陶瓷与 Al-Mg 合金的焊接比 Al_2O_3 陶瓷与 Al 的焊接质量好得多。

2. Al_2O_3 陶瓷与 Al-Mg 合金的钎焊

由于 Al_2O_3 陶瓷与 Al 合金的键型、微观结构、物理性能和力学性能存在巨大差别，而且 Al 合金的熔点很低（5A05 合金的固液相线区间为 568~630℃），因此，进行钎焊比较困难。

（1）材料　母材采用质量分数为 95%的 Al_2O_3 陶瓷和 Mg 的质量分数为 4.5%~5.5%的 Al-Mg 合金 5A05。

钎料采用 Al-Si-Mg 系金属。

（2）钎焊工艺

1）对 Al_2O_3 陶瓷镀镍的工艺流程。前处理→除油→粗化→敏化→活化→还原→化学镀镍。

2）钎焊前准备。钎料经过 1000 号水砂纸打磨→丙酮清洗风干→在质量分数 10%的 NaOH 溶液中碱洗 2~5min→水洗→在质量分数 30%的 HNO_3 溶液中钝化 1min→水洗→风干。

3）钎焊参数。将试样按照镀镍的 Al_2O_3 陶瓷/钎料/5A05 铝合金装配好，放入置有 Mg 粉的工艺罩中，在真空炉中进行钎焊。钎焊参数为：真空度 1×10^{-4} Pa，钎焊温度 550~580℃，保温时间 5~50min。

4）接头性能。图 3-63 和图 3-64 所示分别为保温时间为 15min 时的钎焊温度和钎焊温度为 570℃时的保温时间对接头抗剪强度的影响。可以看到，钎焊温度 570℃，保温时间 15min 可以得到最高强度的接头。

从图 3-63 和图 3-64 中可以看到，存在一个最佳钎焊温度和最佳保温时间。钎焊温度较低或者保温时间太短，接头反应不充分，结合不好；钎焊温度太高或者保温时间太长，接头反应生成的化合物太多，脆性明显，因此，接头性能也不好。

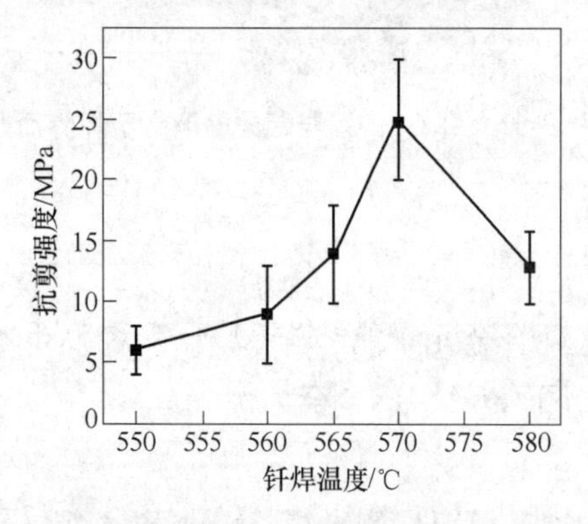

图 3-63 钎焊温度对接头抗剪强度的影响

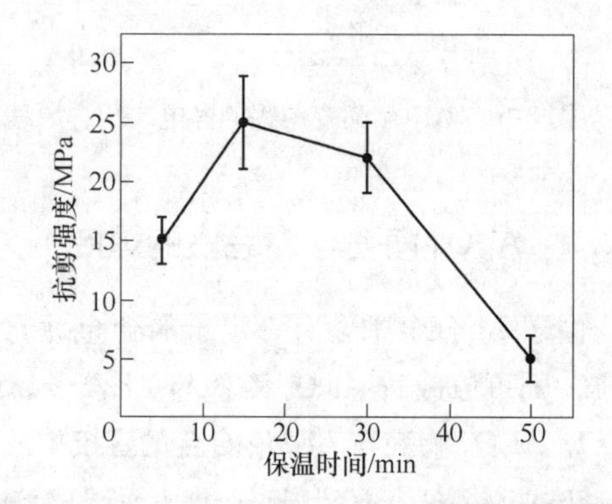

图 3-64 保温时间对接头抗剪强度的影响

5）界面反应和接头组织。图 3-65 和图 3-66 所示分别为钎焊温度 570℃，保温时间 15min 的钎焊接头的显微组织和线扫描的元素分布图。从图 3-65 和图 3-66 中可以看到，接头分为四个区，表 3-24 为根据图中元素分布图及 X 射线衍射图推测得到的可能的接头组织。

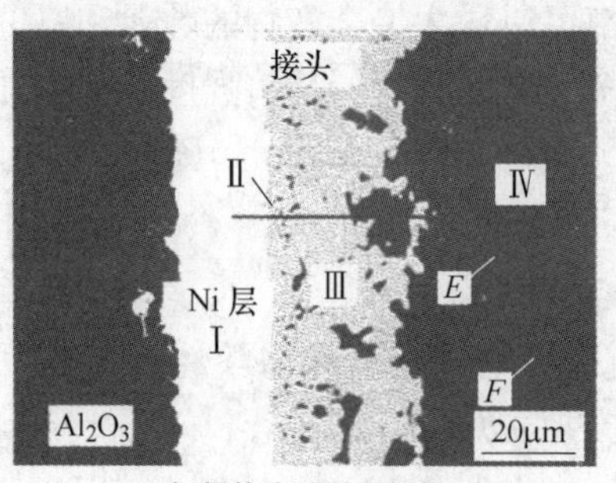

a) 钎焊接头的显微组织

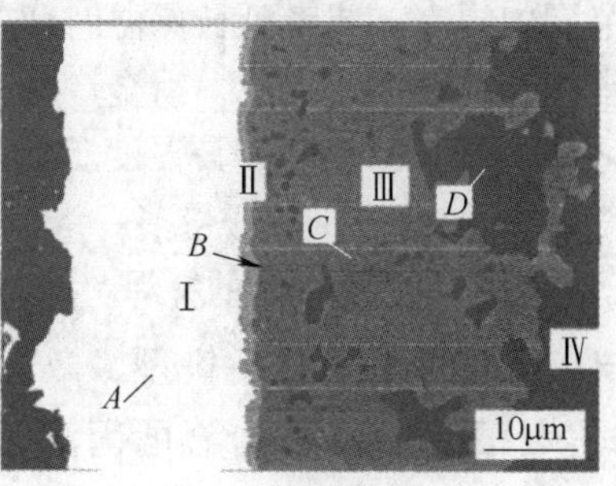

b) 放大图

图 3-65 钎焊温度 570℃，保温时间 15min 的钎焊接头的显微组织及其放大图

表 3-24　可能的接头组织

区域	质量分数（%）					可能的组织
	Mg	Al	Si	Ni	P	
Ⅰ（*A*）	—	—	—	87.5	12.5	Ni 层
Ⅲ（*B*）	—	59.5	—	40.5	—	Al_3Ni_2
Ⅲ（*C*）	—	74.7	—	25.3	—	Al_3Ni
Ⅲ（*D*）	65.2	0	34.8	—	—	Mg_2Si
Ⅳ（*E*）	5.9	90.7	2.5	0.9	—	α（Al）
Ⅳ（*F*）	63.2	0	36.8	—	—	Mg_2Si

6）接头性能。图 3-67 和图 3-68 所示分别为焊接温度对 Al_2O_3/Cu 和 Al_2O_3/Al 钎焊接头强度的影响和 Al-Cu 合金中的 Cu 含量对 Al_2O_3/Al-Cu 合金钎焊接头强度的影响。

3. Al_2O_3 陶瓷与 Al-Mg 合金的超声波焊接

Al_2O_3 陶瓷与 Al-4.5Mg 合金的超声波焊接接头强度可以达到 20.6MPa，在 Al_2O_3 陶瓷中断裂。

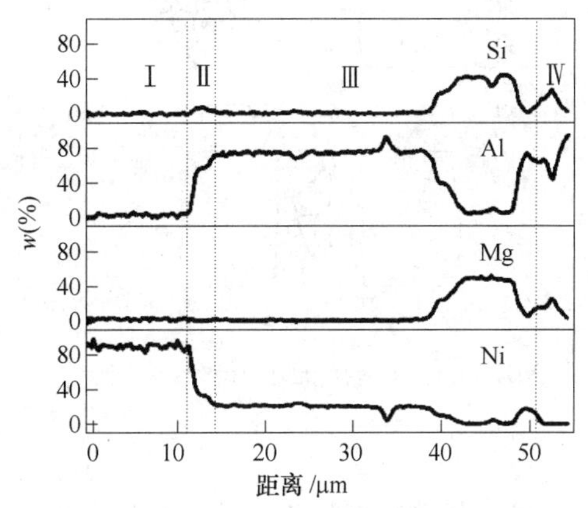

图 3-66　钎焊接头区线扫描的元素分布图

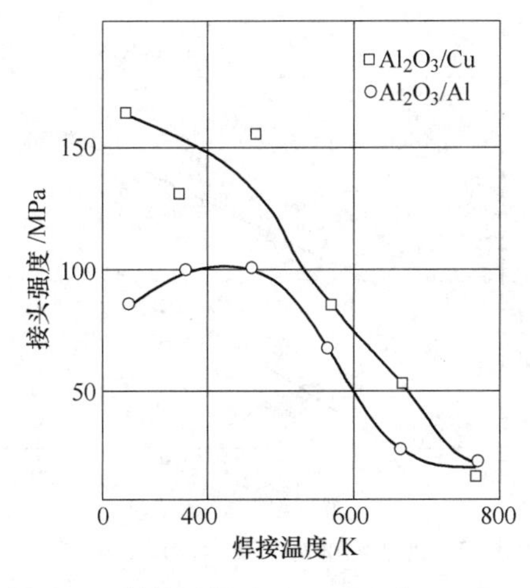

图 3-67　焊接温度对 Al_2O_3/Cu 和 Al_2O_3/Al 钎焊接头强度的影响

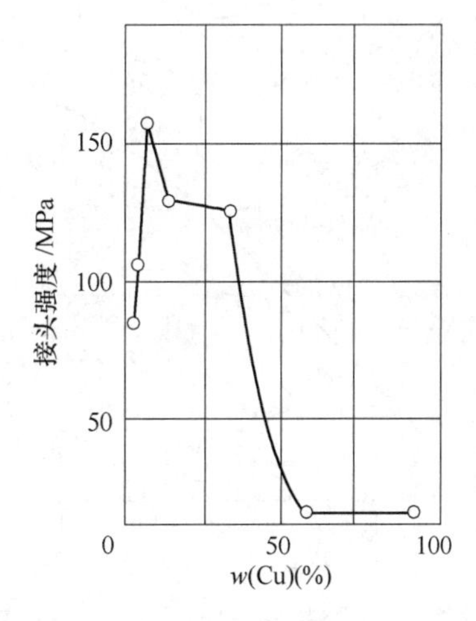

图 3-68　Al-Cu 合金中的 Cu 含量对 Al_2O_3/Al-Cu 合金钎焊接头强度的影响

3.4　Al_2O_3 陶瓷与金属 Cu 的焊接

3.4.1　Al_2O_3 陶瓷与金属 Cu 的扩散焊

图 3-69 给出了扩散焊的物理过程。它经历了个别突出点的接触、软化、扩大接触面

（见图 3-69a），到两种母材相互扩散及形成新相（图 3-69b、c）阶段，从而形成一个整体。其主要参数包括焊接温度（一般为熔化温度较低的母材熔点的 70%～85%）、保温时间、压力和真空度（扩散焊往往在真空下进行）或者保护气体等。

1. Al_2O_3 陶瓷与金属无氧铜的直接扩散焊接

（1）扩散焊参数　图 3-70 为质量分数 95% Al_2O_3 陶瓷与金属无氧铜的直接扩散焊焊接条件，真空度为 5×10^{-3}Pa；也可以采用气体保护，采用 N_2 : H_2 = 1 : 3（体积比）。

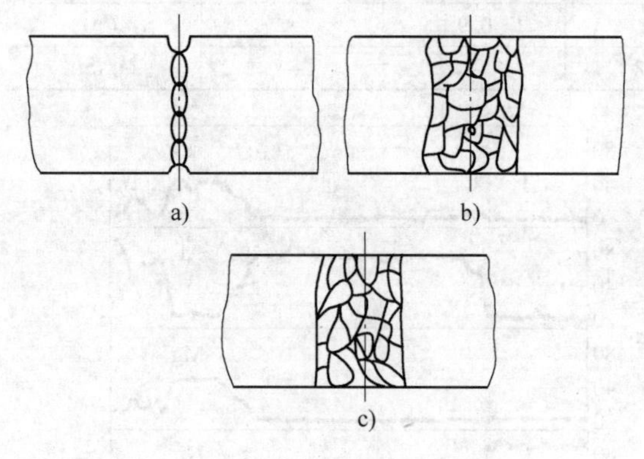

图 3-69　扩散焊的物理过程

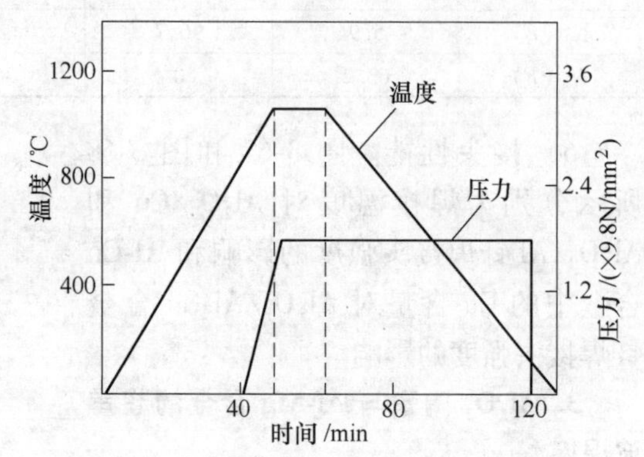

图 3-70　95% Al_2O_3 陶瓷与金属无氧铜的直接扩散焊焊接条件

（2）扩散焊参数对接头性能的影响　图 3-71～图 3-73 分别给出了压力、加热温度和保温时间对接头强度的影响。

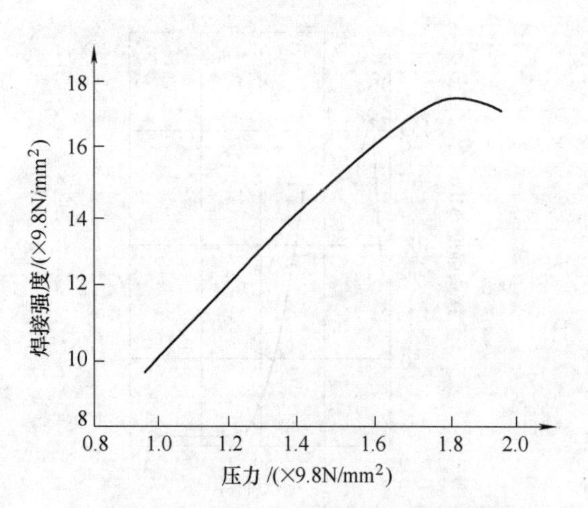

图 3-71　压力对 95% Al_2O_3 陶瓷与金属无氧铜的直接扩散焊接头强度的影响

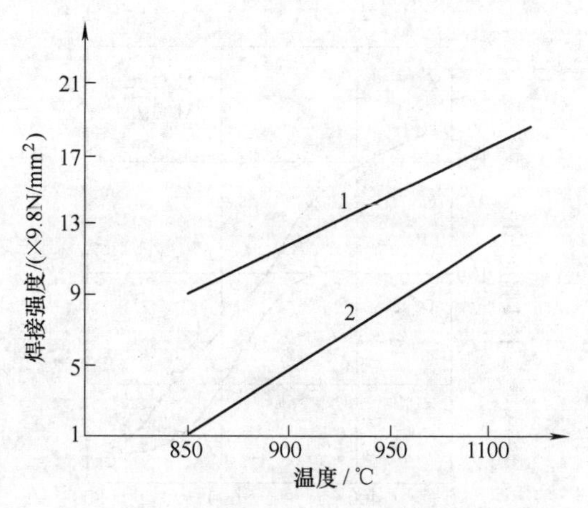

图 3-72　加热温度对 95% Al_2O_3 陶瓷与金属无氧铜的直接扩散焊接头强度的影响

1—95%Al_2O_3 陶瓷　2—金属无氧铜

2. Al_2O_3 陶瓷与金属 Cu 加中间层 Nb 的扩散焊接

（1）扩散焊接工艺　Cu-Al_2O_3 的焊接接头在工业应用中具有重要意义，尤其是在电子器件工业的应用中。可以直接对 Cu-Al_2O_3 的接头进行共晶钎焊、活性金属钎焊以及扩散焊，但是其界面的结合强度较低。其强度受到铜中的氧含量和界面上产生的 Cu-AlO_2 相的影响，而且 Cu-Al_2O_3 的界面组织取决于铜中的氧含量和工作气氛，这就形成了接头界面组织和性能的不稳定性。而 Nb 与 Al_2O_3 的结合较强，这是由于 Nb 与 Al_2O_3 具有相近的线胀系数，Nb 与 Al_2O_3 的界面不会发生化学反应。但是，采用扩散焊来焊接 Nb 与 Al_2O_3 需要 1300～1400℃以上的加热温度。为了提高 Cu-Al_2O_3 的接头界面强度，应用电子束蒸镀在 Al_2O_3 的两面镀 Nb 膜（厚度 120～180nm）作为中间层来进行 Cu-Al_2O_3 接头的扩散焊接。图 3-74 所示为焊接接头装配示意图，整个试样包括四个界面。这样扩散焊可以在较低温度下进行，扩散焊接参数为焊接温度 900℃，保温时间 120min，压力 8MPa，真空度 1×10^{-6}Pa，加热和冷却速度分别为 15℃/min 和 5℃/min。图 3-75 为带有厚度 180nmNb 膜中间层的 Cu-Al_2O_3 扩散

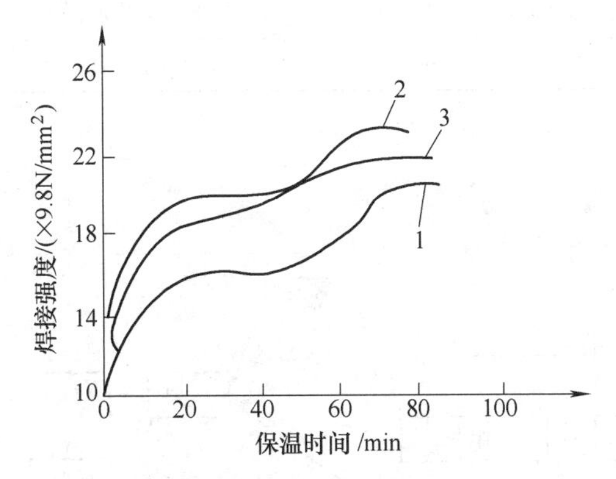

图 3-73 保温时间对 95% Al_2O_3 陶瓷与金属无氧铜的直接扩散焊接头强度的影响

1—压力很小 2—压力合适 3—压力太大

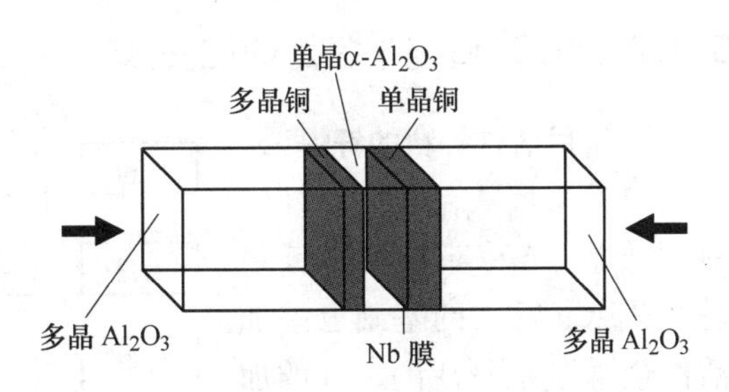

图 3-74 带 Nb 膜中间层的 Cu-Al_2O_3 的扩散焊焊接接头装配示意图

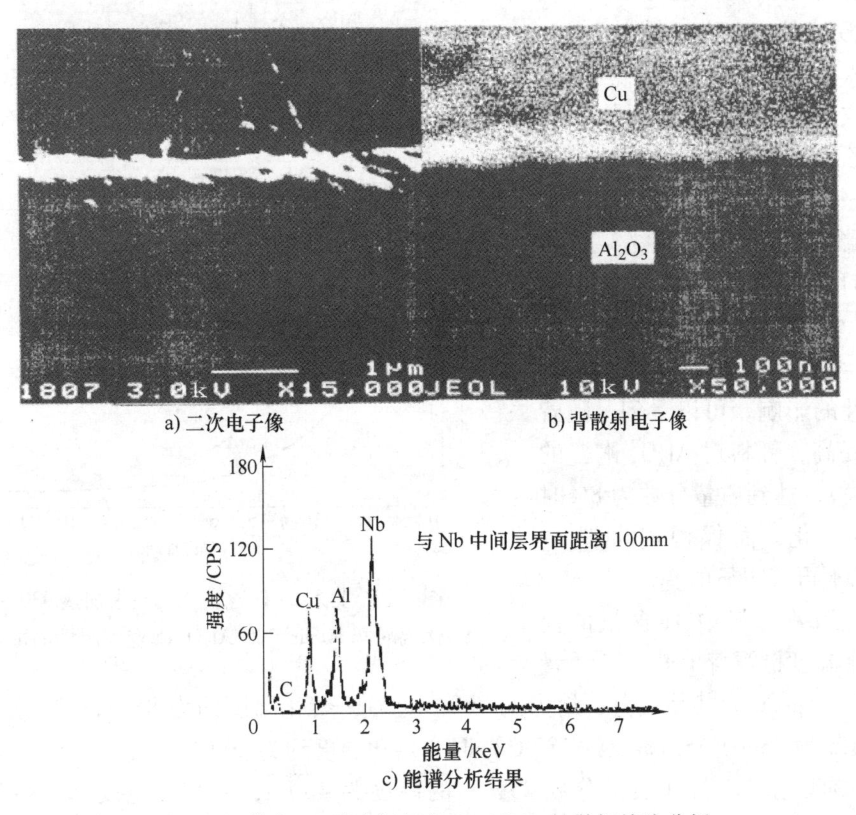

图 3-75 带有 Nb 膜中间层的 Cu-Al_2O_3 扩散焊接头分析

焊接头的 SEN 二次电子像和背散射电子像及能谱分析结果。由图 3-75 可见，扩散焊接头界面结合良好，组织致密。

（2）扩散焊接头力学性能　对带 Nb 膜中间层的 Cu-Al_2O_3 的扩散焊接头与不带 Nb 膜中间层的 Cu-Al_2O_3 的扩散焊接头的断裂能量进行了比较，相差 8~9 倍之多，见表 3-25。这是 Nb-Al_2O_3 键合比 Cu-Al_2O_3 键合强的缘故。

表 3-25　扩散焊接头的断裂能量

接头	Cu-Nb-Al_2O_3（Nb120nm）	Cu-Nb-Al_2O_3（Nb180nm）	Cu-Al_2O_3（无中间层）
断裂能量/(J/m^2)	（835~1425）/1140	（710~1295）/995	（98~176）/135

3.4.2　Al_2O_3 陶瓷与金属 Cu 的钎焊

1. 采用活性钎料的钎焊

（1）采用 Ag-Cu-Ti 活性钎料的钎焊　Ag-Cu-Ti 活性钎料是在 Ag-Cu 钎料的基础上添加活性金属 Ti 而形成的，Ti 的加入方式可以多种多样：可以将 Ag、Cu、Ti 三种金属按照一定的配方熔炼轧制而成；也可以将 Ti 加入现成的 Ag-Cu 钎料之中，其加入的方式可以将 Ti 加工成薄片、丝状、粉状，粉态较为方便。采用粉态 Ti 时，需要将其制成膏状，其工艺流程如图 3-76 所示。在 Ti 粉中加入质量分数为 50%的硝棉溶液和少量草酸乙酯搅拌制成膏剂。

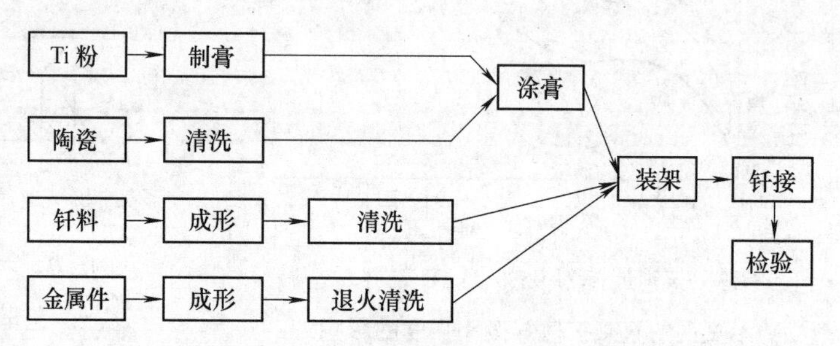

图 3-76　采用粉态 Ti 进行 Ag-Cu-Ti 活性钎料的 Al_2O_3 陶瓷与金属 Cu 的钎焊

1）钎料中 Ti 含量对 Al_2O_3 陶瓷润湿性的影响。图 3-77 和图 3-78 所示分别为钎料中 Ti 含量（真空中加热 930℃，保温时间 30min）及保温时间（真空中加热 900℃）对 Al_2O_3 陶瓷润湿性的影响。可以看到，随着 Ti 含量的提高，钎料对 Al_2O_3 陶瓷的润湿性提高，，达到质量分数为 8%时已经不再变化；而保温时间达到 15min 时已不再有明显的变化。

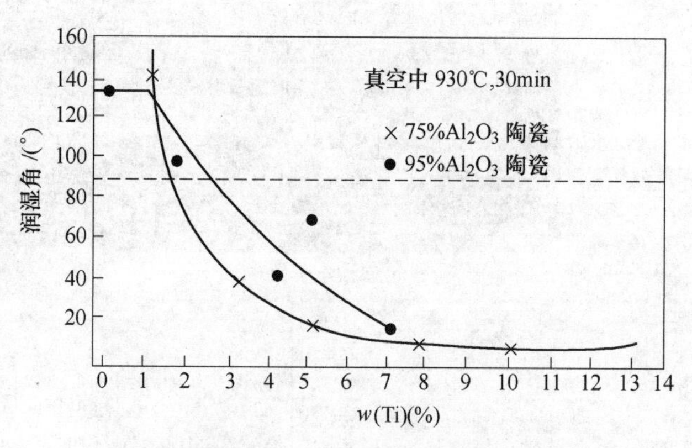

图 3-77　钎料中 Ti 含量（真空中加热 930℃，保温时间 30min）对 Al_2O_3 陶瓷润湿性的影响

但是，随着钎料中 Ti 含量的提高，其熔化温度也跟着上升：Ti 质量分数为 5%（Ag-Cu 为共晶成分，熔点约 780℃）时，熔化温度约为 857℃；Ti 质量分数为 10%（Ag-Cu 为共晶成分，熔点约 780℃）时，熔化温度约为 890℃。

2）钎焊工艺。Ti 膏（质量分数 25%）的厚度为 40μm，采用真空度 2.0×10^{-3} ~ 1.0×

10^{-2}Pa，加热温度 825~925℃，保温 5~90min，加热速度 15℃/min，随炉冷却。

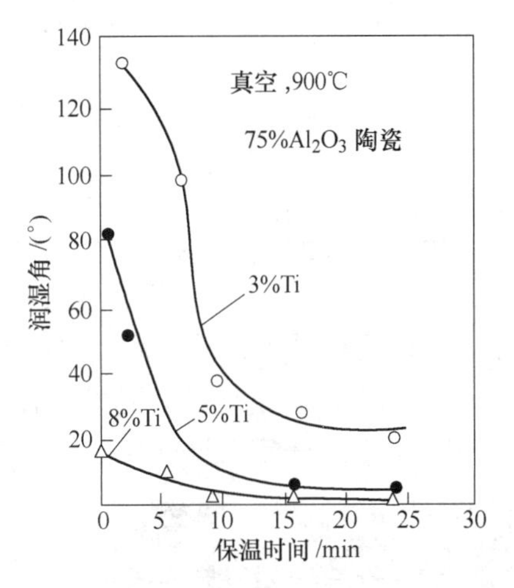

图 3-78 钎料中 Ti 含量及保温时间（真空中加热 900℃）对 Al_2O_3 陶瓷润湿性的影响

3）钎焊接头抗剪强度

①钎焊温度的影响。图 3-79 所示为不同保温时间条件下钎焊温度对接头抗剪强度的影响。

②保温时间的影响。图 3-80 所示为不同钎焊温度条件下保温时间对接头抗剪强度的影响。

从图 3-79 和图 3-80 可以看到，保温时间应该在 30~60min 为好，而钎焊温度在 825℃ 以上。钎焊温度高时，保温时间应该适当降低一些。

4）接头组织。图 3-81 为钎焊温度 825℃，保温时间 30min 的接头组织背散射图像，表 3-26 为图 3-81 中各点的能谱分析结果，图 3-82 为接头剪切断口 Cu 侧表面 X 射线衍射分析结果。分析结果认为接头组织为 Cu/Ag(Cu) 固溶体，Cu(Ag，Ti) 固溶体/Cu_3Ti_3O (TiO_2)/Al_2O_3。

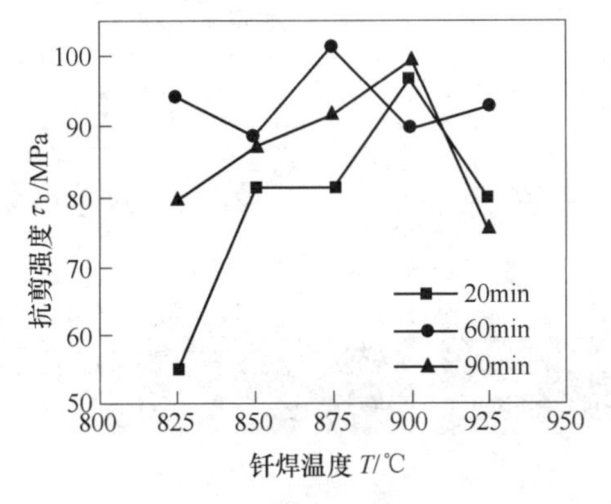

图 3-79 不同保温时间条件下钎焊温度对接头抗剪强度的影响

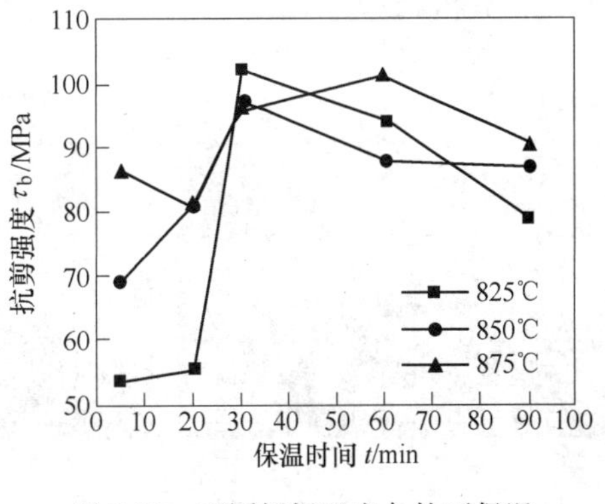

图 3-80 不同钎焊温度条件下保温时间对接头抗剪强度的影响

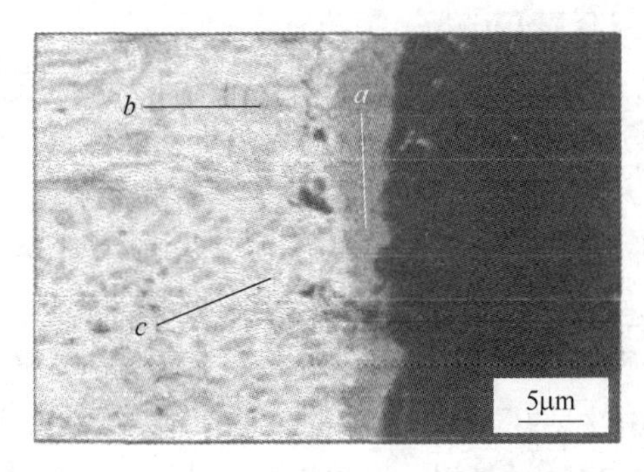

图 3-81 钎焊温度 825℃，保温时间 30min 的接头组织背散射图像

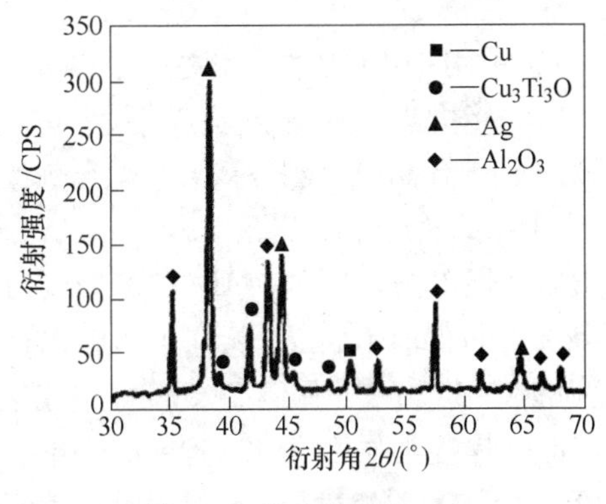

图 3-82 接头剪切断口 Cu 侧表面 X 射线衍射分析结果

表 3-26 图 3-81 中各点的能谱分析结果

位置	Ag	Cu	Ti	O	Al	推测相
a	0.37	35.22	41.02	22.44	0.95	Cu_3Ti_3O
b	3.86	96.20	—	—	—	—
c	90.22	4.06	5.72	—	—	—

图 3-83 给出了不同钎焊温度条件下保温时间 60min 的接头组织和反应层的背散射图像。从图 3-83a 可以看到，随着钎焊温度的升高，Cu 基体逐渐向钎料熔解，接头抗剪强度随着钎焊温度的升高，先提高后降低，存在一个最佳钎焊温度。其界面反应层也是先提高后降低。可以认为，一定厚度的反应层是获得接头高抗剪强度的必要条件。

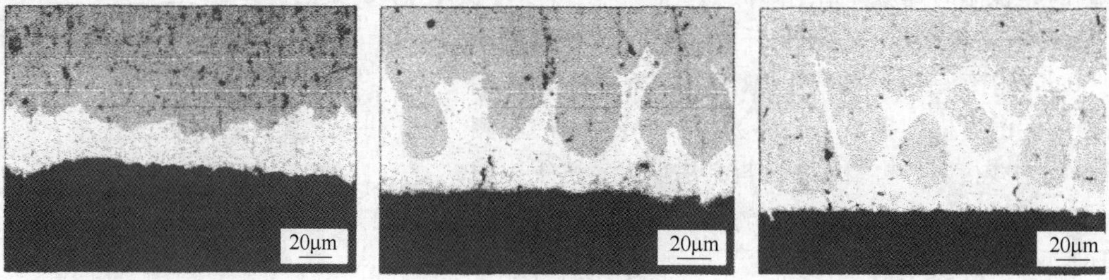

20μm 钎焊温度 825℃　20μm 钎焊温度 875℃　20μm 钎焊温度 900℃

a) 接头组织

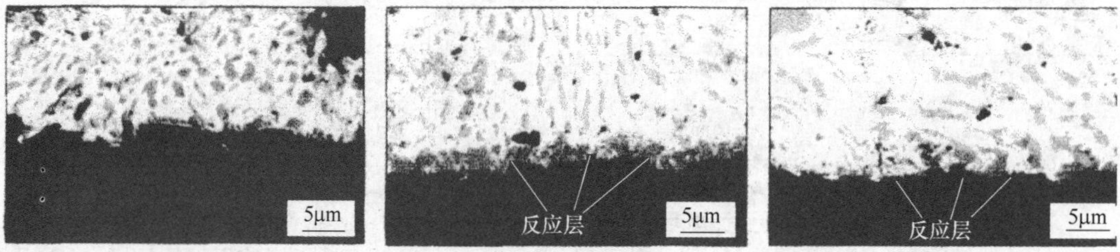

5μm 钎焊温度 825℃　反应层 5μm 钎焊温度 875℃　反应层 5μm 钎焊温度 900℃

b) 反应层

图 3-83 不同钎焊温度条件下保温时间为 60min 的接头组织和反应层的背散射图像

（2）采用 Ti-Cu 活性金属法来钎焊 Al_2O_3 陶瓷与金属 Cu

1）焊接机理。这种方法实际上是将 Ti 箔夹在 Al_2O_3 陶瓷与金属 Cu 之间，加热到 870℃，使得 Ti-Cu 形成共晶型液体，使之在陶瓷表面产生润湿而达到焊接的目的。图 3-84 所示为 Ti-Cu 二元合金相图。

2）钎焊工艺。Ti 箔、Al_2O_3 陶瓷与金属 Cu 都要进行清洗、干燥，在真空炉中加热至 750~800℃，保温 10min，除气。然后在真空炉中进行钎焊，真空度大于 6.7×10^{-3}Pa，加热温度为 900~1120℃，保温 2~5min。采用这种方法得到的质量分数为 95%的 Al_2O_3 陶瓷与金属 Cu 的钎焊接头强度可以达到 46.6MPa，接头气密性良好。

2. 对 Al_2O_3 陶瓷进行离子溅射涂覆表面金属化法与 Cu 的钎焊

表 3-27 给出了对 Al_2O_3 陶瓷进行离子溅射涂覆表面金属化（不仅有 Cu-Ti）后，与 Cu 的钎焊时不同涂覆金属种类的接头强度。

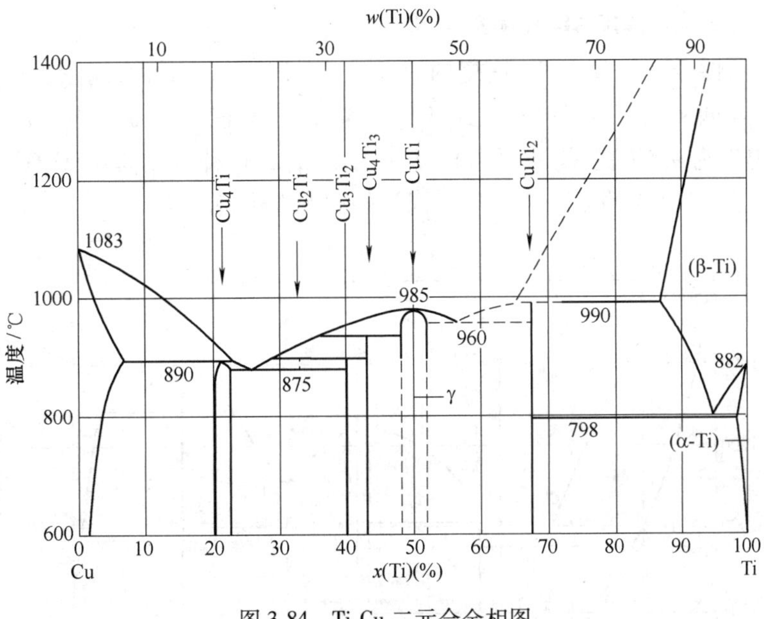

图 3-84　Ti-Cu 二元合金相图

表 3-27　对 Al_2O_3 陶瓷进行离子溅射涂覆表面金属化后与 Cu 的钎焊时不同涂覆金属种类的接头强度

涂覆层金属	钎料及温度/℃	接合的抗拉强度/(N/cm^2)
Ti-Cu①	Ag-Cu-Ni(NiCuSi13)(795℃)	5488±686
Ti-Au	Ag-Cu-Ni(NiCuSi13)(795℃)	3430±411
Cr-Cu	Ag-Cu-Ni(NiCuSi13)(795℃)	2450±274
Cr-Au	Ag-Cu-Ni(NiCuSi13)(795℃)	2156±205
Al-Au	Ag-Cu-Ni(NiCuSi13)(795℃)	2450±343
AlCu	Ag-Cu-Ni(NiCuSi13)(795℃)	686±343
Al-Cu②	Pb-Sn(60Pb-40Sn)(260℃)	2744±98
Al-Au②	Pb-Sn-In(37.5P-37.5Sn-25ln)(140℃)	1960±34.3

①试件断在陶瓷。

②试件断在钎料。

3.5　Al_2O_3 陶瓷与 Ni 及其合金的焊接

3.5.1　Al_2O_3 陶瓷与 Ni 的焊接

Al_2O_3 陶瓷与 Ni 的焊接方法较多，可以采用钎焊、扩散焊和摩擦焊的方法。

钎焊时，可以采用 Mn-Mo 法对陶瓷表面进行金属化，也可以采用活性金属法进行钎焊或者扩散焊。

主要是采用活性金属法进行 Al_2O_3 陶瓷与 Ni 的焊接。

1. Ti-Ni 活性金属法焊接 Al_2O_3 陶瓷与 Ni

（1）Ti-Ni 活性金属法对 Al_2O_3 陶瓷的润湿性　采用 Ti-Ni 活性金属法进行 Al_2O_3 陶瓷与 Ni 的焊接，Ti-Ni 两种金属中应当以 Ti 为主，Ni 含量要低，以便得到 Ni 的质量分数为 28.5%，熔化温度为 955℃的 Ti-Ni 共晶体（见图 3-85），这种共晶体对 Al_2O_3 陶瓷具有良好的润湿作用。如果出现富 Ni 相，对 Al_2O_3 陶瓷的润湿作用将降低。

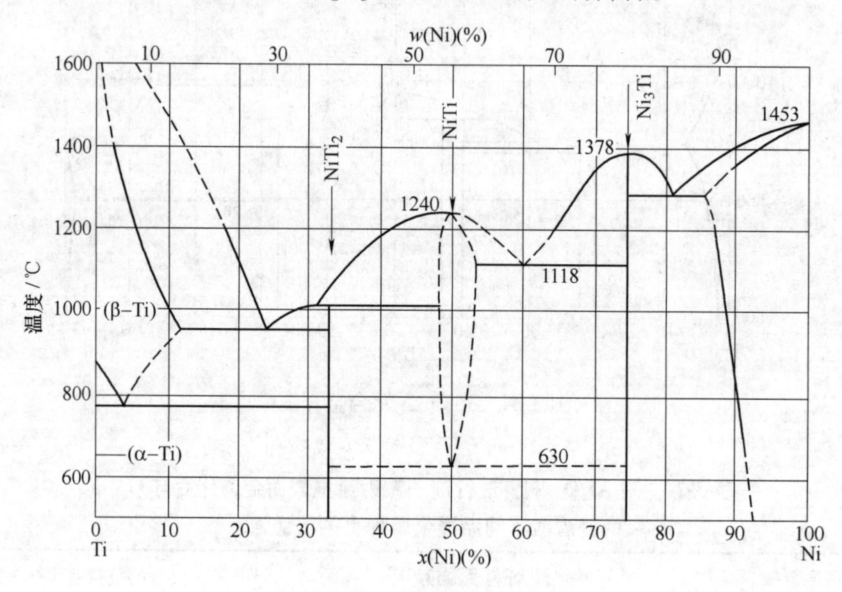

图 3-85　Ti-Ni 二元合金相图

（2）钎焊工艺

1）焊前准备。首先是对 Ti 片的清洗，晾干后进入真空度达到 10^{-3} Pa 的真空炉中，加热到 950~1100℃，保温 30min，以防止氧化。

对 Ni 片进行清洗，晾干后加热到 850℃保温 15min 进行去氢处理。

对陶瓷的准备，钎焊表面要进行研磨、抛光、清洗，然后进入马弗炉中进行 950℃×30min 或者 900℃×1h 的加热，得到既光亮又无污物的表面，以便钎焊。

2）装配。采用 Ti 箔和 Ni 箔作为活性金属法时，Ti 箔一定要比 Ni 箔厚，Ni 箔厚度为 10~12μm 为好；也可以在 Ti 箔表面镀一层 10~17μm 的 Ni 层，以保证进行 Al_2O_3 陶瓷的钎焊时，能够得到 Ti-Ni 共晶体来提高对 Al_2O_3 陶瓷的润湿性。

将工件装配好以后，施加一定的压力，以保证组合件紧密接触。

3）钎焊参数。真空度小于 6.7×10^{-3} Pa，加热温度 985~1000℃，保温时间 3~5min，随炉冷却。加热温度不要低于 985℃，当加热到 965℃时，对陶瓷的润湿性不佳；而且形成金属间化合物 Ti_2Ni 较多，接头脆性较大。当加热温度提高到 985℃时，金属间化合物 Ti_2Ni 较少，与陶瓷结合良好。但是，当加热温度达到 1050℃时，钎缝将形成大量疏松，降低接头致密性和接头强度。

2. Ti-Ni-Ag 活性金属法焊接 Al_2O_3 陶瓷与 Ni

此法是在 Ti-Ni 法的基础上加入 Ag 形成的，加入 Ag 的目的是降低钎焊温度。实际上，它是将 100μm 厚的 Ag 箔和 2μm 厚的 Ti 箔夹在 Al_2O_3 陶瓷与 Ni 母材之间，并且施加一定压力，使之紧密接触，在真空炉或者氩气保护之下加热 1000℃，保温 7min，这样就可以得到良好的结果，其接头致密性良好，接头强度可以达到 140MPa。图 3-86 给出了钎焊接头区的元素分布。

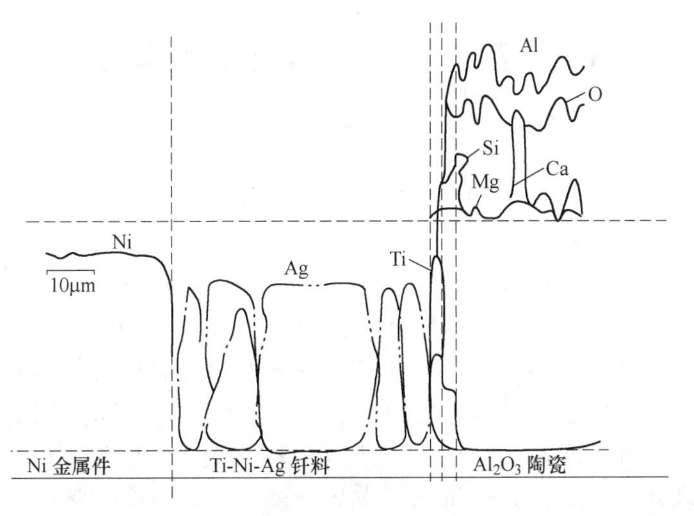

图 3-86　Ti-Ni-Ag 活性金属法钎焊 Al_2O_3 陶瓷与 Ni 接头的元素分布

也可以制成 Ti-Ni-Ag 薄片使用，夹在 Al_2O_3 陶瓷与 Ni 中间作为钎料，在真空炉中加热熔化并保温后，以润湿 Al_2O_3 陶瓷，形成牢固的 Al_2O_3 陶瓷与 Ni 接头。

3. 采用 Ag-Cu-Ti 钎料钎焊 Al_2O_3 陶瓷与 Ni

Al_2O_3 陶瓷的化学成分为 44. 3Al_2O_3-29. 5ZrO_2-14. 3SiO_2-1. 9CaO（质量分数），此外，还有微量其他氧化物，Ni 为质量分数 99. 5%的纯 Ni。钎料是采用粉末以乙二醇调和而成的。

从 Ag-Cu-Ti 三元合金相图知道，其熔点在 800~900℃，所以，钎焊温度应当在 800℃以上。由于钎料由三种粉末组成，钎焊温度在 1000℃以下，钎料并不熔化，无法进行钎焊。只有温度达到 1000℃，Ag 熔化以后，Cu 和 Ti 才可以熔入液态 Ag 中形成液态合金作为钎料。因此钎焊温度应当超过 1000℃。试验表明，钎焊温度 1000℃的接头抗剪强度只有 2. 36MPa，而钎焊温度增加到 1025℃，接头抗剪强度就增加到 26. 3MPa。

3. 5. 2　Al_2O_3 陶瓷与 Ni 合金的焊接

Ni 合金与 Al_2O_3 陶瓷的界面能大小是能否实现 Al_2O_3 陶瓷与 Ni 合金直接焊接的决定性因素。如果是含有 Ti、Cr 等活性元素的 Ni 合金，随着 Ni 合金中 Ti、Cr 含量的增加，其与 Al_2O_3 陶瓷的界面能降低，如图 3-87 和图 3-88 所示。界面能的降低，润湿角就减小，即润湿性提高，焊接性改善，焊接容易。

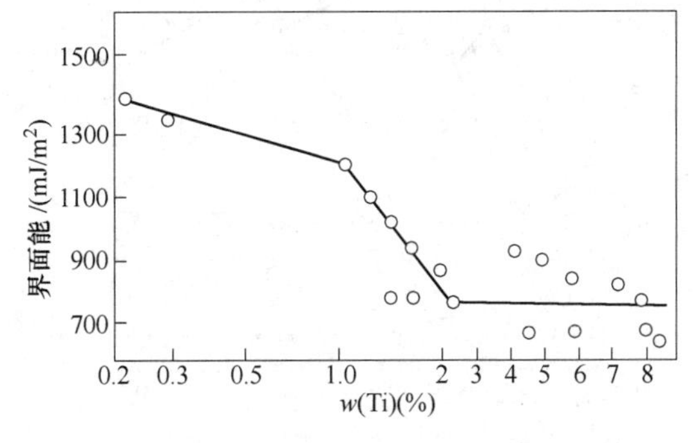

图 3-87　Ni-Ti 合金中的 Ti 含量对其对 Al_2O_3 陶瓷界面能的影响

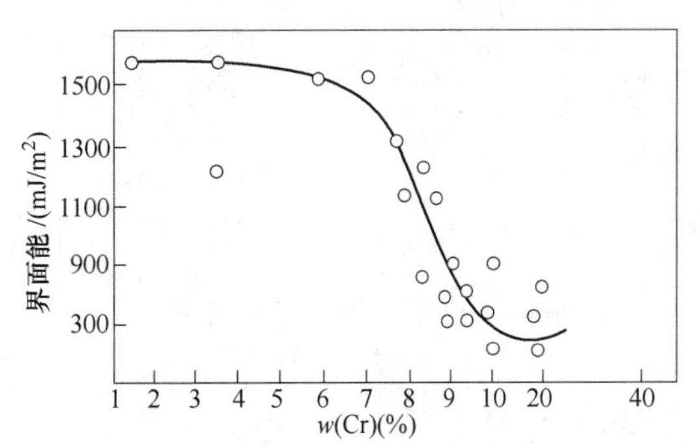

图 3-88　Ni-Cr 合金中的 Cr 含量对其对 Al_2O_3 陶瓷界面能的影响

3.6 Al_2O_3 陶瓷与 Ti 及其合金的焊接

3.6.1 Al_2O_3 陶瓷与 Ti 的钎焊

1. 采用 Ag-Cu-Ti 系合金作为钎料进行 Al_2O_3 与金属钛的钎焊

高纯度 Al_2O_3 陶瓷具有较高的强度和优良的耐热、耐腐蚀性能，而且有独特的电绝缘性能，因此，作为结构陶瓷和电绝缘材料得到了比较广泛的应用。与其他金属相比，钛与 Al_2O_3 陶瓷具有比较接近的线胀系数，而且焊接性较好，钛是高纯度 Al_2O_3 陶瓷器件的导电引线材料。但是，一般情况下，先将 Al_2O_3 陶瓷表面金属化之后，再进行 Al_2O_3 与金属钛的钎焊，即两步法钎焊。现在要进行 Al_2O_3 与金属钛的直接钎焊。

（1）材料　母材选用纯度为 99.9%的 Al_2O_3 陶瓷和工业纯钛 TA2，钎料采用 Ag-Cu-Ti 系合金，成分为 Ag-Cu 系共晶合金+质量分数 2%~3%的 Ti 的 60~105μm 薄片作为钎料。

（2）钎焊工艺

1）钎焊前准备。母材钛经过细砂纸（2000 号）打磨，Al_2O_3 陶瓷采用打磨和自然表面两种表面状态。母材和钎料都要经过丙酮和酒精的超声波清洗。

2）钎焊参数。钎焊在真空炉中进行。真空度为 $9.0\times10^{-3}\sim2.0\times10^{-2}$ Pa，加热速度为 20℃/min，钎焊温度为 800~930℃，保温时间为 5~60min，随炉冷却。

（3）接头强度和组织特征

1）接头强度。图 3-89 所示为钎料厚度 60μm、氧化铝陶瓷自然表面、保温时间 20min 的钎焊温度对接头抗剪强度的影响。图 3-90 所示为不同钎焊温度、不同氧化铝表面状态、保温时间对接头抗剪强度的影响。从这两个图中可以看到，钎焊温度在 825~875℃、保温时间在 20min 左右、Al_2O_3 陶瓷是自然表面（未经打磨）的条件下，接头抗剪强度最高，可以达到 120MPa 以上。

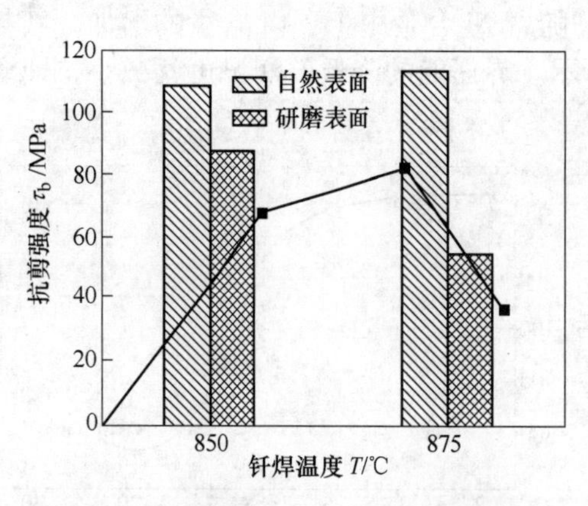

图 3-89　钎料厚度 60μm、Al_2O_3 陶瓷自然表面、保温时间 20min 钎焊温度对接头抗剪强度的影响

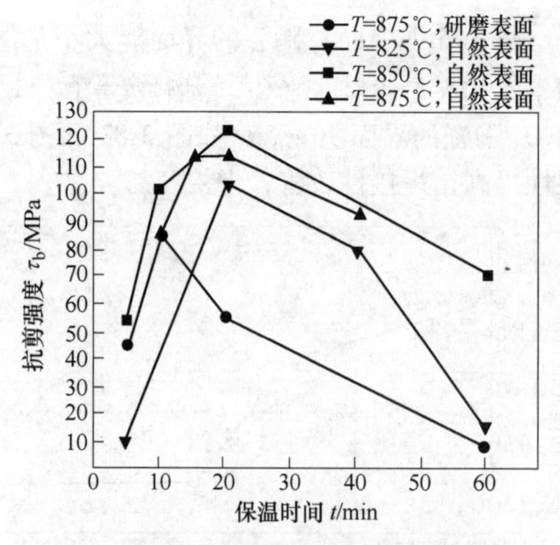

图 3-90　不同钎焊温度、不同氧化铝表面状态、保温时间对接头抗剪强度的影响

2）接头组织和界面反应。图 3-91 给出了钎焊温度 875℃、保温时间 15min 钎焊接头组织的背散射图像。表 3-28 给出了图 3-91 中各点的能谱分析结果。图 3-92 所示为抗剪试样靠近钛母材附近断口表面 X 射线衍射分析的结果。

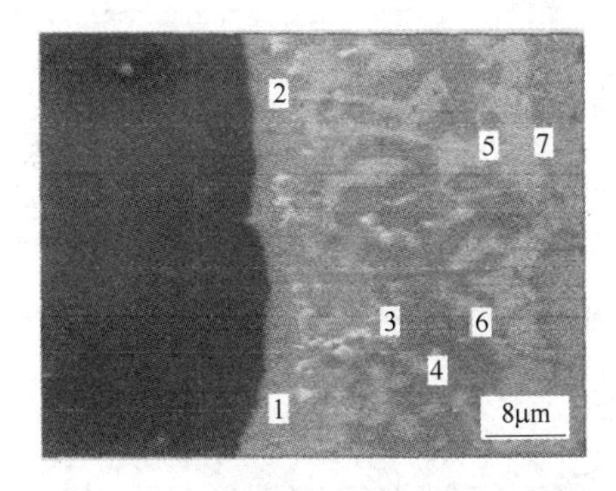

图 3-91　钎焊温度 875℃、保温时间 15min 钎焊接头组织的背散射图像

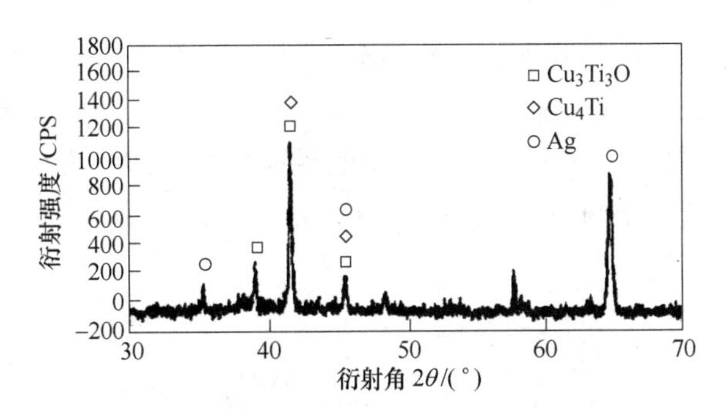

图 3-92　抗剪试样靠近钛母材附近断口表面 X 射线衍射分析的结果

表 3-28　图 3-91 中各点的能谱分析结果（质量分数）　（%）

元素	O	Al	Ti	Cu	Ag
1	18.02	11.71	43.72	24.95	1.60
2	20.25	10.76	39.65	23.82	5.53
3	16.19	5.76	76.59	0.00	1.46
4	18.55	5.26	74.59	0.00	1.60
5	0.00	2.15	66.39	24.83	6.63
6	0.00	4.11	64.41	24.81	6.67
7	0.00	1.45	88.26	19.89	3.14

从这些分析中，结合 Ti-Cu 二元合金相图（见图 3-84），接头中的组织分布应该是 Al_2O_3 陶瓷/Cu_3Ti_3O+Cu_4Ti/Ag+Ti_2Cu/α-Ti+Ti_2Cu/α-Ti(Cu)/Ti。随着钎焊温度和保温时间的不同，各相应区的宽度是不同的，随着钎焊温度和保温时间的增大，其反应层厚度增大。接头抗剪强度从提高到减小，存在一个最佳钎焊温度和保温时间，以及对应的最佳反应层厚度。

2. 采用 Cu-Ti 活性金属法来钎焊 Al_2O_3 陶瓷与金属 Ti

（1）焊接机理　这种方法实际上是将 Cu 箔夹在 Al_2O_3 陶瓷与金属 Ti 之间，加热到 870℃，使得 Ti-Cu 形成共晶型液体，在陶瓷表面产生润湿而达到焊接的目的。

（2）钎焊工艺　Ti 箔、Al_2O_3 陶瓷与金属 Ta 都要进行清洗、干燥，在真空炉中加热 900℃，保温 15min，除气。然后在真空炉中进行钎焊，真空度大于 6.7×10^{-3}Pa，加热温度为 900~1120℃，保温 2~5min。钎焊条件是：真空度大于 6.7×10^{-3}Pa，加热温度 960℃，保温 2min。这种方法得到的质量分数为 95% 的 Al_2O_3 陶瓷与金属的钎焊接头强度可以达到 77.6MPa，接头气密性良好。

3. 采用 Ni-Ti 活性金属法来钎焊 Al_2O_3 陶瓷（蓝宝石，即 α-Al_2O_3）与金属 Ti

（1）钎焊参数　真空条件下加热温度 1000℃，保温时间 5min，Ni 箔厚度 15μm，可以得到良好的结果。

(2) 接头区元素分布　图 3-93 所示为采用 Ni-Ti 活性金属法来钎焊 Al_2O_3 陶瓷（蓝宝石，即 α-Al_2O_3）与金属时，Ti 的元素分布。图中 *A* 为蓝宝石母材，*G* 为金属 Ti 母材；*B*、*C* 之 Al 层及 O_2 层迅速降低为零，但是 Ti 在 *C* 处出现峰值，而 Ni 在 *D* 层出现峰值，这说明 Ti 比 Ni 更为活泼。

(3) 接头区组织分布　图 3-94 所示为采用 Ni-Ti 活性金属法来钎焊 Al_2O_3 陶瓷（蓝宝石，即 α-Al_2O_3）与金属 Ti 的组织分布。与图 3-94 的元素分布相对应，Ti 能够越过 Ni 层扩散到 Al_2O_3 陶瓷与中间层的界面处，与陶瓷发生反应，形成 Ti-O、Ti-Al-O 化合物，而在陶瓷与中间层的界面靠近中间层出现了 Ti-Ni 金属间化合物。

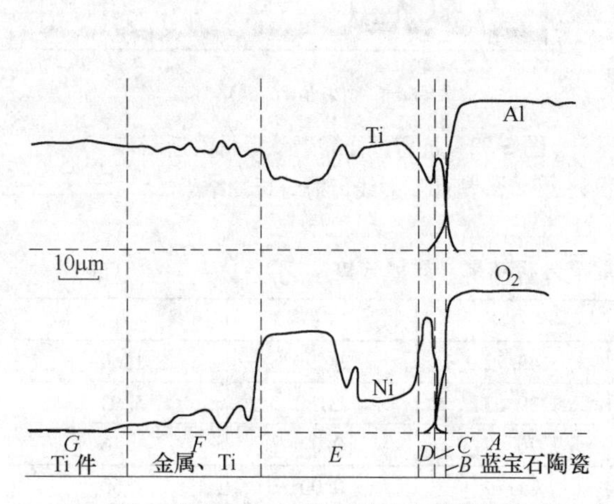

图 3-93　采用 Ni-Ti 活性金属法来钎焊蓝宝石（α-Al_2O_3 陶瓷）与金属 Ti 的元素分布

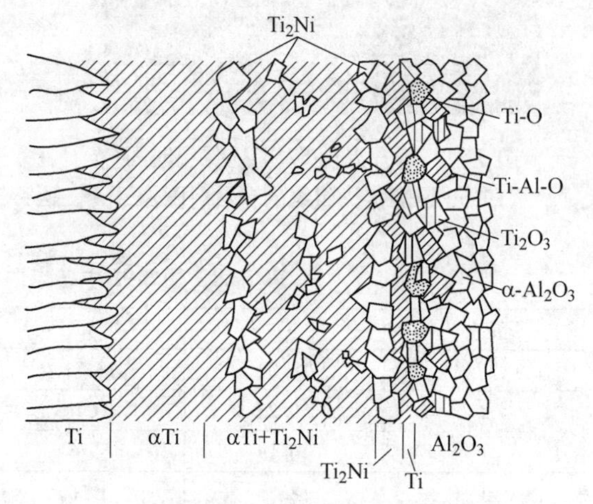

图 3-94　采用 Ni-Ti 活性金属法来钎焊蓝宝石（α-Al_2O_3）与金属 Ti 的组织分布

4. 采用 Ni-Ti-Cu 活性金属法来钎焊 Al_2O_3 陶瓷与金属 Ti

可以在 Ni 的质量分数为 28.5%或者 33%的 Ni-Ti 合金中加入质量分数 10%的 Cu，也可以在厚度为 10~20μm 的 Ni 箔表面镀上一层 Cu，然后夹在陶瓷与金属 Ti 之间进行钎焊。钎焊参数为在真空炉中加热到 900~980℃，保温 5min，可以获得致密性好和强度较高的接头。

3.6.2　Al_2O_3 陶瓷与 Ti 的扩散焊

由于 Ti 是活性金属，因此，从理论上来说，Al_2O_3 陶瓷与 Ti 的扩散焊并不是十分困难的，重要的是在焊前准备、焊接过程中和焊后防止 Ti 的氧化，这些是获得良好接头的关键。

1. 焊前准备

焊前必须对陶瓷表面加以研磨、抛光、清洗（用丙酮或者酒精）。Ti（或者 Ti-Ta 合金，由于 Ti-Ta 合金是无限固溶合金，因此其焊接性能与 Ti 接近）必须先做退火处理，再进行表面处理。

2. 焊接工艺

为了减小加热过程中的应力，必须严格控制升温速度，一般应以 10℃/min 的升温速度加热，尤其是在 500~900℃这个裂纹敏感性很高的温度区间，更要特别注意。冷却速度也要控制，一般应控制在 15℃/min。

扩散焊的加热温度应当以两种母材中熔点较低材料熔点（*K*）的0.5~0.7为宜，保温时间可以在20~30min，工件厚大的保温时间可以长一点，薄小件可以短一点。焊接要在真空中或者氩气保护中进行。图3-95所示为 Al_2O_3 陶瓷与Ti的扩散焊接头示意图，能够在陶瓷界面上形成 $TiAl_3$ 金属间化合物是结合良好的主要标志。

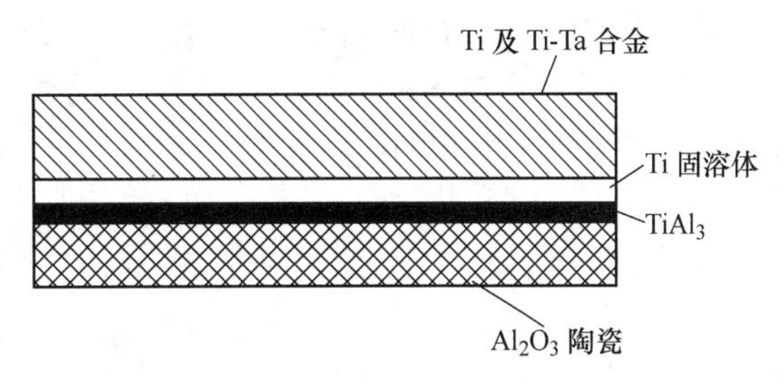

图3-95 Al_2O_3 陶瓷与Ti的扩散焊接头示意图

3.7 Al_2O_3 陶瓷与高熔点金属之间的焊接

Al_2O_3 陶瓷与高熔点金属（W、Mo、Nb等）之间的焊接，宜采用功率3kW，加速电压150kV，最大的电子束电流20mA，用电子束聚焦直径0.25~0.27mm的高压电子束焊机进行真空电子束焊；也可以用厚度0.5mm的Nb片作为中间过渡层进行两个半透明 Al_2O_3 陶瓷之间对接的电子束焊；还可以对 $\phi 1.0$mm的钼丝与 Al_2O_3 陶瓷进行电子束焊。

3.7.1 Al_2O_3 陶瓷与Ta的焊接

采用Cu-Ti活性金属法来钎焊 Al_2O_3 陶瓷与金属Ta。

1. 焊接机理

这种方法实际上是将Ti箔和Cu箔或者Ti粉制成的膏体夹在 Al_2O_3 陶瓷与金属Ta之间，加热到870℃，使得Ti-Cu形成共晶型液体，在陶瓷表面产生润湿而达到焊接的目的。

2. 钎焊工艺

Ti箔、Al_2O_3 陶瓷与金属Ta都要进行清洗、干燥，在真空炉中加热900℃，保温15min，除气。然后在真空炉中进行钎焊，真空度大于 6.7×10^{-3}Pa，加热温度900~1120℃，保温2~5min。采用Ti涂层时，其厚度约为50μm，真空度大于 6.7×10^{-3}Pa，加热温度960℃，保温2min。这种方法得到的质量分数为95%的 Al_2O_3 陶瓷与金属Ta的钎焊接头强度可以达到75.5MPa，接头气密性良好。

3.7.2 Al_2O_3 陶瓷与Nb的焊接

1. Al_2O_3 陶瓷与Nb的钎焊

（1）采用氧化物钎料钎焊　采用氧化物钎料钎焊的方法主要是使得金属母材表面被氧化，再使用熔化的氧化物钎料（一般是高于钎料熔点60~100℃，保温5min）将表面氧化以后的Nb与 Al_2O_3 陶瓷连接起来。

在Nb的表面涂上一层 WO_3，并在真空下加热到1550℃进行烧结，使其表面形成一层粗糙的海绵层，这个海绵层增大了氧化物钎料液相的润湿能力。同时，WO_3 还能分解出氧，形成Nb的氧化物，提高了Nb与氧化物钎料的结合能力，增大了接头强度。

还可以在Nb的表面涂渗Si，它事先将纯度达到99.99%的Si粉，涂在Nb的表面上，然后在真空中加热1400℃，保温20~30min进行烧结，在Nb的表面上形成一层银灰色的烧结层。这是因为在 Nb 表面上渗 Si 以后，在烧结过程中，Nb 与 Si 反应可以形成 Nb_5Si_3 及 $NbSi_2$ 化合物（见图 3-96），同时还能形成 Nb-Si 固溶体，以及 SiO_2。这样就大大提高了 Al_2O_3 陶瓷与 Nb 的钎焊接头强度。

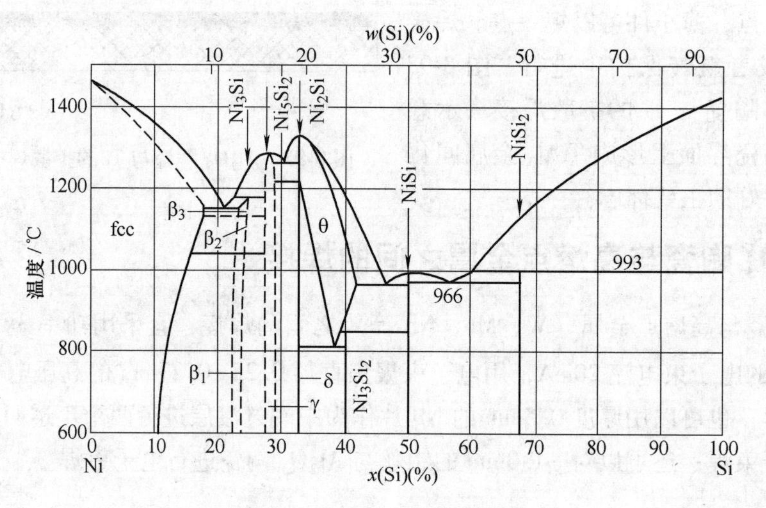

图 3-96　Nb-Si 二元合金相图

（2）采用 Ag-Cu-Ti 活性钎料钎焊 Al_2O_3 陶瓷与 Nb

1）材料。采用 Ag72-Cu28 共晶钎料加上一定量的活性元素 Ti，比如采用（Ag72-Cu28）97-Ti3，形成 Al_2O_3 陶瓷/（Ag72-Cu28）97-Ti3/Nb 接头。Al_2O_3 陶瓷的质量分数为 96%，Nb 的质量分数为 99.9%。

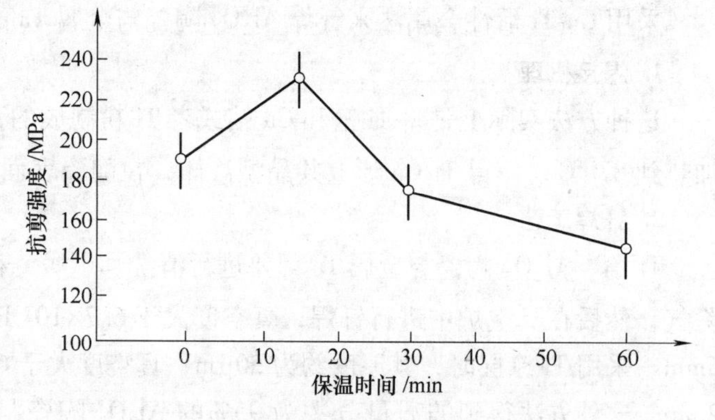

图 3-97　保温时间对接头抗剪强度的影响

2）钎焊工艺。Al_2O_3 陶瓷与 Nb 经过研磨、抛光、清洗和干燥后，装配进入真空度为 3×10^{-2}Pa 的炉中进行钎焊。钎焊温度 770～1120℃，保温时间 3～60min，加热和冷却速度为 10℃/min。

3）接头抗剪强度和结合界面的组织。在加热温度 820℃ 和保温时间 15min 时，有最佳的钎焊接头强度，这时的接头抗剪强度为 223MPa。图 3-97 和图 3-98 所示分别为保温时间和钎焊温度对接头抗

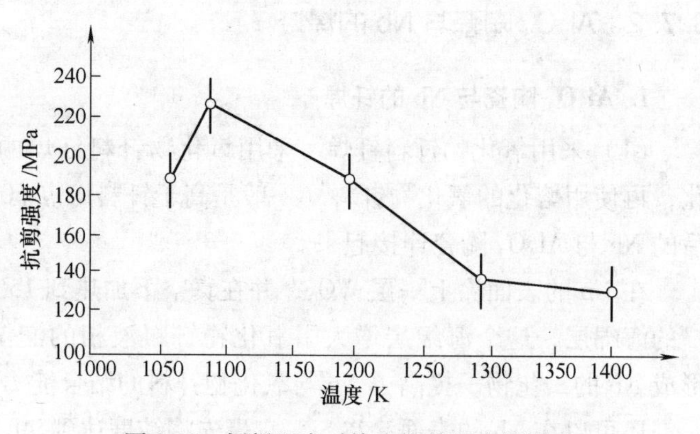

图 3-98　钎焊温度对接头抗剪强度的影响

剪强度的影响。图3-99所示为采用Ag-Cu-Ti活性钎料钎焊 Al_2O_3 陶瓷与Nb的结合界面的组织。

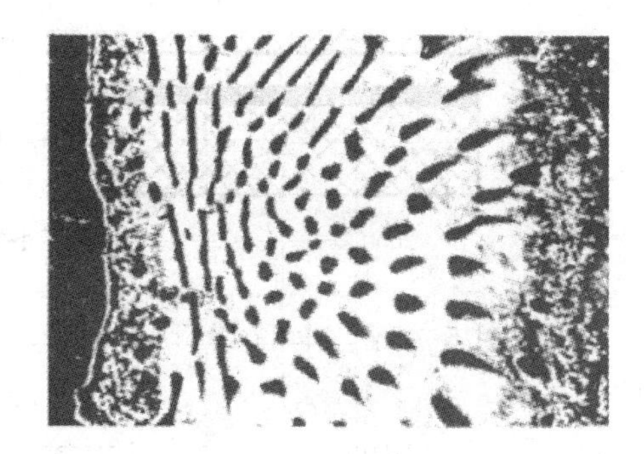

图3-99 采用Ag-Cu-Ti活性钎料钎焊 Al_2O_3 陶瓷与Nb的结合界面的组织（820℃×15min）

（3）采用Ni-Ti作为钎料的钎焊

1）材料。Al_2O_3 陶瓷与Nb的纯度都是99%，钎料为质量分数30%~50%的Ti-Ni合金，钎料熔点为1250℃。

2）钎焊工艺。钎焊温度1270~1350℃，保温20min，真空度 3×10^{-2} Pa，焊后随炉冷却。

3）钎料在 Al_2O_3 陶瓷上的润湿性。图3-100给出了1350℃时Ni-Ti钎料在 Al_2O_3 陶瓷上的润湿性。

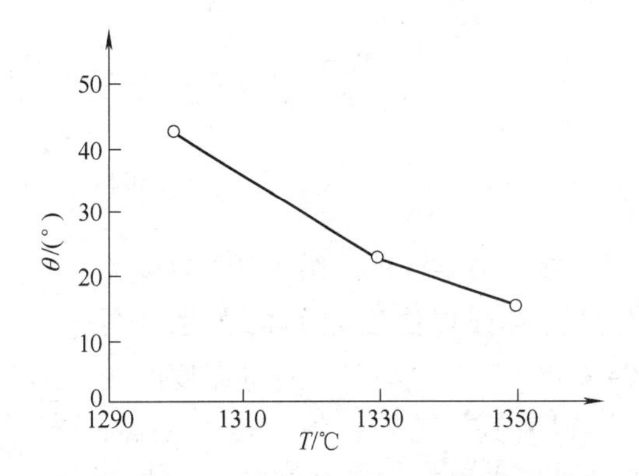

图3-100 1350℃时Ni-Ti钎料在 Al_2O_3 陶瓷上的润湿性

4）接头组织。图3-101所示为 Al_2O_3 陶瓷/Ni-Ti/Nb在1350℃，保温20min得到钎焊接头的X射线衍射分析的结果。接头组织为 Al_2O_3 陶/Al_2O_{3-x} 陶/TiO/Ti_2O/Ti_2(Ni，Nb)/Nb_2(Ni，Ti)/Ti_2(Ni，Nb)/Nb，其中 Al_2O_{3-x} 是由 Al_2O_3 与Ti反应导致 Al_2O_3 缺氧产生的。可以看到，在 Al_2O_3 陶瓷侧形成TiO（反应 $Al_2O_3+x\text{Ti}\rightarrow Al_2O_{3-x}+x\text{TiO}$）是实现 Al_2O_3 陶瓷与Nb钎焊的关键，Ni-Ti钎料与Nb的连接是没有问题的，因为Ti-Nb能够无限固溶（见图3-102）。

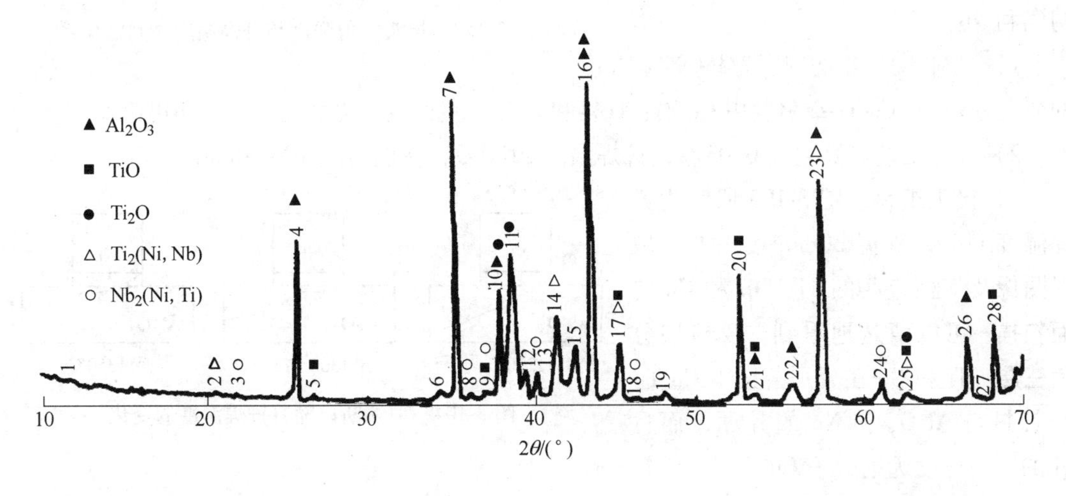

图3-101 Al_2O_3 陶瓷/Ni-Ti/Nb在1350℃，保温20min得到钎焊接头的X射线衍射分析的结果

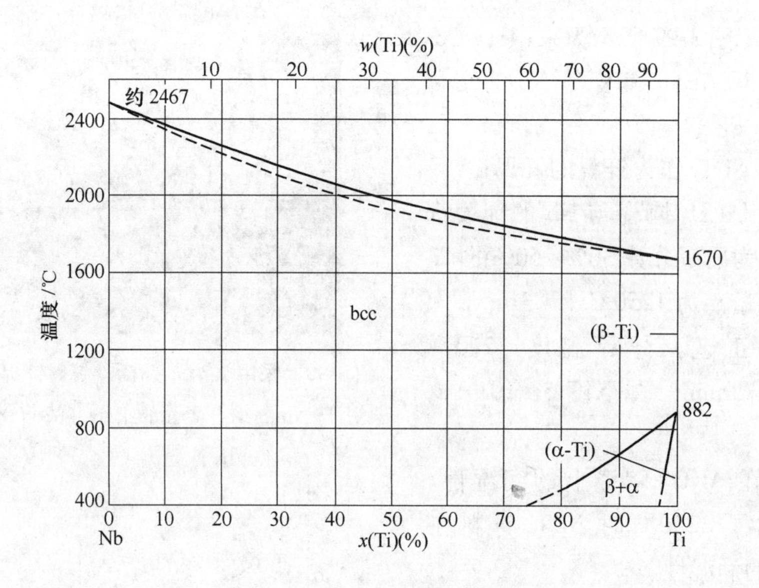

图 3-102 Ti-Nb 二元合金相图

5）接头力学性能。图 3-103 为接头抗剪强度与钎焊温度之间的关系，图 3-104 给出了剪切断口随着钎焊温度的变化。可以看到，随着钎焊温度的提高，接头抗剪强度提高，断口也逐渐由陶瓷向钎缝转移，这是由于钎焊温度提高，使得 Nb 大量熔入钎料，线胀系数逐渐接近陶瓷而缓解接头残余应力的结果。

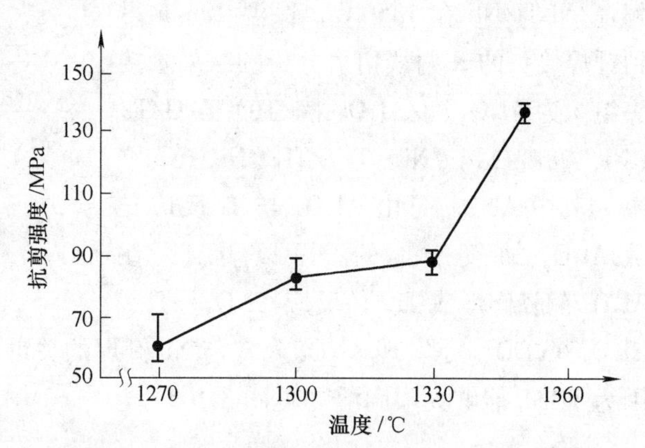

图 3-103 接头抗剪强度与钎焊温度之间的关系

（4）采用 Cu-Ti-Zr 钎料钎焊 Al_2O_3 陶瓷和 Nb

1）材料。Al_2O_3 的纯度为 99.9%，Nb 的纯度为 99%，Cu-Ti-Zr 钎料由 Cu 箔、Ti 箔和 Zr 箔炼制而成，化学成分为 77Cu18Ti5Zr。

2）钎焊工艺。真空度 0.03Pa，钎焊温度 1100℃，保温时间 10~60min。

3）接头组织。图 3-105 所示为钎焊温度 1100℃保温 30min 接头的背散射图像及其相应区的 Ti、Nb 和 Cu 的面扫描。可以清楚地看到，反应层分为三层：Ti 和 Cu 在分别富集于 Cu-Ti-Zr 钎料与 Al_2O_3 和 Nb 的界面，而且 Ti 的富集程度远远大于 Cu。

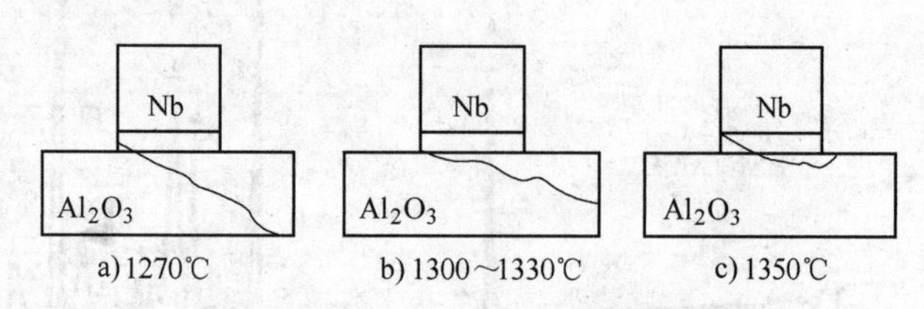

图 3-104 剪切断口随着钎焊温度的变化

图 3-106 所示为钎料 70Cu25Ti5Zr 在钎焊温度 1100℃保温 10min 时 Al_2O_3 陶瓷和 Nb 钎焊接头的背散射图像，表 3-29 为图 3-106 中对应各点能谱分析的结果，图 3-107 所示为其

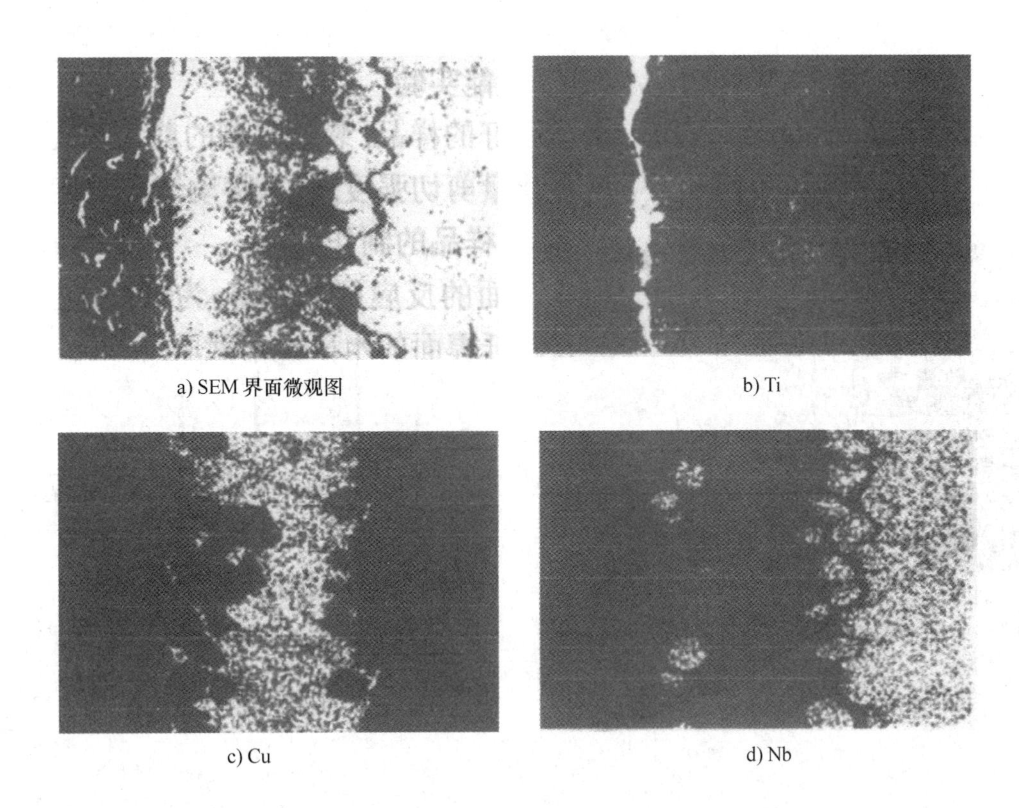

图 3-105　钎焊温度 1100℃保温 30min 接头的背散射图像及其相应区的 Ti、Nb 和 Cu 的面扫描

70Cu25Ti5Zr 接头组织 X 射线衍射分析的结果。其接头组织为 Al_2O_3/Cu_2Ti_4O/Ti 固溶体/CuTi/Cu 固溶体+CuTi/Nb(Ti，Zr)/Nb。可以看出，Ti 在接头形成中起到主导作用，而 Ti、Nb、Zr 三者互为无限固溶，因此，Cu-Ti-Zr 钎料对 Nb 也能够发生固溶而形成界面结合。

表 3-29　图 3-106 中对应各点能谱分析的结果

区域 \ 元素	Ti	Cu	Al	O	Nb	Zr
a	48.2	30.2	4.8	7.4	2.3	7.1
b	82.4	2.3	0.6	3.4	2.6	8.7
c	52.8	31.4	0.3	6.3	3.6	5.6
d	6.3	86.1	0.0	0.0	1.7	5.9
e	42.4	37.3	7.6	5.2	4.5	2.0
f	7.7	6.6	0.0	0.0	78.5	7.2

4）接头抗剪强度。图 3-108 给出了钎料 77Cu18Ti5Zr 在钎焊温度 1100℃时 Al_2O_3 和 Nb 钎焊接头的抗剪强度。

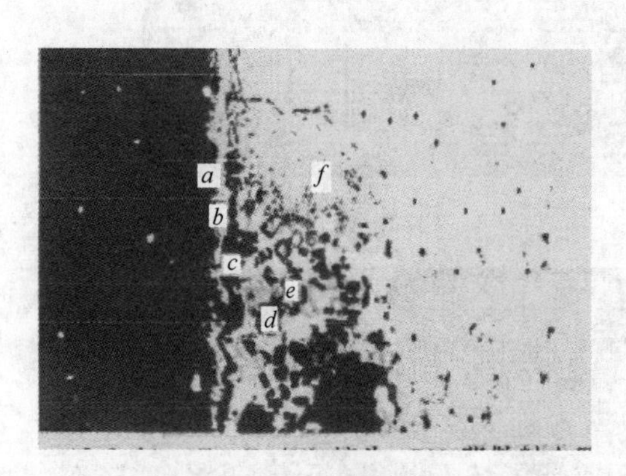

图 3-106 钎料 70Cu25Ti5Zr 在钎焊温度 1100℃保温 10min 时 Al_2O_3 陶瓷和 Nb 钎焊接头的背散射图像

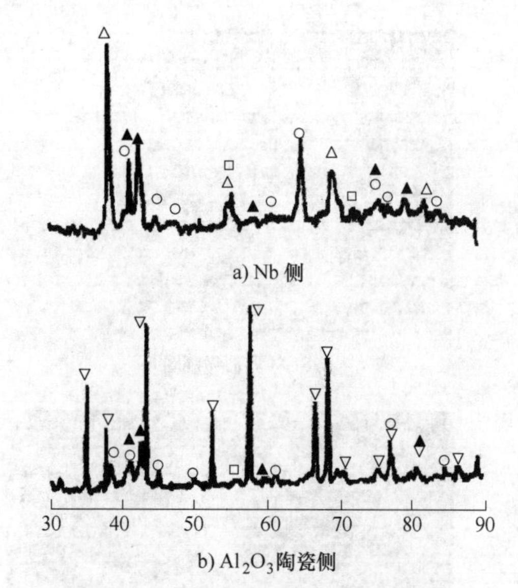

图 3-107 钎料 70Cu25Ti5Zr 接头组织 X 射线衍射分析的结果

▽—Al_2O_3 △—Nb ○—Cu_2Ti_4O ▲—CuTi □—Ti

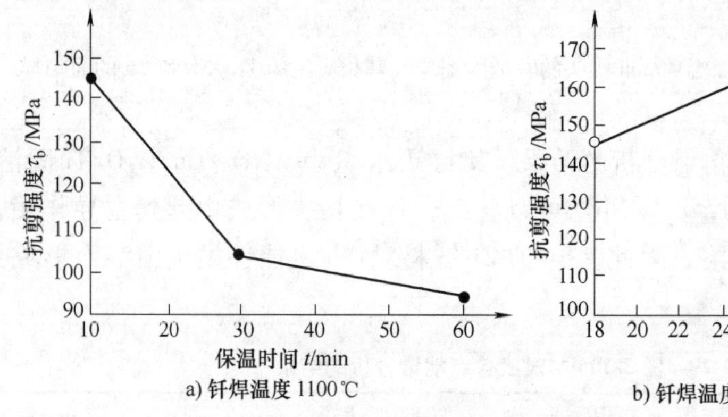

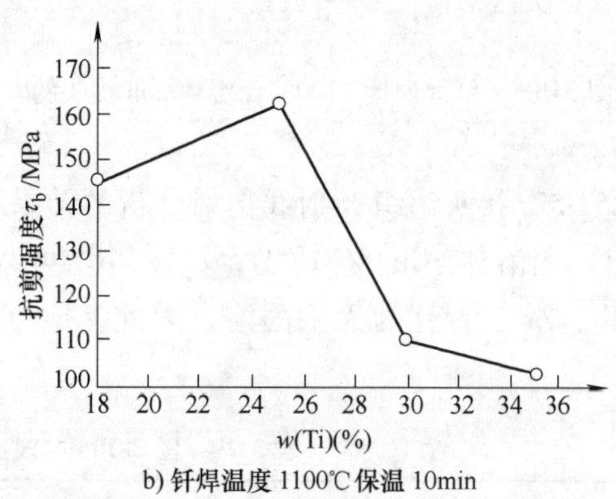

图 3-108 钎料 77Cu18Ti5Zr 在钎焊温度 1100℃时 Al_2O_3 和 Nb 钎焊接头的抗剪强度

2. Al_2O_3 陶瓷与 Nb 的直接电子束焊接

采用高纯度（99.97%）的 Al_2O_3 陶瓷与 Nb 进行直接电子束焊接，其接头形式在图 3-109 中给出，图 3-110 为高纯度（99.97%）的 Al_2O_3 陶瓷的显微组织，可见其显微组织相当致密，无任何缝隙。

（1）焊前准备 Al_2O_3 陶瓷与 Nb 在焊前都要进行研磨、抛光，再用丙酮清洗。

（2）电子束焊接工艺 为了缓解接头的残余应力，焊前先将装配好的陶瓷与 Nb 结合的工件预热到 1500℃左右，然后放入电子束焊机中，真空度控制在 133.3×10^{-4}Pa。焊接过程中，先用小电流（1~2mA）的电子束散焦打在 Nb 上，使其温度上升。经过 4~5min 后，再使散焦打在 Al_2O_3 陶瓷及 Al_2O_3 陶瓷与 Nb 的结合部，并且逐步增大电子束电流到 6~10mA。温度升高到 2000℃时，可以使得 Al_2O_3 陶瓷与 Nb 的结合部熔化，从而形成接头。焊后随炉

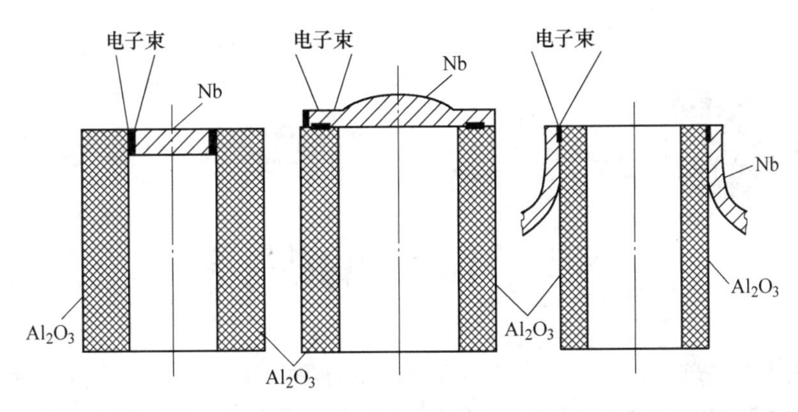

图 3-109　高纯度（99.97%）的 Al_2O_3 陶瓷与 Nb 直接电子束焊接接头形式

冷却，以免接头产生裂纹。

焊接参数为加速电压 25kV，电子束电流 6～12mA，焊接速度 250mm/min。

（3）接头组织和性能　图 3-111 给出了高纯度（99.97%）的 Al_2O_3 陶瓷与 Nb 进行直接电子束焊接的接头组织。

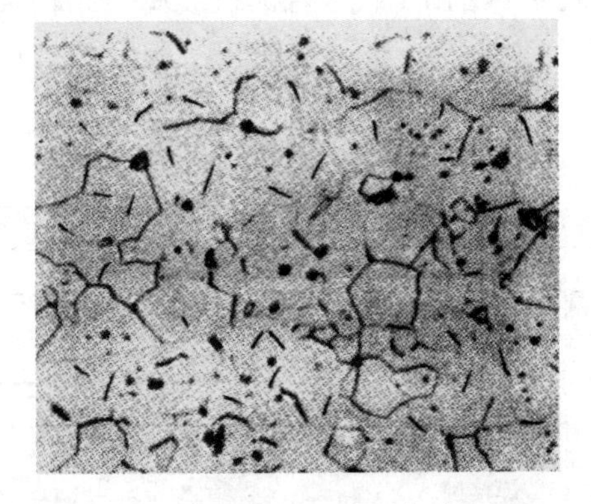

图 3-110　高纯度（99.97%）的 Al_2O_3 陶瓷的显微组织

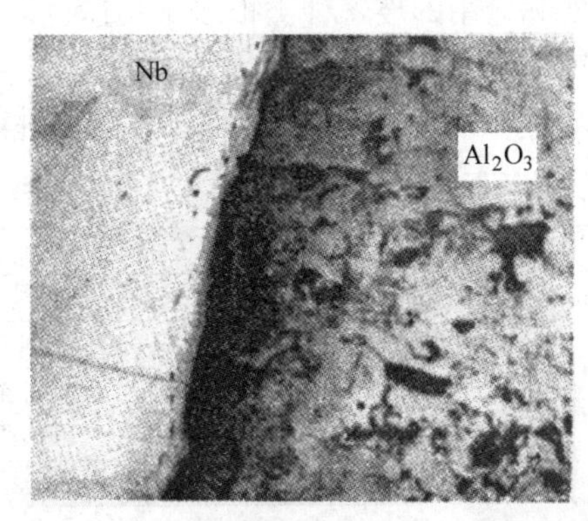

图 3-111　高纯度（99.97%）的 Al_2O_3 陶瓷与 Nb 进行直接电子束焊接的接头组织（300×）

第4章

SiO_2 陶瓷的焊接

SiO_2 陶瓷主要是玻璃，因此本章主要介绍玻璃的焊接。

二氧化硅与其他成分的不同配合，可得到不同的二氧化硅陶瓷，即不同成分和性能的玻璃。玻璃的一个共同特点就是有一个软化温度区间。

4.1 概述

4.1.1 玻璃的成分和性能

实际应用的玻璃种类很多，用途也多种多样，表4-1给出了代表性无机玻璃（结构玻璃和功能玻璃）的主要成分及其用途。表4-2和表4-3给出了一些玻璃的化学成分和物理性能，表4-4给出了电真空玻璃的成分和性能。

表4-1 代表性无机玻璃的主要成分及其用途

玻璃种类		成分	用途
结构玻璃		SiO_2（单纯氧化物）	石英玻璃，光纤玻璃
		SiO_2-Na_2O-CaO（硅酸盐玻璃）	平板玻璃，容器用玻璃
		SiO_2-Al_2O_3（铝硅酸盐玻璃）	高压水银灯玻璃，物理化学用燃烧管
		SiO_2-Na_2O-B_2O_3（硼硅酸盐玻璃）	Pyrex耐热玻璃
		SiO_2-Na_2O-B_2O_3（硼硅酸盐玻璃）	多孔石英玻璃及Vycor耐热玻璃的原料
		B_2O_3-PbO、B_2O_3-ZnO-PbO（硼酸盐玻璃）	焊接用玻璃
		SiO_2-Na_2O-ZrO_2-Al_2O_3	水泥强化用玻璃纤维
		SiO_3N_4-SiO_2-Al_2O_3（氮氧玻璃）	—
功能玻璃	光纤玻璃	SiO_2、SiO_2-B_2O_3、SiO_2-GeO_2	光通信用纤维
	光色玻璃	SiO_2-Na_2O-Al_2O_3-B_2O_3+卤化银结晶	眼镜用镜片
	玻璃激光器	SiO_2-BaO-K_2O-Nd_2O_3	激光核融钢铁材料
	导电玻璃	AgI-Ag_2O-P_2O_5	—
	高强度玻璃	SiO_2-MgO-Al_2O_3	调频绝缘体，IC基板
	低热膨胀玻璃	SiO_2-Li_2O-Al_2O_3、SiO_2-TiO_2	家庭用品热交换器大型反射镜

表4-2 一些玻璃的化学成分

玻璃种类	化学成分（质量分数,%）							
	SiO_2	Na_2O	K_2O	CaO	PbO	B_2O_3	Al_2O_3	MgO
苏打石灰玻璃	70~75	12~18	0~1	5~14	—	—	0.5~1.5	0~4
硅硼玻璃	73~82	3~10	0.4~1	0~1	0~10	5~20	2~3	—
氧化硅玻璃	96	—	—	—	—	3	—	—
石英玻璃	99.8	—	—	—	—	—	—	—
铅玻璃	53~67	5~10	1~10	0~6	20~40	—	—	—

表 4-3　一些玻璃的物理性能

玻璃种类	密度 /(g/cm^3)	线胀系数 /$10^{-3}K^{-1}$	软化温度 /℃	折射率指数	弹性模量 /MPa	抗拉强度 /MPa
苏打石灰玻璃	2.47	9.00	693	1.512	67570	27.57~68.95
碱化铅玻璃	2.84	9.00	627	1.542	62050	27.57~68.95
硅硼玻璃	2.23	3.24	821	1.474	67570	27.57~68.95
硅铝玻璃	2.50	0.27	1093	1.464	66880	27.57~68.95
石英玻璃	2.20	0.54	1649	1.459	82740	27.57~68.95
96%SiO_2 玻璃	2.18	0.72	1491	1.458	124100	27.57~68.95

表 4-4　电真空玻璃的成分和性能

序号	新牌号	旧牌号	化学成分（质量分数,%）						
			SiO_2	Al_2O_3	PbO	BaO	CaO	B_2O_3	ZnO
1	DW-203	DW-3	70.8±1	1.2±0.5	—	—	—	$25^{+0.5}_{-1.0}$	—
2	DW-211	3C-11	74.8±1	1.4±0.5	—	—	—	$18^{+0.5}_{-1.0}$	—
3	DW-216	No17K	73.0±1	—	6.0±0.5	—	—	$16.5^{+0.5}_{-1.0}$	—
4	DW-217	No17Na	73.0±1	—	6.0±0.5	—	—	$16.5^{+0.5}_{-1.0}$	—
5	DW-270	7070	69.0±1	1.6±0.5	—	—	—	$27.0^{+0.5}_{-1.0}$	—
6	DM-305	3C-5K	67.5±1	3.5±0.5	—	—	—	$20.3^{+0.5}_{-1.0}$	—
7	DM-308	3C-8	66.5±1	3.0±0.3	—	—	—	$23.0^{+0.5}_{-1.0}$	—
8	DM-320	车前灯	68.5±1	3.1±0.5	—	—	—	$20.4^{+0.5}_{-1.0}$	—
9	DM-346	No46	68.5±1	2.5±0.5	—	—	—	$17.2^{+0.5}_{-1.0}$	5.0±0.3
10	DB-401	ъд-1	69.5±1	<1	—	5.0±0.3	5.5±0.5	—	—
11	DB-402	DP-2	69.5±1	1.5±0.5	3.0±0.3	—	5.5±0.5	0.5±0.1	—
12	DB-403	电子 1 号	61.5±1	<1	14.0±0.5	4.0±0.3	3.0±0.3	—	—
13	DB-404	3C-4	55.5±1	1.5±0.5	30.0±1	—	—	—	—
14	DB-413	C-88-13	69.5±1	<1	—	2.0±0.3	5.5±0.5	2.0±0.3	—
15	DB-456	DB-56	62.5±1	3.7±0.5	16.0±0.5	—	2.8±0.3	—	—
16	DB-471	713	67.5±1	5.0±0.5	—	12.0±0.5	—	—	—
17	DB-494	机制白云母	74.0±1	<1	—	—	5.8±0.5	—	—
18	DG-502	DT-2	47.0±1	<1	30.0±1	—	—	—	—
19	DH-704	低熔点玻璃 No4	1.5±0.3	2.5±0.5	77.5±1	—	—	8.5±0.5	10.0±0.5
20	DT-801	DJ-1	67.3±1	1.5±0.5	—	—	7.0±0.5	2.0±0.3	7.0±0.3
21	DT-802	特硬料	82.0±1	1.5±0.5	—	—	—	$12.5^{+0.5}_{-1.0}$	—

序号	新牌号	旧牌号	化学成分（质量分数,%）						
			Na_2O	K_2O	Li_2O	F_2	MoO	CaF_2	Fe_2O_3
1	DW-203	DW-3	0.9±0.1	0.9±0.3	—	—	—	—	—
2	DW-211	3C-11	4.2±0.3	1.6±0.3	—	—	—	—	—
3	DW-216	No17K	3.0±0.3	1.5±0.3	—	—	—	—	—
4	DW-217	No17Na	4.5±0.3	—	—	—	—	—	—
5	DW-270	7070	0.4±0.1	0.8±0.1	—	—	—	—	—
6	DM-305	3C-5K	3.8±0.3	4.9±0.3	—	—	—	—	—
7	DM-308	3C-8	3.7±0.3	3.8±0.3	—	—	—	—	—

（续）

序号	新牌号	旧牌号	化学成分（质量分数,%）						
			Na_2O	K_2O	Li_2O	F_2	MoO	CaF_2	Fe_2O_3
8	DM-320	车前灯	4.0±0.3	4.0±0.3	—	—	—	—	—
9	DM-346	No46	6.8±0.5	—	—	—	—	—	—
10	DB-401	ъд-1	12.5±0.5	4.0±0.3	—	—	3.5±0.3	—	—
11	DB-402	DP-2	15.0±0.5	1.5±0.3	—	—	3.5±0.1	—	—
12	DB-403	电子1号	6.2±0.5	9.0±0.5	—	—	2.0±0.3	—	—
13	DB-404	3C-4	3.8±0.3	9.2±0.5	—	—	—	—	—
14	DB-413	C-88-13	11.0±0.5	6.5±0.5	—	—	3.5±0.3	—	—
15	DB-456	DB-56	—	—	—	—	—	—	—
16	DB-471	713	7.0±0.5	7.0±0.5	0.6±0.1	0.9±0.1	—	—	—
17	DB-494	机制白云母	15.4±0.5	1.2±0.3	—	—	3.6±0.3	—	—
18	DG-502	DT-2	6.0±0.5	12.0±0.5	—	—	—	5.0±0.3	—
19	DH-704	低熔点玻璃No4	—	—	—	—	—	—	—
20	DT-801	DJ-1	14.2±0.5	—	—	—	—	—	<0.2
21	DT-802	特硬料	4.0±0.3	—	—	—	—	—	—

序号	新牌号	旧牌号	理化性能								
			线胀系数 $/10^{-7}K^{-1}$	软化温度 /℃	热稳性 /℃≥	退火上限 /℃	退火下限 /℃	$\tan\delta/10^{-4}$（6MHz, 20℃）≤	T_{k-100} /℃≥	密度 $/(g/cm^3)$	抗水化学稳定性
1	DW-203	DW-3	36.0±1	590±10	240	430±10	380±10	23	370	2.16±0.05	Ⅴ
2	DW-211	3C-11	40.5±1	610±10	230	520±10	385±10	35	300	2.25±0.05	Ⅴ
3	DW-216	No17K	38.0±1	620±10	230	520±10	400±10	22	350	2.30±0.05	Ⅳ
4	DW-217	No17Na	38.0±1	600±10	250	520±10	380±10	28	290	2.35±0.05	Ⅳ
5	DW-270	7070	36.5±1	610±10	250	470±10	360±10	28	370	2.10±0.05	Ⅳ
6	DM-305	3C-5K	49.0±1	575±10	190	535±10	410±10	40	290	2.29±0.05	Ⅴ
7	DM-308	3C-8	48.0±1	575±10	200	500±10	360±10	32	300	2.25±0.05	Ⅴ
8	DM-320	车前灯	47.5±1	575±10	210	520±10	370±10	30	290	2.24±0.05	Ⅴ
9	DM-346	No46	47.0±1	590±10	210	555±10	420±10	57	250	2.60±0.05	Ⅰ
10	DB-401	ъд-1	90.0±2	560±10	110	505±10	400±10	45	210	2.55±0.05	Ⅳ
11	DB-402	DP-2	89.0±2	580±10	120	470±10	330±10	—	200	2.55±0.05	Ⅳ
12	DB-403	电子1号	90.0±1	535±10	108	480±10	360±10	20	320	2.80±0.05	Ⅱ
13	DB-404	3C-4	88.0±2	500±10	110	450±10	360±10	20	325	3.05±0.05	Ⅲ
14	DB-413	C-88-13	89.0±2	580±10	138	500±10	380±10	40	240	2.50±0.05	Ⅳ
15	DB-456	DB-56	89.0±2	520±10	100	470±10	380±10	46	200	2.75±0.05	Ⅲ
16	DB-471	713	89.0±2	515±10	130	450±10	360±10	25	300	2.85±0.05	Ⅱ
17	DB-494	机制白云母	89.0±2	570±10	130	510±10	360±10	95	180	2.47±0.05	Ⅳ
18	DG-502	DT-2	109.0±2	465±10	100	440±10	—	12	310	3.14±0.05	Ⅴ
19	DH-704	低熔点玻璃No4	89.0±2	360±10	—	烧结温度 390±10	熔封温度 410±10	—	300	—	—
20	DT-801	DJ-1	83.0±3	590±10	110	520	440±10	60	210	2.58±0.05	Ⅱ
21	DT-802	特硬料	32.0±1	650±10	280	555±10	420±10	—	260	2.23±0.05	Ⅱ

4.1.2　玻璃的形成条件

晶体和非晶体的形成条件是不同的，伴随着结晶和玻璃化的体积变化，如图 4-1 所示。图 4-2 所示为玻璃的转变曲线。

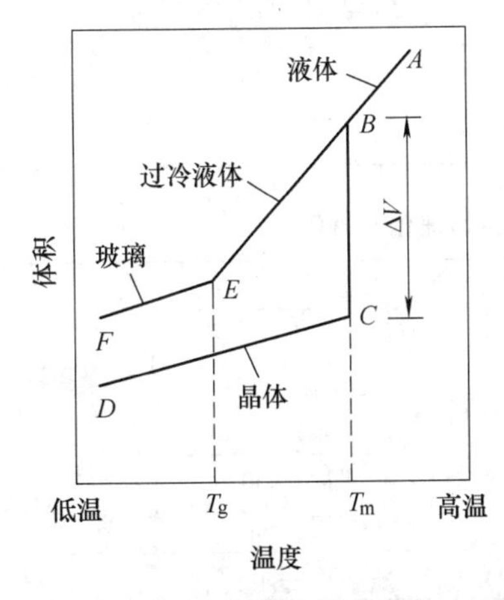

图 4-1　伴随着结晶和玻璃化的体积变化

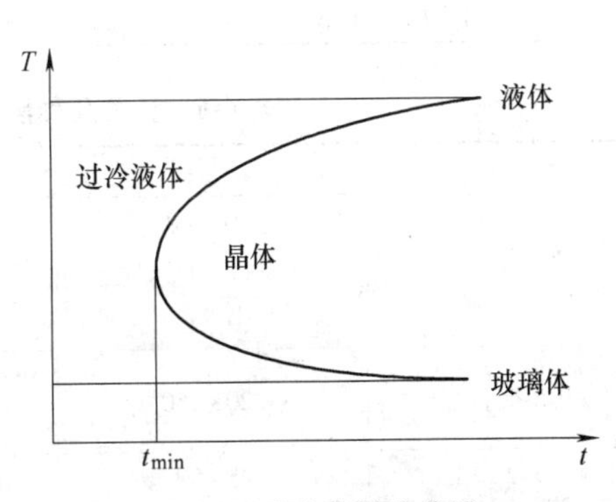

图 4-2　玻璃的转变曲线

当物质从高温液态慢慢冷却下来时，在凝固点温度发生结晶，形成具有晶体结构的固体。纯物质从 A 点冷却到 B 时体积也发生连续的缩小，冷却到熔点 T_m 附近发生凝固，这时温度不变，即从 B 点开始凝固到 C 点全部凝固完毕，而体积缩小了 ΔV。继续冷却，体积从 C 点的体积减小到 D 点的体积，固体冷却时体积的收缩率比液态时小。

将液态物质快速冷却，以至于在 T_m 附近也不发生结晶，而形成过冷液体，从而使得 AB 曲线延长到 E 点，BE 区间为过冷液体，在这一段，随着温度的降低，过冷液体的黏度增大，温度降低到一个临界温度 T_g，全部变成了固体，这一温度 T_g 称为“玻璃化温度”。以后体积随着温度的变化与晶体一致（即 EF 与 CD 的斜度一致）。“玻璃化温度” T_g 约为凝固点温度的 1/2~2/3，所以制造非晶体物质和玻璃的一般方法就是快冷。而加工玻璃的温度也在过冷液体的温度区间进行。

玻璃具有坚硬、耐热、力学性能高、热膨胀性能可调、耐磨、耐腐蚀、热稳定性能好、绝缘性能好等特点，可以作为结构材料、光学和电子材料、建筑装饰材料，被广泛应用于航天航空、光学、电子和微电子、化学、生物医学等领域，是一种很有前途的结构材料。

作为一种玻璃材料，SiO_2 玻璃由于具有热稳定性好、密度小等优点，在航天航空领域受到重视。但是，在目前的应用中，多是采用机械连接来进行 SiO_2 陶瓷与金属的连接。这样，不仅增加了结构的自重，而且气密性也难以得到保证。

4.1.3　特殊用途玻璃

1. 显像管玻璃

由于显像管的电压比电子管的电压高（黑白显像管的电压为 9~16kV，彩色显像管的电压为 24~41kV），因此显像管玻壳用玻璃在光、电、热和力学性能等方面的要求都要高于电子管。表 4-5 和表 4-6 给出了我国几种黑白显像管玻璃的化学组成和物理化学性能。表 4-7 和表 4-8 给出了国内外几种彩色显像管玻璃的化学组成和物理化学性能。

表 4-5 我国几种黑白显像管玻璃的化学组成

玻璃牌号	化学成分（质量分数,%）											
	SiO_2	Na_2O	K_2O	BaO	Al_2O_3	Li_2O	F_2	PbO	MgO	CaO	ZnO	B_2O_3
DB-471	67.5	7.0	7.0	12.0	5.0	0.6	0.9	—	—	—	—	—
S-2	66.0	8.0	7.5	10.0	3.5	—	—	3.0	0.7	1.3	—	—
403	68.0	8.5	8.5	8.0	3.5	—	—	3.5	—	—	—	—
413	72.0	14.6	4.1	3.8	2.5	—	—	—	—	—	1.0	2.0
电子 2 号	65.7	6.5	9.0	12.0	3.0	—	0.8	3.0	—	—	—	—

表 4-6 我国几种黑白显像管玻璃的物理化学性能

玻璃牌号	理化性能			
	线胀系数 α（20~300℃）/$10^{-7}K^{-1}$	软化温度 T_f（$\eta=10^{12.5}$dPa·s）/℃	转换温度（T_g 或退火温度上、下限）/℃	热稳定性 ΔT/℃
DB-471	89（20~250℃）	515±10	上限：450 下限：360	≥138
S-2	95~99	680（$\eta=10^{7.6}$dPa·s）	470~480	>120
403	99±1	493	450±10	≥120
413	96~100	—	440	—
电子 2 号	89~91	540	上限：480 下限：340	≥112

玻璃牌号	理化性能				
	tanδ(6MHz, 20℃)/10^{-4}	T_{k-100}/℃	抗弯强度/MPa	化学稳定性	密度/（g/cm³）
DB-471	25	≥300	63	Ⅱ	2.58
S-2	—	>300	>85	Ⅰ~Ⅱ	2.66
403	—	>280	≥85	—	2.56
413	—	240	—	Ⅱ	—
电子 2 号	—	>290	≥75.7	Ⅰ~Ⅱ	2.66

表 4-7 国内外几种彩色显像管玻璃的化学组成

玻璃牌号（国家或公司）		化学组成（质量分数,%）					
		SiO_2	Al_2O_3	BaO	PbO	K_2O	Na_2O
屏玻璃	日 PT-9（NEG）	61~62	3	12~14	<1.2	7~9	7~8
	美国	62~63	3~4	0.3~0.8	—	9~11	7~8
	欧洲	63~65	3~4	12~13	—	6~7	8.5~9.5
	HDB-477	64	3.5	9.7	2.0	8.0	6.5
国内某厂生产的屏玻璃		66.7	4.0	13.0	0.5	9.0	6.5
锥玻璃	日 FT-22（NEG）	56.0	3~4	1~2	21~22	8~9	5~6
	美国	57~58	3~4	1~2	21~22	9~10	4~5
	欧洲	62~63	3.5~4.5	1~2	10~11	8~9	8~9
	HDB-407	54.0	3.5	1.5	21.5	9.5	4.6
国内某厂生产的锥玻璃		55.0	4.0	4.0	17.0	9.0	5.0

（续）

玻璃牌号（国家或公司）		化学组成（质量分数,%）				
		CaO	MgO	Li_2O	F_2	其他
屏玻璃	日 PT-9（NEG）	2~3	0~0.5	—	—	TiO_2（0.2），CeO（0.2）SrO（<1），WO_3（0.3~1.0）
	美国	2.5~3.5	0.5~1.5	—	0.5~1.5	TiO_2（0.4~0.6），CeO（0.2）SrO（10~11）
	欧洲	1.5~2.5	1~2	—	—	CeO_2（0.2）
	HDB-477	3.0	1.8	0.5	0.8	CeO_2（0.2）
	国内某厂生产的屏玻璃	2.1	1.4	—	0.8	—
锥玻璃	日 FT-22（NEG）	4~5	2~3	—	—	—
	美国	3~4	1.5~2.5	—	—	—
	欧洲	5~6	2~3	—	—	—
	HDB-407	3.4	2.0	—	—	—
	国内某厂生产的锥玻璃	3.5	2.4	—	—	—

表 4-8　国内外几种彩色显像管玻璃的物理化学性能

牌号		线胀系数 α（200~400℃）$/10^{-7}K^{-1}$	软化温度 T_f（$\eta=10^{7.6}dPa\cdot s$）/℃	热稳定性 ΔT/℃	T_{k-100}/℃	X 射线质量吸收系数（0.06mm）$/cm^{-1}$
屏玻璃	（日）PT-9（NEG）	100.3	689	120	150	23.8
	美国	102	695	120	150	23.8
	欧洲	101	680	—	150	16.6
	HDB-477	93.3	544（$\eta=10^{12.5}dPa\cdot s$）	120.4	326.4	—
	中国	90±2	560（$\eta=10^{12.5}dPa\cdot s$）	115	290	17
锥玻璃	（日）FT-22（NEG）	100.5	672	—	150	59.0
	美国	101.5	670	—	150	59.0
	欧洲	100	680	—	150	34.0
	HDB-407	91.1	555.9（$\eta=10^{12.5}dPa\cdot s$）	107	326.2	—
	中国	89	565（$\eta=10^{12.5}dPa\cdot s$）	110	310	52

2. 石英玻璃

石英玻璃是由单纯硅氧四面体组成的结构，具有十分特殊的性能：化学成分极纯；电阻率极高（20℃时约为 $10^{21}\Omega\cdot m$）；介电损耗最小（在室温和 0~10^6Hz 的条件下，石英玻璃的介电常数为 3.78）；具有良好的热稳定性和耐辐照性能，是一种具有非常优良物理化学性能的玻璃材料，被誉为“玻璃之王”。

石英玻璃的强度比其他玻璃大，室温下，其抗压强度为 785~1150MPa，抗拉强度为 48.1MPa，弹性模量为 76.7GPa。石英玻璃纤维的强度可达到 24.1GPa，是一般玻璃纤维的 200~600 倍。但是，其抗冲击强度较差，这是玻璃的通性。

石英玻璃的线胀系数为（5.1~6.4）$\times10^{-7}K^{-1}$，是一般玻璃的 1/20~1/10。表 4-9 给出了石英玻璃的线胀系数与温度之间的关系。

表 4-9　石英玻璃的线胀系数与温度之间的关系

温度/℃	100	200	300	400	500	600	700	800	900	1000
线胀系数$/10^{-7}K^{-1}$	5.1	5.85	6.27	6.35	6.12	6.00	5.71	5.62	5.56	5.42

石英玻璃的熔化温度高达 1800~2000℃，转变温度约为 1500℃，软化温度约为 1700℃。

所以，石英玻璃可以在1050~1100℃下长期工作，在1100~1450℃下短期使用。

此外，石英玻璃还具有很好的化学稳定性，优良的光学性能和透气性能（直径较小的氦气、氖气、氢气可以透过）。

3. 微晶玻璃

将加有成核剂的普通玻璃在一定条件下进行处理（紫外线照射或者热处理），使其变成含有大量（质量分数95%~98%）、细小（直径<1μm）的晶体和少量残余玻璃相的一种材料，称为“微晶玻璃”。

表4-10　一些微晶玻璃、陶瓷和普通玻璃的性能比较

性质			微晶玻璃			DB-471玻璃	美国AD94氧化铝陶瓷
			9606	9608	国产锂系光敏微晶玻璃		
密度（g/cm^3）			2.60	2.50	2.40	2.58	3.62
软化温度/℃			1250	1250	920	515	1700
比热容/[cal/(g·℃)]	25℃		0.185	0.190	—	—	0.21（100℃）
	25~400℃		0.230	0.235	0.233（400℃）	—	—
热导率/[W/(m·℃)]			3.64	1.97	1.07	—	17.97
线胀系数（25~300℃）/$10^{-7}K^{-1}$			57	7~20	100（20~500℃）	89（20~250℃）	77（20~500℃）
弹性模量/GPa			122	87.8		—	288
抗弯强度/MPa			140	114~161	200	63	359
泊松比			0.245	0.25	—	—	—
介电常数	10^6Hz	25℃	5.58	6.78	6	—	8.9
		500℃	8.80	—	—	—	—
	$10^{10}Hz$	25℃	5.45	—	—	—	8.9
		500℃	5.53	—	—	—	—
介质损耗角正切值 $\tan\delta/10^{-4}$	10^6Hz	25℃	15	30	30	25	1
		500℃	—	—	—	（20℃，6MHz）	—
	$10^{10}Hz$	25℃	3.3	—	—	—	10
		500℃	15.2	—	—	—	—

注：1cal/(g·℃)＝4186.8J/(kg·K)。

微晶玻璃具有良好的力学性能、热性能、化学性能和电性能，并且具有玻璃与陶瓷的一些优良特点，在航空、航天、电子、核能等领域得到了应用。表4-10给出了一些微晶玻璃、陶瓷和普通玻璃的性能比较，图4-3所示为微晶玻璃的抗弯强度与晶粒直径之间的关系。

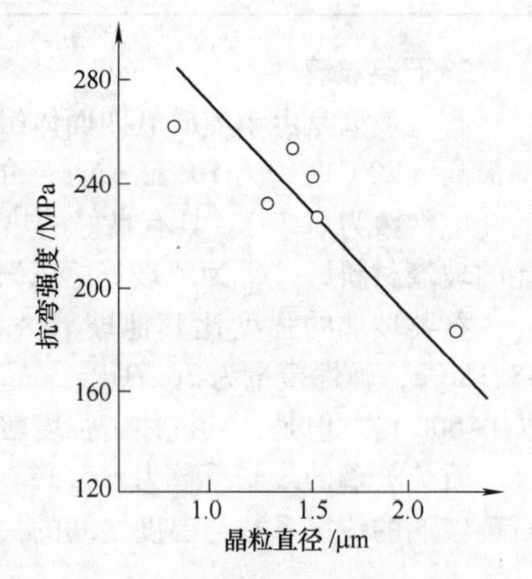

图4-3　微晶玻璃的抗弯强度与晶粒直径之间的关系

4.2　玻璃的焊接性

4.2.1　玻璃与金属焊接时的问题

玻璃与金属焊接时会产生如下的问题：

1）从表4-2和表4-3可以看出，玻璃的物理性能和化学成分与金属的差别很大，焊接时极易产生较大的残余应力，导致裂纹产生。

2）如果玻璃的软化温度较低，在焊接温度下，金属尚不能产生塑性变形，玻璃与金属不能实现真正的连接，容易产生玻璃与金属的剥离。

3）如果玻璃的软化温度太高，在焊接温度下玻璃处于软化状态，而这时金属已经失去塑性变形能力，甚至于达到熔化状态，玻璃与金属也不能实现真正的连接。

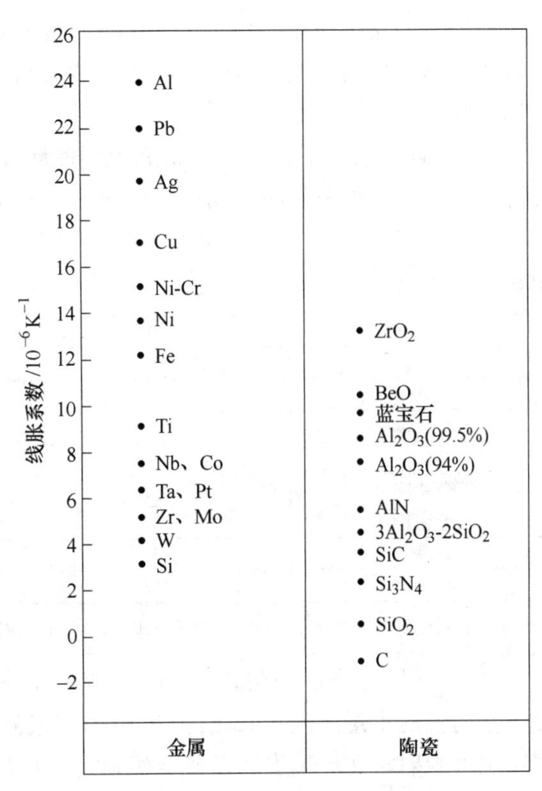

图 4-4　金属与陶瓷线胀系数的比较

4.2.2　玻璃与金属焊接性的改善

1）玻璃与金属焊接时，应当选用合适的焊接方法，一般可以选用固相焊接（钎焊、扩散焊等），或者高能密度焊接（电子束焊等）。

2）玻璃与金属焊接时，应当选用金属塑性变形的温度与玻璃的软化温度相近的材料。

3）玻璃与金属焊接时，应当选用线胀系数相近的材料，图 4-4 所示为一些金属与陶瓷的线胀系数。由于玻璃是以二氧化硅为主与其他化合物组成的材料，因此可以看到 Ta、Pt、Zr、Mo、W、Si 等与玻璃的线胀系数比较接近。

4）对于不相匹配（即金属塑性变形的温度与玻璃的软化温度不相近，线胀系数不相近）的玻璃与金属焊接时，应当采取措施缓解这种不匹配。

4.2.3　降低残余应力的方法

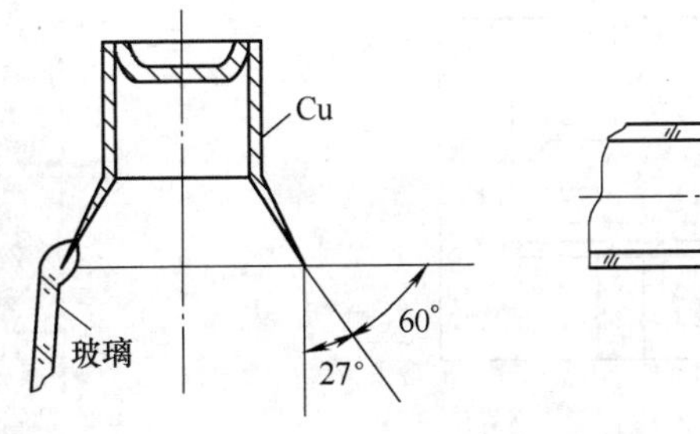

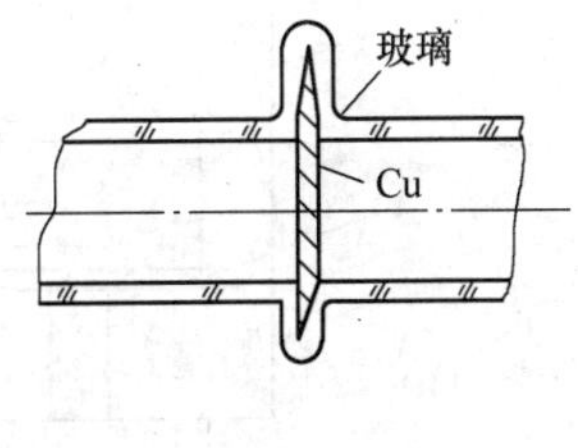

图 4-5　使铜由粗大变为细小的方法

（1）采用小直径的金属细丝　采用小直径的金属细丝与玻璃连接，在真空电子器件的生产中用得较多，而且有效。对于粗大的金属构件，也可以采用使其逐渐变细的方法与玻璃连接，如图 4-5 所示。

（2）采用易于变形的软质金属　如采用纯金属 Cu、Al、Pb、Ni、Fe 等，虽然这些金属的线胀系数比玻璃高得多，但是由于这些金属在低应力下就能够产生变形，从而抑制了残余应力的提高。

（3）采用中间层过渡材料　比如采用中间层玻璃或者金属等。

（4）对玻璃表面进行金属化　通过以下方法在玻璃的结合表面形成一薄层金属膜：

1）在玻璃表面涂覆银或者铂的氧化物而得到银层或者铂层。采用含银的液体或者含铂的液体，使得玻璃表面获得银或者铂的金属层，工艺方法比较简单。比如在需要焊接的玻璃表面用细砂布打磨、清理后，再涂上“二氯化铂”液体，加热到赤红状态，经过分解就得到了金属箔的薄膜，之后就可以进行焊接了。如果在玻璃表面涂上一层“二氯化铂”液体之后，再加入三氯化铋，可以起到更好的作用，加热温度可以降低 30℃。

玻璃表面涂银与涂铂相似，它是将质量分数5%的氧化铜的液态银涂抹在需要焊接的玻璃表面，然后均匀加热。这时，氧化铜能够与玻璃发生反应，并且与银熔合，获得很牢固的金属薄膜。

2）在真空条件下，蒸发金属沉积到玻璃表面形成金属膜。表4-11给出了一些金属的蒸发温度。方法是将蒸发的金属放在加热的钨丝上，需要焊接的玻璃表面的水、油等污物清理干净，然后将玻璃放入400~450℃之下进行蒸发沉积。如果蒸发金属是银或者铜，就可以使用钼丝代替钨丝。

表4-11 一些金属的蒸发温度

金属	蒸发温度/℃	金属	蒸发温度/℃
汞	47	金属银	1046
金属镉	268	金属金	1172
金属锌	350	金属铝	1188
金属镁	439	金属铜	1269
金属铅	727	金属铁	1421
金属锡	875	金属镍	1444
金属铬	917	金属铂	2059

注：表内蒸发温度是在蒸气压力达到1.33Pa（0.01mmHg）时的温度。

3）利用阴极溅射法在玻璃表面形成金属膜。图4-6所示为利用阴极溅射法在玻璃表面形成金属膜的示意。表4-12给出了利用阴极溅射法在玻璃表面形成金、银金属膜的条件。利用阴极溅射法在玻璃表面形成金属膜需要很长的时间，可能出现金属向玻璃中扩散渗透的现象。图4-7所示为铜向玻璃渗透的现象。

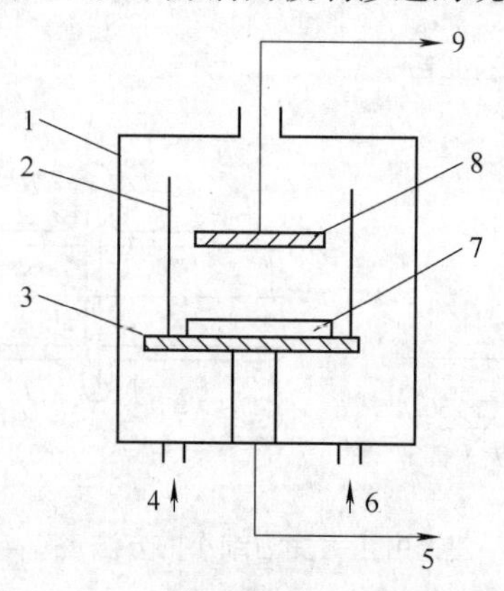

图4-6 利用阴极溅射法在玻璃表面形成金属膜的示意
1—钟形罩 2—玻璃柱体 3—阳极 4—进气口
5—接1000~2000V电源 6—接真空系统
7—工作件 8—溅射金属（阴极） 9—电源

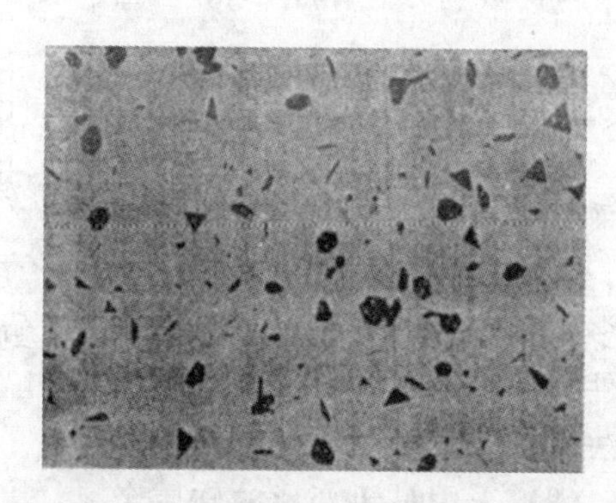

图4-7 铜向玻璃渗透的现象（100×）

表4-12 利用阴极溅射法在玻璃表面形成金、银金属膜的条件

金属	真空度/Pa	除气			涂覆金属		涂覆速度/[mg/(cm² · h)]
		电压/V	电流/mA	时间/min	电压/V	电流/mA	
金	0.98	1100	15	2	1200	10	0.2
银	0.98	1100	15	2	1600	7	0.16

4）在玻璃表面喷涂金属形成金属膜。可以采用等离子喷涂或者电弧喷涂的方法使得玻

璃表面实现金属化。在喷涂之前要将玻璃加热到软化温度。玻璃的软化温度取决于它的化学成分，软化温度随二氧化硅含量的提高而升高：硅硼玻璃的软化温度为 821℃；硅铝玻璃的软化温度为 1093℃；石英玻璃的软化温度为 1649℃。

5）采用物理或者化学沉积法在玻璃表面形成金属膜。用气体金属化合物可以沉积金属膜。

6）用还原金属形成氧化涂层。例如，将玻璃放入有氯化铜的炉中加热，就可以在玻璃表面得到铜膜。形成金属膜以后，就可以进行焊接了。

4.3　玻璃的焊接方法

4.3.1　玻璃的焊接接头形式

玻璃的焊接多为玻璃与金属之间的焊接，较少有玻璃之间的焊接。图 4-8 所示为玻璃与金属的焊接接头形式。图 4-9~图 4-11 所示分别为玻璃与金属的套接、搭接接头形式和金属坡口加工的形状。

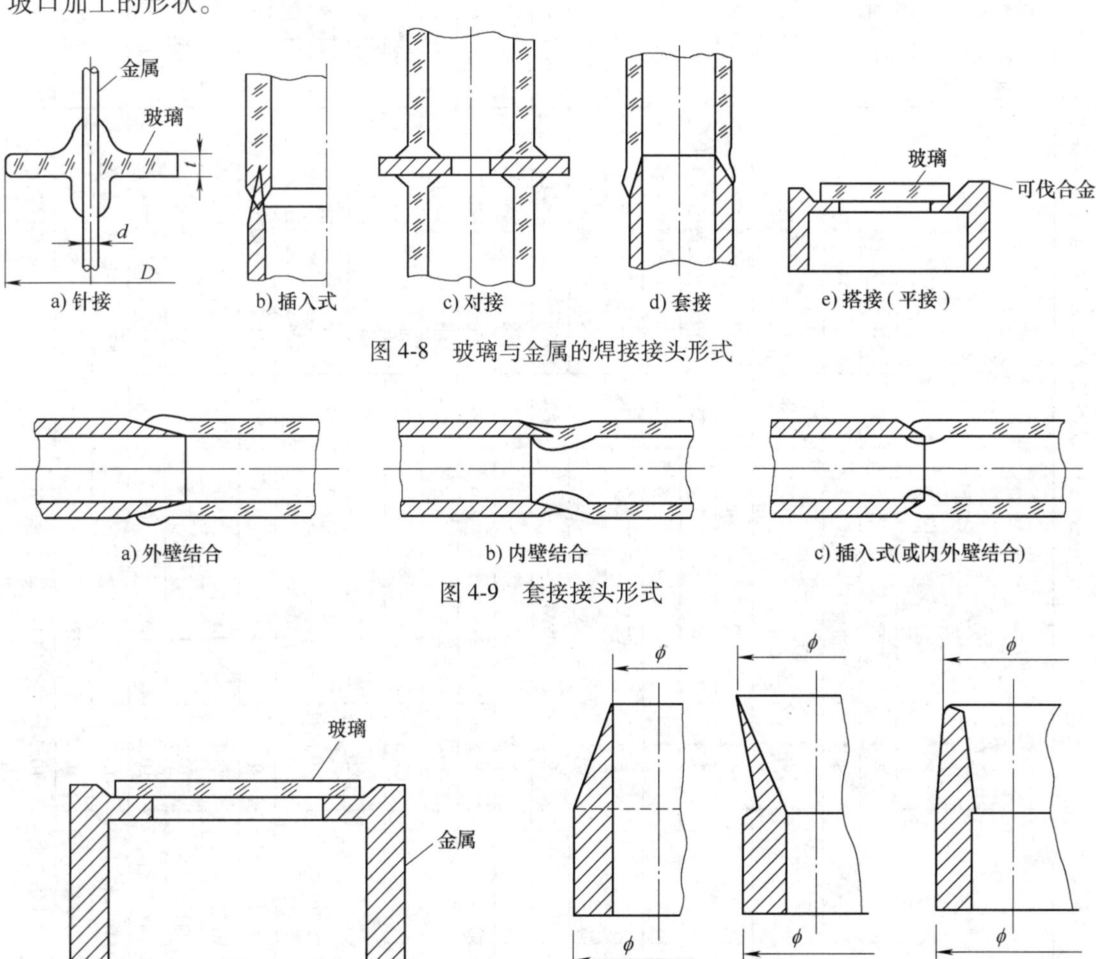

图 4-8　玻璃与金属的焊接接头形式

图 4-9　套接接头形式

图 4-10　搭接接头形式

图 4-11　坡口加工形状

4.3.2　玻璃与金属焊接组合及其接头性能

表 4-13 给出了玻璃与金属焊接组合及其接头性能。

表 4-13 玻璃与金属焊接组合及其接头性能

组合材料编号	金属	线胀系数（金属）/$10^{-6}K^{-1}$	玻璃	线胀系数（玻璃①）/$10^{-6}K^{-1}$	玻璃退火范围②		连接件颜色	应力性质（从垂直于焊接件纵轴的方向看退火后的焊接件时的应力）	金属丝的直径（$2a$）/mm	已覆玻璃的单导丝焊接件的直径（$2b$）/mm	b/a	焊接件中最大拉应力（在正常退火之后）/MPa
1a	钨	4.4	726MX	3.3	553	510	从浅黄色到浅褐色	强压应力	2.5	7	2.8	47.04 径向
1b	钨	4.4	派勒克斯	3.2	—	—	从浅黄色到浅褐色	强压应力	1.0	4.1	4.1	50.96 径向
1c	钨	4.4	诺尼克斯 G702P	3.6	518	484	从浅黄色到浅褐色	压应力	2.5	7	2.8	12.45 径向
1d	钨	4.4	铀玻璃 371B	4.1	535	497	从浅黄色到浅褐色	弱压应力	2.5	7	2.8	4.7 径向
1e	钨	4.4	W1	3.8	550	450	从浅黄色到浅褐色	弱压应力	1.5	7.3	4.9	4.9 径向
1f	钨	4.4	C9	3.6	530	460	从浅黄色到浅褐色	弱压应力	1.0	3.0	3.0	6.9 径向
1g	钨	4.4	C14	3.7	730	—	—	无应力	—	—	—	—
1h	钨	4.4	WQ31	1.0	—	—	金属光泽色彩	极强压应力	—	—	—	—
2a	钼	5.5	705AJ	4.6	496	461	浅褐色	强压应力	2.5	7	2.8	21.07 径向
2b	钼	5.5	G71	5.0	513	479	浅褐色	弱拉应力	2.5	7	2.8	6.08 径向
2c	钼	5.5	HH	4.6	590	500	浅褐色	压应力	1.0	3.9	3.9	4.9 径向
2d	钼	5.5	C11	4.5	585	500	浅褐色	压应力	1.0	3.0	3.0	7.84 径向
2e	钼	5.5	H26	4.3	720	600	浅褐色	弱压应力	1.02	3.49	3.4	25.5 径向
3a			L1	9.1	435	350	红色	强拉应力	0.8	2.7	3.4	30.8 横向
3b	杜美丝（含镍 43% 的复铜铁镍合金丝）	≈7.8 纵向，≈9.0 径向	C12	8.7	430	360	红色	强拉应力	—	—	—	—
3c			G15	8.9	429	404	红色	强拉应力	2.5	7	2.8	37.8 横向
4a	铂	9.4	X4	9.6	520	450	金属光泽色彩	强拉应力	0.8	4.1	4.1	58.8 横向
4b	铂	9.4	L1	9.1	435	350	金属光泽色彩	强拉应力	0.8	4.1	4.1	54.9 横向
5a	含铬 26%的铁铬合金	10.2	G5	8.9	429	404	浅绿灰色	压应力	2.5	7	2.8	12.5 径向
5b	含铬 26%的铁铬合金	10.2	G6	10.2	—	—	浅绿灰色	拉应力	2.5	7	2.8	12.4 径向
5c	含 铬 26%的铁铬合金	10.2	G8	9.2	510	475	浅绿灰色	压应力	2.5	7	2.8	13.6 径向
5d	含铬 26%的铁铬合金	10.2	286	10.3	—	—	浅绿灰色	无应力	—	—	—	0.98
5e	含铬 26%的铁铬合金	10.2	L14	9.8	435	350	浅绿灰色	弱压应力	1.1	3.3	3.0	5.9 横向

5f	含铬 26%的铁铬合金	10.2	C31	9.7	442	—	浅绿灰色	弱压应力	—	—	—	—
6a	费尔尼柯合金Ⅰ（铁 54%，镍 28%，钴 18%）	—	705AJ	4.6	496	461	灰色	压应力	2.5	7	2.8	11.6 径向
6b			705AO	5.0	495	463	灰色	弱拉应力	2.5	7	2.8	5.1 横向
6c			G71	5.0	513	479	灰色	弱拉应力	2.5	7	2.8	4.1 横向
6d			184	—	—	—	灰色	—	2.5	7	2.8	2.3 横向
7a	费尔尼柯合金Ⅱ（铁 54%，镍 31%，钴 15%）	—	705AO	5.0	495	463	灰色	无应力	2.5	7.5	3.0	0.98
7b	费尔尼柯合金Ⅱ（由粉末冶金法制成）	5.1	FCN	5.1	520	460	灰色	无应力	1.04	4.33	4.1	0.98 径向
8	可伐型合金，如：尼斜谢里（НикосеДЪ）提里科西勒合金 Nol 及达尔文合金（Дарвин）	4.5	C40	4.8	497	—	灰色	弱压应力	1.0	3.0	3.0	9.8 横向
			FCN	5.1	500	440	灰色	无应力	2.5	7	2.8	1.2 径向
9a	铁镍钴铬合金（铁 37%，镍 30%，钴 25%，铬 8%）	9.95	G5	8.9	429	404	灰色	极弱拉应力	2.5	7	2.8	1.4 横向
9b			G8	9.2	510	475	灰色	压应力	—	—	2.8	8.3 径向
10	50-50 铁镍合金	9.5	L1	9.1	440	350	灰色	弱拉应力	1.04	3.75	3.6	3.3 横向
11	50-50 复铜的铁镍合金	9.5	L1	9.1	440	350	红色	弱压应力	1.05	3.28	3.2	2.9 径向
12	铁镍铬合金（铁 52%，镍 42%及铬 6%）	8.9	L1	9.1	440	350	灰色	弱压应力	1.04	3.9	3.8	2.9 径向
13a	铁	13.2	542	13.5	—	—	灰色	无应力	—	—	—	0.98
13b	铁	13.2	R16	11.2	—	—	灰色	无应力	2.02	6.6	3.3	0.98 径向
13c	铁	13.2	C76	11.6	—	—	灰色	无应力	—	—	—	—
13d	复铜的铁	13.2	C41	12.9	442	—	红色	无应力	1.0	3.0	3.0	0.98 径向
14	铜	17.8	焊接件具有规定形状下的许多玻璃	3.5~10.2	—	—	红色到金黄色	离焊接处 0.1mm 无应力	—	—	—	—

①为 20~350℃的温度范围内（对于康宁玻璃来说，温度范围为 0~310℃）的平均线胀系数。

②玻璃退火范围。截至目前，退火范围的玻璃黏度值尚无公认的定义。退火范围上限的温度相当于黏度为 $10^{13.4}$P（0.1Pa·s）左右时所对应的温度。在相应于这个黏度的温度下经过 15min 的加热后，玻璃的样品几乎完全无应力。以每分钟升高 20℃的速度加热到这一温度时，直径 5~7mm 的样品中不会产生应力。退火范围下限的温度相当于黏度 $10^{14.6}$P（0.1Pa·s）的温度。

作为陶瓷，二氧化硅陶瓷的焊接方法应该能够采用通常的陶瓷材料的焊接方法，如自蔓延高温合成焊接（SHS）、扩散焊、微波连接、胶接、超声波焊接、过渡液相焊和钎焊等。

4.4 日用陶瓷与不锈钢的钎焊

采用的日用陶瓷的主要化学成分（质量分数）是 70.27SiO_2、26.91Al_2O_3、1.07Fe_2O_3、1.01K_2O、0.075CaO，抗弯强度为 70~90MPa，不锈钢为 1Cr18Ni9Ti（非标在用牌号）。采用两种方法钎焊日用陶瓷与 1G、18Ni9Ti 不锈钢。

4.4.1 采用 Ag-Cu-Ti 钎料钎焊日用陶瓷与 1Cr18Ni9Ti 不锈钢

1. 钎焊工艺

日用陶瓷和 1Cr18Ni9Ti 不锈钢都采用丙酮清洗，采用活性钎料 Ag-Cu-Ti 在真空下进行钎焊。钎焊：首先以 20℃/min 的速度加热到 800℃，保温 10min，再以 5℃/min 的速度加热到钎焊温度；冷却时先以 5℃/min 的速度冷却到 500℃，然后再随炉冷却。

2. 日用陶瓷与不锈钢钎焊的接头组织

钎焊接头质量受到钎焊条件（主要是钎焊温度和保温时间）的影响。

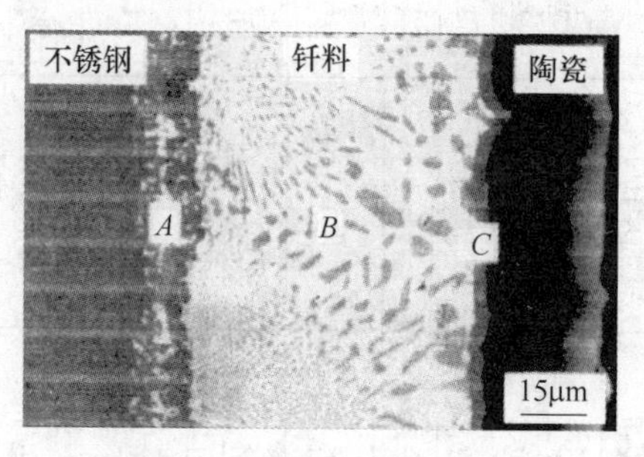

图 4-12 采用 Ag-Cu-Ti 钎料钎焊日用陶瓷与 1Cr18Ni9Ti 不锈钢接头的微观形貌

图 4-12 所示为采用 Ag-Cu-Ti 钎料钎焊日用陶瓷与 1Cr18Ni9Ti 不锈钢接头的微观形貌。整个接头区可以分为 *A*、*B*、*C* 三个区：*A* 区为不锈钢母材与钎料之间形成的犬牙交错区，它是不锈钢与钎料中的 Ti 发生反应及元素扩散而形成的反应层（Ti_5Si_3、Fe_2Ti、白色的 Ag 固溶体和黑色的 Cu 固溶体）；*C* 区的组织为钎料与陶瓷反应形成的反应层 Fe_2Ti 金属间化合物，层次比较明显；*B* 区的白色是 Ag 的固溶体，黑色是 Cu 的固溶体。随着钎焊条件的变化，接头组织性能也会发生变化。钎焊温度提高，反应生成物增多，Ag 固溶体和 Cu 固溶体（Ag-Cu 共晶）减少；保温时间延长，与提高钎焊温度一样，反应生成物增多，Ag 固溶体和 Cu 固溶体（Ag-Cu 共晶）减少。

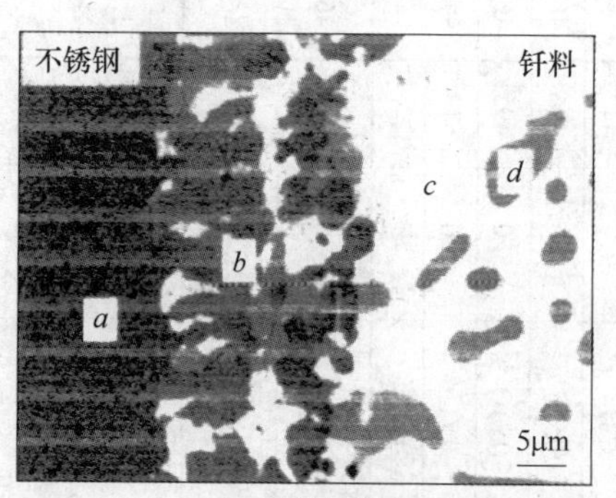

a) A 区域的放大

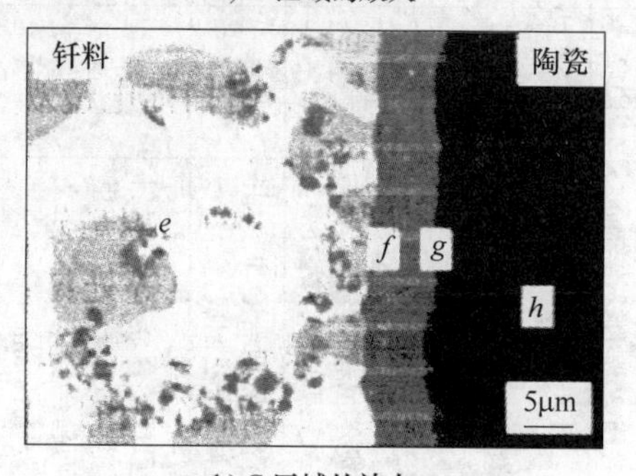

b) C 区域的放大

图 4-13 钎焊接头界面高倍背射电子像

图 4-13 所示为钎焊接头界面高倍背射电子像，可以细分为 *a*~*h* 八个区。采用能谱逐点分析了各点的化学组成，见表 4-14。*A* 为不锈钢母材；*h* 为陶瓷母材；*b* 为 Fe_2Ti 相，还有氧化物存在；*c* 为 Ag 基固溶体；*d* 为 Cu 基固溶体；*e* 也主要是 Fe_2Ti 相，因为这里是钎料熔化的区域，氧含量较少；*f* 主要是钛硅化合物和钛的氧化物；*g* 是靠近陶瓷的陶瓷与钎料的

反应区，除了陶瓷成分铝和硅的氧化物之外，还有钛的氧化物产生。

表 4-14 图 4-13 各点能谱分析的结果（质量分数） （%）

特征点	O	Al	Si	Ag	Ti	Fe	Cu	Cr
a	4.10	2.02	0.37	0.46	2.74	68.32	2.15	19.83
b	4.07	1.01	1.71	0.86	27.35	61.85	3.14	—
c	—	0.46	—	92.04	0.44	1.07	5.99	—
d	—	4.51	—	8.17	0.25	1.48	85.59	—
e	—	2.12	1.61	2.59	27.65	54.82	3.83	7.39
f	13.77	5.98	18.19	1.54	45.39	10.82	4.32	—
g	41.60	8.49	28.65	0.99	15.04	1.56	3.67	—
h	48.72	14.48	34.29	0.55	0.27	0.96	0.73	—

图 4-14 所示为界面分层 X 射线衍射，从图 4-14 界面分层 X 射线衍射图来看：陶瓷母材以铝和硅的氧化物为主要成分；靠近陶瓷的反应层由 $TiO+TiSi_2+Ti_5Si_3$ 组成；中间为 Ag 基固溶体和 Cu 基固溶体；靠近不锈钢处是 Fe_2Ti 相。

3. 钎焊条件对接头组织的影响

（1）钎焊温度的影响　当保温时间为 5min，钎焊温度较低（为 850℃）时，界面组织由靠近陶瓷的 Ti_5Si_3 的反应层、弥散分布的 Fe_2Ti 小颗粒、不规则的 Ag 基固溶体和 Cu 基固溶体，以及不锈钢侧的 Fe_2Ti 反应层所组成。随着钎焊温度的升高，各个反应层的厚度增加，颗粒增大，Ag 基固溶体和 Cu 基固溶体的比例缩小。

（2）保温时间的影响　保温时间的影响与钎焊温度的影响类似。

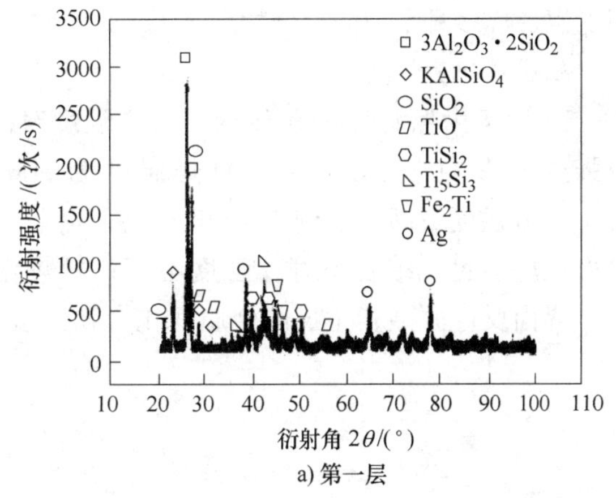

a) 第一层

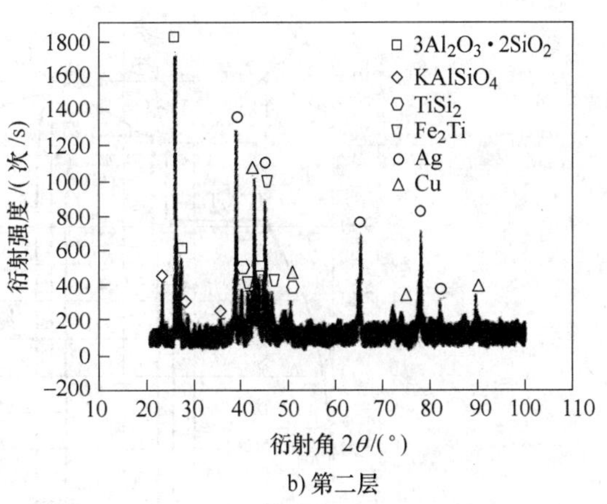

b) 第二层

图 4-14 界面分层 X 射线衍射

4.4.2 采用 Sn-3.5Ag 钎料钎焊镀镍日用陶瓷与 1Cr18Ni9Ti 不锈钢

1. 化学镀镍

陶瓷化学镀镍在恒温水环境中进行，其工艺流程：水洗→除油→水洗→粗化→水洗→敏化→水洗→活化→水洗→还原→水洗→化学镀→水洗→风干。

2. 钎焊工艺

钎焊温度为 280~360℃，保温时间为 5min，钎料为 Sn-3.5Ag。

3. 接头组织

保温时间为5min、钎焊温度为300℃的接头界面组织如图4-15所示。表4-15给出了图4-15上各点的化学成分。由此可以看到，镀镍涂层-不锈钢接头存在多层复合结构，有不锈钢-钎料-镀镍层-陶瓷四层结构，三个界面，结合良好。

从图4-15和表4-15可以看到，在不锈钢-钎料界面上，发生了Fe从不锈钢向钎料的扩散，但仍然以Sn元素为主，没有形成新相；Ni的扩散能力很强，它从镀镍层扩散而来，在钎缝中与Sn形成金属间化合物，X射线衍射分析表明，形成了Ni_3Sn_2等。图4-16所示为Ni-Sn二元合金相图，可以看到Ni、Sn之间可以形成多种金属间化合物。

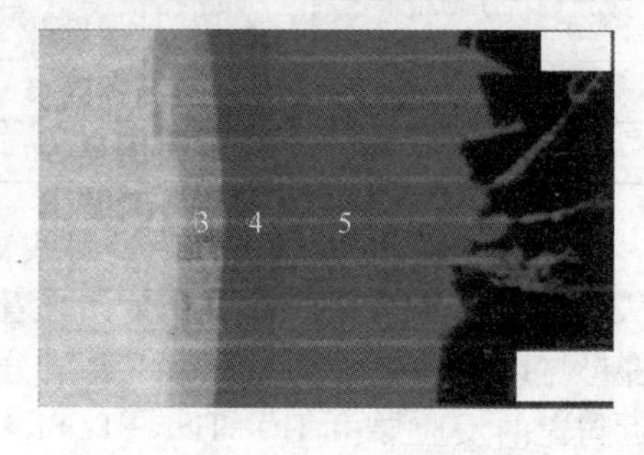

图4-15 接头界面组织

4. 接头抗剪强度

图4-17为保温时间5min时，钎焊温度对接头抗剪强度的影响。可以看到，钎焊温度为300℃时，接头抗剪强度最高，达到15.7MPa。钎焊温度太低，界面反应不足，结合不好，强度不高；钎焊温度太高，界面反应强烈，生成的金属间化合物太多，强度下降。

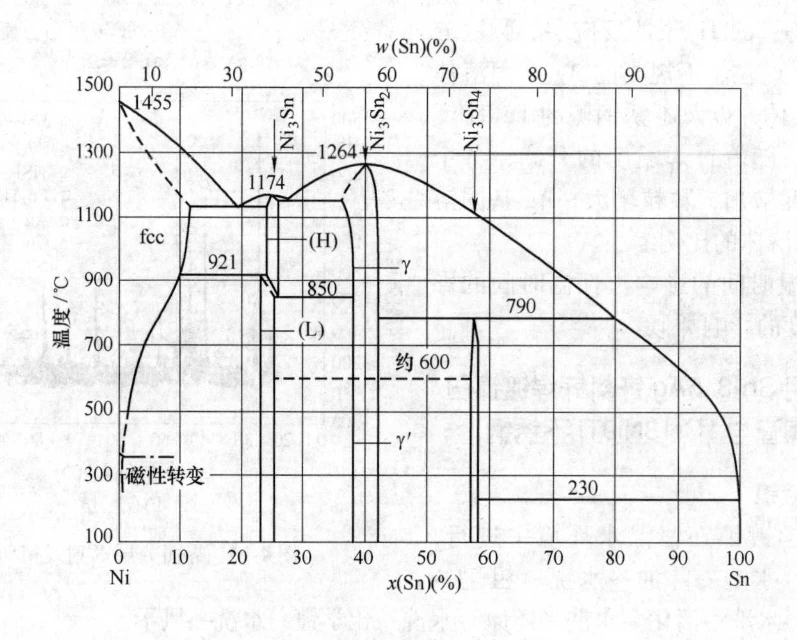

图4-16 Ni-Sn二元合金相图

表 4-15　图 4-15 上各点的化学成分

特征点	Ag	Sn	P	Ni	Fe
1	3.01	91.17	0.21	4.08	1.53
2	0.00	57.38	0.38	42.24	0.00
3	2.45	40.66	0.52	56.17	0.20
4	1.72	1.85	29.41	65.80	1.22
5	1.34	1.25	15.79	80.77	0.85

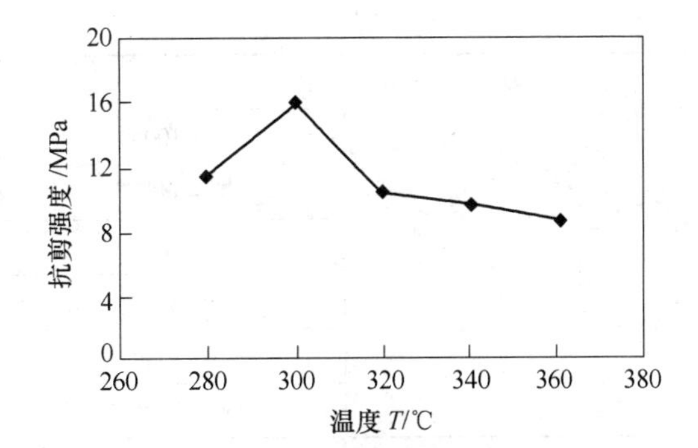

图 4-17　保温时间为 5min 时，钎焊温度对接头抗剪强度的影响

4.5　微晶玻璃的焊接

4.5.1　微晶玻璃的钎焊

玻璃的钎焊有活性钎焊法和低熔点玻璃钎料钎焊法两种。

1. 活性钎焊法

活性钎焊法是将焊接件经过研磨、清洁（去除油污）、抛光、清洁后，再以 TiH_2粉或者 Ti 粉与硝棉溶液调成糊状，涂抹在玻璃表面，涂层厚度为 40～50μm，然后放上 Ag-Cu 钎料片，最后放入真空度低于 5×10^{-3}Pa 的真空炉中进行钎焊。钎焊温度要略高于钎料熔点，待钎料熔化后停止加热，随炉冷却到 100℃以下出炉。

2. 低熔点玻璃钎料钎焊法

（1）采用低熔点玻璃钎料　玻璃钎焊采用低熔点玻璃钎料。低熔点玻璃钎料有非结晶型玻璃钎料和结晶型玻璃钎料两种。低熔点玻璃钎料往往不是一种钎料，而是几种钎料的混合物。例如，用 DT-2∶DT-3＝1∶2.1 的比例，放入 Pt 坩埚内，在 850～900℃的炉内加热熔化 2.5～3h。加热过程中随时用 Pt 棒搅拌，然后倒在不锈钢板上自然冷却。表 4-16 给出了一些低熔点玻璃钎料的成分、物理性能和制造方法。

表 4-17 给出了低熔点玻璃钎料中结晶型玻璃钎料 $PbO-ZnO-B_2O_3$系钎料的组成和特性，表 4-18 给出了一些结晶型玻璃钎料特性。选择合理的钎焊条件来钎焊 Li 系光敏玻璃与钢的接头，采用高频加热的方法进行钎焊，可以得到良好的钎焊接头。

表 4-16　一些低熔点玻璃钎料的成分、物理性能和制造方法

项　目		DT-2 玻璃	DT-3 玻璃
成分（质量分数,%）	SiO_2	47	—
	B_2O_3	—	—
	Na_2O	6	14.4
	K_2O	12	—
	PbO	30	—
	As_2O_3	0.5	85.6
	CaF_2	5	—

（续）

项目		DT-2 玻璃	DT-3 玻璃
线胀系数/$10^{-7}K^{-1}$	10~100℃	95.6	90
	10~140℃	99.2	94.4
	10~180℃	104.3	99.3
	10~220℃	108.2	103
	10~260℃	109.4	105.0
	10~300℃	112.8	—
软化点温度（$\eta=10^{11}$Pa·s）/℃		455~470	326
退火温度上限/℃		430~440	326
相对密度		3.14~3.19	6.5
熔制		在1200℃下熔制9h	置于Pt或石英坩埚内，在650~700℃的电炉中熔制1h，并随时用Pt棒搅拌

表 4-17 结晶型玻璃钎料 $PbO-ZnO-B_2O_3$系钎料的组成和特性

编号	组成（质量分数,%）			转化温度	软化温度/℃		晶化温度/℃	结晶熔点/℃	线胀系数/$10^{-7}K^{-1}$	
	PbO	ZnO	B_2O_3	T_g/℃	$10^{7.6}$	10^4			晶化前	晶化后
1	82.79	—	17.21	335	381	415	490	550	103.9	91.1
2	13.42	48.91	37.67	516	—	682	>660	970	50.1	42.5
3	68.62	9.96	21.41	383	440	492	590	650	95.7	51.6
4	72.13	14.15	14.41	337	—	—	550	580	94.2	87.3
5	72.09	2.92	24.99	397	462	525	570	695	87.6	90.6
6	71.67	6.96	21.36	373	424	493	480	650	90.3	73.8
7	75.61	5.51	18.87	352	406	461	480	635	97.3	65.5
8	71.60	14.00	14.40	332	390	—	550	600	89.8	80.3

注：保温1h。

表 4-18 结晶型玻璃钎料特性

玻璃态			烧结体		
玻璃态	密度/（g/cm^3）	6.5	烧结体	烧结条件	450℃、1h
				弹性模量/MPa	4.2×10^6
				刚性模量/MPa	1.6×10^6
	线胀系数/$10^{-7}K^{-1}$	110		泊松比	0.27
				抗弯强度/MPa	35
				线胀系数（20~250℃）/$10^{-7}K^{-1}$	96
	抗弯强度/（N/cm^2）	3000		电阻率（20℃）/Ω·cm	15
				介电常数（20℃，100kHz）	19.5

1）非结晶型玻璃钎料。非结晶型玻璃钎料是把玻璃化倾向很好而线胀系数较大的易熔玻璃和线胀系数很小的结晶粉末混合，形成一种复杂的钎料。其基础玻璃为$PbO-B_2O_3-Al_2O_3$（$+SiO_2$）。低线胀系数粉末可以选用β-锂霞石或者$PbTi_4$。混合玻璃钎料比基础玻璃钎料的强度约高50%，经过450℃×0.5h处理后，其抗弯强度可达30MPa。这种钎料的流动性和对

玻璃的润湿性良好，接头气密性优良。

2）结晶型玻璃钎料。常用的结晶型玻璃钎料为 $PbO-ZnO-B_2O_3$ 系玻璃钎料和 $ZnO-B_2O_3-SiO_2$ 系玻璃钎料。前一种线胀系数较大，后一种线胀系数较小。结晶型玻璃钎料的耐热性和电特性比非结晶型玻璃钎料好。

（2）对钎料性能的要求　采用的低熔点玻璃钎料（非结晶型玻璃钎料和结晶型玻璃钎料）的性能应当满足以下要求：

1）开始软化的温度应当低于 500℃。

2）钎料的线胀系数应当与被钎焊材料相近。

3）在钎焊加热温度之下，不可以产生挥发性物质，以防止产生气泡。

表 4-19 推荐了几种低熔点玻璃钎料的成分及性能。

表 4-19　推荐几种低熔点玻璃钎料的成分、性能及用途

编号	主要成分	质量分数（%）	焊接温度/℃	主要性能	主要用途
1	PbO	77	—	软化点为 315℃	集成电路外壳等
	Al_2O_3	3			
	B_2O_3	12			
	SiO_2	1			
	ZrO	7			
2	PbO	75.1	—	线胀系数为（98～99）$\times10^{-7}K^{-1}$；90min 结晶化温度为 430℃； tanδ（1kHz）= 0.0138； ε（1kHz，20℃）= 23.0； 弹性模量为 58GPa； 断裂强度为 50MPa； 密度为 6.0g/cm^3	彩色显像管屏，锥形连接
	ZnO	11.9			
	B_2O_3	8.8			
	SiO_2	2.0			
	BaO	2.2			
	$ZrSiO_4$	0.5			
3	PbO	70～90	430	—	液晶显示器
	B_2O_3	15			
	ZnO	0～10			
	CuO	0.1～3			
	Bi_2O_3	0.1～3			
	SiO_2	0.5～3			
	Al_2O_3	0.5～3			
4	PbO	83	400～500	—	录音机 Mn-Zn 磁头等磁性材料的连接
	B_2O_3	10			
	SiO_2	4			
	Al_2O_3	3			
5	P_2O_5	45～65	450～500	软化点为 350～450℃； 低折射率为 1.5～1.63； 线胀系数为（100±20）$\times10^{-7}K^{-1}$	玻璃激光器
	ZnO	15～35			
	PbO	5～25			
	Li_2O	4～12			
	Al_2O_3	1～4			
	Sb_2O_3	0～7			
	Ag_2O	0～5			
	V_2O_5	2～10			

（续）

编号	主要成分	质量分数（%）	焊接温度/℃	主要性能	主要用途
6①	Na_2O	40	450~500	线胀系数为$235\times10^{-7}K^{-1}$	焊真空管、炸药雷管电气引线
	BaO	10			
	Al_2O_3	1			
	P_2O_5	49			
7	BaO	10	450~500	2h 形成理想焊接	焊 Al 和 Al 合金
	Al_2O_3	1			
	Na_2O	40			
	P_2O_5	49			
8	$PbO-B_2O_3-ZnO$ 系玻璃	60~85		$PbO-B_2O_3-ZnO$ 系玻璃的线胀系数为$110\times10^{-7}K^{-1}$，β-锂霞石的线胀系数为$(-60\sim-90)\times10^{-7}K^{-1}$，锆石（$ZrO_2\cdot SiO_2$）的线胀系数为$45\times10^{-7}K^{-1}$	大规模集成电路
	β-锂霞石	10~30			
	锆石	0.5~1.5			
9	SiO_2	65~75	820~870	软化点为625~670℃； 线胀系数为 $(87\sim97)\times10^{-7}K^{-1}$； 250℃电阻率>$10^{7.1}\Omega\cdot cm$； 350℃时电阻率为$10^{5.5}\Omega\cdot cm$	放电管、白炽灯、荧光灯、显像管等各种电子器件的电气引线
	Na_2O	9~13			
	K_2O	3~6			
	Al_2O_3	1~4			
	CaO	4~8			
	BaO	0~4			
	PbO	0~6			
	F	0~1			
	Ti_2O	0.2			
10	SiO_5	5~65	950~1100	线胀系数为$104\times10^{-7}K^{-1}$	焊电气引线、真空管绝缘子、炸药触发器，能与 Fe-Ni 合金、21-6-9 不锈钢及因康镍尔合金等焊接
	Al_2O_3	0~5			
	Li_2O	6~11			
	BaO	25~32			
	CoO	0.5~1			
	P_2O_5	1.5~3.5			
11	SiO_2	70~75	≈1000	—	Li 化学电池
	B_2O_3	20			
	Al_2O_3	4~8			
	Na_2O	4~7			
	K_2O	6			
	BaO	0~2			
12	ZnO	25~35	1000	耐 KOH	焊 Ni-Cd 电池
	Al_2O_3	2.5~10			
	SiO_2	30~60			
13	SiO_2	4~26	1000	线胀系数为$49\times10^{-7}K^{-1}$	基片连线、半导体外壳输出线、陶瓷结构的光电倍增管电极引线
	B_2O_3	19~56			
	ZnO	29~57			
	Li_2O	3.0~5.0			
	Al_2O_3	0~6			

（续）

编号	主要成分	质量分数（%）	焊接温度/℃	主要性能	主要用途
14	SiO_2	63~68	1000	线胀系数为（85~93）×$10^{-7}K^{-1}$	半导体器件焊装
	Al_2O_3	3~6			
	K_2O	8~9			
	Na_2O	5~6			
	Li_2O	0~1.5			
	BaO	2~4			
	SrO	5~7			
	CaO	2~4			
	MgO	0.5~1.5			
	TiO_2	0.5~1.5			
	B_2O_3	0.5~1.5			
15	P_2O_5	40~75		—	焊接镁橄榄石瓷、顽辉石瓷、块滑石瓷、尖晶石瓷、TiO_2、MgO瓷及Cu、Pd、Ni、Fe、26Cr-Fe、Fe-Ni-Co等金属
	BaO	≤55			
	CaO	≤55			
	ZnO	≤20			
	MgO	≤20			
	Na_2O	0~20			
	K_2O	0~20			
	Al_2O_3	0~10			
	B_2C_3	0~10			
	SiO_2	0~10			

①外加0.1%的SiO_2、ZrO_2、Y_2O_3、La_2O_3、Ta_2O_3时为玻璃陶瓷。

4.5.2 真空扩散焊

1. 热敏性微晶玻璃与无氧铜的真空扩散焊

热敏性微晶玻璃与无氧铜的真空扩散焊采用的参数：焊接温度为850~900℃，压力为5~8MPa，最大压力保持时间为15~20min，真空度为10^{-2}~10^{-8}Pa。采用该工艺焊接得到的接头经过20℃→600℃→20℃的16次热冲击试验，接头不裂、不漏；而经过-173℃→20℃→-173℃的5次热冲击试验，接头仍然完好。

2. 微晶玻璃与铝的真空扩散焊

微晶玻璃与纯铝的真空扩散焊采用的参数：焊接温度为670~800℃，压力为3~10MPa，焊接时间为60min，真空度为10^{-2}~10^{-1}Pa。采用该工艺焊接得到的接头良好。

微晶玻璃+纯铝+微晶玻璃的真空扩散焊采用的参数：焊接温度为620℃，压力为8MPa，焊接时间为60min，真空度为10^{-2}Pa。采用该工艺焊接得到的接头良好。

焊前玻璃表面必须经过研磨和抛光，并且必须进行化学抛光，以去除表面裂纹，得到良好的焊接接头。

4.6 石英玻璃的焊接

4.6.1 石英玻璃之间的钎焊

1. 低熔点玻璃钎料钎焊法

石英玻璃之间焊接常用的方法是低熔点玻璃钎料钎焊法，其玻璃钎料的成分为（质量/

g)：$SiO_2$2、ZnO28.3、PbO26.2、$B_2O_3$8.95，这种钎料的线胀系数为$80\times10^{-6}K^{-1}$，钎焊温度不超过500℃。钎焊之前必须对石英玻璃进行准备工作，即表面应毛糙些，结合面要平整，钎料层要均匀。

2. 采用In及In-Pb钎料钎焊法

采用In及In-Pb钎料钎焊法焊接石英玻璃时，首先要在玻璃表面烧结上Au膜。使用纯In钎料时，在220℃下进行真空钎焊，可以得到良好的接头。采用In-Pb钎料钎焊时，为了获得良好的钎焊接头，首先需要在石英玻璃表面真空镀一层Cr，然后在400℃下进行真空钎焊。

3. 低温活性钎料钎焊法

(1) 钎料　这种低温活性钎料（即DH钎料）的主要成分是Pb、Sn，另外加入Zn、Sb、Al、Si、Ti、Cu等微量元素。可以根据Pb-Sn二元合金相图（见图4-18）来调整Pb、Sn的比例，使其熔点控制在170~300℃。Zn在钎料中对润湿玻璃和陶瓷起主要作用；Sb可以提高钎焊界面的耐热性，提高接头的强度；Al、Si、Ti、Cu等元素可以增加钎料的抗氧化性和耐水性。有一种DH钎料的化学成分（质量分数）是：Pb83、Sn13、Zn3、Sb1、Al0.15、Si0.13、Ti0.1、Cu1.0，其熔化温度为174.5~285℃。延伸率为81.8%。这种钎料可以用来钎焊石英玻璃+DM305玻璃、石英玻璃+石英玻璃，能够得到满意的结果。

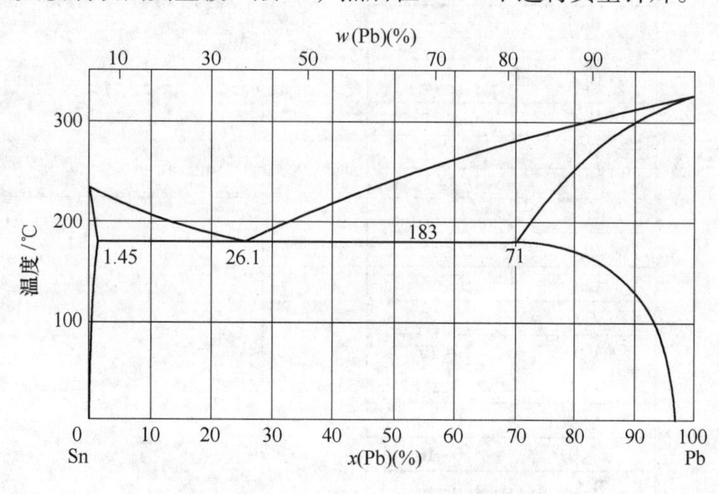

图4-18　Pb-Sn二元合金相图

(2) 钎焊工艺

1) 焊前准备。首先对石英玻璃进行抛光、超声波清洗，再用清水冲洗，然后用等离子水沸煮，最后进行烘干。钎料按钎缝形状制作成型，之后用超声波清洗以去除油污，再用清水冲洗，最后用酒精脱水。

2) 钎焊参数。工件装配好之后在炉内加热、加压，使之达到气密性的焊接。接头强度取决于加热温度、保温时间和压力。即使钎料处于半熔化状态，加热温度也应该在钎料的液相线和固相线之间。对于DH钎料，钎焊温度为230~250℃。压力要控制得当，以使得钎料产生塑性变形，填满表面凹凸不平处。对于石英玻璃之间的焊接，压力为500~1200MPa，压力在900MPa时接头强度最高。

玻璃与金属之间的焊接可以采用金属化法和加中间层的方法，以真空钎焊（低温活性钎焊、低熔点玻璃钎焊、In和In-Pb钎料钎焊）、真空扩散焊及静电加压焊方法焊接。

4.6.2　石英玻璃与金属的焊接

1. 石英玻璃与钨的焊接

(1) 采用玻璃中间层法　石英玻璃的线胀系数很低，为$0.54\times10^{-6}K^{-1}$，而多数金属的线胀系数较大，直接焊接会产生很大的残余应力，难以实现焊接，因此需要采用过渡层进行焊接。表 4-20 给出了石英玻璃与钨焊接的过渡层玻璃材料。

表 4-20　石英玻璃与钨焊接的过渡层玻璃材料

玻璃牌号	线胀系数（20~300℃）$/10^{-7}K^{-1}$	化学成分（质量分数,%）					
		SiO_2	Al_2O_3	B_2O_3	Na_2O	CaO	BaO
DZ-601	15.1	89	201	8.5	0.5	—	—
WQ-31	10	84	5	11	—	—	—
NO-50	12	85	5	9	—	0.5	0.5
GS-10	15.4	83.5	4.8	11.3	—	—	0.4
Cn-1	20.6	88.7	0.3	10.5	0.5	—	—
Cn-2	20.6	88.2	0.3	10.5	2.0	—	—
康宁 7230	14	—	—	—	—	—	—

焊接方法可以采用真空扩散焊或者钎焊。首先在钨的焊接部位烧结一层玻璃，然后用这种预热的钨件，夹入中间层进行石英玻璃与钨的焊接。

（2）采用金属化法　首先对石英玻璃的焊接部位进行金属化，然后再与钨进行焊接。

2. 石英玻璃与可伐合金的焊接

石英玻璃与可伐合金也可以采用金属化法或者中间层法进行焊接。

采用金属化法焊接，首先要清洗玻璃被焊表面，然后预热至 300~400℃，保温 3~5min，之后在 3×10^{-3}Pa 的真空度下，向石英玻璃依次蒸涂钛和钼。溅射钛的时间为 3~5min，溅射钛层厚度约为 0.1~0.2μm；溅射钼的时间为 10~15min，溅射钼层厚度约为 0.5~0.7μm。如果在涂层上再电镀 2~5μm 的镍层，更加有利于焊接。

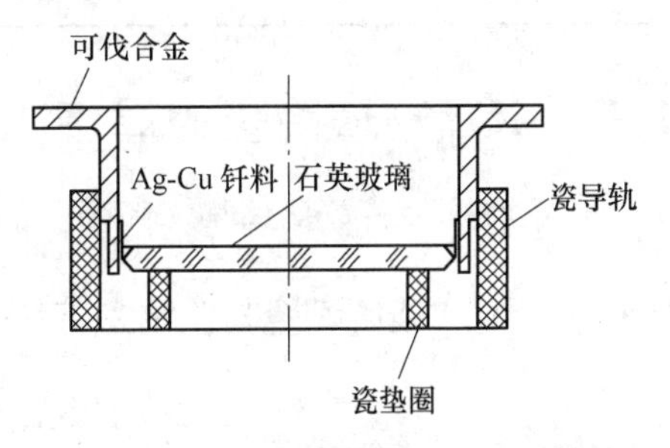

图 4-19　石英玻璃与可伐合金的焊接

图 4-19 所示为石英玻璃与可伐合金的焊接。在石英玻璃的焊接部位进行清洗和金属化之后，采用 0.1mm 厚度的共晶型 Ag-Cu 钎料，工件上面加上 400g 的重物，在 3×10^{-3}Pa 的真空度下进行真空钎焊。钎焊温度为 800~820℃，保温 3min，可以得到良好的焊接接头。

3. 石英玻璃与铜的焊接

由于石英玻璃的软化温度较高，为 1100~1300℃，因此当温度低于 1100℃时，石英玻璃不会发生变形。在石英玻璃与软金属（如 Ag、Cu、Pt 等）焊接时，可以通过软金属变形而达到焊接的目的。

在石英玻璃与铜的焊接中，首先对石英玻璃表面进行镀铜处理：在 2×10^{-2}Pa 的真空度下，加热至 550~750℃，镀 5~10μm 铜膜；之后加热至 800℃，加热时间为 3~5min，使得镀膜发生氧化，这时已经实现了石英玻璃与铜的焊接。

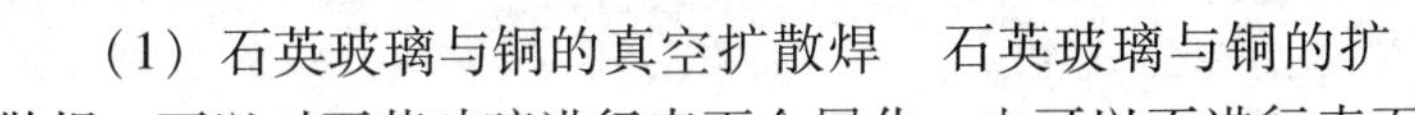

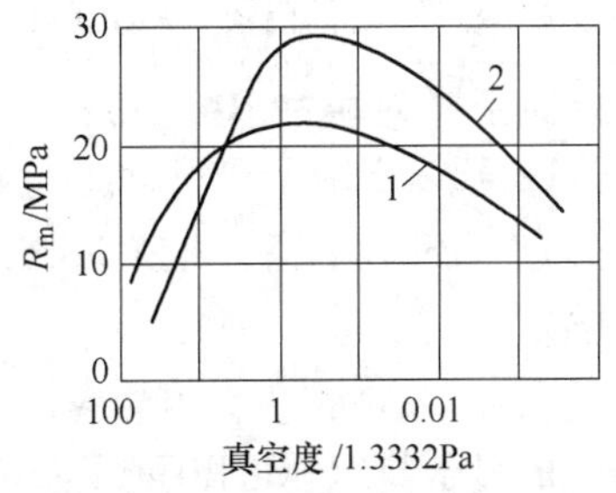

图 4-20　石英玻璃与铜的扩散焊接
1—石英玻璃未经金属化处理
2—石英玻璃经金属化处理

（1）石英玻璃与铜的真空扩散焊　石英玻璃与铜的扩散焊，可以对石英玻璃进行表面金属化，也可以不进行表面金属化。图 4-20 所示为真空度和是否进行表面金属化对接头强度的影响。表4-21给出了石英玻璃与铜的真空扩散焊的焊接条件。

（2）石英玻璃与铜的热压焊　可以对石英玻璃与铜进行热压焊，焊接条件：压力为9.8MPa，加热温度为950℃，加压时间为30min，真空度为0.05~0.1Pa。采用该工艺得到了良好的焊接接头，图4-21所示为其接头组织。

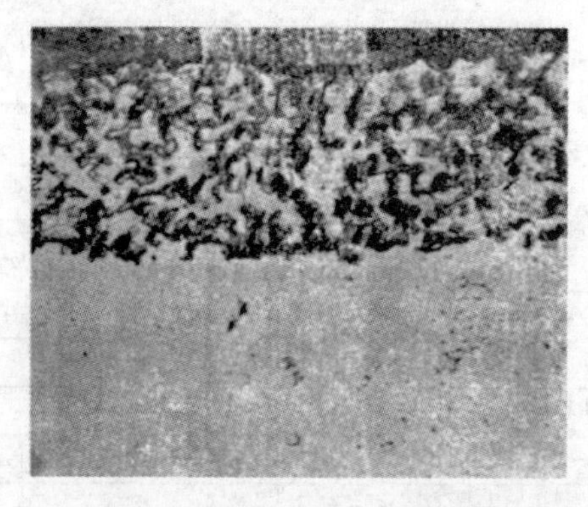

图4-21　石英玻璃与铜的焊接接头组织（500×）

表4-21　石英玻璃与铜的真空扩散焊的焊接条件

异种材料名称	中间矿散层	焊接参数					
		焊接温度/℃	焊接时间/min	压力/MPa	加热速度/(℃/min)	冷却速度/(℃/min)	真空度/Pa
铜+石英玻璃	镀铜	900	20	9.8	25~30	10	2.6664×10^{-1}
铜+石英玻璃	镀铜	930	20	9.8	25	10	1.3332×10^{3}
铜+石英玻璃	镀铜	950	20	9.8	30	10	1.3332×10^{-2}

4.7　SiO_2玻璃陶瓷的焊接

SiO_2玻璃与石英玻璃是不同的，前者加有B_2O_3，后者为纯二氧化硅玻璃。

4.7.1　SiO_2玻璃陶瓷与钛合金的钎焊

采用SiO_2玻璃陶瓷与TC4(Ti-6Al-4V)钛合金作为母材进行钎焊，钎料采用Ag-28（质量分数,%）Cu共晶材料、75.4Ag-21Cu-4.5Ti（质量分数,%）以及35Ti-35Zr-15Ni-15Cu（质量分数,%）。

1. 采用Ag-28Cu共晶材料作为钎料

钎焊方法工艺简单，采用Ag-28Cu共晶材料作为钎料对SiO_2陶瓷与TC4钛合金进行真空钎焊，真空度为6.5×10^{-3}Pa。

图4-22所示为保温时间为5min时，不同钎焊温度下SiO_2陶瓷/Ag-28Cu/TC4焊接接头的抗剪强度。

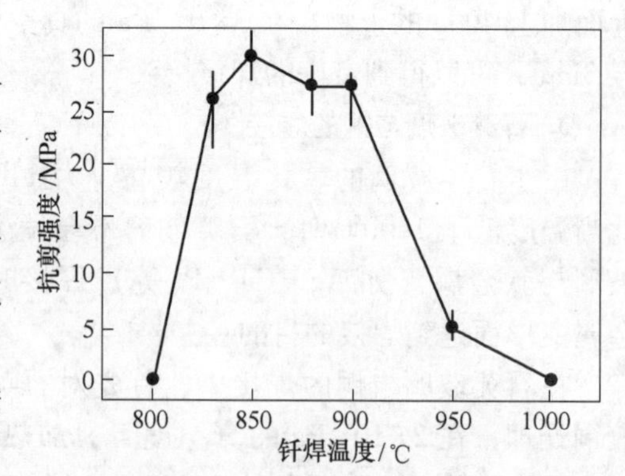

图4-22　不同钎焊温度下SiO_2陶瓷/Ag-28Cu/TC4焊接接头的抗剪强度

图4-23所示为SiO_2陶瓷/Ag-28Cu/TC4焊接接头的显微组织。可以看到，整个焊接接头可以分为三个区域：Ⅰ区为靠近SiO_2陶瓷侧的反应区，存在一个较窄的黑色反应层；Ⅱ区为钎缝的白亮区；Ⅲ区为靠近TC4侧的较宽反应层。由于两侧都形成了反应层，因此可以说形成了良好的接头。经过能谱和衍射分析，其接头区的组

织十分复杂：在Ⅰ区又可分为 *A*、*B* 两个区，*A* 区是 $Al_2(SiO_4)O+TiSi_2$，*B* 区为 $TiCu+Cu_2Ti_4O$。可见，在钎焊过程中钎料熔化之后 TC4 母材中的 Ti 被大量地溶解到钎缝中，并且与 Cu 发生了反应。由于 Ti 是活泼元素，它甚至扩散到 SiO_2 陶瓷侧，并且与之发生反应形成反应层，实现 SiO_2 陶瓷与 TC4 的冶金结合，得到良好的焊接接头。在钎焊温度为 850℃、保温时间 5min 的条件下，采用 Ag-28Cu 共晶钎料钎焊 SiO_2 玻璃陶瓷/TC4 接头的接头组织为 TC4 钛合金-Ti_2Cu+Ti 固溶体-Ti_2Cu -TiCu + Ti_3Cu_4+Ag 固溶体-Ag 固溶体+Cu 固溶体+TiCu-TiCu +Cu_2Ti_4O-$Al_2(SiO_2)O$+TiSi-SiO_2 陶瓷。这种组织结构主要受到钎焊温度的影响，随着钎焊温度的升高，TC4 钛合金母材中的 Ti 元素向钎缝扩散加剧，在 SiO_2 陶瓷侧和 TC4 侧的反应层加厚，而钎缝中心处的 Ag、Cu 减少。

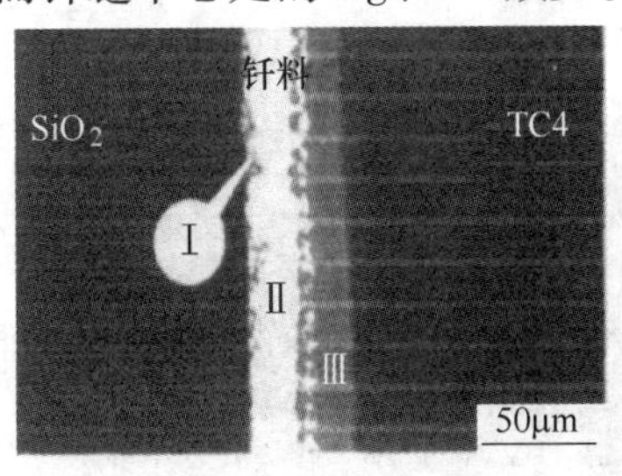

a) 整个接头

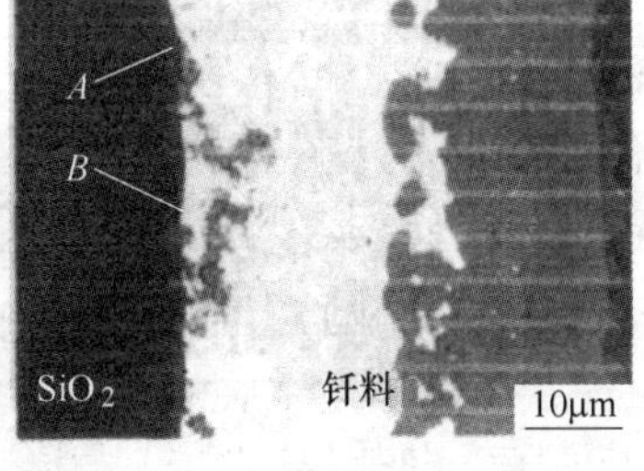

b) SiO_2 陶瓷侧

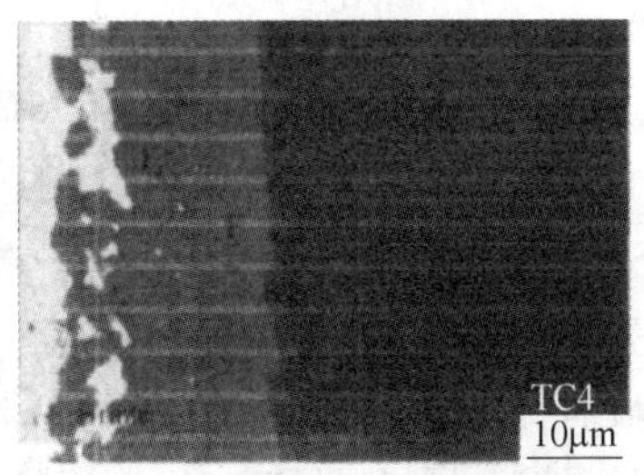

c) TC4 侧

图 4-23　SiO_2 陶瓷/Ag-28Cu/TC4 焊接接头的显微组织

钎焊条件对钎缝及其与母材交界区的组织具有明显的影响。保温时间不变（5min），随着钎焊温度的升高（850～950℃），钎缝与两侧母材交界区的反应生成物的厚度明显增加，钎缝中部 Ag 固溶体和 Cu 固溶体逐步集聚，并渐渐消失。在钎焊温度达到 950℃时，Ag 固溶体和 Cu 固溶体就已经全部消失，大量的 Ti 和 Cu 的化合物分布于钎缝中间。保持钎焊温度不变（比如 850℃），延长保温时间，其接头区的组织虽然有变化，但不是很明显。因此，可以认为保温时间对接头组织性能的影响不如钎焊温度影响大。

2. 采用 75. 4Ag-21Cu-4. 5Ti 作为钎料

将 TC4 钛合金待焊表面和钎料箔片表面用砂纸逐级磨光，和 SiO_2 玻璃陶瓷一起放入丙酮溶液中，用超声波清洗 15min，然后放入真空炉中进行钎焊。图 4-24 所示为 SiO_2 玻璃陶瓷/75. 4Ag-21Cu-4. 5Ti/TC4 钛合金 900℃×5min 真空钎焊接头的微观形貌。

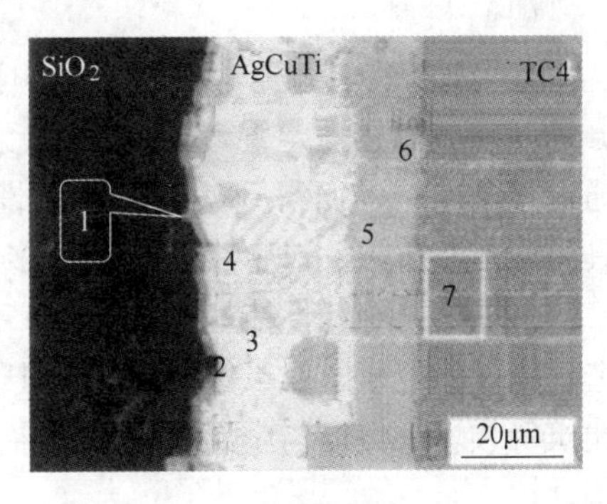

图 4-24　SiO_2 玻璃陶瓷/75. 4Ag-21Cu-4. 5Ti/TC4 钛合金 900℃×5min 真空钎焊接头的微观形貌

采用 75. 4Ag-21Cu-4. 5Ti 作为钎料来钎焊二氧化硅陶瓷与 TC4（Ti-6Al-4V）钛合金，其接头区可以分为 7 个区，各区的能谱分析结果见表 4-22。1 区和 2 区的总厚度只有 2μm。SiO_2 玻璃陶瓷/75. 4Ag-21Cu-4. 5Ti /TC4 焊接接头 900℃×5min 真空钎焊接头区的组织为 SiO_2/$TiSi_2$+Ti_4O_7/$TiCu_2$+$Cu_2Ti_4O_7$/Ag 基固溶体/Cu 基固溶体/TiCu/Ti_2Cu/Ti+Ti_2Cu/TC4。接头的最大抗剪强度可达 27MPa。当钎焊温度较低时，断裂发生在 SiO_2 玻璃陶瓷上；当钎焊温度较高时，断裂发生在靠近 SiO_2 玻璃陶瓷的 $TiSi_2$+Ti_4O_7 两侧，即 SiO_2/$TiSi_2$+Ti_4O_7 和 $TiSi_2$+Ti_4O_7/$TiCu_2$+$Cu_2Ti_4O_7$ 这两个界面上。

表 4-22 SiO_2 玻璃陶瓷/75.4Ag-21Cu-4.5Ti/TC4 钛合金真空钎焊接头能谱分析结果

相区	O	Al	Si	Ag	Cu	Ti	V	可能生成相
1	36.6	6.5	16.4	1.4	4.1	35.4	—	$TiSi_2+Ti_4O_7$
2	11.4	9.4	5.0	0.3	28.6	45.1	0.2	$TiCu_2+Cu_2Ti_4O_7$
3	—	—	—	72.0	14.3	0.5	—	Ag 基固溶体
4	1.1	3.8	0.7	19.7	68.0	1.5	0.8	Cu 基固溶体
5	5.1	1.6	0.7	2.1	44.3	43.0	0.4	TiCu
6	5.4	4.1	0.7	1.1	31.1	56.3	1.3	Ti_2Cu
7	11.8	11.3	1.3	0.6	7.5	61.7	5.8	$Ti+Ti_2Cu$

3. 采用 35Ti-35Zr-15Ni-15Cu 作为钎料

采用 35Ti-35Zr-15Ni-15Cu 作为钎料来真空钎焊 SiO_2 陶瓷与 TC4（Ti-6Al-4V）钛合金，其接头区可以分为三层（见图 4-25a）：Ⅰ层是靠近 SiO_2 陶瓷与钎料界面致密的灰白色带状反应层；Ⅱ层是靠近Ⅰ层的灰色基体上分布着黑白相间的反应层；Ⅲ层是靠近 TC4（Ti-6Al-4V）钛合金带有共晶花纹的灰色块状物和不规则白色物质相间的反应层。Ⅱ层占据了接头区的大部分面积，钎料与 SiO_2 陶瓷和 TC4（Ti-6Al-4V）钛合金两种母材连接良好。根据其颜色不同，可以分为 7 个区（见图 4-25b、c）。各区的能谱分析结果见表 4-23。

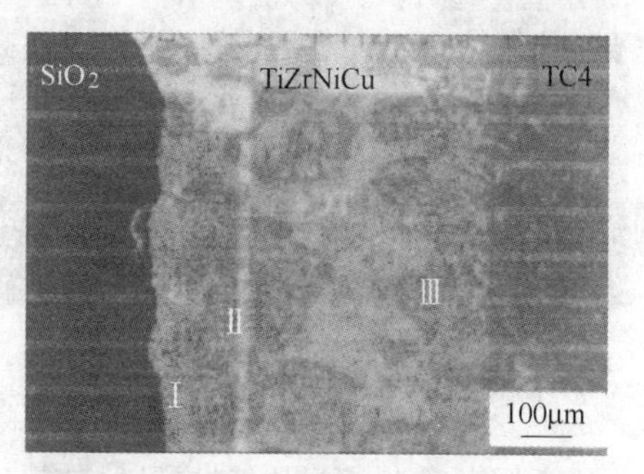

a) 整体形貌

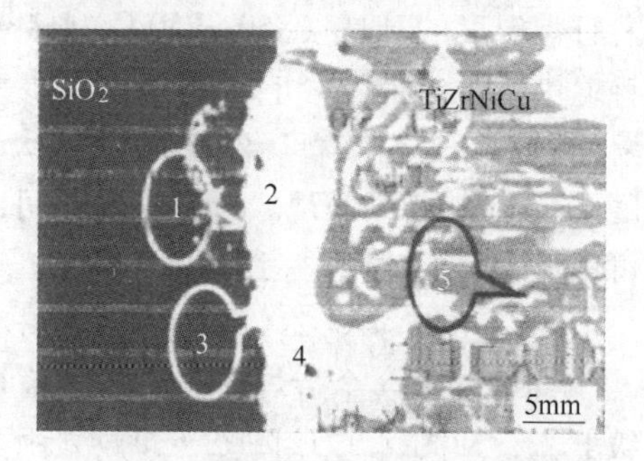

b) SiO_2陶瓷侧

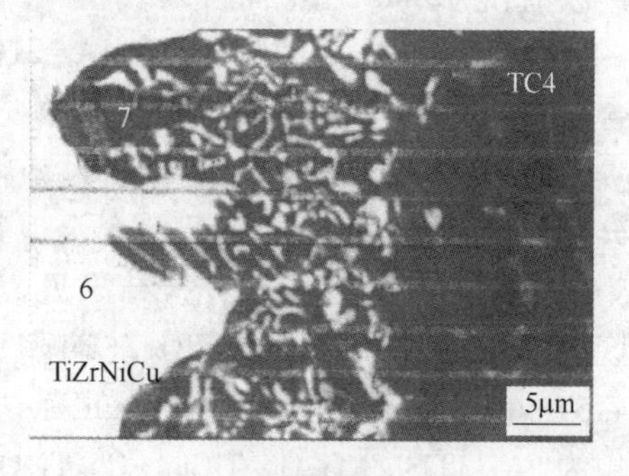

c) TC4侧

图 4-25 SiO_2 玻璃陶瓷/35Ti-35Zr-15Ni-15Cu/TC4 钛合金真空钎焊接头的微观形貌

4. 采用复合粉末作为钎料

（1）材料

1）SiO_2 玻璃陶瓷。SiO_2 玻璃陶瓷是某些特定成分的基础玻璃在一定温度之下进行受控核化、晶化，通过控制性结晶而得到的具有特殊性能的复合材料，具有耐热、抗振、热膨胀性可调、多孔、耐腐蚀、热稳定性能好、绝缘性能好等特点，广泛应用于机械制造、光学、电子、航天航空、化学工业、生物制药和建筑等领域，可以与金属连接用于宇航工业的发动机构件。

2）钛合金。钛合金为 α+β 相的 TC4 合金，它的比强度高、比刚度高，抗氧化性好，耐蚀性好，焊接性好，已经广泛用于航空、航天和飞行器中。

3）钎料。采用 Ag46.4-Cu18.0-Ni35.6 的复合粉末作为钎料中间层。主要利用钛合金中的钛与复合粉末发生反应，以及 Ti 扩散到陶瓷侧与陶瓷发生反应，而达到陶瓷与钛合金连接的目的。

表 4-23　SiO_2 玻璃陶瓷/35Ti-35Zr-15Ni-15Cu /TC4 钛合金真空钎焊接头能谱分析结果

相区	O	Al	Si	Zr	Cu	Ti	V	Ni	颜色	可能生成相
1	8.1	4.4	18.9	21.5	0.9	45.0	0.7	0.4	浅	$Ti_2O+Zr_3Si_2+Ti_5Si_3$
2	16.2	8.6	1.2	7.1	2.7	61.8	0.6	1.8	深	(Ti，Zr)+Ti_2O
3	5.7	8.4	0.4	24.3	15.5	31.5	1.5	12.6	浅	TiZrNiCu
4	20.4	6.2	2.7	6.4	1.2	62.1	—	1.0	—	Ti 基固溶体
5	20.2	5.3	5.0	9.9	1.1	57.8	—	0.6	—	Ti 基固溶体
6	10.5	7.6	1.2	23.6	12.7	30.2	1.2	12.9	—	TiZrNiCu
7	—	9.2	1.4	7.9	2.7	75.6	0.3	2.9	黑色	Ti 基固溶体
	—	8.6	0.4	16.1	10.3	55.1	1.7	7.8	白色	(Ti，Cu) Ni 共晶

(2) 钎焊工艺

1) 清洗。将陶瓷和钛合金在丙酮溶液中用超声波清洗 15min。

2) 装配。以陶瓷/Ag-Cu 粉末/Ni 粉末/钛合金的顺序装配。

3) 钎焊参数。加热温度为 950~980℃，保温时间为 5~45min。

(3) 接头组织　钎焊温度为 970℃，保温时间为 10min 的接头组织如图 4-26 所示。接头从钛合金到陶瓷依次可以分为 *a*、*b*、*c*、*d*、*e* 五个区，经过能谱分析，其组织分别为 α-Ti、α-Ti+Ti_2Cu+Ti_2Ni、α-Ti+Ti_2Cu+Ti_2Ni、Ti_2Cu+Ti_2Ni、Ti_4O_7+$TiSi_2$。从这个结果可以看出，钛合金母材中 Ti 的扩散和与其他元素的反应，在接头形成中起到决定性作用。故其接头组织为钛合金/α-Ti/α-Ti+Ti_2Cu+Ti_2Ni/α-Ti+Ti_2Cu+Ti_2Ni/Ti_2Cu+Ti_2Ni/Ti_4O_7+$TiSi_2$/陶瓷。

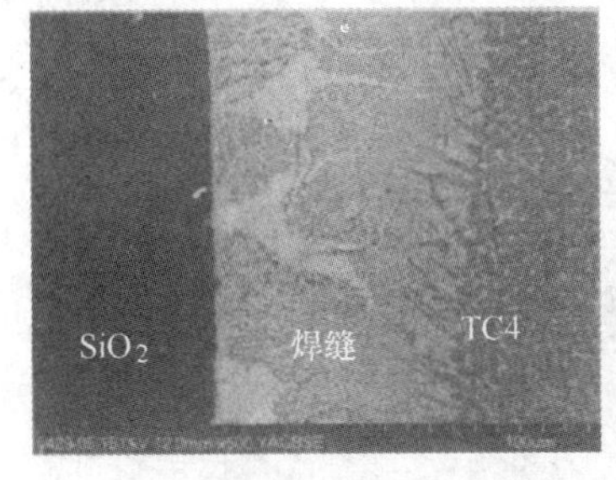

a) 整体形貌

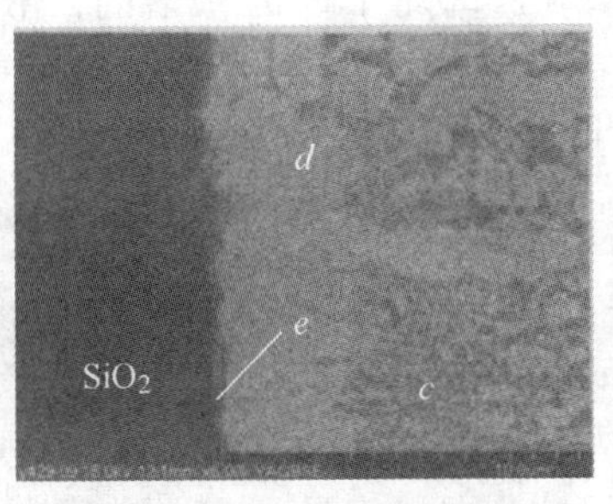

b) SiO_2 陶瓷侧

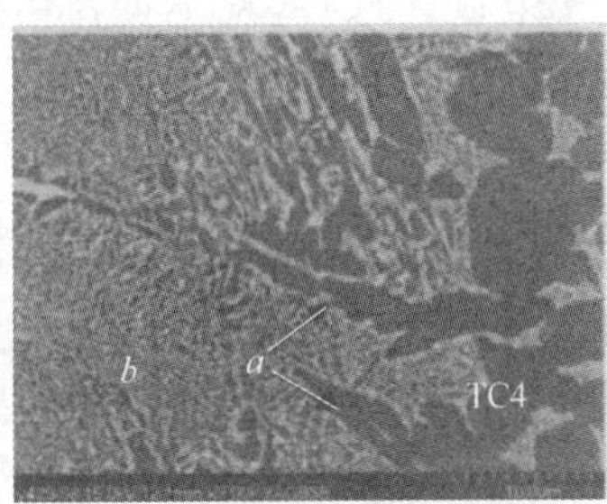

c) TC4 侧

图 4-26　接头组织

(4) 接头性能　图 4-27 和图 4-28 所示分别为保温 30min 和钎焊温度 970℃时钎焊温度和保温时间对接头抗剪强度的影响。钎焊温度为 970℃，保温时间为 30min，这时接头的抗剪强度为 38MPa。大部分断在陶瓷或者断在陶瓷与钎缝的界面处。

5. 采用 AgCu/Ni 钎料钎焊 SiO_2 玻璃陶瓷与 TC4 合金

(1) 材料　由于母材 TC4 合金含有 Ti，因此钎料中不加 Ti。加 Ni 的目的是 Ni 与 Cu、Ti 可以形成 Ni-Cu-Ti 三元共晶合金，以降低钎焊温度。

(2) 钎焊参数　钎焊温度为 970℃，保温时间为 10min。

(3) 接头组织　图 4-26 所示为其陶瓷侧组织，它生成了 $TiSi_2$+Ti_4O_7。控制反应层厚度是提高接头性能的关键。

(4) 接头强度　接头抗剪强度为 110MPa。

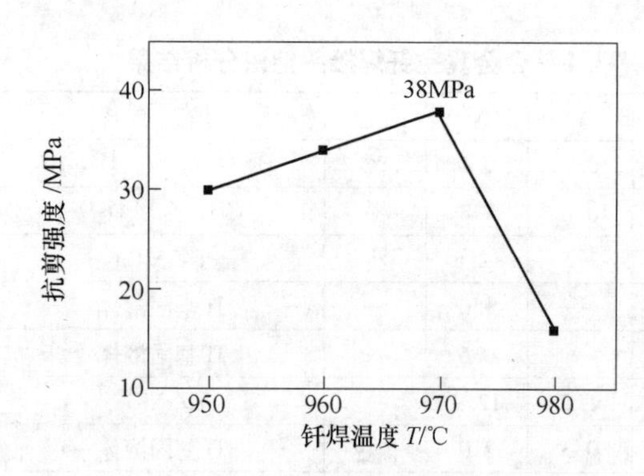

图 4-27 保温 30min 时钎焊温度对接头抗剪强度的影响

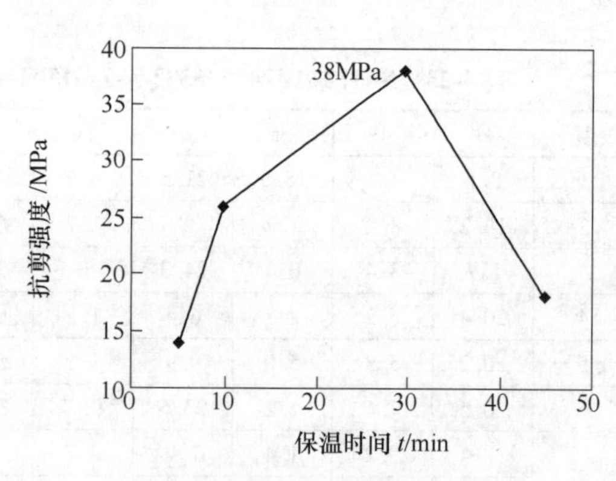

图 4-28 钎焊温度 970℃时保温时间对接头抗剪强度的影响

4.7.2 SiO_2 玻璃与铝和铜的扩散焊

SiO_2 玻璃是一种微晶玻璃材料，再结晶温度为 800℃，晶粒直径小于 1μm，分布均匀。它具有较高的软化温度、良好的化学稳定性和较高的强度，介质损耗小，线胀系数小，可以与铝、铜、钛及铝和铜进行焊接。在进行这种接头焊接时，要求玻璃表面不能存在裂纹。因此，玻璃表面经过研磨和抛光后，还必须进行化学抛光，然后在 CCl_4 中除油，再在酒精中清洗。

1. SiO_2 玻璃与铜的焊接

分析表明，金属表面存在氧化膜时对于 SiO_2 玻璃的扩散焊接有利。在焊接 SiO_2 玻璃与铜时，实际上是进行铜+(CuO 或者 Cu_2O)+SiO_2 玻璃的焊接。但是，在铜的表面上形成氧化膜不如在铝上容易，因此 SiO_2 玻璃与金属（比如钛、铝和铜）的扩散焊接可以采用铝箔作为中间层进行。

2. SiO_2 玻璃与铝的焊接

由于在铝的表面上能够形成致密的氧化膜，而且氧化膜强度大，铝本身塑性优良，因此，二氧化硅玻璃与铝的扩散焊接比与铜的扩散焊接容易。表 4-24 所列为二氧化硅玻璃与铝的直接真空扩散焊接条件，图 4-29 所示为加热温度 620℃，保温时间 60min，压力 7.84MPa，真空度 133.332×10^{-4}Pa 时二氧化硅玻璃+铝+二氧化硅玻璃接头的显微组织。可以看到，接头组织还是很好的。

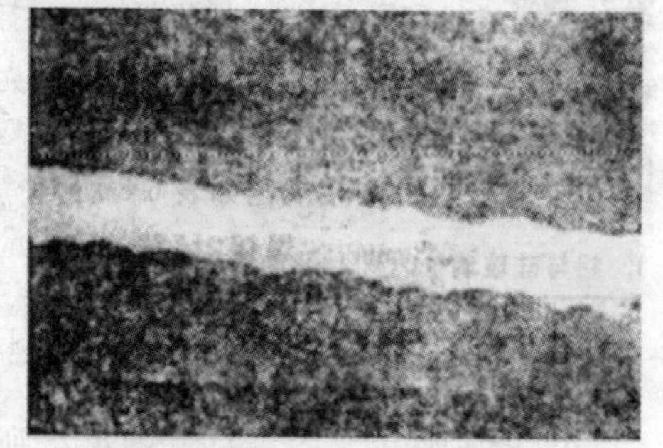

图 4-29 SiO_2 玻璃+铝+SiO_2 玻璃接头的显微组织（100×）

表 4-24 二氧化硅玻璃与铝的直接真空扩散焊接条件

异种材料	中间扩散层	焊接参数			
		焊接温度/℃	焊接时间/min	压力/MPa	真空度/Pa
Al+SiO_2 玻璃（CO-115M）	无	500	45	0.10×9.8	1.3332
Al+SiO_2 玻璃（CO-115M）	无	560	60	0.15×9.8	1.3332
Al+SiO_2 玻璃（CO-115M）	无	600	60	0.20×9.8	1.3332
Al+SiO_2 玻璃（CO-115M）	无	620	60	0.30×9.8	1.3332

3. SiO_2 玻璃与铝和铜的焊接

为了获得良好的焊接接头，在进行 SiO_2 玻璃+铝+铜+SiO_2 玻璃的真空扩散焊接时，要首先进行 SiO_2 玻璃+铝的真空扩散焊接，再进行 SiO_2 玻璃+铝+铜的真空扩散焊接，最后再进行 SiO_2 玻璃+铝+铜+SiO_2 玻璃的真空扩散焊接。表 4-25 给出了 SiO_2 玻璃+铝+铜+SiO_2 玻璃的真空扩散焊接的条件，图 4-30 所示为 SiO_2 玻璃+铝+铜+SiO_2 玻璃的真空扩散焊接接头的显微组织。

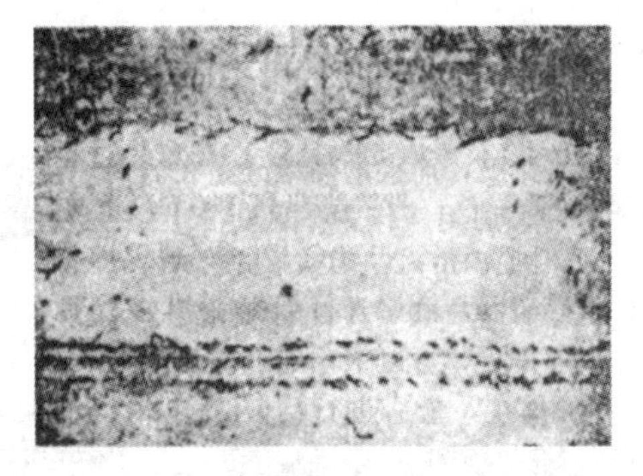

图 4-30　SiO_2 玻璃+铝+铜+SiO_2 玻璃的真空扩散焊接接头的显微组织（500×）

表 4-25　SiO_2 玻璃+铝+铜+SiO_2 玻璃的真空扩散焊接的条件

异种材料	中间扩散层	焊接参数			
		焊接温度/℃	焊接时间/min	压力/MPa	真空度/MPa
SiO_2 玻璃+Al+Cu+SiO_2 玻璃	无	380	15	0.4×9.8	1.3332×10^{-7}
SiO_2 玻璃+Al+Cu+SiO_2 玻璃	无	420	30	0.5×9.8	1.3332×10^{-7}
SiO_2 玻璃+Al+Cu+SiO_2 玻璃	无	420	45	0.8×9.8	1.3332×10^{-7}

4.7.3　玻璃与 Co 合金的阳极焊接

阳极焊接是用于玻璃与金属的低温精密的焊接方法。玻璃中的碱性离子在一定的温度范围内可以进行长距离的扩散，如图 4-31 所示。以金属为阳极，玻璃为阴极，通电保持一段时间就能达到焊接的目的。其焊接机理：由于外加电压使玻璃中的 Na 阳离子等向阴极移动，使与其结合的 O 阴离子向邻近结合界面玻璃表面聚集，感应金属表面产生负电荷，使它们之间相互吸引，这种静电引力使金属与玻璃表面紧密接触，发生阳极氧化反应而形成金属氧化物，使之达到焊接的目的。这种焊接是在较低的温度（软化温度以下）下完成的，它使如焊锡那样低熔点金属的精密焊接成为可能。

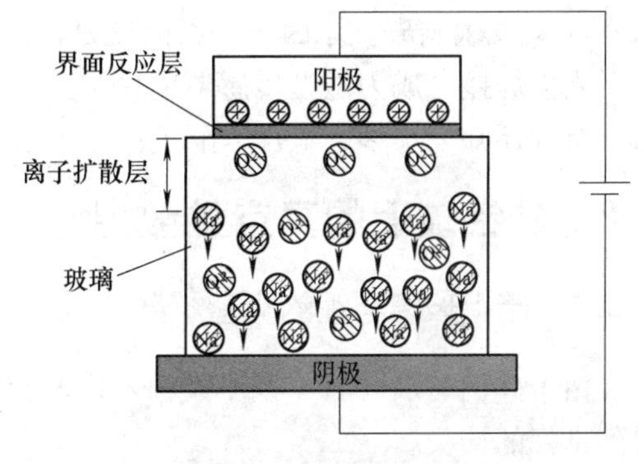

图 4-31　阳极焊接

图 4-32 所示为 Co 基合金与硼硅酸玻璃阳极焊接的试验结果。可以看到，要想得到 100% 的结合需要在一定的电压下，加热某个温度，并保温一定时间才能达到。例如，Co 基合金与硼硅酸玻璃阳极焊接，在 700V 电压之下，340℃ 保温 60s（或 290℃ 保温 200s 或 240℃ 保温 600s）就可以完全焊合。用透射电镜观察了 Co 基合金与硼硅酸玻璃阳极焊接结合

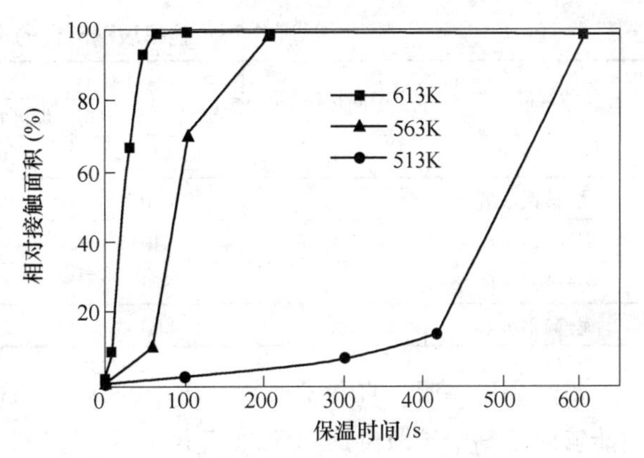

图 4-32　Co 基合金与硼硅酸玻璃阳极焊接的试验结果

界面的情况，如图 4-33 所示。可以看到，有数十纳米宽的 Fe-Si 系非晶体氧化物层和 Fe_3O_4层，这些就是阳极氧化层。

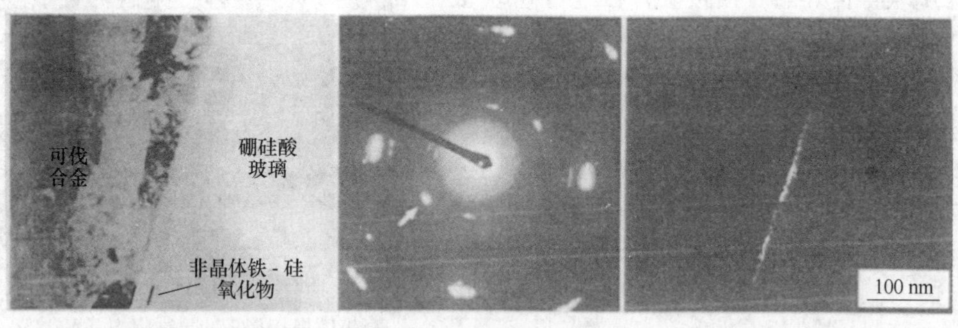

a) Fe-Si 系非晶体氧化物层明场图像　b) Fe_3O_4 层的衍射图　c) Fe_3O_4 层的暗场图像

图 4-33　Co 基合金与硼硅酸玻璃阳极焊接结合界面

如果在 Co 基合金表面覆盖一层 Al 再与硼硅酸玻璃进行阳极焊接，在结合界面上会有数纳米的界面层，并从这里向玻璃中生长出约 200nm 的纤维状组织，用电子衍射及 EDX 分析确认为 γ-Al_2O_3相。这就是阳极氧化层，呈现出与金属完全不同的形态，很容易识别。在 Co 基合金与硼硅酸玻璃阳极焊接时，如果电压接反，在界面上就会发生剥离，可是覆盖一层 Al 就不会发生剥离。原因之一可能就是伸入玻璃中的 γ-Al_2O_3相的“楔子”作用的结果。

阳极焊接已成为微型传感器的密封技术被大量使用，以后的应用范围将会更大。但对其结合机理还知之不多，应深入研究。

4.8 硅铝玻璃的真空扩散焊

4.8.1 硅铝玻璃与铌的真空扩散焊

由于硅铝玻璃（TCM-901 及 Sr-1）与铌的线胀系数很接近，因此进行真空扩散焊接可以得到良好的接头。

焊前需要对铌进行仔细的清理，首先用丙酮脱脂，再在 HF-HNO_3的混合酸中进行酸洗，然后在酒精中清洗。玻璃被抛光后，在丙酮或者酒精中清洗。焊接参数见表 4-26。焊接参数对接头性能的影响很大，如图 4-34 所示。

表 4-26　硅铝玻璃与铌的真空扩散焊接参数

异种材料名称	中间扩散层	焊接参数			
		焊接温度/℃	焊接时间/min	压力/MPa	真空度/MPa
铌+硅铝玻璃	无	820	10~60	49~98	$(2.6664\sim6.666)\times10^{-8}$
铌+硅铝玻璃	无	830	10~60	49~98	2.6664×10^{-8}
铌+硅铝玻璃	无	840	20	49~98	6.666×10^{-8}
铌+硅铝玻璃	无	850	10~60	49~98	$(2.6664\sim6.666)\times10^{-8}$
铌+硅铝玻璃	无	860	60	49~98	$(2.6664\sim6.666)\times10^{-8}$

组织分析表明，真空扩散焊过程中，铌能够向玻璃中扩散渗透。经过氧化处理的接头，铌能够向玻璃中扩散渗透 105~117μm，未经过氧化处理的接头，铌能够向玻璃中扩散渗透 9~12μm。图 4-35 为硅铝玻璃与铌的真空扩散焊接接头的显微组织。

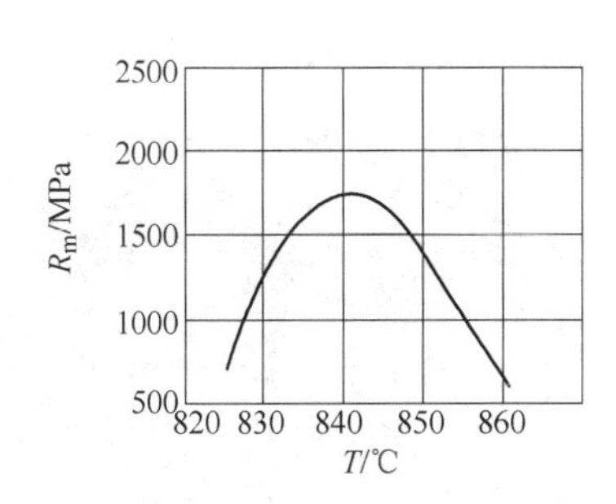

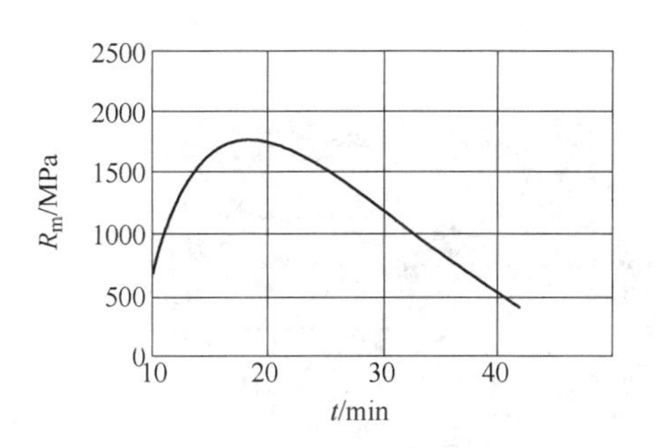

图 4-34 硅铝玻璃（TCM-901）与铌真空扩散焊接头强度与加热温度和保温时间之间的关系

4.8.2 硅铝玻璃与钛的真空扩散焊

由于硅铝玻璃（71Al 及 52Zr2.91）与钛的线胀系数很接近，因此与硅铝玻璃与铌的真空扩散焊接一样，也可以比较容易地进行真空扩散焊接。

图 4-35 硅铝玻璃与铌的真空扩散焊接接头的显微组织（500×）

4.9 硅硼玻璃与可伐合金的真空扩散焊

由于硅硼玻璃与可伐合金具有相近的线胀系数，因此也能够比较容易地进行真空扩散焊接。

4.9.1 硅硼玻璃与可伐合金的激光熔化焊

1. 材料

硅硼玻璃的化学成分为（质量分数,%）：$SiO_2$80.01-$B_2O_3$12.42-$Al_2O_3$3.08-Na_2O4.19-KO0.13。可伐合金的化学成分为（质量分数，%）：Fe53-Ni29-Co17。

2. 激光工艺参数

图 4-36 所示为焊接装配示意。其激光功率为 20W，扫描速度为 10mm/s，光斑直径为 0.1mm，毛化孔间距为 0.3mm、0.4mm、0.5mm、0.6mm、0.7mm。

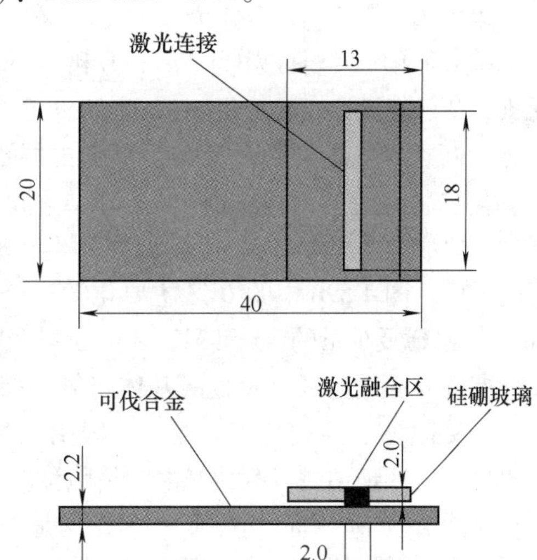

图 4-36 焊接装配示意

3. 接头组织

图 4-37 和图 4-38 所示分别为激光功率 690W 和 740W 的焊接接头组织。可以看到，在玻璃侧的反应区有气泡出现，这是因为激光焊接冷却速度太快，反应生成的气泡不能排出。同时，在界面附近玻璃一侧有裂纹产生，这也是由于冷却太快所致。

分析表明，在图 4-37b 中 *A* 点的化学成分为 Fe、Si、O，其质量比为 Fe : Si : O = 1 : 1.44 : 3.57，产物应该是 Fe_2SiO_4和 SiO_2，而图 4-38b 中 *B* 点的化学成分也是 Fe、Si、O，但是质量比不同，为 Fe : Si : O = 1.50 : 1 : 0 : 3.84，产物应该是 Fe_2SiO_4和少量的 SiO_2。这表明焊接功率增大可以产生更加激烈的界面反应，生成更

多的反应产物 Fe_2SiO_4。

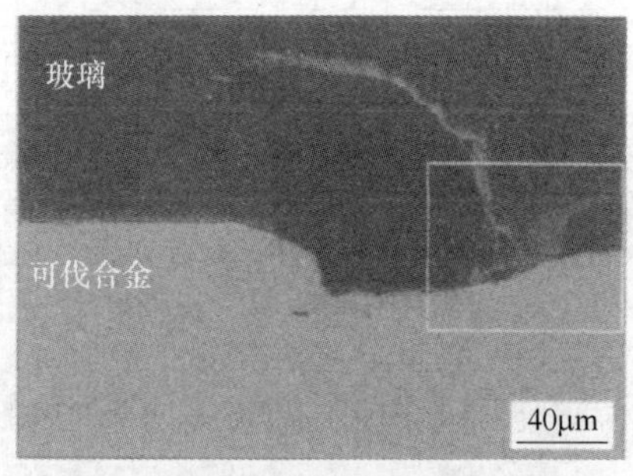

a) 放大倍数为 400 倍

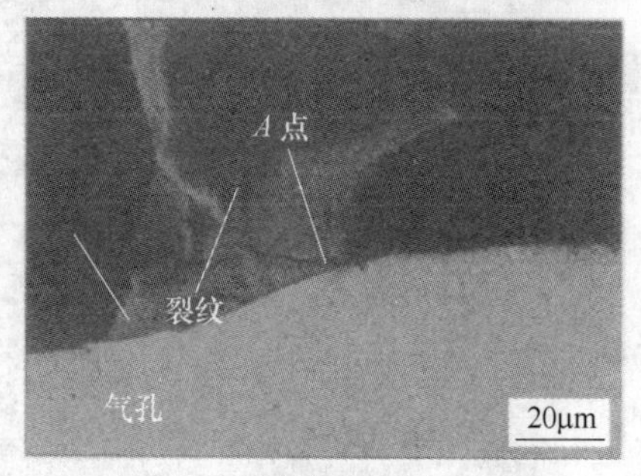

b) 图a的局部放大图

图 4-37 激光功率 690W 的焊接接头组织

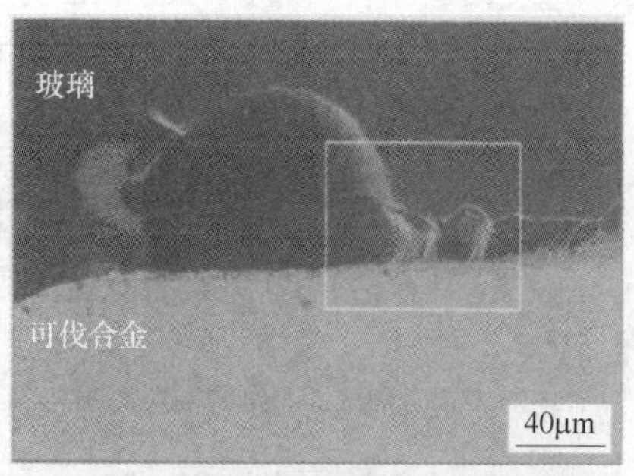

a) 放大倍数为 400 倍

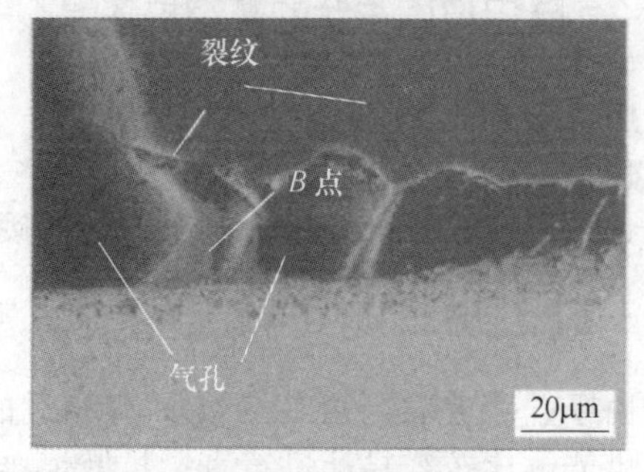

b) 图a的局部放大图

图 4-38 激光功率 740W 的焊接接头组织

4. 断口形貌

图 4-39 所示为扫描速度 15mm/s、激光功率分别为 570W 和 690W 激光焊接试样接头的金属侧断口形貌，可以看到，断口都分为三个区。经过分析，图 4-39a 中的 *A* 区主要成分为 Fe_2SiO_4 和少量 Na、Al 等元素；*B* 区主要是 Fe、Ni、Co，表明此处为可伐合金基体，断裂发生在可伐合金与氧化层的界面，金属表面氧化层粘贴在玻璃上，断面光滑，呈脆性断裂；*C* 区的主要成分为 Fe_2SiO_4，表明断裂发生在玻璃与氧化层的界面。图 4-39b 中的 *D* 区主要化学成分为 Fe、Ni、Co、Si 和 O 及少量的 Na 和 Al，表明断裂发生在玻璃与氧化层的界面反应区以及金属基体与氧化层的结合处；*E* 区主要有 Fe、Si、O、Na 及 Al，表明断裂发生在靠近界面反应区玻璃侧，断面光滑，呈脆性断裂；*F* 区主要化学成分为 Si、Na、Al、K 和 O，这是玻璃的成分，表明这是玻璃一侧，玻璃表面出现大量裂纹。

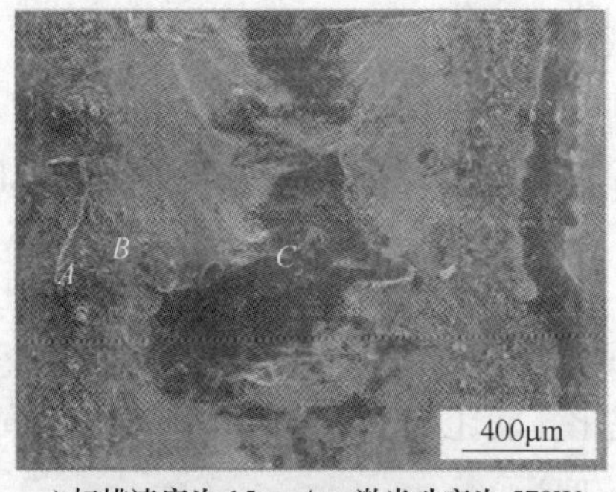

a) 扫描速度为 15mm/s，激光功率为 570W

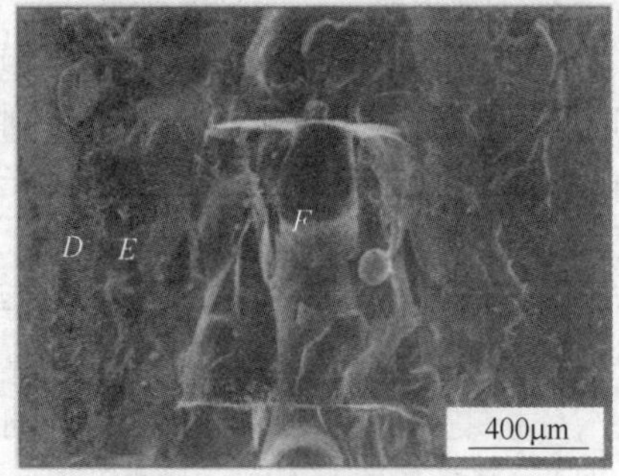

b) 扫描速度为 15mm/s，激光功率为 690W

图 4-39 扫描速度为 15mm/s、激光功率分别为 570W 和 690W 激光焊接试样接头的金属侧断口形貌

从断口形貌可知，激光功率较小时断裂主要发生在玻璃与氧化层及氧化层与金属基体结合处。而激光功率较大时断裂主要发生在靠近界面反应区的玻璃侧。这表明激光功率较大时，玻璃与金属的反应，使

得玻璃能够熔化，与氧化层反应，接头强度也高，而裂纹也起源在玻璃与金属的界面处。

5. 接头性能

（1）激光功率的影响　图 4-40 所示为扫描速度为 15mm/s，激光功率分别为 570W、650W、690W 和 740W 时接头的抗剪强度。可以看到，激光功率 650W 时，抗剪强度最高，达到 5.8MPa。激光功率为 570W 时，功率太低，玻璃与金属的熔化不充分，玻璃不能与金属很好地反应结合，因此接头强度低。而激光功率为 740W 时，功率太高，玻璃与金属的熔化太多，会产生较大残余应力，因此接头强度也低。

（2）激光毛化孔间距的影响　图 4-41 所示为激光功率 650W，扫描速度为 15mm/s 时，激光毛化孔间距对接头抗剪强度的影响。可以看到，有一个最佳激光毛化孔间距，即激光毛化孔间距为 0.6mm 时，抗剪强度最高，达到 12.9MPa。

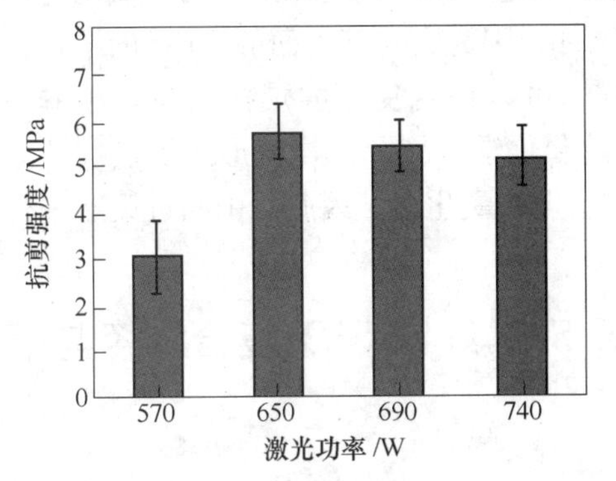

图 4-40　激光功率对接头抗剪强度的影响

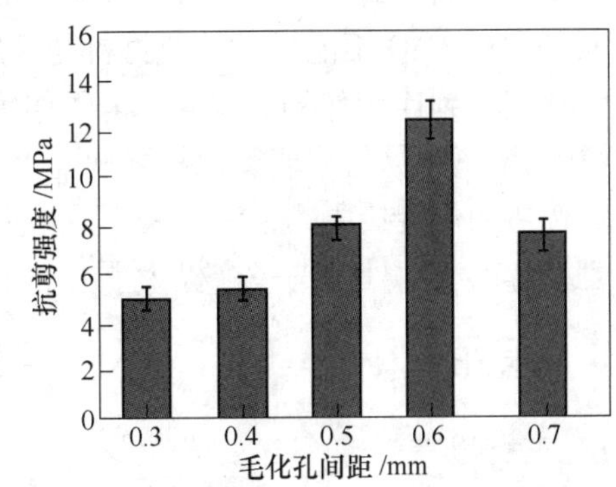

图 4-41　激光毛化孔间距对接头抗剪强度的影响

4.9.2 硅硼玻璃与可伐合金的真空扩散焊

1. 焊前准备

（1）对玻璃进行的焊前准备　首先对玻璃进行退火，退火温度为 560~600℃，保温时间为 60~120min。退火后其表面必须在 100mg 重铬酸钾、150mg 硫酸、1L 蒸馏水的溶液中处理 30~40min。

（2）对可伐合金进行的焊前准备　对可伐合金进行特殊的表面氧化处理，以利于提高接头强度。对可伐合金不能进行真空退火，也不能采用化学腐蚀。因为在真空退火和化学腐蚀过程中金属表面的氧化物被除掉，这样会降低接头强度。接头强度取决于可伐合金表面氧化物的厚度及其结合强度，实际上可伐合金表面氧化物与基体的结合是很牢固的。可伐合金表面氧化物在 750~800℃，保温 30s 下形成时，与基体结合最为牢固。

2. 焊接参数

（1）直接真空扩散焊的焊接参数　硅硼玻璃与可伐合金的真空扩散焊接可以直接进行，也可以加中间层进行，其焊接参数见表 4-27。

图 4-42 所示为一个硅硼玻璃与可伐合金直接真空扩散焊。

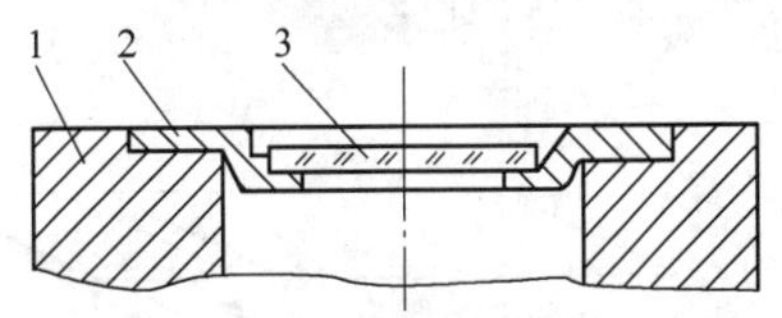

图 4-42　硅硼玻璃与可伐合金的直接真空扩散焊
1—壳体　2—H29K18（可伐合金）
3—硅硼玻璃片

表 4-27 硅硼玻璃与可伐合金的真空扩散焊焊接参数

异种材料	中间扩散层	焊接参数					
		焊接温度/℃	焊接时间/min	压力/MPa	加热速度/（℃/min）	冷却速度/（℃/min）	真空度/MPa
可伐合金+硅硼玻璃	无	590	20	4.9	30	15	6.666×10^{-7}
可伐合金+硅硼玻璃	无	600	20	4.9	30	15	6.666×10^{-7}
可伐合金+硅硼玻璃	Cu_2O	580	20	4.9	30	15	6.666×10^{-7}

注：可伐合金为H29K18，硅硼玻璃为C49-2、C87-1。

（2）加中间层的真空扩散焊的焊接参数　在硅硼玻璃与可伐合金的真空扩散焊中，也可以采用加中间层的方法。可伐合金可以形成牢固的氧化膜，而铜可以形成两种氧化物，即CuO及Cu_2O。CuO不能提供其他材料与铜连接的条件，因为它与其上面的Cu_2O的结合力很小，CuO起不到连接作用。采用Cu_2O作为中间层，可以得到良好的焊接接头。这主要是Cu_2O在金属氧化物与玻璃氧化物之间能够产生扩散和化学反应，这样就形成了过渡层。为了得到优质的焊接接头，在结合表面应当形成一层均匀的氧化层，因此对中间过渡层进行氧化处理是焊前表面处理的一个极为重要的工序。

4.10 采用Ag-Cu-In-Ti钎料真空钎焊SiO_2纤维-SiO_2复合陶瓷与铌

4.10.1 材料

1. 母材

SiO_2纤维-SiO_2复合陶瓷为三维编织的陶瓷复合材料，铌具有线胀系数低、塑性好等优点，使得钎焊接头有效缓解残余应力。

2. 钎料

钎料成分（质量分数,%）为Ag-(15~26)Cu-(13~20)In-(3.1~6.9)Ti。

4.10.2 钎焊工艺

1. 试样装配

Ag-Cu-In-Ti钎料的熔化温度为640.5~741.0℃。用快淬技术甩制箔带，厚度为50μm。将SiO_2纤维/SiO_2复合陶瓷加工成为图4-43所示的带有槽沟的形式，以缓解残余应力。将采取搭接的形式，用两层Ag-Cu-In-Ti钎料置于两试样之间，并且用Ag-Cu-In-Ti钎料把槽沟填满，如图4-44所示。

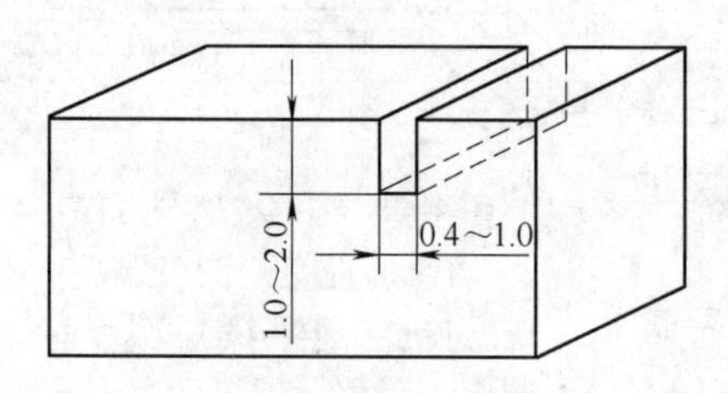

图4-43　带有槽沟的SiO_2纤维/SiO_2复合陶瓷

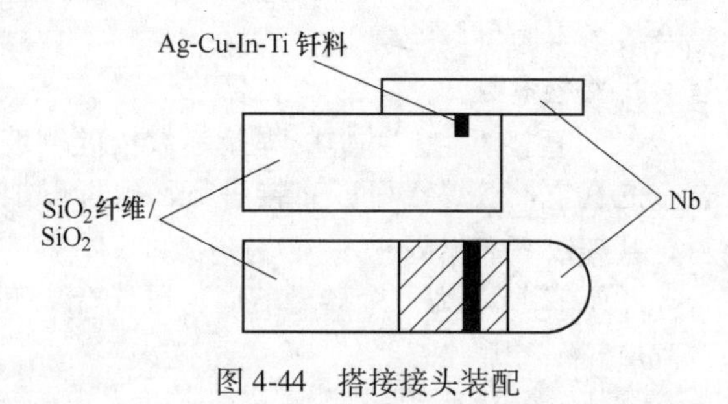

图4-44　搭接接头装配

2. 钎焊工艺

加热温度高于钎料液相线 30～50℃，采用三种参数，即 780℃×20min、780℃×40min 和 800℃×10min。

4.10.3　接头性能

接头平均抗剪强度分别为 20.4MPa（工艺参数为 780℃×20min）、15MPa（工艺参数为 780℃×40min）和 21.6MPa（工艺参数为 800℃×10min）。接头均断裂在 SiO_2纤维-SiO_2复合陶瓷界面处。

4.10.4　接头组织

图 4-45 和图 4-46 所示分别为采用 Ag-Cu-In-Ti 钎料真空钎焊 SiO_2纤维-SiO_2复合陶瓷与铌接头的显微组织和工艺参数 800℃×10min 接头的元素面分布。

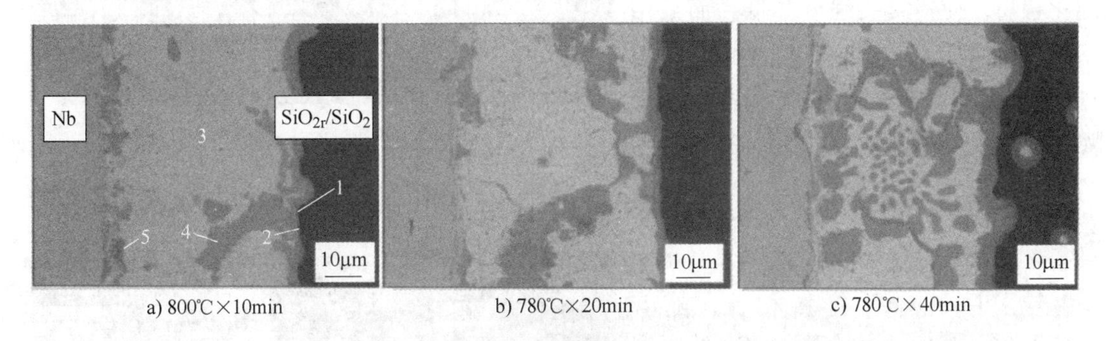

a) 800℃×10min　b) 780℃×20min　c) 780℃×40min

图 4-45　SiO_2纤维-SiO_2复合陶瓷与铌接头的显微组织

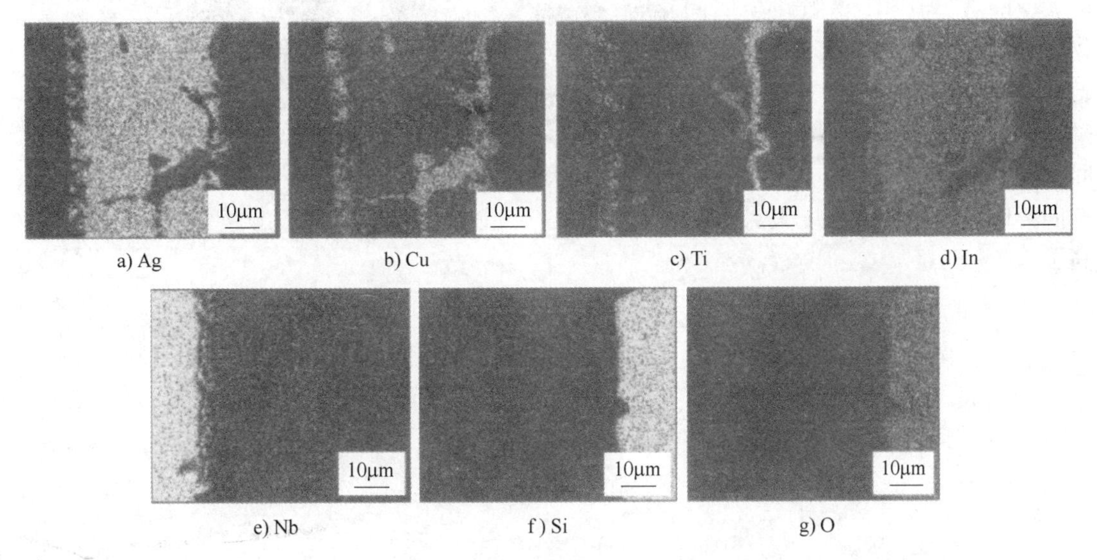

a) Ag　b) Cu　c) Ti　d) In

e) Nb　f) Si　g) O

图 4-46　工艺参数 800℃×10min 接头的元素面分布

在钎焊过程中，钎料中的 Ti 向 SiO_2纤维-SiO_2复合陶瓷扩散，形成 Ti-O 和 Ti-Si 相，余下的 Ti 在钎料中形成 Ti-Cu 相。靠近铌处富集着 Ti。在接头中形成五个区，所以形成了 SiO_2纤维/SiO_2/TiO+Ti-Si/TiO+TiCu/Ag/Cu/Cu/Nb。

4.11 采用复合钎料钎焊SiO_2陶瓷和BN

4.11.1 材料

1. 母材

母材是SiO_2陶瓷和BN。

2. 钎料

钎料为AgCuTi/Cu/AgCu复合钎料。

4.11.2 接头组织

分析表明，在采用AgCuTi钎料时，接头中生成了Fe_2Ti、Ni_3Ti等脆硬金属间化合物，使得接头强度降低。而采用这种AgCuTi/Cu/AgCu复合钎料，随着钎料中Cu厚度的增大，Fe_2Ti、Ni_3Ti等脆硬金属间化合物生成量减少（见图4-47）。

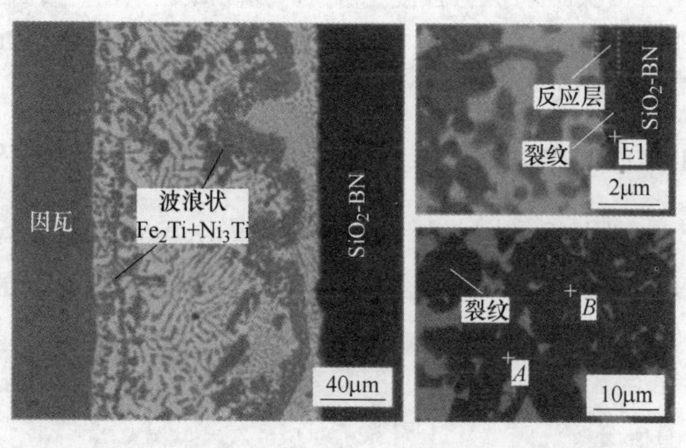

a) AgCuTi箔片

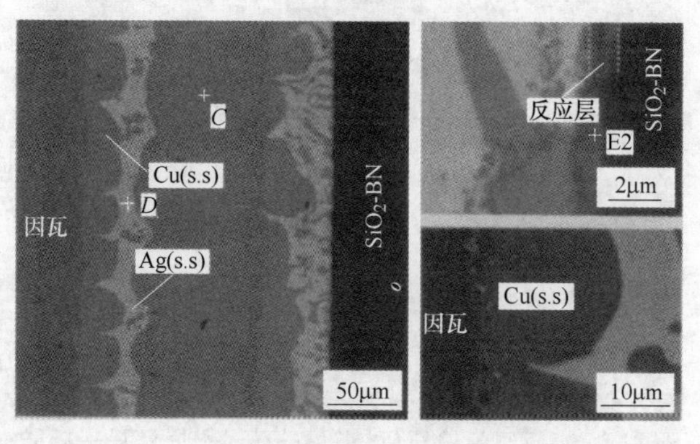

b) AgCuTi/Cu/AgCu复合箔片

图4-47 接头组织

4.11.3 接头力学性能

与采用AgCuTi钎料相比，随着AgCuTi/Cu/AgCu复合钎料中Cu的厚度增大，Fe_2Ti、Ni_3Ti等脆硬金属间化合物生成量减少。当AgCuTi/Cu/AgCu复合钎料中Cu的厚度增大到100μm时，一方面抑制了Fe_2Ti、Ni_3Ti等脆硬金属间化合物的生成，另一方面生成了大量的固溶体，因此接头强度大大提高（提高了207%）。

第5章

ZrO_2 陶瓷的焊接

在工业中应用的陶瓷，最广泛的是 Al_2O_3 陶瓷，其次是 ZrO_2 陶瓷。

5.1 ZrO_2 陶瓷的显微组织

ZrO_2 陶瓷是耐高温、耐蚀性很好的陶瓷材料。但是，纯 ZrO_2 陶瓷在高温（1100℃以上）下会由于晶体相变而导致体积改变，从而产生裂纹，因此一般都需要加入一定量的稳定剂（如 Y_2O_3、CeO、CaO、MgO 等）。

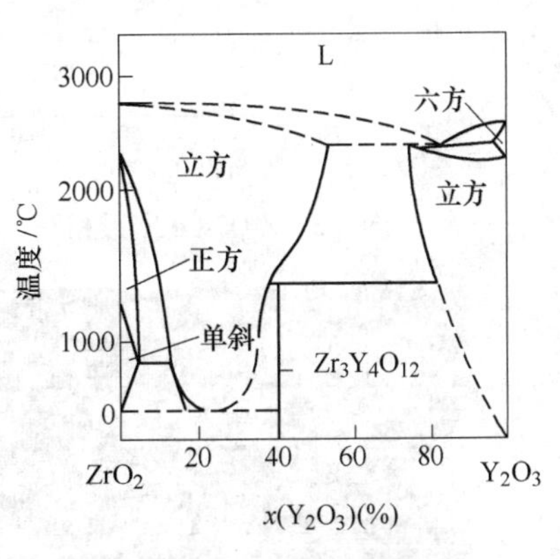

图 5-1　ZrO_2-Y_2O_3 系相图

纯 ZrO_2 及 ZrO_2-Y_2O_3 的同素异构转变，从高温到低温 L→立方相 C(2680℃) →正方相 T(2370℃) →单斜相 M(1000℃)，T→M 相变属于马氏体相变。图 5-1 所示为 ZrO_2-Y_2O_3 系相图。从图 5-2 可以看到，由于稳定剂含量的不同和烧结或者热处理工艺不同，ZrO_2 陶瓷的组织可以出现 T+M、C+T、C+T+M 这三种情况。T′相是无扩散型相变的过饱和非平衡正方相。

随着稳定剂的减少，ZrO_2 的稳定性逐渐下降，依次为 FSZ(Fully Stabilized Zirconia，全稳定氧化锆)、PSZ(Partially Stabilized Zirconia，部分稳定氧化锆)、TZP(Tetragonal Zirconia Polycrystals，单相四方多晶氧化锆) 图 5-3 和图 5-4 所示分别为以 CeO_2、MgO 为稳定剂，与氧化锆的二元氧化物相图。图 5-5 所示为 1500℃烧结的氧化钇摩尔分数为 2%的氧化锆的等轴晶粒组织。

图 5-5 所示为粉末的成形体在 T 相单相区内烧结，但是晶粒尚未长大到 T→M 转变的临界尺寸 d_c 时，冷却到室温的组织。图 5-6 和图 5-7 所示分别为 T+M 和 T+C 的 ZrO_2 双相组织。图 5-8 所示为 ZrO_2-MgO 系共晶组织。图 5-9 所示为 ZrO_2 陶瓷的 T→M 马氏体相变示意。图 5-10 所示为 ZrO_2-Y_2O_3 陶瓷的热膨胀曲线。

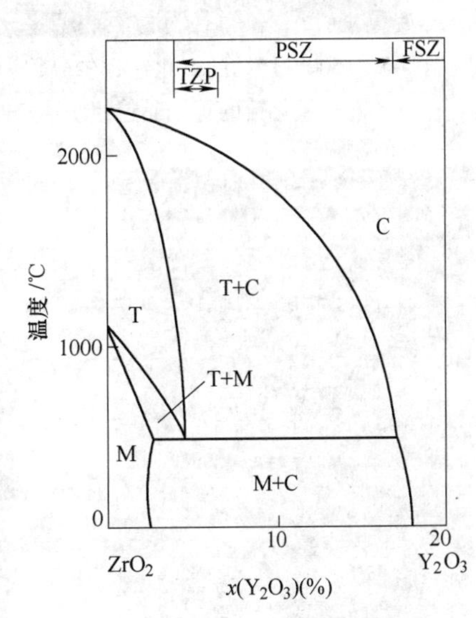

图 5-2　ZrO_2-Y_2O_3 系相图富 ZrO_2 部分

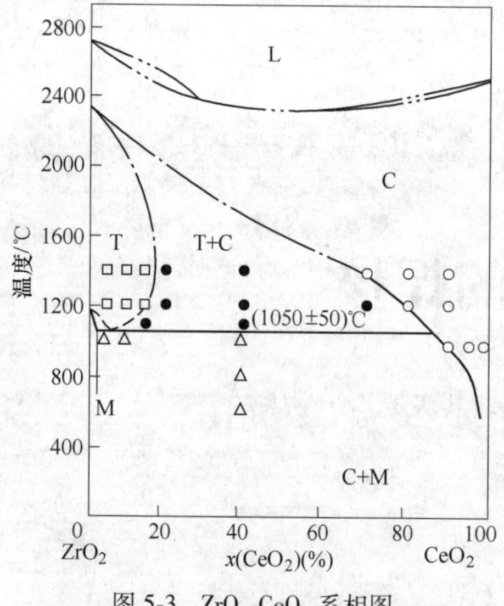

图 5-3 ZrO_2-CeO_2 系相图

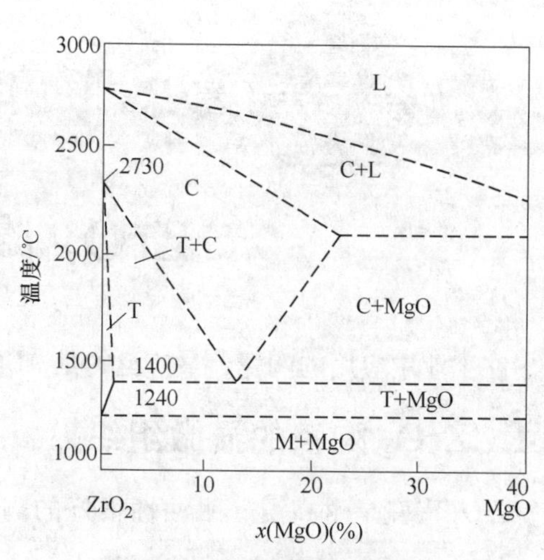

图 5-4 ZrO_2-MgO 系相图

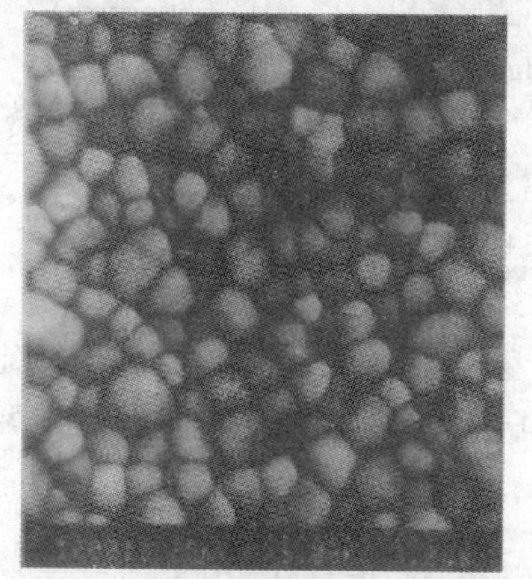

图 5-5 1500℃烧结的氧化钇摩尔分数为 2% 的氧化锆的等轴晶粒组织

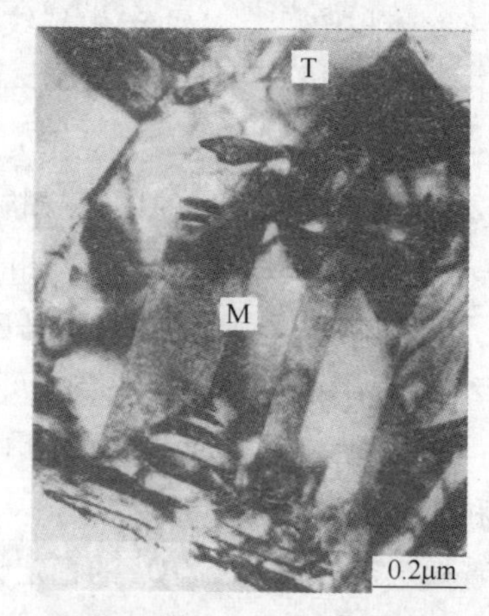

图 5-6 T+M 的 ZrO_2 双相组织

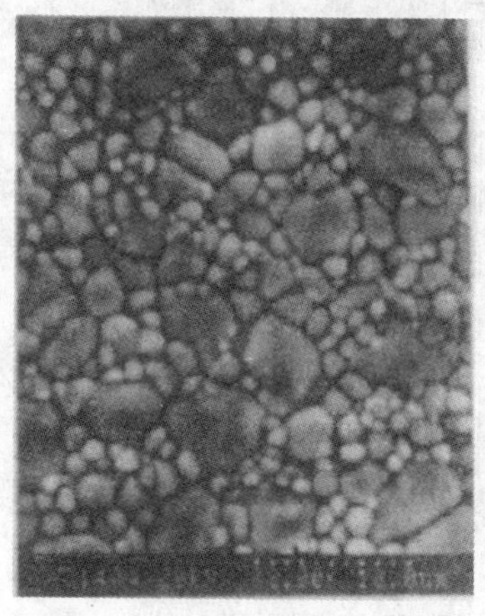

图 5-7 T+C 的 ZrO_2 双相组织

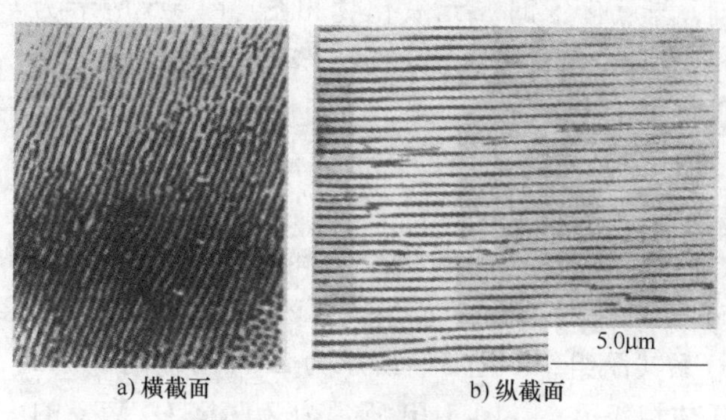

a) 横截面 b) 纵截面

图 5-8 ZrO_2-MgO 系共晶组织

5.2 ZrO_2 陶瓷的扩散焊

加入 4.5%（质量分数）的 Y_2O_3 稳定化的 ZrO_2 陶瓷与镍，在压力为 0.75~262MPa、加热温度为 800~1000℃、保温时间为 5~60min 的条件下，都能够实现直接扩散焊。其中，在压力为 27MPa、加热温度为 900℃、保温时间为 15min 的条件下得到的接头强度可以达到 90MPa。这种压接主要是由于在镍与 ZrO_2 陶瓷界面上形成了 NiO，才形成了牢固的结合。

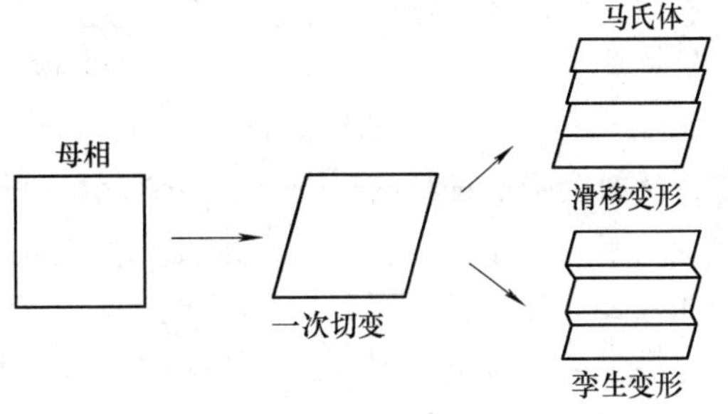

图 5-9 ZrO_2 陶瓷的 T→M 马氏体相变示意

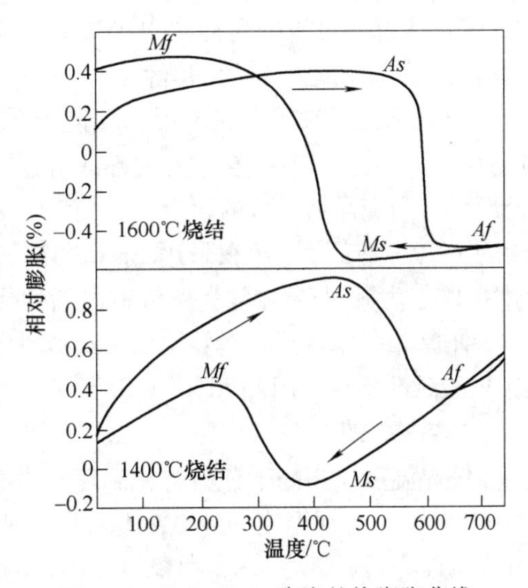

图 5-10 ZrO_2-Y_2O_3 陶瓷的热膨胀曲线

ZrO_2 陶瓷材料除了可以加入 Y_2O_3 进行稳定化之外，还可以加入 CeO_2 进行稳定化，也可以联合加入 Y_2O_3 及 CeO_2 进行稳定化。这些稳定化的 ZrO_2 陶瓷材料都可以与镍直接进行扩散焊，也可以以镍作为中间层实现这些陶瓷之间的扩散焊，比如采用 30.05μm 的镍箔，在加热温度为 1000℃下就可以实现这些陶瓷之间的扩散焊（见表 5-1）。

这种焊接的加热温度不可以太高，否则 ZrO_2 陶瓷的晶粒会有长大倾向，而且还会出现镍的溶液向 ZrO_2 陶瓷晶界渗透，这样虽然加强了它们之间的结合，但是增大了脆性，反而降低了接头强度。

表 5-1 ZrO_2/Ni/ZrO_2（加入 Y_2O_3、CeO_2）之间扩散焊的结合强度

ZrO_2 陶瓷种类	3%（质量分数）的 Y_2O_3 稳定化的 ZrO_2 陶瓷	3%（质量分数）的 Y_2O_3+10%（质量分数）的 CeO_2 稳定化的 ZrO_2 陶瓷	12%（质量分数）的 CeO_2 稳定化的 ZrO_2 陶瓷	一般的 ZrO_2 陶瓷
结合强度/MPa	30.6	22.6	36.6	40.5（气密性差）

5.3 ZrO_2 陶瓷与钢铁的钎焊

5.3.1 ZrO_2 陶瓷与灰铸铁的钎焊

1. 材料

母材为 ZrO_2 陶瓷（Y_2O_3 稳定）与灰铸铁（HT275），钎料为 Ag-Cu-Ti 活性材料。

2. 钎料的选择

（1）Ag-Cu-Ti 钎料对 ZrO_2 陶瓷的润湿性　钎料的选择主要根据其对 ZrO_2 陶瓷与灰铸铁的润湿性，特别是对 ZrO_2 陶瓷的润湿性，这是评价钎料工艺性的重要依据。Ag-Cu-Ti 在陶瓷表面的润湿性良好，即使质量分数仅为2%的Ti，钎料仍能在ZrO_2陶瓷表面上润湿。对Ti含量相同的Ag-Cu-Ti钎料来说，Ag含量越高，润湿性越好；Ag-Cu-Ti钎料中加入In或少量的Sn，可以改善钎料的润湿性，Sn对改善钎料的润湿性的作用优于In，但当Sn加入过多时，反而会降低钎料的润湿性，Cu-Ti钎料的润湿性较Ag-Cu-Ti差，只有Cu-Ti钎料中的Ti含量足够高，才能有较好的润湿性，但这也提高了钎料的熔化温度。如果在Ag-Cu-Ti钎料中加入Zr，则降低了钎料的润湿性。若单独在钎料中加入Zr作为活性元素（即不加Ti），则钎料对Zr不润湿。Cu-Ti钎料中加入Al、V等元素，并不能改善钎料的润湿性，因此选用Ag64.8-Cu25.2-Ti10（质量分数,%）为钎料。

（2）Ag对钎料润湿性的影响　Ti在Ag中的溶解度很低，因此在Ti含量不变的情况下，把Ag加入钎料可以提高钎料中Ti的活度以及Ti/Cu的比例，使有效活性元素基团$CuTi_2$易于形成，从而改善钎料的润湿性。

（3）活性元素的合理选用　Ti能形成各种氧化物，如Ti_3O、Ti_2O、TiO、Ti_3O_2、Ti_3O_5、Ti_2O_3、Ti_nO_{2n-1}、TiO_2等，实现自钎料金属到陶瓷的渐次过渡。活性元素的合理选用应以能否形成与陶瓷晶格一致的化合物为标准。ZrO_2陶瓷为四方结构，与四方结构的TiO_2具有结构的一致性。实际上，在采用Ag-Cu-Ti钎料钎焊ZrO_2陶瓷时，在界面上有TiO_2存在，这说明用Ti作为钎焊ZrO_2陶瓷的钎料的活性元素是有效的。

钎焊ZrO_2陶瓷的钎料不能用Zr作为活性元素。Al只能形成刚玉结构的氧化物Al_2O_3，而V的活性不足，因此Al和V都不能作为钎焊ZrO_2陶瓷的钎料的活性元素。

3. 钎焊工艺

钎焊温度应当高于钎料熔化温度，由于Ag-Cu的共晶温度为780℃，因此钎焊温度应该高于800℃。钎焊温度为800~1000℃，保温时间为2~30min，真空度为1.33×10^{-2}Pa。以Ag-Cu-Ti为钎料钎焊ZrO_2陶瓷与灰铸铁的接头抗弯强度为257MPa。

4. 钎焊接头组织

图5-11所示为采用Ag-Cu-Ti钎料钎焊ZrO_2陶瓷与灰铸铁的接头低倍组织（100×）。

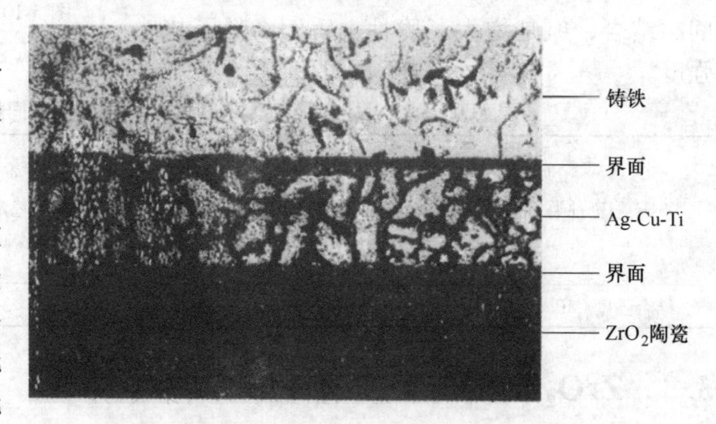

图5-11　采用Ag-Cu-Ti钎料钎焊ZrO_2陶瓷与灰铸铁的接头低倍组织（100×）

5. 界面反应

（1）钎料与陶瓷界面　在扫描电镜下，Ag基钎料与陶瓷界面由两层组成。靠近陶瓷一侧颜色较深，主要由Ti和O元素组成，并含有少量Zr及Y元素；靠近钎料一侧颜色较浅，主要由Cu、Ti和O元素组成，并含有少量Ag及Fe元素。

采用Ag-Cu-Ti钎料，当Ti含量较低时，出现一种花瓣组织，电子探针分析为Ag-Cu共晶组织，基体为Cu在Ag中的固溶体。随着Ti含量的增加，Ag-Cu共晶减少，当Ti含量增加到12%~15%（质量分数）时，共晶组织开始消失。

（2）界面元素分布　图5-12及图5-13所示分别为Ag-Cu-Ti钎料与ZrO_2陶瓷界面扫描

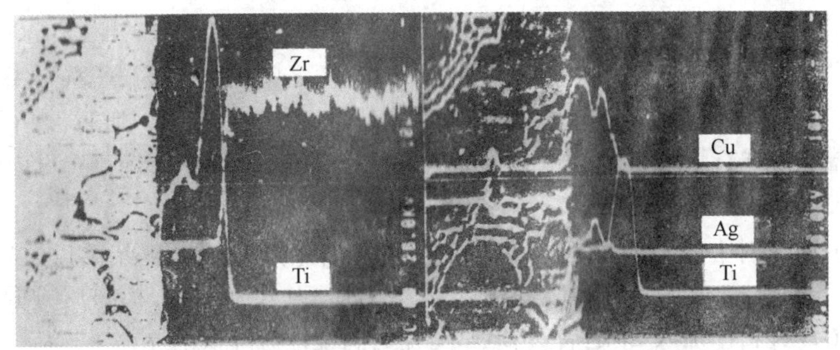

图 5-12　Ag-Cu-Ti 钎料与 ZrO_2 陶瓷界面扫描的元素线分布

的元素线分布及其钎焊灰铸铁与陶瓷接头中 Ag、Cu、Ti 的面分布。Ag-Cu-Ti 钎料中的活性元素 Ti 在界面上发生了强烈的富集，Cu 与 Ti 有相同的趋势，也在界面上发生了富集，Cu 和 Ti 在界面上是共存的，而 Ag 则以 Ag-Cu 共晶和 Ag-Cu 固溶体的形式存在于钎缝中。当 Ti 含量较低时，它完全富集在晶面上。电子探针对界面的线扫描表明，在界面靠近陶瓷侧的 Ti 含量由峰值降为零，Zr 含量也由零升为陶瓷中的 Zr 含量。

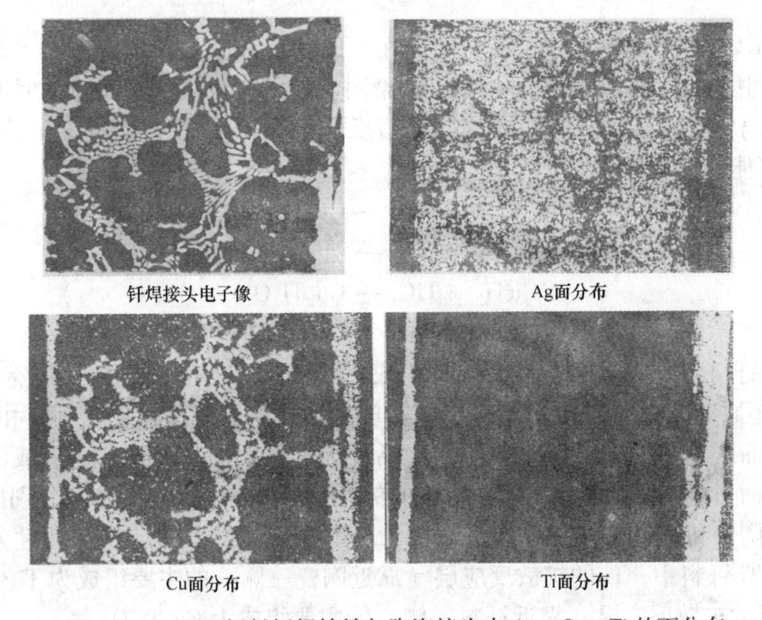

图 5-13　Ag-Cu-Ti 钎料钎焊铸铁与陶瓷接头中 Ag、Cu、Ti 的面分布

（3）钎料与陶瓷的相互作用　根据热力学原理，Ti 与 Zr 有如下反应：

$$Ti + 0.5ZrO_2 \xlongequal{} TiO + 0.5Zr \qquad \Delta G^\circ = 5700 - 0.7T \tag{5-1}$$

$$Ti + ZrO_2 \xlongequal{} TiO_2 + Zr \qquad \Delta G^\circ = 38500 - 2.2T \tag{5-2}$$

在 950℃时，反应式（5-1）的生成自由能为 $\Delta G^\circ = 4843\text{cal}$[⊖]/mol，平衡常数 $K = g^{1/2}(Zr)/g(Ti) = 0.1325$；反应式（5-2）的生成自由能为 $\Delta G^\circ = 3571\text{cal/mol}$，平衡常数 $K = g(Zr)/g(Ti) = 3.984\times10^{-7}$。

⊖ 1cal = 4.1868J。

反应式（5-1）处于平衡状态时，Ti 与 Zr 活度之间的关系为 $g(Zr)=1.76\times10^{-2.2}g(Ti)$；同样，反应式（5-2）处于平衡状态时，Ti 与 Zr 活度之间的关系为 $g(Zr)=3.984\times10^{-7}g(Ti)$。由此可见，当 Ag-Cu-Ti 钎料中 Ti 的活度较高时，易按反应式（5-1）进行，在界面形成 Ti 的低价氧化物 TiO；当 Ti 的活度较低时，易按反应式（5-2）进行，在界面形成 Ti 的高价氧化物 TiO_2。

在 Ag-Cu-Ti 钎料中加入 Zr 之后，$g(Zr)$ 增大，根据上述 Ti 与 Zr 活度之间的关系式，则要求 $g(Ti)$ 也增大，以保持平衡，否则，式（5-1）及式（5-2）将向反方向进行。这就解释了 Ag-Cu-Ti 钎料中加入 Zr 之后对 ZrO_2 陶瓷的润湿性会降低的原因。

另外，Robert. Duh 等发现了 ZrO_2 在真空的高温下会发生部分分解，形成非化学配位氧化锆 ZrO_{2-x}：

$$ZrO_2 = ZrO_{2-x} + xO \tag{5-3}$$

Zr-O 二元相图也表明了 ZrO_{2-x}的存在。ZrO_2 陶瓷中的氧能自由扩散至界面生成 ZrO_x。M. Naku 等在 Cu-Ti 钎料与 ZrO_2 陶瓷界面上发现了 ZrO_x 相。在 Ag-Cu-Ti 钎料与 ZrO_2 陶瓷界面上不仅有 ZrO_x 相存在，还发现了 Zr_2Ti_4O 相。在 In 基钎料与 ZrO_2 陶瓷界面上还发现了 Zr_2TiO_5 相。

根据 Zr_2Ti_4O 相与 In_2TiO_5 相在界面的存在，以及对钎缝中元素分布结果的分析可以认为，Ti 在钎料中与 Cu、In 等形成一些原子偏聚团，如 $CuTi_2$、In_4Ti_3 等。这些原子偏聚团在界面处富集，与穿过界面扩散过来的氧或界面反应产物 TiO_x 直接接触，生成 Zr_2Ti_4O 相与 In_2TiO_5 相。可能的反应式为

$$2CuTi_2 + O \rightarrow Cu_2Ti_4O \tag{5-4}$$

$$2In_4Ti_3 + 23O \rightarrow 4In_2TiO_5 + Ti_2O_3 \tag{5-5}$$

$$2CuTi_2 + TiO_x \rightarrow Cu_2Ti_4O + TiO_{x'}(x' < x) \tag{5-6}$$

$$In_4Ti_3 + TiO_x \rightarrow 2In_2TiO_5 + TiO_{x'}(x' < x) \tag{5-7}$$

（4）活性钎料与 ZrO_2 陶瓷界面反应的生成物层次　活性钎料与 ZrO_2 陶瓷首先通过界面反应（氧化-还原反应）形成初始界面层，实现金属与陶瓷间的紧密接触。由于 Ti 与陶瓷的反应，使界面区 Ti 的化学位降低，钎料中活性元素基团向界面迁移，形成活性元素基团富集区，在界面形成高浓度陡峭的 Ti 和 O 的梯度区。Ti 和 O 将穿过界面分别向陶瓷和钎料扩散及反应。陶瓷和钎料在钎焊界面可划分为钎缝区、氧扩散反应层和活性元素扩散反应层。在 Ag-Cu-Ti 钎料中，Ti 的扩散反应层（靠近陶瓷一侧）的主要组成为 Ti_3O、Ti_2O、TiO 与 TiO_2 等，氧的扩散反应层（靠近钎料一侧）的主要组成为 Cu_2Ti_4O。

5.3.2 ZrO_2 陶瓷与 40Cr 钢的钎焊

1. 材料

ZrO_2 陶瓷中加入质量分数为 2.4%的 MgO 作为稳定剂，抗弯强度为 300MPa，线胀系数为 $11\times10^{-6}K^{-1}$。采用 Cu、Ti 作为缓冲层，其物理性能见表 5-2。钎料为 Ag66Cu30Ti4。

表 5-2　Cu、Ti 中间层的物理性能

材料	熔点/K	$\alpha/10^{-6}K^{-1}$	$R_{p0.2}$/MPa	E/GPa	A（%）
Cu	1356	17	60	124	48
Ti	1665	10	100	114	72

2. 钎焊接头性能

图 5-14 所示为不加缓冲层时 ZrO_2 陶瓷与 40Cr 钢直接钎焊的接头强度。图 5-15 所示为采用 Cu、Ti 作为缓冲层时，缓冲层厚度对接头强度的影响。可以看到，以 Ti 作为缓冲层时，缓冲层厚度为 1.0mm 时接头强度最高，达到 120MPa；而以 Cu 作为缓冲层时，缓冲层厚度为 0.4mm 时接头强度最高，达到 155MPa。

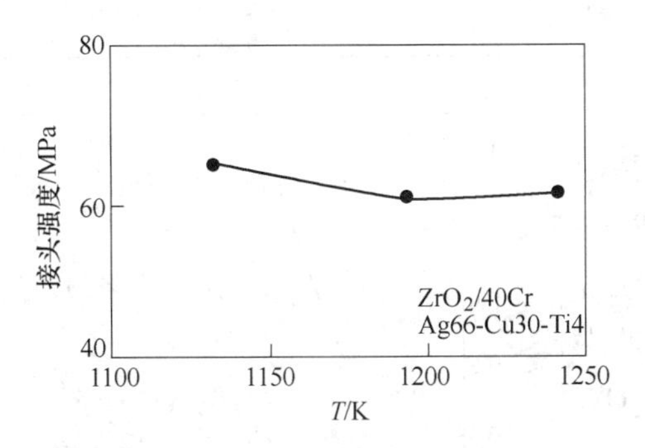

图 5-14　不加缓冲层时 ZrO_2 陶瓷与 40Cr 钢直接钎焊的接头强度

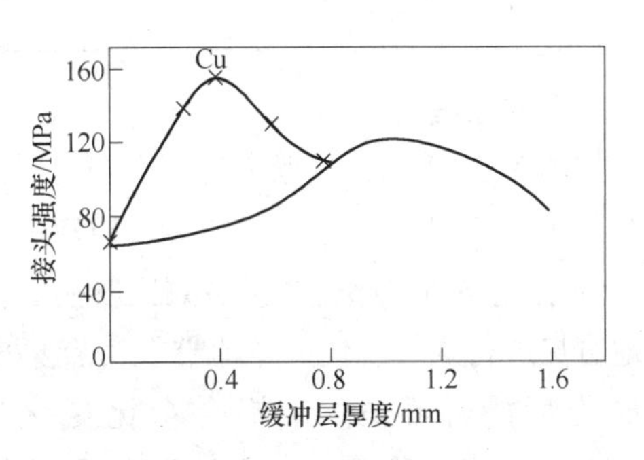

图 5-15　采用 Cu、Ti 作为缓冲层时，缓冲层厚度对接头强度的影响

采用 Cu、Ti 作为缓冲层时，缓冲层具有两个相反的作用：一是 Cu、Ti 的塑性和韧性较好，这有利于改善接头性能；二是 Cu、Ti 的线胀系数较大，容易造成较大的残余应力，又危害接头性能。因此，存在一个最佳厚度。

3. 接头组织

图 5-16 所示为采用 Cu、Ti 作为缓冲层时的接头组织。

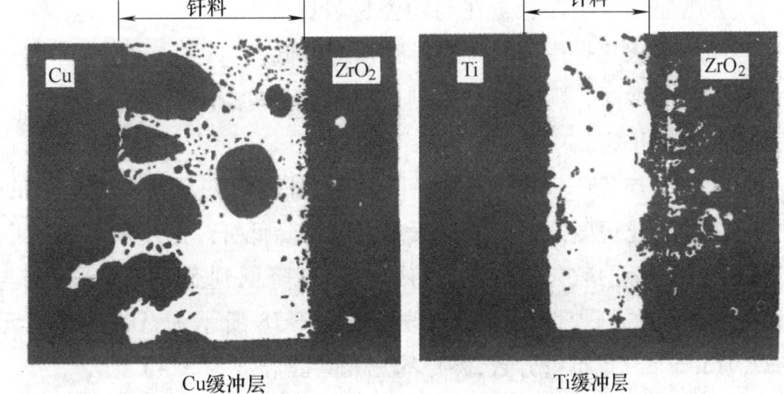

图 5-16　采用 Cu、Ti 作为缓冲层时的接头组织

5.4　ZrO_2 陶瓷材料与铝合金的钎焊

5.4.1　ZrO_2 陶瓷材料与铝合金的钎焊性

1. 钎焊温度

当要求将高强度铝合金（如俄罗斯的杜拉铝，即我国的 2024A）与 ZrO_2 陶瓷材料进行连接时，不能采用机械连接，又没有合适的铝钎料（见表 5-3）。从表 5-3 可以看到，铝钎料的最低固相线温度为 520℃，而 2024A 的固相线温度为 502℃，铝钎料的最低固相线温度高于 2024A 的固相线温度。因此，应研制适合高强度铝合金（如 2024A）的低熔点铝钎料。

表 5-3　铝钎料和高强度铝合金（如 2024A）的固相线和液相线温度

合金种类	合金系	固相线温度/℃	液相线温度/℃	钎焊温度/℃
4343	Al-Si	577	615	600~620
4045	Al-Si	577	590	590~605
4047A	Al-Si	577	580	590~605
2024A	Al-Cu	502	638	—

2. 线胀系数

如图 5-17 所示，一般来说，陶瓷材料的线胀系数比金属小。从图 5-17 中可以看到，KOVAR（可伐 Fe-Ni-Co）合金与 Al_2O_3 的线胀系数比较接近，可以较容易地直接进行焊接，使硅整流器及陶瓷集成电路的生产成为可能。而 2024A 铝合金比氮化硅、Al_2O_3、ZrO_2 等的线胀系数都大，因此钎焊难度比较大。

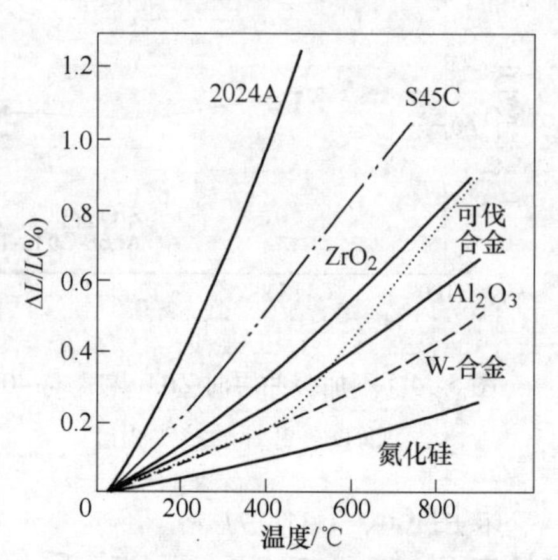

图 5-17　一些金属和陶瓷材料的线胀系数

3. 热处理强化铝合金的软化

2000 系（如 2024A）及 7000 系超级铝合金（如 7075）等热处理强化铝合金在与陶瓷材料钎焊时，等同于经历了退火热处理而软化，导致强度降低。

钎焊后急冷时，陶瓷材料受到热冲击及产生热应力易对其造成伤害。

从上面铝与 ZrO_2 陶瓷材料的钎焊性的分析可知，其关键是降低铝钎料的熔化温度。降低铝钎料的熔化温度即可以降低钎焊温度，降低钎焊温度就可以减小钎焊引起的热膨胀及热处理强化铝合金的软化。如果能将钎焊温度降低到 500℃以下，铝与 ZrO_2 陶瓷（也包括其他陶瓷）材料的钎焊性就可得到改善。图 5-18 所示为 Al-Cu-Si 三元系金属的液相线温度，Al-27. 1Cu-5. 4Si（质量分数,%）的三元共晶温度为 524℃。

图 5-19 所示为在 Al-Cu-Si 三元共晶合金中 Zn 含量对其固相线温度及液相线温度的影

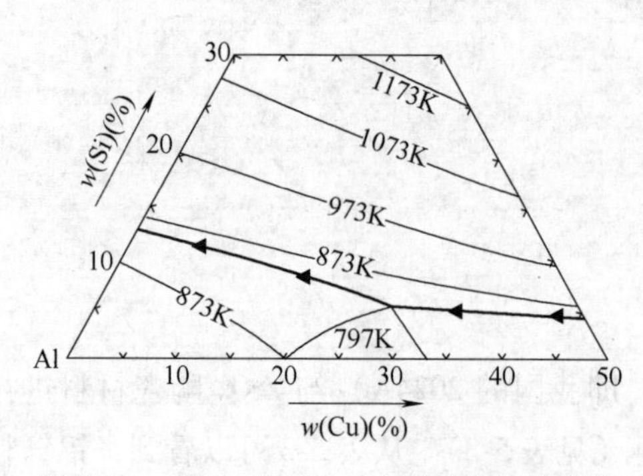

图 5-18　Al-Cu-Si 三元系金属的液相线温度

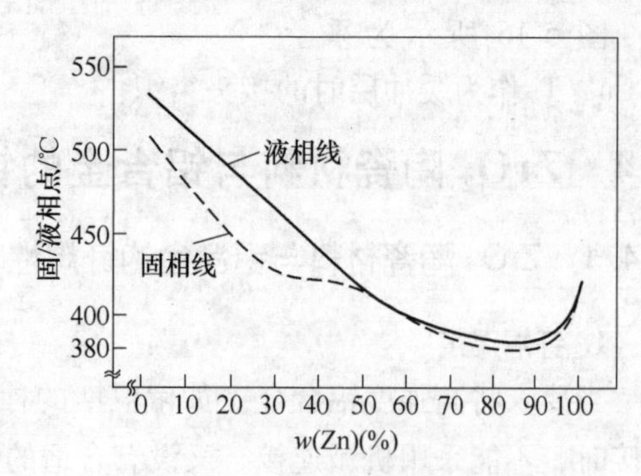

图 5-19　Al-Cu-Si 三元共晶合金中 Zn 含量对其固相线温度及液相线温度的影响

响，可以看出，当 w(Zn) >50%时，固相线温度及液相线温度几乎是重合的，特别是 w(Zn) = 50%~60%时，固相线温度及液相线温度完全重合，可以认为在此附近就是共晶线，约为 420℃。图 5-20 所示为 ZrO_2 陶瓷（直径 12mm，长 15mm）与 2017A 铝合金（直径 12mm，长 50mm）的母材，以在 Al-Cu-Si 三元共晶合金中加入不同 Zn 含量［w(Zn)= 20%~90%］的合金作为钎料时，在氮气中 500℃条件下钎焊接头的抗弯强度与 Zn 含量之间的关系。从图 5-20 可以看出，w(Zn) 达到 50%时，接头强度最高，约为 140MPa。新的钎料的化学成分就是在 Al-Cu-Si 三元共晶合金中加入 w(Zn)= 50%的合金，固相线温度及液相线温度都是 420℃。图 5-21 所示为这种新型低熔点 Al-Cu-Si-Zn 钎料与一些铝合金及钎料熔点的比较。

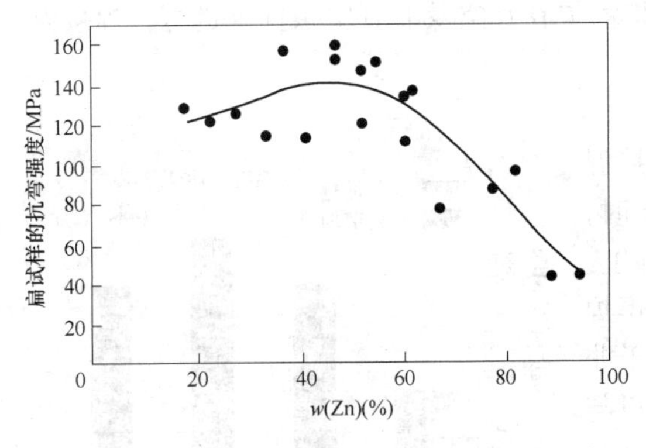

图 5-20 Al-Cu-Si 三元共晶合金中 Zn 含量对其抗弯强度

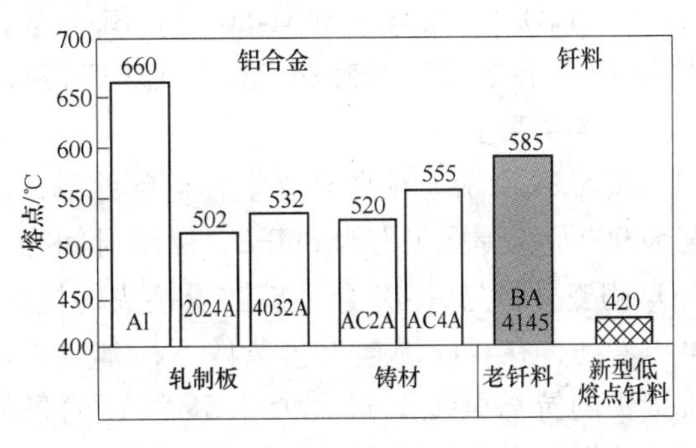

图 5-21 各种铝合金及其钎料的熔点
（铝合金为固相线，钎料为液相线）

5.4.2 铝与 ZrO_2 陶瓷材料钎焊性的改善

采用新型低熔点 Al-Cu-Si-Zn 钎料来直接钎焊 ZrO_2 陶瓷和 2024A 硬铝，钎焊后进行固溶加时效处理。钎焊是在氮气中 500℃条件下进行的，钎焊后在大气中加热到 495℃投入水中固溶处理。之后在室温下自然时效硬化 50h，测定接头扁试样的抗弯强度。

2024A 为时效硬化铝合金，上述钎焊使之退火软化，硬度从 75HRB 降低到 50HRB。但是，ZrO_2 陶瓷和 2024A 硬铝的钎焊接头经固溶处理水淬后在钎焊结合界面上发生了剥离。因此，采用各种过渡层来缓解固溶处理产生的残余应力和变形，以避免剥离的发生。图 5-22 所示为不同的接头组合结构形式与

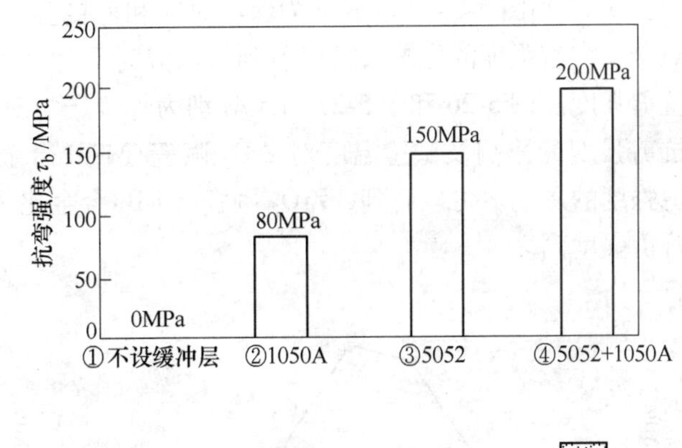

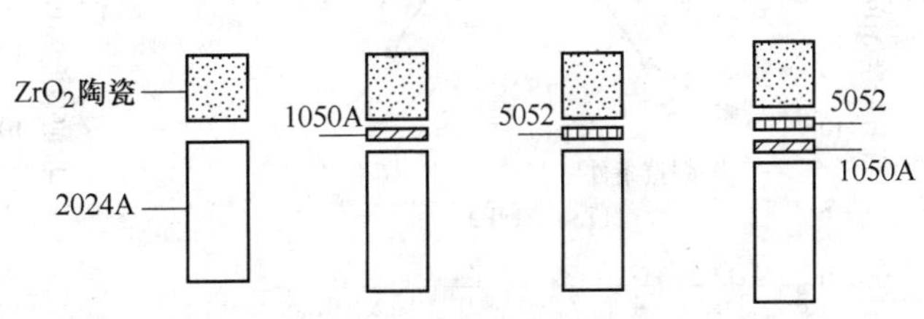

图 5-22 不同的接头组合结构形式与接头扁试样抗弯强度之间的关系

接头扁试样抗弯强度之间的关系。可以看到，采用1050A（工业纯铝）及5052（Al-Mg合金）双重过渡层，时效硬化后接头最大强度达到200MPa，2024A的硬度也达到了75HRB。

5.5 ZrO_2陶瓷材料与镍基合金的焊接

5.5.1 ZrO_2陶瓷材料与镍基合金的扩散焊

1. 焊接参数

所用ZrO_2陶瓷为Z201N（日本牌号），其化学组成（质量分数）为94% ZrO_2+6%（Al_2O_3+Y_2O_3），镍合金为Ni-(0~3) Bi合金。扩散焊在真空及非真空条件下进行，焊接温度为900℃，焊接压力为8MPa，保温时间为2h。

2. 接头强度

图5-23所示为在真空及非真空条件下，焊接温度为900℃、焊接压力为8MPa、保温时间为2h时，ZrO_2陶瓷材料与Ni-Bi合金扩散焊接头的抗剪强度。可以看到，在相同焊接工艺条件下，真空扩散焊焊接接头的抗剪强度（最大为3.5MPa）明显低于非真空的焊接接头。在真空条件下，ZrO_2陶瓷材料与Ni-Bi合金扩散焊接头强度比纯Ni的还低；而在非真空条件下，ZrO_2陶瓷材料与Ni-Bi合金扩散焊接头强度随着Bi含量的增加而提高，在Bi的质量分数达到2%时，接头抗剪强度最高，达到22MPa。

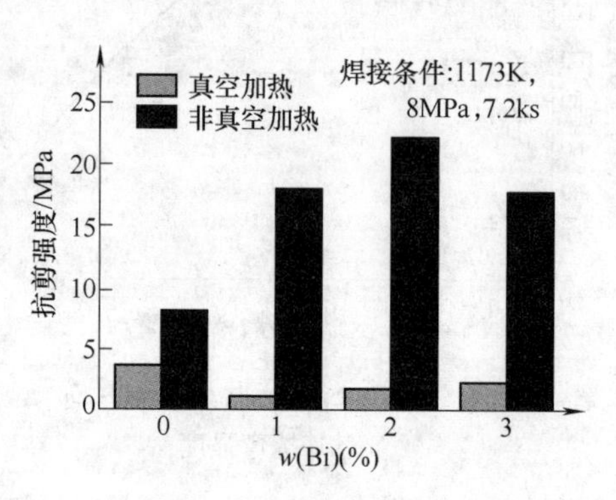

图5-23 接头抗剪强度与Bi含量之间的关系

图5-24和图5-25所示分别为保温时间和焊接温度对接头抗剪强度的影响。可以看到，保温时间为2~2.5h和焊接温度为900℃有最大的接头抗剪强度。图5-26和图5-27所示分别为焊接压力对ZrO_2陶瓷材料与Ni-Bi合金扩散焊接头抗剪强度的影响及试验温度对ZrO_2陶瓷/Ni-Bi合金和ZrO_2陶瓷/Ni-2Bi合金扩散焊接头抗剪强度的影响。可以看到，ZrO_2陶瓷/Ni-Bi合金比ZrO_2陶瓷/Ni-2Bi合金扩散焊接头的高温抗剪强度高。

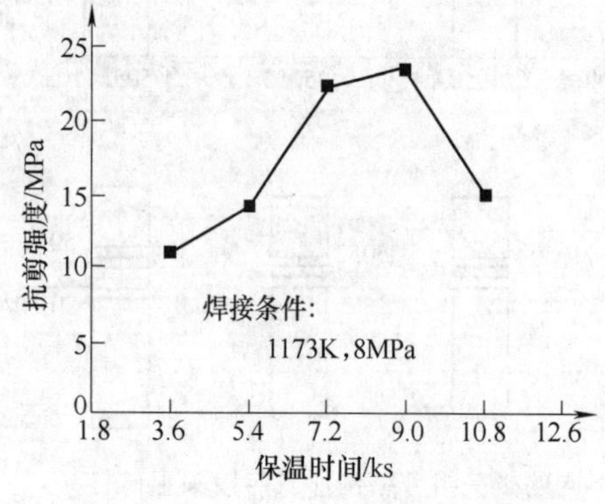

图5-24 保温时间对ZrO_2/Ni-2Bi接头抗剪强度的影响

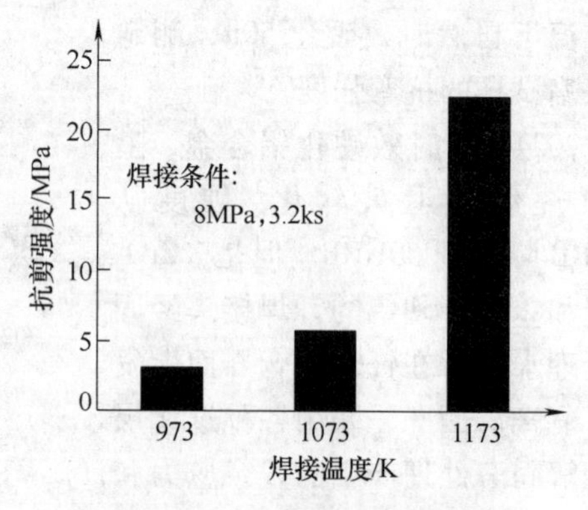

图5-25 ZrO_2/Ni-2Bi接头抗剪强度与焊接温度之间的关系

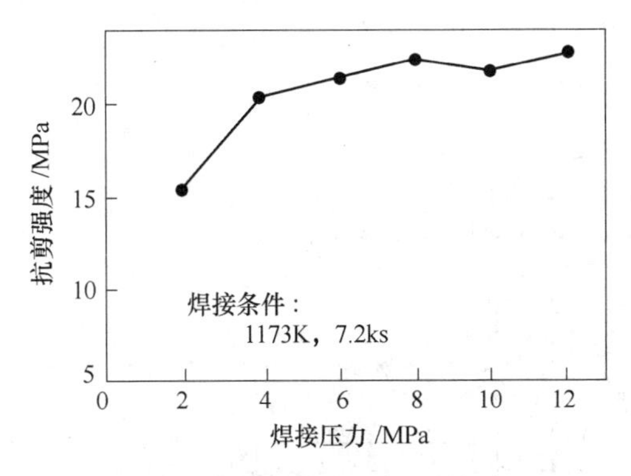

图 5-26　焊接压力对 ZrO_2 陶瓷材料与 Ni-2Bi 合金扩散焊接头抗剪强度的影响

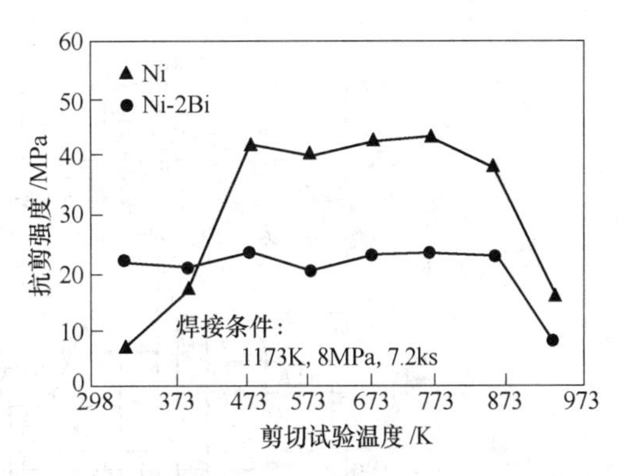

图 5-27　试验温度对 ZrO_2 陶瓷/Ni 和 ZrO_2 陶瓷/Ni-2Bi 合金扩散焊接头抗剪强度的影响

3. 界面反应

图 5-28 所示为 Ni-Bi 二元合金相图，从图 5-28 中可以看到，Ni-Bi 在固-液相条件下均互不溶解。在真空扩散焊时，结合界面的液态 Bi 会升华为气态而逸出。液态 Bi 在接头的存在，具有缓解焊接残余应力的作用，由于液态 Bi 升华为气态而逸出，焊接残余应力不会被缓解，因此接头强度较低；而在大气条件下焊接，Bi 不会升华为气态而逸出，焊接残余应力能够被缓解，因此接头强度较高。

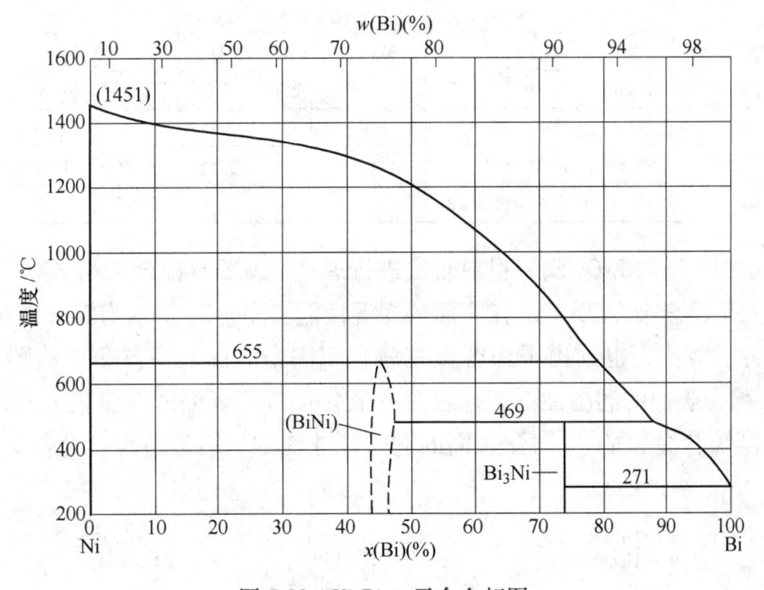

图 5-28　Ni-Bi 二元合金相图

另外，从图 5-29 所示为 Ni-Zr 二元合金相图可以看出，Ni-Zr 二元合金可以形成一系列的金属间化合物，因此能够得到良好的焊接接头，这也是保温时间和焊接温度对接头抗剪强度产生影响的原因。

5.5.2　镍合金与 ZrO_2 陶瓷材料的钎焊

一些镍合金的化学成分见表 5-4。

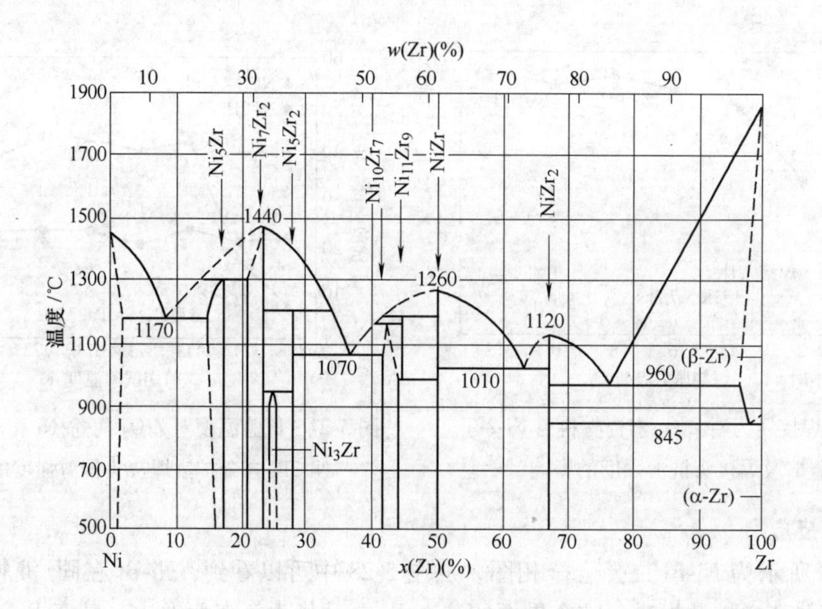

图 5-29 Ni-Zr 二元合金相图

表 5-4 一些镍合金的化学成分

合金的种类	主要化学成分（质量分数，%）									
	Ni	Cr	Co	Mo	W	Ti	Al	C	B	Zr
UD1MAT 720	55.46	17.9	14.7	3.0	1.25	5.0	2.5	0.035	0.035	0.03
UD1MAT 520	57.00	19	12	6	1.0	3.0	2.0	0.04	0.005	—
Waspaloy	58.89	19.2	13.25	4.1	—	3.15	1.38	0.04	0.0045	0.065
UN1MAT 718	53.75	18	5.28	3.0	—	1.0	0.55	0.003	—	—

如果将上述镍合金与 ZrO_2 陶瓷材料直接进行焊接，就要看镍合金与 ZrO_2 陶瓷之间的相互作用了，首先是镍合金在 ZrO_2 陶瓷表面的润湿性能。图 5-30 所示为镍合金在 ZrO_2 陶瓷表面的润湿角。为了对比，也给出了镍合金在氧化铝陶瓷表面的润湿角。从图 5-30 中可见，镍合金在 ZrO_2 陶瓷表面的润湿性不如镍合金在氧化铝陶瓷表面的润湿性。看来，需要采取一些措施来提高镍合金在 ZrO_2 陶瓷表面的润湿性才能顺利地进行镍合金与 ZrO_2 陶瓷的焊

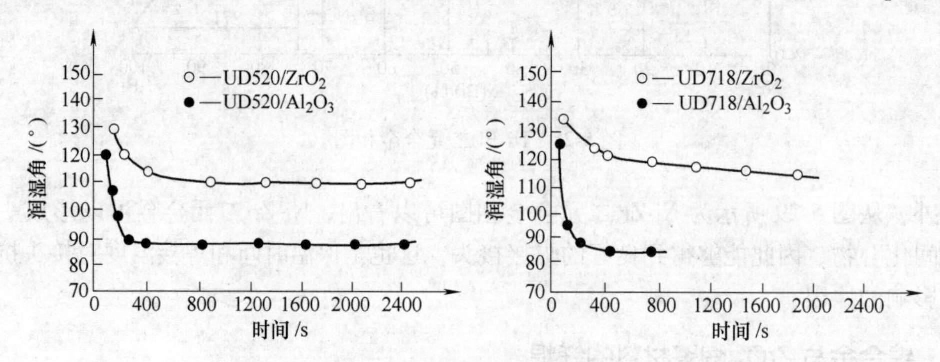

图 5-30 镍合金在 ZrO_2 和氧化铝陶瓷表面的润湿角

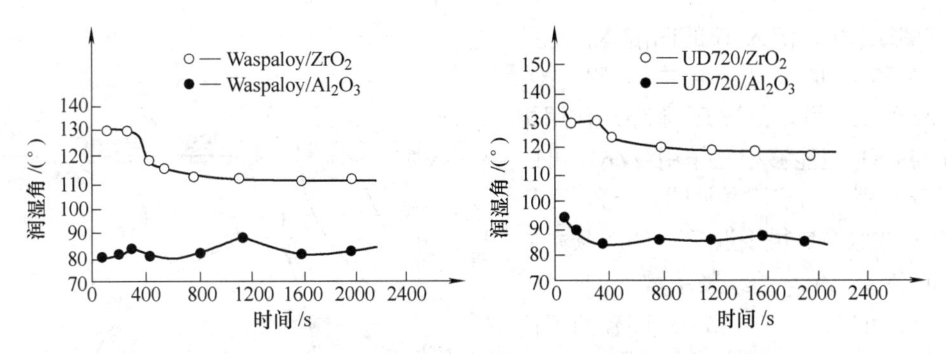

图 5-30　镍合金在 ZrO_2 和氧化铝陶瓷表面的润湿角（续）

接。对 ZrO_2 陶瓷表面进行合金化或者采用活性金属法可以改善镍合金在 ZrO_2 陶瓷表面的润湿性，也就能够改善其焊接性。

5.6　ZrO_2 陶瓷与 Ti 的焊接

5.6.1　ZrO_2 陶瓷与 Ti 的焊接性分析

Ti 和 Zr 都属于Ⅳ族元素，具有相近的物理化学性质（见表 5-5）。从化学性质来看，它们都对氧有较大的亲和力，容易被氧化。其二元合金相图在液相和固相都是无限溶解（见图 5-31），而且晶格类型相同，都有同素异构转变。Ti 与 ZrO_2 能够相互作用，在各种温度

表 5-5　钛与锆的物理性能

材料	原子半径/Å	熔点/℃	晶格常数		
			a/Å	*c*/Å	*c*/*a*
钛	0. 147	1670	2. 950	4. 686	1. 588
锆	0. 162	1855	3. 232	5. 147	1. 592

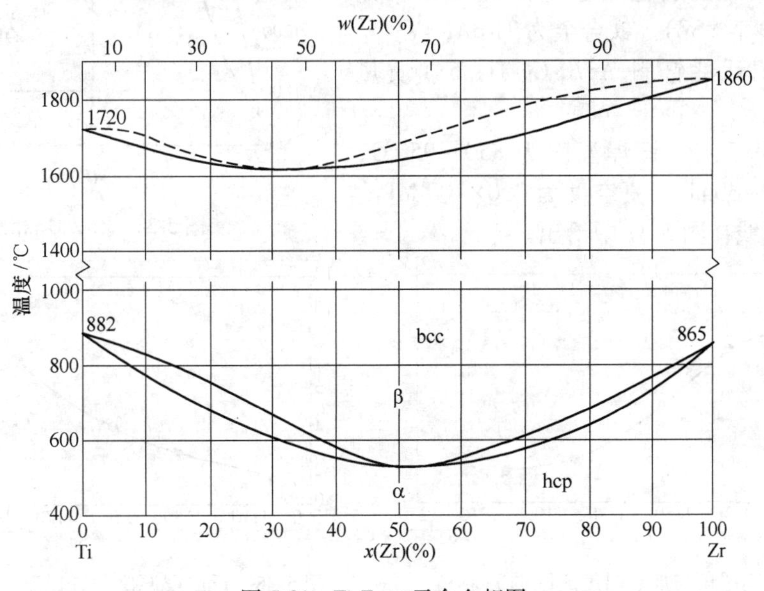

图 5-31　Ti-Zr 二元合金相图

下都能够形成 ZrO_2 溶入 Ti 的固溶体，也可以形成 Ti 和 Zr 的复杂氧化物（$(TiZr)_3O$），如图 5-32 所示。另外，与 Ti 与 ZrO_2 作用相似，Zr 与 ZrO_2 也能够相互作用，ZrO_2 可以溶解到 Zr 中形成固溶体（见图 5-33）。而且 Ti 与 ZrO_2 线胀系数很接近（Ti 的线胀系数为 $10\times10^{-6}K^{-1}$，ZrO_2 的线胀系数为 $11\times10^{-6}K^{-1}$），由此可以认为 Ti 与 ZrO_2 陶瓷的焊接性能应该是良好的。

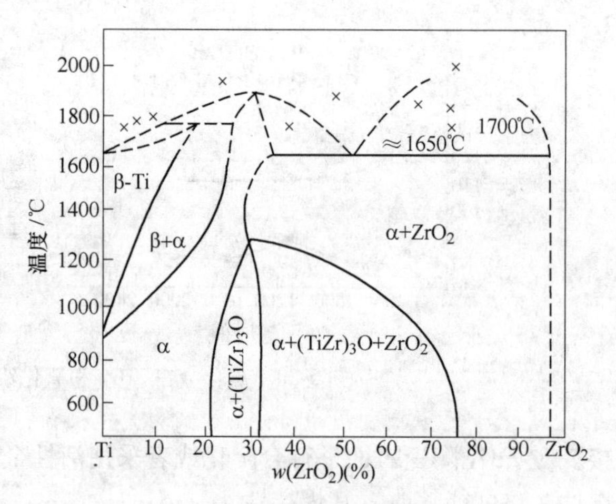

图 5-32 Ti-ZrO_2 相图

5.6.2 ZrO_2 陶瓷与 Ti 的真空钎焊

1. 采用钎料 Ag66-Cu30-Ti4

（1）材料　ZrO_2 陶瓷为 ZrO_2+质量分数为 2.4% 的 MgO 作为稳定剂，气孔率为 1%，四点抗弯强度为 300MPa，熔点为 2953℃，钎料为 Ag66-Cu30-Ti4。

（2）钎焊工艺　钎焊温度为 830～930℃，保温时间为 5min，进行真空钎焊。

（3）接头性能　图 5-34 所示为润湿角与加热温度之间的关系，图 5-35 所示为反应层厚度与钎焊温度之间的关系，图 5-36 所示为接头四点抗弯强度与钎焊温度之间的关系。

2. 采用钎料 Ag70-Cu-Ti4.5

（1）材料　母材陶瓷材料采用北京航空材料研究院提供的由氧化钇稳定的氧化锆陶瓷（ZrO_2-3molYO_2，YSZ）。钛合金为 Ti-6Al-4V。

钎料采用活性钎料 Ag70-Cu-Ti4.5（质量分数,%）。

（2）钎焊工艺　钎焊温度为 850～950℃，保温时间为 5～30min，真空度为 2.0×10^{-3}MPa。焊接热循环曲线在图 5-37 中给出。

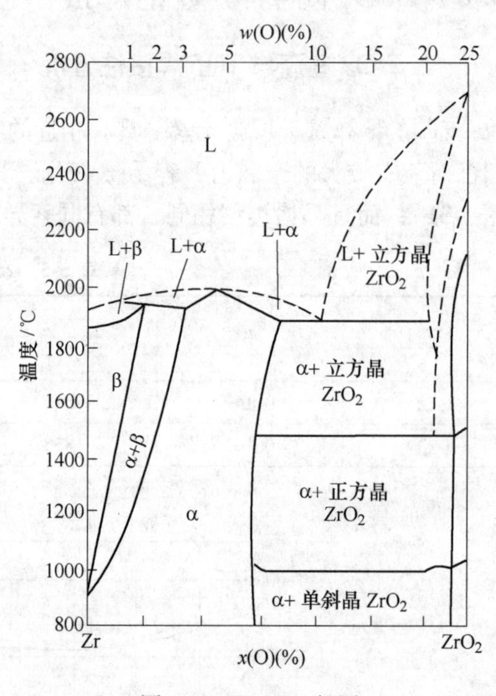

图 5-33 Zr-ZrO_2 相图

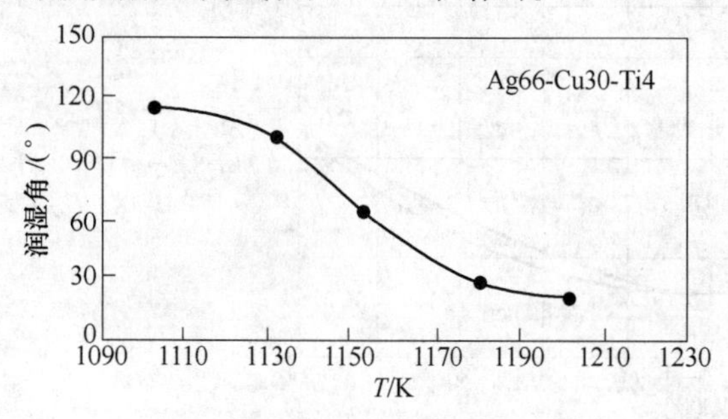

图 5-34 润湿角与加热温度之间的关系

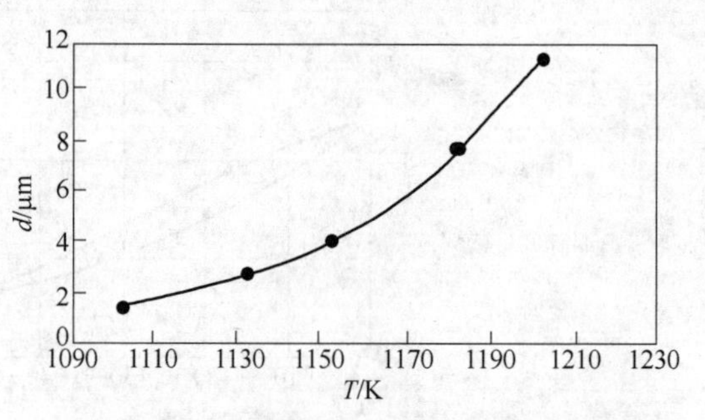

图 5-35 反应层厚度与钎焊温度之间的关系

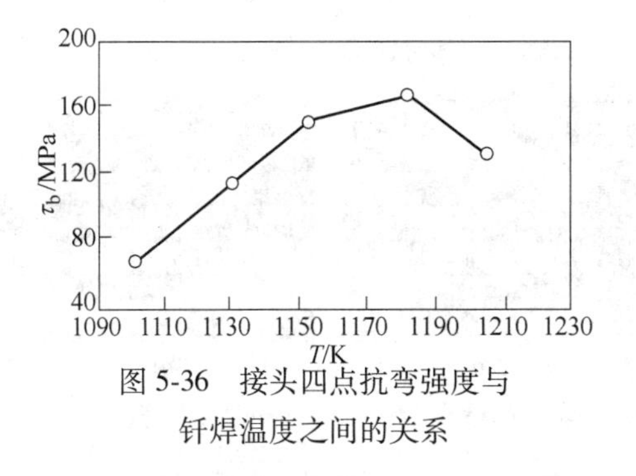

图 5-36　接头四点抗弯强度与钎焊温度之间的关系

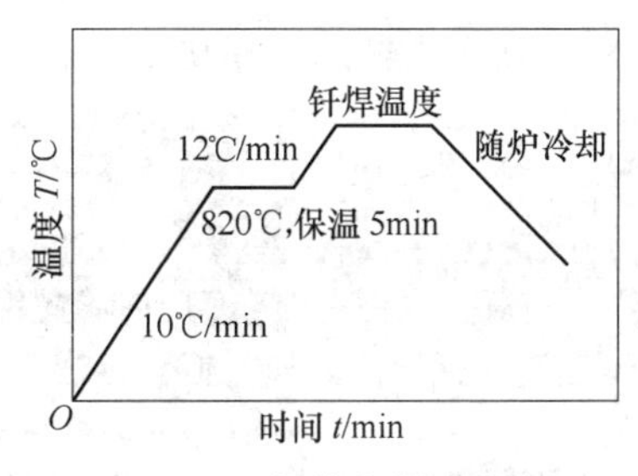

图 5-37　焊接热循环曲线

（3）接头性能　图 5-38 和图 5-39 所示分别为保温 15min、不同加热温度和钎焊温度 925℃、不同保温时间对四点抗弯强度的影响的曲线。

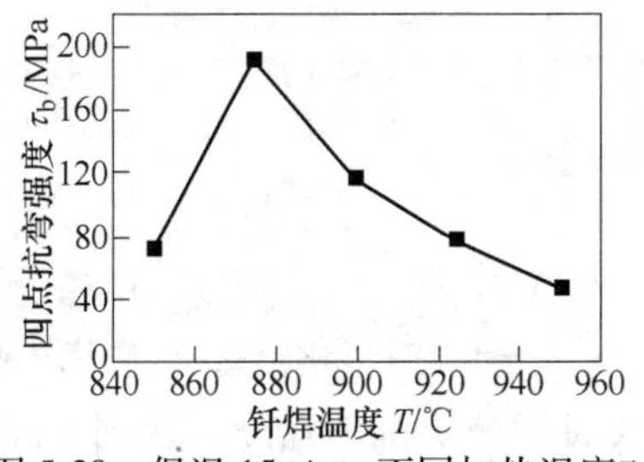

图 5-38　保温 15min、不同加热温度对四点抗弯强度的影响的曲线

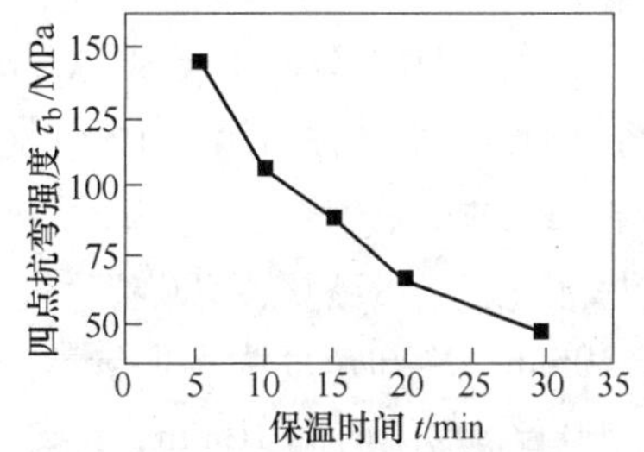

图 5-39　给出了钎焊温度 925℃、不同保温时间对四点抗弯强度的影响的曲线

（4）接头组织　图 5-40 所示为保温 15min、加热温度 875℃时的钎焊接头的显微组织。从图 5-40 中可以看到，接头组织可以分为五个区。从Ⅰ~Ⅴ区，其厚度依次为 2μm、28μm、4μm、4μm 及 2μm。各区的能谱分析结果为：Ⅰ区是白色 TiO、Cu_2Ti_4O 和 Cu_4Ti_3，Ⅱ区黑色 B 区是富银相，灰色 C 区主要是 Cu_3Ti_3O，Ⅲ区主要是 Cu_3Ti_2，Ⅳ区主要是 Cu_3Ti_2 和 $CuTi_2$，Ⅴ区主要是 $CuTi_2$ 和 Cu_2Ti_2。这样，接头的组织即为 ZrO_2/TiO、Cu_2Ti_4O 和 Cu_4Ti_3/富银相、Cu_3Ti_3O/Cu_3Ti_2/Cu_3Ti_2 和 $CuTi_2$/$CuTi_2$、Cu_2Ti_2。图 5-41 所示为钎焊温度 900℃、925℃和 950℃，而相同保温时间的接头显微组织形貌。

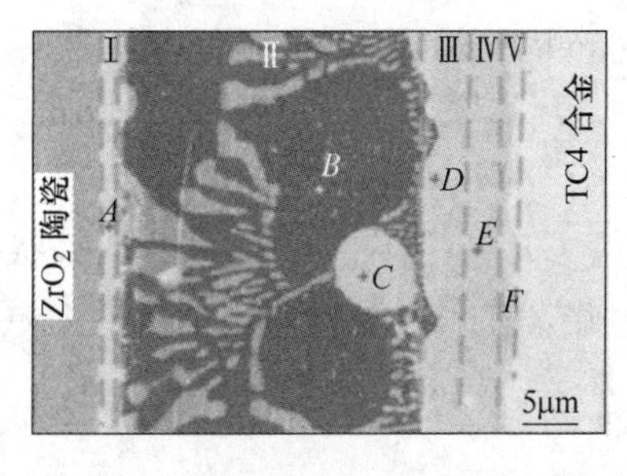

图 5-40　保温 15min、加热温度 875℃时的钎焊接头的显微组织

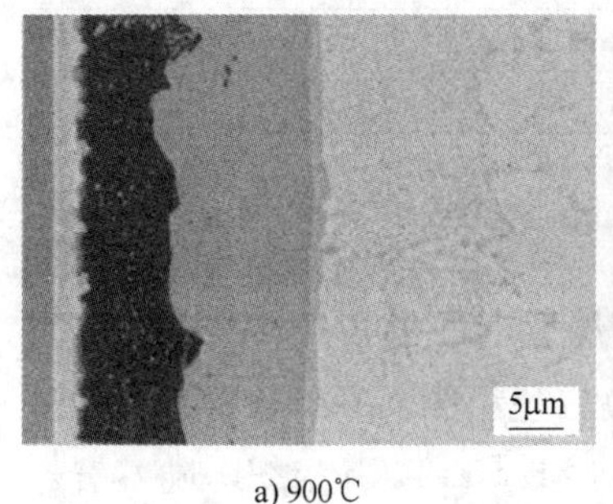

a) 900℃

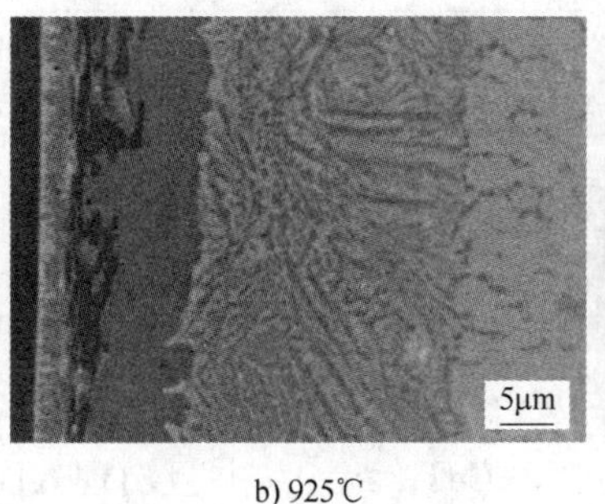

b) 925℃

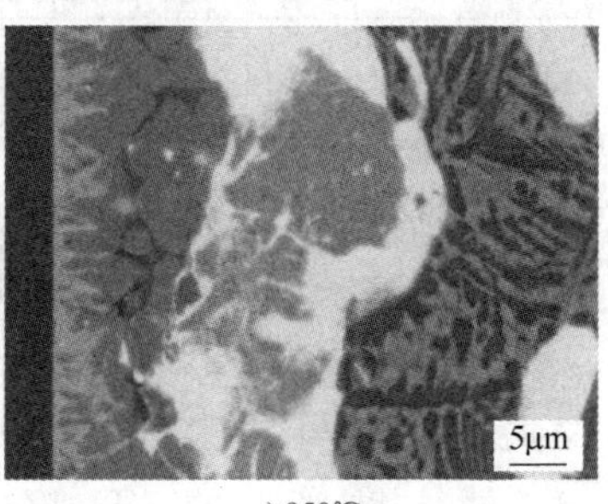

c) 950℃

图 5-41　保温 15min、不同钎焊温度的接头显微组织形貌

图5-42所示为钎焊温度925℃时，不同保温时间ZrO_2陶瓷与钛合金的钎焊接头显微组织。

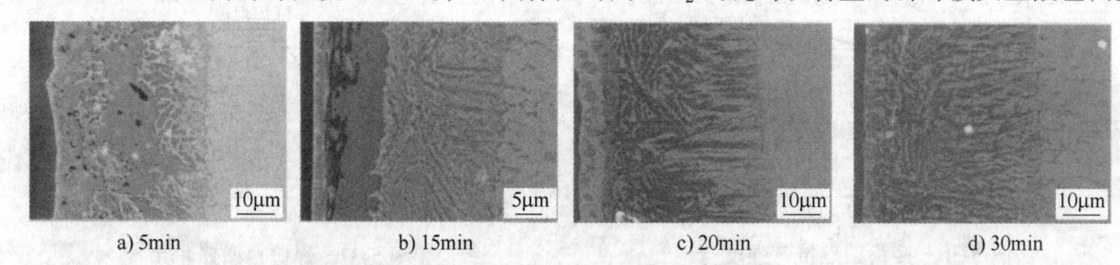

a) 5min　b) 15min　c) 20min　d) 30min

图5-42　钎焊温度925℃时，不同保温时间ZrO_2陶瓷与钛合金的钎焊接头显微组织

5.6.3 ZrO_2陶瓷与钛合金的非晶钎焊

1. 材料

（1）母材　钛合金为Ti-6Al-4V，ZrO_2陶瓷是ZrO_2-3molYO_2(YSZ)。

（2）钎料　钎料为Ti33-Zr17-Cu50，熔化温度为846℃。

2. 钎焊工艺

钎焊温度为875℃、900℃、950℃、1000℃、1050℃，保温时间为5min、10min、20min、30min，冷却速度为5℃/min、10℃/min、20℃/min、30℃/min。最佳工艺参数是钎焊温度900℃，保温时间10min，冷却速度5℃/min，这时的接头抗剪强度可达到165MPa。

3. 接头组织变化

（1）接头组织　图5-43为钎焊温度875℃、保温5min时钎缝组织的背散射形貌。接头可以分为五个区：1~5，其厚度分别为6μm、4μm、15μm、5μm和5μm；组织分别为Cu_2Ti_4O+（Ti，Zr)$_2$Cu、TiO+Ti_2O、（Ti，Zr)$_2$Cu、$CuTi_2$和Ti-6Al-4V的针状魏氏组织（见表5-6)。因此，接头组织为ZrO_2/Cu_2Ti_4O+(Ti,Zr)$_2$Cu/TiO+Ti_2O/(Ti,Zr)$_2$Cu/$CuTi_2$/Ti-6Al-4V。

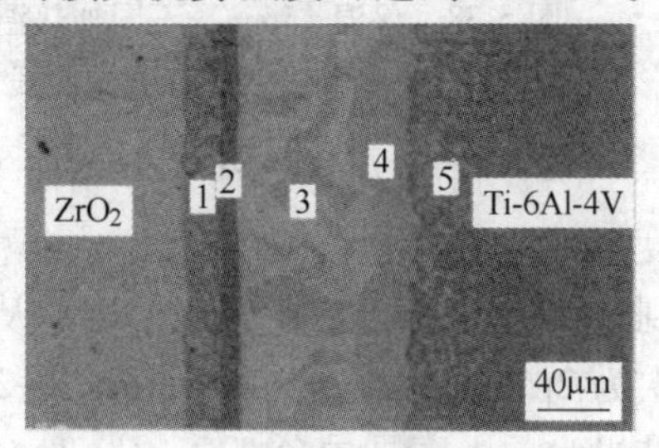

图5-43　钎焊温度875℃、保温5min时钎缝组织的背散射形貌

表5-6　图5-43各区域的化学成分和组织

区域	摩尔分数（%）				相
	Ti	O	Cu	Zr	
1	38.2	37.8	14.7	9.3	Cu_2Ti_4O+（Ti，Zr)$_2$Cu
2	68.6	31.4	—	—	TiO+Ti_2O
3	32.7	—	48.7	18.6	（Ti，Zr)$_2$Cu
4	63.1	—	31.4	5.5	$CuTi_2$

注：5区为Ti-6Al-4V的针状魏氏组织。

（2）影响接头组织的因素

1）钎焊温度的影响。在保温时间相同的条件下，随着钎焊温度的提高，接头组织将发生变化。钎焊温度为900℃时，灰色组织（Ti，Zr)$_2$Cu和大块白色组织$CuTi_2$减少，成为部分连续条状、细化的（Ti，Zr)$_2$Cu+$CuTi_2$组织，并且出现αTi+(Ti，Zr)$_2$Cu组织。随着钎焊温度的提高，反应区也发生了变化，由原来的5层变为3层，1区中的（Ti，Zr)$_2$Cu组织逐渐消失。而 2 区的 $TiO+Ti_2O$ 随着钎焊温度的提高而增厚，钎焊温度达到 1000℃时，其厚度达到 25μm，$\alpha Ti+$（Ti，Zr)$_2$Cu 组织也随着钎焊温度的提高而增厚并且长大。这时，钎料中的 Cu 和 Zr 向钛合金母材扩散，而形成均匀、细化、白色的（Ti，Zr)$_2$Cu 分布在 αTi 基体上。

2）保温时间的影响。随着保温时间的延长，整个接头的宽度逐渐增加，反应层 1 区 Cu_2Ti_4O+(Ti，Zr)$_2$Cu 变薄，以至于消失。在保温时间 5min 时 1 区的厚度最大，为 8μm。随着保温时间的延长，1 区厚度减小，保温 30min 时 1 区的厚度最小。在保温时间 5min 时 2 区的厚度最小，为 10μm，保温时间 10min 时 2 区的厚度最大，为 12μm，以后变化很小。3 区变化最大，随着保温时间的延长，(Ti，Zr)$_2$Cu 变厚，并且向钛合金扩散，使得针状魏氏组织增大，对接头强度不利。

3）冷却速度的影响。冷却速度为 5℃/min 时，元素已经有足够的时间扩散、反应，这时 2 区厚度较宽，(Ti，Zr)$_2$Cu 相少。随着冷却速度增大，(Ti，Zr)$_2$Cu 相增多，呈现条状。冷却速度达到 20~30℃/min 时，(Ti，Zr)$_2$Cu 相呈现大块网状。

钎焊温度、保温时间和冷却速度对接头组织的影响，主要是反应层的厚度和脆性组织 (Ti，Zr)$_2$Cu 相的变化。

最佳工艺参数为钎焊温度 900℃，保温时间 10min，冷却速度 5℃/min，这时的接头抗剪强度达到 165MPa。

4. 接头性能

（1）钎焊温度对接头抗剪强度的影响　图 5-44 所示为钎焊温度对接头抗剪强度的影响。

（2）保温时间对接头抗剪强度的影响　图 5-45 所示为保温时间对接头抗剪强度的影响。

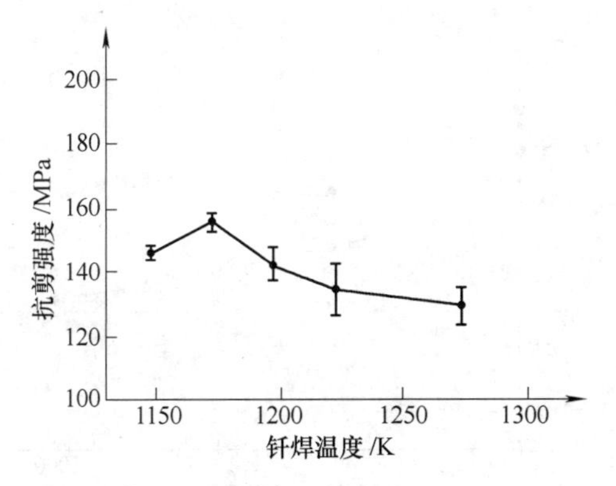

图 5-44　钎焊温度对接头抗剪强度的影响

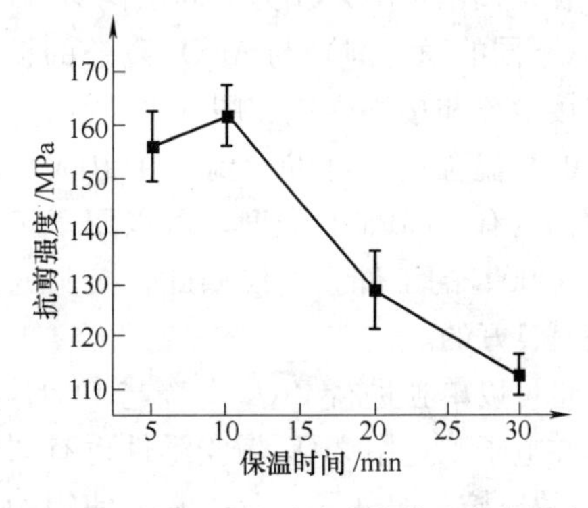

图 5-45　保温时间对接头抗剪强度的影响

（3）冷却速度对接头抗剪强度的影响　图 5-46 所示为冷却速度对接头抗剪强度的影响。

5. 钎焊连接机理

钎焊连接过程如图 5-47 所示，可以分为四个阶段。

第 1 阶段，在达到非晶体钎料熔化（846℃）之前，没有发生反应。

第 2 阶段，在达到钎焊温度时，钎料全部熔化。

第 3 阶段，钎料熔化之后，发生反应。反应层形成 TiO 和 Cu_2Ti_4O，氧化锆陶瓷失氧，氧原子向钎料扩散、

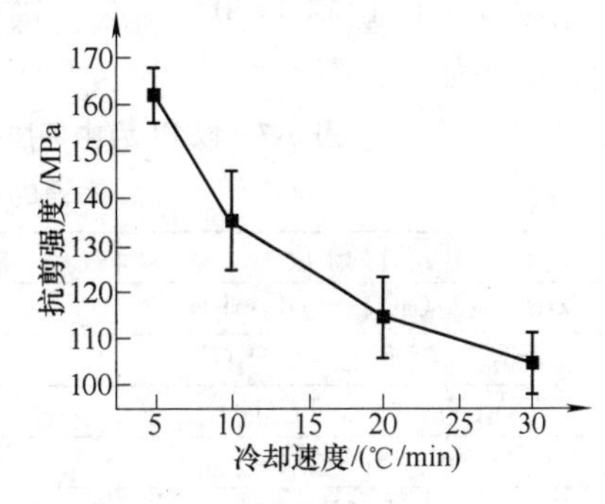

图 5-46　冷却速度对接头抗剪强度的影响

溶解，钎料中的Ti、Zr和Cu原子也向氧化锆陶瓷扩散，形成TiO和Cu_2Ti_4O。同时，Cu也向钛合金扩散，形成$CuTi_2$金属间化合物。

第4阶段，$(Ti, Zr)_2Cu$凝固，并且析出金属间化合物$CuTi_2$。随着温度的降低，液态钎料开始凝固。由于保温时间缩短，扩散不充分，残余的液态钎料的一部分以$(Ti, Zr)_2Cu$形式凝固析出，而另一部分分布在ZrO_2陶瓷侧Cu_2Ti_4O中，还有一部分在钎缝中心凝固为白亮组织。随着时间的延长，扩散仍然进行，在钛合金与钎料的界面形成$CuTi_2$析出。

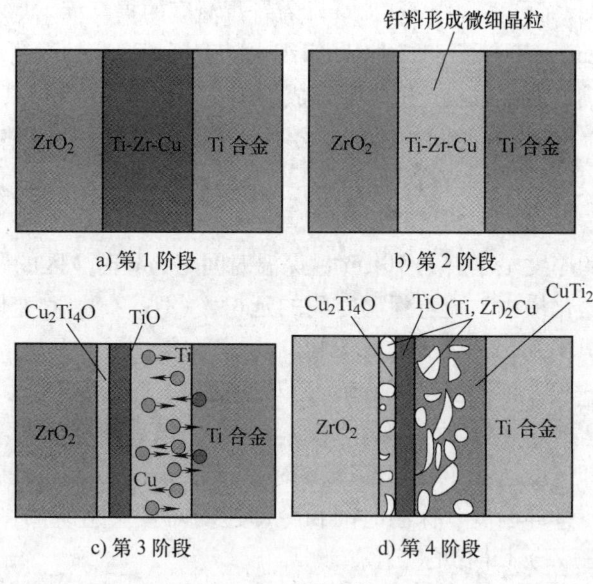

图5-47 钎焊连接过程

5.7 ZrO_2陶瓷与Al_2O_3陶瓷的焊接

5.7.1 以Pt为中间层的ZrO_2陶瓷与Al_2O_3陶瓷的扩散焊

表5-7给出了以Pt为中间层的ZrO_2陶瓷（加入不同的稳定剂）与Al_2O_3陶瓷的扩散焊的焊接参数和接头强度，图5-48所示为这种接头的高温强度。可以看到，在1000℃的高温下仍然有95MPa的强度。可以用于工作在600~1300℃的工件。不仅如此，接头的气密性也是良好的。

也可以单独进行ZrO_2陶瓷与Pt的连接，比如在电子工业中ZrO_2陶瓷零件也有与贵金属Pt的连接，如电子工业中常常使用的氧传感器就有ZrO_2陶瓷与Pt的连接。这种接头的使用温度可以达到1400℃。这种接头性能稳定，接头强度较高。

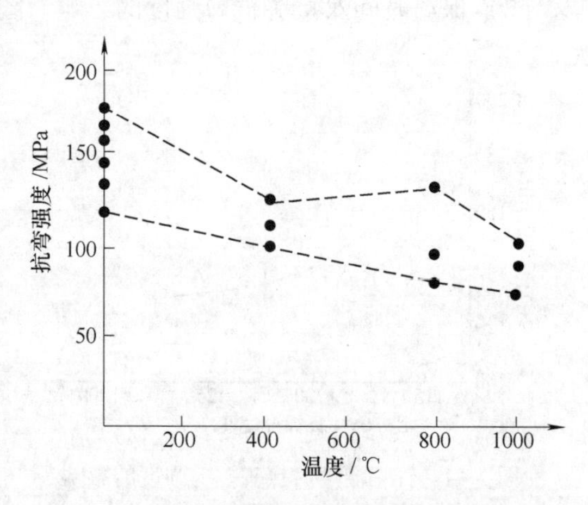

图5-48 以Pt为中间层的ZrO_2陶瓷与Al_2O_3陶瓷的扩散焊接头的高温强度

表5-7 以Pt为中间层的ZrO_2陶瓷（加入不同的稳定剂）与Al_2O_3陶瓷的扩散焊的焊接参数和接头强度

连接件的组成	接合强度（四点）/MPa	连接温度/℃
ZrO_2(加入CaO稳定)-Pt-Al_2O_3	154	1450
ZrO_2(Y_2O_3稳定)-Pt-Al_2O_3	>110（断于ZrO_2）	1450
ZrO_2(MgO稳定)-Pt-Al_2O_3	170	1450
ZrO_2-Pt-不锈钢	24	1130
ZrO_2-Pt-Al_2O_3	110	1440

5.7.2　以 Au 为中间层的 ZrO_2 陶瓷与其他材料的焊接

表 5-8 给出了以 Au 为中间层的 ZrO_2 陶瓷与其他材料的焊接参数和接头强度，这些数据都是加压直接焊接得到的。可以看到，虽然接头强度不如 ZrO_2 陶瓷与 Pt 的连接接头强度高，但是，也可以满足使用要求。

表 5-8　以 Au 为中间层的 ZrO_2 陶瓷与其他材料的焊接参数和接头强度

连接组成	接合强度（四点）/MPa	连接温度/℃
ZrO_2-Au-Al_2O_3	99	1040
ZrO_2-Au-莫来石	42	1040
ZrO_2-Au-MACoR（可加工玻璃）	51	900
ZrO_2-Au-不锈钢	24	950

5.7.3　ZrO_2 陶瓷与 Al_2O_3 陶瓷在空气中的钎焊

1. 材料

采用质量分数为 1% Al_2O_3 和 8% Y_2O_3 的氧化锆陶瓷和质量分数为 95% 的 Al_2O_3。钎料采用 66Ag-34CuO（质量分数）系材料，图 5-49 所示为 Ag-CuO 系组织相图。

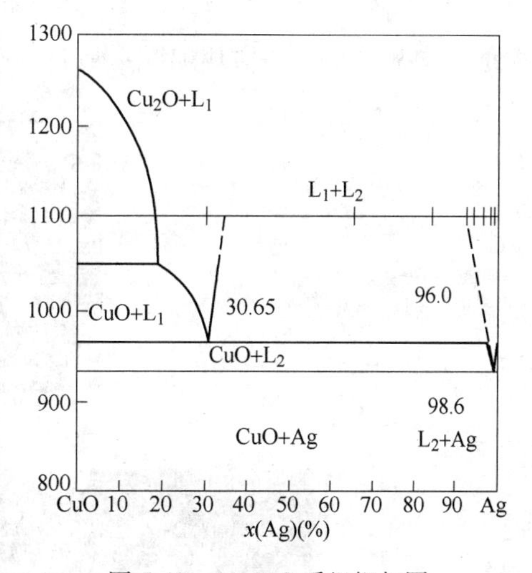

图 5-49　Ag-CuO 系组织相图

2. 66Ag-34CuO 系钎料的润湿性

图 5-50 和图 5-51 所示分别为 66Ag-34CuO 系钎料在 ZrO_2 陶瓷上的铺展面积与加热温度（保温时间 15min）和保温时间（加热温度 1100℃）之间的关系。可以看到，加热温度 1100℃，保温时间 15min 的铺展面积最大，润湿性最佳。图 5-52 所示为不同含量 CuO 系钎料在 ZrO_2 陶瓷和 Al_2O_3 陶瓷上的铺展性（加热温度 1100℃，保温时间 15min）。

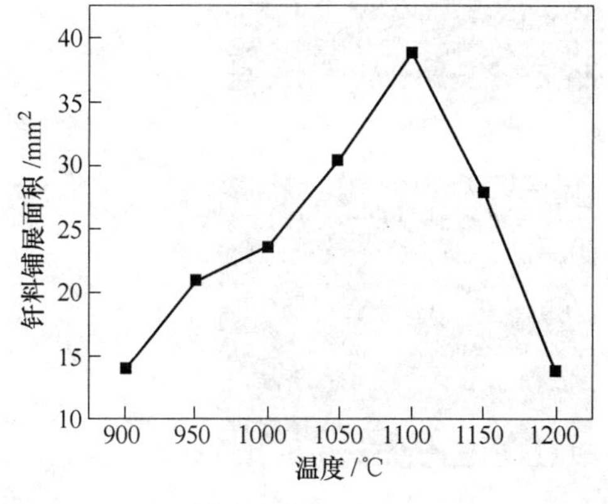

图 5-50　66Ag-34CuO 系钎料在 ZrO_2 陶瓷上的铺展面积与加热温度之间的关系（保温时间 15min）

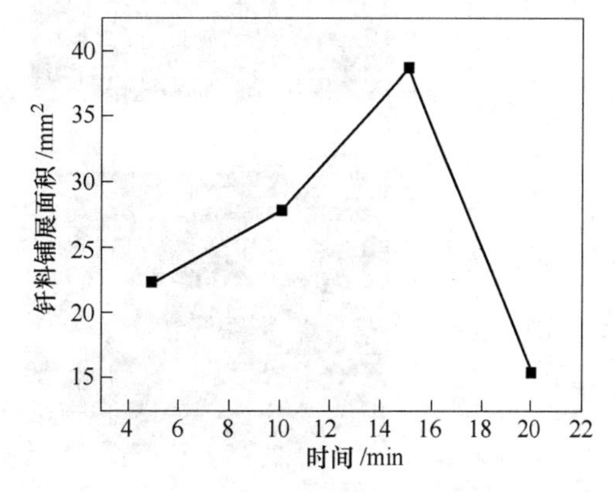

图 5-51　66Ag-34CuO 系钎料在 ZrO_2 陶瓷上的铺展面积与保温时间之间的关系（加热温度 1100℃）

3. 接头组织

图 5-53 所示为加热温度 1100℃，保温时间 15min 的焊接工艺过程曲线图。图 5-54 所示为 66Ag-34CuO 系钎料在 ZrO_2 陶瓷接头区各元素的面扫描。

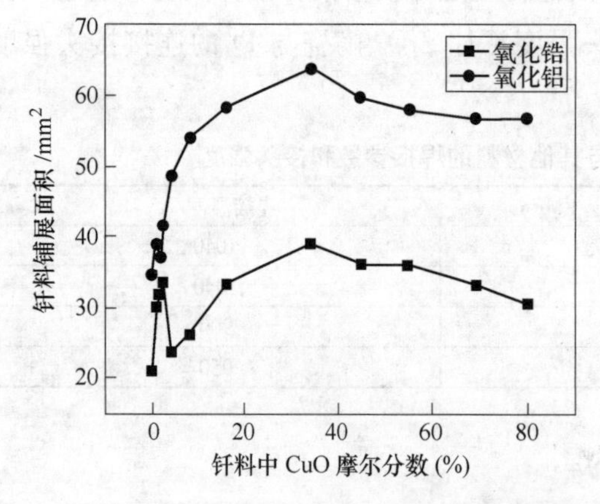

图 5-52 不同含量 CuO 系钎料在 ZrO_2 陶瓷和 Al_2O_3 陶瓷上的铺展性（加热温度 1100℃，保温时间 15min）

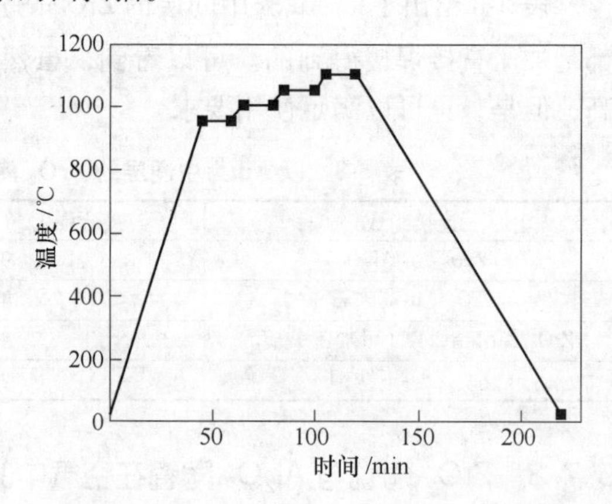

图 5-53 焊接工艺过程曲线图

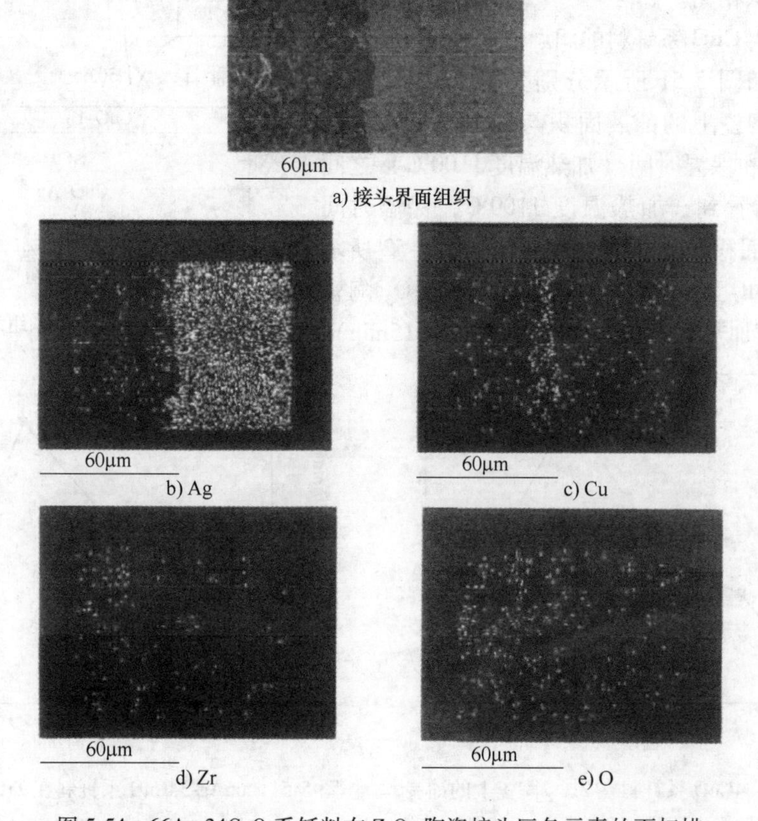

a) 接头界面组织

b) Ag

c) Cu

d) Zr

e) O

图 5-54 66Ag-34CuO 系钎料在 ZrO_2 陶瓷接头区各元素的面扫描

从图 5-54 中可以看到，Ag 仍然基本上均匀分布在钎缝中（见图 5-54a），向氧化锆陶瓷扩散的很少，而 Cu 则向 ZrO_2 陶瓷表面集中比较明显。这种现象，可以从图 5-55 和图 5-56 的 Ag-Zr 二元合金相图和 Cu-Zr 二元合金相图看出，Ag-Zr 之间的反应较弱，因此，Ag 向陶瓷扩散减少；而 Cu-Zr 之间可以形成一系列金属间化合物，反应比较激烈，因此，在陶瓷表面集聚较多的 Cu。

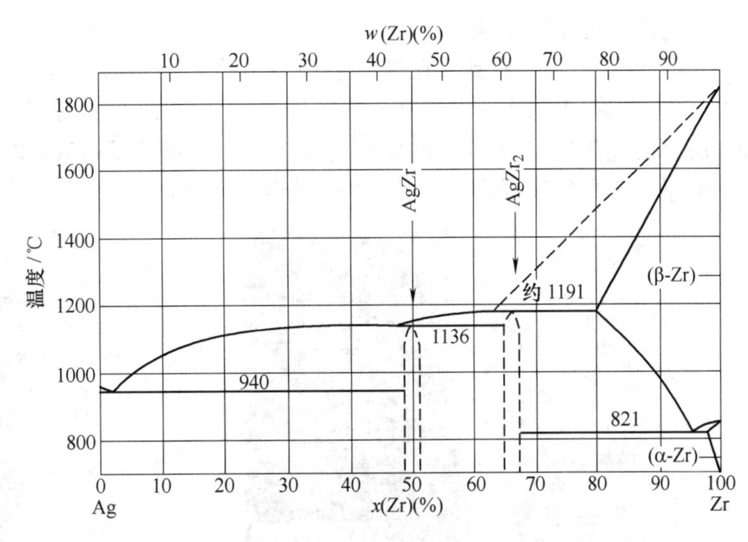

图 5-55　Ag-Zr 二元合金相图

注：AgZr：正方，γ-CuTi（B11）型。$AgZr_2$：正方，$MoSi_2$（C11b）型。

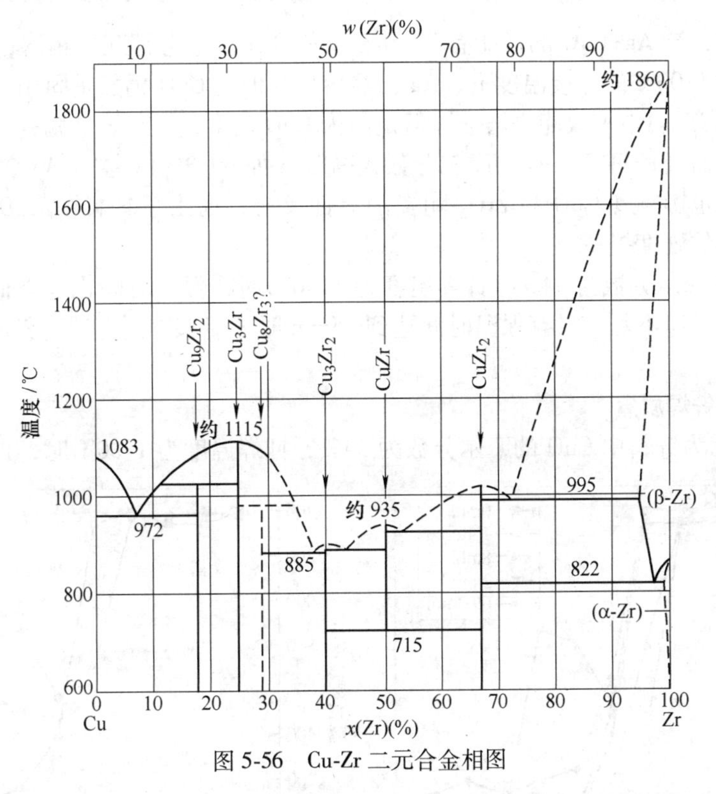

图 5-56　Cu-Zr 二元合金相图

图 5-57 所示为采用 66Ag-34CuO 系钎料在空气和真空中钎焊 Al_2O_3 陶瓷接头区的组织。可以看到，在空气中钎焊时，在 Al_2O_3 陶瓷表面集聚了一层灰色的氧化铜组织；而在真空中钎焊时，虽然在 Al_2O_3 陶瓷表面也有灰色的氧化铜组织，但是比较少，而且分布不均匀。

4. 接头性能

图 5-58 所示为钎料中不同 CuO 含量（钎焊温度 1100℃，保温时间 15min）对 ZrO_2 陶瓷

界面附近硬度分布的影响。

从图 5-58 中可以看到，在钎料中 CuO 的摩尔分数较低时，界面附近硬度变化很大，这是由于 Ag 对陶瓷的润湿性较差，钎料中 CuO 的摩尔分数较低，在界面上尚未形成足够的 CuO 层。而随着钎料中 CuO 的摩尔分数提高，CuO 与陶瓷的反应加剧，界面上 Cu 含量增多、增厚，于是硬度提高，CuO 的摩尔分数达到 34%时就是这样。

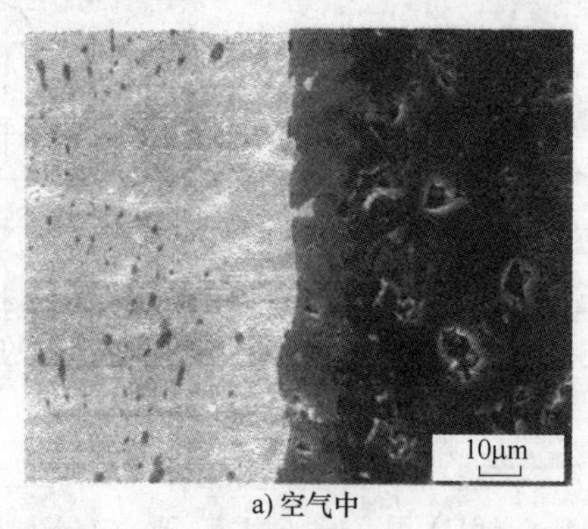

a) 空气中

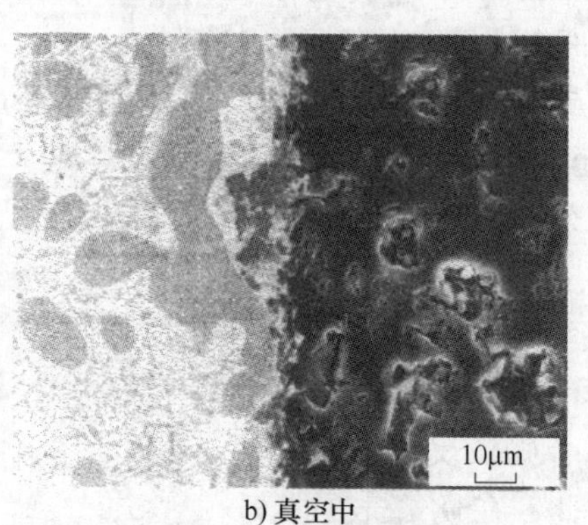

b) 真空中

图 5-57 采用 66Ag-34CuO 系钎料在空气和真空中钎焊 Al_2O_3 陶瓷接头区的组织

之所以如此，与 Ag+CuO 的性能有关：Ag 和 CuO 固、液态都互不相溶；当 CuO 的质量分数很低时，在 1100℃的焊接温度下，Ag 已经熔化，但是 CuO 仍然是固相，虽然 CuO 固相可以在 Ag 的液态金属中扩散能力增强，但是因为 CuO 的含量很低，在陶瓷界面还不能形成足够的反应层；而当钎料中 CuO 的摩尔分数太高时（如 69. 3%以上），Ag 含量太少，Ag 的液态金属太少，也影响到 CuO 与 ZrO_2 陶瓷的界面反应，而由于钎料中 CuO 的摩尔分数较高，因此，钎缝的硬度提高。

钎料中 CuO 摩尔分数为 34%，钎焊温度为 1100℃时，保温时间也有类似的影响。保温时间太短，界面反应不足，只有保温时间达到 15min 时才能够得到合适的界面反应，形成合适的反应层。

5. 空气中的钎焊质量

图 5-59 所示为钎料中 CuO 的摩尔分数为 34%，钎焊温度为 1100℃时，保温时间 15min

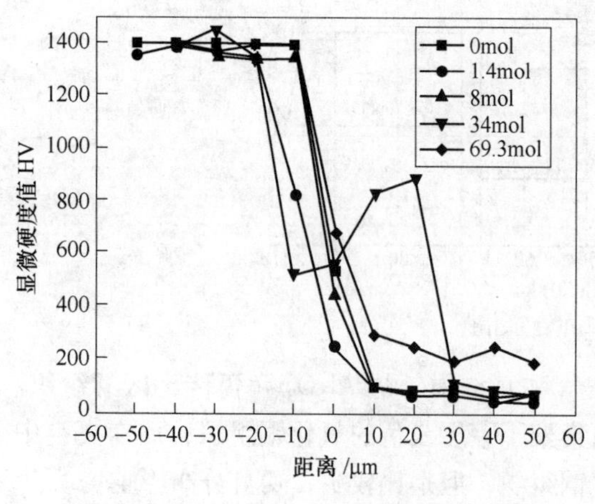

图 5-58 钎料中不同 CuO 含量对 ZrO_2 陶瓷界面附近硬度分布的影响

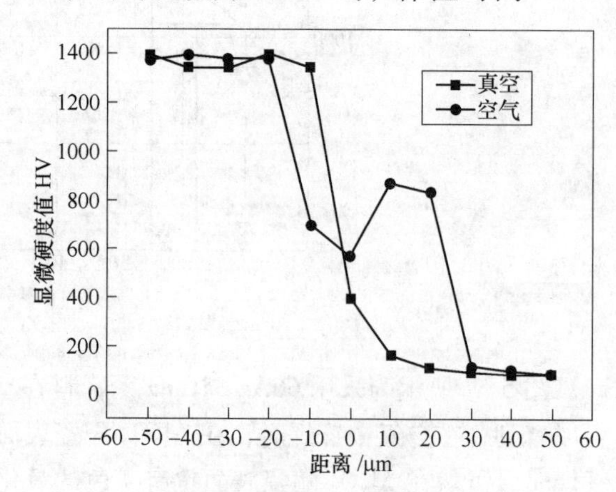

图 5-59 同等条件下在空气中和真空中钎焊接头 Al_2O_3 陶瓷界面附近的硬度分布

的同等条件下在空气和真空中钎焊接头 Al_2O_3 陶瓷界面附近的硬度分布。可以看到，在空气中钎焊，接头的硬度变化趋缓。

5.7.4　采用 Ag-CuO 钎焊 ZrO_2 陶瓷与 Al_2O_3 陶瓷

1. 材料

（1）母材　母材为 ZrO_2 陶瓷与 Al_2O_3 陶瓷。

（2）钎料　钎料为 Ag-CuO。钎料中的 CuO 可以与 Al_2O_3 反应生成 $CuAl_2O_4$，这是实现 Ag-CuO 与 Al_2O_3 连接的关键。CuO 的主要作用是在 Ag-CuO 与 Al_2O_3 连接界面发生化学反应，以实现 ZrO_2 陶瓷与 Al_2O_3 陶瓷的连接。

2. 接头组织

图 5-60 是 CuO 质量分数不同的钎料 Ag-CuO 与 Al_2O_3 连接的组织。

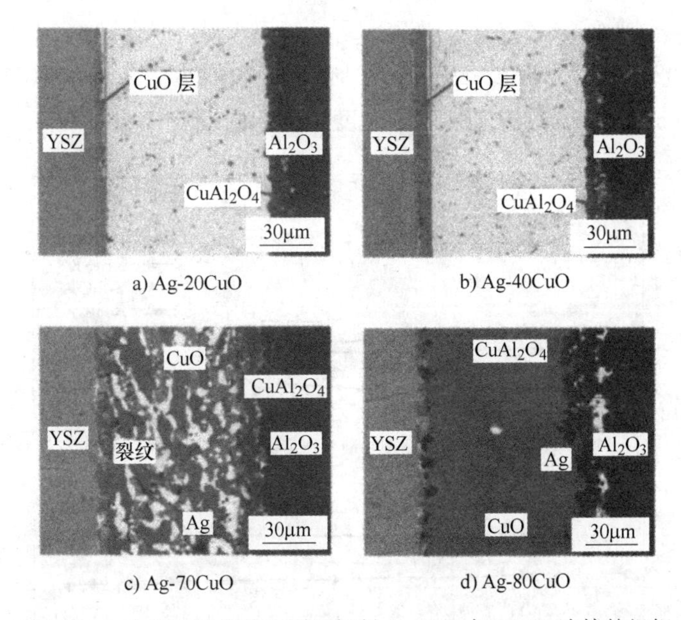

a) Ag-20CuO　b) Ag-40CuO

c) Ag-70CuO　d) Ag-80CuO

图 5-60　CuO 质量分数不同的钎料 Ag-CuO 与 Al_2O_3 连接的组织

3. 接头性能

钎料中 CuO 的含量不能太高，如果 CuO 的含量太高，就会在钎缝中出现 CuO，增大钎缝的脆性。当钎料中 CuO 的摩尔分数为 8%时，接头的抗剪强度为 45MPa。

第6章

碳化物陶瓷的焊接

6.1　SiC陶瓷的性能及应用

6.1.1　SiC陶瓷的性能

1. SiC陶瓷的一般性能

（1）SiC陶瓷的力学性能　SiC陶瓷的力学性能因生产方式不同而不同，图6-1所示为不同生产方式生产的SiC陶瓷的抗弯强度随温度变化的曲线。

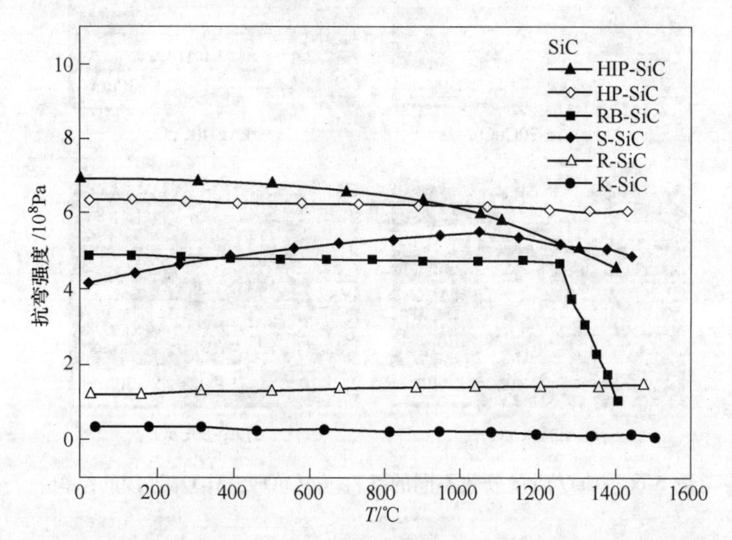

图6-1　不同生产方式生产的SiC陶瓷的抗弯强度随温度变化的曲线

HIP-SiC—热等静压烧结SiC　HP-SiC—热压烧结SiC　RB-SiC—反应烧结结合SiC

S-SiC—无压烧结SiC　R-SiC—再结晶SiC　K-SiC—陶瓷结合SiC

（2）SiC陶瓷的物理性能　SiC陶瓷的物理性能也因生产方式不同而不同。表6-1给出了不同生产方式生产的SiC陶瓷的物理性能。

表6-1　不同生产方式生产的SiC陶瓷的物理性能

烧结方法		无压烧结	热压烧结	热等静压烧结	反应烧结
密度/(g/cm^3)		3.12	3.21	3.21	3.05
抗弯强度/MPa	20℃	410	640	640	380
	1400℃	410	650	610	300

（续）

烧结方法		无压烧结	热压烧结	热等静压烧结	反应烧结
断裂韧度/（$MPa \cdot m^{1/2}$）		3.2	3.2	3.8	3.0
韦布尔模数		7~10	8~10	11~14	10~12
弹性模量/GPa		410	450	450	350
线胀系数/（$10^{-6}K^{-1}$）		4.7	4.8	4.7	4.5
热导率/[W/(m·K)]	20℃	110	100	220	140
	1000℃	45	45	50	50

SiC 陶瓷还具有高硬度、耐高温、耐氧化、高热导率和低线胀系数的特点。

2. SiC 陶瓷的焊接性

（1）SiC 陶瓷焊接的问题　SiC 陶瓷的焊接性，也符合陶瓷焊接性的一般规律，即与金属的线胀系数相差较大，容易出现较大的残余应力，使得接头容易断裂或者接头强度降低；一般金属材料对其的润湿性较差。这些问题可以采用合理的中间层以及合理的焊接方法相配合予以解决。再就是金属与 SiC 陶瓷的界面反应，有其一定的特性。

（2）SiC 陶瓷与金属的界面反应　SiC 陶瓷与金属的界面反应有以下三种类型：

1）SiC 陶瓷与金属反应形成硅化物和 C，这种金属能够与 Si 形成稳定的硅化物，而不能形成碳化物。如果金属对 C 有较高的固溶度，超过固溶度的 C，就以石墨形式析出。这类金属有 Fe、Ni、Cu、Pb 等。

2）SiC 陶瓷与金属反应既能形成硅化物，也能形成碳化物，这类金属有 Cr、Ta、W、Hf、Zr、Ti、Mo 等。

3）SiC 陶瓷与金属反应形成碳化物，这类金属有 Al、V、Nb 等。

表 6-2 给出了一些 SiC 陶瓷与金属界面反应的形成物和接头强度。

表 6-2　一些 SiC 陶瓷与金属界面反应的形成物和接头强度

连接体（摩尔分数）	连接条件	反应产物	接头强度/MPa
SiC/Cu-15%Ti/SiC	1373K，1.8ks	TiC，Ti_5Si_3	140（四点弯曲）
SiC/Cu-(20~25)%Ti/SiC	1373K，1.8ks	TiC，Ti_5Si_3，Ti_3SiC_2	160（四点弯曲）
SiC/Cu-34%Ti/SiC	1373K，1.8ks	TiC，Ti_3SiC_2	208（四点弯曲）
SiC/Fe-50%Ti/SiC	1373K，1.8ks	TiC，Ti_3SiC_2	145（四点弯曲）
SiC/Fe-50%Ti/SiC	1623K，2.7ks	FeSi，TiC	133（抗剪强度）
SiC/Ti/SiC	1373K，3.6ks，7.26MPa	TiC，$Ti_5Si_3C_x$+TiC	44（抗剪强度）
SiC/Ti/SiC	1473K，3.6ks，7.26MPa	TiC，$Ti_5Si_3C_x$+TiC	153（抗剪强度）
SiC/Ti/SiC	1773K，3.6ks，7.26MPa	$TiSi_2$，Ti_3SiC_2	250（抗剪强度）
SiC/Cr	1473K，1.8ks	$Cr_5Si_3C_x$，Cr_3C_2	89（抗剪强度）
SiC/Nb	1790K，3.6ks	NbC，Nb_5Si_3，Nb_5Si_3C	187（抗剪强度）
SiC/Ta	1773K，28.8ks	TaC，Ta_5SiC_x，$TaSi_2$	72（抗剪强度）

6.1.2　SiC 陶瓷的应用

由于 SiC 陶瓷具有优良的性能，在化学、化工、机械、航天、航空、电子、磨料、磨具等很多领域都有应用。

6.2 SiC 陶瓷的焊接

6.2.1 SiC 陶瓷的焊接方法

1. 扩散焊

扩散焊一般都是真空扩散焊，可以加中间层，也可以不加中间层。一般来说，加中间层时，焊接过程比较简单，接头性能也比较好。中间层可以以箔状或者粉末调制的膏状加入，也可以采用电镀等方法。中间层材料中，一般应当含有活性元素，如 Ti、Cr、Nb 等。表 6-3 给出了不同条件下 SiC 陶瓷扩散焊的接头强度。

表 6-3 不同条件下 SiC 陶瓷扩散焊的接头强度

连接体	温度/℃	时间/min	压力/MPa	环境气氛	强度/MPa
SiC/Nb	1400	30	1.96	真空	90
SiC/Nb/SiC	1517	60	—	真空	187（室温，抗剪） 150（973K，抗剪）
SiC/Nb/SUS304	1400	60	—	真空	125
SiC/SUS304	800~1517	30~180	—	真空	<40
SiC/Ti/SiC	1200	60	7.26	真空	153
SiC/Ti/SiC	1500	60	7.26	真空	250
SiC/Fe-Ti/SiC	1300	45	—	真空	133（973K，抗剪）

2. 钎焊

SiC 陶瓷的钎焊可以进行 SiC 陶瓷的自身钎焊，也能够进行 SiC 陶瓷与金属的钎焊。通常是采用活性钎料进行，作为活性钎料的元素一般就是 Ti、Zr、Al、Cr、V、Hf、Be 等。这些元素加入钎料中，在钎焊的高温之下，与陶瓷发生界面反应，从而实现陶瓷与合金的连接。采用活性钎料的钎焊中，活性钎料的选择应当考虑到与陶瓷材料的匹配，既要使得能够与陶瓷发生界面反应，也要防止线胀系数的差异过大，以免接头产生太大的残余应力，导致产生裂纹及降低接头强度。也要选择合适的钎焊参数，以产生适宜的界面反应层，避免界面反应不足，导致接头强度不高；还要避免反应过足，形成反应产物太多、太厚，降低接头强度。因为反应产物一般都是脆性的金属间化合物。

Ti 是经常使用的活性元素，采用 Ni-Ti 合金钎料来钎焊 SiC 陶瓷时，在 700℃ 的高温下，接头强度仍然可以达到 260MPa。

3. 局部过渡液相焊接

局部过渡液相焊接采用多层金属中间层来焊接陶瓷，在焊接过程中，中间层不熔化，只在中间层发生反应形成液态金属，促进扩散过程，加速界面反应。这种反应层，一般多为金属间化合物，是高熔点相，具有相当高的高温强度。这种焊接方法，既具有钎焊过程的焊接温度较低的特点，又具有扩散焊容易得到高温接头的优点。作为局部过渡液相焊接中间层的有 Au/Pt/Au、Cu/Ni/Cu、Ti/Ni/Ti、Ti/Cu/Ti 等，甚至可以采用五层中间层。

4. 反应成形法

反应成形法主要是为了克服采用中间层材料进行钎焊或者扩散焊接头使用温度低于母

材，以及金属与陶瓷线胀系数不匹配而产生残余应力导致接头强度不高的问题。其特点是可以根据需要来设计接头（相当于焊缝）组织及性能，特别适合于 SiC 陶瓷之间及 SiC 陶瓷与 SiC 陶瓷基增强材料之间的焊接。方法是首先将碳化物置于接头区域，再在 110～120℃之间保温 10～20min 进行干燥，最后将 Si 或者含 Si 的片状、粉状、膏状体置入接头区，根据这些物质的不同，加热 1250～1425℃，待熔化的 Si 或者含 Si 的合金与 C 反应，形成 SiC 或者其他含 Si 相之后就形成了接头。

5. 自蔓延高温合成焊接

这是与上述反应成形法类似的一种适用于陶瓷焊接的一种工艺，所不同的是自蔓延高温合成焊接的热源来自于“中间层”材料本身的放热反应。其工艺过程前已述及，这里不再重复。

6. 热压反应烧结焊接

这种方法是利用粉末材料作为焊料，通过热压使之与母材陶瓷在界面上发生扩散和反应，以实现焊接。有报道采用 Al+Ti+Ni 金属粉末进行热压反应烧结焊接来焊接 SiC 陶瓷与 Ni 高温合金，得到的接头四点抗弯强度可以达到 SiC 陶瓷母材的 80%。

6.2.2　SiC 陶瓷的钎焊

SiC 陶瓷有许多优点，如熔点高、导热率大、耐腐蚀等。SiC 陶瓷材料器件多半是根据器件的形状、尺寸，在粉状陶瓷中加入适当的黏结剂，在模型中成形、加压、烧结而成。一般采用直接焊接或者加中间层焊接。焊接方法主要是钎焊、扩散焊等。

1. 采用 Pd 基钎料钎焊 SiC 陶瓷

（1）采用 Pd-Co-Ni-V 钎料钎焊 SiC 陶瓷

1）钎焊工艺和结合机理。SiC 陶瓷具有高温抗氧化性、耐磨性和优异的力学性能，被认为是一种很有前途的高温结构材料。其焊接接头也应该能够在高温下应用，但是，采用 Ag-Cu 或者 Cu 基钎料，其使用温度不能超过 500℃；采用 Ni-Ti、Fe-Ti、Ti-Co 合金钎料时，接头的耐热温度也不会超过 700℃，且钎焊温度高达 1350～1550℃，不适合陶瓷与金属的连接。采用高温钎料的困难还在于高温合金中常用的元素 Ni、Co、Fe 等能够与 SiC 陶瓷发生十分剧烈的化学反应，在靠近 SiC 陶瓷界面形成由硅化物层以及溶有碳的硅化物层交替变化的带状反应层结构。典型的 Ni 基、Co 基合金高温钎料尽管容易润湿 SiC 陶瓷，但是剧烈的界面反应不仅伤害 SiC 陶瓷母材，而且接头强度也很低。

但是，采用 Pd-Co 基钎料时，它不会润湿 SiC 陶瓷。加入活性元素 V 可以改善钎料对 SiC 陶瓷的润湿性（见图 6-2）。

采用 1190℃和 1220℃的钎焊温度，保温 10min，真空度为 5×10^{-3}Pa，Pd-Co-4～20Ni-2～4V-Si-B 钎料钎焊 SiC 陶瓷，得到了接头强度分别为三点抗弯强度 50.0MPa 和 56.8MPa。在高温下，Pd 和 Co 都会与 SiC 陶瓷发生反应，生成硅的化合物（CoSi、Co_2Si 和 Pd_2Si）+石墨。V 与 SiC 陶瓷反应会生成 V_2C 和硅的化合物。

2）组织特征。图 6-3 给出了钎焊温度 1190℃，保温时间 10min 的 SiC/Pd-Co-Ni-V/SiC 钎焊接头的背散射电子像，表 6-4 为图 6-3 中不同微区的化学成分分析的结果，图 6-4 是这个接头中各元素的面分布。

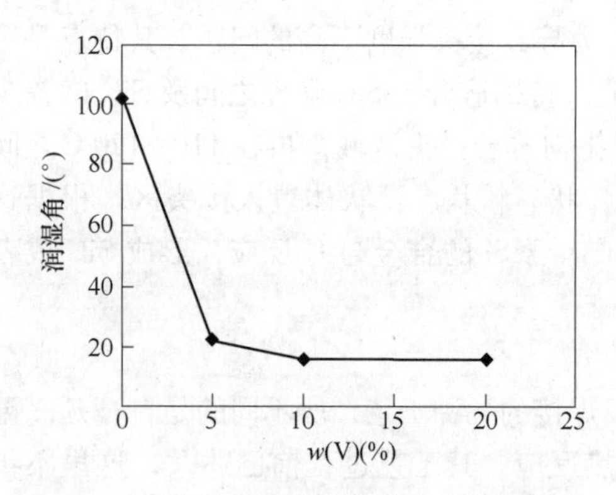

图 6-2 采用 Pd-Co 基钎料时 V 含量对润湿 SiC 陶瓷的影响

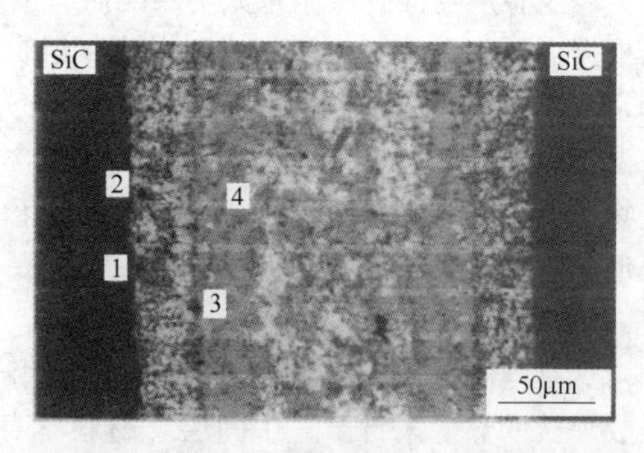

图 6-3 钎焊温度 1190℃，保温时间 10min 的 SiC/Pd-Co-Ni-V/SiC 钎焊接头的背散射电子像

表 6-4 图 6-3 中不同微区的化学成分分析的结果（摩尔分数） （%）

微区	Pd	Co	Ni	V	Si	C	总量	组织
灰色区 1	1.59	39.56	1.71	—	33.55	23.59	100	CoSi+石墨
黑色区 2	0.17	17.49	0.77	—	10.93	70.64	100	石墨+Co_2Si
白色区 3	54.5	6.40	6.07	—	33.03	—	100	Pd_2Si
块状区 4	3.47	2.42	0.81	68.48	2.46	22.36	100	V_2C

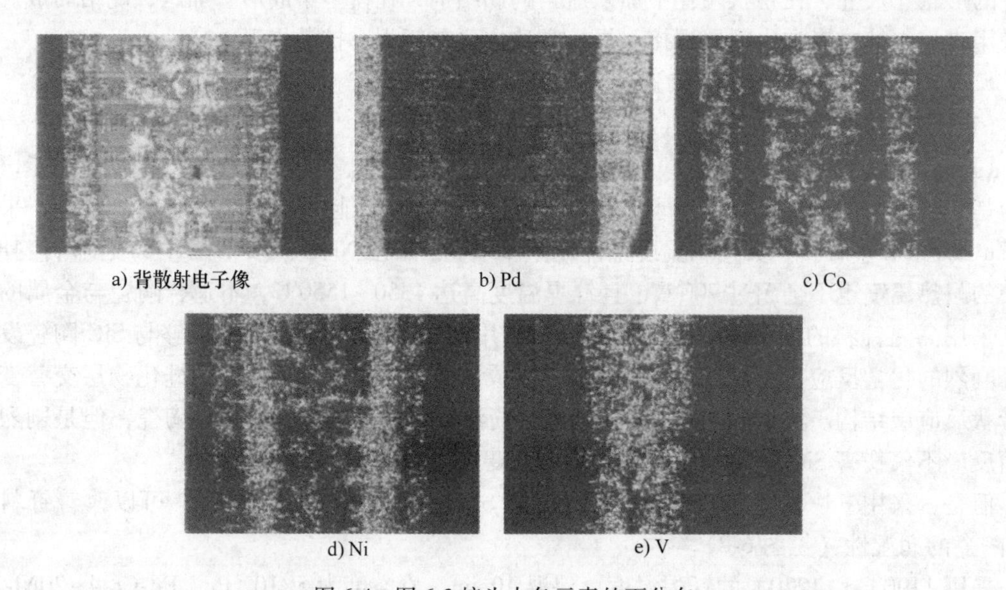

a) 背散射电子像　b) Pd　c) Co　d) Ni　e) V

图 6-4 图 6-3 接头中各元素的面分布

从上述组织分析中可以看到，接头中没有发现反应生成的 $V_5Si_3C_x$ 和 V_3Si，而只是在钎缝中部存在 V_2C。这可能是由于 Pd 及 Co 先与 SiC 发生反应，生成 CoSi、Co_2Si，到钎焊过程后期才在钎缝中部与 V 发生反应形成 V_2C。

（2）采用 Pd-Cr-Ni-V 钎料钎焊 SiC 陶瓷

1）钎焊工艺和接头性能。采用 Pd-16~22Cr-Ni-7~21V 钎料钎焊 SiC 陶瓷与采用 Pd-Co-4~20Ni-2~4V 钎料相比，很明显，前者的活性元素（Cr 和 V）含量较高，对陶瓷的润湿也

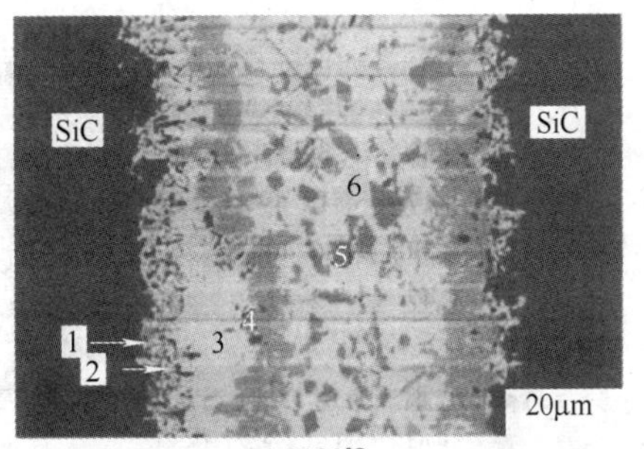

a) 1190℃

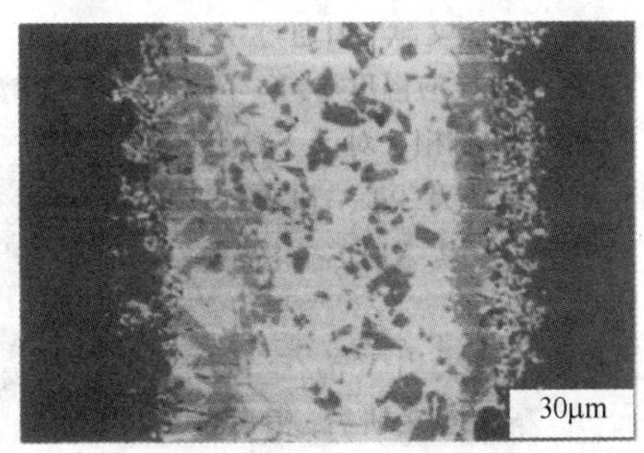

b) 1220℃

图 6-5 采用 Pd-Cr-Ni-V 钎料、不同钎焊温度、保温 10min 钎焊 SiC 陶瓷接头的背散射电子像

1、2—反应层 3、4—层状区 5—块状 6—中心混合区

好，因此其接头强度有所提高。在相同钎焊条件下（即 1190℃和 1220℃的钎焊温度，保温 10min，真空度为 5×10^{-3}Pa），采用 Pd-Co-4～20Ni-2～4V-Si-B 钎料钎焊 SiC 陶瓷，得到了三点抗弯强度分别为 84.6MPa 和 59.7MPa。

2）组织特征。图 6-5 给出了采用 Pd-Cr-Ni-V 钎料不同钎焊温度、保温 10min 钎焊 SiC 陶瓷接头的背散射电子像。表 6-5 给出了钎焊温度为 1190℃保温 10min 钎焊 SiC 陶瓷接头中各区组织的化学成分。图 6-6 给出了钎焊温度为 1190℃保温 10min 钎焊 SiC 陶瓷接头中元素的面分布。

在高温下金属与 SiC 的反应，可以分为两种类型：

第一种类型：Me+SiC→Si 化合物+石墨。

第二种类型：Me+SiC→Si 化合物+C 化合物+$Me_xSi_yC_z$。

采用 Pd-Cr-Ni-V 钎料中合金元素 Pd 和 Ni 与 SiC 之间的反应属于第一种类型，即经过反应形成 Pd-Si、Ni-Si 两种 Si 的化合物和析出 C（石墨）；而 Cr 和 V 与 SiC 之间的反应属于第二种类型，即经过反应形成 Si 的化合物和 C 的化合物与三元化合物的混合物。于是，在其接头中，就产生了如下的产物：Pd-Si、Ni-Si、Cr-Si、V-Si、Cr-C、V-C、Cr-Si-C、V-Si-C 和 C（石墨）等相。实际上，在高温之下 SiC 发生了分解反应：SiC→Si+C。分解出的 Si 与钎料中的 Pd、Ni 反应形成了 Pd_2Si、Pd_3Si、Ni_2Si、Ni_5Si_2相。析出的 C 一部分以石墨形式分布于各相之间，另外一部分与 Cr、V 反应形成相应的碳化物。Pd、Ni 与 SiC 的反应主要分布在靠近 SiC 的界面上及钎缝的白色区域（见图 6-6c、d）。经过 X 射线衍射分析：在这些区域中检测到 $Pd_{9.2}Si_{0.3}$、Pd_2Si_2、Ni_2Si 以及 Pd_2Si、Pd_3Si、Ni_5Si_2相。Cr 主要分布在靠近 SiC 陶瓷的边界反应层的灰色带状区及钎缝中心的灰色块状相中，它分别与 Si 和 C 反应，形成 Cr_3Si、Cr_7Si_3、Cr_5Si_3C 和 Cr-C 相，其中 Cr-C 相有四种类型：$Cr_{23}C_6$、Cr_4C、Cr_7C_3、Cr_3C_2。

表 6-5 钎焊温度为 1190℃保温 10min 钎焊 SiC 陶瓷接头中各区组织的化学成分（摩尔分数）

（%）

微区	Pd	Ni	Cr	V	Si	C
灰色区 1	16.8	25.93	—	—	13.20	44.07
黑色区 2	12.14	12.77	—	—	15.07	60.02
白色区 3	34.17	35.16	—	—	30.67	—
灰色反应层 4	—	7.59	43.85	11.60	14.52	22.44
灰色块状 5	—	6.91	15.43	47.22	4.94	25.50
白色混合区 6	19.55	28.27	8.37	22.94	20.87	—

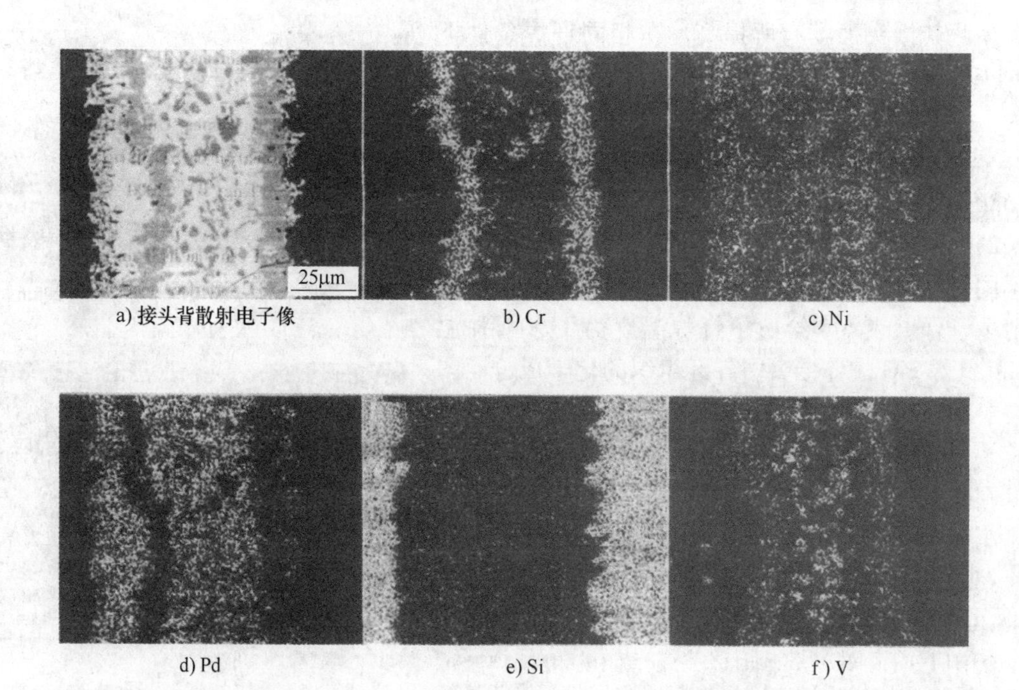

a) 接头背散射电子像　b) Cr　c) Ni

d) Pd　e) Si　f) V

图 6-6　钎焊温度为 1190℃保温 10min 钎焊 SiC 陶瓷接头中接头背散射电子图像和元素的面分布

2. 采用 Co 基钎料钎焊 SiC 陶瓷

陶瓷材料的钎焊，一般多采用 Cu 基钎料或者 Ag 基钎料加上 Ti 或者 Zr 等活性元素进行钎焊，但是这种钎焊接头的使用温度太低，不能充分发挥陶瓷高温性能良好的优点。虽然可以利用 Cu-Ni-Ti-B 系、Ni 基和贵金属钎料来钎焊 Si_3N_4陶瓷，但是钎焊 SiC 陶瓷的钎料还是不多。采用 Ni-Ti 钎料钎焊 SiC 陶瓷，其钎焊温度虽然高达 1550℃，但是其工作温度并不高。为了获得高温钎焊接头，Co 基钎料是一个不错的选择。

（1）钎料　钎料为 Y15，成分为 CoFeNi（Si, B)-(8~15)Cr-(14~21)Ti，液相线温度为 1111℃。

（2）钎焊工艺　每层钎料厚度 40μm，采用一层、两层、三层不同厚度的钎料（厚度分别为 40μm、80μm、120μm）在 3×10^{-3}Pa 的真空下进行钎焊。

（3）接头组织特征　图 6-7 所示为 Y15 钎料钎焊 SiC 陶瓷的（钎料厚度 120μm，钎焊温度 1150℃，保温时间 10min）背散射电子像，表 6-6 为与图 6-7 相对应各点的能谱分析结果。由此可以看到 Y15 钎料钎焊 SiC 陶瓷的界面反应复杂而激烈，发生的反应为：

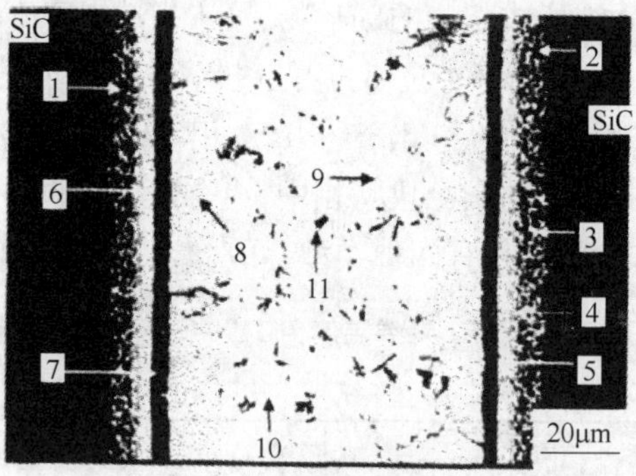

图 6-7　Y15 钎料钎焊 SiC 陶瓷的（钎料厚度 120μm，钎焊温度 1150℃，保温时间 10min）背散射电子像

第一层为图 6-7 中的 1、2、3 区，是 Co、Fe、Ni 等首先与 SiC 陶瓷发生反应，形成（Co、Fe、Ni）的 Si 化合物，厚度约 8μm。

表 6-6　与图 6-7 相对应各点的能谱分析结果

微区	元素摩尔分数										可能相
	Fe	Co	Ni	Cr	Ti	Si	C	La	Au	总量	
1	23.11	27.09	10.14	4.46	—	30.59	*	—	4.61	100.00	(Co,Fe,Ni)-Si 和石墨
2	23.32	27.79	10.76	4.17	0.34	32.85	*	0.77	—	100.00	(Co,Fe,Ni)-Si 和石墨
3	22.22	26.30	10.07	3.97	0.49	35.79	—	1.16	—	100.00	(Co,Fe,Ni)-Si
4	8.62	12.64	1.56	42.61	2.12	32.45	—	—	—	100.00	溶解 Co 和 Fe 的 Cr-Si 化合物
5	21.71	23.51	8.81	16.00	—	26.85	—	—	3.12	100.00	(Co,Fe,Cr,Ni)-Si
6	21.29	22.39	8.32	17.86	2.27	27.34	—	0.53	—	100.00	(Co,Fe,Cr,Ni)-Si
7	1.67	1.83	0.55	2.14	58.62	1.62	31.78	—	1.77	100.00	TiC
8	21.47	31.40	12.20	5.41	—	25.94	—	—	3.58	100.00	(Co,Fe,Ni)-Si
9	20.10	26.63	8.54	7.72	23.11	11.02	—	—	2.88	100.00	含有 11%Si 的 Co-Fe-Ni-Cr-Ti 相
10	38.33	26.78	9.90	18.59	—	3.08	—	—	3.32	100.00	含有 3%Si 的 Fe-Co-Cr-Ni 相
11	4.37	4.34	1.43	3.75	17.54	1.11	66.34	—	1.12	100.00	TiC

注：*表示石墨。

第二层为图 6-7 中的 4 区，是 Cr 参与界面反应，形成溶解有 Co、Fe 的 Cr-Si 化合物（见图 6-8），其成分为 Cr_3Si 和（或者）Cr_5Si_3，厚度为 1.5~2.0μm。

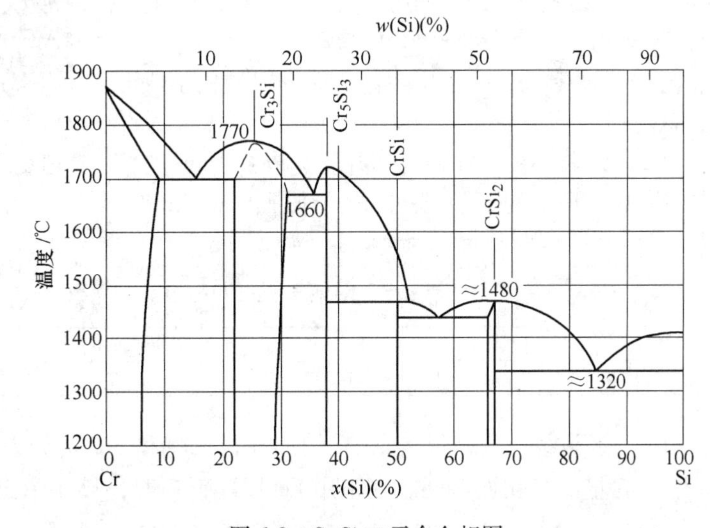

图 6-8　Cr-Si 二元合金相图

注：Cr_3Si：立方，A15 型的代表性化合物。Cr_5Si_3：正方，W_5Si_3(D8m) 型。CrSi：立方，FeSi(B20) 型。$CrSi_2$：六方，C40 型的代表性化合物。

第三层为图 6-7 中的 5、6 区，是一层新的（Co、Fe、Cr、Ni）的 Si 化合物。

第四层为图 6-7 中的 7 区，是一层约 4μm 的黑色带，富含 Ti，为 TiC。

第五层为图 6-7 中的 8 区，在 TiC 层与钎缝中央组织之间，是又一层（Co、Fe、Ni）的 Si 化合物，厚度约 13μm。

钎缝中央为彼此被隔开的（Co-Fe-Cr-Ni-Ti）相中溶解有摩尔分数 11%的 Si（图 6-7 中 9 点）和连续网状分布的（Co-Fe-Cr-Ni）相中溶解有摩尔分数 3%的 Si（图 6-7 中 10 点）的金属相，以及还有弥散分布的 TiC（图 6-7 中 11 点）。

（4）接头强度　图 6-9 所示为钎焊温度和钎料厚度对 Y15 钎料钎焊 SiC 陶瓷接头四点抗弯强度的影响。这个接头的室温四点抗弯强度达到 161MPa，其最佳钎焊参数下得到接头的室温、700℃、800℃ 的三点抗弯强度分别为

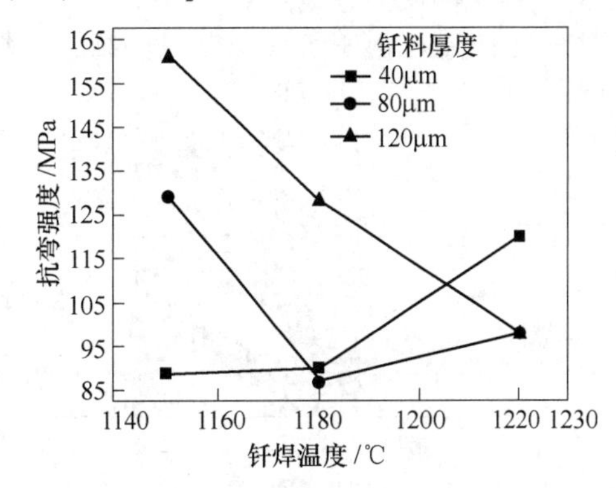

图 6-9　钎焊温度和钎料厚度对 Y15 钎料钎焊 SiC 陶瓷接头四点抗弯强度的影响（保温 10min）

176MPa、178MPa、184MPa。

如果减少钎料厚度或者提高钎焊温度都将使陶瓷界面上的硅化物增厚，同时改变钎缝中央组织，使得接头强度降低。钎料厚度为40μm时，陶瓷界面上的硅化物厚度达到20μm，40μm厚的钎料全部参与了反应（见图6-10a）。而即使钎料厚度仍为120μm，但是钎焊温度从1150℃增加到1220℃时，其陶瓷界面上的硅化物层和Cr-Si化合物层厚度都由8μm和1.5~2μm分别增加到16μm和5μm，同时钎缝中央的成分为（Co-Fe-Cr-Ni-Ti）相中Si的质量分数达到30.07%，即接头中全部钎料都参与了反应，反应产物为硅化物和TiC（或者TiC+石墨），钎缝中已经不存在较软的（Co-Fe-Cr-Ni）相了（见图6-10b），因此，接头强度降低。

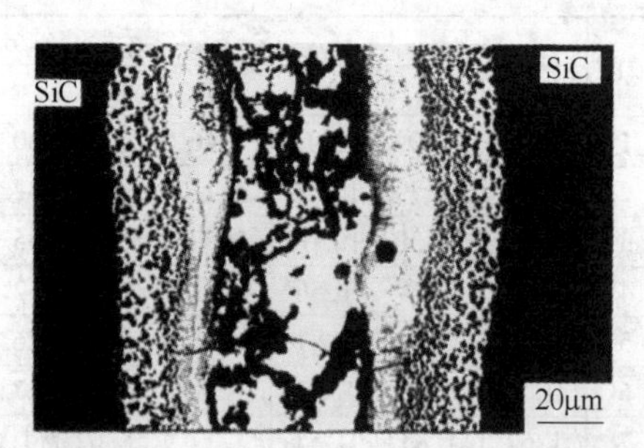

a) 钎料厚40μm, 钎焊温度1150℃, 保温10min

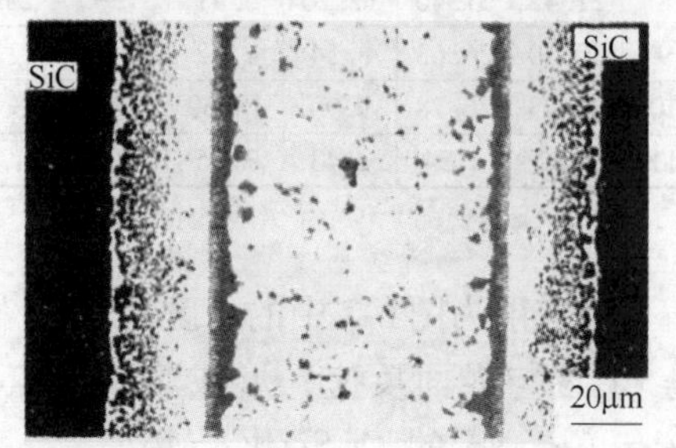

b) 钎料厚120μm,钎焊温度1220℃,保温时间10min

图6-10 钎料厚度改变和钎焊温度提高下SiC接头的背散射电子像

3. 采用Fe-Ti钎料钎焊SiC陶瓷

（1）钎料 表6-7为所用Fe-Ti钎料的化学成分及熔点。

（2）钎焊工艺 钎料剪切并研磨成0.1mm的箔状，在10^{-6}Torr的真空条件下，钎焊温度1200~1450℃，升温速度和降温速度都是54℃/min。

表6-7 Fe-Ti钎料的化学成分（质量分数）及熔点

化学成分（质量分数,%）	Fe-10Ti	Fe-20Ti	Fe-50Ti	Fe-70Ti
熔点/℃	1400	1400	1330	1085

（3）接头组织 在焊接高温下Fe-Ti钎料将和SiC陶瓷发生反应，反应物的种类和形态随着Ti含量的变化而不同。在采用Fe-10Ti钎料时，接头中出现了颗粒状的TiC和成分复杂含有Fe、Ti、Si和C的反应层。由于焊接温度稍微低于钎料的熔点（已是扩散焊），各种元素扩散较快，并且因为扩散速度差而形成了部分孔洞。采用Fe-20Ti钎料与采用Fe-10Ti钎料的接头组织没有什么变化，只是反应层变薄了。采用Fe-50Ti和Fe-72Ti钎料的接头组织如图6-11所示。由于焊接温度已经高于钎料的熔化温度，为钎焊。前者在界面上没有发现

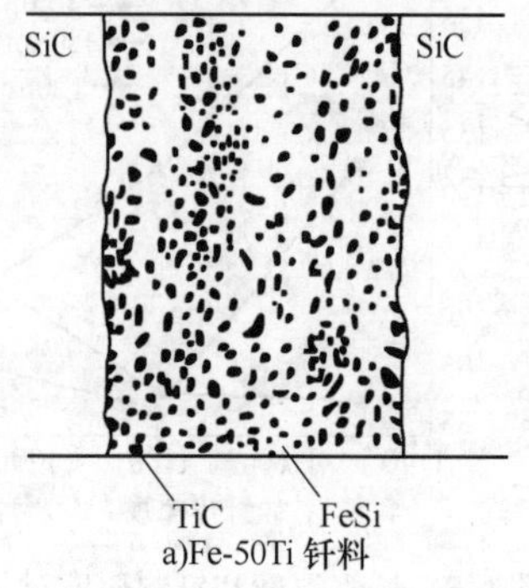

a)Fe-50Ti 钎料

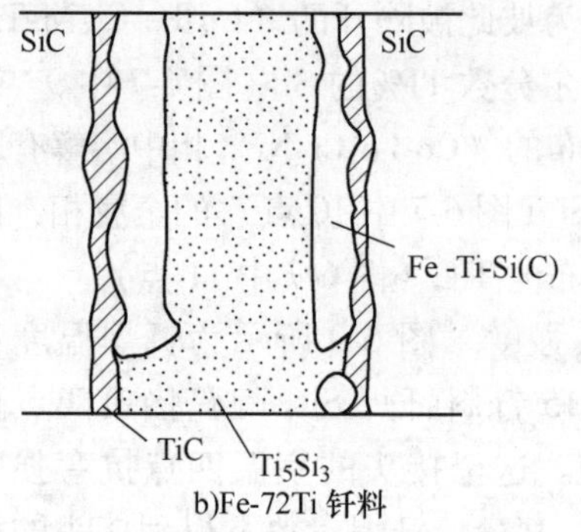

b)Fe-72Ti 钎料

图6-11 采用Fe-50Ti和Fe-72Ti钎料的接头组织（钎焊温度1353℃，保温时间45min）

化合物层（见图 6-11a），整个接头是由 TiC 和 FeSi 化合物组成的混合组织。后者则是在 SiC 侧形成了 TiC 薄层，紧靠 TiC 层的为 Fe-Ti-Si-C 组织，接头中央是 TiC 与 Ti_5Si_3的混合组织。

（4）接头性能

1）钎料中的 Ti 含量对反应层厚度的影响。图 6-12 为钎料中的 Ti 含量对反应层厚度的影响。可以看到，在钎料中 Ti 的质量分数为 50%时，反应层厚度已经为 0，全部钎缝为 TiC 和 FeSi 化合物组成的混合组织。

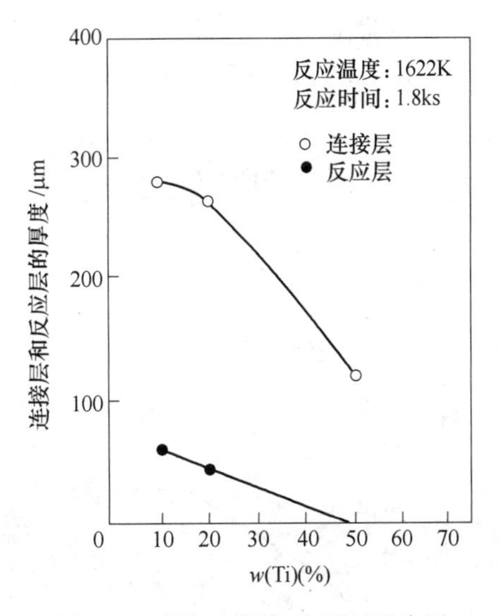

图 6-12　钎料中的 Ti 含量对反应层厚度的影响

2）接头强度。

①钎料中的 Ti 含量对接头抗剪强度的影响。图 6-13 给出了钎料中的 Ti 含量对接头抗剪强度的影响。可以看到接头抗剪强度随着钎料中 Ti 含量的增大而增大，Ti 质量分数达到 50%时，抗剪强度最大。再增加钎料中的 Ti 含量时，抗剪强度急剧降低。

②钎焊温度对接头抗剪强度的影响。钎焊温度对接头抗剪强度也有明显的影响，图 6-13 表明，在钎焊温度为 1723K 时，Ti 质量分数达到 70%左右时，接头抗剪强度为 0。

③保温时间对接头抗剪强度的影响。图 6-14 所示为保温时间对接头抗剪强度的影响。图 6-14 中表明，保温时间为 45min（2. 7ks）时接头强度最高，保温时间超过 45min 后，接头强度急剧降低。这与 TiC 的生成量有关。保温时间短时，反应不充分，TiC 的生成量少，所以，接头抗剪强度较低。保温时间达到 45min 时，TiC 弥散分布于 FeSi 化合物中，其体积约为 1/2，如图 6-15 所示。还可以看到，钎缝显微硬度的变化与 TiC 体积分数的变化是一致的，这也就说明了 TiC 含量对接头性能的意义。与保温时间对接头抗剪强度的影响来对比，虽然随着保温时间的提高，其 TiC 体积分数和硬度不再变化，但是，接头强度却降低，这是由于晶粒长大和 Ti_5Si_3呈现层状分布的结果。

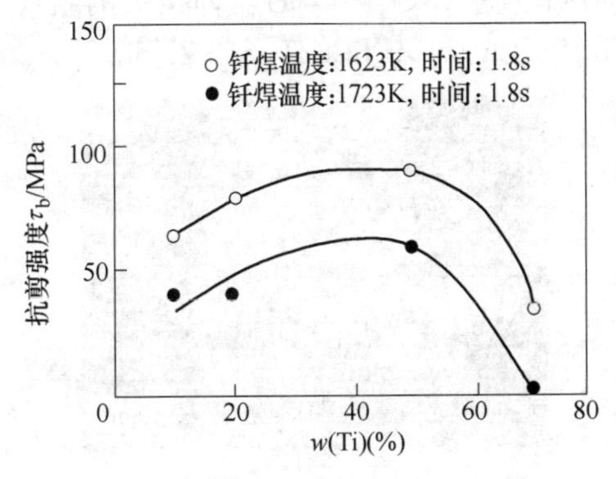

图 6-13　钎料中的 Ti 含量对接头抗剪强度的影响

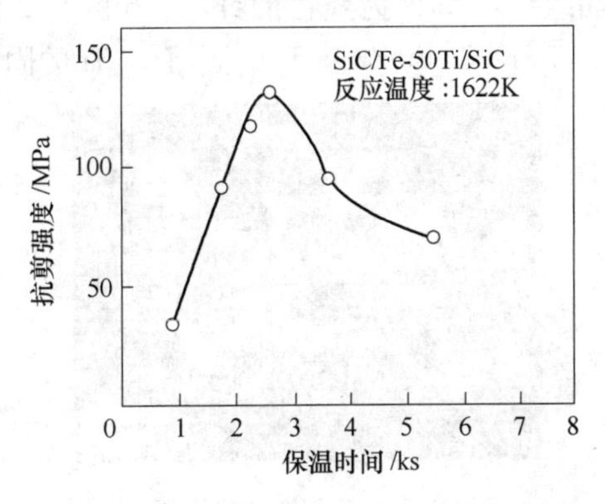

图 6-14　保温时间对接头抗剪强度的影响

④试验温度对接头抗剪强度的影响。图 6-16 所示为接头的高温强度性能，图 6-16 中表明，采用 Fe-Ti 钎料钎焊 SiC 陶瓷具有很高的高温接头强度。

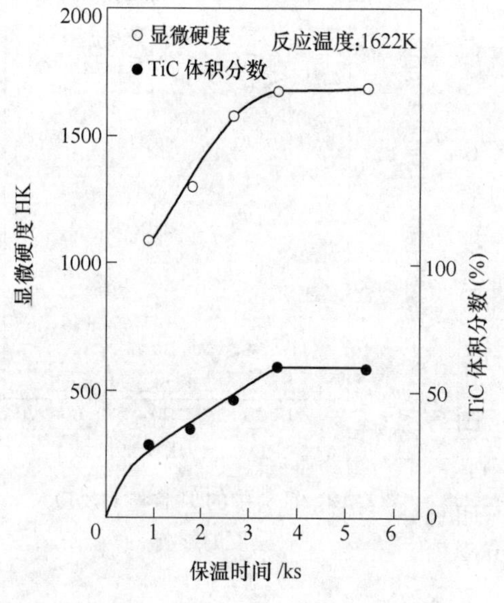

图 6-15　保温时间对接头显微硬度和 TiC 含量的影响

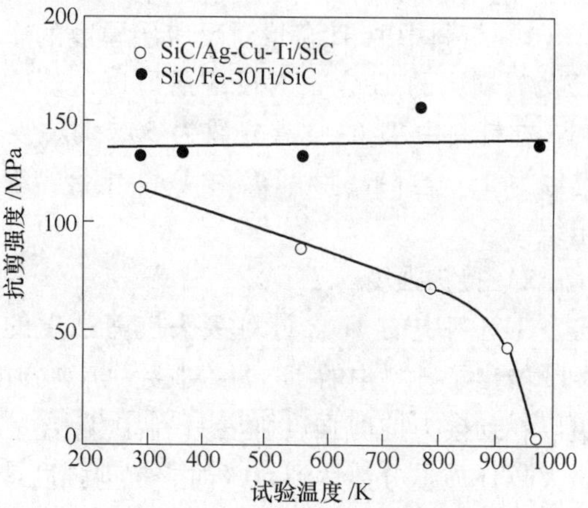

图 6-16　接头的高温强度性能

4. 真空钎焊

（1）材料

1）母材。采用反应烧结制造，其显微组织如图 6-17 所示，图中灰色为 SiC，白色为硅单质，有孔洞。

2）钎料。钎料为 325 号筛的粉末，化学成分（质量分数,%）为 Ti-35Zr-15Ni-15Cu。

（2）焊接方法　钎焊温度 960℃，保温时间 10min，真空度为 1.33×10^{-4}Pa。

（3）显微组织　接头显微组织如图 6-18 所示，可以看到，接头良好，没有裂纹、微孔等缺陷。接头可以分为六个区，其组织分别为：1 区为 TiC，2 区为 $Ti_5Si_3+Zr_2Si$，3 区为 Zr 基 Ti 的固溶体，4 区为 Ti 的固溶体+$Ti_3(Ni, Cu)$ 化合物（根据 Ti-Ni-Cu 三元相图，形成了共晶组织），5 区为残存的钎料，6 区与 2 区基本相同（为 $Ti_5Si_3+Zr_2Si$）。即接头的组织为 TiC/$Ti_5Si_3+Zr_2Si$/Zr 基 Ti 的固溶体/Ti 的固溶体+$Ti_3(Ni,Cu)$/TiZrNiCu/$Ti_5Si_3+Zr_2Si$。

图 6-17　SiC 陶瓷的显微组织

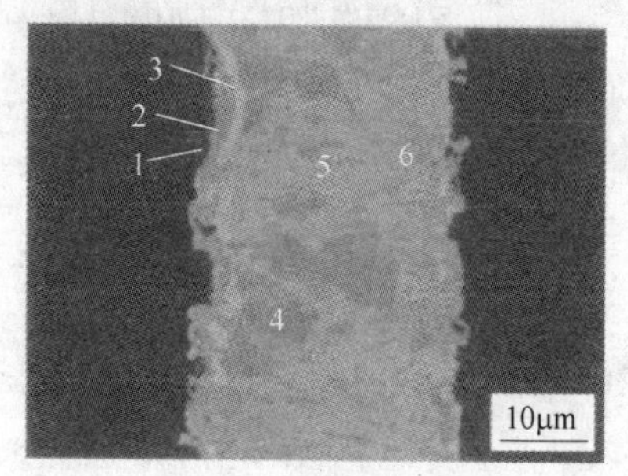

图 6-18　接头显微组织

（4）接头的形成　在加热过程中，随着温度升高，钎料和母材发生作用，钎料达到熔化温度之后熔化，形成 $Ti_5Si_3+ZrSi_2$ 界面层。随着保温时间的延长，钎料和母材发生复杂的化学反应，界面层增厚，形成接头。接头形成过程如图 6-19 所示。

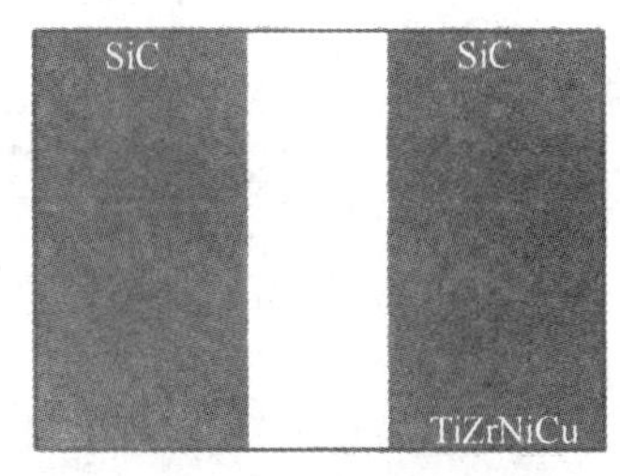

a) 钎料与陶瓷之间物理接触

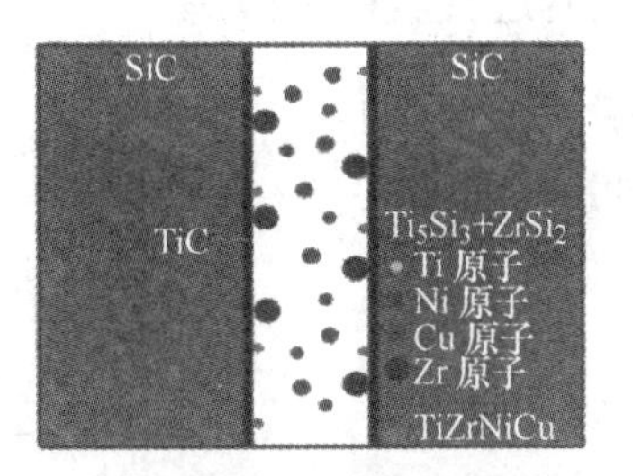

b) 钎料熔化和反应层形成

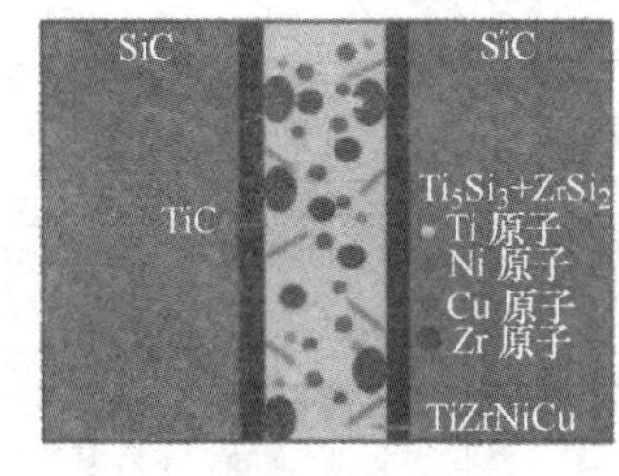

c) 界面反应充分进行

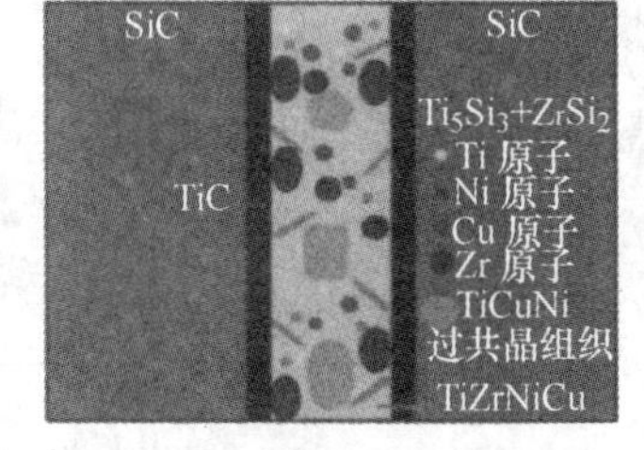

d) 界面反应终止和共晶化合物的形成

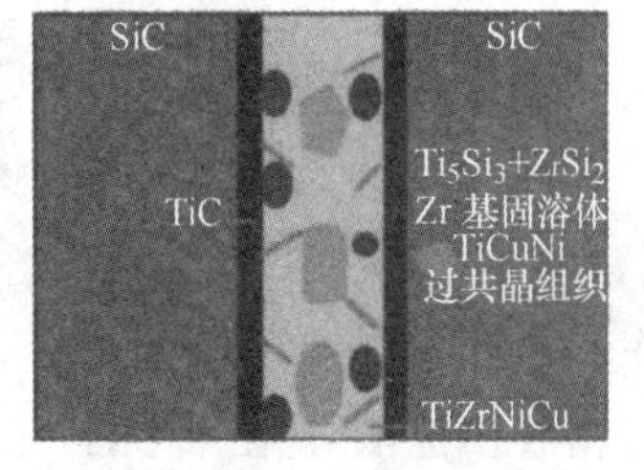

e) 金属间化合物凝固

图 6-19　接头形成过程

5. 采用 TiC_p/AgCuTi 复合钎料膜钎焊 SiC 陶瓷

（1）材料　采用 TiC 颗粒增强的 TiC_p/AgCuTi 复合钎料来钎焊 SiC 陶瓷。母材为常压烧结的密度为 3.12g/cm^3（为理论密度的 99.8%）的 SiC，其弹性模量为 360MPa，四点抗弯强度的平均值为 400MPa。

（2）钎焊工艺

1）试样装配。在母材待焊面各贴上厚度 50μm、化学成分与钎料中 AgCuTi 成分相同、称为 Cusil-ABA 的 AgCuTi，然后放入 TiC_p/AgCuTi 复合钎料，就是 SiC/Cusil-ABA/TiC_p/AgCuTi 复合钎料/Cusil-ABA/SiC。

2）钎焊参数。加热温度 900℃，保温时间 10min，真空度 8.0×10^{-3}Pa。

（3）组织　图 6-20 所示为钎焊接头的显微组织形貌。其中白色为 Ag，灰色为 Cu。图 6-21 所示为复合钎料中 TiC 含量对厚度和接头力学性能的影响。

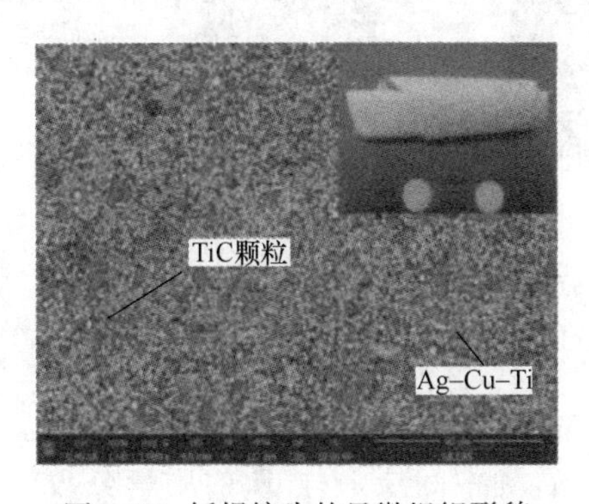

图 6-20　钎焊接头的显微组织形貌

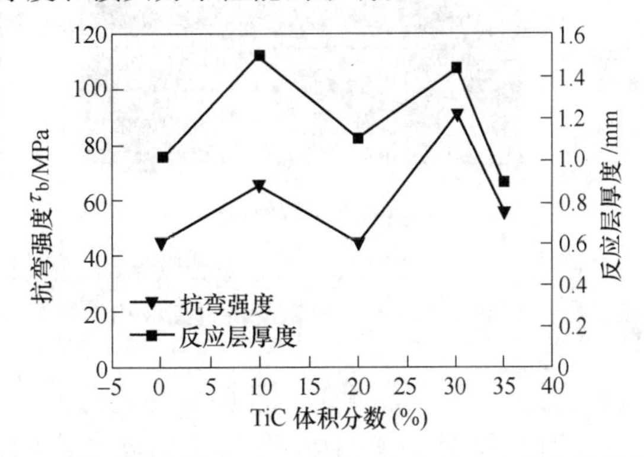

图 6-21　复合钎料中 TiC 含量对厚度和接头力学性能的影响

6.2.3 SiC 陶瓷的过渡液相扩散焊

SiC 陶瓷具有十分优越的高温性能，在 1400℃ 的高温条件下，其抗弯强度几乎与室温相同。但是，采用钎焊的方法，由于受到钎料自身的限制，接头使用温度也受到限制，不能够充分发挥 SiC 陶瓷的高温强度这一优越性能。Ti-Co 合金可以形成高熔点的化合物，利用 Ti-Co 合金作为中间层进行 SiC 陶瓷的过渡液相扩散焊是一个合理的选择。

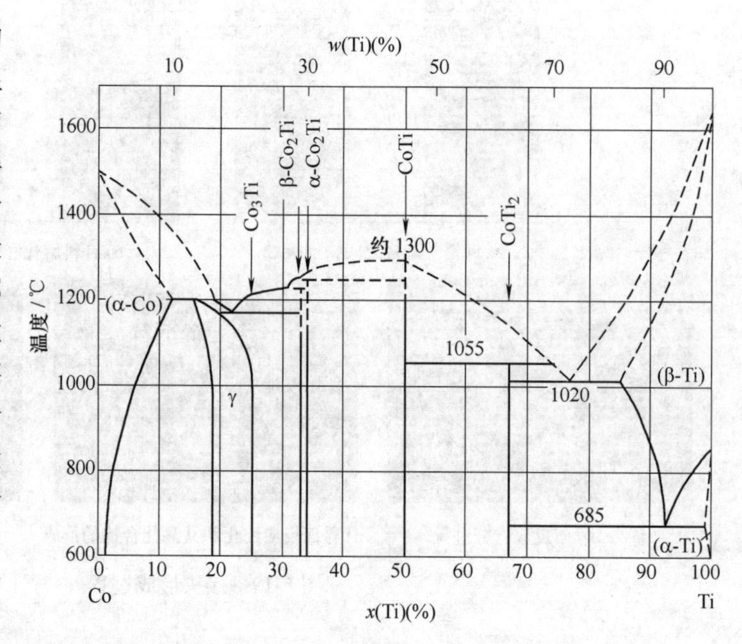

图 6-22 Ti-Co 二元合金相图

（1）材料 SiC 陶瓷为质量分数 2%～3%的 Al_2O_3，钎料为 Ti 的质量分数分别为 10%、24.2%、35%、50%、76.8%的 Ti-Co 合金。图 6-22 所示为 Ti-Co 二元合金相图，从图 6-22 中可以看出，Ti-Co 二元合金可以形成一系列的高温化合物。

（2）接头组织 图 6-23 所示为 Ti 质量分数为 50%和 76.8%的 Co-Ti 中间层的 SiC 陶瓷的过渡液相扩散焊接头组织的示意图，这是结合 X 射线衍射图得来的。可以看到在焊接接头得到的主要组织都是高熔点化合物。

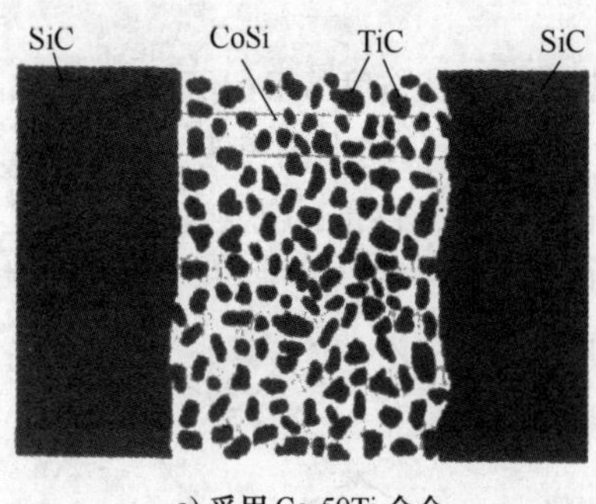

a) 采用 Co-50Ti 合金

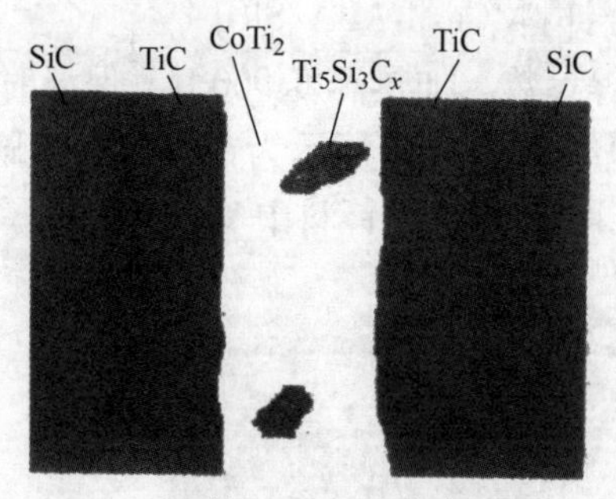

b) 采用 Co-76.8Ti 合金

图 6-23 Ti 质量分数为 50%和 76.8%的 Co-Ti 中间层的 SiC 陶瓷的过渡液相扩散焊接头组织的示意图

（3）接头强度 图 6-24～图 6-26 所示分别为 Co-Ti 中间层合金含 Ti 量、焊接时间以及焊接温度对不同含 Ti 量中间层接头强度的影响。可以看到中间层最佳 Ti 的质量分数为 50%，在此条件下，最佳焊接参数为焊接时间 30min，焊接温度 1450℃。

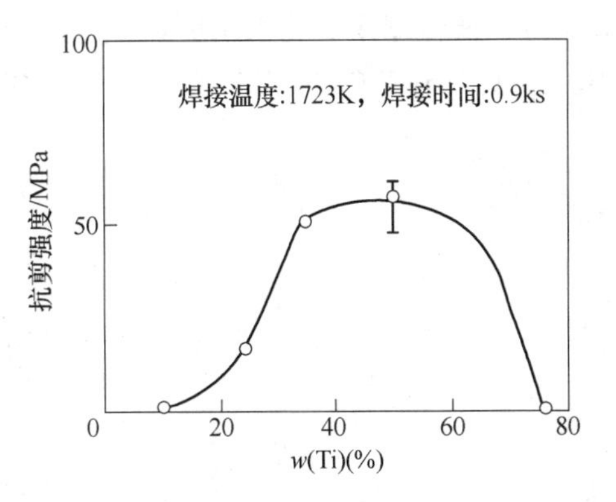

图 6-24 Co-Ti 中间层合金含 Ti 量对接头强度的影响

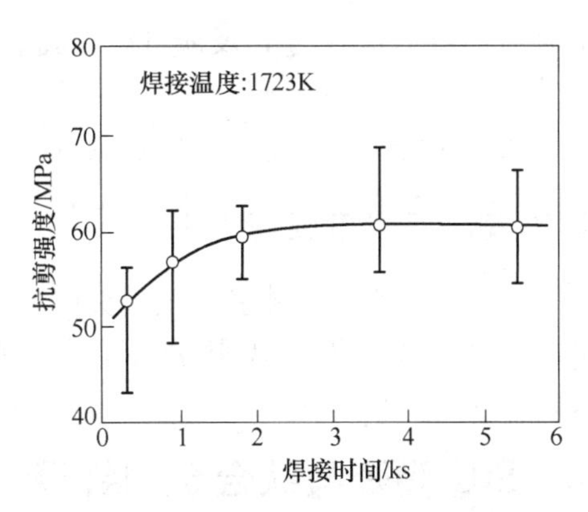

图 6-25 焊接时间对接头强度的影响

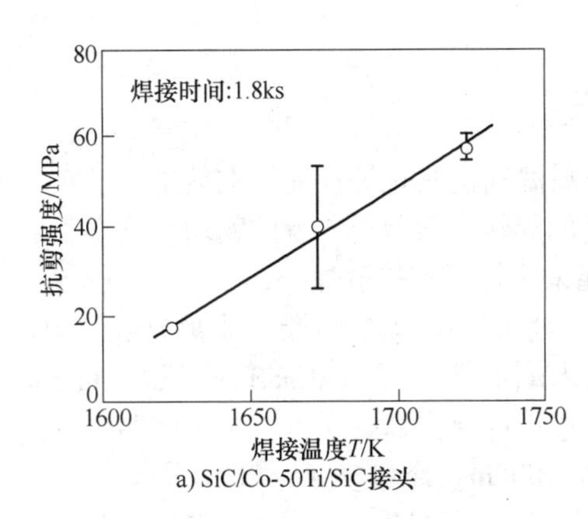

a) SiC/Co-50Ti/SiC接头

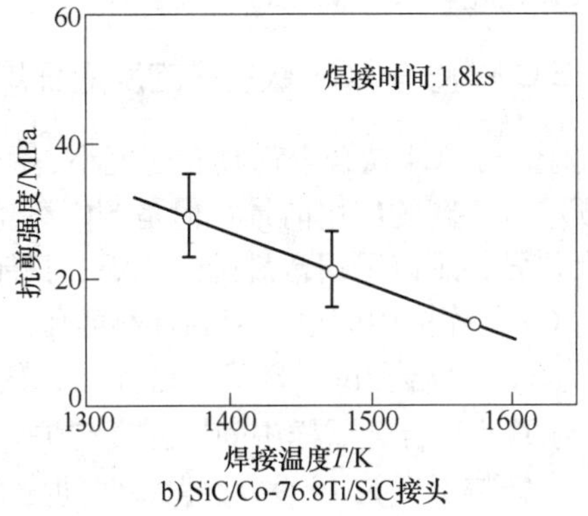

b) SiC/Co-76.8Ti/SiC接头

图 6-26 焊接温度对不同含 Ti 量中间层接头强度的影响

6.3 采用复合钎料钎焊 SiC 陶瓷

6.3.1 材料

（1）母材 母材是 SiC 陶瓷。

（2）钎料 钎料是 AgCuTi+B_4C 陶瓷。

6.3.2 接头组织

在采用 AgCuTi+B_4C 陶瓷作为复合钎料来钎焊 SiC 陶瓷时，发现钎料中的 Ti 与 B_4C 陶瓷中的 B 和 C 分别反应，生成了 TiB 晶须和 TiC 颗粒（见图 6-27），这些生成物比 AgCuTi 的线胀系数低，形成钎缝的线胀系数降低，与陶瓷的线胀系数差减小，从而降低了接头的残余应

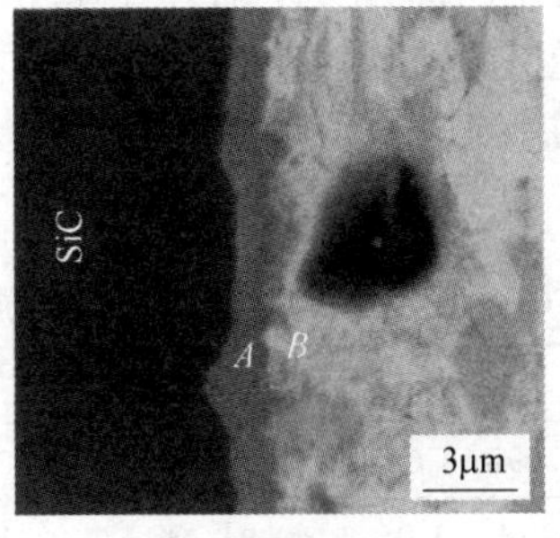

a) SiC侧组织形貌

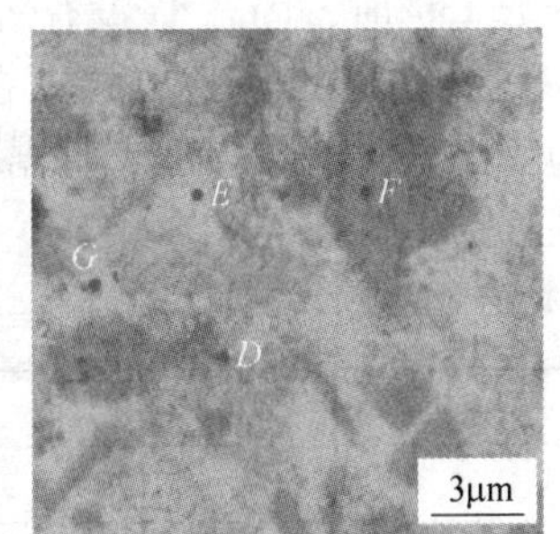

b) 钎缝组织形貌

图 6-27 接头组织形貌

力。值得注意的是 B 与 Ti 反应可以生成 TiB 和 TiB_2两种化合物，TiB 比 TiB_2更加稳定。当钎料中 Ti 的含量增加时，其反应产物由 TiB_2变为 TiB。由于 TiB 晶须比 TiC 颗粒有更低的线胀系数，可以更进一步降低接头的残余应力。

6.3.3 接头力学性能

由于这种复合钎料能够降低接头残余应力，所以接头强度提高。与采用单一 AgCuTi 钎料相比，采用 AgCuTi+B_4C 陶瓷作为复合钎料来钎焊 SiC 陶瓷时，其接头抗剪强度提高了 52%，达到 140MPa。

6.4 SiC 陶瓷与钛合金的钎焊

SiC 陶瓷与钛合金的连接在航空航天领域具有重要的实用价值，但是 SiC 陶瓷与钛合金的线胀系数相差较大，焊接性较差。

6.4.1 SiC 陶瓷与 TC4 钛合金的反应钎焊

SiC 陶瓷与 TC4 钛合金都具有密度小、耐高温和抗氧化等性能，在航空、航天、汽车和化工等领域有广阔的应用前景。但是 SiC 陶瓷的焊接性很差，二者的物理、化学和力学性能存在很大差异，难以采用常规的熔化焊，只能采用钎焊和扩散焊。

采用 Cu 箔作为中间层，起到钎料的作用。将 Cu 箔、SiC 陶瓷（质量分数为 2%~3%的 Al_2O_3）与 TC4 钛合金试样打磨、抛光后，用丙酮清洗、清水冲洗并风干后，将 Cu 箔夹在 SiC 陶瓷与 TC4 钛合金试样中间。在真空炉中进行钎焊：真空度为 6.6×10^{-3}Pa，升温速度为 30℃/min，钎焊温度为 1000℃，保温时间为 5~35min，冷却速度为 20℃/min。

钎焊温度低于 Cu 的熔点（1083℃），因此 Cu 并不熔化。但是 Cu 与钛合金接触，将发生 Cu 与 Ti 的相互扩散。在 1000℃的温度下，从 Cu-Ti 二元合金相图可以看到，当 Cu 中的 Ti 的摩尔分数达到 3%时，固态 Cu 就会熔化；同样，当 Ti 中 Cu 摩尔分数达到 13%时，固态 Ti 也会熔化。由于 Ti 的扩散速度比 Cu 快，而且 Cu 中的 Ti 摩尔分数达到 3%时，固态 Cu 就会熔化，所以，靠近 Ti 合金的 Cu 先熔化；与此同时，伴随着 Cu 箔的熔化，当 Cu 向 Cu-Ti 界面 Ti 的一侧扩散达到摩尔分数 13%时，固态 Ti 也会熔化。由于 Ti 向 Cu 的不断溶解和 Cu 的不断熔化，最后 Cu 全部熔化，这个熔化层就构成了钎缝，这个钎缝由于是从熔化凝固得到的，所以化学成分比较均匀，记为 *C* 层。在靠近 Cu-Ti 界面 Ti 的一侧扩散达不到摩尔分数 13%时，固态 Ti 没有熔化的部分可以记为 *A* 层。Cu 箔全部熔化后，Cu 和 Ti 将加速向 SiC 陶瓷扩散，形成 *B* 层。在上述钎焊条件下，各层的厚度及化学成分见表 6-8，表中数据为钎焊温度 1000℃时，保温时间从 5min 增加到 35min 各层各元素的变化。这时接头的抗剪强度为 186MPa。

表 6-8 接头各层厚度及化学成分（摩尔分数） （%）

界面层	厚度/μm	Cu	Ti	Si	Al	V
A	2.2~16.6	9.09~16.64	27.40~61.50	60.67~12.84	1.46~4.89	1.39~4.12
B	102~635	48.14~23.05	40.94~64.18	1.46~6.78	7.51~3.41	1.95~2.59
C	6.7~6.9	10.44~11.38	77.03~73.62	0.00~0.37	8.02~9.28	4.50~5.34

钎焊工艺影响到接头组织和应力分布，从而影响钎焊接头强度，图 6-28 所示为钎焊温

度为1000℃时，保温时间对接头抗剪强度影响的曲线。从图6-28可以看出，在5~35min的时间内，随着保温时间的增加，抗剪强度逐渐降低。保温时间为5min时，抗剪强度最高，达到186MPa。随着保温时间的增加，抗剪强度逐渐降低，其断裂位置也发生变化。保温时间为5min时，断裂位置在靠近*A*/*B*界面的*B*层内；保温时间为35min时，断裂位置*B*/*C*界面的*B*层内。这是由于保温时间的不同，各层各元素含量不同，引起组织不同。

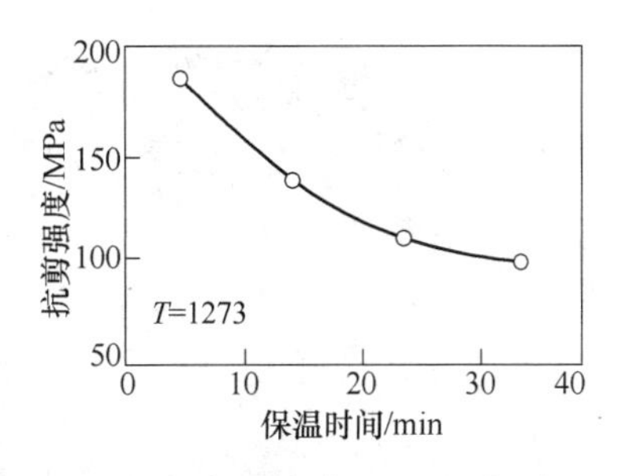

图6-28 钎焊温度为1000℃时，保温时间对接头抗剪强度影响的曲线

6.4.2 SiC陶瓷与钛合金的（Ag-Cu-Ti)-W复合钎焊

由于SiC陶瓷与钛合金的线胀系数相差较大，焊接性较差，因此，采用在填充材料（比如钎焊中的钎料）中加入线胀系数与陶瓷材料较接近的W，以改善SiC陶瓷与钛合金的焊接性，同时高熔点未熔化的颗粒W，还可以在钎缝中起到弥散颗粒增强的作用。

1. 焊接材料

母材SiC陶瓷的纯度为99%，密度为2.6~2.7g/cm^3，气孔率为15%~16%，抗弯强度为80~90MPa；钛合金为TC4，成分为Ti-6Al-4V，Ag、Cu、Ti、W都是粉剂，W的纯度为99.9%，按照质量分数67.6Ag-26.4Cu-6Ti配比，配以不同体积比例的W粉，加入分散剂、黏结剂，制成膏状作为钎料。

2. 钎焊工艺

钛合金经过研磨后，与陶瓷都要进行酒精清洗。装配好之后，施加217Pa的微压，在真空度6×10^{-3}Pa之下，钎焊温度为890~920℃，保温时间为10~30min，升温速度为10℃/min，降温速度为3℃/min。

3. 钎焊接头组织形态

图6-29所示为钎焊温度890℃，保温时间10min的钎焊接头组织。图6-29b所示为钎缝放大像，从图6-29b中可以看出，接头质量良好。在加入体积分数为30%~50%的W在钎料中时，其接头质量都比较好。根据能谱和X射线衍射分析，黑色相为Ti-Cu化合物，颜色越深，Ti含量越高；浅灰色为Ag，能谱分析表明，其中含有少量的Cu；白色为W，W在Ag的包围之中，说明Ag对W的润湿性良好，但是W并没有溶解在Ag中。表6-9给出了图6-29c、d中（钎料与钛合金的界面上）相应位置的化学成分，成为钛合金母材/Ti+Ti_2Cu/Ti_2Cu/TiCu/Ti_2Cu_3/$TiCu_2$/钎料的阶梯状的分层组织。

表6-9 图6-29c、d中相应位置的化学成分（摩尔分数） （%）

区域		Ti	Al	V	Cu	Ag	相结构
*A*区	白色①	86.09	7.82	1.99	2.18	1.92	钛合金
	黑色	67.95	3.74	0.64	25.69	2.26	Ti_2Cu
*B*区	1	67.42	—	—	31.06	1.51	Ti_2Cu
	2	49.78	—	—	48.32	1.93	TiCu
	3	42.41	—	—	56.80	0.79	Ti_2Cu_3
	4	20.89	—	—	78.69	0.62	$TiCu_2$

① 白色部分为质量分数。

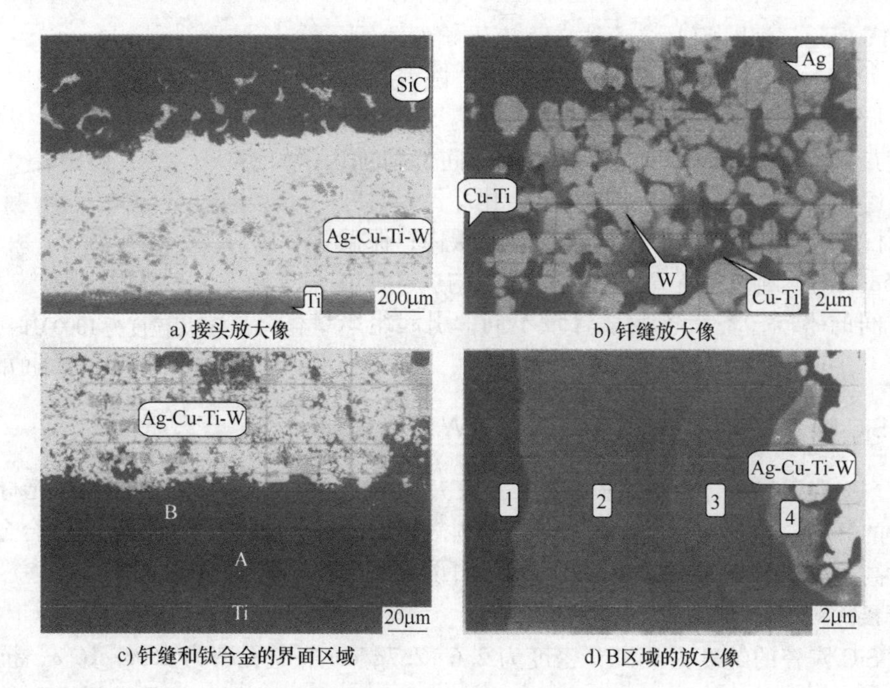

a) 接头放大像　b) 钎缝放大像

c) 钎缝和钛合金的界面区域　d) B区域的放大像

图 6-29　890℃×10min 焊接工艺下的接头组织

钎焊参数提高到 920℃×30min 时，在钎料与钛合金的界面上出现了一个无 W 的钎料带，成为钛合金母材/Ti+TiCu/TiCu/TiCu/钎料的阶梯状的分层组织。在陶瓷与钎料的界面上发现了裂纹。

6.5　SiC 陶瓷与 TiAl 合金的焊接

6.5.1　SiC 陶瓷与 TiAl 合金的真空钎焊

采用 Al_2O_3 质量分数为 2%～3%的 SiC 陶瓷，TiAl 合金的化学成分是 51.2Ti-48.3Al-0.5Cr，采用的钎料为 68.32Ag-27.14Cu-4.54Ti。SiC 陶瓷与 TiAl 合金的性能参数在表 6-10 中给出。

表 6-10　SiC 陶瓷与 TiAl 合金的性能参数

材料	质量分数（%）	密度/（kg/m³）	熔点/℃	线胀系数/$10^{-6}K^{-1}$	抗拉强度/MPa	抗弯强度/MPa	显微硬度 HV	弹性模量/GPa
SiC	97～98	3130	2818	4.7	—	500	3000	420
TiAl	—	3833	1733	11.6	480	—	300	175

在真空炉中进行钎焊：真空度 6.6×10^{-3}Pa，升温速度 30℃/min，钎焊温度 900℃，保温时间 10～40min，冷却速度 20℃/min。

SiC 陶瓷与 TiAl 合金的真空钎焊接头的显微组织可以分为三个反应层，表 6-11 给出了各层的厚度及其化学成分。靠近 SiC 的一层为 *A* 层；中间的一层为 *B* 层，它是钎料熔化之后又凝固的组织，可以分为 B_1 层和 B_2 层，B_1 层和 B_2 层的化学成分不同：B_1 层是靠近 SiC 陶瓷的一层，主要由 Ag 和 Cu 组成，是富 Ag 相；B_2 层是靠近 TiAl 金属间化合物的一层，主要由 Cu、Ti 和 Al 组成，是富 Cu 相。还可看到，在 10～40min 的保温时间内，B_1 层和 B_2 层的化学成分基本没有变化，只是发生了偏析，分别形成了以 Ag 固溶体和以 Cu 固溶体为主的显微组织。

表 6-11　接头各层厚度及化学成分（摩尔分数）　（%）

界面层	厚度/μm	Ag	Cu	Ti	Si	Al	Cr
A	0.4~2.9	6.69~2.71	27.28~25.63	32.57~51.71	29.31~13.72	4.15~5.95	0~0.28
B_1	—	83.32~83.08	13.85~15.09	0.78~0	2.23~1.82	0.86~0	0
B_2	—	0.86~0.99	64.35~62.58	24.40~23.92	1.03~1.42	9.36~10.80	0~0.29
C	8~15	0.00~0.35	17.57~26.03	51.54~43.61	2.39~1.03	28.06~28.59	0.43~0.39

钎焊工艺影响到接头组织和应力分布，从而影响钎焊接头强度，图 6-30 所示为钎焊温度为 900℃时，保温时间对接头抗剪强度影响的曲线。从图 6-30 可以看出，在10~40min 的时间内，随着保温时间的增加，抗剪强度逐渐降低。保温时间为 10min 时，抗剪强度最高，达到 173MPa。随着保温时间的增加，抗剪强度逐渐降低，其断裂位置也发生变化。保温时间为 10min 时，断裂位置在靠近 *A/B* 界面附近；保温时间为 40min 时，断裂位置 *B/C* 界面的 *B* 层内。这是由于保温时间不同，各层各元素含量不同，引起 *C* 层组织也不同。

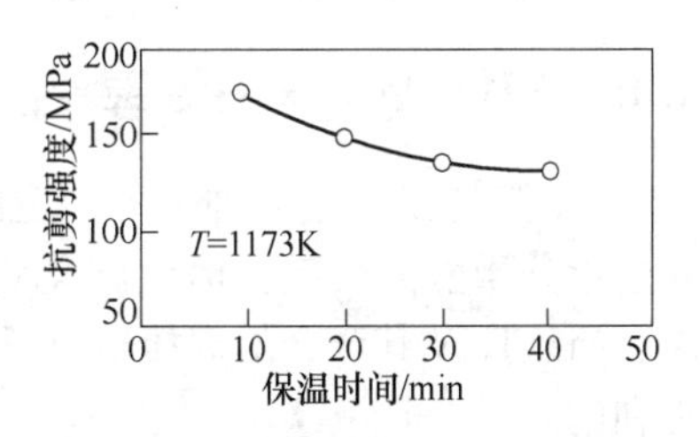

图 6-30　钎焊温度为 900℃时，保温时间对接头抗剪强度影响的曲线

6.5.2　SiC 陶瓷与 TiAl 合金的扩散焊

SiC 陶瓷与 TiAl 合金都具有密度小、高温力学性能好和抗氧化性能好的优点，在航空航天和国防工业中有广泛的应用前景。

1. SiC 陶瓷与 TiAl 合金的扩散焊工艺

SiC 陶瓷含有质量分数为 2%~3%的 Al_2O_3，TiAl 合金是化学成分为质量分数 Ti-43Al-1.7Cr-1.7Nb 具有 $\gamma+\alpha_2$组织的金属间化合物。在压力 35MPa，焊接温度 1300℃，保温时间 6~480min，真空度 6.6×10^{-3}Pa 的条件下进行 SiC 陶瓷/TiAl 合金/SiC 陶瓷的扩散焊。

2. 接头强度

扩散焊条件直接影响界面的组织和应力状态，从而影响接头强度。图 6-31 所示为在上述工艺条件下得到的扩散焊接头的抗剪强度与保温时间之间的关系。可以看到，在保温时间为 15min 时，接头的抗剪强度达到 240MPa，随着保温时间的继续增加，接头强度先是急剧降低，之后缓慢下降到 140MPa 达到一个稳定值。

图 6-32 所示为采用压力 35MPa，焊接温度 1300℃，保温时间 240min，真空度 6.6×10^{-3} Pa 的条件下（图 6-32 中最高抗剪强度）得到的接头在不同温度下试验得到的抗剪强度。可以看到，在室温到 973K 的范围内，抗剪强度并不随着温度的变化而发生明显的变化。

3. 接头组织

SiC 陶瓷与 TiAl 合金扩散焊接头的界面组织可以分为三层：靠近 SiC 陶瓷的为 *A* 层；中间的一层为 *B* 层；靠近 TiAl 合金的一层为 *C* 层。SiC 陶瓷与 TiAl 合金扩散焊接过程中共形成了三种新相：体心正方晶格的 $TiAl_2$、面心立方晶格的 TiC 和六方晶格的 $Ti_5Si_3C_x$($x\leqslant1$)。扩散焊接头的组织是 SiC/TiC/TiC+$Ti_5Si_3C_x$/TiC_2+TiC/TiAl。

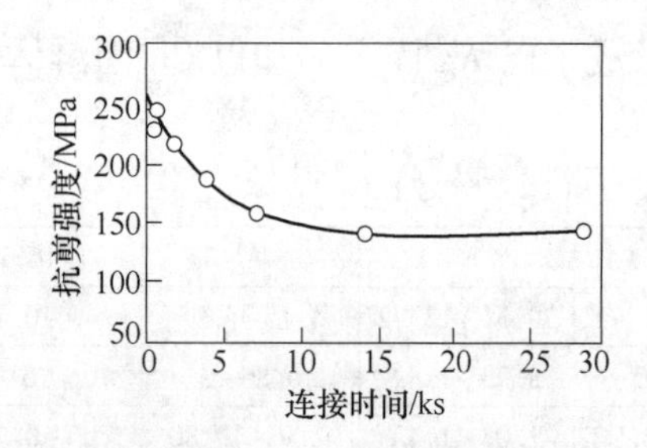

图 6-31 SiC 陶瓷与 TiAl 合金扩散焊接头的抗剪强度与保温时间之间的关系

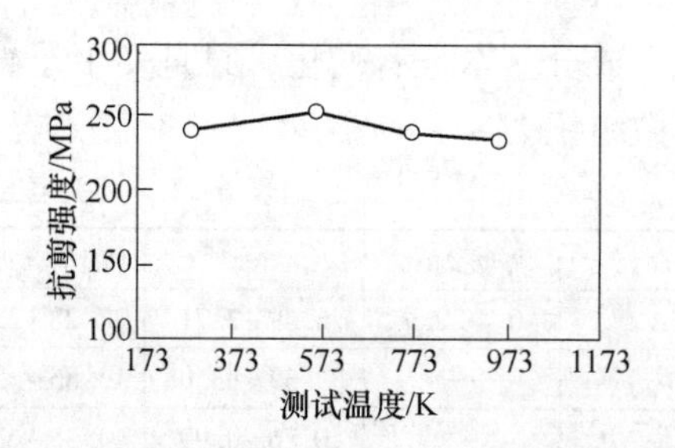

图 6-32 SiC 陶瓷与 TiAl 合金扩散焊接头的抗剪强度与试验温度之间的关系

6.6 SiC 陶瓷与 Fe 基合金的焊接

SiC 陶瓷虽然是一种十分稳定的材料，但是，在与 Fe、Ni、Ti 等过渡族元素接触时，会发生十分激烈的反应，形成碳化物、硅化物和其他复杂的化合物，这一反应对 SiC 陶瓷与 Fe、Ni、Ti 及其合金的焊接极其不利，分析其原因和控制这一反应对于这一类材料的焊接是有利的。

6.6.1 SiC 陶瓷与 Fe 的界面反应

SiC 陶瓷是十分稳定的材料。

$$SiC_{固} \rightarrow Si_{固} + C_{固} \tag{6-1}$$

在室温~1410℃范围内 $\Delta G_T^\circ = 113400\text{J/mol} + 6.97T$，一般情况下很难分解。在 SiC 陶瓷与 Fe 接触时，在 800℃时，$\Delta G_T^\circ = -108645.6\text{J/mol} - 183.8T$，分解出来的 Si 和 C 溶解在 Fe 中。但是，在 Si 溶入 Fe 中之后，随着 Si 溶入 Fe 中的量增加，会形成不同的 Fe-Si 化合物（见图 6-33）。C 在 Fe 中的溶解度随着 Si 在 Fe 中溶解量的增加而急剧减少，过饱和的 C 就在界面以石墨的形式析出。上述反应可以综合为：

$$SiC_{固} + Fe_{固} \rightarrow SiFe_{固} + C_{石墨} \tag{6-2}$$

在 800℃条件下，这个反应 $\Delta G_T^\circ = -5460\text{J/mol} - 24.4T$，这一反应可以进行。如果在 SiC 陶瓷与 Fe 的界面处用 5μmAl_2O_3膜隔开，则上述反应大大减弱，如图 6-34 所示。

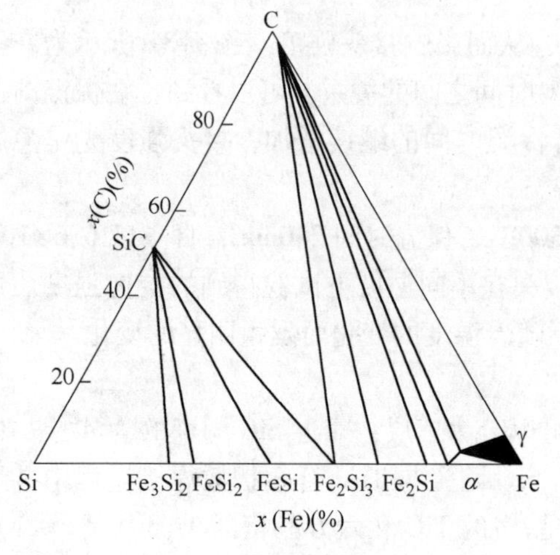

图 6-33 Fe-Si-C970℃的等温截面

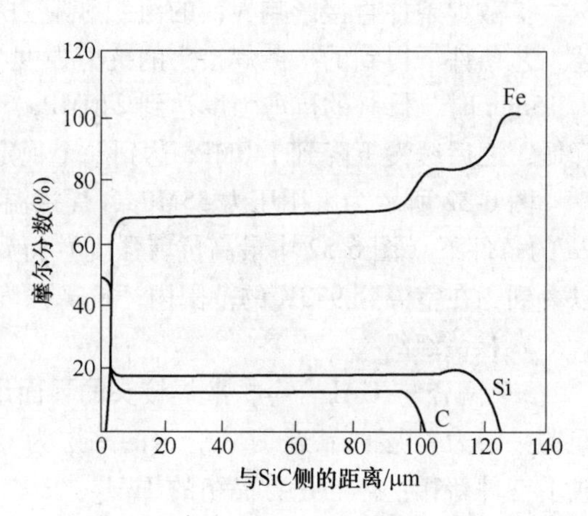

图 6-34 Fe/SiC 摩尔分数分布图

6.6.2　SiC 陶瓷与 Fe 的界面反应的改善

1. 化学镀镍

TiC 陶瓷表面镀镍之后，在氩气、真空或者空气中进行热处理，金属 Ni 将发生如下反应：

在氩气或者真空中　　$2SiC+Ni \rightarrow NiSi_2+2C_{石墨}$　　(6-3)

在空气中　　$2Ni+O_2 \rightarrow 2NiO$　　(6-4)

这样，形成的 $NiSi_2$或者 NiO 将阻止 Fe/SiC 发生界面反应。

2. 氧化处理

在空气中加热到 1000℃以上，SiC 陶瓷表面会发生明显的氧化钝化，形成一层致密的 SiO_2膜，阻止 Fe/SiC 发生界面反应。

3. 粉末埋入反应辅助涂覆工艺

粉末埋入反应辅助涂覆工艺（Powder Immersion Reaction Assisded Caoting，PIRAC）是一种简单有效的 SiC、B_4C 表面涂覆保护工艺，适合于高温条件下的保护工艺。SiC 容易与 Ti、Cr、V 等发生固相反应，在其表面形成硅化物或者碳化物，从而阻止 Fe/SiC 发生界面反应。以 SiC 与 Cr 的反应为例，在加热到 1200℃时，将发生如下反应：

$$SiC+3Cr \rightarrow SiCr_3+C \tag{6-5}$$

$$3C+7Cr \rightarrow Cr_7C_3 \tag{6-6}$$

6.7　SiC 陶瓷与 Cu 的摩擦焊

陶瓷/金属之间的直接摩擦焊还只是适于陶瓷/铝合金的焊接，能够得到较高强度的接头。陶瓷/金属之间加中间层的摩擦焊已经能够焊接 SiC 陶瓷、Si_3N_4 陶瓷及一部分稳定化的 ZrO_2 陶瓷。图 6-35 所示为采用 Al、Ti、Zr、Nb、Fe、Ni、Cu、Ag 分别作为中间层的 SiC 陶瓷与无氧 Cu 的摩擦焊接头宏观图（摩擦时间 3s，摩擦压力 20MPa，顶锻时间 6s，顶锻压力 70MPa，转速 40r/s）。如果不加中间层，SiC 陶瓷与无氧 Cu 的焊接是不可能的。可以看到，采用 Al、Ti、Zr、Nb 作为中间层时，无氧 Cu 发生很大的塑性变形。活性金属中间层的使用，也明显地改善了接头强度。在结合面附近的 Cu 中，形成了复杂的活性金属与 Cu 的机械混合组织，其最大宽度可达数百微米。其反应层的厚度，比起钎焊和扩散焊来说，非常窄，即使在电子显微镜下也难以看到。

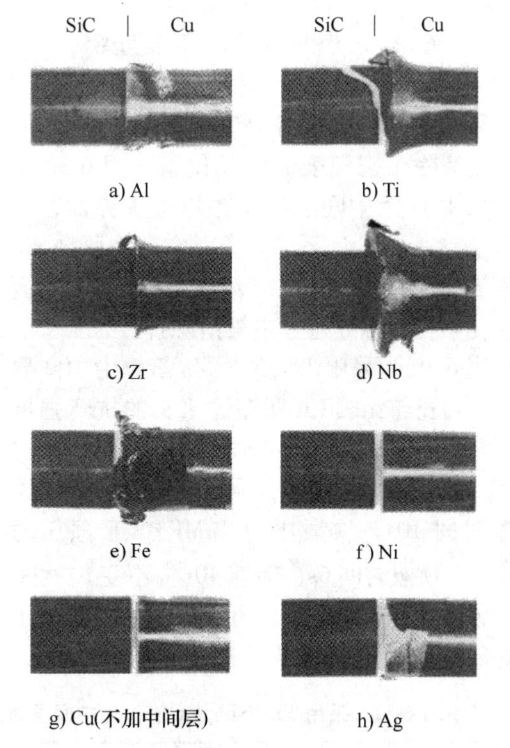

图 6-35　采用 Al、Ti、Zr、Nb、Fe、Ni、Cu、Ag 分别作为中间层的 SiC 陶瓷与无氧 Cu 的摩擦焊接头宏观图（摩擦时间为 3s，摩擦压力为 20MPa，顶锻时间为 6s，顶锻压力为 70MPa，转速为 40r/s）

图 6-36 所示为以 Ti 为中间层的 SiC 陶

瓷与无氧 Cu 的摩擦焊的结合面，在 SiC 陶瓷的界面上有厚度约 10nm 的 Cu 层，接着是约 20nm 的 TiC 层，在 TiC 层与 Cu 交界的一侧，可以看到 Ti_5Si_3层（在图 6-36 的视野之外）。在采用 Ti-Cu 合金为钎料的钎焊界面上也能观察到 Ti_5Si_3反应层，但是摩擦焊接头的 Ti_5Si_3反应层比钎焊要薄得多。SiC 陶瓷与 TiC 之间的 Cu 层对接头强度的影响很大，随着 Cu 层厚度的增大，接头强度明显降低。摩擦焊接头，无论是拉伸还是弯曲，都断在陶瓷侧，看不到反应层的影响；而钎焊时，反应层较薄时，接头强度较高。

如果将 SiC 陶瓷与无氧 Cu 的摩擦焊焊接接头，在焊接之后，立刻放入水中急冷，如图 6-37 所示，就看不到 Cu、TiC 及 Ti_5Si_3层的存在。这说明这些产物是在焊后冷却过程中形成的。可以看到，在结合面上只有几纳米厚度的富 Ti 层，这个富 Ti 层显然就是 Ti 中间层。同样，采用 Nb 为中间层，也是这样的结果。

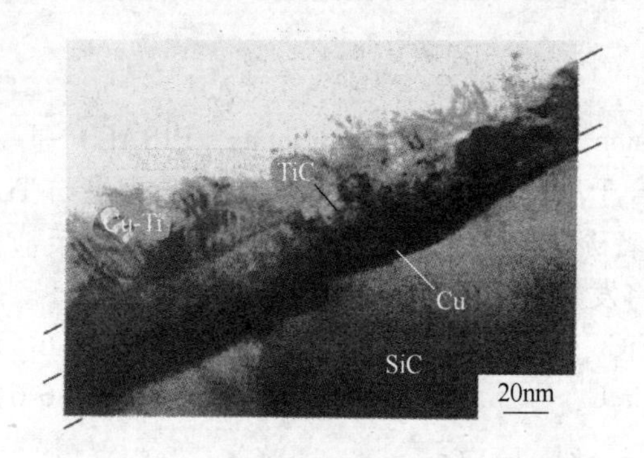

图 6-36　以 Ti 为中间层的 SiC 陶瓷与无氧 Cu 的摩擦焊的结合面

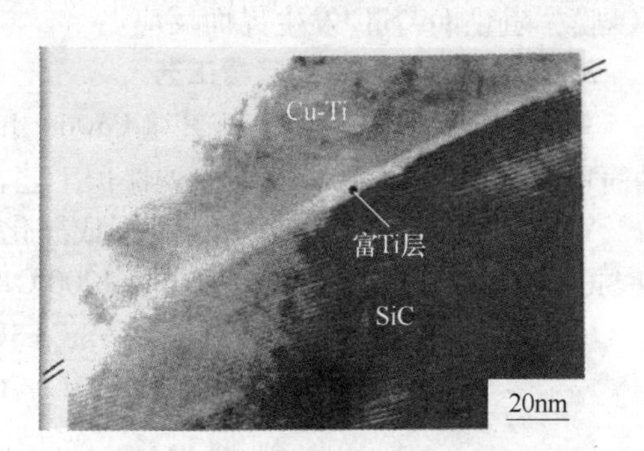

图 6-37　采用 Ti 作为中间层时摩擦焊之后急冷的结合面

采用中间层能够提高接头强度的一个原因就是清除了陶瓷表面的氧化膜。图 6-38 所示为采用 Ti 为中间层的摩擦焊接头界面，该界面上有一块 Si-O 系的物质，它就是原来 SiC 陶瓷表面存在的氧化物，大部分 SiC 陶瓷表面的氧化物在摩擦焊过程中被清除掉。

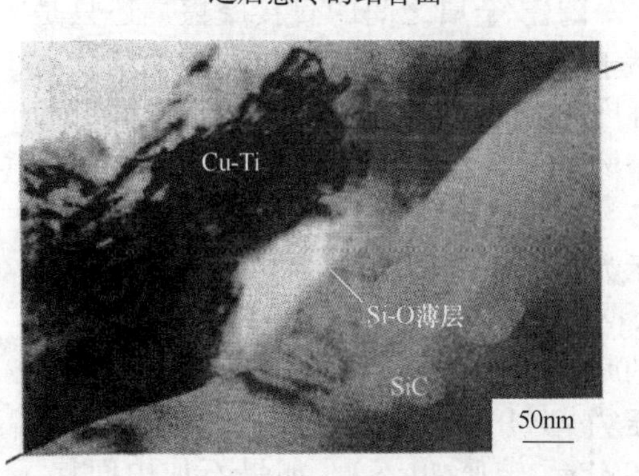

图 6-38　采用 Ti 为中间层的摩擦焊接头界面

表 6-12 为采用 Ti、Nb、Zr 箔作为中间层时 SiC 陶瓷与无氧 Cu 摩擦焊接头的抗弯强度（摩擦焊条件是：1-摩擦时间 10s，顶锻压力 30MPa；2-摩擦时间 6s，顶锻压力 30MPa；3-摩擦时间 10s，顶锻压力 70MPa，摩擦压力 20MPa，顶锻时间 6s，转速 40r/s 不变）。可以看到，断裂位置以 SiC 陶瓷的母材为主，但是断裂强度比 SiC 陶瓷低，可以认为，这是由于摩擦焊过程中在接头产生了残余应力和摩擦转矩等缺陷。

表 6-12　采用 Ti、Nb、Zr 箔作为中间层时 SiC 陶瓷与无氧 Cu 摩擦焊接头的抗弯强度

中间层材料	摩擦焊条件	接头抗弯强度/MPa	断裂位置
Ti	1	44	SiC
Ti	1	33	SiC
Ti	1	56	SiC

（续）

中间层材料	摩擦焊条件	接头抗弯强度/MPa	断裂位置
Ti	1	79	SiC
Ti	3	109	SiC
Nb	2	67	SiC+界面
Nb	2	90	SiC+界面
Nb	2	85	SiC+界面
Zr	1	46	SiC
Zr	1	67	SiC
Zr	1	72	SiC
Zr	1	82	SiC

6.8　SiC 陶瓷与 Ni 及其合金的焊接

6.8.1　SiC 陶瓷与 Ni 及其合金的直接扩散焊

1. SiC 陶瓷与 Ni 直接扩散焊

SiC 陶瓷与 Ni 及其合金的焊接性是比较好的，对 SiC 陶瓷表面进行金属化之后，与 Ni 及其合金可以方便地直接进行钎焊、扩散焊、压力焊等。

（1）扩散焊参数　加热温度为 900～1100℃，保温时间为 10～15min，真空度为 1×10^{-4}Pa。

（2）界面组织　由于 Si 能够与 Ni 形成一系列的化合物（见图 6-39），因此，在 SiC 陶瓷与镍的界面上可以形成 Ni_3Si_2、Ni_5Si_2、Ni_3Si 和 Ni_2Si 等，同时析出石墨。析出的石墨为细小的颗粒状，而 Ni_2Si 比较粗大，产生的 NiO 很少。接头质量良好。

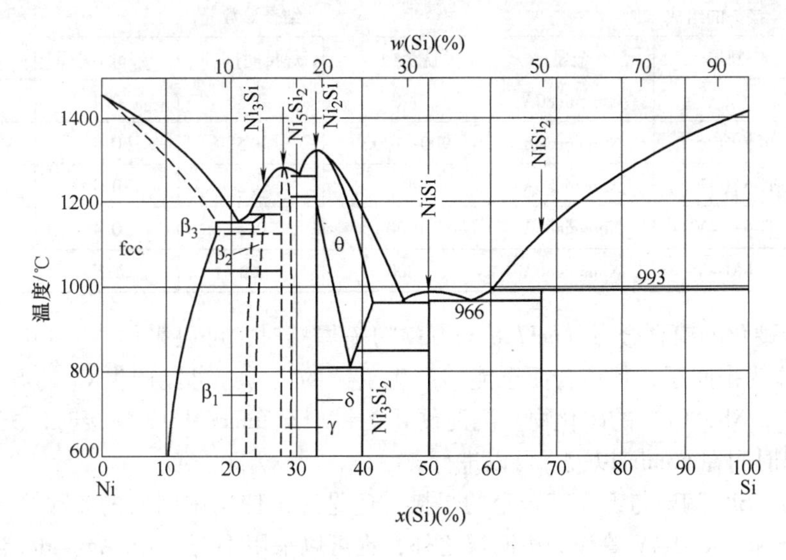

图 6-39　Si-Ni 二元合金相图

2. SiC 陶瓷与镍合金的直接扩散焊

（1）SiC 陶瓷与 Ni-Cr 合金的直接扩散焊

1）焊接工艺。SiC 陶瓷与 Ni-Cr 合金直接扩散焊的参数为：焊接温度为 1100℃，保温时间较长（约 150min），真空度为 1×10^{-4}Pa。SiC 陶瓷与 S-Cr 合金可以发生比较激烈的反应（见图 6-8），得到比较牢固的焊接接头。

2）界面组织。由于 Si、Ni、Cr、C 的扩散速度不同，在界面上能够产生一系列的化合物，如 Ni_2Cr_3、Ni_5Si_2、Ni_2Si、Cr_3C 等。因此，可以获得比较满意的结果。

（2）SiC 陶瓷与其他 Ni 合金的直接扩散焊　SiC 陶瓷也可以与其他 Ni 合金进行直接扩散焊，比如 SiC 陶瓷也可以与 Ni-W、Ni-10Ti、Ni-10Mo、Ni-Nb、Ni-Al-C 等 Ni 合金进行直接扩散焊。

由于 Mo 比 Cr 更容易扩散，虽然也有 Mo 的碳化物产生，但是，其接头韧性还是比较好的，而且，由于 C 可能溶解于 SN 化合物，也降低了脆性。

6.8.2 SiC 陶瓷与镍合金加中间层的扩散焊

目前陶瓷与金属的焊接，对于工作在 400℃以下的工件来说，由于其焊接温度也低，因此，焊接并不太困难；但是对于工作在高温的工件来说，由于其焊接温度较高，材料的线胀系数不匹配，焊接残余应力较大，容易发生裂纹，直接焊接比较困难。

1. SiC 陶瓷与 Nimonic80A 镍合金加中间层的扩散焊

表 6-13 给出了 SiC 陶瓷与 Nimonic80A 镍合金加中间层的扩散焊参数，Nimonic80A 镍合金的化学成分是 70～77Ni-18～20Cr-1. 8Ti-2. 0Co-0. 1C-1. 0Mn-1. 0Si-5Fe-0. 006S-0. 006P。在陶瓷与可伐合金中间层之间可以产生强烈的反应，在其界面上形成（Ni，Co)$_{16}$Cr$_{16}$Si$_{16}$的 Si 化合物，有可能产生（Ni，Co，Si)$_6$（W，Cr)C 的 M_6C 型的碳化物。

表 6-13　SiC 陶瓷与 Nimonic80A 镍合金加中间层的扩散焊参数

接头的组成			结合参数			是否结合
陶瓷	中间层	金属	温度/℃	焊接时间/h	冷却时间/h	
SiC	Cu	Nimonic80A	900	0.5	0.4	结合
SiC	可伐合金	Nimonic80A	900～1000	0.5	0.4	结合
SiC	Ti-6Al-4V	Nimonic80A	900	0.5	0.4	结合
SiC	Ti-6Al-4V	Nimonic80A	1000	0.5	0.4	结合
SiC	Ti-6Al-4V	Nimonic80A	1200	0.5	炉冷	结合

对于沉淀硬化的镍合金 Inconel718 与 SiC 陶瓷焊接时，可以采用 Ni、Cu、可伐合金和 Ti-6Al-4V 等作为中间层，其结合面也能够产生复杂的反应，可能产生 Cr 的 Si 化合物和贫 Cr 层以及（Ti，Nb，Cr）的碳化物。沉淀硬化的镍合金 Inconel718 焊接时，其加热温度为 1150℃，保温时间在 60min 以上，可以进行。

应该指出，SiC 陶瓷与镍及其合金的焊接，还是应该使用中间层的。除了可以采用 Ni、Cu、可伐合金和 Ti-6Al-4V 等作为中间层之外，也可以采用 Ti 箔、Cu-Ag、Mo 箔，还可以采用复合中间层，如将 Ti 箔夹在 Cu-Ag 箔中间构成复合中间层，可以大大提高对 SiC 陶瓷的润湿性。下面介绍一种采用 Fe-Ni 合金作为中间层，以缓解接头残余应力的方法来焊接 SiC

陶瓷与高温镍基合金。

2. SiC 陶瓷与 GH128 镍基高温合金加中间层的扩散焊接

由于 SiC 陶瓷与 GH128 镍基高温合金的线胀系数相差较大［前者为 $(4\sim5)\times10^{-6}K^{-1}$，后者为 $14.46\times10^{-6}K^{-1}$］，而且 SiC 陶瓷与 GH128 镍基高温合金连接件的工作温度常常在 900℃以上，直接焊接比较困难，因此，采用加中间层的方法进行焊接。

（1）焊接工艺　采用 Fe-Ni 合金作为中间层时，从 Si-Fe 和 Ni-Si 的二元合金相图可以看到，它们之间可以形成 Si 的富 Fe 和富 Ni 固溶体及各种复杂的 Si-Fe 和 Ni-Si 的化合物，又能够与镍基合金具有良好的焊接性，因此，可以得到良好的接头。

采用 Fe 粉和 Ni 粉烧结成厚度 1～1.5mm 的块状 65Fe-35Ni 合金作为中间层，因为这个成分的材料具有 Fe-Ni 合金的最低线胀系数。

经过正交试验确定最佳焊接参数为：压力 12.50MPa，焊接温度 1125℃，保温时间 15min。这时的接头强度最高，为 34.3MPa。

（2）接头组织　图 6-40 和图 6-41 所示分别为接头的组织和界面反应层的形貌。从图 6-40 中可以明显看到一个约 0.2mm 厚度的反应层。能谱分析表明，反应层中的白色相为 Fe、Ni、Si，其摩尔比为 Fe∶Ni∶Si＝65.73∶18.83∶15.44；黑色相能谱分析无法检测，说明是 C，界面反应析出了游离的石墨，因此，接头强度不高。

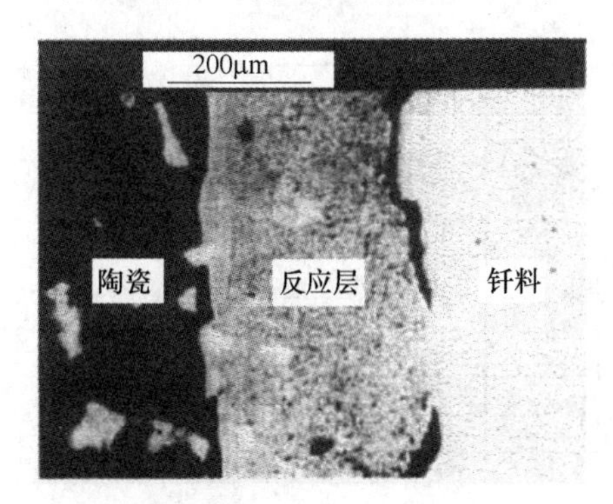

图 6-40　接头的组织形貌

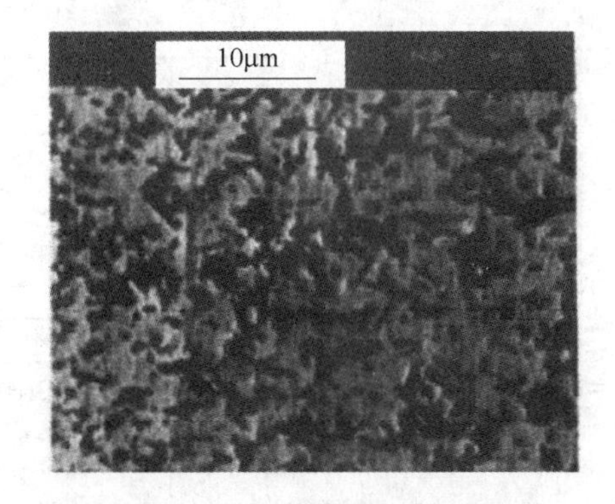

图 6-41　界面反应层的形貌

6.9　SiC 陶瓷与高熔点材料（Ta、Mo、Nb）的焊接

6.9.1　SiC 陶瓷与 Ta 的焊接

由于 Si 与 Ta 和 C 与 Ta 都能够形成多种化合物（见图 6-42 和图 6-43），因此，它们之间应该是可以焊接的。焊接温度为 1500℃时，保温时间很长（约 7.8h），在一定压力作用下，可以实现焊接。在界面上产生 TaC、Ta_2C、Ta_5Si_3C 等化合物，接头强度不高。

6.9.2　SiC 陶瓷与 Mo 的焊接

SiC 陶瓷与 Mo 焊接时，可以加热 1627℃左右，施加一定的压力，在真空中或者在气体保护下进行。图 6-44 和图 6-45 所示分别为 Mo-Si 二元合金相图和 Mo-C 二元合金相图。在 SiC 陶瓷与 Mo 的界面上将发生冶金反应，产生 Mo 的 Si 化合物以及 Mo 的碳化物，或者它们

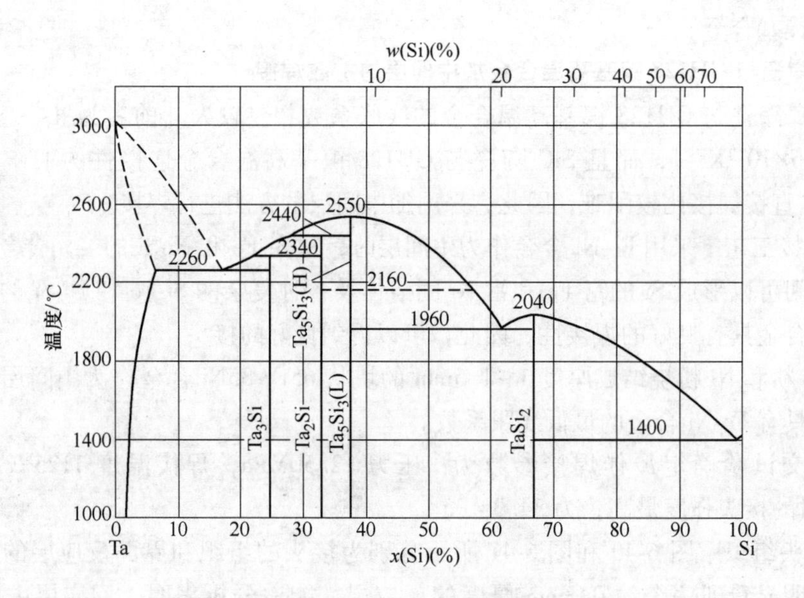

图 6-42 Si-Ta 二元合金相图

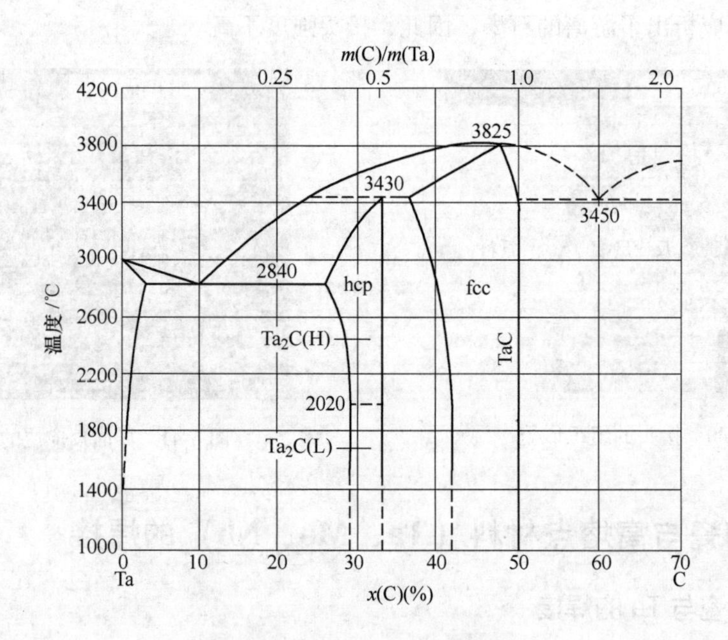

图 6-43 C-Ta 二元合金相图

的混合相，如 Mo_3Si、Mo_5Si_3、Mo_2C、Mo_5Si_3C 等。在加热温度超过 1100℃就会产生呈层状组织的 Mo_3Si，有可能形成 Mo_5Si_3C 组织；在加热温度超过 1627℃就会产生 Mo_5Si_3、Mo_2C、Mo_5Si_3C等。

接头强度受到结合层厚度的明显影响，结合层厚度增加，接头强度下降。焊接温度不能低于 1100℃，否则，不能得到有效的结合。

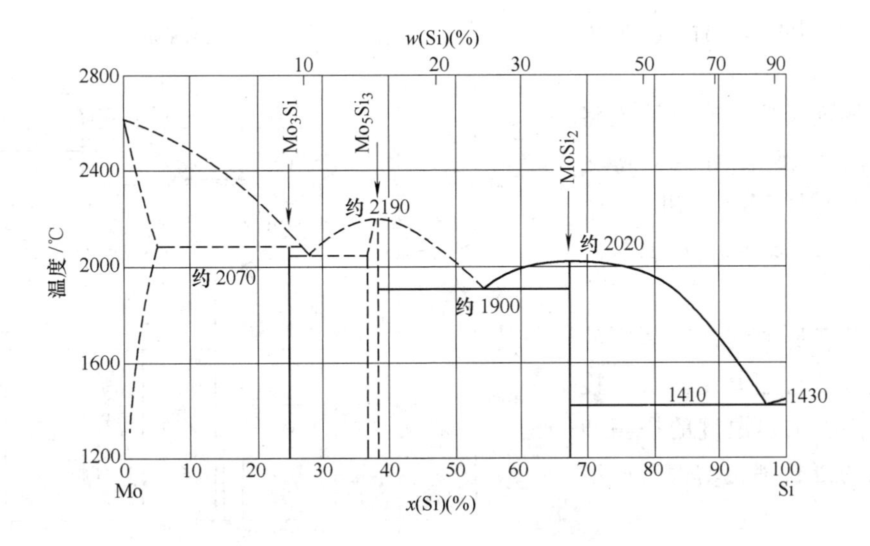

图 6-44 Mo-Si 二元合金相图

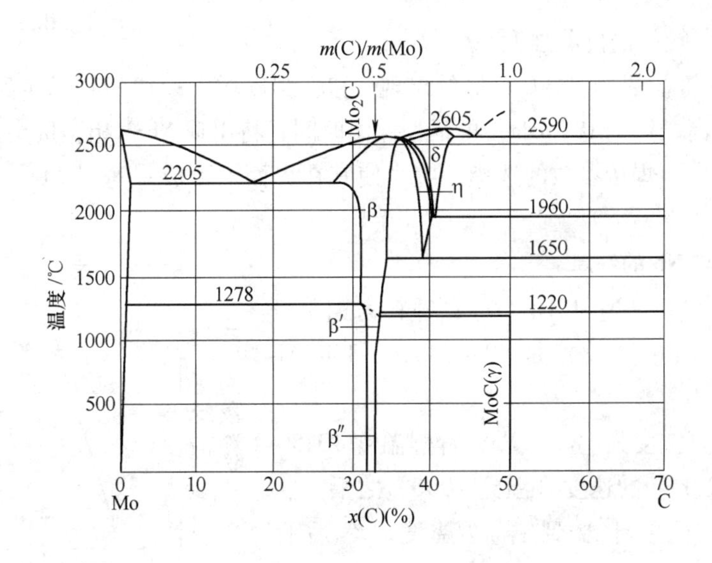

图 6-45 Mo-C 二元合金相图

6.9.3 SiC 陶瓷与 Nb 的焊接

1. SiC 陶瓷与 Nb 的扩散焊

（1）焊接性分析 Nb 与 Mo 有着某些相似之处，它们都是高熔点金属，都能够与 Si 和 C 发生反应（图 6-46 和第 3 章图 3-96），具有一定的润湿作用。

SiC 陶瓷与 Nb 焊接时，在 SiC 陶瓷与 Nb 的界面上将发生强烈的冶金反应，产生 Nb 的 Si 化物以及 Nb 的碳化物，如 Nb_5Si_3、NbC、$NbSi_2$等。

（2）焊接参数 采用的 Al_2O_3质量分数为 2%～3%的 SiC 陶瓷，镍箔厚度 20μm，纯度 99.9%，以高频感应加热的方法，在 1.33×10^{-4}Pa 的真空条件下以不同温度和不同保温时间对 SiC/Nb/SiC 组合进行扩散焊。

（3）界面反应　在界面上将形成 Nb_2C、$Nb_5Si_3C_x$ 和 NbC 等化合物，其主要是 Nb_2C、$Nb_5Si_3C_x$ 两种，而且随着保温时间的提高，厚度增加。

接头强度受到结合层厚度的明显影响，结合层厚度增加，接头强度下降。加热温度的提高和保温时间的延长都会增大反应层厚度。

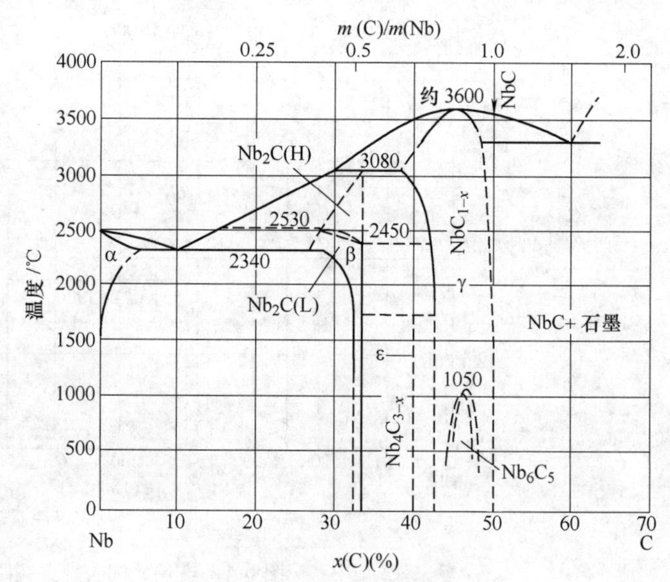

图 6-46　Nb-C 二元合金相图

（4）接头强度　当界面组织为 $SiC/Nb_5Si_3C_x/Nb_2C/Nb/Nb_2C/Nb_5Si_3C_x/SiC$ 时，接头的抗剪强度在 90MPa 左右；随着 NbC 在 SiC 一侧的出现，接头强度增大；当 NbC 相达到均匀的薄层时，接头抗剪强度最高，达到 187MPa；再延长保温时间，将出现 $NbSi_2$ 相，接头抗剪强度就会下降到 87MPa。因此，焊接参数的选择，应当使其在界面上形成一薄层 NbC 相，但是不要出现 $NbSi_2$ 相。

2. SiC 陶瓷与 Nb 的钎焊

Nb 合金为 C-103（Nb-10Hf-1Ti），钎料为铜基钎料，钎料成分（质量分数）是 90～94. 5Cu-3Si-2Al-0. 5～4Ti。

钎焊工艺为真空度为 1×10^{-3}Pa，钎焊温度 1045～1101℃，以 20℃/min 的速度升温到 1000℃之后，再以 10℃/min 的速度升温到钎焊温度，然后保温 5min。

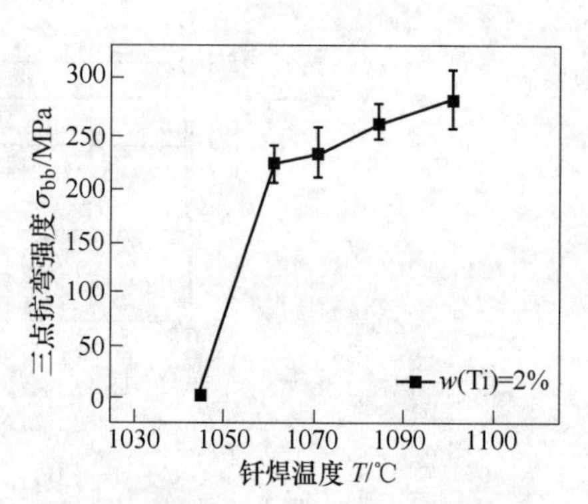

图 6-47　采用 Ti 的质量分数为 2%时钎焊温度对接头三点抗弯强度的影响

图 6-47 所示为采用 Ti 的质量分数为 2%时钎焊温度对接头三点抗弯强度的影响，可以看到，钎焊温度应当高于 1060℃。

6.10　SiC 陶瓷与贵金属 Pt 的焊接

可以对 SiC 陶瓷与 Pt 进行真空扩散焊，焊接温度可以控制在 900～1100℃。从图 6-48 的 Pt-Si 二元合金相图可以看出，在这个温度区间进行焊接时，将形成不同的 Pt-Si 化合物，从而达到牢固的结合。但是，正如已经了解到的，这种化合物的厚度对接头性能会有很大的影响。

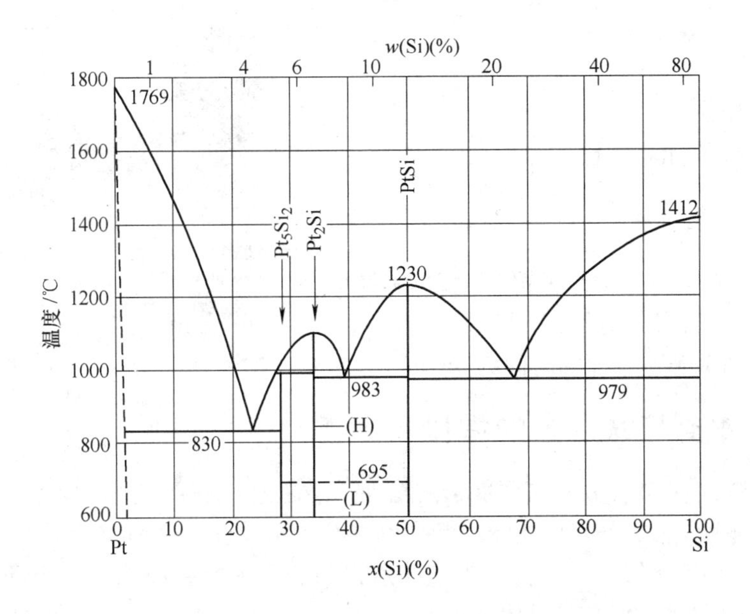

图 6-48　Pt-Si 二元合金相图

6.11　SiC 陶瓷与 SiC 颗粒-2024 复合材料的软钎焊

6.11.1　材料

采用哈尔滨工业大学复合材料研究所提供的挤压铸造法制备的 SiC 颗粒-2024 复合材料，固液相线区间为 630~650 ℃。

钎料采用 Sn-3.2Ag-0.7Cu 的膏状钎料（钎料带有钎剂），钎料的熔化温度为 221℃。

6.11.2　镀 Cu

对 SiC 颗粒-2024 复合材料进行电镀 Cu。镀液为 200~250g/L 的 $K_4P_2O_7 \cdot 4H_2O$，15~30g/L 的 Na_2HPO_4，18~20g/L 的 $(NH)_2C_6H_6O_7$，8~15g/L 的 Cu。其中 Cu 以 $Cu(OH)_2 \cdot CuSO_3$或 $CuSO_4 \cdot 5H_2O$ 的形式加入。在 pH 值为 7.5~8.8，温度为 20~25℃，电流密度为 0.5~1.2A/dm^{2}的条件下，电镀 10min。

对 SiC 陶瓷进行电镀 Cu。镀液为 20g/L 的 $CuSO_4 \cdot H_2O$，2g/L 的 $NiSO_4 \cdot 6H_2O$，15g/L 的 $C_6H_5O_7Na \cdot 2H_2O$，30g/L 的 H_3BO_3，70g/L 的 $NaH_2PO_2 \cdot H_2O$。通过清洗、敏化、活化后，在 pH 值为 9~11，温度为 70℃的条件下，电镀 60min。

6.11.3　钎焊参数

钎焊温度为 260℃，在这个温度钎料的活性最好，保温时间为 0.5min、1min、2min 和 5min。

6.11.4 接头组织

接头组织如图 6-49 所示，*A* 区为 Cu，*B* 区为 Cu_6Sn_5，*C* 区为 Sn 的固溶体。

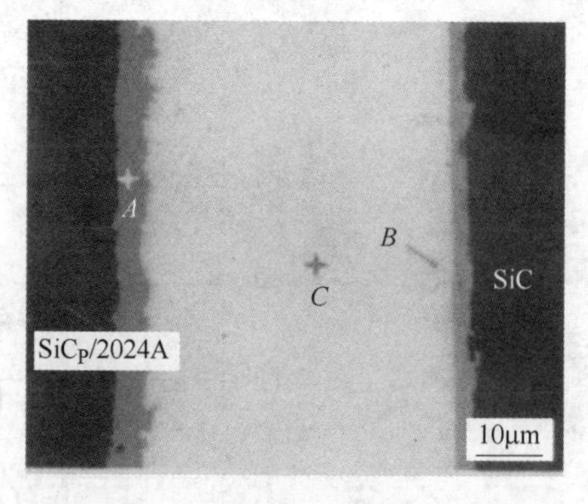

图 6-49 接头组织

6.11.5 接头性能

接头抗剪强度分别为 24MPa（保温时间为 0.5min）、16MPa（保温时间为 1min）、15MPa（保温时间为 2min）和 15MPa（保温时间为 5min）。

6.12 TiC 陶瓷与铁合金的焊接

TiC 金属陶瓷具有硬度高、密度低、耐腐蚀、耐高温和耐磨损等优良品质，特别是在高温下仍然具有与 WC 相媲美的热硬性，但是也具有不耐冲击、可加工性能差等不足，因此，需要与金属相连接才能够充分发挥其效能，所以与金属连接是面临的一个课题。下面介绍 TiC 金属陶瓷与铸铁和钢焊接的技术。

6.12.1 TiC 金属陶瓷与中碳钢的钎焊

1. 材料

TiC 金属陶瓷的化学成分的质量分数为 60%TiC-40%Ni，图 6-50 所示为其显微组织；中碳钢的合金成分的质量分数为 0.43C-0.34Si-0.41Mn-0.1Cr-0.06S-1.57Al；钎料采用 BAg45CuZn（46Ag-31Cu-23Zn）。

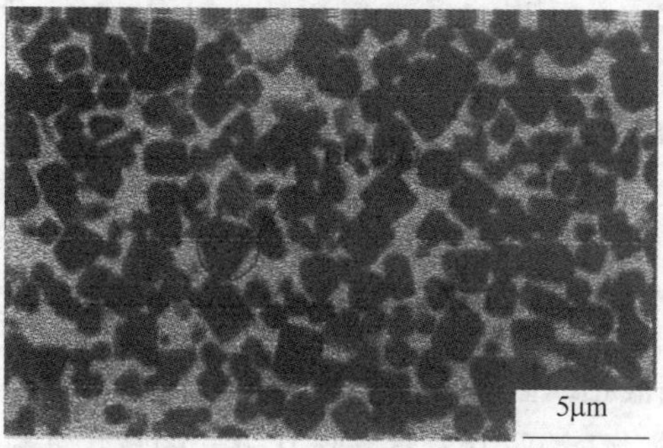

5μm

图 6-50 TiC 金属陶瓷的组织

2. 钎焊参数

钎焊温度为 750～1000℃，保温时间为 5～30min，真空度为 7.8×10^{-3}Pa，升温和降温速度都是 30℃/min。

3. 接头强度

图 6-51 和图 6-52 所示分别为钎焊温度（保温时间 15min）和保温时间（钎焊温度 850℃）对接头抗剪强度的影响，结果表明钎焊的最佳温度是 850℃，最佳保温时间是 10min。钎焊参数为 850℃×10min 时，接头抗剪强度最高，达到 121MPa。

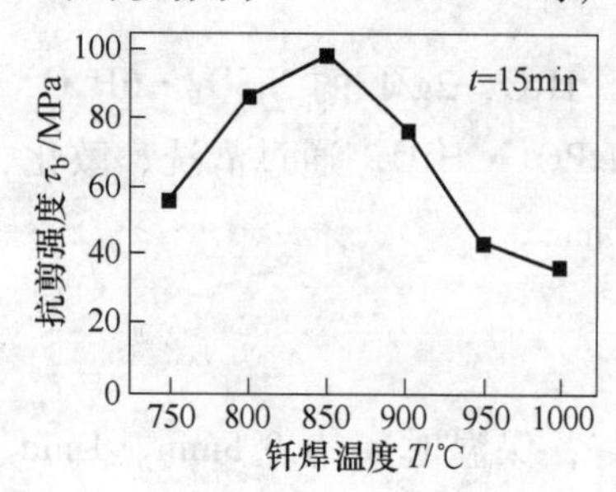

图 6-51 钎焊温度（保温时间 15min）对接头抗剪强度的影响

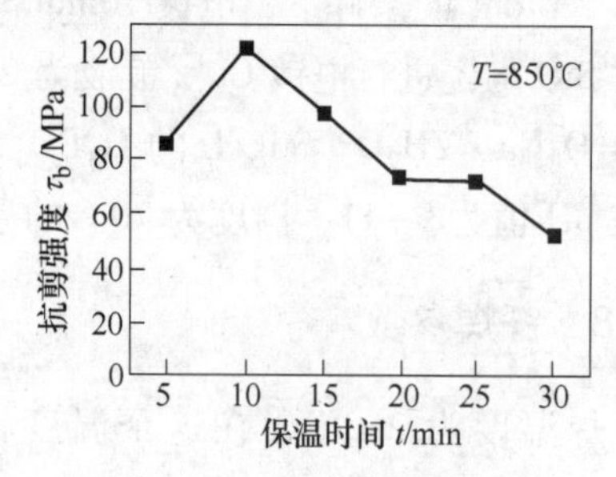

图 6-52 保温时间（钎焊温度 850℃）对接头抗剪强度的影响

4. 接头组织

图6-53所示为TiC金属陶瓷与中碳钢的钎焊接头两个界面区的背散射电子图像，表6-14为图6-53对应各点的元素含量。据此分析接头组织为TiC金属陶瓷/Cu-Ni固溶体/Ag基固溶体+Cu基固溶体/Cu-Ni固溶体/Cu-Ni固溶体+Fe-Ni固溶体/中碳钢。

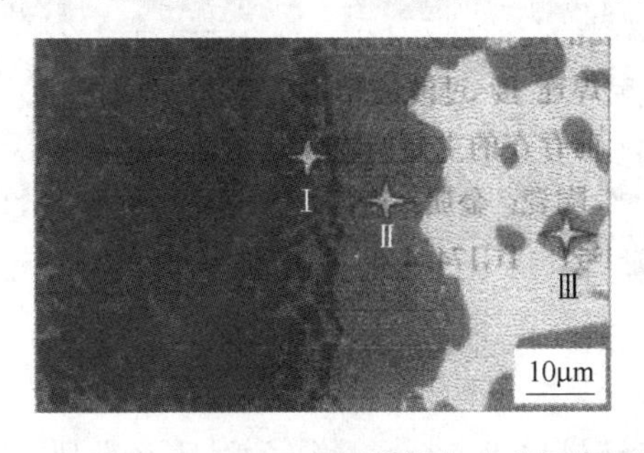

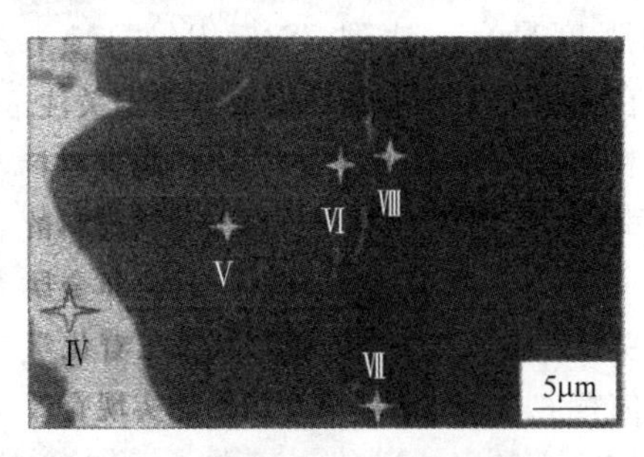

图6-53 TiC金属陶瓷与中碳钢的钎焊接头两个界面区的背散射电子图像

表6-14 图6-53对应各点的元素含量（质量分数） （%）

元素	Ⅰ区	Ⅱ区	Ⅲ区	Ⅳ区	Ⅴ区	Ⅵ区	Ⅶ区	Ⅷ区
CK	10.35	3.32	3.89	5.76	2.74	9.36	3.64	5.32
AgL	0.60	3.17	3.67	56.49	3.62	2.89	2.34	0.77
TiK	2.69	0.23	0.17	0.30	0.28	0.16	0.18	0.19
FeK	0.51	1.39	0.92	0.58	2.02	3.20	14.52	45.54
NiK	83.10	6.10	1.92	0.69	5.11	7.90	8.12	19.27
CuK	2.06	82.28	83.87	34.07	82.66	73.26	68.86	27.84
ZnK	0.69	3.51	5.56	2.10	3.57	3.23	2.34	1.08

试验证明Cu-Ni固溶体和Cu-Ni固溶体+Fe-Ni固溶体处是接头的薄弱环节，剪切试验多在此处断裂。

6.12.2 TiC金属陶瓷与铸铁的钎焊

1. 采用Ni-Cr-Si-B系钎料进行TiC金属陶瓷与铸铁的钎焊

（1）材料 TiC金属陶瓷为采用自蔓延高温合成方法制造的含Ni的质量分数为40%的材料，铸铁为质量分数3.4～3.7C-1.6～1.9Si的普通铸铁，钎料的化学成分在表6-15中给出。

表6-15 Ni-Cr-Si-B系钎料的化学成分（质量分数） （%）

元素	B	Si	Fe	C	P	S	Al	Ti	Zr	Co	Cr	Ni
质量分数	3.5	5.0	3.5	0.06	0.02	0.02	0.05	0.05	0.05	0.10	8.0	余

（2）钎焊参数 真空度为1.33×10^{-4}Pa，钎焊温度为1100℃，保温时间为10min。接头抗剪强度78.6MPa。采用Ti-Zr-Ni-Cu系钎料和Ag-Cu系钎料时，钎焊温度为1000℃。

（3）接头组织 图6-54所示为TiC金属陶瓷/Ni-Cr-Si-B/铸铁的钎焊接头的电子扫描两个界面组织的照片。可以看到钎料与TiC金属陶瓷及铸铁的结合良好。分析表明，在*A*、*C*两区（即在钎料与两个母材的界面上）的化学成分基本相似，主要为Ti和Fe，它们的反应产物相同；而*B*区的化学成分主要是Ni和Fe。

（4）接头强度　采用 Ni-Cr-Si-B 系钎料进行 TiC 金属陶瓷与铸铁的钎焊，钎焊温度为 1100℃，保温时间为 5～25min。在保温时间为 20min 时，接头抗剪强度最高，达到 78.6MPa。这时试样在陶瓷侧的界面断裂。

2. 钎料对 TiC 金属陶瓷与铸铁的钎焊接头残余切应力

（1）钎料对 TiC 金属陶瓷与铸铁的钎焊接头残余切应力的影响　采用有限元数值模拟方法对不同系列的钎料对接头切应力的影响进行了研究，由于 Ti 基钎料与 TiC 金属陶瓷的线胀系数比 Ni 基钎料与 TiC 金属陶瓷的线胀系数之差小，所以最大残余切应力小，因此，接头强度较高。而采用 Ag 基钎料时，由于其线胀系数的影响，最大残余切应力更小，因此，接头强度更高。

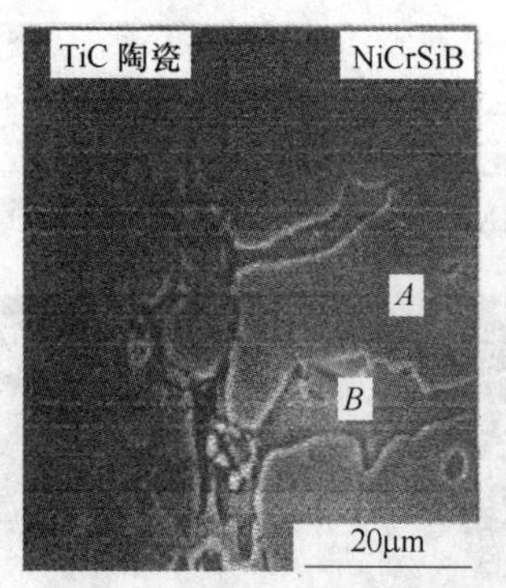

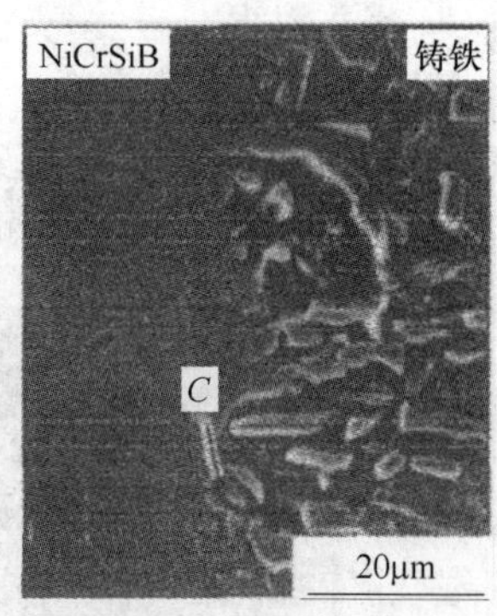

图 6-54　TiC 金属陶瓷/Ni-Cr-Si-B/铸铁的钎焊接头的电子扫描两个界面组织的照片

（2）钎焊温度对 TiC 金属陶瓷与铸铁的钎焊接头残余切应力的影响　图 6-55 所示为钎焊温度对 TiC 金属陶瓷与铸铁的钎焊接头残余切应力的影响，可以看到，接头残余切应力与钎焊温度呈线性增大。同时接头抗剪强度降低，钎焊温度为 1323K、1373K、1423K 时，接头强度分别为 82.1MPa、78.9MPa、76.2MPa。

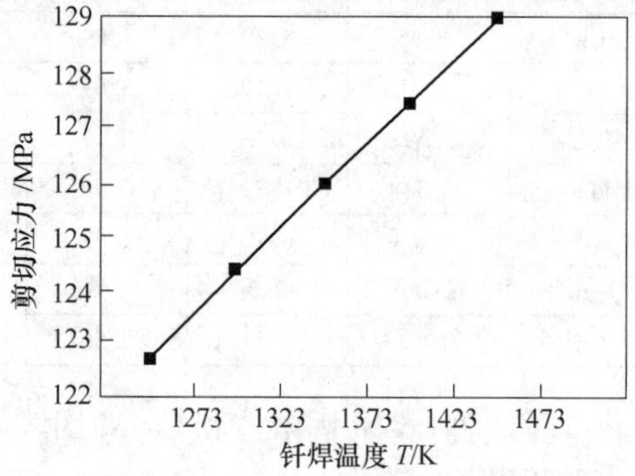

图 6-55　钎焊温度对 TiC 金属陶瓷与铸铁的钎焊接头残余切应力的影响

6.12.3　TiC 金属陶瓷与不锈钢的钎焊

1. 材料

母材分别是 TiC/NiCr 金属陶瓷（TiC 的质量分数为 44%，Ni80-Cr40，还添加了微量的 Mo、Al、Ti）与 1Cr13 不锈钢，TiC/NiCr 金属陶瓷采用 1420℃×40min 烧结成形，其硬度为 62HRC，抗弯强度为 1450～1550MPa。钎料采用 Cu40Mn40Ni20 和 Cu58.5Mn31.5Co10。

2. 钎焊工艺

母材经过打磨、酸洗和丙酮清洗后进行真空钎焊，以 15℃/min 的速度升温到 920℃，保温 30min，再以 1030℃×30min、1050℃×30min、1050℃×60min 三种工艺参数进行真空钎焊。

3. 接头强度

图 6-56 所示为不同钎料不同钎焊参数条件下的接头抗剪强度，可以看到钎料采用 Cu40Mn40Ni20 比 Cu58.5Mn31.5Co10 的接头强度高。图 6-57 所示为采用 Cu58.5Mn31.5Co10

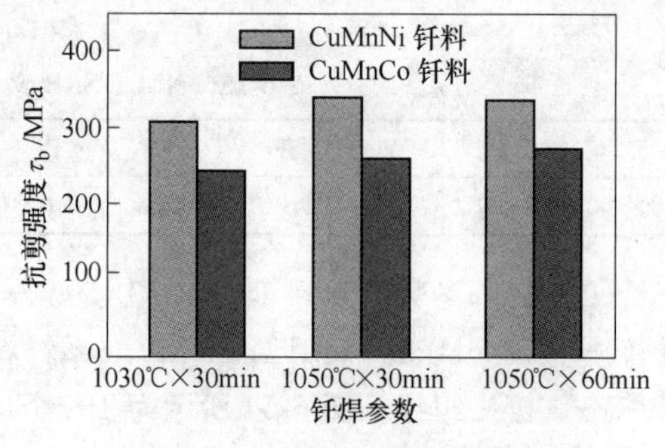

图 6-56　不同钎料不同钎焊参数条件下的接头抗剪强度

钎料得到的 TiC/NiCr 金属陶瓷与 1Cr13 不锈钢钎焊接头剪切试样的断口扫描形貌，断裂发生在陶瓷/钎料界面，说明钎焊质量良好，断口呈现准解理和沿晶形貌。

6.12.4　Ti(C,N) 金属陶瓷与 45 钢的钎焊

母材为 Ti(C,N) 金属陶瓷［成分为 39TiC-10TiN-15WC-16Mo_2C-20Ni（质量分数），经过烧结而成］与 45 钢，钎料为 Ag72Cu28 和 H62 黄铜。

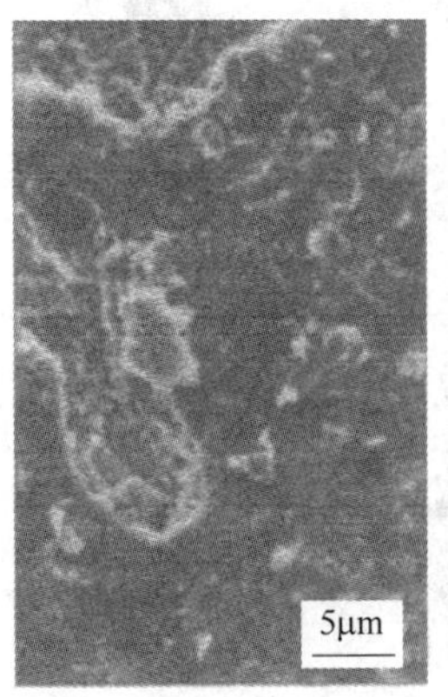

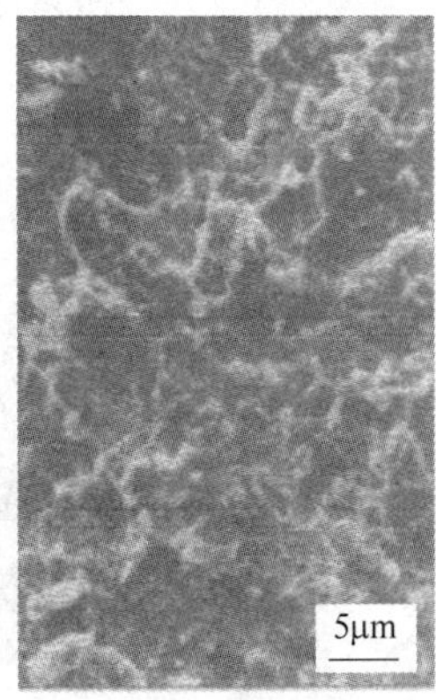

a) 断口 a 面　　b) 断口 b 面

图 6-57　采用 Cu58.5Mn31.5Co10 钎料得到的钎焊接头剪切试样的断口扫描形貌

1. Ti（C，N）金属陶瓷与 45 钢的氩气保护钎焊

（1）钎焊工艺　钎焊时的加热速度为 10℃/min 以下，冷却速度在 8℃/min 以下，冷却到 600℃之后随炉冷却。钎焊是在氩气保护之下进行的。

钎料为 Ag72Cu28（熔点 779℃）和 H62 黄铜时，钎焊参数分别为 810℃×10min 和 900℃×10min。钎焊接头质量良好。

（2）接头性能　钎料为 Ag72Cu28（熔点 779℃）和 H62 黄铜时，钎焊接头的抗剪强度分别为 51MPa 和 37MPa。断裂发生在陶瓷界面。

$$\sigma_c = \Delta\alpha\Delta T E_m E_c t_m [(1-\upsilon)(t_m E_m + t_c E_c)] \tag{6-7}$$

式中　σ_c——陶瓷界面所受的残余应力；
$\Delta\alpha$——线胀系数差；
ΔT——温度差；
E_m——金属弹性模量；
E_c——陶瓷弹性模量；
t_m——金属厚度；
t_c——陶瓷厚度；
υ——泊松比。

从式（6-12）中可以看出，钎焊温度越高，ΔT 越大，残余应力越大，自然接头强度就越低。从上面得到的结果可以看到，采用 Ag 基钎料的接头强度明显高于黄铜钎料，这是由于：一方面 Ag 基钎料比黄铜钎料对 Ti(C,N) 金属陶瓷有更好的润湿性；另一方面 Ag 基钎料比黄铜钎料的钎焊温度低，残余应力小，因此，强度更高。

2. Ti(C,N) 金属陶瓷与 45 钢的火焰钎焊

采用弱碳化焰，以免 Ti(C,N) 金属陶瓷脱碳。钎料采用 BAg10CuZn、BAg45CuZn、H60 和 BCu58ZnMn，钎剂采用 FB102（配合 Ag 基钎料）和 FB301（配合 Cu 基钎料）。

图 6-58 和图 6-59 所示分别为钎料为 H62 和 BAg10CuZn 的火焰钎焊接头，可以明显看到两者与陶瓷界面结合形式的不同。前者明显看到有一个结合反应层（图 6-58 中白色线条）；

而后者则是扩散渗入型，没有发生界面反应。

采用 BAg10CuZn、BAg45CuZn、H60 和 BCu58ZnMn 钎料的火焰钎焊的接头强度分别为 114MPa、48~52MPa、36~38MPa 和 49MPa。

图 6-58　钎料为 H62 的火焰钎焊接头

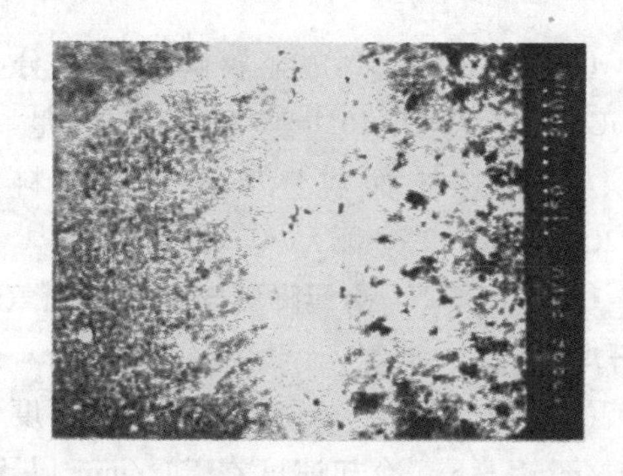

图 6-59　钎料为 BAg10CuZn 的火焰钎焊接头

6.13　TiNiNb 钎焊 C 纤维-SiC 与 TC4 的钎焊

6.13.1　材料

C 纤维-SiC 复合材料的密度为 2.0~2.1g/cm^3，气孔率为 10%~15%，纤维体积占 45%~50%，室温抗弯强度为 400MPa。钛合金为 Ti-6Al-4V。

钎料为 $Ti_{54.8}Ni_{34.4}Nb_{10.8}$，是共晶合金，是利用其质量分数各为 99.9%Ti、99.6%Ni 和 99.9%Nb 熔炼之后，再通过气雾化法制成的粉末。其组织为 Ti_2Ni 和 Ti(Ni,Nb) 两种金属间化合物。在合金相图上，其熔化温度是 900.3℃，可是，实测为 935℃。

6.13.2　钎焊参数

钎焊温度为 980℃，保温时间为 15min。

6.13.3　接头组织

接头组织在图 6-60 中给出。在靠近 C 纤维-SiC 复合材料有一层反应层 *A* 为（Ti,Nb）C 化合物。在这个反应层附近有裂纹产生，如图 6-61 所示。裂纹的产生，是由于陶瓷基 C 纤维-SiC 复合材料的线胀系数与钎料和钛合金相差太大，焊接残余应力大；复合材料中的碳纤维与 SiC 陶瓷基界面结合差，容易形成不连续的反应层，同时活性元素与碳纤维和 SiC 陶瓷基的反应速度不同，也容易形成不连续的反应层，在焊接残余应力的作用下，容易产生裂纹；反应层（Ti,Nb)C 化合物为脆性组织；钎焊温度高，保温时间长，反应层加厚；冷却速度大，应力大，因此，容易产生裂纹。降低钎焊温度和减少保温时间，以减少反应层 (Ti,Nb)C 化合物脆性组织；在钎料中加入一些陶瓷颗粒来降低钎料和 C 纤维-SiC 复合材料的线胀系数差，可以防止裂纹产生。

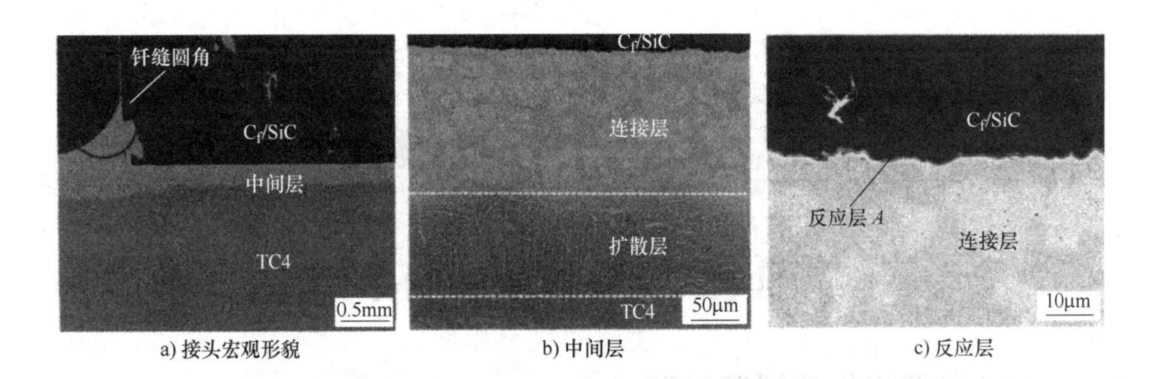

a) 接头宏观形貌　　b) 中间层　　c) 反应层

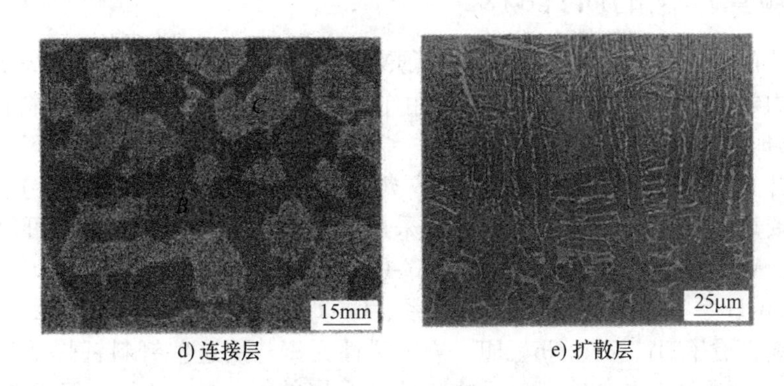

d) 连接层　　e) 扩散层

图 6-60　接头组织

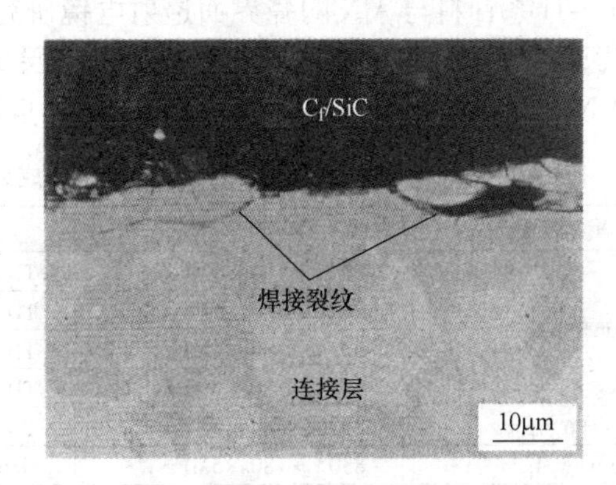

图 6-61　接头裂纹

第7章

氮化物陶瓷的焊接

7.1 AlN 陶瓷焊接的研究概况

AlN 陶瓷具有高导热性、高电绝缘性、低热膨胀性、低电感及低电感损失等特性，同时还具备优良的力学性能和耐热性，因此，常用作大功率半导体器件的基板材料，特别是需要与 Cu 进行连接时。

表 7-1 给出了 AlN 陶瓷与 Cu 以及 Mo、W 焊接（主要是钎焊和固相焊接）的研究成果。可以看到，主要还是采用钎焊方法，也可以采用固相焊接。AlN 陶瓷钎焊可以采用的钎料有：Ag-Cu 系、Ag-Cu-Ti 系、Ag-Cu-Zr 系、Ag-Cu-Hf 系、Ag-Cu-V 系、Ag-Cu-Ti-Co 系、Ag-Cu-Ti-Nb 系、Cu-Ti 系、Cu-Zr 系、Cu-Ti-Sn 系、Cu-Ti-Sn-Ni 系、Pb-Ag-Ti 系、Ni-Ti 系等金属，大部分钎料都含有 Ti、Zr、Nb、Hf、V 等活性元素。用这些钎料钎焊 AlN 陶瓷时，在钎料与 AlN 陶瓷界面上的主要反应生成物是活性金属的氮化物，Ag-Cu-Ti 系钎料与 AlN 陶瓷界面反应产生的生成物是：AlN 侧为 TiN，向钎料方向逐渐发现有 CuTi、Cu_2Ti、$CuTi_2$、AlCu 等反应层。根据 Ag-Cu-Ti 系钎料与 AlN 陶瓷界面透射电镜研究的结果来看，Ti 向 AlN 陶瓷晶界扩散，在 AlN 陶瓷晶界形成 TiN，从这里向钎料形成一层 TiN，再向钎料方向连续形成（Ti，Cu，Al）$_6$N。AlN 和 TiN 的相位关系为［110］AlN［110］TiN，(002)AlN(002)TiN。

表 7-1 AlN 陶瓷与 Cu 以及 Mo、W 焊接的研究成果

金属	焊接方法	中间层或者金属化方法	焊接条件(温度×时间×压力)	结果
Cu	S	PVD Ti0.5μm+Ag4μm	807℃×180s×5MPa	TD = 144mm^2/s
			830℃×180s×5MPa	TD = 172mm^2/s
			887℃×180s×5MPa	TD = 178mm^2/s
			937℃×180s×5MPa	TD = 168mm^2/s
		PVD Zr0.7μm+Ag4μm	830℃×180s×5MPa	TD = 183mm^2/s
		PVD Hf0.5μm+Ag4μm	830℃×180s×5MPa	未试验
		PVD V0.5μm+Ag4μm	830℃×180s×5MPa	未试验
		Ti15μm	830℃×180s×5MPa	未试验
		Zr20μm	830℃×180s×5MPa	TD = 112mm^2/s
	B	1Ti-72Ag-Cu100μm	830℃×180s×5MPa	TD = 188mm^2/s
Mo	S	Ti10μm+Ni3μm	1120℃×真空	τ_b = 9.8MPa
		Zr20μm+Ni5μm	1120℃×真空	
		Ti7μm+Cu5μm	1120℃×真空	τ_b = 98MPa
	B	28Ti +Cu（摩尔分数）	1020℃×真空	
		Zr47μm +Cu（摩尔分数）	1020℃×真空	
		63Ti-37Ni	1100℃×360s×3MPa	τ_b = 18MPa
		71Ti-29Ni	1100℃×360s×3MPa	τ_b = 49MPa
		42Ti-58Cu	880℃×360s×3MPa	τ_b = 167MPa
		4Ti-61Ag-35Cu	1100℃×360s×3MPa	τ_b = 192MPa

（续）

金属	焊接方法	中间层或者金属化方法	焊接条件（温度×时间×压力）	结　果
Mo	MB	Ti3μm+Cu100μm	880℃×360s×真空	
		(72Ag-28Cu)40μm+Ni4μm	真空	τ_b=100MPa
		Ti3μm+Ag10μm+Cu100μm	880℃×360s×真空	τ_b=100MPa
		(72Ag-28Cu)40μm+Ni3μm	真空	τ_b=67MPa
		Ti(1～10μm)+Cu100μm	980℃×360s×真空	τ_b=28MPa（Ti1μm） τ_b=109MPa（Ti3μm） τ_b=118MPa（Ti10μm）
		(72Ag-28Cu)40μm+Ni3μm	真空	τ_b=138MPa（室温） τ_b=145MPa（405℃） τ_b=140MPa（605℃） τ_b=127MPa（705℃） τ_b=130MPa（805℃）
W	B	Ag-26.6Cu-5.0Ti	900℃×300s	τ_b=118MPa
		Ag-25.2Cu-5.0Ti-5Co	900℃×600s	τ_b=116MPa
		Ag-25.2Cu-5.0Ti-5Nb	900℃×300s	τ_b=147MPa
Cu	B	Pb-Ag-Ti 合金	400℃×600s×1MPa	
		51Cu-14Ti-35Sn	750℃×360s×8MPa	τ_b=69MPa
			775℃×360s×8MPa	τ_b=133MPa※
			800℃×360s×8MPa	τ_b=154MPa※
		45Cu-14Ti-35Sn-6Ni	738℃×360s×8MPa	τ_b=134MPa※
			750℃×360s×8MPa	τ_b=134MPa※
			800℃×360s×8MPa	τ_b=133MPa※
			800℃×300s×8MPa	τ_b=133MPa※
			800℃×360s×8MPa	τ_b=134MPa※
			800℃×1080s×8MPa	τ_b=97MPa
		39Cu-11Ti-50Sn	700℃×360s×8MPa	τ_b=74MPa
			750℃×360s×8MPa	τ_b=74MPa
			800℃×360s×8MPa	τ_b=146MPa※
		36Cu-10Ti-50Sn-4Ni	700℃×360s×8MPa	τ_b=111MPa
			800℃×360s×8MPa	τ_b=120MPa
			850℃×360s×8MPa	τ_b=147MPa※
		1000～1200℃在空气中预氧化。采用 Cu-O 共晶成分在 1063～1083℃、氧含量为（80～3900）×10^{-6}的条件下焊接	在 1063～1083℃、氧含量为（80～3900）×10^{-6}的条件下焊接	剥离强度 0N/mm（$Al_2O_3$0.4μm）
				剥离强度 3.0N/mm（$Al_2O_3$0.6μm）
				剥离强度 9.2N/mm（$Al_2O_3$1.0μm）
				剥离强度 7.9N/mm（$Al_2O_3$1.32μm）
				剥离强度 6.3N/mm（$Al_2O_3$2.7μm）
				剥离强度 7.6N/mm（$Al_2O_3$3.0μm）
				剥离强度 1.2N/mm（$Al_2O_3$12.0μm）
				剥离强度 11.3N/mm（20℃）
				剥离强度 12.2N/mm（320℃）
				剥离强度 10.4N/mm（400℃）
				剥离强度 5.9N/mm（450℃）
				剥离强度 2.0N/mm（720℃）
				剥离强度 0.9N/mm（840℃）

注：S-固相连接；B-钎焊；MB-金属化+钎焊；PVD-物理蒸镀；TD-热扩散率；※-在 AlN 处破坏。

如果在 AlN 陶瓷表面涂以 10μm 厚的 TiH_2 粉末或者 ZrH_2 粉末之后，再用 0.1mm 厚的 Ag-22Cu-22Zn 箔作为钎料时，在 AlN 陶瓷界面将形成 Ti_2N、Ti_3Al 或者 ZrN、Zr_3Al 等反应生成物。

对 AlN 陶瓷表面反应生成物的研究表明，Ag-Cu-Ti 系、Ag-Cu-Ti-Nb 系、Ag-Cu-Ti-Ta 系的反应层厚度与钎焊时间的对数呈直线关系。

AlN 陶瓷与 Cu 钎焊接头的抗剪强度试验表明，在采用 51Cu-14Ti-35Sn 合金作为钎料时，其接头的抗剪强度可以达到 154MPa。此外，采用 PVD（物理蒸气沉积）方法在 AlN 陶瓷表面镀 Ti 膜或者 Zr 膜之后，插入 Ag 箔进行 AlN 陶瓷与 Cu 固相焊接，测定其热扩散率为 144～183mm^2/s，而采用 Ag-Cu-Ti 系合金作为钎料时，其热扩散率为 183mm^2/s。

7.2 Ag-27Cu-2Ti 钎料钎焊 AlN 陶瓷与金属

1. AlN 结合界面的反应生成物

采用 Ag-27Cu-2Ti 钎料，在 6×10^{-3}Pa 的真空中、850℃×8100s 的条件下进行钎焊 AlN 和 Mo。图 7-1 给出了在 AlN 结合界面 X 射线衍射的结果。可以看到，其反应生成物主要是 TiN。

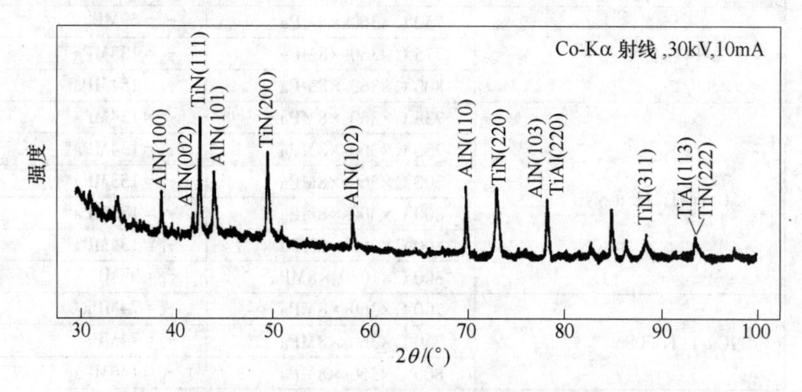

图 7-1 AlN 结合界面 X 射线衍射的结果

图 7-2 给出了 TiN 反应层厚度与保温时间平方根之间的关系，可以看到，在达到最大厚度 60%以前 TiN 反应层厚度几乎与保温时间的平方根成直线关系。随着 TiN 反应层厚度的增大，Ti 的含量下降，反应层的增大速度减缓，因此脱离了直线关系。图 7-3 给出了 lnln[1/(1-y)] 与 ln$t$ 之间的关系（y 为反应层厚度与最大厚度之比，t 为保温时间）。可以看到，它们之间成直线关系，斜度约为 0.5。

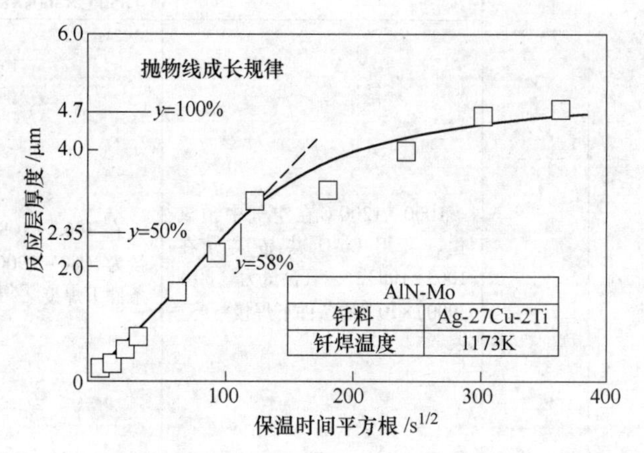

图 7-2 TiN 反应层厚度与保温时间平方根之间的关系

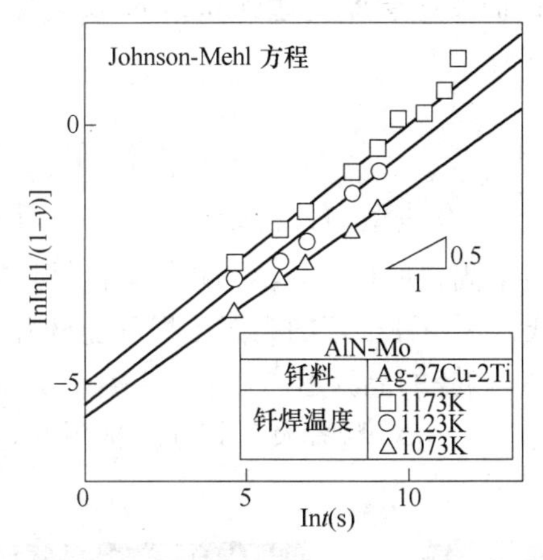

图 7-3　InIn［1/(1−y)］与 Int 之间的关系

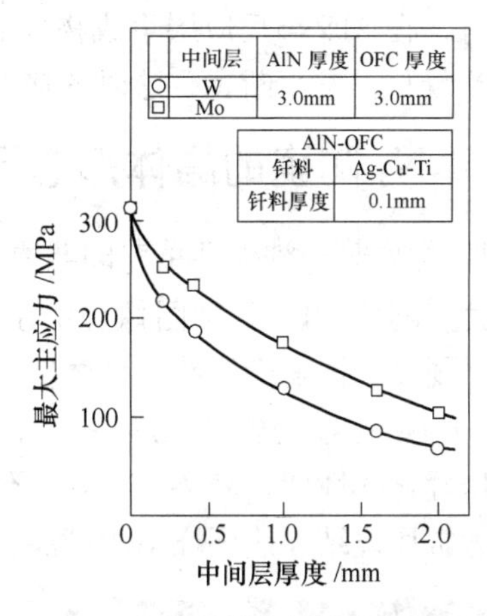

图 7-4　AlN/Cu 钎焊接头低热膨胀金属中间层厚度对 AlN 外表面最大主应力的影响

2. AlN 接头的裂纹

采用 Ag-27Cu-2Ti 钎料，在 6×10^{-3}Pa 的真空中、750℃×300s 条件下，钎焊 AlN 和 Cu（试样直径为 10mm，长度为 3mm），在结合区附近 AlN 的外表面上最大应力处产生了裂纹。为了防止裂纹产生，采用具有较低线胀系数的 Mo 和 W 作为中间层，用轴对称热弹塑性有限元法计算了在接头附近 AlN 的外表面上最大主应力，AlN/Cu 钎焊接头低热膨胀金属中间层厚度对 AlN 外表面最大主应力的影响如图 7-4 所示。

图 7-5 给出了采用 Mo 和 W 作为中间层时，其中间层厚度对产生裂纹敏感性的影响。可以看到用 W 作为中间层时，其厚度在 0.8mm 以上就可以避免产生裂纹；而用 Mo 作为中间层时，其厚度在 1.5mm 以上才可以避免产生裂纹。

图 7-6 给出了反应层厚度对 Mo/AlN/Mo 接头强度的影响，可以看到，当反应层厚度为

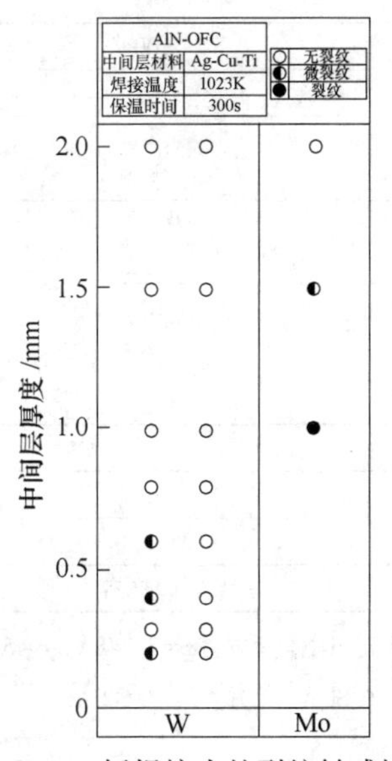

图 7-5　AlN/Cu 钎焊接头的裂纹敏感性与低热膨胀金属（W，Mo）中间层厚度的关系

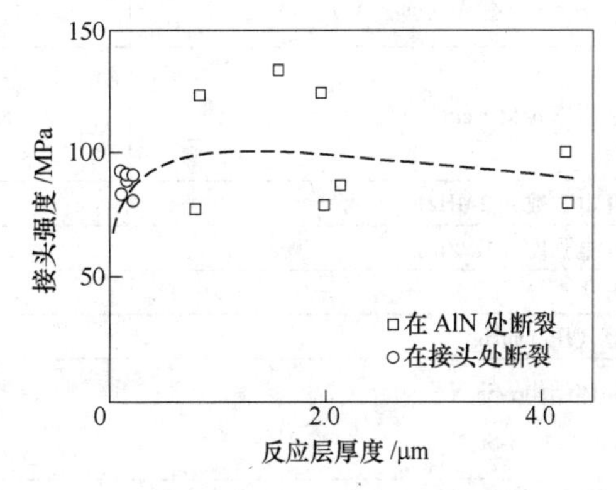

图 7-6　反应层厚度对 Mo/AlN/Mo 接头强度的影响

0.1μm 时，在 AlN 与反应层生成物界面上发生断裂；而反应层厚度达到 0.5μm 以上时，就会在 AlN 母材上发生断裂，这时的接头强度为 100MPa。

7.3 Si_3N_4 陶瓷的晶体形态及其特性

Si_3N_4 陶瓷是一种极其重要的非氧化物工程陶瓷，具有典型的共价结构。图 7-7 所示为 Si_3N_4 陶瓷高分辨电子显微图像。由于 Si-N 结合得很牢固，所以，Si_3N_4 陶瓷具有很高的高温强度、硬度、抗蠕变特性和耐磨性，线胀系数很低，是一种很好的高温工程陶瓷材料。图 7-8 给出了 β-Si_3N_4 陶瓷晶粒形态，图 7-9 给出了 Si_3N_4 陶瓷的晶界形态。表 7-2 给出了 Si_3N_4 陶瓷的物理化学性能，表 7-3 给出了不同生产方法生产的 Si_3N_4 陶瓷及其特性。常用的 Si_3N_4 陶瓷多为常压烧结和热压烧结的产品。

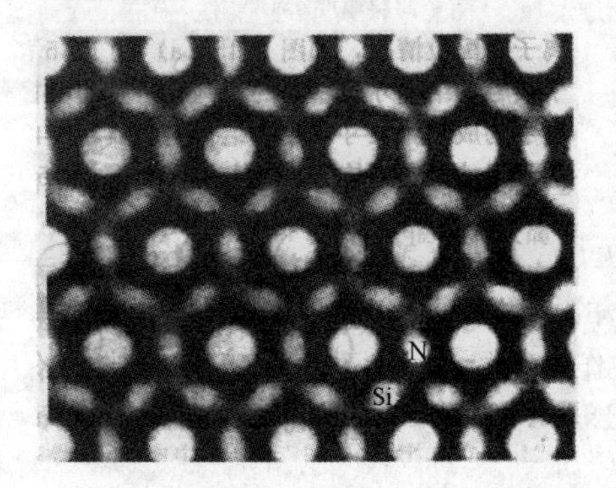

图 7-7 Si_3N_4 陶瓷高分辨电子显微图像

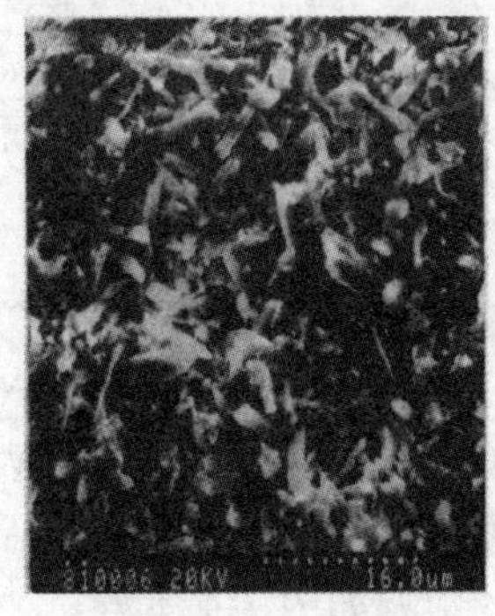

图 7-8 β-Si_3N_4 陶瓷晶粒形态

图 7-9 Si_3N_4 陶瓷的晶界形态

表 7-2 Si_3N_4 陶瓷的物理化学性能

性能		数值
密度 ρ/(g/cm^3)		3.2
抗压强度 σ_{bc}/(N/mm^2)		345
抗弯强度 σ_{bb}/(N/mm^2)		100
弹性模量 E/(kN/mm^2)		32
线胀系数 $\alpha/10^{-6}K^{-1}$	25~300℃	2
	25~700℃	3
热导率 λ/[W/(cm·℃)]	25℃	0.12
	300℃	0.12
电阻率 $\rho/\Omega\cdot cm$	20℃	$>10^{14}$
	300℃	$>10^{14}$
	500℃	$>12^{14}$
介电常数 ε(1MHz)		9
介电强度/(MV/m)		10
升华点/K		2173.0
蒸气压/mmHg		10^{-3}(1333K)
晶体结构α-Si_3N_4		α-Si_3N_4 六方：a=7.748Å，c=5.617Å
β-Si_3N_4		β-Si_3N_4 六方：a=7.608Å，c=2.911Å
$\Delta H°$ (298K)/(kJ/mol)		-749
反应性		在空气中 1373~1673K 以下稳定

表 7-3　不同生产方法生产的 Si_3N_4 陶瓷及其特性

常压烧结法	能得到较为致密的烧结体，强度较低，多用于较大型形状复杂的产品
热压烧结法	能获得致密的烧结体，它的强度较高，常用于高密度产品，只能用于形状较为简单的产品
热等静压烧结法	能得到致密、高强度烧结体，多用于较复杂形状产品，成本较高
反应烧结法	这样的 Si_3N_4 产品多孔、强度低，可得到形状较为复杂的产品
化学蒸镀法	这种 Si_3N_4 工艺较复杂，多用于切削工具材料，它制造膜厚度有一定限度

7.4　Si_3N_4 陶瓷之间的钎焊

Si_3N_4 陶瓷具有耐高温、耐腐蚀、耐磨损等优点，而在高温材料领域占有很重要的地位。

7.4.1　利用 Cu-Ni-Ti 钎料钎焊 Si_3N_4 陶瓷

1. Cu-Ni-Ti 钎料对 Si_3N_4 陶瓷的润湿性

一般在 Si_3N_4 陶瓷中会加入少量 TiC、Al_2O_3、ZrO_2、Y_2O_3 等烧结助剂，比一般 Si_3N_4 陶瓷具有更高的高温硬度，可以进行电火花加工，是一种最有希望用于热机的高温结构陶瓷。采用 Cu68-Ni12-Ti20[(Cu85-Ni15)80-Ti20]、Cu59.5-Ni10.5-Ti30[(Cu85-Ni15)70-Ti30]、Cu51-Ni9-Ti40[(Cu85-Ni15)60-Ti40] 三种配方，分别编号为 B1、B2、B3，其温度对 Si_3N_4 陶瓷润湿角的影响在图 7-10 中给出。图 7-11 为用（Cu85-Ni15）和 Ti 配比时 Ti 含量对 Si_3N_4 陶瓷润湿角的影响。

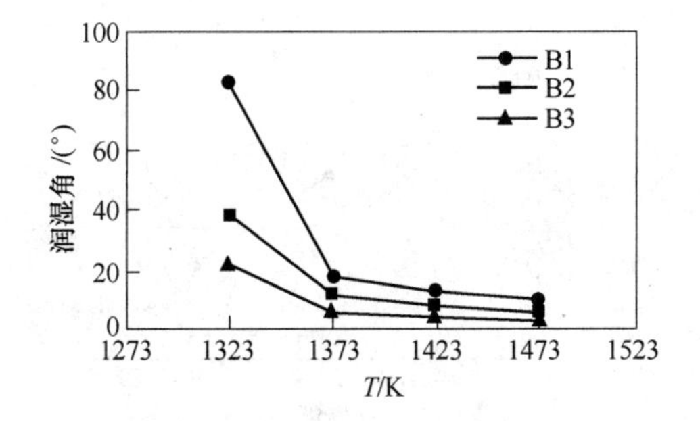

图 7-10　温度对 Si_3N_4 陶瓷润湿角的影响

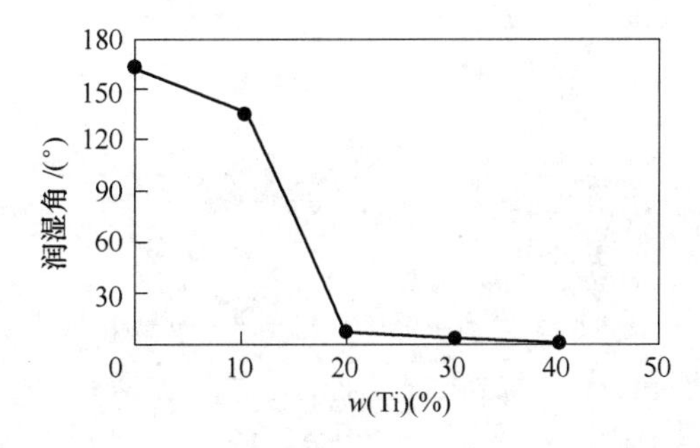

图 7-11　Ti 含量对 Si_3N_4 陶瓷润湿角的影响

2. 界面反应

界面反应分析表明，Ti 和 Ni 都向陶瓷方向扩散，但是 Ti 扩散得更快，表现为其活性更大；Si 也向钎料扩散；Cu 的扩散较弱。衍射试验表明，在界面中存在 TiN、Ti_5Si_4、Ti_5Si_3、Ni_3Si、NiTi 等化合物。

钎料中的活性元素能否向陶瓷扩散，能否与陶瓷发生界面反应，既与反应前后的标准吉布斯自由能 ΔG^0 有关，还与活性元素在钎料中的活度有关。ΔG^0 值越小，越容易发生反应；活性元素在钎料中的活度越大，越容易发生反应。Ni 能够降低 Ti 的活度，而 Ag 能够提高 Ti 的活度。

可以看到，利用 Cu-Ni-Ti 钎料钎焊 Si_3N_4 陶瓷时，最佳钎料成分是（Cu85-Ni15）80-

Ti20。Ti 含量太低，钎料对 Si_3N_4 陶瓷的润湿不够；Ti 含量太高，钎料本身强度太高，脆性增大，焊接接头应力增大，接头强度降低。

3. 接头力学性能

图 7-12 所示为（Cu85-Ni15）-Ti 钎料中 Ti 含量对钎焊 Si_3N_4 陶瓷接头强度的影响，钎焊参数是钎焊温度 1100℃，保温时间 10min。可以看到，在 Ti 摩尔分数为 20%时，接头强度最高，达到 298MPa。图 7-13 给出了 Ti 摩尔分数为 40%时，Ni 含量对接头强度的影响。钎焊参数同样是钎焊温度 1100℃，保温时间 10min。

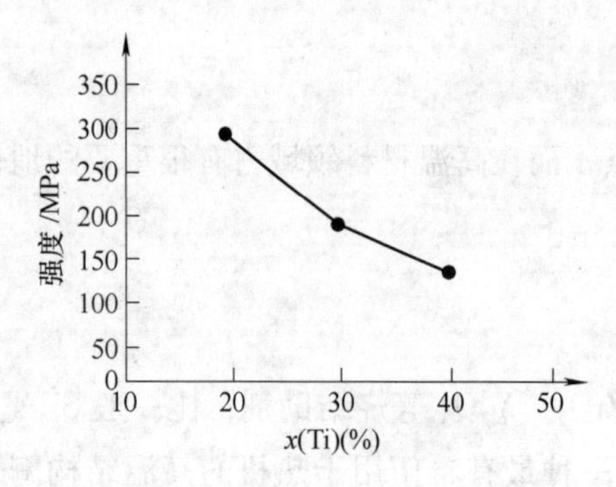

图 7-12 （Cu85-Ni15）-Ti 钎料中 Ti 含量对钎焊 Si_3N_4 陶瓷接头强度的影响

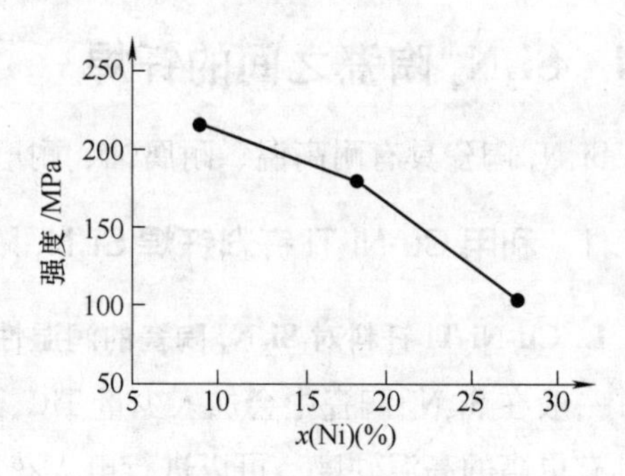

图 7-13 Ti 摩尔分数为 40%时，Ni 含量对接头强度的影响

图 7-14 和图 7-15 所示分别为（Cu85-Ni15）80-Ti20 钎料钎焊 Si_3N_4 陶瓷时钎焊温度（保温时间 10min）和保温时间（钎焊温度 1100℃）对接头强度的影响。

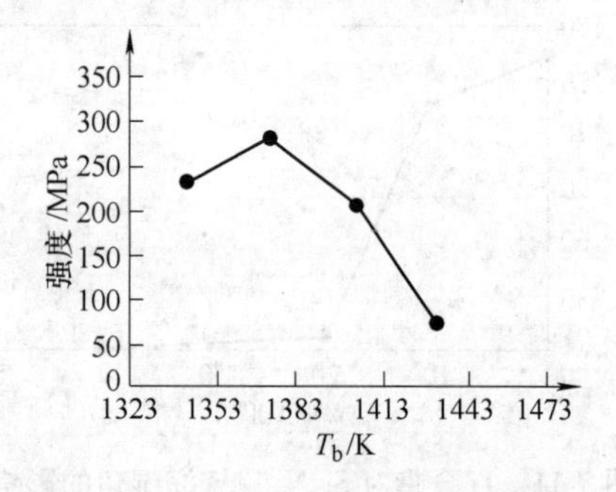

图 7-14 （Cu85-Ni15）80-Ti20 钎料钎焊 Si_3N_4 陶瓷时钎焊温度（保温时间 10min）对接头强度的影响

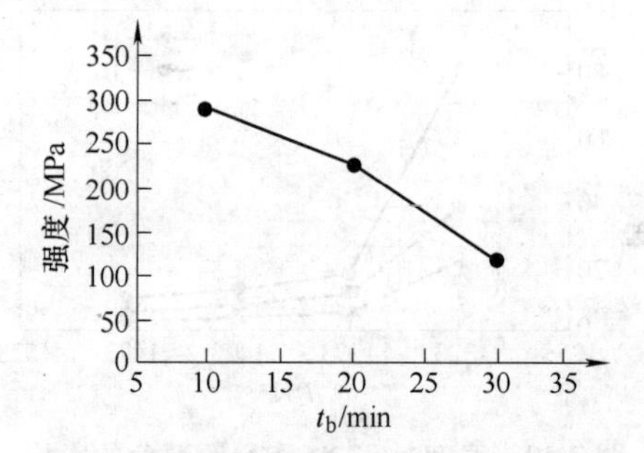

图 7-15 （Cu85-Ni15）80-Ti20 钎料钎焊 Si_3N_4 陶瓷时保温时间（钎焊温度 1100℃）对接头强度的影响

可以看到，利用 Cu-Ni-Ti 钎料钎焊 Si_3N_4 陶瓷时最合适的钎料是（Cu85-Ni15）80-Ti20，而最佳钎焊参数是钎焊温度 1100℃，保温时间 10min。

7.4.2 用 Al/Ni/Al 复合中间层来钎焊 Si_3N_4 陶瓷

由于 Al 也是一种活性元素，Al 基合金钎料也是用钎焊方法连接陶瓷常用的材料之一。若钎缝金属仍以 Al 基固溶体为主，由于其较低的熔点及高温强度，不适宜连接陶瓷材料。

但是，从图 7-16 所给出的 Al-Ni 二元合金相图可知，Al 与 Ni 可形成 $NiAl_3$、Ni_2Al_3、NiAl、Ni_5Al_3、Ni_3Al 这五种金属间化合物，并以 $NiAl_3 \rightarrow Ni_2Al_3 \rightarrow NiAl \rightarrow Ni_5Al_3 \rightarrow Ni_3Al$ 的顺序进行。M. NAKA 等在用 Al 作为钎料来钎焊 Ni/Si_3N_4 时，发现在 700℃×5min 的条件下就能形成 $NiAl_3$、Ni_2Al_3 两种金属间化合物。因此，用 Al/Ni/Al 复合层来钎焊 Si_3N_4 陶瓷并使钎缝形成 Al-Ni 化合物，便能提高接头的使用温度。

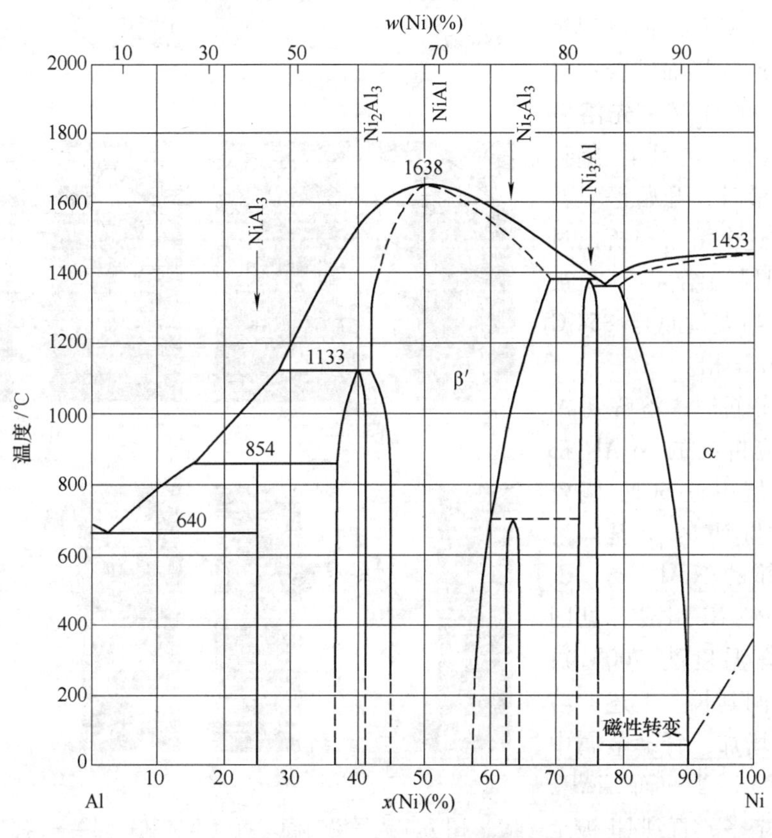

图 7-16 Al-Ni 二元合金相图

1. 材料和钎焊工艺

Si_3N_4 为无压烧结陶瓷材料，添加质量分数为 3%~8%的（$Al_2O_3+Y_2O_3$），其四点抗弯强度为 500~700MPa。

Si_3N_4 陶瓷表面用 100 号筛的 SiC 粉研磨，纯铝箔用机械法去除表面氧化物。将厚度为 0.2mm 的铝箔和 40μm 的镍箔按 Al/Ni/Al 的形式夹在 Si_3N_4 陶瓷中间，施加 0.2MPa 的压力，钎焊温度 900℃并保温 10min，在真空度为（0.5~2）$\times 10^{-2}$Pa 的条件下施焊。

2. 钎焊接头组织与性能

（1）保温时间对钎焊接头组织与性能的影响

1）保温时间对钎焊接头组织的影响。图 7-17 所示为 Ni 的厚度 40μm，钎焊温度 900℃时，保温时间对钎缝宽度和钎焊接头组织的影响。

由于 Al 的熔点只有 660℃，用纯 Al 钎焊 Si_3N_4 时，只要加热 750~800℃保温 15~30min

就可以获得牢固的结合界面。考虑到 Ni 的熔点较高，为使两者充分扩散和发生反应，钎焊温度 900℃，并加压 0.2MPa 进行钎焊。

在钎焊过程中，一方面，熔化的 Al 向 Si_3N_4 陶瓷表面润湿扩散并与之反应形成界面结合；另一方面，熔化的 Al 又率先溶解 Ni，当 Ni 的浓度达到化合物 Ni_2Al_3 中的含量时，开始等温析出 Ni_2Al_3 相，这个溶解与析出过程一直保持到保温结束或 Ni 被全部溶解掉。当温度低于 854℃时，又析出 $NiAl_3$ 相。

保温时间较短时，溶解到 Al 中的 Ni 和反应析出的 Ni_2Al_3 都较少，钎缝金属由近 Si_3N_4 陶瓷的纯 Al、含微量 Ni 的 Al 基固溶体和与之相邻的 $NiAl_3$、Ni_2Al_3 及中心部位的纯 Ni 组成（见图 7-17a，其钎焊温度为 700℃）；随钎焊保温时间延长，上述的溶解和反应程度增加，钎缝金属中的纯 Al 和纯 Ni 减少，而 $NiAl_3$、Ni_2Al_3 的含量增多，直到 Ni 被全部溶解掉（见图 7-17b、c、d）；当钎焊保温时间过长时，因钎缝金属中的 Ni_2Al_3 达到一定量，900℃时处于固态，晶粒之间形成骨架，具有一定的强度，0.2MPa 的压力不能将此骨架压实。如果钎缝金属中含 Ni 的液态 Al 冷却后不足以填满 Ni_2Al_3 晶粒之间的空隙，钎缝金属中就会形成孔洞（见图 7-17e、f 中钎缝金属中的深色部位）。

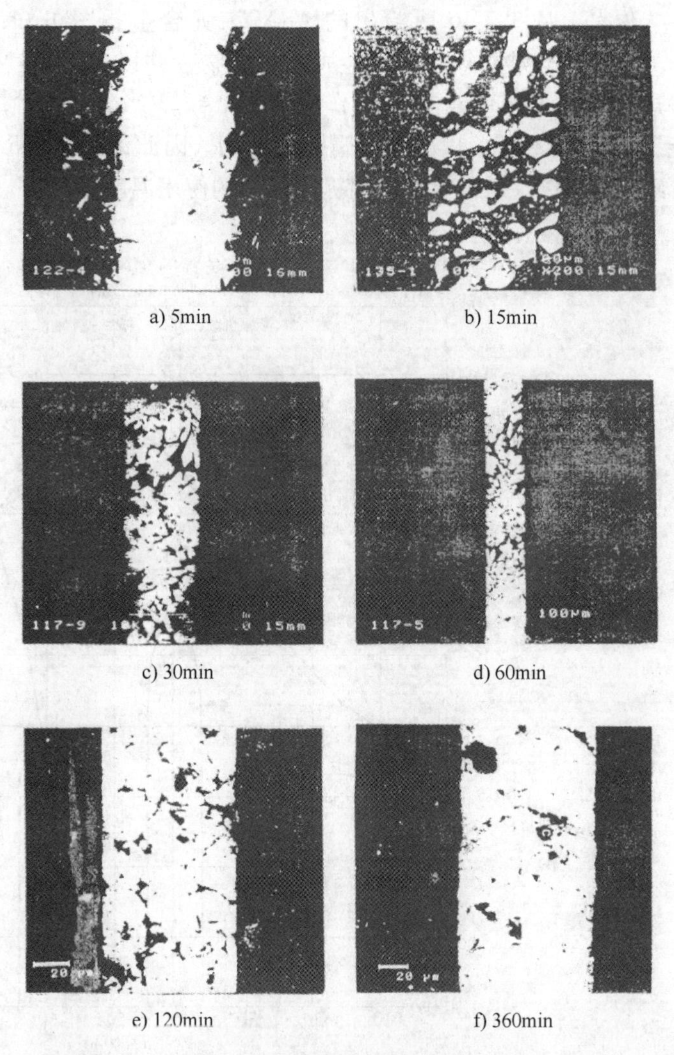

a) 5min　b) 15min　c) 30min　d) 60min　e) 120min　f) 360min

图 7-17　保温时间对钎缝宽度和钎焊接头组织的影响

图 7-18 中的曲线 1 为保温时间对钎缝宽度的影响规律，它表明：钎缝宽度随钎焊保温时间延长而降低，这是因为这种情况下，Ni 与 Al 反应生成的 Ni_2Al_3 少，液态 Al 多，在压力之下流失也多；当钎焊保温时间超过 120min 后，钎缝宽度随钎焊保温时间延长而很少变化，这是因为这时晶粒之间已形成 Ni_2Al_3 骨架，钎缝宽度不再随钎焊保温时间而变化。

2）保温时间对钎焊接头抗剪强度的影响。图 7-18 所示为保温时间对钎缝宽度和 600℃钎焊接头抗剪强度的影响。

图 7-18 的曲线 2 表明，600℃钎焊接头抗剪强度随钎焊保温时间的增加先增大，在钎焊

保温时间增加到 60min 时，接头抗剪强度最高，达 58.6MPa；这时，再继续增加钎焊保温时间，接头抗剪强度急剧降低；当钎焊保温时间增加到 120min 以上后，接头抗剪强度已经很低，并保持稳定。这是因为钎焊保温时间短时，Al 和陶瓷反应不充分，界面结合强度不高，且钎缝中 Al 基固溶体比例高，600℃时软化严重，导致接头抗剪强度较低；但随钎焊保温时间增长，Al 和陶瓷反应较充分，界面结合强度增高，且钎缝中 Al 基固溶体比例减少，$NiAl_3$、Ni_2Al_3 相增加，提高了接头热稳定性和界面结合强度；当进一步延长钎焊保温时间时，钎缝金属孔洞增多，组织疏松，结合面减少，导致应力集中增加，反而使接头抗剪强度降低。

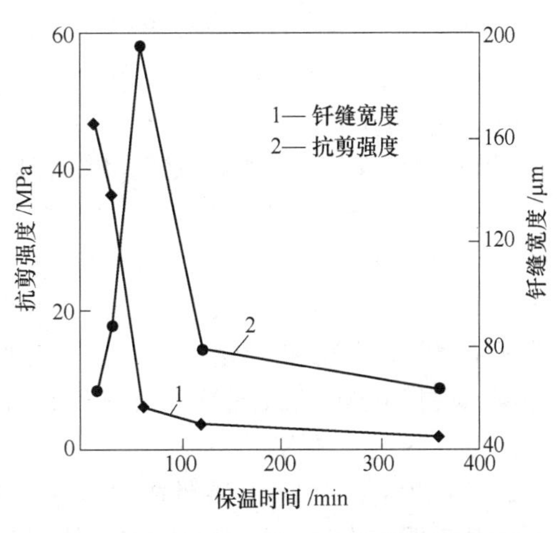

图 7-18　保温时间对钎缝宽度和 600℃钎焊接头抗剪强度的影响

（2）Ni 的厚度对钎焊接头组织与性能的影响

1）Ni 的厚度对钎焊接头组织的影响。图 7-19 所示为 Ni 的厚度对钎焊接头组织的影响。在钎焊条件下，当 Ni 的含量（以厚度表示）为 δ_{Ni}，相对于 Al 的含量（以两层 0.2mm，共价 0.4mm），δ_{Al}还不能消耗掉全部 Al 时，其 Ni-Al 反应区随着 δ_{Ni}的增大而增大，反应产物

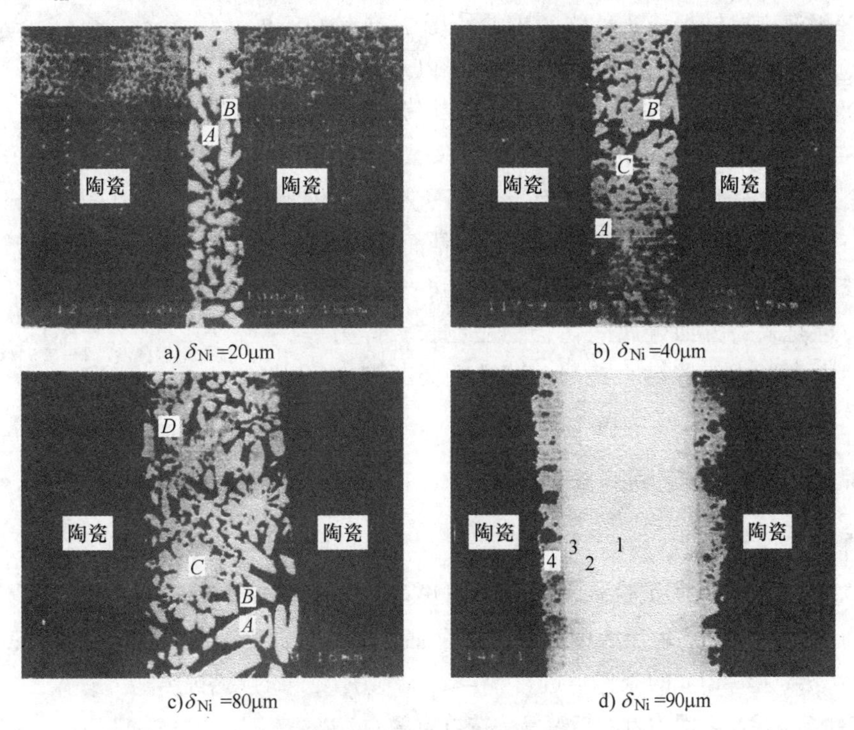

a) δ_{Ni} =20μm　b) δ_{Ni} =40μm　c) δ_{Ni} =80μm　d) δ_{Ni} =90μm

图 7-19　Ni 的厚度对钎焊接头组织的影响

（δ_{Al} = 0.2mm，T_B = 900℃，t_B = 30min）

也在发生变化。在 Ni 的厚度 δ_{Ni} 很小（20μm）时（见图 7-19a），其反应区较狭窄，组织为 Al_3Ni（A 处）和 Ni 在 Al 中的固溶体（B 处）；当 Ni 的厚度 δ_{Ni} 增加时，反应区增大，反应产物除了 Al_3Ni（A 处）和 Ni 在 Al 中的固溶体（B 处）之外，还形成了 Al_3Ni_2（C 处）（见图 7-19b），而且在 Ni 的厚度 δ_{Ni} 增加到 80μm（见图 7-19c）时，还出现了 $Al_{84.7}Ni_{15.3}$（D 处）；在 Ni 的厚度 δ_{Ni} 进一步增加到 90μm 时，Al 含量相对较少，Al 除了少量向 Si_3N_4 陶瓷表面形成一薄层反应层外，其余全部与 Ni 反应形成金属间化合物和 Ni 基固溶体，接头的组织为 Si_3N_4 陶瓷/反应层/Al_3Ni_2(四处)/AlNi（三处)/含微量 Al 的 Ni 基固溶体（两处)/纯 Ni（一处)。

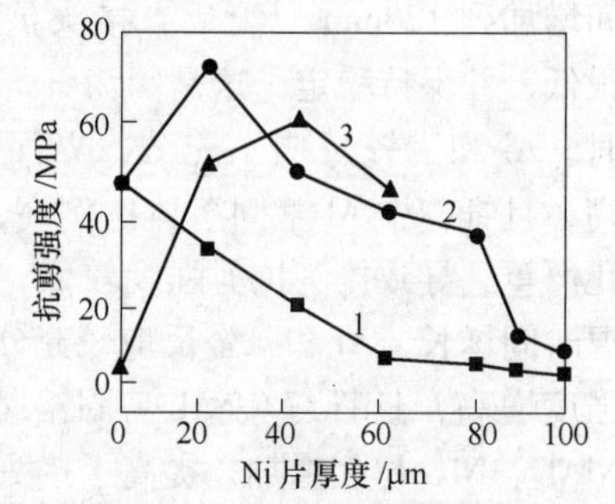

图 7-20　Ni 的厚度对钎焊接头抗剪强度的影响

$\delta_{Al}=0.2mm$，$T_B=900℃$

1—$t_B=30min$ 时接头室温强度

2、3—$t_B=60min$ 时接头室温和 600℃ 强度

2）Ni 的厚度对钎焊接头性能的影响。图 7-20 所示 Ni 的厚度对钎焊接头抗剪强度的影响，从图 7-20 中可以看到，在焊接温度 900℃，保温时间 30min 的条件下，随着 Ni 的厚度的增大，钎焊接头室温抗剪强度降低；保温时间增加到 60min 时，其钎焊接头室温抗剪强度大幅度提高，Ni 的厚度为 20μm 时强度最高，但是，Ni 的厚度增加到 80μm 之后，钎焊接头室温抗剪强度急剧降低；而 600℃的强度比室温低，其 Ni 的厚度为 40μm 时达到最大。

（3）钎焊温度对钎焊接头性能的影响　图 7-21 给出了焊接温度对钎焊接头抗剪强度的影响。可以看到，钎焊温度 900℃时，接头强度最高。这是由于：钎焊温度较低（比如 800~900℃）时，虽然 Ni 片能够与 Al 发生反应，形成金属间化合物，但是，界面反应不充分，界面结合较差，试样主要断裂在钎缝与陶瓷的界面，因此，接头强度较低；而当钎焊温度超过 900℃之后，虽然界面反应充分，但是，一方面金属间化合物晶粒长大，另一方面，钎缝中会形成一些微小孔洞，试样主要断裂在钎缝有孔洞的地方，因此，接头强度也较低。

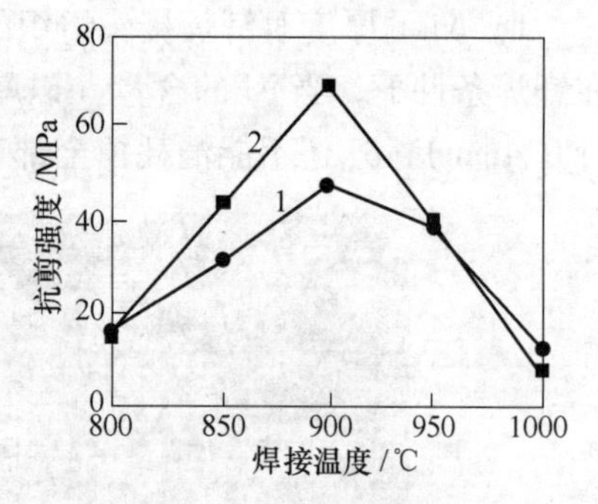

图 7-21　焊接温度对钎焊接头抗剪强度的影响

$\delta_{Al}=0.2mm$，$\delta_{Ni}=40μm$，$t_B=60min$

1—接头室温强度　2—接头 600℃ 强度

7.4.3　Si_3N_4 与 Si_3N_4 之间的真空钎焊

1. 钎焊工艺

反应烧结的 Si_3N_4，其抗拉强度为 98.1~142.2MPa，线胀系数为 $2.5\times10^{-6}K^{-1}$。40Cr 钢线胀系数为 $12\times10^{-6}K^{-1}$。采用 Ag-Cu 共晶合金加入质量分数为 5%的 Ti 作为钎料，在真空度为 10^{-3}Torr 及压力 27MPa 的条件下进行 Si_3N_4 与 Si_3N_4 之间的真空钎焊。

2. Si_3N_4 与 Si_3N_4 之间的真空钎焊接头抗拉强度

图 7-22 和图 7-23 分别为钎焊温度和保温时间对 Si_3N_4 与 Si_3N_4 之间真空钎焊接头抗拉强度的影响。Si_3N_4 与 Si_3N_4 之间的真空钎焊接头抗拉强度取决于 Si_3N_4 与 Ag-Cu-Ti 钎料之间的

物理化学作用过程，其互相作用又依赖于两者的相互扩散及化学反应。Si_3N_4 与 Ag-Cu-Ti 钎料之间的界面反应层厚度服从下式：

$$X = K_0 t^n \exp[-Q/(RT)] \tag{7-1}$$

式中　t——保温时间；

n——时间常数；

K_0——常数；

Q——扩散激活能；

R——气体常数；

T——钎焊温度。

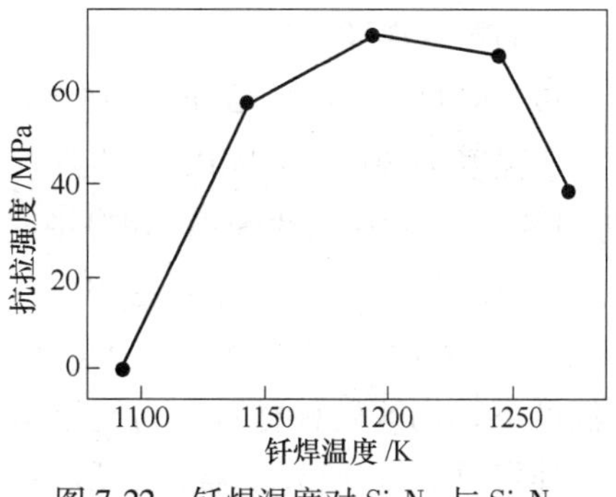

图7-22　钎焊温度对 Si_3N_4 与 Si_3N_4 之间真空钎焊接头抗拉强度的影响

可以看到，反应层厚度随保温时间的增加而增加，在实际的本反应过程中，反应层厚度由反应层中的自由 Si 和活性元素 Ti 控制；反应层向钎料层方向的扩散由 N 的扩散控制，而通常 N 的扩散速度是很快的，在较短的时间内就能充分地扩散。所以，无限制地增加钎焊的保温时间，并不能使反应层厚度随保温时间的增加而无限制地增加；同时，它也受到钎料层厚度的限制，因而存在一个临界值。其接头性能也存在一个最佳值（见图7-22和图7-23），这个最佳值所对应的钎焊温度和保温时间，就是既能使 Si_3N_4 与 Ag-Cu-Ti 钎料之间产生充分的扩散和物理化学过程，又不能形成过厚的脆性反应层的程度。

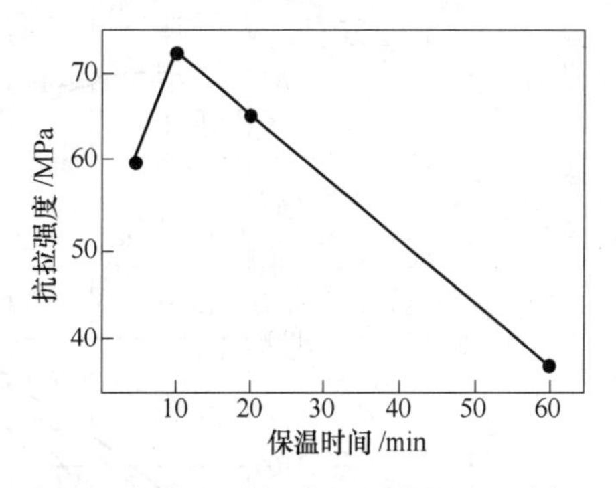

图7-23　保温时间对 Si_3N_4 与 Si_3N_4 之间真空钎焊接头抗拉强度的影响

7.4.4　用 Al-Ti 和 Al-Zr 合金作为钎料在大气中钎焊 Si_3N_4 陶瓷

1. 在大气中连接陶瓷的意义和可行性

（1）在大气中连接陶瓷的意义　为了获得优良的接头，陶瓷/陶瓷、陶瓷/金属的焊接，通常采用活性合金作为连接材料在高真空中的高温（>850℃）下进行扩散焊或钎焊。但高真空中焊接存在效率低、成本高和试件尺寸受到限制等不足；而连接温度过高（>1200℃）会降低被连接母材的性能及增大接头的内应力，容易出现裂纹。由于在大气中连接陶瓷具有设备简单方便、成本低廉、试件尺寸不受限制等优点，因此，在非真空下连接陶瓷/陶瓷、陶瓷/金属具有重要意义。

（2）在大气中连接陶瓷的可行性　在大气中连接陶瓷首先要解决的问题是防止活化元素的氧化。虽然降低连接温度是防止氧化的有效措施之一，但是采用熔点过低的连接材料（如 Sn 基活性钎料），由于其本身强度太低而影响了接头的强度；若采用熔点较高的活性连接材料，在其熔点之下的较低温度下加压连接，既可以防止连接材料氧化，又能得到较高强度的接头。采用 Al-Ti、Al-Zr 等合金作为连接材料时，虽然 Al 合金也易氧化，但由于 Al 合金塑性好、易变形，通过加载一定的压力，可以有效地防止连接材料氧化。

2. 材料和焊接工艺

陶瓷材料为无压烧结 Si_3N_4 陶瓷［添加质量分数为3%～8%的（Al_2O_3、Y_2O_3）］，其四点抗弯强度为300～500MPa，Al-Ti、Al-Zr 等合金用化学法去除表面氧化物。将连接材料（厚0.4mm）夹在两片 Si_3N_4 陶瓷中间，施加一定的压力，在大气中加热连接。

从 Al-Ti、Al-Zr 二元合金相图（见图7-24 和图7-25）中可以看出，含有质量分数0.2%～35.7%Ti 及0.1%～52.3%Zr 时，在800℃左右这两种合金处于液-固双相区。在这个温度下，用这两种材料作为连接材料，在连接过程中施加一定压力，就可以实现连接。由于连接材料处于液-固状态，所以，这种连接方法称为“加压液-固相钎焊”或“固-液相扩散焊”，以区别于传统的“钎焊”或“固相扩散焊”。

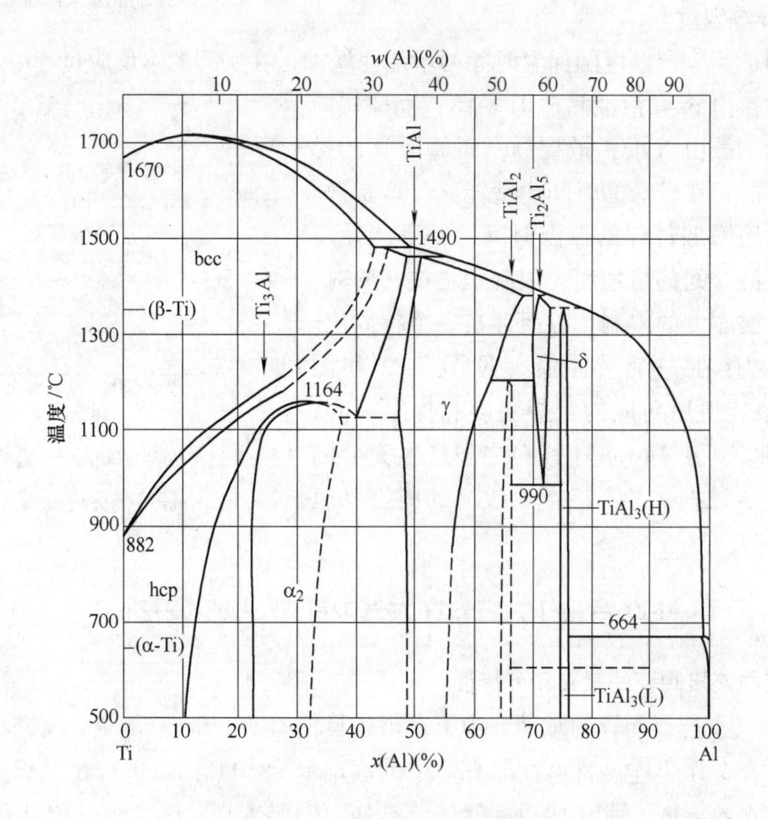

图7-24　Al-Ti 二元合金相图

从图7-26 Ti-Si 二元合金相图和图7-27 Zr-Si 二元合金相图中可以看出，Ti 和 Zr 能够与 Si_3N_4 陶瓷中的 Si，即 Ti-Si 之间和 Zr-Si 之间发生激烈的化学反应而形成多种化合物，因此能够实现牢固的焊接。但是，必须指出，应该严格控制焊接参数，以使这些化合物产生的量在最佳的范围内。

3. 连接工艺对接头质量的影响

（1）连接压力对接头质量的影响　图7-28 所示为用 Al-3%Ti 合金作为连接材料时，连接压力对接头强度的影响。可以看出，随着压力的提高，防止氧化的效果提高，接头强度提高；压力达7MPa 时，接头强度达最大值；再增大压力时，由于连接材料被挤出太多，不能与陶瓷发生充分反应，因而，接头强度降低。另外，还可看出，不加压就无法实现有效的连接，接头强度为 0，这是连接材料被严重氧化的缘故。

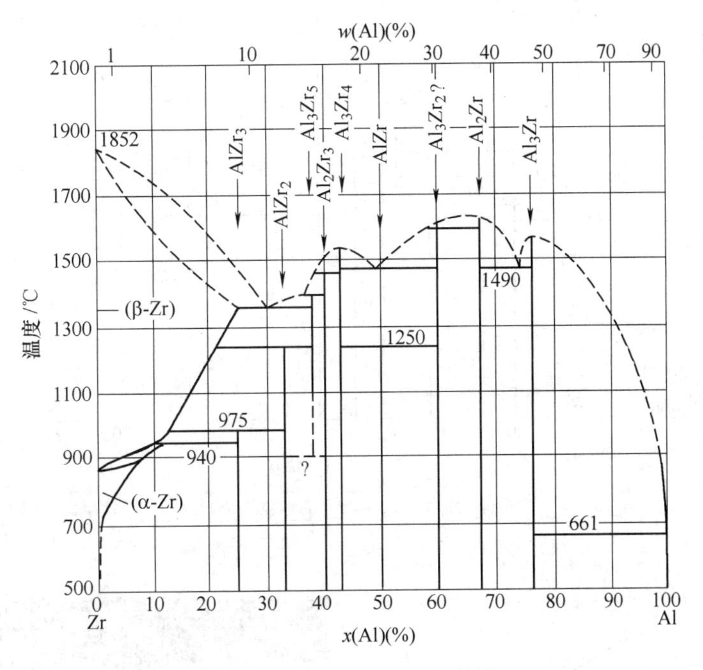

图 7-25　Al-Zr 二元合金相图

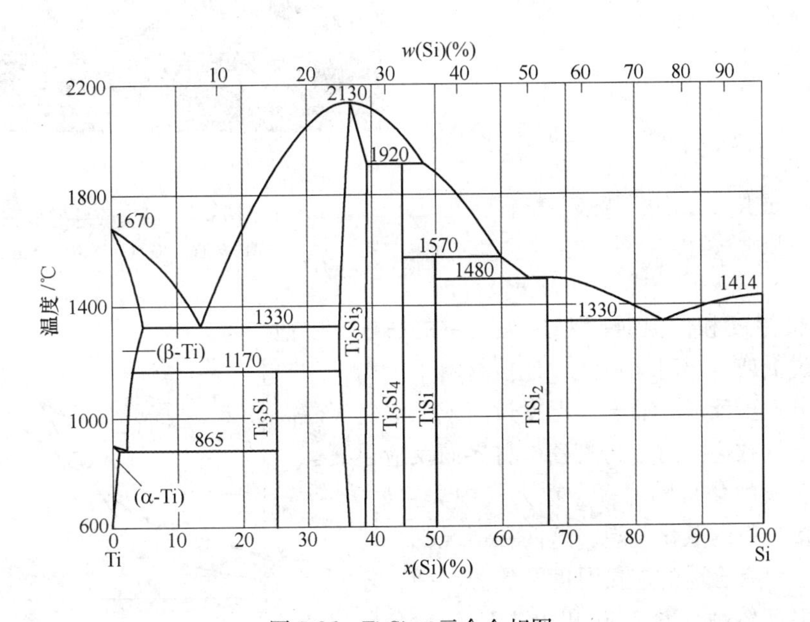

图 7-26　Ti-Si 二元合金相图

图 7-29 所示为接头的典型形貌，由于加压的结果，使连接材料由厚 0.4mm 降到了 5~10μm。

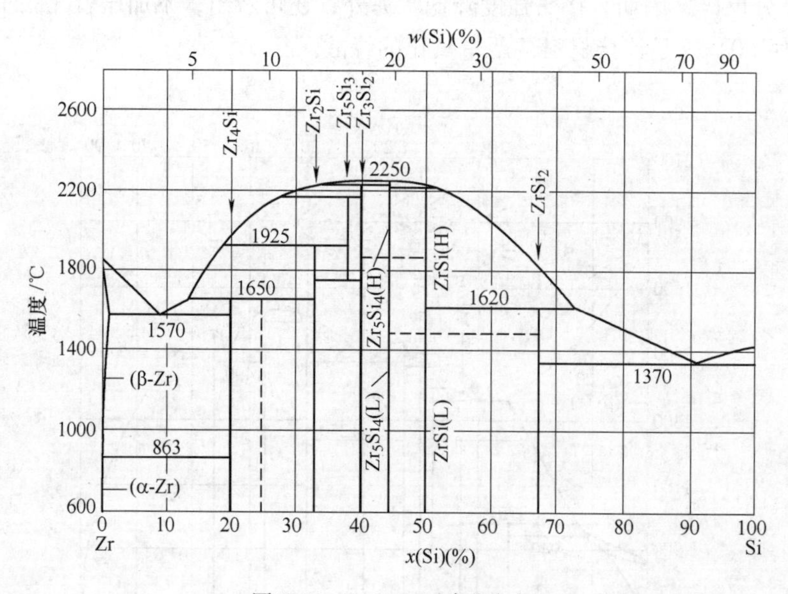

图 7-27　Zr-Si 二元合金相图

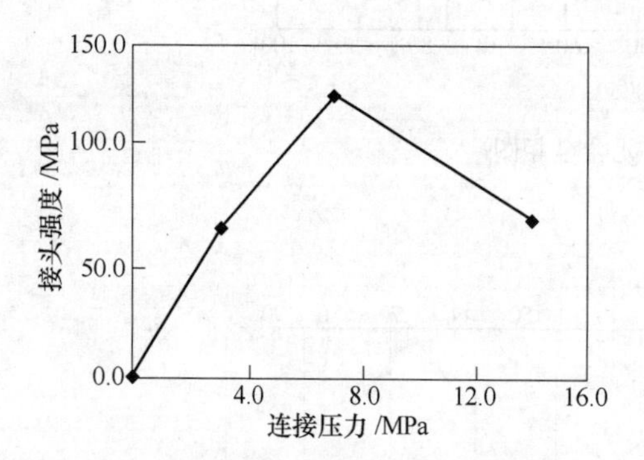

图 7-28　连接压力对接头强度的影响

（Al-3%Ti，800℃×20min）

图 7-29　接头的典型形貌

（Al-3%Ti，800℃×30min×7MPa）

（2）连接温度和保温时间对接头质量的影响

连接温度过低或保温时间过短，连接材料不能与陶瓷母材充分发生反应；而连接温度过高或保温时间过长，又会导致连接材料与陶瓷母材界面反应过度而使脆性金属间化合物增多。在大气中焊接时，还会增加连接材料的氧化危险。这两种情况都会降低接头强度。只有合适的连接温度及保温时间，才能保证接头强度较高。图 7-30 和图 7-31 所示分别为连接温度及保温时间对接头强度的影响，可以看到，用 Al-3% Ti 合金作为连接材料时，800℃ × 20min×7MPa 的连接工艺比较合适。

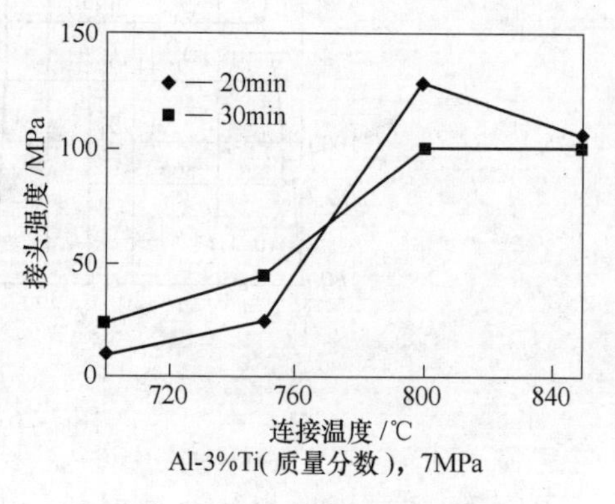

图 7-30　连接温度对接头质量的影响

（3）Ti、Zr 含量对接头质量的影响　Al 中加入 Ti 或 Zr，一方面，可以使之参与界面反应，强化界面结合；另一方面，Ti 或 Zr 易与 Al 形成金属间化合物 Al_3Ti 或 Al_3Zr，在钎缝中存在适当的这类金属间化合物也能起到强化接头的作用，因此，加入适当的 Ti 或 Zr 时，可以获得较高的接头强度。图 7-32 所示为连接材料中 Ti、Zr 含量对接头强度的影响。从图 7-32 可以看出，Ti、Zr 含量较少时，强化作用不明显。而 Ti、Zr 含量过多时，一则连接温度下连接材料固相成分过多，降低 Ti、Zr 元素向陶瓷的扩散，界面反应不充分；二则连接材料硬度高，加压时塑性变形困难，在大气中易于氧化；三则钎缝中金属间化合物 Al_3Ti 或 Al_3Zr 含量过高，也使钎缝脆化。从图 7-32 可以看出，Ti、Zr 质量分数分别为 3% 和 4% 比较合适。

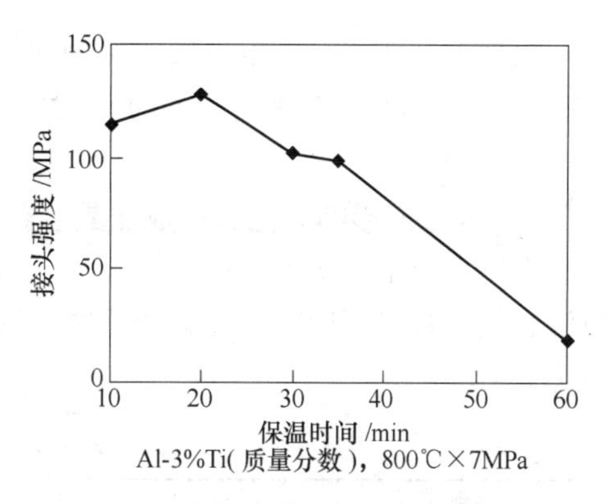

图 7-31　保温时间对接头质量的影响

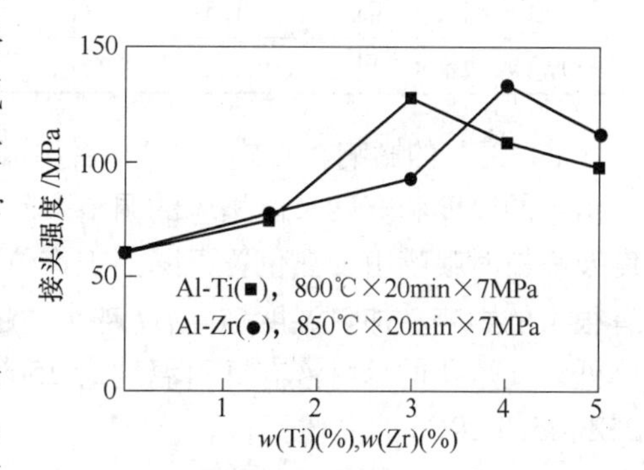

图 7-32　连接材料中 Ti、Zr 含量对接头强度的影响

4. 强化机构

X 射线衍射分析表明：用 Al-Ti 作为连接材料时，接头断口上存在 Si、AlN、Al_3Ti、TiN、$TiSi_2$ 等相；而用 Al-Zr 时，则存在 Si、AlN、Al_3Zr、ZrN 等相。这说明，Al、Ti、Zr 等都与陶瓷产生了反应。

7.4.5　采用急冷非晶体钎料钎焊 Si_3N_4 陶瓷

1. 采用 Ti-Zr-Ni-Cu 非晶钎料钎焊 Si_3N_4 陶瓷

这种钎料含有两种活性元素 Ti 和 Zr，成分为 40Ti-25Zr-15Ni-20Cu（质量分数）。

（1）非晶体焊接材料（钎料）简介

1）非晶体箔带焊接材料（钎料）的制备。

①单辊法喷铸。

a. 制备方法。图 7-33 所示为单辊法喷铸制备非晶体焊接材料（钎料）的示意图。欲获得优质的非晶体焊接材料（钎料），关键在于控制喷射箔带的厚度，根据经验公式：

$$\delta=(2/3)(b/d_n)^{1/4}(d_n/u_S)(2p/\rho)^{1/2} \qquad (7\text{-}2)$$

式中　b——喷嘴缝隙宽度；

d_n——喷嘴到辊面的距离；

u_S——辊缘线速度；

p——喷铸时氩气的压力；

ρ——合金过热 100~150℃的密度。

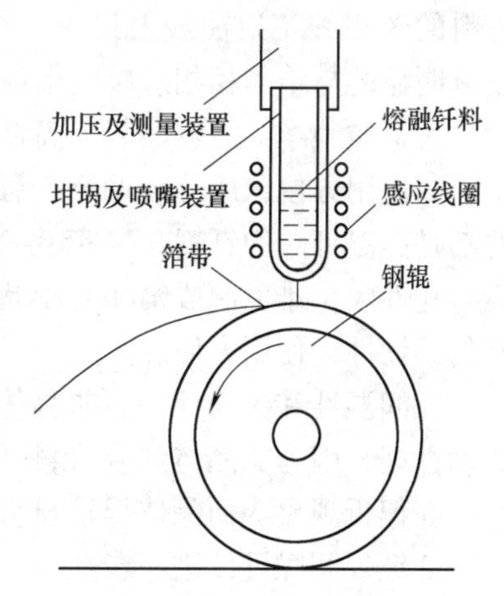

图 7-33　单辊法喷铸制备非晶体焊接材料（钎料）的示意图

40Ti-25Zr-15Ni-20Cu 非晶体钎料的准备工艺参数为：$b = 3 \sim 5$mm、$d_n = 1.0$mm、$u_S = 30$m/s、$p = 48$kPa，这样制备的40Ti-25Zr-15Ni-20Cu 非晶体钎料的厚度为（40±2）μm。

b. 影响因素。

Ⅰ. 成分的影响。能够形成非晶合金的多组元合金应当服从下述三个试验规律：合金要由三个以上合金元素组成；主要元素之间要有12%以上的原子尺寸差；原子之间要有大的负混合热。Ti-Zr-Ni-Cu 四元合金系之间的负混合热比较大，各元素的原子半径比在表7-4中给出。

表7-4　各元素的原子半径比

元素	Ti	Zr	Ni	Cu
原子半径	1.54	1.33	1.91	1.90
与Ti原子尺寸差（%）	—	13.3	24.1	23.4

Ⅱ. 工艺的影响。由式（7-2）看出，工艺参数 b、d_n、u_S、p 需要根据喷铸的非晶体合金箔带的厚度和宽度来做相应的调整。除了上述这四个参数之外，喷铸时熔化钎料合金的温度及喷铸时喷嘴由加热位置下降到工作位置所需要的时间 t，也对非晶体合金材料的形成具有很大的影响：加热温度越高，t 越小，越有利于加深急冷效果，可以使箔带的厚度进一步降低。在熔化的母材液态钎料温度为1500～1600℃，t 小于1s 的情况下，成功喷铸出40Ti-25Zr-15Ni-20Cu 非晶体钎料。

②双辊法喷铸。它是将熔化的合金液体喷铸到两个旋转方向相反的辊子之间，被轧制成箔带，并且实现快速凝固。此法由于是双面冷却，因此，获得的箔带表面质量好而且均匀。

2）非晶体焊接材料（钎料）的特点。

①钎缝组织和成分均匀。由于非晶体焊接材料（钎料）由液态合金快速冷却而成，既无晶粒，也无共晶相析出，因此，组织和成分均匀，合金组织单一，不会存在偏析。如图7-34所示，非晶体焊接材料的X射线衍射曲线上仅有一个宽大的衍射峰，没有明显的与结晶相相对应的衍射峰。

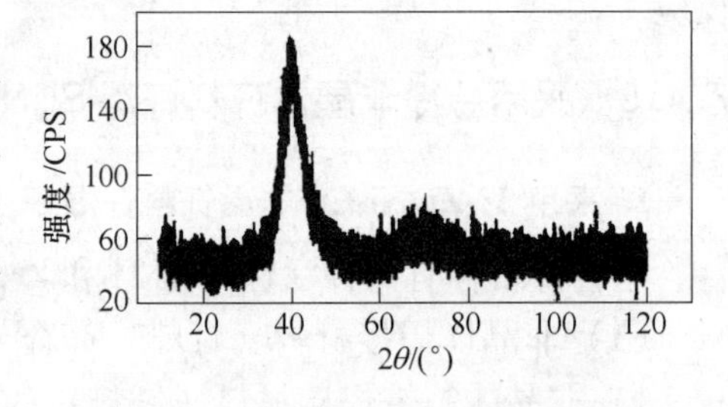

图7-34　40Ti-25Zr-15Ni-20Cu 非晶体钎料的X射线衍射曲线

②材质纯净，能够显著提高钎焊接头质量。

③使用方便，成分可调整性强。目前研究使用的都是高温钎焊的钎料，一般由Ni、Cr、Fe、Ti、Zr等金属和Si、B、P等非金属元素构成，脆性大，难以制成箔状，粉状使用起来不方便。制成非晶体焊接材料（钎料）具有较好的柔韧性，使用方便。

④润湿性和流动性好。非晶体焊接材料（钎料）比晶体焊接材料（钎料）的润湿性和流动性好，因为非晶体焊接材料（钎料）几乎是同时、均匀的熔化和铺展，所以成分均匀，不存在偏析现象。而晶体焊接材料（钎料）是低熔点相先熔化和铺展，造成分层现象。

⑤钎焊间隙可以进一步减小。由于非晶体焊接材料（钎料）可以做得很薄，夹在钎缝中，从而保证钎缝的窄间隙。

⑥钎焊后接头的耐热温度不降低。由于非晶体焊接材料（钎料）在熔化和凝固之后仍然生成通常的合金晶体结构，而不像晶体焊接材料（钎料）那样，在较低温度下熔化。这

对于高温合金或者陶瓷的钎焊具有重要意义。

⑦钎焊工艺简单。由于非晶体焊接材料（钎料）不含黏结剂和助溶剂，无杂质产生。另外，它只用箔状材料，工艺简单。

3）非晶体焊接材料（钎料）的应用。目前非晶体焊接材料主要用于钎焊的钎料，有Ni基非晶体焊接材料（钎料），除去40Ti-25Zr-15Ni-20Cu非晶体钎料之外，还有82.5Ni-7Cr-4.5Si-3Fe非晶体钎料；铜基非晶体焊接钎料，如Cu-Ni-Sn-P系；低温非晶体焊接钎料，如铝基、锡-铅系非晶体焊接钎料等。

（2）Ti-Zr-Ni-Cu系非晶体钎料对 Si_3N_4 陶瓷的润湿性　图7-35分别给出了在 5×10^{-2}Pa真空条件下加热温度（保温时间60min）和保温时间（加热温度1050℃）对不同成分Ti-Zr-Ni-Cu系非晶体钎料对 Si_3N_4 陶瓷润湿性的影响。可以看到，40Ti-25Zr-15Ni-20Cu和45Ti-25Zr-15Ni-15Cu两种成分对 Si_3N_4 陶瓷的润湿性比较好；加热温度1050℃和1100℃没有明显差别。

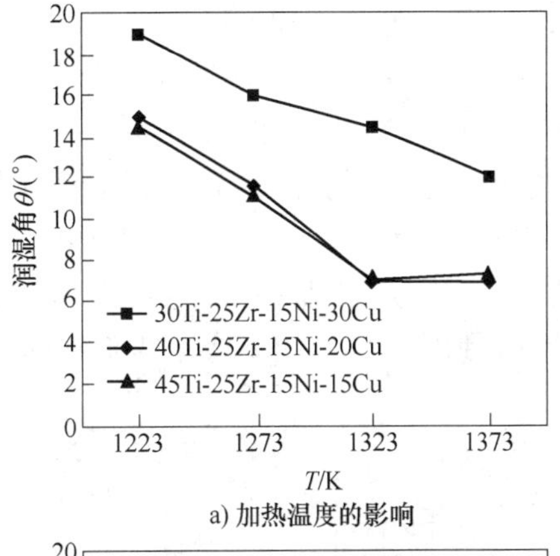

a) 加热温度的影响

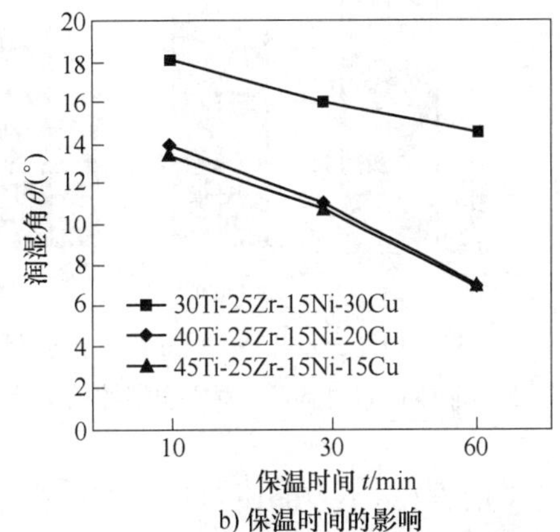

b) 保温时间的影响

图7-35　加热温度和保温时间对不同成分Ti-Zr-Ni-Cu系非晶体钎料对 Si_3N_4 陶瓷润湿性的影响

图7-36给出了在 5×10^{-2}Pa真空条件下不同加热温度下25Ti-25Zr-15Ni-35Cu、30Ti-25Zr-15Ni-30Cu、35Ti-25Zr-15Ni-25Cu、40Ti-25Zr-15Ni-20Cu和45Ti-25Zr-15Ni-15Cu五种成分晶体钎料对 Si_3N_4 陶瓷的润湿性。从图7-36中可以看到钎料中Ti的质量分数40%最佳，与非晶体钎料类似。

将Ti-Zr-Ni-Cu系钎料对 Si_3N_4 陶瓷的润湿性与Ag-Cu-Ti系相比，后者的Ti质量分数为2%～5%最佳，而前者则是Ti的质量分数为40%最佳。这是因为前者还有较多的Ni，Ni与Ti形成了金属间化合物，从而降低了Ti的活性，在1100℃之下Ni与Ti的反应自由能 $\Delta G°$ 为：

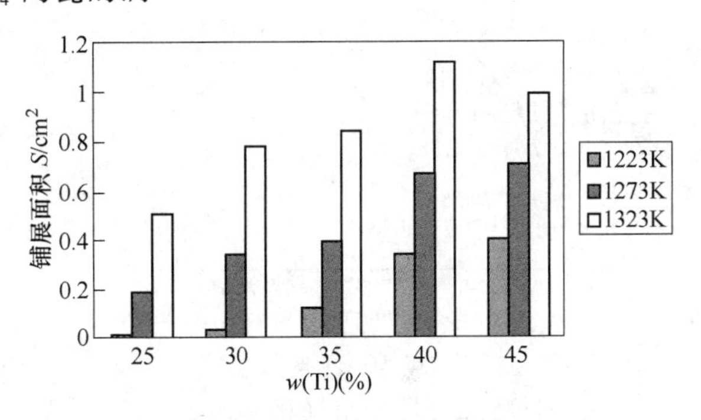

图7-36　不同加热温度下五种成分晶体钎料对 Si_3N_4 陶瓷的润湿性

$$Ni + Ti \rightarrow NiTi \quad \Delta G° = -51.70kJ/mol \tag{7-3}$$

$$Ni + Ti \rightarrow Ni_3Ti \quad \Delta G° = -109.41kJ/mol \tag{7-4}$$

这两种反应皆可进行。

图7-37所示为在 5×10^{-2}Pa真空条件下40Ti-25Zr-15Ni-20Cu的晶体钎料和非晶体钎料对 Si_3N_4 陶瓷润湿性的影响，可以明显看到，非晶体钎料对 Si_3N_4 陶瓷的润湿性明显优于晶体钎料，这是由于非晶体钎料化学成分均匀，熔化均匀，合金元素扩散能力强，加热时几乎是

同时、均匀地熔化和铺展。

（3）Ti-Zr-Ni-Cu 系非晶体钎料钎焊 Si_3N_4 陶瓷的接头强度　在 2×10^{-2}Pa 真空条件下用 40Ti-25Zr-15Ni-20Cu 的非晶体钎料对 Si_3N_4 陶瓷进行了钎焊，钎料厚度 20μm，对陶瓷和钎料进行打磨，再在丙酮溶液中进行超声波清洗之后钎焊。升温速度 10℃/min，以冷却速度 5℃/min 冷却到 800℃之后，随炉冷却。图 7-38 和图 7-39 所示分别为保温 120min 时钎焊温度对接头四点抗弯强度的影响和钎焊温度 1050℃时保温时间对接头四点抗弯强度的影响。可以看到钎焊温度 1050℃、保温时间 120min 时接头抗弯强度最高，达到 160MPa。

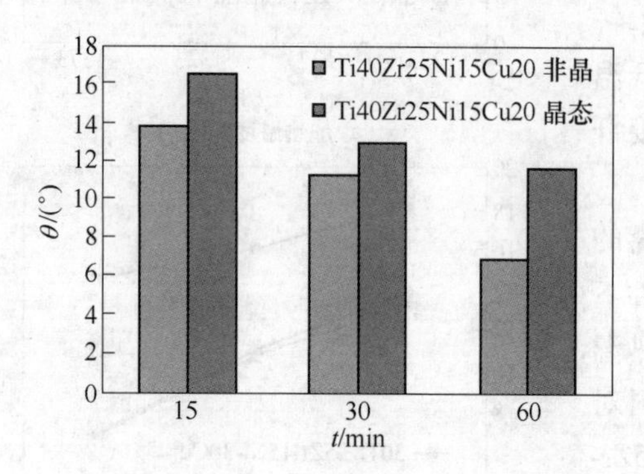

图 7-37　40Ti-25Zr-15Ni-20Cu 的晶体钎料和非晶体钎料对 Si_3N_4 陶瓷润湿性的影响

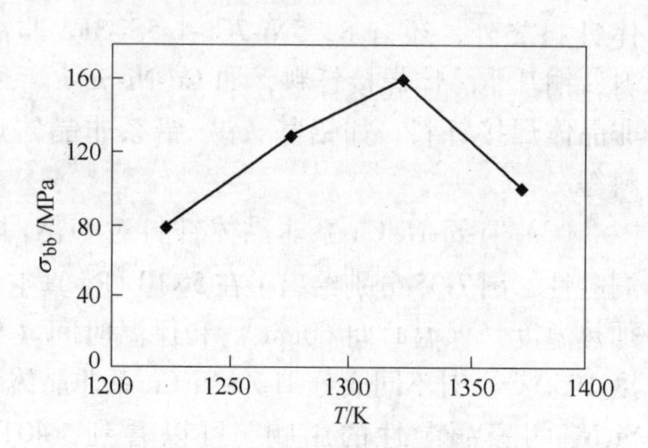

图 7-38　保温 120min 时钎焊温度对接头四点抗弯强度的影响

图 7-40 所示为晶体和非晶体钎料 40Ti-25Zr-15Ni-20Cu 对接头四点抗弯强度的影响，可以看到晶体钎料明显低于非晶体钎料。

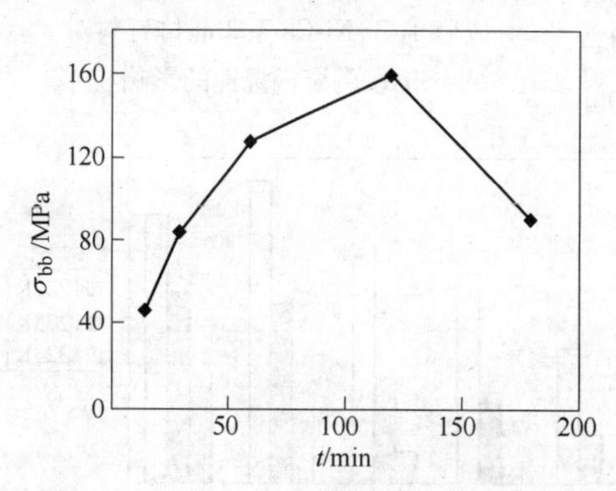

图 7-39　钎焊温度 1050℃时保温时间对接头四点抗弯强度的影响

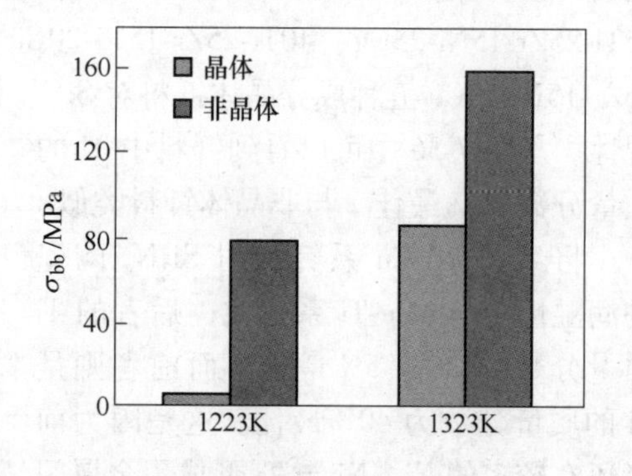

图 7-40　晶体和非晶体钎料 40Ti-25Zr-15Ni-20Cu 对接头四点抗弯强度的影响

2. 采用 Cu-Ni-Ti-B 急冷非晶体钎料钎焊 Si_3N_4 陶瓷

采用 Cu-(5~25)Ni-(16~28)Ti-B（质量分数）钎料，经过急冷处理，其组织如图 7-41 所示。可以看到，经过急冷处理之后，组织细化，分布均匀。

钎料厚度 20μm，以重叠方式改变钎料厚度。钎焊温度 1080℃，保温时间 10min，进行 Si_3N_4 陶瓷之间的钎焊。图 7-42 所示为预置 40μm 厚度钎料接头组织及各元素的面分布，表 7-5 给出了不同钎料厚度的接头参数及接头三点抗弯强度。

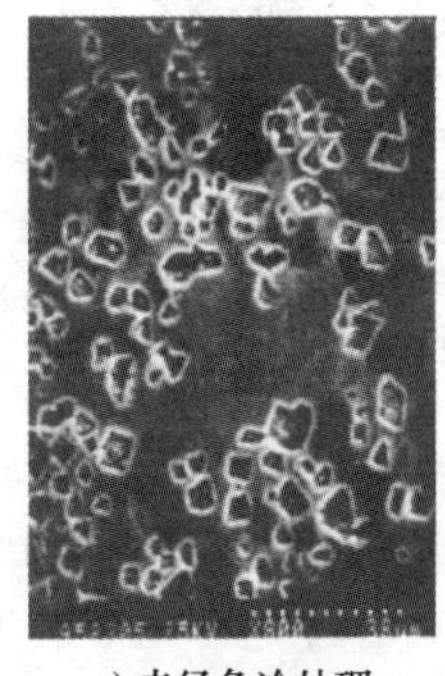
a) 未经急冷处理

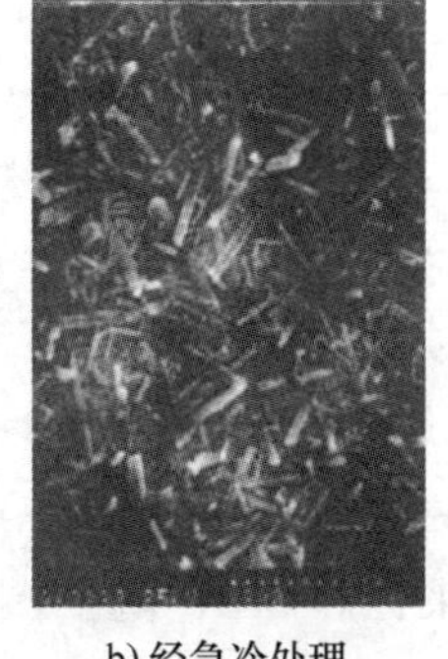
b) 经急冷处理

图 7-41　未经急冷处理和经过急冷处理的 Cu-(5~25)Ni-(16~28)Ti-B 的钎料组织

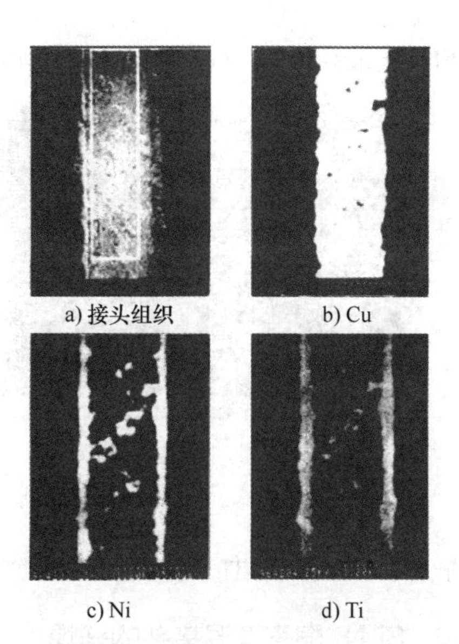
a) 接头组织　b) Cu　c) Ni　d) Ti

图 7-42　预置 40μm 厚度钎料接头组织及各元素的面分布

表 7-5　不同钎料厚度的接头参数及接头三点抗弯强度

钎料厚度 /μm	接头厚度 /μm	反应层厚度 /μm	钎缝层中心层厚度 /μm	钎缝层中心显微硬度 HV	钎缝层中心 Ti 质量分数（%）	接头三点抗弯强度 /MPa
20	—	—	—	—	—	140
40	36	6	27	196	4.4	402
80	50	10	32	218	10.8	380
120	84	11	64	245	13.8	160

从图 7-42 中可以看到，Cu 主要富集于钎缝中心，而 Ni 和 Ti 则富集于 Si_3N_4 陶瓷界面。这说明在 Si_3N_4 陶瓷界面，Ni 和 Ti 都参与了界面反应。这里表现了钎料厚度对接头性能的影响：钎料太薄，难以填满钎缝，接头强度不高（钎料 20μm 时，接头强度只有 140MPa）；随着钎料厚度的提高，接头强度先是增加，而后降低。这种现象与钎缝金属化学成分的变化有关：从表 7-4 中可以看出，随着钎料厚度的提高，钎缝厚度增大（反应层厚度和钎料层中心厚度之和），钎缝层中心 Ti 质量分数增大，钎缝层中心显微硬度增加。这样一来，一方面，钎缝增宽，有利于残余应力的缓解；另一方面，钎缝层中心 Ti 质量分数增大，引起钎缝层中心显微硬度增加，又能够增大残余应力。因此，作用的结果，就有一个最佳钎料厚度。

3. 急冷非晶体利用 Al 基钎料钎焊 Si_3N_4 陶瓷

在 Al 基合金中加入活性元素作为钎料，可以成功地钎焊 Si_3N_4 陶瓷。有三种 Al 基钎料（Al60Cu30InTi、Al70Si10TiInZn 和 Al80Si10TiMgRe）可以用来真空钎焊 Si_3N_4 陶瓷。钎焊参数如下：真空度为 5×10^{-5}mmHg，加热温度为 730℃，保温时间为 20min。

这三种钎料的特点是熔炼后快速冷却，轧制成为薄板。其组织均匀，晶粒细小，熔点和硬度比较低，对 Si_3N_4 陶瓷的润湿性好，接头抗剪强度较高，其中 Al70Si10TiInZn 钎料的接头抗剪强度最高可达 171MPa。图 7-43 所示为 Al 基合金的组织形态。

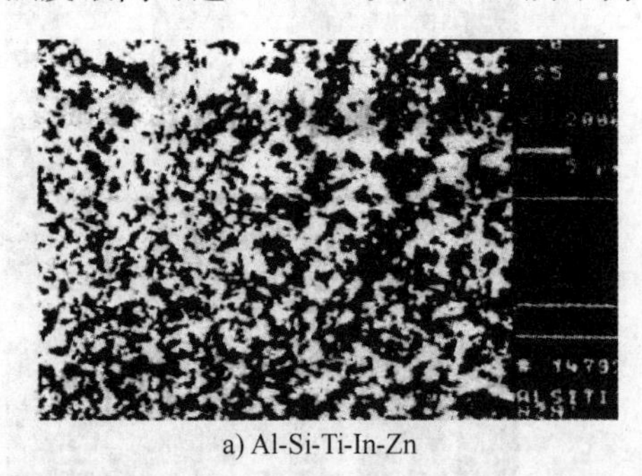

a) Al-Si-Ti-In-Zn

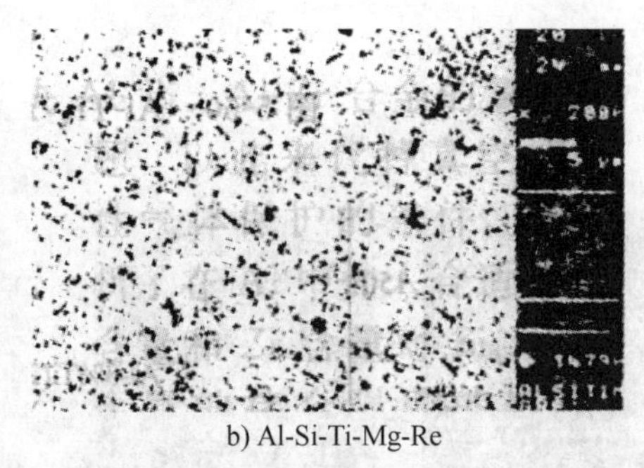

b) Al-Si-Ti-Mg-Re

图 7-43 Al 基合金的组织形态

此外，Al-Si、Al-Ti、Al-Zr、Al-V 等也可以用来钎焊 Si_3N_4 陶瓷。

7.4.6 Si_3N_4 陶瓷高温接头的钎焊

1. Si_3N_4 陶瓷高温接头的钎焊概况

由于活性钎料钎焊陶瓷接头的应用温度均低于 500℃，不能满足高温工作环境的需要。而高温接头的制造不仅与钎料有关，而且与高温钎焊时陶瓷的适应性有关。例如，钎焊 Si_3N_4 陶瓷时，在 1000℃以上、10^{-3}Pa 的真空中，Si_3N_4 陶瓷就要发生分解，产生孔洞。

为了解决高温钎焊的问题，可以采用高温钎料，如 Pd-Ni 基、Ni-Au 基、Au-Pd 基或 Ni-Cu 基钎料等。

采用 Pd58-Ni39-Ti3 钎料在 133.3×10^{-5} Pa 的高真空中，在 1250℃×10min 下钎焊 Si_3N_4 陶瓷。为了防止 Si_3N_4 陶瓷分解，在钎焊前对陶瓷表面先用 Ag-Cu-In-Ti 系钎料在真空中于 900℃涂覆 10min，在不同条件下在大气中加热后室温的抗弯强度变化如图 7-44 所示。可见，小试样的损失较严重。但是，所有试样都断在反应层中，这说明反应层是薄弱环节。

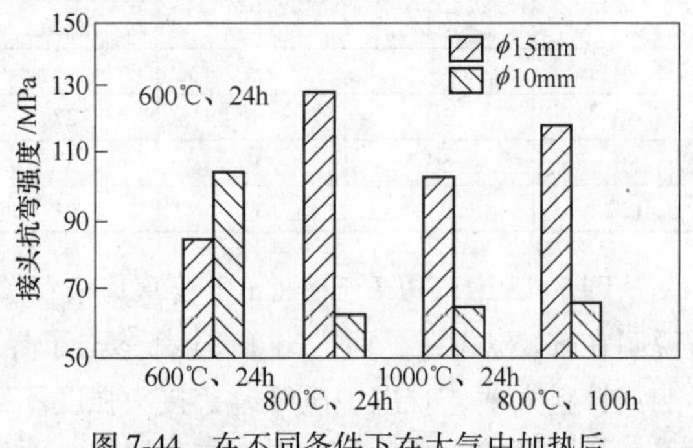

图 7-44 在不同条件下在大气中加热后室温的抗弯强度变化

采用 Au-Ni36.6-V4.7-Mo 钎料分别在真空及氩气中、在 1000℃×30min 下钎焊 Si_3N_4 陶瓷，结果发现在真空中的抗弯强度[(316±111)MPa] 比在氩气中[(406±59)MPa] 低。这是由于在氩气中钎焊时，其界面反应层 VN_x 更加均匀。用 Au-Ni-V-Mo 钎料钎焊的接头抗氧化性能较好，在大气中暴露 900℃×100h 后，对室温抗弯强度仍无影响（见图 7-45a）；而接头也有良好的高温性能（见图 7-45b）。

采用 Au-Pd-Ni 钎料钎焊 Si_3N_4 陶瓷和 Ni，在 Si_3N_4 陶瓷表面用电子束 PVD 镀一层 3μmTi、Zr 或 Hf，以改善钎料对陶瓷的润湿性。钎焊条件为 1000~1290℃×5min。表面镀 Zr 或 Hf 对陶瓷的润湿性不如镀 Ti 的效果好，表面镀 Ti，用 Au70-Pd8-Ni22 钎料钎焊 Si_3N_4 陶瓷接头的抗剪强度最好。室温的抗剪强度为 75~100MPa，500℃的抗剪强度为 85~105MPa。

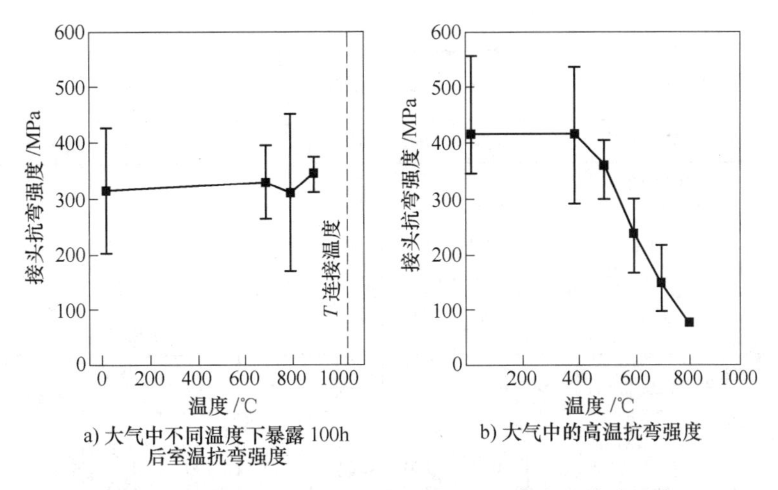

图7-45　用Au-Ni-V-Mo钎料钎焊Si_3N_4陶瓷的接头强度

采用Ni-Cu-Ti（由0.25mm厚的纯Ni片、20μm厚的纯Cu箔、5μm厚的纯Ti箔组成）钎料钎焊Si_3N_4陶瓷，钎焊在真空中进行，条件分别为：1200℃×1min、1150℃×15min及1100℃×60min，升温速度在5~50℃/min内变化。结果表明：升温速度提高，接头的四点抗弯强度增大。升温速度为5℃/min时，接头的四点抗弯强度为124~132MPa；而升温速度为50℃/min时，接头的四点抗弯强度为344~386MPa。接头的破坏主要发生在陶瓷与金属点界面上，界面层由TiN和Si-Al-Y-O非晶态相组成。图7-46所示为接头界面组织结构示意图，接头的Si-Al-Y-O非晶体相影响到其抗弯强度。

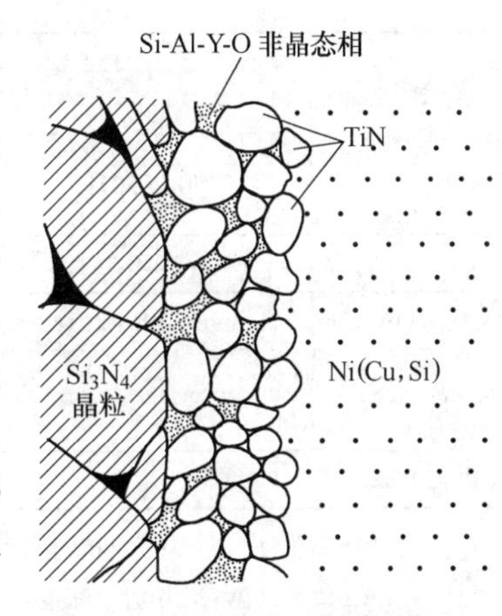

图7-46　用Ni-Cu-Ti钎料钎焊Si_3N_4陶瓷接头界面组织结构示意图

表7-6给出了耐高温陶瓷之间及耐高温陶瓷与耐高温金属之间的钎焊工艺及接头性能。

表7-6　耐高温陶瓷之间及耐高温陶瓷与耐高温金属之间的钎焊工艺及接头性能

连接副	钎料	温度/℃	厚度/μm	气氛	时间/min	强度/MPa				测试方法[①]
						20℃	500℃	600℃	700℃	
Si_3N_4-Ni	60Pd-40Ni	1290	50	真空	5	18	29	—	—	τ_b
Si_3N_4-Ni	70Au-8Pd-2Ni	1090	50	真空	5	99	105	—	—	τ_b
Si_3N_4-Ni	93Au-5Pd-2Ni	1180	50	真空	5	77	85	—	—	τ_b
Si_3N_4-Ni	82Au-18Ni	1000	50	真空	5	82	104	—	—	τ_b
Si_3N_4-Ni	82Au-18Ni	1150	50	真空	5	57	93	85	—	τ_b
Si_3N_4-Ni	93Au-5Pd-2Ni	1150	50	真空	5	59	47	—	—	τ_b
Si_3N_4-Ni	Au-34Ni-4Cr-1.5Fe-1.5Mo	1150	50	真空	5	60	98	100	—	τ_b
Si_3N_4-Ni	Au-35Ni-5Cr-2.5Fe	1150	50	真空	5	37	105	78	—	τ_b
Al_2O_3-Cu	50Cu-50Ti	1025	45	真空	30	110	113	—	13	τ_b
Al_2O_3-可伐	50Cu-50Ti	1150	65	真空	30	175	—	132	50	τ_b
SiC-Nb-W	50Ni-50Ti	1450	100	真空	10	110	—	—	100	τ_b

（续）

连接副	钎料	温度/℃	厚度/μm	气氛	时间/min	强度/MPa				测试方法①
						20℃	500℃	600℃	700℃	
SiC-Nb	50Ni-50Ti	1450	100	真空	10	68	—	—	—	τ_b
SiC-SiC	50Ni-50Ti	1450	100	真空	30	160	—	—	262	τ_b
Si_3N_4-Si_3N_4	Al	1100	100	真空	60	140	180（100℃）	—	—	τ_b
Si_3N_4-Si_3N_4	Al-4Cu	1100	100	真空	60	180	220（100℃）	—	—	τ_b
Si_3N_4-Ti	Al-4Cu	1000	100	真空	5	155	180（100℃）	—	—	τ_b
Si_3N_4-Ti	Al	1000	100	真空	5	100	95（100℃）	—	—	τ_b
Si_3N_4-Nb	Al-4Cu	1000	100	真空	5	160	225（100℃）	—	—	τ_b
Si_3N_4-Nb	Al	1000	100	真空	5	100	115（100℃）	—	—	τ_b
Si_3N_4-Si_3N_4	50Cu-50Ti	1100	45	真空	30	175	199（100℃）	—	106	τ_b
Si_3N_4-Si_3N_4	69Cu-10Ni-21Ti②	1080	40	真空	10	402	380	—	—	B_3
Si_3N_4-1.25Cr-0.5Mo	69Cu-10Ni-21Ti	1080	40	真空	10	268	—	130	—	B_3
Si_3N_4-Si_3N_4	70Ni-20Cr-10Si	947	100	N_2	5	120	185	220（900℃）	—	B_4
RBSiC-RBSiC	Al	1000	300	真空	90	230	180	—	220	B_3

① τ_b 为抗剪强度，B_3 为三点抗弯强度，B_4 为四点抗弯强度，“空白”处为未做对应温度的强度。

② 1.25Cr-0.5Mo/W/Ni 作为中间层。

2. 采用 Pd-Ni 基高温钎料钎焊 Si_3N_4 陶瓷

在 Si_3N_4 陶瓷的焊接中，采用传统的 Ag-Cu-Ti、Cu-Ti 及 Al 基活性钎料进行钎焊，虽然能够得到良好的钎焊接头，但是，其使用温度受到限制（Ag-Cu-Ti 钎料的钎焊接头工作温度不能超过 500℃），不能充分发挥 Si_3N_4 陶瓷优良的高温性能，因此，应当寻找能够耐高温的钎料。

国外一些学者曾经采用贵重金属或者以贵重金属为主的材料作为钎料来钎焊 Si_3N_4 陶瓷，可以使工作温度达到 650℃，如 41Ni-34Cr-24Pd 及 Au-33～35Ni-3～4.5Cr-1～2Fe-1～2Mo。但是，使用这些钎料，一方面陶瓷需要镀镍；另一方面，其所用温度并不太高（不能超过 700℃），因此，应用受到限制。

采用 60Pd-40Ni 及这种配比的 95～86（Pd-Ni）-（5～14）Cr、86～74（Pd-Ni）-（14～26）Cr，均由高纯度粉末压制成坯体，其液相线温度分别为 1245℃、1232℃及 1249℃。

图 7-47 和图 7-48 所示分别为 Pd-Ni 和 Pd-Si 二元合金相图。图 7-49 所示为 Pd-Ni 钎料钎焊 Si_3N_4 陶瓷界面的微观形貌和各元素的面分布。从图 7-47 可知 Pd-Ni 合金为无限固溶，在图 7-49a 中的钎缝应该是 Pd-Ni 合金固溶体，但是，在界面附近发生了反应，反应层厚度

为 15~20μm，而且，界面弯曲，说明界面反应激烈。反应层中 a、b 两点的化学成分分别为 67.19Pd-14.19Ni-18.32Si 和 44.04Pd-45.39Ni-10.57Si。这是由于 Si_3N_4 陶瓷在 1150~1250℃ 能够发生分解，Si_3N_4 陶瓷→3Si+4N，分解产物会与钎料发生反应。由于 Si 分子较大，不易扩散，于是就停留在陶瓷界面附近。而且能够与扩散过来的 Pd、Ni 反应，形成 Pd-Si 和 Ni-Si 化合物。

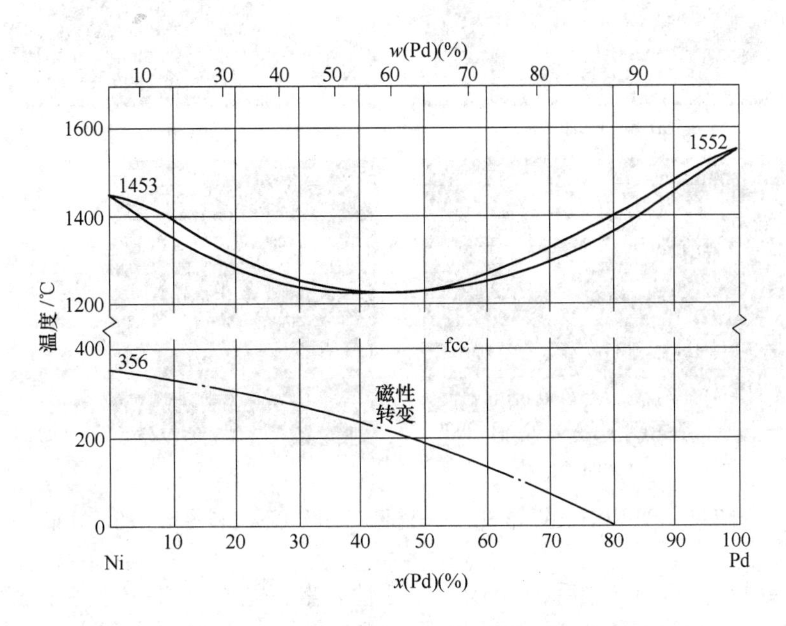

图 7-47　Pd-Ni 二元合金相图

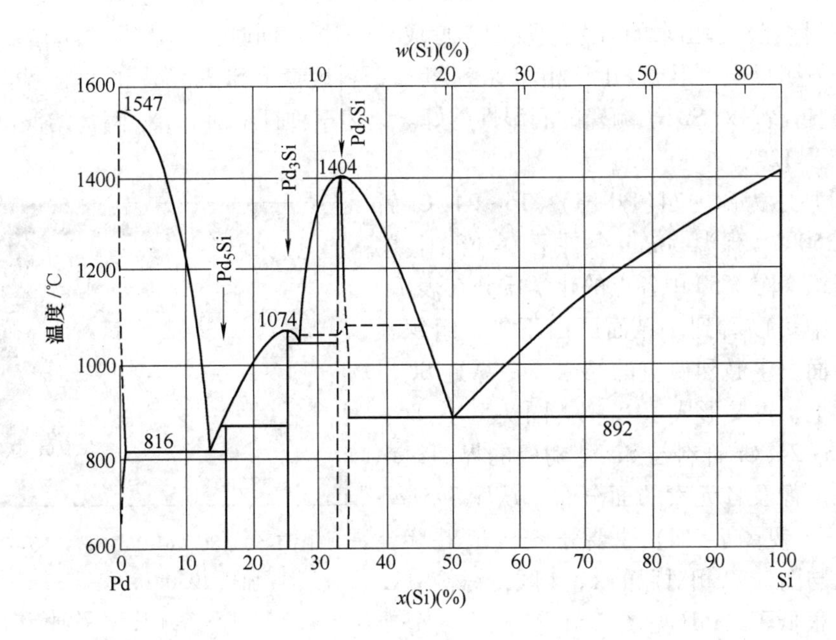

图 7-48　Pd-Si 二元合金相图

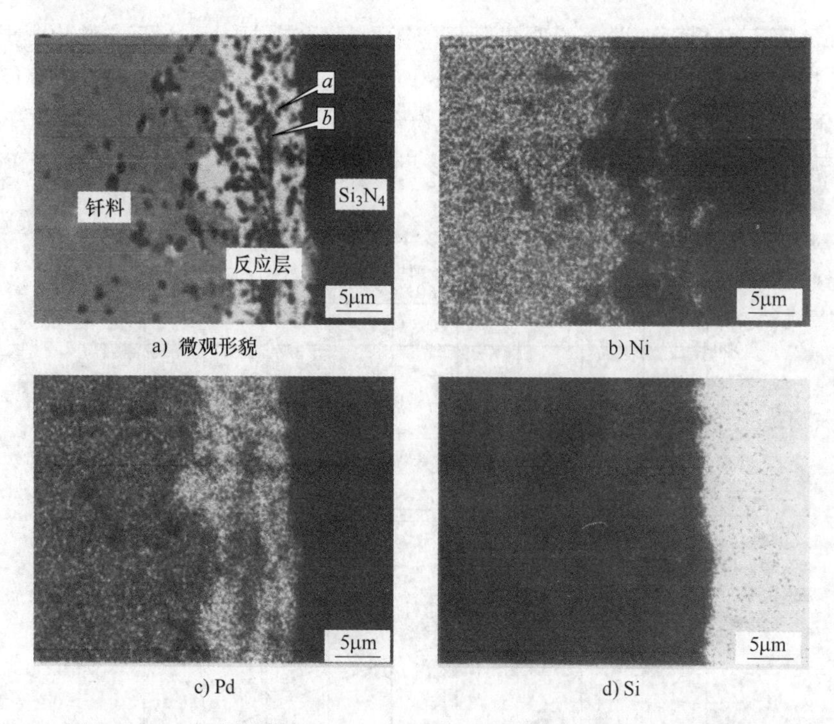

a) 微观形貌　　b) Ni

c) Pd　　d) Si

图 7-49　Pd-Ni 钎料钎焊 Si_3N_4 陶瓷界面的微观形貌和各元素的面分布

在 Pd-Ni 钎料中加入 Cr 之后，由于 Cr 是活性元素，能够与 Si_3N_4 陶瓷分解出来的 N 发生反应，而且钎料中 Cr 含量越高，这个反应越激烈。因此，在 Pd-Ni 钎料中加入 Cr 之后，在钎焊过程中，钎料 Pd-Ni 共晶中加入了 Cr。Cr 的活性很强，在钎料与 Si_3N_4 陶瓷的界面上，与 Si_3N_4 陶瓷分解出来的 N 发生反应，形成 Cr-N 相，同时，Si_3N_4 陶瓷分解出来的 Si 也与 Pd 和 Ni 发生反应，形成 Pd-Si 相和 Ni-Si 相。钎料改善了 Si_3N_4 陶瓷的润湿性。而且，钎料中 Cr 含量越高，对 Si_3N_4 陶瓷的润湿性越好。上述三种钎料对 Si_3N_4 陶瓷的润湿角分别达到 28°、18°及 12°。

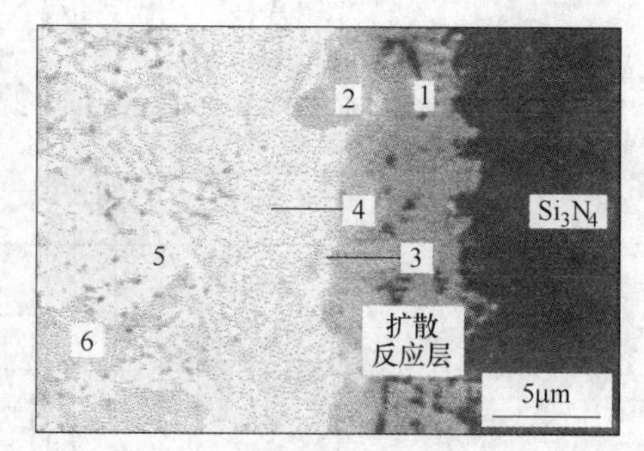

图 7-50　86~74(Pd-Ni)-(16~24) Cr 钎料在加热 1250℃，保温 30min 条件下，与 Si_3N_4 陶瓷的界面组织

图 7-50 所示为 86~74(Pd-Ni)-(16~24)Cr 钎料在加热 1250℃，保温 30min 条件下，与 Si_3N_4 陶瓷的界面组织。图 7-50 中各点的化学成分在表 7-7 中给出。从中可以看到，界面凹凸不平，组织紧密，这是界面发生激烈反应的结果。在靠近 Si_3N_4 陶瓷的界面上，主要形成了 Cr-N。图 7-51 为 86~74Pd-Ni-(16~24)Cr 钎料与 Si_3N_4 陶瓷的界面组织的背散射电子像及各元素的面分布。从图 7-51 中可以看到，Cr(见图 7-51d) 主要分布于 Si_3N_4 陶瓷的界面上，与图 7-50 相对照的 1、2 区，钎料中 Cr 的含量已经很低了；Pd(见图 7-51b) 则主要分布于 Cr 的远离 Si_3N_4 陶瓷界面的另外一侧，即与图 7-50 相对照的 4、5、6 区，而且由表 7-7 可知，白亮色的 5 区，Pd 的含量很高。总体来看，

Si 在钎缝的分布中，反而在远离 Si_3N_4 陶瓷的界面上，这进一步说明 Cr-N 反应得激烈。因此，钎料中加入 Cr 以后，明显改善了钎料对 Si_3N_4 陶瓷的润湿性。

表 7-7　图 7-50 中各点的化学成分

区域	元素含量（摩尔分数,%）					主要物相
	N	Si	Cr	Ni	Pd	
1	19.54	3.88	76.39	0.15	0.04	Cr-N
2	11.48	15.69	44.39	27.90	0.54	Cr-N，Cr-Si，Ni-Si
3	19.04	21.93	7.47	19.48	32.09	—
4	13.74	22.88	7.37	43.69	12.31	—
5	—	32.41	—	12.86	54.73	Pd-Si，Ni-Si
6	—	19.92	26.34	46.44	7.30	Cr-Si，Ni-Si

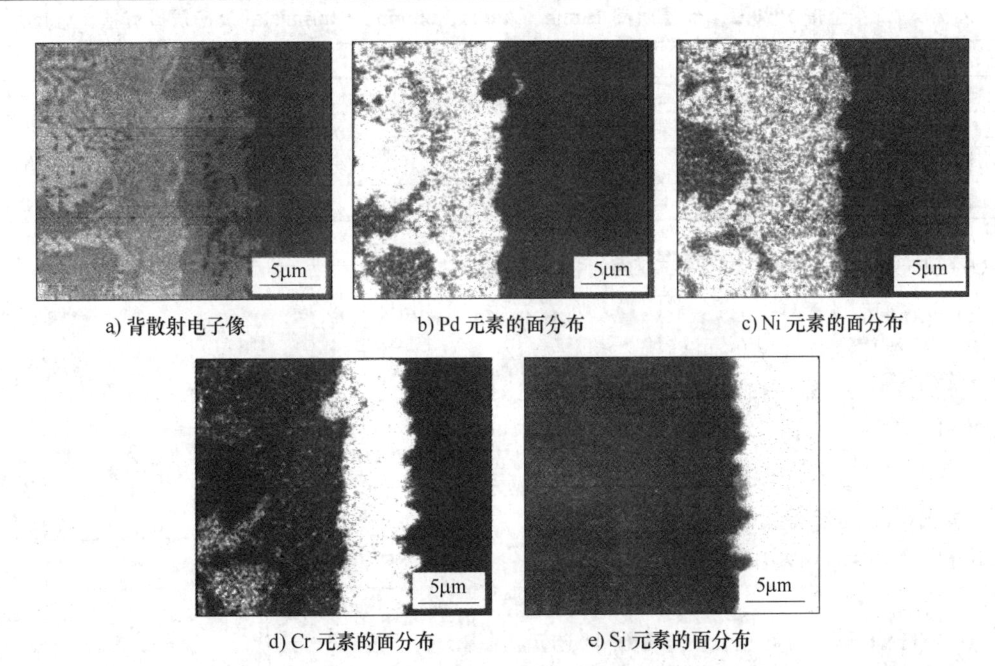

a) 背散射电子像　b) Pd 元素的面分布　c) Ni 元素的面分布　d) Cr 元素的面分布　e) Si 元素的面分布

图 7-51　86~74Pd-Ni-(16~24) Cr 钎料与 Si_3N_4 陶瓷的界面组织的背散射电子像及各元素的面分布

但是，以 V 代替 Cr 加入到 Pd-Ni 中，不能够改善其对 Si_3N_4 陶瓷的润湿性。

7.5　Si_3N_4 陶瓷的部分瞬间液相扩散焊

部分瞬间液相扩散焊（Partaial Transient Liqurid—Phase，PTLP）综合了钎焊和扩散焊的优点，能够在较低温度和较短时间内制备焊接接头。但是中间层的选择是本技术的关键，目前多采用复合中间层。用于 Si_3N_4 陶瓷的瞬间液相扩散焊的中间层有 Ti/Ni/Ti、Ti/Cu/Ti、Au/Ni-22Cr/Au、Nb/Ni/Nb、Cu-Au-Ti/Ni/Cu-Au-Ti、Ni/Hf/Ni 等。这些中间层的作用是：都有活性元素与陶瓷发生界面反应形成结合层，如 Ti、Cr、Nb、Hf 等；中间层之间能够发生反应形成低熔点液相，将活性元素搬运到陶瓷表面，以利于发生界面反应而形成结合层。

1. Si_3N_4 陶瓷的一次部分瞬间液相焊

（1）中间层材料　中间层材料为Ti/Cu/Ti，其质量分数都在99.8%以上。Ti粉用丙酮调制成浆料，Cu片的厚度为0.8mm。由第3章图3-84所示可以看到，Cu-Ti之间能够形成多种熔点低于1000℃的共晶体。

（2）焊接工艺　在Si_3N_4陶瓷的被焊表面均匀涂以0.2mm的Ti粉浆料，然后装配成Si_3N_4陶瓷/Ti/Cu/Ti/Si_3N_4陶瓷的接头。焊接压力0.16MPa，氩气保护，焊接温度1000℃，保温时间15min、25min、35min、60min。

（3）接头强度　表7-8所示为焊接温度1000℃，保温时间15min、25min、35min、60min时的反应层厚度接头强度。可以看到，保温25min的接头强度最高，能够达到250MPa。

表7-8　焊接温度1000℃，保温时间15min、25min、35min、60min时的反应层厚度接头强度

保温时间/min	15	25	25	25	35	60
反应层厚度/μm	10.54	13.60	13.60	13.60	16.09	21.07
试验温度/℃	25	25	500	600	25	25
接头强度/MPa	150	250	150	30	200	50
断裂部位	界面	界面+陶瓷	界面	界面	界面+陶瓷	陶瓷

（4）接头组织　图7-52所示为试样断口金属侧表面剥离层的XRD图像，图7-53所示为接头扫描电镜照片及各元素的面扫描。可以看出，在界面形成了Si_3N_4陶瓷/TiN/$Ti_5Si_3+Ti_5Si_4+TiSi_2$/$TiSi_2+Cu_3Ti_2$/Cu。这说明Ti主要与陶瓷反应，在Si_3N_4陶瓷表面形成了TiN。由Si_3N_4与TiN的形成自由能来看：

$$\Delta G^{\circ}(Si_3N_4) = -396.48\text{J/mol} + 0.2066T \tag{7-5}$$

$$\Delta G^{\circ}(TiN) = -679.14\text{J/mol} + 0.1915T \tag{7-6}$$

Si_3N_4没有TiN稳定，因此在Si_3N_4陶瓷界面上几乎没有Cu，Ti含量也明显高于Si，这说明TiN优先在界面形成，成为连接陶瓷的主体。在靠近这一层上，则含有Ti、Si、Cu，形成了多种Ti-Si化合物，而在中间层中也与Cu形成Cu-Ti化合物。

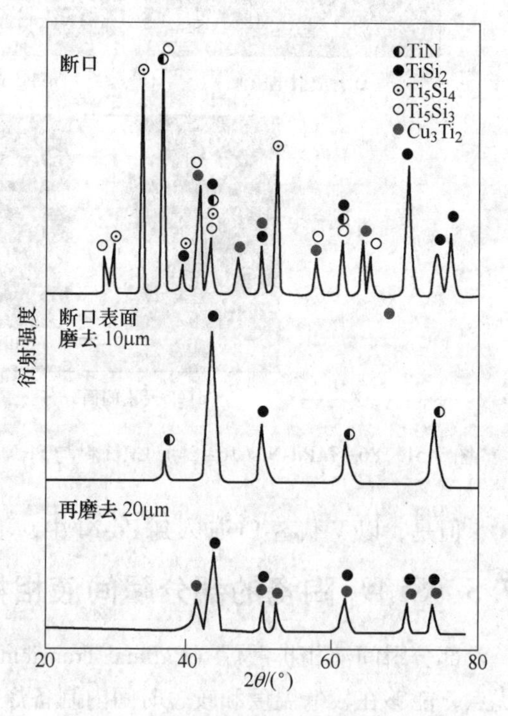

图7-52　试样断口金属侧表面剥离层的XRD图像

（5）陶瓷/金属部分瞬间液相扩散焊参数的选择　经过复杂的分析发现，陶瓷/金属部分瞬间液相扩散焊参数的选择与中间层活性元素（比如Ti）的厚度有关，这个厚度与焊接参数决定了陶瓷/金属界面反应生成物的厚度，而这个反应生成物的厚度又决定了焊接接头强度。因此从一定意义上说，焊接参数的选择取决于中间层活性元素的厚度。图7-54所示为中间

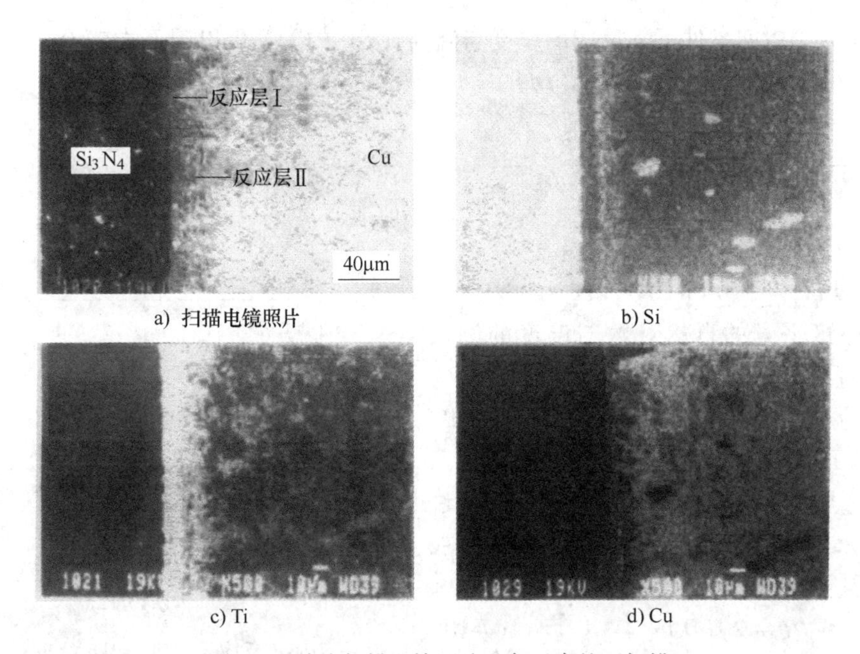

a) 扫描电镜照片　b) Si　c) Ti　d) Cu

图 7-53　接头扫描电镜照片及各元素的面扫描

层活性元素的厚度、焊接温度和保温时间之间的关系。而这三者决定了陶瓷/金属界面反应生成物的厚度，在一定焊接参数的条件下，陶瓷/金属界面反应生成物的厚度与中间层活性元素的厚度（或者陶瓷/金属界面反应生成物的最大厚度与中间层活性元素的厚度）有关，如图 7-55 所示。

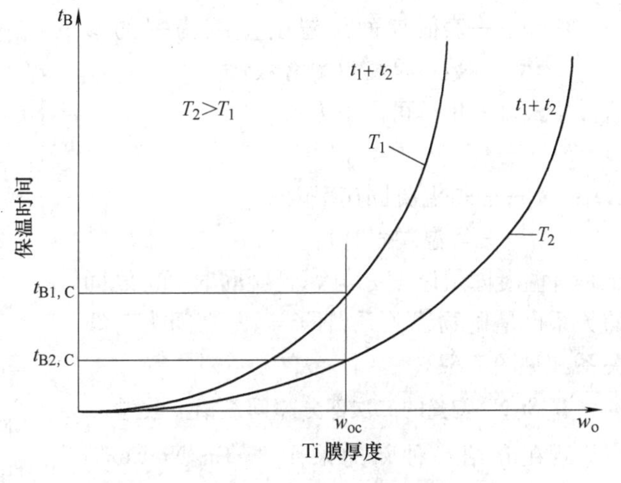

图 7-54　中间层活性元素的厚度、焊接温度和保温时间之间的关系

（6）陶瓷/金属界面成长动力学

1）陶瓷/金属界面反应层成长动力学。活性钎料陶瓷/金属界面反应层成长动力学研究表明，在一定温度条件下，反应层厚度与保温时间的关系可以用下式表示：

$$X = k_P t^n \tag{7-7}$$

式中　k_P——反应层生长因子；

t——保温时间；

n——时间指数，与活性元素的浓度有关，高浓度 Ti 钎料为 0.5。

于是，式（7-7）变为：

$$X = k_P t^{1/2} \tag{7-8}$$

对于 Ti-Cu 系统，k_P 为 $9.234\times10^{-8}\text{m/s}^{1/2}$。

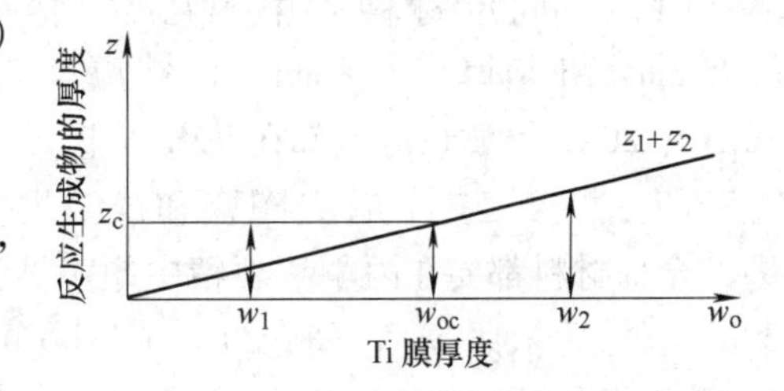

图 7-55　陶瓷/金属界面反应生成物的厚度与中间层活性元素的厚度之间的关系

在一定保温时间条件下，反应层厚度与温度（T）的关系可以用下式表示：

$$X = k_P(Dt)^{1/2}\{\exp[-Q/(RT)]\}^{1/2} \tag{7-9}$$

式中 k_P——反应层生长因子；

D——活性原子扩散系数；

Q——活性原子扩散激活能，求得 Ti 的激活能为 87.2kJ/mol；

R——气体常数。

$$\ln X^2 = -Q/(RT) + \ln K$$

即反应层厚度平方的自然对数与温度的倒数（$1/T$）成直线的关系（见图 7-56）。

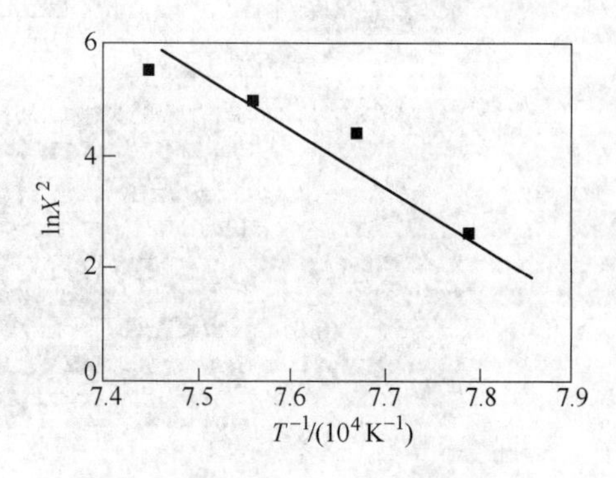

图 7-56 反应层厚度与温度之间的关系

2）等温凝固动力学。图 7-57 所示为 B/A/B 陶瓷 PTLP 焊接中液态金属等温凝固示意图。液态金属等温凝固时固-液界面位置在 $\xi_0=0$（$t=0$），在时间 t 时固-液界面位置在 ξ，即等温凝固层厚度 ξ 为：

$$\xi = 2\gamma(D_S t)^{1/2} \tag{7-10}$$

式中 D_S——α 相中的扩散系数，在一定温度下是一个常数；

γ——表征界面位置的量纲为一的参数，是材料的常数。

这样，式（7-10）可以写为：

$$\xi = k_2 t^{1/2} \tag{7-11}$$

式中 k_2——等温凝固速率因子；

t——等温凝固时间。

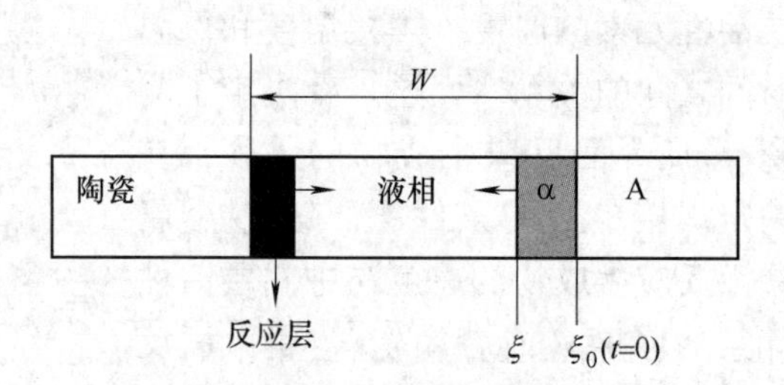

图 7-57 B/A/B 陶瓷 PTLP 焊接中液态金属等温凝固示意图

于是等温凝固层厚度 ξ 与等温凝固时间 t 之间的关系也是抛物线关系，即与 $t^{1/2}$ 之间为直线关系（见图 7-58）。

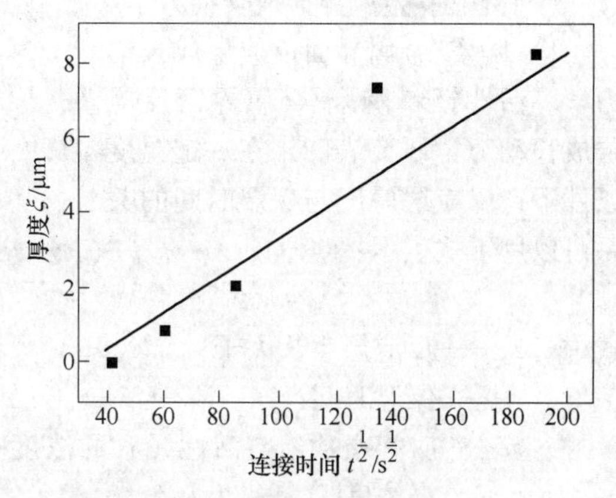

图 7-58 等温凝固层厚度 ξ 与等温凝固时间 t 之间的关系

2. Si_3N_4 陶瓷的二次部分瞬间液相扩散焊

现在介绍一种新的采用 Ti/Cu/Ni/Cu/Ti 多层中间层进行 Si_3N_4 陶瓷的二次部分瞬间液相扩散焊方法。

（1）中间层材料　中间层 Cu 箔厚度 0.25mm，Ni 箔厚度 0.8mm，Ti 箔厚度 8μm、10μm、20μm，质量分数都在 99%以上。

（2）焊接工艺　首先陶瓷和镍箔均需打磨，全部材料都要在丙酮和酒精中超声波清洗 20min。然后依照 Si_3N_4 陶瓷/Ti/Cu/Ni/Cu/Ti/Si_3N_4 陶瓷的顺序装配。施加 0.06MPa 的压力，在真空度不低于 2×10^{-2}Pa 的情况下，以 12℃/min 的速度到达焊接温度 T_1（1050℃）、T_2

（1120℃）后分别保温 t_1、t_2（皆为 180min），再以 10℃/min 的速度降温到 800℃，随炉冷却至室温。

（3）接头强度

1）Ti 箔厚度（Cu 箔 0.25mm、Ni 箔 0.8mm 不变）对抗弯强度的影响。图 7-59 所示为 Ti 箔厚度（Cu 箔 0.25mm、Ni 箔 0.8mm 不变）对抗弯强度的影响，可以看到 Ti 箔厚度为 10μm 时抗弯强度最高，达到 151.3MPa。研究表明，Ti 箔厚度对抗弯强度的影响是通过影响界面反应层厚度实现的。因为 Ti 层太薄，与陶瓷的界面反应不足以形成致密而连续的反应层，界面结合不够，因此，抗弯强度较低；如果 Ti 层太厚，与陶瓷的界面反应剧烈，形成的反应层太厚，由于反应层是脆性金属间化合物，因此，抗弯强度也低。

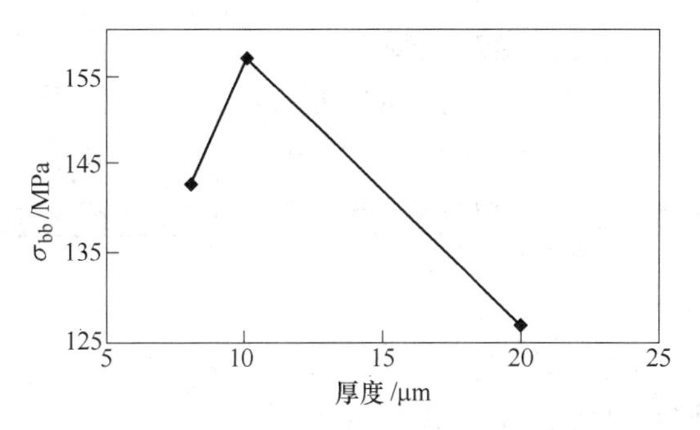

图 7-59　Ti 箔厚度（Cu 箔 0.25mm、Ni 箔 0.8mm 不变）对抗弯强度的影响

2）Si_3N_4 陶瓷二次部分瞬间液相扩散焊的接头强度。

①二次部分瞬间液相扩散焊焊接温度的影响。如果保持其他焊接参数不变，特别是保温时间不变，只是改变二次部分瞬间液相扩散焊的焊接温度，抗弯强度就改变了，如图 7-60 所示。即随着焊接温度 T_1 的提高，抗弯强度也提高。

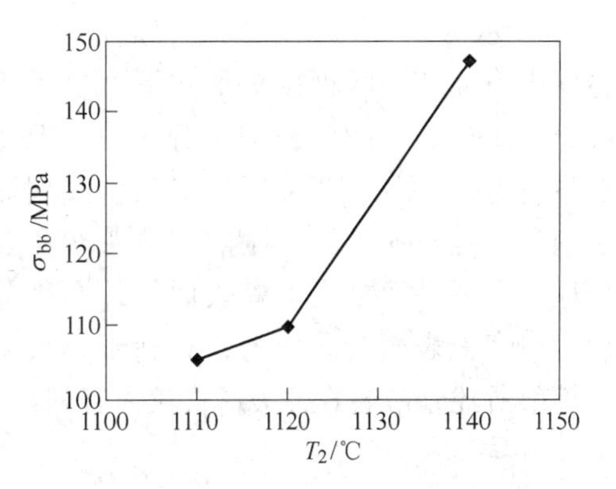

图 7-60　二次部分瞬间液相扩散焊焊接温度对抗弯强度的影响

②二次部分瞬间液相扩散焊保温时间的影响。在保持部分瞬间液相扩散焊参数不变，仅仅改变二次部分瞬间液相扩散焊保温时间的情况下，图 7-61 所示为二次部分瞬间液相扩散焊保温时间对抗弯强度的影响。即随着保温时间 t 的延长，抗弯强度也提高。

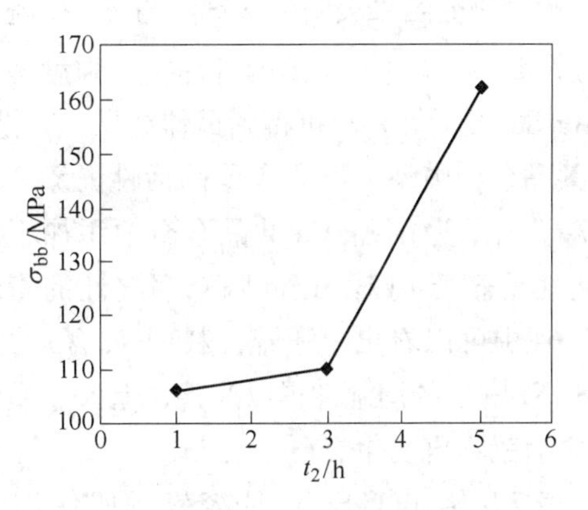

图 7-61　二次部分瞬间液相扩散焊保温时间对抗弯强度的影响

7.6　Si_3N_4 陶瓷与金属的钎焊

7.6.1　Si_3N_4 陶瓷与金属的钎焊接头形式

一般来说，陶瓷与金属焊接接头多数与双金属复合板有相类似的功能，即利用基体金属的基本性能再复合一种具有特殊性能的金属，以满足工作于特殊工作环境中的部件的特殊要求。而陶瓷与金属焊接接头则是在金属部件上焊接一层陶瓷，以获得具有特殊性能的表面，陶瓷一般具有耐磨、绝热、绝缘等作用。

由于陶瓷与金属的性能差别巨大，因此其连接方式只能是固相连接。一般来说，以扩散焊和钎焊为主要接头形式。图 7-62 所示为比较典型的两种基本接头形式。

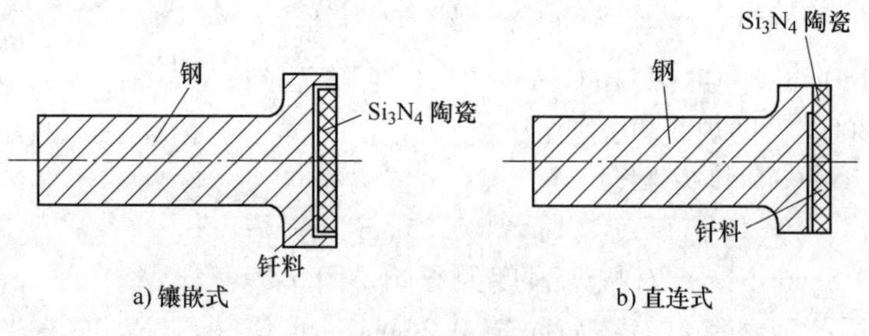

图 7-62 陶瓷与金属的钎焊接头形式

图 7-62 中陶瓷与金属的两种钎焊接头形式具有不同的特点：镶嵌式接头易于装配，熔化的钎料不易流失；而且镶嵌式接头受力状况对陶瓷较为有利。图 7-63 所示为接头形式对陶瓷表面应力的影响。对径向应力而言，两种接头形式下都是靠近圆心的部分为压应力，陶瓷外圆部分受拉，但镶嵌式接头拉应力小一些；两种钎焊接头形式周向应力的径向分布也有所不同，镶嵌式接头陶瓷表面均为压应力，而平面接头陶瓷表面的外圆部分则为拉应力。陶瓷表面为压应力，有利于延长使用寿命。综上所述，镶嵌式接头形式较为有利。

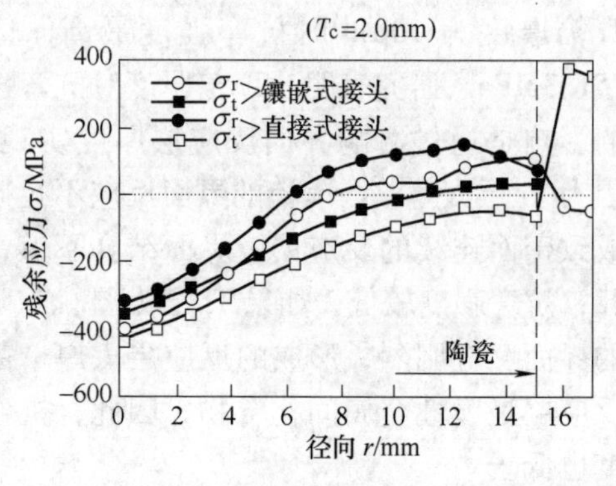

图 7-63 接头形式对陶瓷表面应力的影响

7.6.2 钎料

1. 润湿性

大量研究结果表明，从钎料与 Si_3N_4 陶瓷的润湿性及 Si_3N_4 陶瓷与金属的钎焊接头强度考虑，采用 Ag-Cu-Ti 活性钎料可得到最佳结果。它是在 Ag-Cu 共晶合金中添加不同含量的活性元素 Ti 而成。图 7-65 所示为在 Ag-Cu 共晶合金中添加不同含量的活性元素 Ti 时对 Si_3N_4 陶瓷润湿性的影响。从图 7-64 中可以看出，随着钎料中 Ti 含量的提高，对 Si_3N_4 陶瓷的润湿性得以改善，但大于质量分数 2%之后就不再变化。

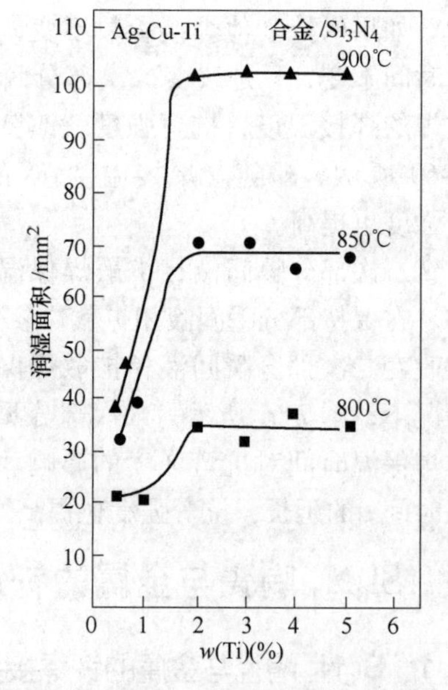

图 7-64 在 Ag-Cu 共晶合金中添加不同含量 Ti 时对 Si_3N_4 陶瓷润湿性的影响

表 7-9 给出了 Si_3N_4 陶瓷钎焊所使用的活性钎料。

2. 钎料中 Ti 含量对 Si_3N_4 陶瓷润湿性的影响的机理

普通钎料对陶瓷不润湿、不铺展，只有加入活性元素后，通过活性元素与陶瓷界面的反应，才能使钎料在陶瓷表面实现润湿和铺展。这种界面反应促成了钎料在陶瓷表面实现润湿和铺展，其机理可有如下两种作用：其一是界面反应后系统的能量降低，即界面张力 σ_{yg} 降低，从而使润湿角减小；其二是伴随着界面反应的进行，引起界面组织结构的变化，使界面张力 σ_{yg}降低，从而使润湿角减小。在钎料中加入活性元素后，通过活性元素与陶瓷界面的反应而产生了新的物质，引起界面组织结构的变化，使界面张力 σ_{yg}降低，从而使润湿角减小，进而对陶瓷不润湿、不铺展。在加入活性元素后，通过活性元素与陶瓷界面的反应，产生了新的物质，使钎料在陶瓷表面实现润湿和铺展。在 Ag-Cu 共晶合金中添加的活性元素 Ti 就起到这种作用，且随 Ag-Cu 共晶合金中添加的活性元素 Ti 量的增加，润湿角逐渐减小，即润湿性和铺展性逐渐增大，以至于达到极限。

表 7-9　Si_3N_4 陶瓷钎焊采用的活性钎料

系	活性金属及其合金实例
Ti 系	Ti，Ti-Cu，Ti-Cu-Ag，Ti-Ag，Ti-Cu-Ni，Ti-Cu-Au，Ti-Cu-Be，Ti-Cu-Be-Zr，Ti-Ni，Ti-Ni-P，Ti-Ni-TiH_2，Ti-Al，Ti-Al-V，Ti-Al-Cu
Zr 系	Zr，Zr-Cu，Zr-Cu-Ni，Zr-Ni
Al 系	Al，Al-Cu，Al-Ag，Al-Ni，Al-Ti，Al-Zr，Al-Si，Al-Mg，Al-Mg-Cu-Si，Al-Cu-Mg-Mn，Al-Si-Mg
Hf 系	Hf
Nb 系	Nb，Nb-Cu-Al
Cu 系	Cu-Mn，Cu-Cr，Cu-Nb，Cu-V，Cu-Al-V
Ni 系	Ni，Ni-Cr
Ta 系	Ta
Co 系	Co

7.6.3　接头强度

Ag-Cu 共晶合金中添加不同含量的活性元素 Ti 时，不仅对 Si_3N_4 陶瓷的润湿有影响，也影响到 Si_3N_4 陶瓷与钢的钎焊接头的强度，这是 Ti 对 Si_3N_4 陶瓷与钢钎焊抗拉强度的影响，如图 7-67 所示。从图 7-65 中可以看出，当在 Ag-Cu 共晶合金中添加质量分数约为 3% 的活性元素 Ti 时，钎焊抗拉强度最高。这是因为含 Ti 量较低时，钎料的活性较低，钎料与 Si_3N_4 陶瓷的界面反应不充分，使结合强度偏低；而含 Ti 量过高时，钎料的硬度和钎缝强度提高，使钎焊接头的残余应力增大，以及界面反应层增厚而使脆性相厚度增加，从而导致抗拉强度降低。

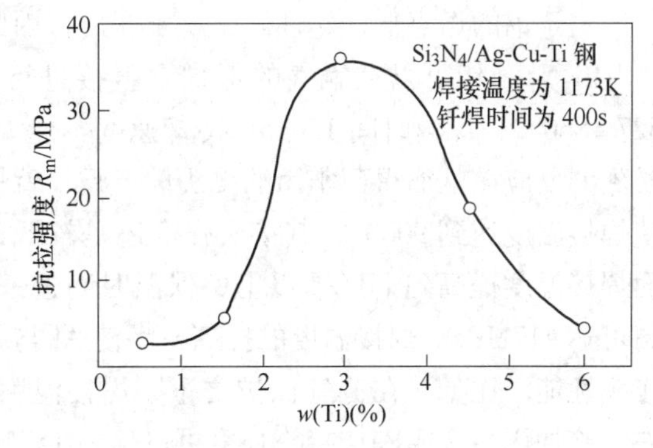

图 7-65　Ag-Cu-Ti 活性钎料中不同含量 Ti 对抗拉强度的影响

在保证界面充分反应的条件下，尽可能降低钎焊温度及减少保温时间，有利于降低接头的残余应力和减少脆性相厚度，可以提高钎焊接头强度。试验结果表明，在 870~900℃ 的钎焊温度下，保温时间在 10~15min 时，可以获得最好的钎焊接头强度。钎焊参数为 900℃×10min 时，接头的抗剪强度≥110MPa。

表 7-10 给出了 Si_3N_4 陶瓷与金属的钎焊接头抗弯强度。

表 7-10 Si_3N_4 陶瓷与金属的钎焊接头抗弯强度

金属	Fe	Ni	Co	Cu	Nb	Mo	W	Ta
抗弯强度/MPa	325	389	151	16	289	420	90	376
焊接温度/℃	1200	1200	1300	1000	1400	1500	1300	1400

7.6.4 应力缓解层（中间层）

由于 Si_3N_4 陶瓷与钢的线胀系数相差较大 [Si_3N_4 陶瓷的线胀系数为 $3\times10^{-6}/K^{-1}$，而钢的线胀系数为 $(11\sim12)\times10^{-6}/K^{-1}$]，因而 Si_3N_4 陶瓷与钢的钎焊接头中存在较高的内应力而使承载能力下降，严重时会发生钎焊后在 Si_3N_4 陶瓷界面上产生裂纹的现象，所以，应当采取缓解应力的措施。在采取缓解应力的措施中，在 Si_3N_4 陶瓷与钢的钎焊接头中，增加应力缓解层是一种行之有效且可行的方法。图 7-66 给出了不同材料作为中间应力缓解层对提高 Si_3N_4 陶瓷与钢的钎焊接头强度的效果。从图 7-66 中可以看出，以 Ag 或 Cu 作为中间应力缓解层有良好效果。从降低成本考虑，应当选用 Cu 作为中间应力缓解层。试验证明，Cu 的厚度大于 0.5mm 就可以有效降低 Si_3N_4 陶瓷界面上的残余应力。

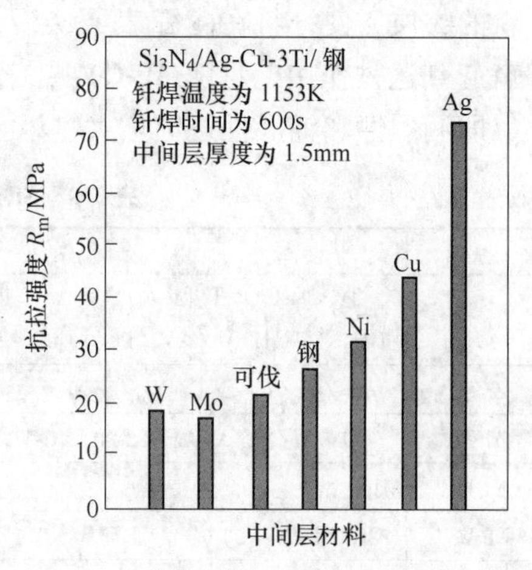

图 7-66 应力缓解层材料对抗拉强度的影响

7.7 Si_3N_4 陶瓷与铝的焊接

目前 Si_3N_4 陶瓷与铝的焊接还只是扩散焊。

由于铝的熔点低，塑性好，易于变形，因此，Si_3N_4 与铝的焊接并不很难。

Si_3N_4 与铝可以在氩气的保护下直接进行扩散焊接。施加 3.3MPa 的压力，焊接温度 627~860℃，保温时间 15min，冷却速度不能太快，这样就可以使得 Si_3N_4 中的 Si 与铝发生激烈的反应，从而得到牢固的接头。但是，就接头强度而言，焊接温度应该进一步提高。即使焊接温度达到 900℃，其接头强度还是较低，因为，在这个条件下，反应还是不够充分；而焊接温度提高到 1100℃以上，保温时间进一步延长，使其充分反应，接头强度较高，最高可达 417MPa。焊接温度的提高，将使 Al 与 Si_3N_4 陶瓷反应产物发生变化，这也就影响到接头性能。比如，在氮气保护之下，焊接温度提高到 1197~1697℃，保温时间在 30min 左右，施加压力 20MPa，接头强度可以达到 150MPa 以上。

7.8 Si_3N_4 陶瓷与钢的焊接

7.8.1 Si_3N_4 陶瓷与低碳钢的钎焊

1. 钎料成分的确定

采用 Ag-Cu-Ti 系钎料，成分为 Ag-Cu 共晶加上一定量的活性元素 Ti。活性 Ti 的作用是与 Si_3N_4 陶瓷发生反应形成结合层，以达到润湿 Si_3N_4 陶瓷和连接的作用。Ti 的质量分数在

2%以下，钎料与 Si_3N_4 陶瓷的反应不足，润湿性不高，接头质量不好。Ti 的质量分数在 2%时，钎料与 Si_3N_4 陶瓷的反应充分，润湿性最好，接头质量较高。一般来说，钎料中 Ti 的质量分数在 2%～3%。因此钎料成分确定为 97（Ag-Cu 共晶）-3Ti。

2. 接头组织

图 7-67 给出了 Si_3N_4 陶瓷/97（Ag-Cu 共晶）-3Ti/低碳钢接头中物相分布。可以看到，在低碳钢/97（Ag-Cu 共晶）-3Ti 的界面上主要是 α-Fe、Ag 的固溶体、Cu 的固溶体和 Cu-Ti 化合物，而 Si_3N_4 陶瓷/97（Ag-Cu 共晶）-3Ti 的界面上主要是 Ti-Si 化合物。这些化合物很复杂，从 Ti-Si 二元合金相图分析表明，以 Ti_5Si_3 和 $TiSi_2$ 为主，还有 TiN。

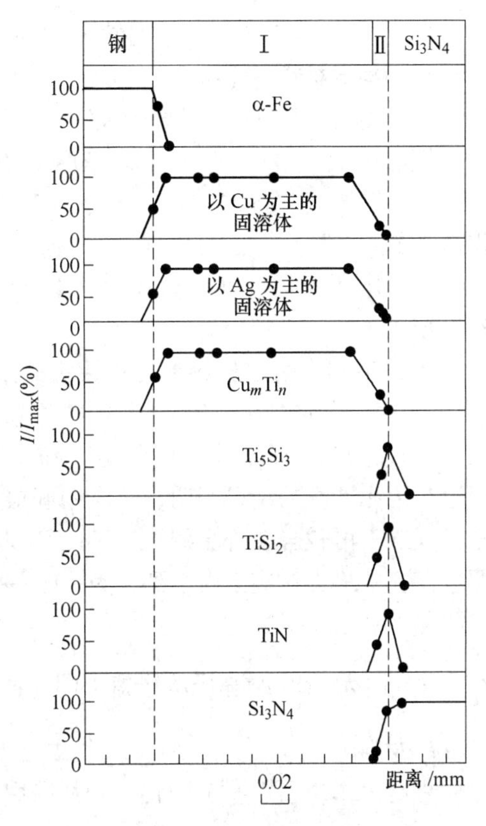

图 7-67　Si_3N_4 陶瓷/97（Ag-Cu 共晶）-3Ti/低碳钢接头中物相分布

3. 接头强度

接头强度与钎料成分和钎焊参数有关：

（1）钎料中 Ti 含量的影响　钎料中 Ti 质量分数低于 2%，界面反应不充分，润湿性不好，接头强度不高；钎料中 Ti 质量分数高于 3%，界面反应过分，界面生成物太多，而且钎料硬度提高，接头残余应力增大，都引起接头强度降低。因此钎料中 Ti 质量分数为 3%最好，接头强度最高。

（2）钎焊参数的影响　钎焊温度 900℃，保温时间 10min，是 Si_3N_4 陶瓷与低碳钢钎焊的最佳参数。

（3）中间过渡层的影响　由于 Ag-Cu-Ti 系钎料的线胀系数较大，与 Si_3N_4 陶瓷相差较大，界面残余应力较大，因此，接头强度不高。采用加中间层的方法，即采用钢/钎料/中间层/钎料/Si_3N_4 陶瓷的结构进行钎焊，分别采用 Ag、Cu、Ni、A3 钢、可伐合金（Fe-Ni-Co）、Mo、W 等作为中间层材料进行钎焊，这些中间层材料的弹性模量 E 和屈服强度 R_{eL} 与抗拉强度之间的关系如图

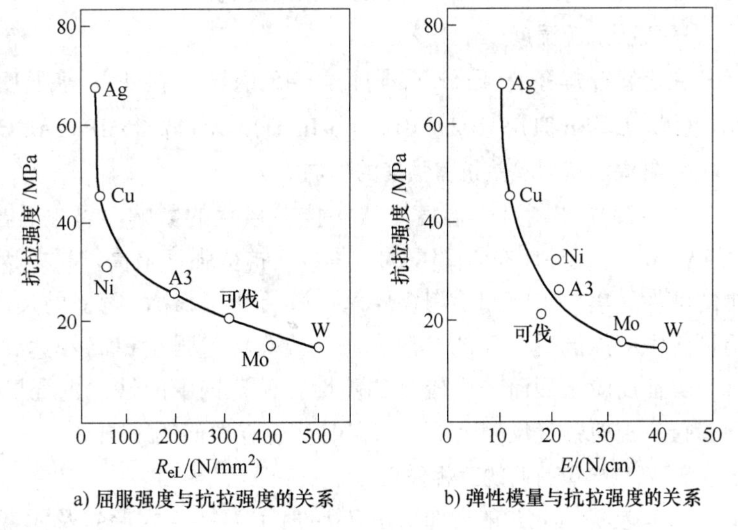

图 7-68　中间层材料的弹性模量和屈服强度与抗拉强度之间的关系

7-68 所示。由此可以认为，弹性模量 E 和屈服强度 R_{eL}是选择中间层材料的主要着眼点。

4. 中间层材料下钎焊接头的残余应力

（1）陶瓷界面的最大残余应力　采用热弹塑性有限元方法分析了钎料厚度 0.2mm 时，中间层厚度对 Si_3N_4 陶瓷与低碳钢的钎焊接头最大残余应力的影响。中间层 Cu、Mo 厚度对陶瓷界面最大残余应力的影响如图 7-69 所示。

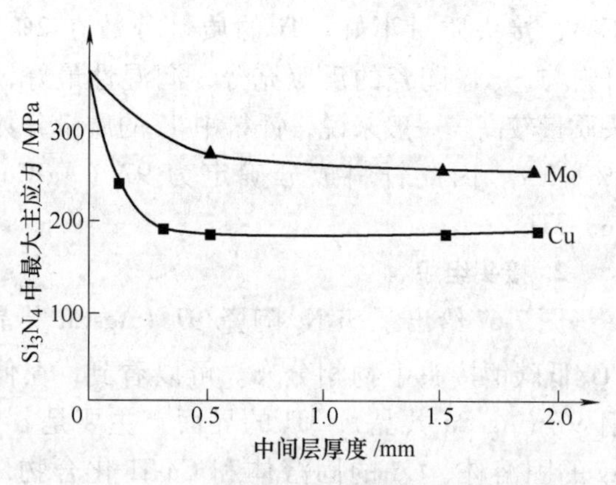

图 7-69　中间层 Cu、Mo 厚度对陶瓷界面最大残余应力的影响

（2）不同中间层材料下钎焊接头的残余应力分布　采用 Ag-Cu-Ti 系钎料 97（Ag-Cu 共晶）-3Ti 为 0.2mm、中间层厚度 1.5mm 时，经过有限元计算的结果表明，只有中间层 Cu 全部屈服，可伐合金部分屈服，Mo、W 未屈服，陶瓷中最大拉应力由小到大为：Cu→可伐合金→W→Mo。这个结果与接头性能的试验结果是一致的。

7.8.2　用无银的铜基钎料钎焊 Si_3N_4 陶瓷及 45 钢

1. 材料

母材为 Si_3N_4 陶瓷与 45 钢，钎料采用 Cu-Cr、Cu-Sn-Ti、Cu-In-Ti，并与 Ag-Cu-Ti 钎料相比较。

2. 钎焊参数

真空度不低于 5×10^{-5} Torr，加热温度分别为 1050℃（Cu-Cr）、1100℃（Cu-Sn-Ti）、1050℃（Cu-In-Ti）与 900℃（Ag-Cu-Ti），保温 10min。钎料在 Si_3N_4 陶瓷表面的润湿性就是在 0.17mg 等量钎料及保温 10min 条件下得到的，它们分别为 $60mm^2$（Cu-Cr）、$90mm^2$（Cu-Sn-Ti）、$100mm^2$（Cu-In-Ti）与 $110mm^2$（Ag-Cu-Ti）。

3. 接头抗剪强度

在上述钎焊条件下 Si_3N_4 陶瓷与 45 钢钎焊接头抗剪强度分别为 38.35MPa（Cu-Cr）、70.9MPa（Cu-Sn-Ti）、102.6MPa（Cu-In-Ti）与 117.35MPa（Ag-Cu-Ti）。

4. 钎焊温度对接头抗剪强度的影响

图 7-70 给出了钎焊温度对接头抗剪强度的影响。可以看出，保温 10min 时，Cu-Sn-Ti 在 1373K、Cu-In-Ti 在 1323K 的钎焊接头抗剪强度最高。这是因为，温度较低，不利于钎料中的活性元素 Ti 向 Si_3N_4 陶瓷界面扩散及其与 Si_3N_4 陶瓷的反应，因而接头抗剪强度较低；但钎焊温度提高后，Ti 的扩散充分，接头抗剪强度提高并达到峰值；再进一步提高钎焊温度，界面反应激烈而产生较多的脆性相，且钢中的铁，也会扩散进入钎缝，硬度提高，因而，接头抗剪强度反而降低。保温时间也有类似的影响。

5. 钎料与母材间的互相作用

（1）接头区元素的分布　图 7-71 所示为结合区形貌及元素分布。分析表明，钎料中活性元素 Cr、Ti 在钎缝中靠近陶瓷与金属两侧的界面上有明显富集，而其基体组分 Cu 均匀分

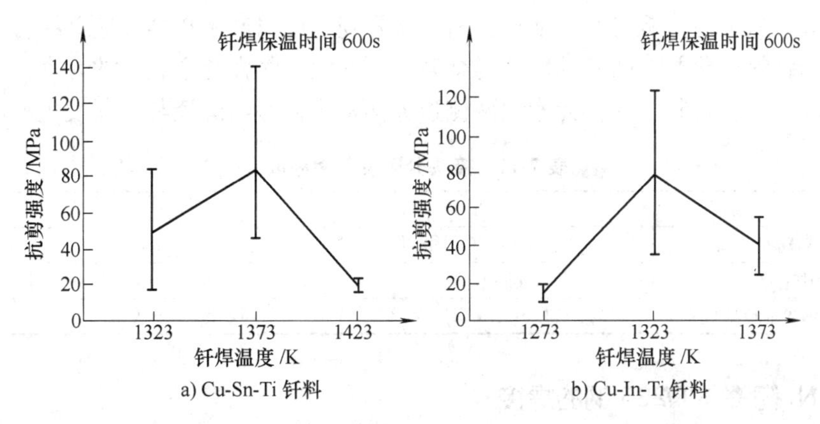

图 7-70　钎焊温度对接头抗剪强度的影响

布在钎缝中，Si、Fe 则分别自 Si_3N_4 陶瓷与 45 钢向钎缝扩散。这说明 Cr、Ti 对接头焊合起主要作用。

（2）接头分区及其相组成　接头分区及其相组成见表 7-11。

（3）活性钎料连接 Si_3N_4 陶瓷与 45 钢的机构　根据热力学手册，Cr、Ti 与 Si_3N_4 陶瓷的反应为：

$$Si_3N_4 + (19/2)Cr = 4Cr_2N + 1.5CrSi_2$$

$$\Delta G = 168 - 0.27T(\text{kJ/mol}) \tag{7-12}$$

在钎焊温度 1323K 下，其反应自由焓 $\Delta G = -189.2 < 0$，说明溶液态钎料 Cu-Cr 可以与 Si_3N_4 陶瓷按式（7-12）发生反应。

$$Si_3N_4 + 4Ti = 4TiN + 3Si$$

$$\Delta G = -606 + 0.054T(\text{kJ/mol}) \tag{7-13}$$

在钎焊温度 1323K 下，其反应自由焓 $\Delta G = -531.9 < 0$

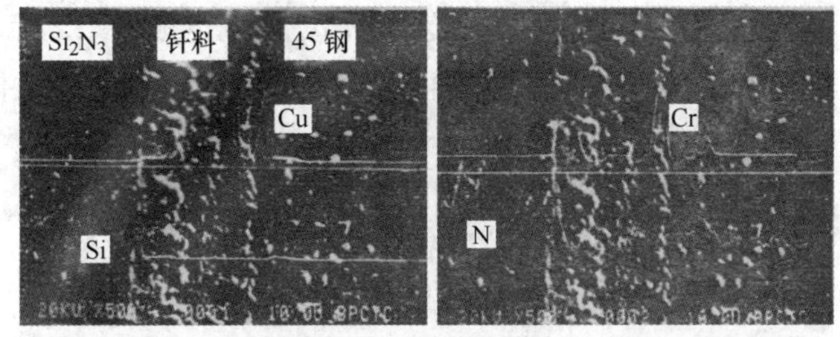

a) Cu-Cr 钎焊接头

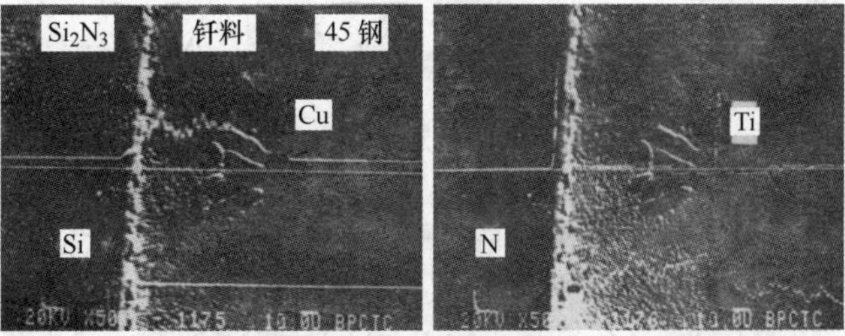

b) Cu-Sn-Ti 钎焊接头

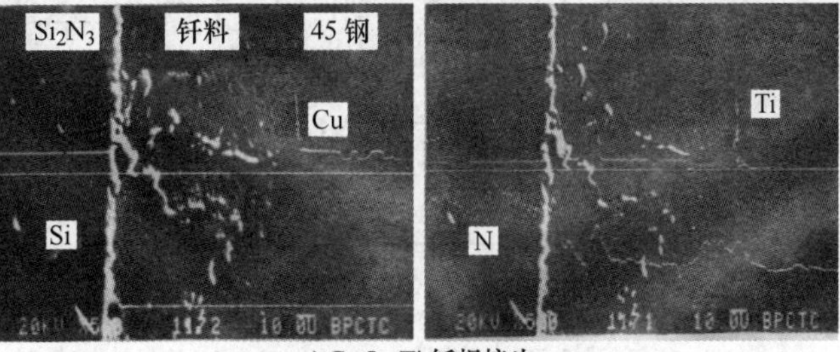

c) Cu-In-Ti 钎焊接头

图 7-71　结合区形貌及元素分布

$$Ti + 2Si = Ti + Si_2 \qquad \Delta G = -134 + 0.071T(\text{kJ/mol}) \tag{7-14}$$

在钎焊温度 1323K 下，其反应自由焓 $\Delta G = -36.5 < 0$，说明液态钎料 Cu-Sn-Ti、Cu-In-Ti 可以与 Si_3N_4 陶瓷按式（7-13）及式（7-14）发生反应。

陶瓷与钎料金属的结合机构有化学反应型结合、固溶体型结合、共晶合金型结合、机械啮合型结合等。从上述分析可知，活性钎料连接陶瓷与金属属于化学反应型结合机构，即在钎焊温度下，钎料熔化并在两侧的陶瓷与金属表面润湿；陶瓷与金属中的元素在熔融的液态钎料中溶解和扩散；钎料中活性元素向两侧边界面富集，并与陶瓷与金属发生反应而结合。

表 7-11 接头分区及其相组成

钎　料	Cu-Cr	Cu-Sn-Ti	Cu-In-Ti
钎料与 Si_3N_4 陶瓷界面反应区	Cr_2N、$CrSi_2$、Cu 固溶体	TiN、$TiSi_2$	TiN、$TiSi_2$
钎缝中心区	Cu 固溶体	Fe_2Ti、$Cu_{10}Sn_3$、(Cu, Si)-ε	Cu_9In_4
钎料与 45 钢界面反应区	Cr_2Si、$FeSi_2$、(Cr, Fe)C_3	Fe_3Sn、Fe_2Ti	Fe_2Ti、CuIn

7.8.3 Si_3N_4 陶瓷与 Q235 钢的焊接

1. 化学镀镍来钎焊 Si_3N_4-Q235 钢

（1）Si_3N_4 陶瓷电镀镍工艺　Si_3N_4 陶瓷电镀镍工艺流程是：Si_3N_4 陶瓷试样的制备→机械法粗化表面→有机溶剂除油→化学除油→化学粗化→敏化→活化→还原→化学镀镍。镀镍时间 4h、镀镍层厚度 50μm。

（2）钎焊工艺

1）钎料。钎料为 Ag-Cu 钎料 BAg72Cu。

2）钎焊工艺。采用辉光钎焊工艺。

①辉光钎焊装置。辉光钎焊装置如图 7-72 所示。

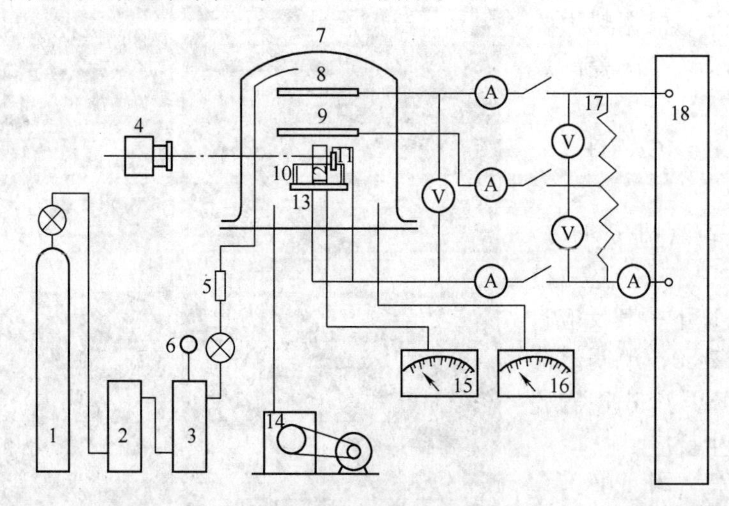

图 7-72　辉光钎焊装置

1—氧气瓶　2、3—净化器　4—压力表　5—流量计　6—光电测温计　7—玻璃钟罩　8—阳极　9—中间极（非必备件）　10—附加阴极　11—辅助阴极（非必备件）　12—工件　13—阴极座　14—真空泵　15—热电偶　16—电阻真空计　17—滑线电阻　18—电源

②辉光钎焊工艺。采用辉光钎焊工艺，其工艺流程如图 7-73 所示。即预抽真空→充氩→起辉净化→加热→保温→冷却→出炉。

钎焊参数为：真空度在 0.1Pa 以下，工作气压 20Pa，辉光电压 850V，钎焊温度 850℃，保温时间 8min。

③工件的加热和温度控制。阴极热功率主要取决于真空度和工作电压，随着工作气压和工作电压的增加，工作温度急剧增加；但同时由于散热也增加，温度的上升受到限制，如图 7-74 所示。当电源电压测定后，工作电压随着工作气压的增加而减小，如图 7-75 所示。这是因为空间电荷密度随工作气压 p^2 成正比例增加，自持放电的工作电压将降低。因此，不能分别独立调节工作气压（p）和工作电压（U）。在调节工作气压时，也要调节电源电压。

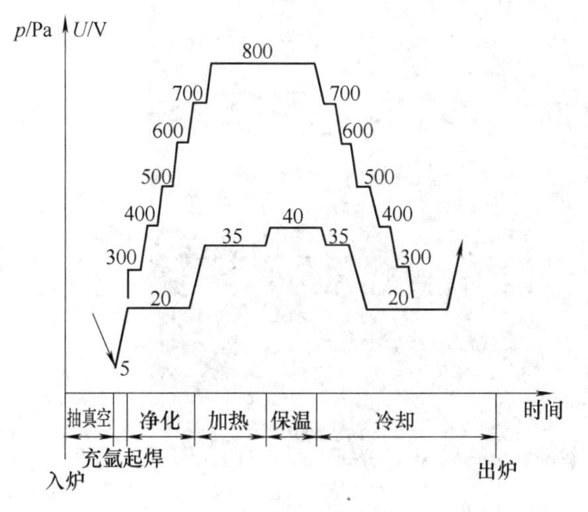

图 7-73　典型的工艺流程

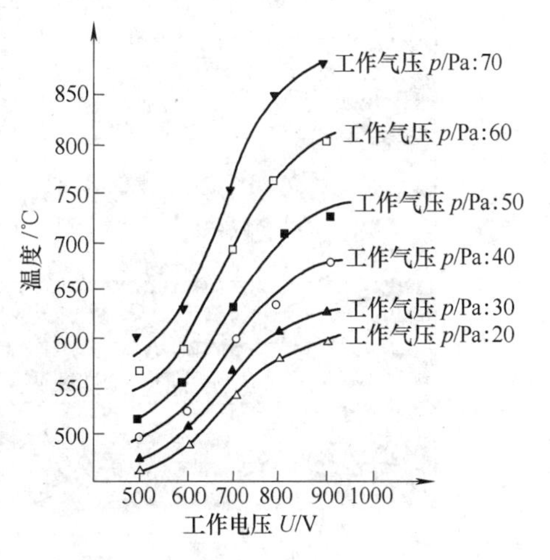

图 7-74　p-U 匹配对温度的影响

（3）界面反应与结合机理

1）接头的微观结构。图 7-76 所示为镀镍 Si_3N_4-Q235 钢钎焊接头区形貌及元素面分布图。从图 7-76 中可以看出，整个接头结合良好，无任何微观缺陷，镀镍层依然存在，钎缝中心为典型的 Ag-Cu 共晶组织，熔点为 779℃，接头为多层复合结构，包括四个区域（Si_3N_4 陶瓷、镀镍层、钎缝和 Q235 钢母材）及三个界面（见图 7-77 为Ⅰ Si_3N_4 陶瓷/镀镍层、Ⅱ镀镍层/钎缝、Ⅲ钎缝/Q235 钢母材）。

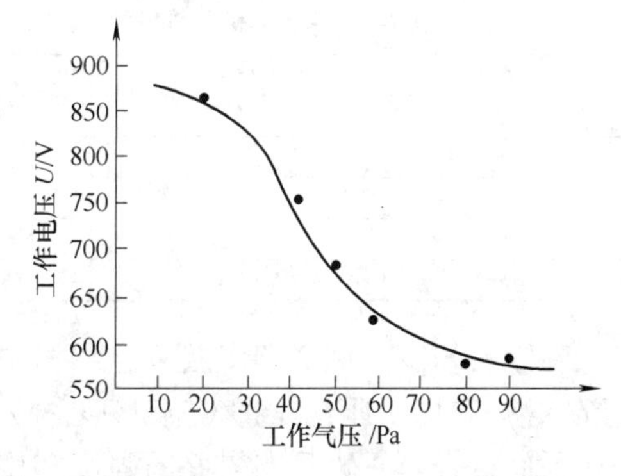

图 7-75　工作气压对工作电压的影响

从图 7-76 可以看出，Si_3N_4 陶瓷与镀镍层机械咬合作用仍很明显，但镀镍层厚度已由 50μm 降低为 11.1μm。这是由于在钎焊过程中，镍向液态钎料中溶解消耗掉的缘故。由于镍与铜能够无限固溶及形成无限固溶体，所以，固态镍向液态钎料中铜溶解，形成镍与铜的固溶体。镍在整个接头中都有分布，但主要是分布在靠近 Si_3N_4 和 Q235 钢母材的钎缝中；钎料中的铜在靠近镍层的区域中也有富集；而银则主要集中在钎缝中形成 Ag-Cu 共晶组织。这主要是镍与铜、镍与铁能够形成无限固溶体的缘故。因此，在 Ag-Cu 钎料熔化后与镍层相互溶解扩散，在镀镍层附近出现大量黑色块状的 Cu-Ni 固溶体，在钎缝中扩散的镍元素到达 Q235 钢母材侧时，则以 Fe-Ni 固溶体的形式富集于 Q235 钢母材界面上。

表 7-12 为图 7-76 中 a、b、c、d、e 各点能谱的分析结果，它表达了上述的分析。

2）界面反应与结合机理。图 7-78 所示为 Si_3N_4 陶瓷/镀镍层界面 X 射线衍射分析的结果。界面反应的结果生成了 NiSi 化合物，此外，还有 α-Ag(Cu)、β-Cu(Ag) 和 Ni-Cu 固溶体。

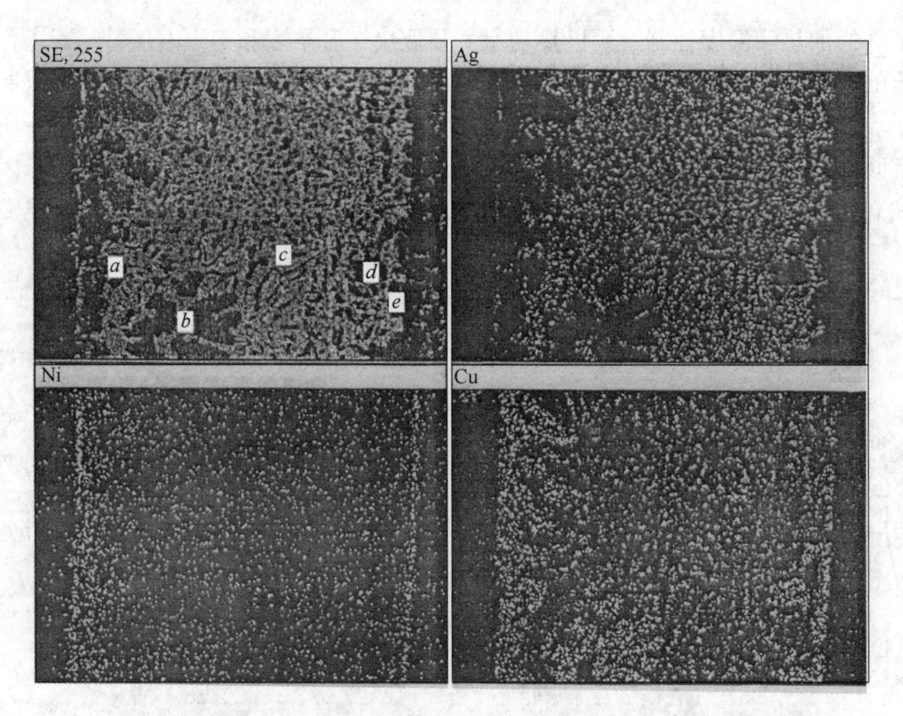

图 7-76 镀镍 Si_3N_4-Q235 钢钎焊接头区形貌及元素面分布图（×500）

表 7-12 图 7-76 中特征点 *a*、*b*、*c*、*d*、*e* 各点能谱的分析结果（摩尔分数） （%）

特征点	Ni	Cu	Ag	Fe
a	37.27	54.00	1.80	0
b	10.40	77.61	6.44	0
c	0	14.01	82.32	0
d	3.65	87.11	7.38	0
e	12.45	57.5	3.48	24.6

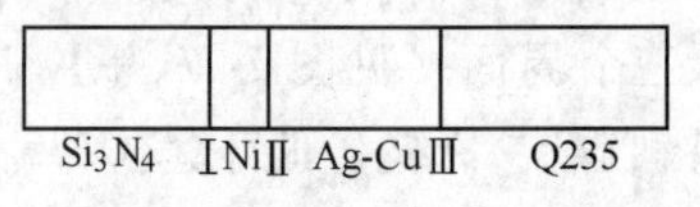

图 7-77 镀镍 Si_3N_4-Q235 钢钎焊接头多层复合结构

在镀镍 Si_3N_4-Q235 钢多层复合结构中，界面Ⅱ（镀镍层/钎缝）和界面Ⅲ（钎缝/Q235 钢母材）均属通常的金属钎焊晶间结合，一般具有较好的强度和塑性。而界面Ⅰ为 Si_3N_4 陶瓷/镀镍层界面，关于陶瓷/金属的结合机理有：机械结合理论、化学键结合理论和吸附结合理论。界面Ⅰ Si_3N_4 陶瓷/镀镍层的结合机理符合前两种理论，如图 7-79 所示。图 7-79 左侧为 Si_3N_4 陶瓷，中部为镀镍层，右侧为 Ag-Cu 共晶区。

（4）结合强度的影响因素　在 Si_3N_4 陶瓷/镀镍层/钎缝（Ag-Cu 钎料）/Q235 钢母材接头的薄弱区为 Si_3N_4 陶瓷/镀镍层结合区，因此，这个结合区就对整个接头强度起决定性作用。而影响结合强度的因素有二：一是 Si_3N_4 陶瓷/镀镍层结合强度；二是附近的残余应力。

1）表面粗化对结合强度的影响。如上所述，Si_3N_4 陶瓷/镀镍层的结合存在机械结合，因此，其 Si_3N_4 陶瓷的表面对结合强度有很大的影响。

2）界面反应对结合强度的影响。Si_3N_4 陶瓷-镀镍层之间在钎焊温度下，会发生高温固态反应，生成 NiSi 化合物。在 Si_3N_4 陶瓷-镀镍层界面上形成 Si_3N_4-NiSi-Ni 及 Si_3N_4-Ni 的层状结构，Si_3N_4-NiSi 层为键合结构，但 NiSi 化合物并不能沿 Si_3N_4 陶瓷表面连续形成，还是加强了 Si_3N_4 陶瓷-镀镍层之间的结合，因而可提高结合强度。

3）镀镍层厚度对结合强度的影响。镀镍层厚度增加，结合强度提高。若镀镍层厚度太薄，难以保证在 Si_3N_4 陶瓷表面连续形成镍金属层，影响钎料的润湿。镀镍层厚度增加，在镀镍层/钎缝（Ag-Cu 钎料）间发生 Ni 与 Ag-Cu 钎料间的溶解与扩散过程；在 Si_3N_4 陶瓷-镀镍层之间发生界面反应，增强其结合力；镀镍层还可以缓解残余应力，因而可提高结合强度。实验证明：镀镍层厚度为 30μm、36μm、39μm、65μm 的 Si_3N_4-Q235 钢钎焊接头的抗剪强度分别为 58MPa、70MPa、77.05MPa、117.31MPa。

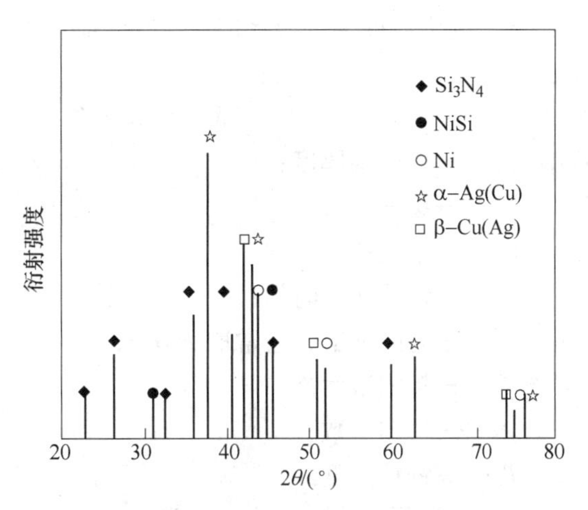

图 7-78 Si_3N_4 陶瓷/镀镍层界面 X 射线衍射分析的结果

2. 渗 Ti 的 Si_3N_4 陶瓷与 Q235 钢的钎焊

（1）钎焊工艺 钎料是 BAg72Cu-V。

首先对清洗好的 Si_3N_4 陶瓷在辉光炉中渗 Ti，之后与 Q235 钢在真空中进行钎焊，其钎焊参数为钎焊温度 850～1000℃，保温时间 70min 下。

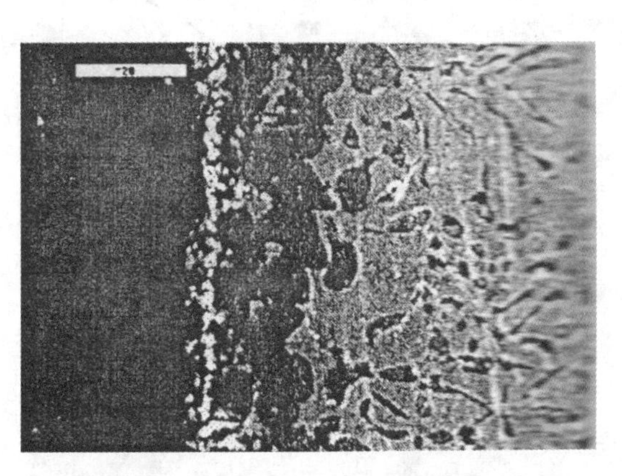

图 7-79 Si_3N_4/NiAgCu 系统的微观结构

（2）接头的显微组织 Si_3N_4 陶瓷与 Q235 钢钎焊接头的显微组织可以分为五个区：Si_3N_4 陶瓷/反应区/渗 Ti 区/钎缝区/Q235 钢。接头反应生成物，取决于反应温度，即钎焊温度，在钎焊中可能发生的反应及其反应自由能为：

927℃

$$Si_3N_4 + 4Ti \rightarrow 4TiN + 3Si \tag{7-15}$$

$$\Delta G = -514.32kJ/mol$$

$$Si_3N_4 + 5Ti \rightarrow Ti_5Si_3 + 2N_2 \tag{7-16}$$

$$\Delta G = -206.55kJ/mol$$

$$2Si + Ti \rightarrow Si_2Ti \tag{7-17}$$

$$\Delta G = -126.7kJ/mol$$

900℃

$$3Si + 5Ti \rightarrow Ti_5Si_3 \tag{7-18}$$

$$\Delta G = -205.00kJ/mol$$

从上述反应自由能来考虑，应该是式（7-15）优先发生，但是，由于在真空中，N_2 一旦发生，就立即排出，因此，还是式（7-16）优先发生，即形成 Ti_5Si_3；同时式（7-15）也会形成 TiN+Si；也会发生式（7-18）的反应；式（7-17）难以发生。所以反应区产物为 TiN+Ti_5Si_3。

（3）接头强度　图 7-80 所示为反应区的变化规律。反应区的宽度受到 Ti 的扩散的控制：

$$X = K_P t_B^n = K_0 t_B^n \exp[-Q/(RT_B)] \tag{7-19}$$

式中　X——反应层厚度；

K_P——穿透系数；

K_0——常数；

t_B——钎焊保温时间；

n——时间常数，通常取为 0.5；

Q——扩散激活能；

R——气体常数；

T_B——钎焊温度。

图 7-81 所示为影响接头抗剪强度的因素。

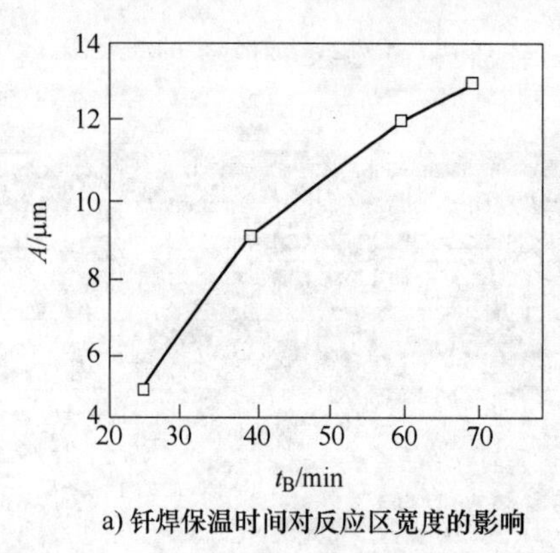

a) 钎焊保温时间对反应区宽度的影响

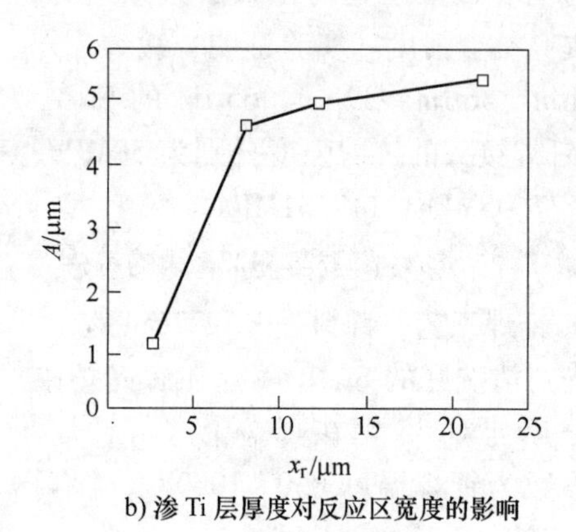

b) 渗 Ti 层厚度对反应区宽度的影响

图 7-80　反应区的变化规律

7.8.4　Si_3N_4 与 40Cr 钢的真空钎焊

1. 以 Cu 为中间层的 Si_3N_4 与 40Cr 钢之间的真空钎焊

反应烧结的 Si_3N_4，其抗拉强度为 98.1～142.2MPa，线胀系数为 $2.5\times10^{-6}K^{-1}$。40Cr 钢线胀系数为 $12\times10^{-6}K^{-1}$。采用 Ag-Cu 共晶合金加入质量分数为 5%的 Ti 作为钎料，在真空度为 10^{-3}Torr 及压力 27MPa 的条件下进行 Si_3N_4 与 Si_3N_4 及 Si_3N_4 与 40Cr 钢之间的真空钎焊。

图 7-82 所示为 Si_3N_4 与 40Cr 钢之间无中间层无压真空钎焊时接头抗拉强度与预置钎料厚度的关系曲线。图 7-83 所示为以铜为中间层时中间层厚度对 Si_3N_4/Cu/40Cr 钢钎焊接头抗拉强度的影响。

从图 7-83 可以看到，在不加压的情况下，通过加入 Cu 作为中间层，可使 Si_3N_4 与 40Cr 钢之间真空钎焊的接头强度得以升高；而且 Cu 中间层厚度不同，接头强度的升高也不同。接头强度的升高与 Cu 缓冲层松弛应力的效果有关：Cu 缓冲层厚度太小，吸收的应变能小，残余应力不能得到有效的释放；而如果 Cu 中间层厚度太大，又使接头强度下降。

从图 7-83 还可以看到，以 Cu 作为中间层时，加压力与否，对接头抗拉强度的影响很大。在无压焊的情况下，金属与陶瓷之间的应力，在材料的力学熔点之下逐步增大，中间层

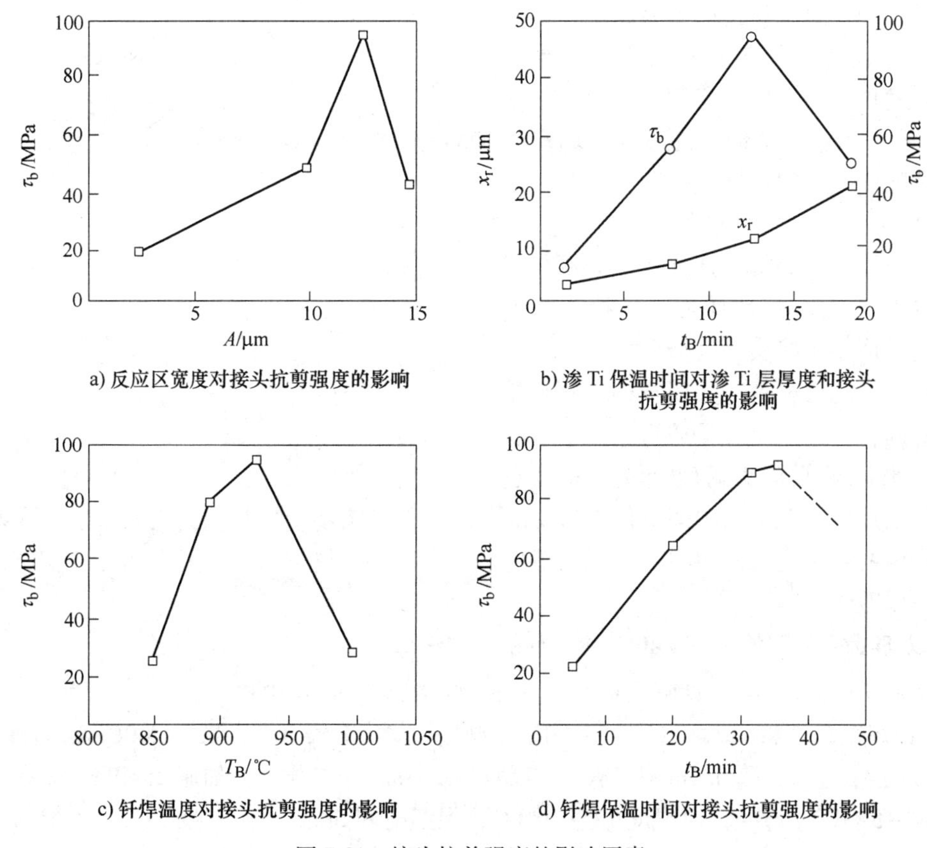

图 7-81　接头抗剪强度的影响因素

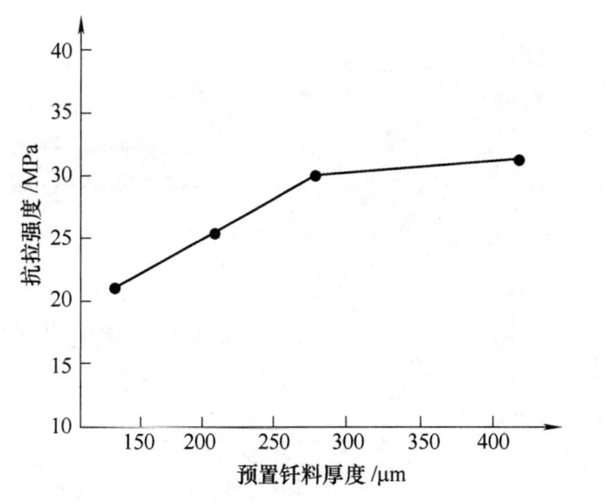

图 7-82　Si_3N_4 与 40Cr 钢之间无中间层无压真空钎焊时接头抗拉强度与预置钎料厚度的关系曲线

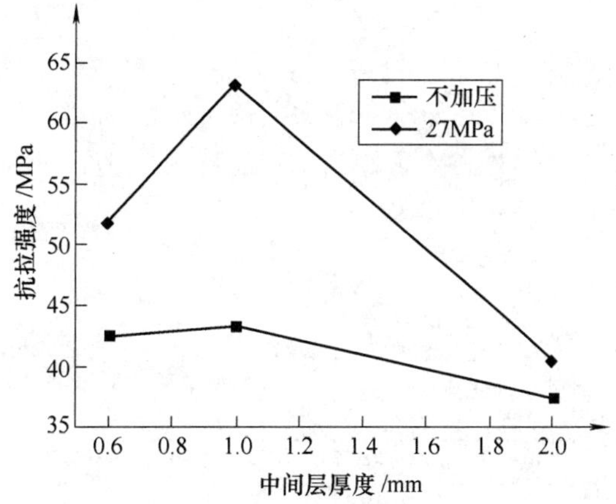

图 7-83　以铜为中间层时中间层厚度对 Si_3N_4/Cu/40Cr 钢钎焊接头抗拉强度的影响

材料不到一定的温度很难达到屈服强度而发生塑性变形。对于许多屈服强度较高的中间层材料来说，从其力学熔点一直冷却到室温都不会产生屈服现象。但如果在加压情况下进行钎焊，中间层材料会比在无压情况下进行钎焊提前达到屈服强度而发生塑性变形，即加压钎焊比无压钎焊的中间层材料更容易屈服。

拉伸试验后，在光镜下测量中间层厚度，可以发现中间层厚度变薄，其改变量如图 7-84 所示。与图 7-83 相比，可以看出，接头抗拉强度与中间层厚度变化率有关，而变化率代表了中间层材料的塑性变形。所以，金属与陶瓷钎焊接头强度和中间层材料的塑性变形有关。塑性变形大，接头强度高；塑性变形小，接头强度低。

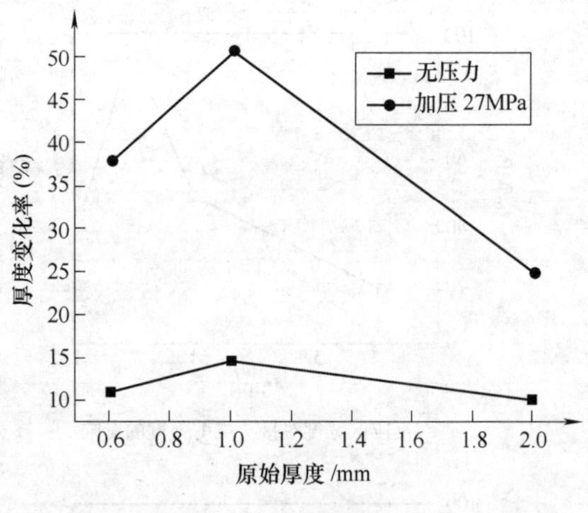

图 7-84 中间层厚度变化率

因此，中间层材料对金属与陶瓷钎焊接头强度的改善作用，主要是通过中间层材料的塑性变形以降低接头的残余应力来实现的。在无压焊的情况下，中间层依靠自身的塑性变形来缓冲金属与陶瓷之间由于线胀系数的失衡所产生的残余应力；而在加压焊的情况下，中间层材料可以产生更大的塑性变形，使接头强度得以改善。

2. 以 Ti 为中间层的 Si_3N_4/40Cr 钢之间的真空钎焊

图 7-85 所示为 Ag-Cu-Ti 钎料成分对 Si_3N_4 陶瓷焊接性的影响。

1）钎焊工艺。将母材、钎料和夹层材料按 Si_3N_4/BAg-8/Ti/BAg-8/40Cr 钢顺序叠起。其中 Ti 为工业纯 Ti，厚 0.1mm；BAg-8 钎料厚 0.08mm。组装后，加压 25MPa，动态真空度为 $2\times10^{-4}\sim5\times10^{-5}$Torr，钎焊温度 727~980℃，保温时间 5min。

2）接头性能。图 7-86 所示为上述钎焊条件下接头抗剪强度与钎焊温度之间的关系。

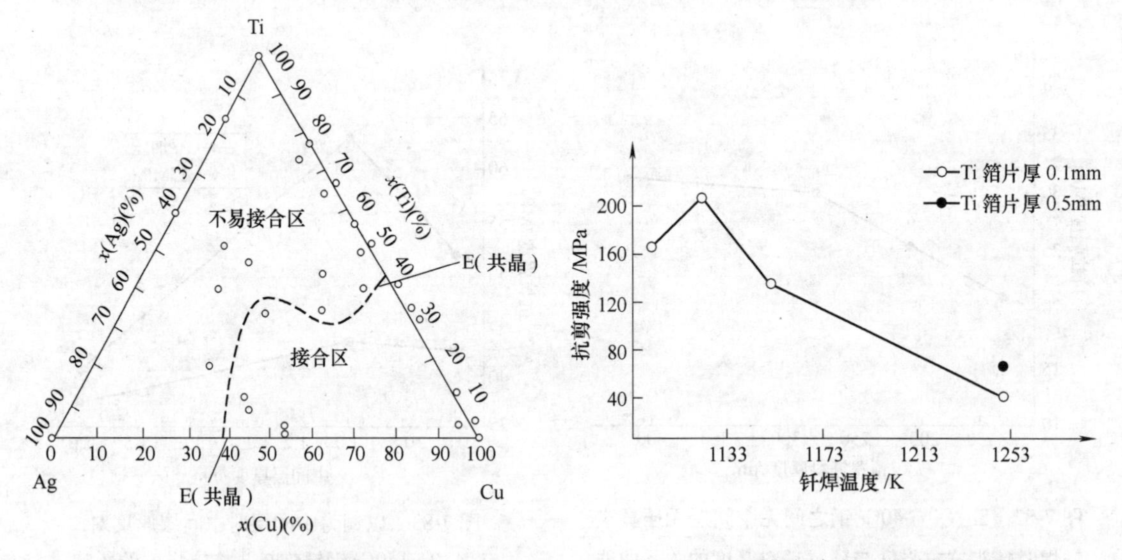

图 7-85 Ag-Cu-Ti 钎料成分对 Si_3N_4 陶瓷焊接性的影响

图 7-86 上述钎焊条件下接头抗剪强度与钎焊温度之间的关系

3）接头组织。图 7-87 所示为 Si_3N_4/BAg-8/Ti/BAg-8/40Cr 钎焊接头的组织形貌。图 7-88 是其接头区成分的分布。从图 7-88 可以看到，钎料中的 Ti 扩散向 Si_3N_4 陶瓷，而在 40Cr

侧则集中了 Ag 和 Cu。

3. 以 Nb 为中间层的 Si_3N_4/40Cr 钢之间的真空钎焊

(1) 钎焊工艺　以 Ag-Cu-3Ti 作为钎料和以 Nb 为中间层组成 Si_3N_4/钎料/Nb/钎料/40Cr 钢的钎焊接头。在真空度 1.33×10^{-2} Pa，钎焊温度 920℃，保温时间 10~15min 的条件下进行钎焊。各种材料都经过打磨、清洗、抛光处理。

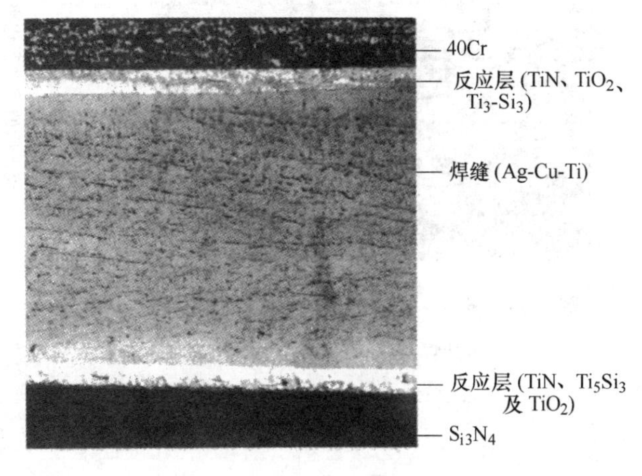

图 7-87　Si_3N_4/BAg-8/Ti/BAg-8/40Cr 钎焊接头的组织形貌

(2) 接头组织　图 7-89 所示为 Si_3N_4/钎料/Nb/钎料/40Cr 钢的钎焊接头显微组织。图 7-90 所示为接头各元素的定量分布。从图 7-90 中可以看到，在陶瓷侧除了有 Ti 的峰值之外，还有 Nb 的峰值，这说明 Nb 除了能够降低残余应力之外，还能够起到活性元素的作用，参与界面反应。

(3) 接头强度　图 7-91 和图 7-92 分别给出了中间层 Nb 的厚度和高温性能对抗弯强度的影响。可以看到，中间层 Nb 的最佳厚度是 80μm。而高温性能的这种变化与残余应力有关：接头强度随着温度的升高，虽然由于线胀系数的差异，导致残余应力增大，但是因为温度还不太高，这时由于金属的变形，从而显现出残余应力的降低，使得接头强度提高；但是，随着温度的升高，线胀系数的差异增大，导致残余应力增大，超过了金属变形的作用，因此，接头强度降低。

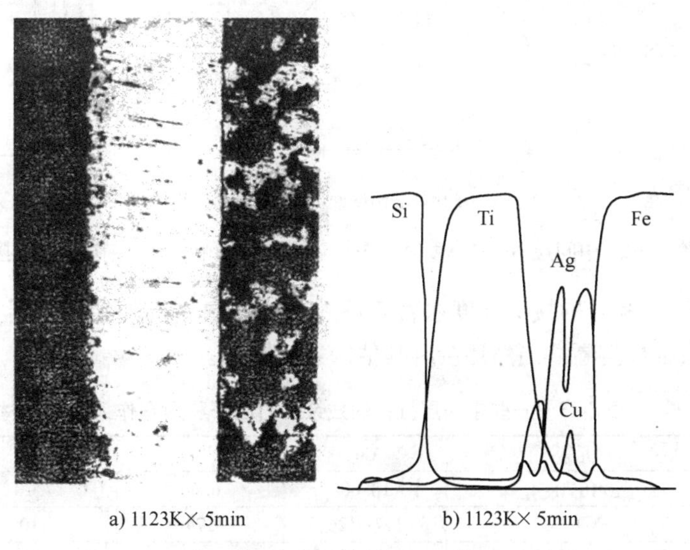

a) 1123K× 5min　　b) 1123K× 5min

图 7-88　接头区成分的分布

(4) 影响中间层作用的因素　在陶瓷材料钎焊的系统中，中间层材料的性能对接头强度有着重要的作用。中间层材料容易变形，接头残余应力就降低，接头强度就高；否则反之。中间层材料的弹性模量 E，决定了材料的屈服强度 $R_{p0.2}$。而 $R_{p0.2}$ 越高，残余应力越大，接头强度就越低；中间层金属材料的线胀系数 α 越大，与陶瓷材料的线胀系数之差就大（一般来说金属的线胀系数比陶瓷大）。因此，中间层材料的弹性模量和线胀系数共同决定了接头残余应力的大小，所以，可以用 $E\alpha$ 来评定接头残余应力的大小，以 $R(=E\alpha)$ 来表示。R 被称作残余应力因子。一些中间层材料的残余应力因子和用它作为中间层材料钎焊

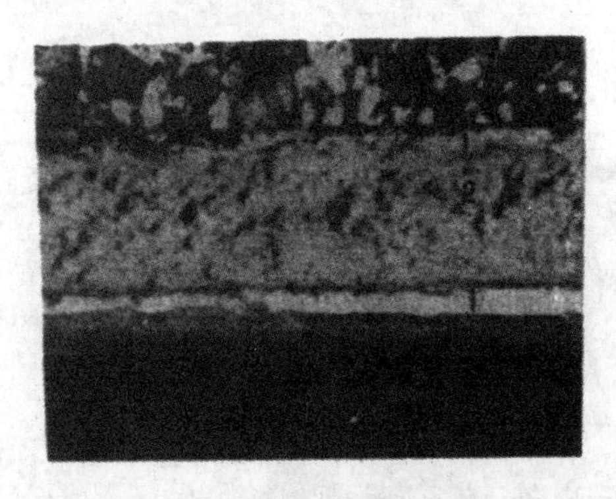

图 7-89 Si_3N_4/钎料/Nb/钎料/40Cr 钢的钎焊接头显微组织

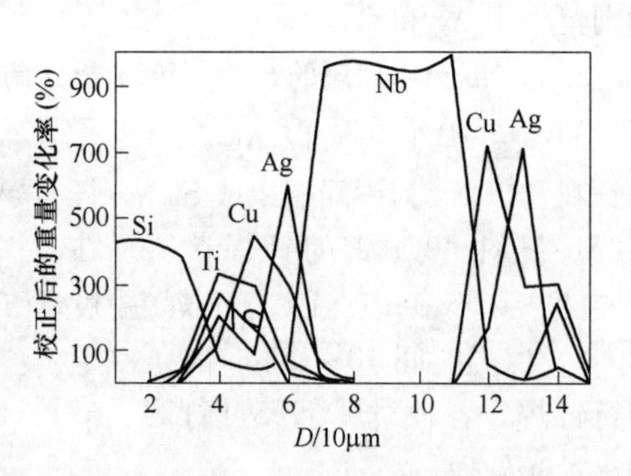

图 7-90 接头各元素的定量分布

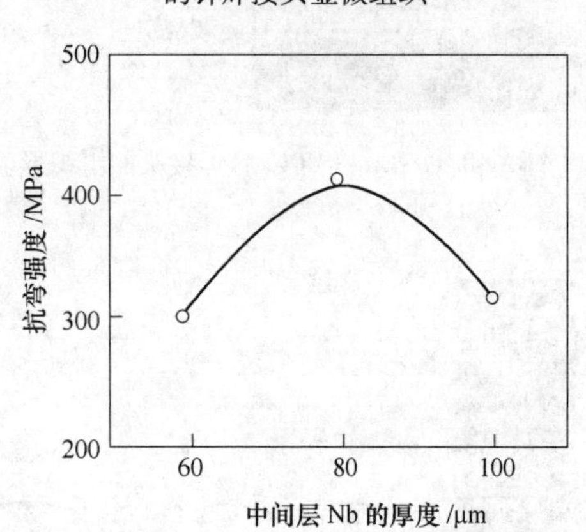

图 7-91 中间层 Nb 的厚度对接头抗弯强度的影响

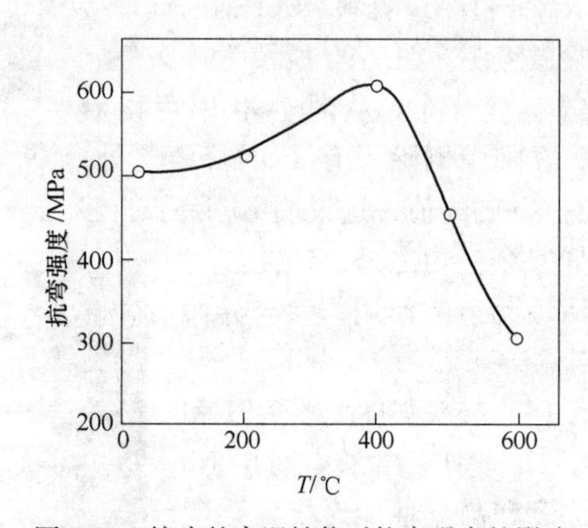

图 7-92 接头的高温性能对抗弯强度的影响

Si_3N_4 陶瓷的接头强度在表 7-13 中给出。材料的残余应力因子越小，接头残余应力越低，接头强度越高。当然还会有其他因素的影响。

表 7-13 一些中间层材料的残余应力因子和用它作为中间层材料钎焊 Si_3N_4 陶瓷的接头强度

元素	Cu	Ta	Nb	Ni	可伐
$\alpha/10^{-6}K^{-1}$	18.60	6.60	7.70	15.50	8.32
E/GPa	117~126	174	110	210~230	180
$R/10^{-3}$	2.17~2.34	1.15	0.85	3.26~3.57	1.47
接头强度/MPa	170	300	412	230	360

7.8.5 Si_3N_4 与 15CrMo 的真空钎焊

1. Si_3N_4 陶瓷的组成及性能

Si_3N_4 为反应烧结材料（简称 RBSN），其主要组成为 α-Si_3N_4 及 β-Si_3N_4，还含有约 5%的游离硅，残留气孔约 15%，抗剪强度为 60MPa。

2. Si_3N_4 与 15CrMo 的真空钎焊及接头的微观分析

钎料采用含 Ti 的 Cu-Ti，Cu-Ni-Ti，Cu-Sn-Ti，Ag-Cu-Ti，Ag-Cu-Sn-Ti 等，钎焊时的真空度为 5.33×10^{-6}Pa。

在钎料为 Ag-Cu-1.5Ti 的 Si_3N_4 与 15CrMo 的真空钎焊接头中，钎料与 Si_3N_4 界面处发生了十分复杂的反应，形成过渡层。随钎焊保温时间的增加，过渡层加厚，元素分布发生变化（比较图 7-93a 和 b），组织也变得更加复杂。在 860℃×5min（见图 7-93a）的钎焊条件下，Ti 向 Si_3N_4 陶瓷扩散了约 1.75μm，在钎料与 Si_3N_4 界面的钎料侧形成了约 6.25μm 的富 Si 层。在 Si_3N_4 陶瓷侧形成 Ti_5Si_3；在钎料侧则形成了 $TiSi_2$，在远离 Si_3N_4 陶瓷的钎料中依次出现 Cu_3Ti 及 Ag-Cu 共晶体，而无 Si。但在 860℃×2h（见图 7-93b）的钎焊条件下，Ti 向 Si_3N_4 陶瓷扩散了约 3.125μm，在钎料与 Si_3N_4 界面的钎料侧则形成了约 16.25μm 的富 Si 层。不仅如此，界面处的组织也变得更加复杂。在钎料 Ag-Cu-1.5Ti 与 Si_3N_4 界面处会出现 TiN，TiSi，$TiSi_2$，Ti_5Si_3，η-(Cu，Si)，ε-(Cu，Si) 等。

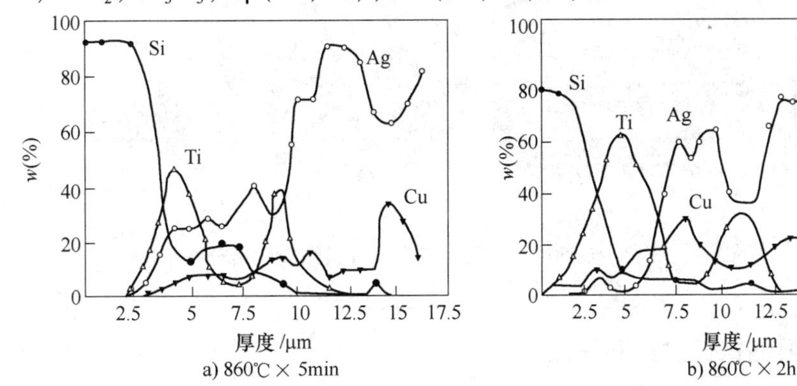

图 7-93　钎料 Ag-Cu-1.5Ti 与 Si_3N_4 的界面能谱分析

3. 含 Ti 钎料 Si_3N_4 与 15CrMo 的真空钎焊接头的结合机理

（1）含 Ti 钎料与 Si_3N_4 的结合机理　钎料中的 Ti 与陶瓷 Si_3N_4 发生下列反应：

$$4Ti + Si_3N_4 = 4TiN + 3Si \tag{7-20}$$

$$Ti + Si = TiSi \tag{7-21}$$

$$9Ti + Si_3N_4 = 4TiN + Ti_5Si_3 \tag{7-22}$$

$$Ti + 2Si = TiSi_2 \tag{7-23}$$

反应产物 TiN、TiSi、$TiSi_2$、Ti_5Si_3 等生长于陶瓷表面，钎料中的 Ti 向界面扩散聚集并向 Si_3N_4 陶瓷中扩散及与 Si_3N_4 反应，反应产生的 Si 一部分与 Ti 结合；另一部分扩散进入钎料，冷却后与 Cu 形成固溶体，即 Ti 与 Si_3N_4 陶瓷的反应与扩散促成了陶瓷与钎料的结合。

（2）钎料与金属的结合　在钎焊温度下，液态钎料与金属接触，相互扩散及溶解，分别在界面两侧形成组织不同的过渡层，从而实现钎料与金属的结合。

7.8.6　Si_3N_4 与 42CrMo 的真空钎焊

陶瓷材料在焊接过程中，由于钎料金属与陶瓷的线胀系数相差较大，接头残余应力较大。为了使得钎缝的线胀系数与陶瓷和金属相匹配，以降低接头残余应力，采用 AgCuTi+TiN 颗粒的复合钎料。研究发现，随着钎料中 TiN 颗粒的增大，钎料与母材 Si_3N_4、42CrMo 的界面反应层变薄。但是，当 TiN 颗粒体积分数达到 30%时，钎缝中容易出现孔洞。当 TiN 颗粒体积分数达到 5%时，接头强度最高，达到 376MPa。

7.8.7 Si_3N_4 与因瓦合金的焊接

因瓦（Invar）合金的化学成分主要是 Fe-Ni。钎焊 Si_3N_4 与因瓦合金的钎料主要是含有活性元素 Ti 的钎料，如 Cu-Ti、Ni-Ti、Ag-Cu-Ti、Ag-Cu-Ti、Ag-Cu-Ti-In、Cu-Ti-Be；也可以采用 Cu50-Ti50、Cu66-Ti34、Cu43-Ti57 和 Ni24.5-Ti75.5，它们的液相线温度分别为 975℃、875℃、975℃和 955℃。图 7-94 所示为 Si_3N_4/Cu50-Ti50/因瓦合金接头组织及元素分布。

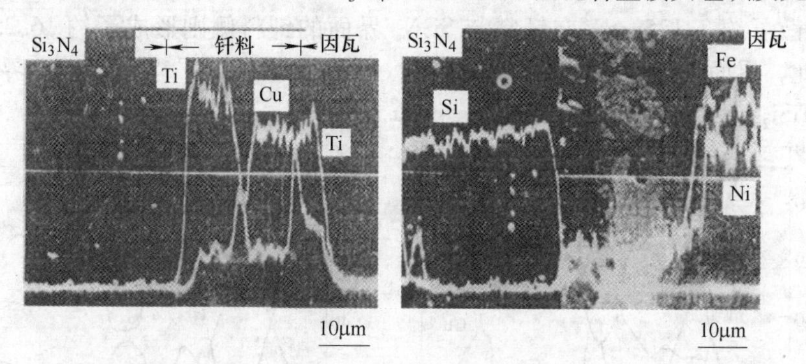

图 7-94 Si_3N_4/Cu50-Ti50/因瓦合金接头组织及元素分布

7.8.8 Si_3N_4 与其他铁基合金的焊接

Si_3N_4 与纯铁焊接时，在真空炉中加热 1200℃，可以获得良好的焊接接头，抗弯强度可达 325MPa。

Si_3N_4 与不锈钢进行真空扩散焊，可以采用 Ti-Ni、Ni、Fe-26Cr、Ni-7Cr 及其他 Ni-Cr 合金作为中间层，其加热温度在 1150~1350℃之间。

7.9 Si_3N_4 与镍基合金的焊接

7.9.1 Si_3N_4 与镍及镍基合金的钎焊

1. Si_3N_4 与金属镍的钎焊

由于在陶瓷材料的表面金属化之后，一般需要再镀上一层镍，以改善其钎焊性能，因此，Si_3N_4 与金属镍的焊接并不难。为了保证质量，一般应该在真空中进行真空扩散焊，焊接温度在 1027~1200℃之间，保温时间 30~50min，压力小于 100MPa。这样获得的接头的四点抗弯强度为 400MPa 左右。

还可以采用 Ti-Ni、Zr-Ni 合金作为活性钎料来钎焊 Si_3N_4 陶瓷。根据图 7-26、图 7-95 和第 3 章图 3-85 可以看到，Ti 能够与 Ni、Si 和 N 反应形成化合物而实现焊接。如果钎焊温度太高，或者保温时间太长，反应产生的化合物过渡层太多、太厚，接头强度就会降低。一般来说，真空度为 10^{-5}~10^{-4}mmHg，钎焊温度在 1230℃以上，保温时间 5~10min，将加热速度和冷却速度控制在 20~25℃/min，就可以得到良好的接头。

对于采用 Ni 基活性钎料（Ti-Ni、Zr-Ni）来钎焊 Si_3N_4 陶瓷，其活性元素必须含量较高，以实现充分的界面反应，从而达到较为全面的结合，接头强度较高。因为 Ni 能够与 Ti 反应形成 Ti-Ni 金属间化合物，降低了活性元素的活性，因此如果活性元素含量太低，界面反应不充分，结合强度不高。

还可以采用Co-Ti合金作为钎料来钎焊Si_3N_4陶瓷，但是这种钎料中的Ti含量必须更高，比如Co-73.3Ti，以获得良好的接头。但是，接头强度不会太高，因为它的反应产物$CoTi_2$、Co_2Ti太脆。

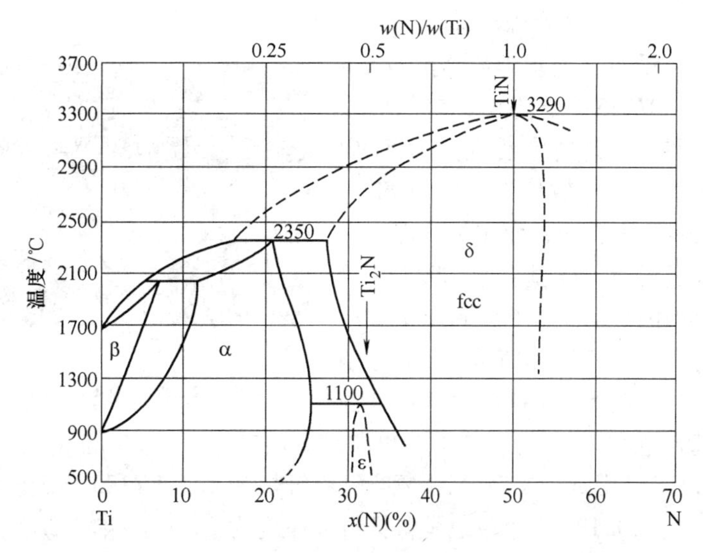

图7-95 Ti-Ni二元合金相图

2. Si_3N_4与镍基合金的钎焊

（1）Si_3N_4与镍基合金LDZ125的钎焊

1）用Ag-Cu-Ti钎料钎焊Si_3N_4-LDZ125合金。用Ag-Cu-Ti钎料钎焊Si_3N_4-LDZ125合金时是将钎料（厚度为60μm）夹在Si_3N_4与LDZ125合金（化学成分见表7-14，力学性能见表7-15）之间，钎焊工艺为920℃×8min，真空度为（2~3）×10^{-3}Pa。

表7-14 LDZ125合金化学成分（质量分数） （%）

C	Cr	Co	W	Mo	Ta	Al	Ti
0.05~0.14	8.5~9.5	9.5~10.5	6.5~7.5	2.4~2.6	3.5~4.0	4.5~5.2	3.2~3.8

B	Si	Mn	Ni	P	S
0.003~0.015	≤0.1	≤0.15	余	<0.002	<0.01

表7-15 LDZ125合金力学性能

温度/℃	R_m/MPa	R_{eL}/MPa	A(%)	Z(%)	持久强度/MPa			线胀系数/$10^{-6}K^{-1}$
					σ_{100}	σ_{200}	σ_{500}	
25	1190	910	14	17	—	—	—	10.6（373K）
760	1252	146	16	25	840	834	765	12.2（937K）
980	679	619	9.6	18.9	220	220	—	12.9（1173K）

Ag-Cu-Ti是一种活性钎料，在钎焊过程中通过钎料的活性元素Ti向陶瓷方向扩散偏聚，发生界面反应，实现陶瓷与金属之间的冶金连接。图7-96所示为不同含Ti量Ag-Cu-Ti钎料直接钎焊Si_3N_4-LDZ125合金时的抗弯强度。可以看到，Ti质量分数5%以上，特别是质量分数7%以上，随着钎料中含Ti量的增加，钎料的塑性下降，冷却过程中，钎料松弛应力的效果变差，残余应力增加，因而抗弯强度降低；另外，由于钎料中含Ti量的增加，Ti与Si_3N_4的界面反应加剧，生成的脆性金属间化合物增

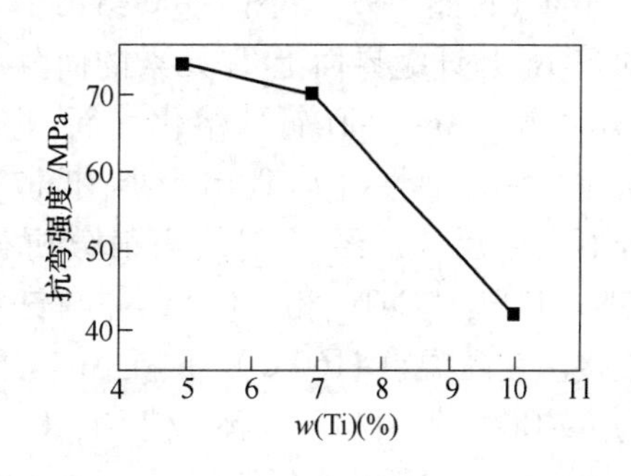

图7-96 不同含Ti量Ag-Cu-Ti钎料钎焊Si_3N_4-LDZ125合金时的抗弯强度

多，也会使抗弯强度降低。

图 7-97 所示为 Si_3N_4/Ag-Cu-Ti/LDZ125 合金界面元素的面分布图像。钎料中活性元素 Ti 向陶瓷方向扩散偏聚，并与 Si_3N_4 发生界面反应，而实施钎焊。钎焊过程中，镍基合金 LDZ125 母材中的镍也向液态钎料中扩散溶解。由于 Ni 与 Ti 的亲和力很强，Ti 向 Si_3N_4 扩散时，带动镍基合金 LDZ125 母材中的镍也向 Si_3N_4 扩散，从而在富 Ni 区也富 Ti。

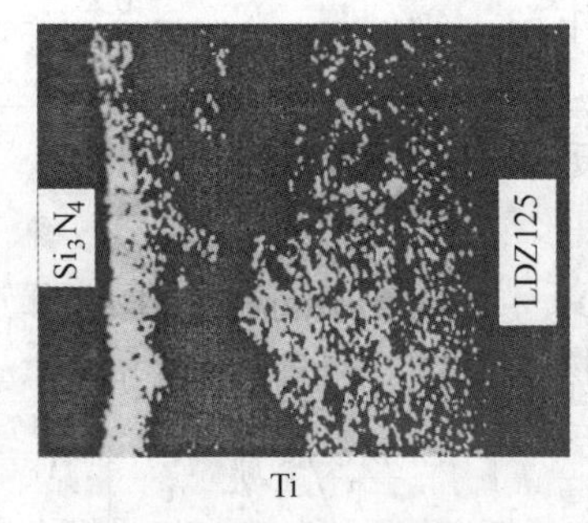

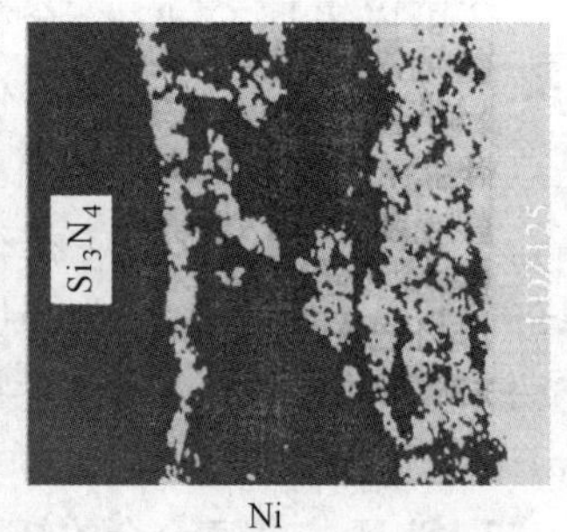

图 7-97　Si_3N_4/Ag-Cu-Ti/LDZ125 合金界面元素的面分布图像

2）用 Ag-Cu-Ti/Ni-1 复合钎料钎焊 Si_3N_4-LDZ125 合金。用 Ag-Cu-Ti/Ni-1 复合钎料钎焊 Si_3N_4-LDZ125 合金时也是将钎料（厚度为 60μm）夹在 Si_3N_4 与 LDZ125 合金之间。Si_3N_4 与 Ag-Cu-Ti 相邻，Ni-1（化学成分见表 7-16）与 LDZ125 合金相邻，钎焊工艺为 920℃×5min→1160℃×5min，真空度为 $(2\sim3)\times10^{-3}$Pa。

表 7-16　Ni-1 的化学成分（质量分数）　　（%）

C	Cr	Co	W	Mo	Si	B	Ni	熔点/℃
0.89	16	8	5	4	5.3	2.04	余	1050~1100℃

虽然 Ag-Cu-Ti 钎料可以钎焊 Si_3N_4-LDZ125 合金，但 Ag-Cu-Ti 钎料高温性能较差，焊后接头使用温度不超过 500℃，这就制约了 Si_3N_4 材料及 LDZ125 合金高温性能的发挥。若采用 Ni 基高温钎料，又很难在 Si_3N_4 材料上得到有效的润湿铺展。而采用复合钎料的新工艺，将 Ag-Cu-Ti 钎料和新 Ni-1 钎料同时置于 Si_3N_4 与 LDZ125 合金之间，在中温（920℃）下用 Ag-Cu-Ti 钎料润湿 Si_3N_4 陶瓷，通过高温（1160℃）用新 Ni-1 钎料与 Ag-Cu-Ti 钎料相互溶解扩散润湿 LDZ125 合金，使其成为 Ni 基钎缝，从而提高接头的抗高温能力。

图 7-98 所示为 Si_3N_4/Ag-Cu-Ti/Ni-1/LDZ125 钎焊接头显微组织。复合钎料中 Ag-Cu-Ti 钎料 Ti 的质量分数为 7%，接头四点抗弯强度稳定在 30~35MPa（见图 7-99）。图 7-100 给出了 EPMA 分析的 Si_3N_4 与钎缝界面上 Ti 元素的面分布。由图 7-101 可知，Ag-Cu-Ti 钎料熔化（新 Ni-1 钎料尚未熔化）后，活性组元 Ti 向 Si_3N_4 扩散并富集，在界面发生反应。经 X 射线衍射分析得知生成了 TiN、Ti_5Si_3、$CuTi_2$ 相，使 Si_3N_4 与钎料实现冶金连接。在高温（1160℃）下新 Ni-1 钎料熔化后，与 Ag-Cu-Ti 钎料相互溶解，使 Ni、Cr、Cu 扩散到整个钎缝，焊后整个钎缝实际上已变为 Ni、Cr、Cu、Co、Ti、Ag 等元素的高温 Ni 基钎缝，有利于提高接头抗高温能力。

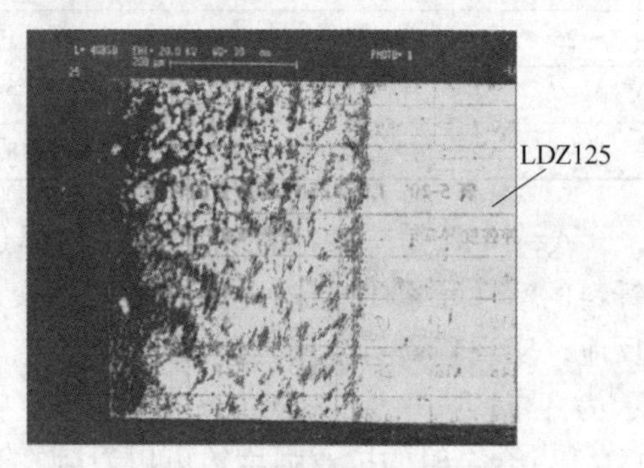

图 7-98　Si_3N_4/Ag-Cu-Ti/Ni-1/LDZ125 钎焊接头显微组织

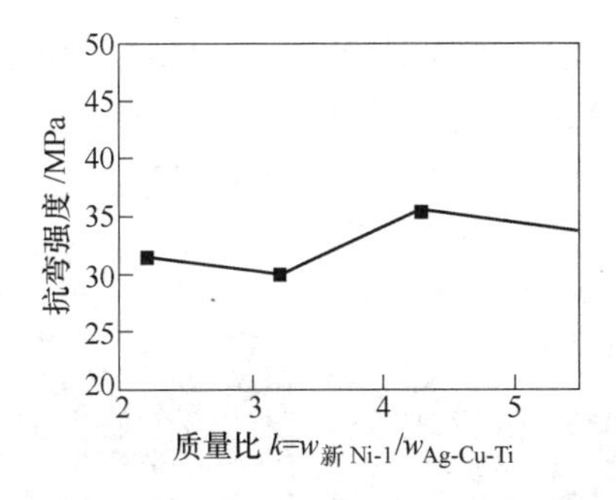

图 7-99　钎料重量比 K 对钎焊接头性能的影响

图 7-100　Si_3N_4 与钎缝界面上 Ti 元素的面分布

3）用 Ag-Cu-Ti-Nb（Ta）复合钎料钎焊 Si_3N_4-LDZ125 合金。还可以采用 Nb（Ta）与 Ag-Cu-Ti 钎料结合，用 Ag-Cu-Ti-Nb（Ta）复合钎料钎焊 Si_3N_4-LDZ125 合金。图 7-101 所示为用 Ag-Cu-Ti-Nb 复合钎料钎焊 Si_3N_4-LDZ125 合金的接头显微组织。用 Ag-Cu-Ti-Nb（Ta）复合钎料钎焊 Si_3N_4-LDZ125 合金与用 Ag-Cu-Ti/Ni-1 复合钎料钎焊 Si_3N_4-LDZ125 合金一样，由于加入了 Nb（Ta）以及 Ni-1 缓解了接头应力，从而改善了接头性能。但是，采用 Ta 的缓解压力的作用不如 Nb 的效果好。

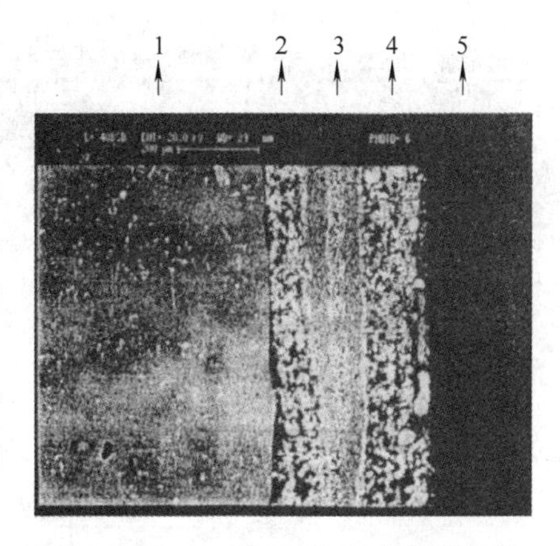

图 7-101　Ag-Cu-Ti-Nb 复合钎料钎焊 Si_3N_4-LDZ125 合金的接头显微组织
1—LDZ125 母材　2，4—钎缝
3—Nb 层　5—Si_3N_4

（2）Si_3N_4-GH188 镍基合金的钎焊　含 Hf 的 Ni 基钎料是高温钎料，如采用 Ni-25.6Hf-18.6Co-4.5Cr-4.7W 作为钎料，在钎焊的高温条件下 Hf 与 Ni 可以形成许多金属间化合物（从图 7-102 可以看到）。在 $(3\sim5)\times10^{-2}$Pa 的真空条件下，钎焊温度 1200～1250℃，保温时间 10min，缓慢冷却，可以实现 Si_3N_4 陶瓷与 GH188 镍基合金的钎焊。

（3）Si_3N_4 陶瓷/Inconel600 合金的钎焊

1）材料和钎焊工艺。用 Ag71-Cu27-Ti2 钎料进行 Si_3N_4 与 Inconel600 合金钎焊时，加热温度为 900℃，保温时间是 20min。钎焊接头的电子像（SEI）及元素面分布如图 7-103 所示。先以 20～30℃/min 的速度加热到 600℃，再以 10℃/min 的速度加热到焊接温度；冷却时先以 20℃/min 的速度冷却到 500℃，再以 2℃/min 的速度冷却到室温。

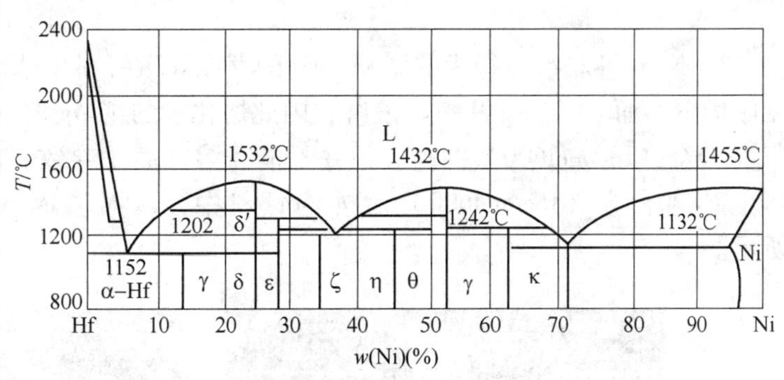

图 7-102　Ni-Hf 二元合金相图

2）接头组织。图 7-103 所示为用 Ag71-Cu27-Ti2 钎料进行 Si_3N_4 与 Inconel600 合金钎焊时加热 900℃保温 20min 钎焊接头的电子像（SEI）及元素面分布。由图 7-103 可见，Ag 和

Cu沿晶界进入Inconel600合金中深度约20μm，使钎料与Inconel600合金得到牢固的结合。接头中带状富Ni（图7-103a中间深灰色的带）是由Ag-Cu液相沿晶界进入Inconel600合金中使基体分离出的小岛，而不是由液相结晶的富Ni相。其成分分析证明了这一点，如图7-104所示。

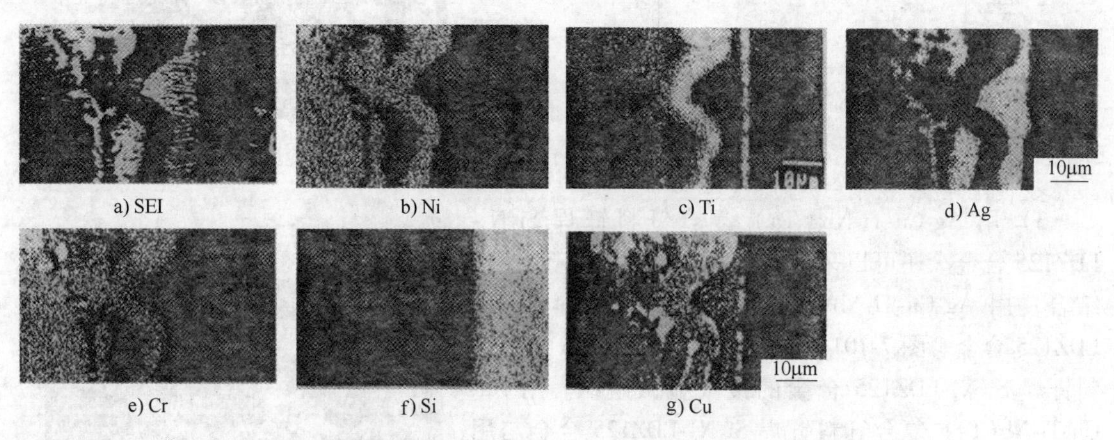

a) SEI　b) Ni　c) Ti　d) Ag　e) Cr　f) Si　g) Cu

图7-103　加热900℃保温20min钎焊接头的电子像（SEI）及元素面分布

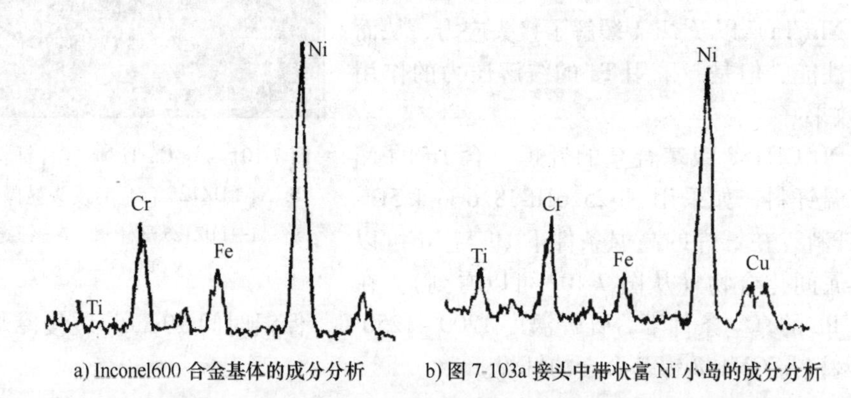

a) Inconel600合金基体的成分分析　b) 图7-103a接头中带状富Ni小岛的成分分析

图7-104　Inconel600合金基体带状富Ni小岛的成分分析

3）Ni对钎料冶金行为的影响。Ni的存在导致钎料中Ag与Cu的分离，因为Ni与Cu无限固溶，而Ni与Ag几乎不溶解，因此熔化了的富Ag的Ag-Cu钎料与未熔化的富Ni的Ni基合金（Inconel600）共存，但并不能互溶，而是导致钎料中Cu溶入Ni中而使Ag游离于Ni基合金（Inconel600）之外的钎料中，从而造成Ag与Cu的分离，如图7-105所示。

a) Ag　b) Cu

图7-105　接头中Ag与Cu的面分布

图7-106所示为不同温度下Ag-Cu-Ti三元系相图，它存在一个由虚线包围的液体不相溶区。由图7-106可见，即使w(Ti)仅为1%，也能使液态Ag-Cu-Ti三元系钎料分离为能进一步粗化的富Ag区和富Cu区，图7-104表明了这一点。但以Zr替代部分Ti，可以减弱富Ag和富Cu液态钎料的分离，并能细化晶粒。

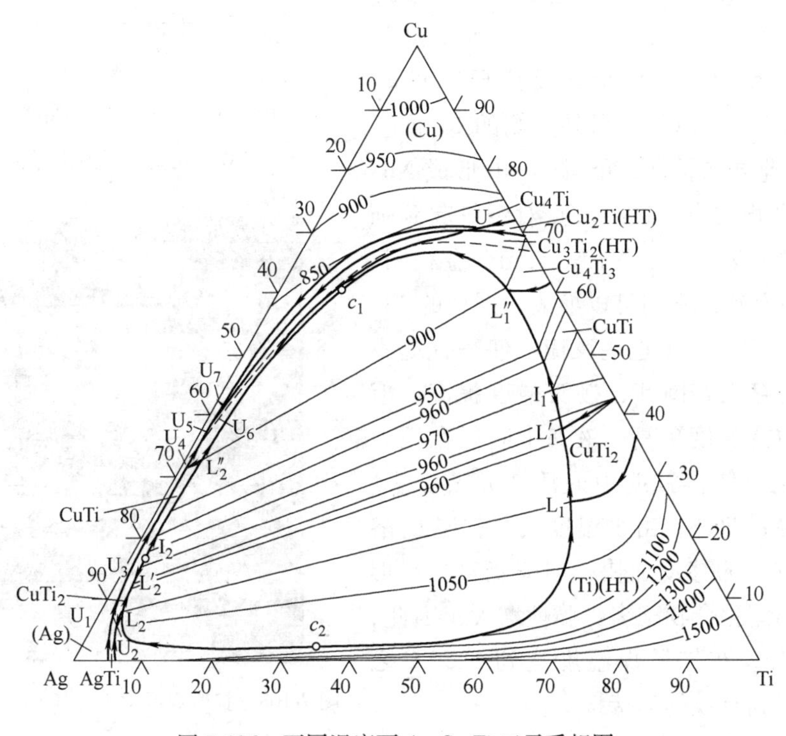

图7-106 不同温度下Ag-Cu-Ti三元系相图

Ni导致钎料中Ag与Cu沿Ni基合金（Inconel600）的晶界扩散，这一结果将降低其耐热性。

由于Ni与Ti能形成金属间化合物，降低了Ti的活性。

7.9.2 Si_3N_4陶瓷/Inconel600合金的扩散焊

（1）中间层材料 中间层材料采用质量分数为99.9%的Cu箔厚度0.12mm、Ni箔厚度0.13mm及Nb粉。

（2）扩散焊工艺 母材Si_3N_4陶瓷及Inconel600合金和中间层Cu箔及Ni都需要经过打磨、抛光及用丙酮清洗，Nb粉用丙酮调浆后均匀涂在陶瓷表面，厚度0.2mm，然后装配成为Si_3N_4陶瓷/Nb/Cu/Ni/Inconel600合金，在5×10^{-3}Pa的真空下，钎焊温度850~1150℃，保温时间在120min以下，压力15MPa以下。

（3）接头强度 图7-107所示为Si_3N_4陶瓷/Nb/Cu/Ni/Inconel600合金扩散焊温度（压力5MPa，保温时间50min）对接头抗剪强度的影响。可以看到，扩散焊温度为1130℃时具有最高的接头抗剪强度，为87.058MPa。这时接头不仅断在陶瓷/中间层界面上，也能断在中间层/金属的界面上，这说明陶瓷/中间层的结合强度达到了很高的水平，如图 7-108 所示。由此可知，扩散焊温度的选择，必须使 Cu 完全熔化，因此，钎焊温度必须高于 1100℃。在 Cu 完全熔化之后，一方面 Nb 能够大量溶入液态 Cu 中，Nb 的活度大大提高，有利于在陶瓷界面形成反应层和扩散层；另一方面，位于 Cu 的另外一侧的 Ni 通过液态 Cu 向陶瓷方向扩散，能够与 Nb 形成 Nb-Ni 金属间化合物质点，这个质点对钎缝起到强化作用。图 7-109 给出了 Nb-Ni 二元合金相图，从图 7-109 中看到，它们可以形成一系列的 Nb-Ni 金属间化合物。由于这些反应，使得钎缝不再有 Cu 独立存在，因此，接头强度提高。但是，如果扩散焊温度更高，液态中间层在压力的作用下流失，使得钎缝中的活性元素流失，界面反应不足；此外，由于温度较高，Ni 的溶解和向陶瓷方向的移动加快，向陶瓷富集，形成的脆性金属间化合物增多，脆性增大，因此，接头强度下降，在扩散焊温度达到 1250℃之后，就不能得到有效的焊接接头。

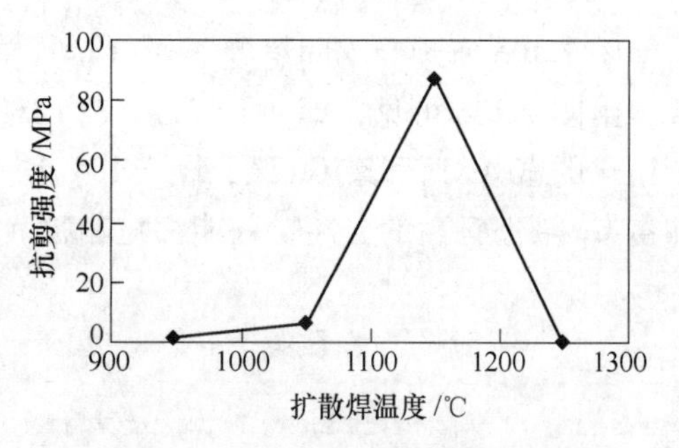

图 7-107 Si_3N_4 陶瓷/Nb/Cu/Ni/Inconel600 合金扩散焊温度对接头抗剪强度的影响

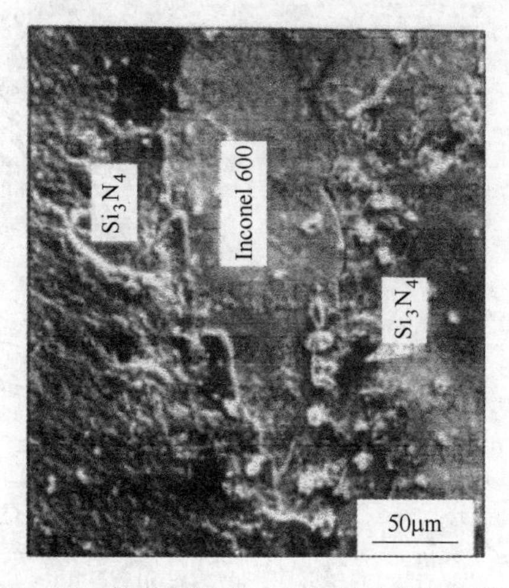

图 7-108 扩散焊温度 1130℃的接头剪切断口

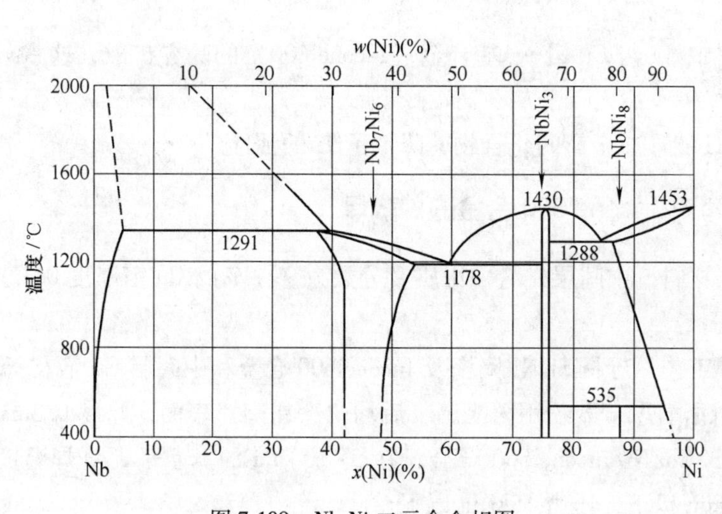

图 7-109 Nb-Ni 二元合金相图

图 7-110 和图 7-111 所示分别为 Si_3N_4 陶瓷/Nb/Cu/Ni/Inconel600 合金扩散焊压力（扩散焊温度 1130℃，保温时间 50min）和保温时间（压力 10MPa，扩散焊温度 1150℃）对接

头抗剪强度的影响。

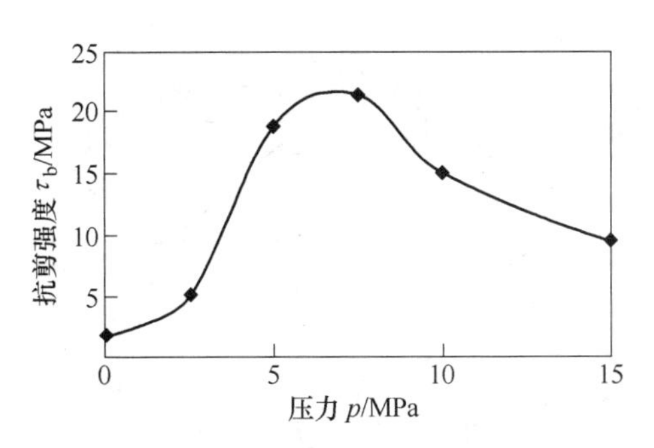

图 7-110　Si_3N_4 陶瓷/Nb/Cu/Ni/Inconel600 合金压力对接头抗剪强度的影响

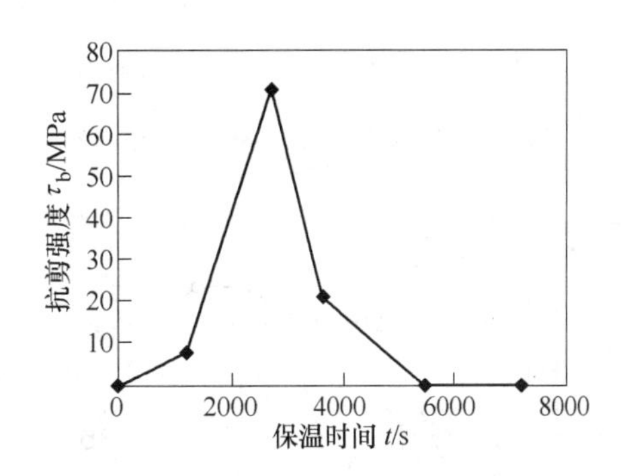

图 7-111　Si_3N_4 陶瓷/Nb/Cu/Ni/Inconel600 合金保温时间对接头抗剪强度的影响

7.10　Si_3N_4 陶瓷与高温金属（W、Mo、Nb、Ta）的焊接

7.10.1　Si_3N_4 陶瓷与 W 的焊接

1. 采用 Cu+Co 合金（Haynes188）作为中间层进行 Si_3N_4 陶瓷与 W 的扩散焊

Si_3N_4 陶瓷与 W 的焊接是比较常见的。由于 Si_3N_4 陶瓷与 W 都是很硬的材料，因此，一般采用软质材料作为中间层进行扩散焊，以此来降低接头残余压力，提高接头强度。可以采用 Cu+Co 合金（Haynes188）作为中间层进行 Si_3N_4 陶瓷与 W 的扩散焊，焊接参数为：真空度 6.5Pa、加热温度 1300℃、保温时间 30min，可以得到良好的接头。图 7-112 所示为 Si_3N_4/80Cu+20Haynes188/W 接头的外貌。图 7-113 所示为 Si_3N_4/80Cu+20Haynes188/W 接头的显微组织。图 7-114 所示为中间层 80Cu+20Haynes188 不同比例对接头抗剪强度的影响。可以看到，当 Cu：Haynes188＝8：2 时，接头的抗剪强度可以达到 80MPa。图 7-115 所示为焊接温度对 Si_3N_4/80Cu+20Haynes188/W(Mo) 接头抗剪强度的影响。

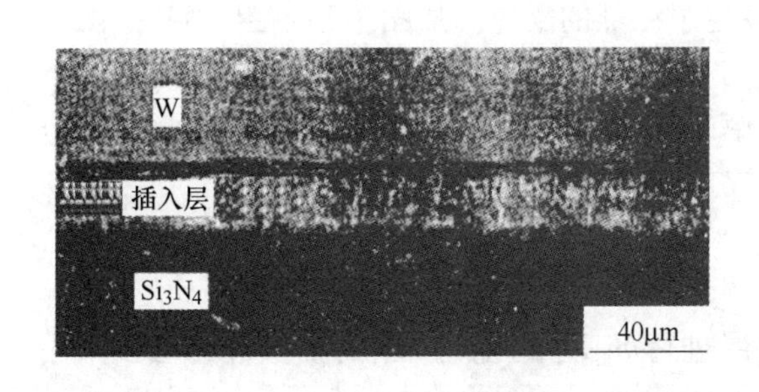

图 7-112　Si_3N_4/80Cu+20Haynes188/W 接头的外貌

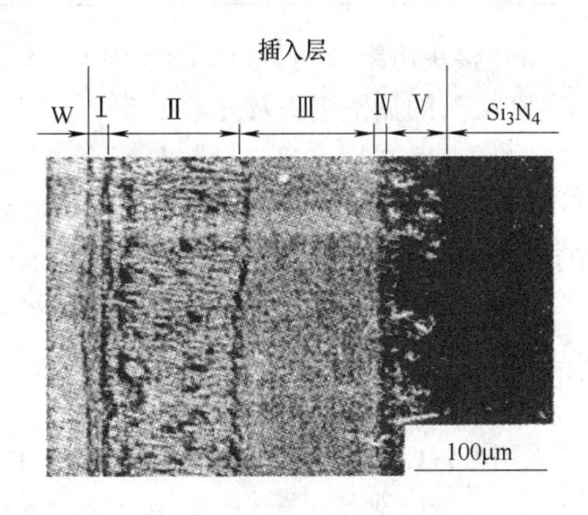

图 7-113　Si_3N_4/80Cu+20Haynes188/W 接头的显微组织

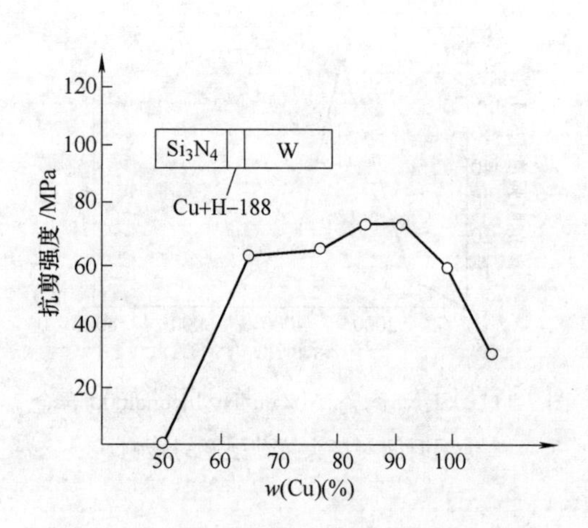

图 7-114 中间层 80Cu+20Haynes188 不同比例对接头抗剪强度的影响

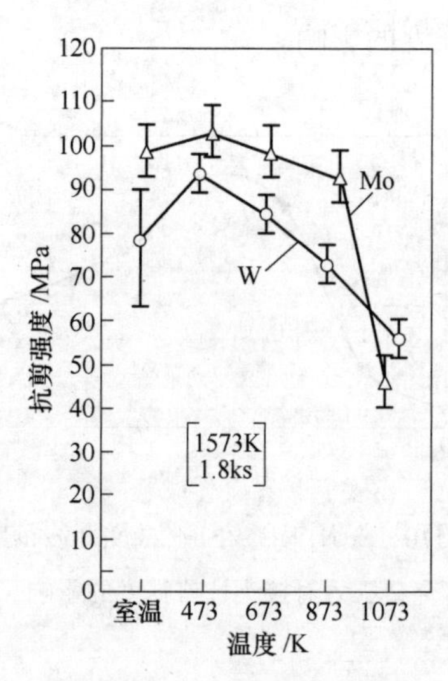

图 7-115 焊接温度对 Si_3N_4/80Cu+20Haynes188/W（Mo）接头抗剪强度的影响

2. 采用 Cu 基合金作为钎料来焊接 Si_3N_4 陶瓷与 W

（1）钎料和钎焊参数 在 Cu 中加入活性元素的 Cu 基合金可以作为钎料来改善其对 Si_3N_4 陶瓷的润湿性；同时，由于 Cu 基合金具有良好的塑性，可以降低接头的残余应力，从而可以提高接头强度。作为活性元素的有：Cr、Ti、Zr、V、Nb。采用厚度 0.8mm 的 Cu-5Cr、Cu-5Ti、Cu-10Zr、Cu-3V、Cu-1Nb 分别钎焊了 Si_3N_4 陶瓷与 W 接头。其钎焊参数在表 7-17 中给出。

表 7-17 钎焊参数

钎料	Cu-5Cr	Cu-5Ti	Cu-10Zr	Cu-3V	Cu-1Nb
钎焊温度/℃	1300	1100	1150	1300	1300
保温时间/min	30	30	30	30	30

（2）接头组织 图 7-116 所示为 Cu-5Ti、Cu-10Zr、Cu-5Cr、Cu-1Nb、Cu-3V 钎焊 Si_3N_4 陶瓷/W 接头的显微组织及元素分布。

从图 7-116 可以看出，钎料与 Si_3N_4 陶瓷发生了激烈的反应。从图 7-26、图 7-117、图 7-118 和第 3 章图 3-96、第 6 章图 6-8 可以看到，这些活性元素都可以与 Si 发生反应形成一系列的化合物。而 Nb-W、Ti-W、V-W 为无限溶解二元合金，Cr-W、Zr-W 为有限溶解二元合金，因此采用这些合金可以实现 Si_3N_4 陶瓷与 W 的焊接。

7.10.2 Si_3N_4 陶瓷与 Mo 的焊接

采用 Cu+Co 合金（Haynes188）作为中间层进行 Si_3N_4 陶瓷与 Mo 的扩散焊，可以采用与 Si_3N_4 陶瓷与 W 的焊接相同条件来进行，即采用焊接参数为真空度 6.5Pa、加热温度 1300℃、保温时间 30min，也可以得到良好的接头。图 7-119 所示为 Si_3N_4/80Cu+20Haynes188/Mo 接头的显微组织。焊接温度对 Si_3N_4/80Cu+20Haynes188/Mo 接头抗剪强度的影响如图 7-119 所示。

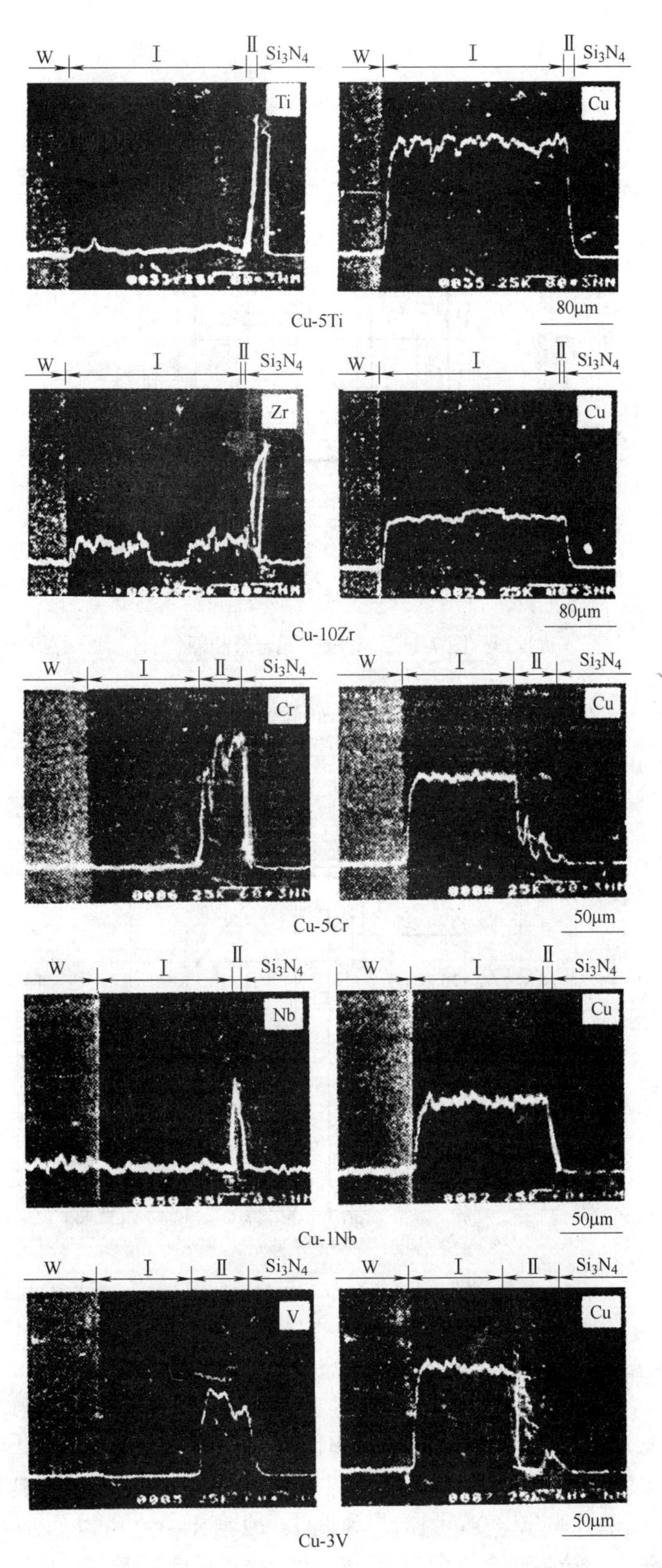

图 7-116　Cu-5Ti、Cu-10Zr 、Cu-5Cr、Cu-1Nb、Cu-3V 钎焊 Si_3N_4 陶瓷/W 接头的显微组织及元素分布

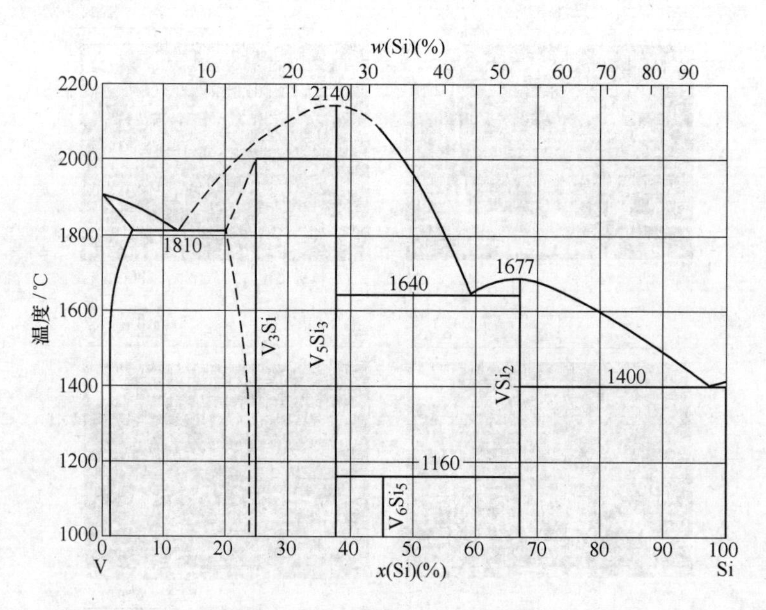

图 7-117 V-Si 二元合金相图

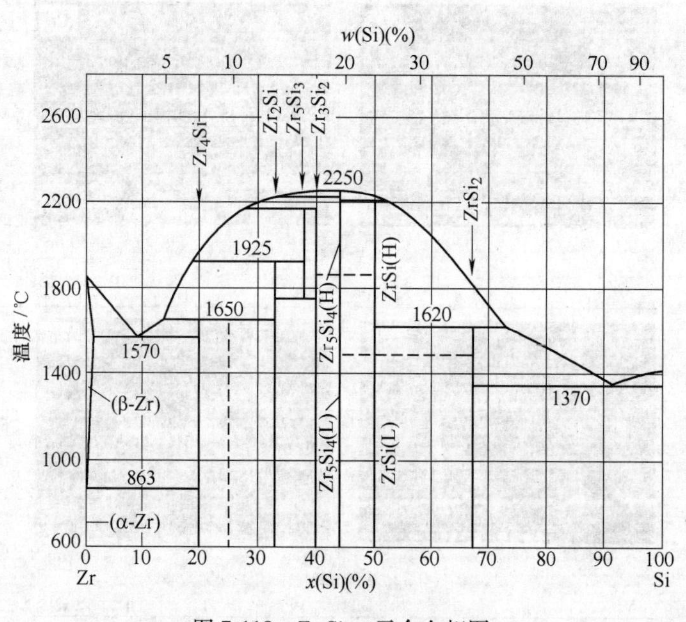

图 7-118 Zr-Si 二元合金相图

7.10.3 Si_3N_4 陶瓷与 Nb、Ta 的焊接

采用 Cu+Co 合金（Haynes188）作为中间层进行 Si_3N_4 陶瓷与 Nb、Ta 的扩散焊，焊接参数为：真空度 6.5Pa、加热温度 1300℃、保温时间 30min，可以得到良好的接头。但是，接头强度不如 Si_3N_4 陶瓷与 W、Mo 的高，如图 7-120 所示。之所以如此，主要是由于 Nb、Ta 的线胀系数比较大，接头残余应力较大，因此，接头强度较低。

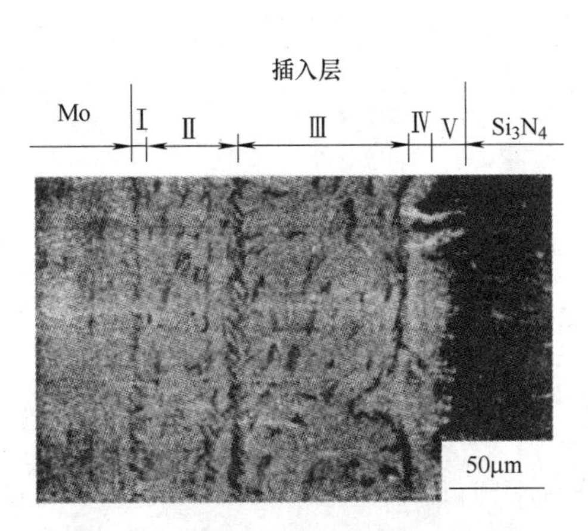

图 7-119 Si_3N_4/80Cu+20Haynes188/Mo 接头的显微组织

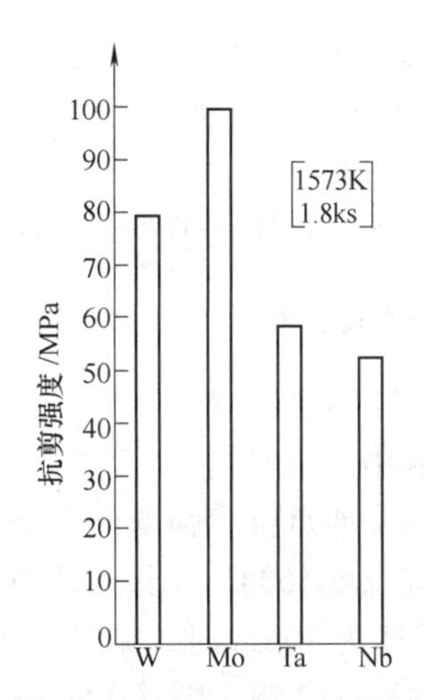

图 7-120 焊接温度对 Si_3N_4/80Cu+20Haynes188/W、Mo、Nb、Ta 接头抗剪强度的影响

7.11 Si_3N_4 陶瓷和 TiAl 合金的焊接

Si_3N_4 陶瓷具有耐高温、耐腐蚀和耐磨损等优点，而在高温材料领域占有很重要的地位，但是，由于其脆性大、塑性低、难以变形和切削加工等缺点，使得其应用受到限制。而 TiAl 合金具有密度小（约为 3.8g/cm^3）、比强度高、刚性好、良好的高温力学性能和抗氧化性，被认为是一种理想的、具有良好开发前景的用于航空、航天等军事和民用的新型高温结构材料。如果将 Si_3N_4 陶瓷和 TiAl 合金连接起来，发挥各自优点，可以扩大其应用。

7.11.1 材料

Si_3N_4 陶瓷中加入少量的 TiC 和其他成分，使其具有高温硬度高的优点，可以进行电火花加工。

TiAl 采用纯铝和海绵钛以钛：铝=3：1（摩尔分数）的比例，并加入摩尔分数 0.2%的钽（Ta）熔炼而成，得到 Ti_3Al 金属间化合物和少量的 Ti 元素，中间层 Cu 的厚度为 70μm，Ti/Ag-Cu 为 5μm 的 Ti 箔及 Ag72-Cu28。

7.11.2 钎焊工艺

材料都要用丙酮清洗。按照 Si_3N_4/Ti/Ag-Cu/Cu/TiAl 的顺序装配，在真空度为 8.0×10^{-3}Pa 的真空炉中，先以 10℃/min 的速度加热到 587℃，保温 30min，再以 15℃/min 的速度加热到钎焊温度。保温一定时间后，以 5℃/min 的速度冷却到室温。

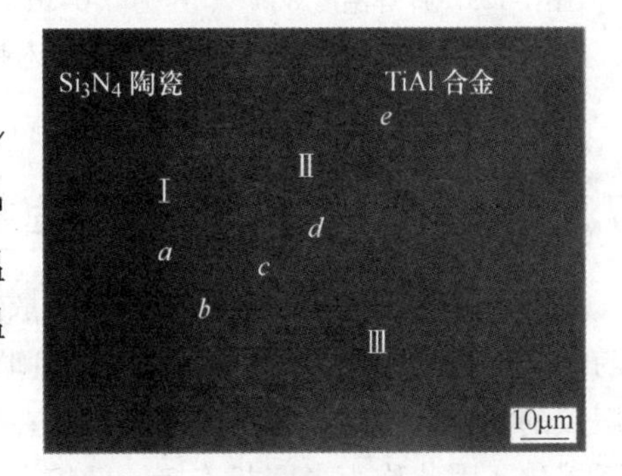

图 7-121 钎焊温度 860℃，保温 30min 的接头组织的二次电子像

7.11.3 接头组织

图 7-121 所示为钎焊温度 860℃，保温 30min 的

接头组织的二次电子像。可以看到，接头发生了明显的反应，形成了三个反应层。Ⅰ层在 Si_3N_4 陶瓷界面，组织为 TiAl+Ti-Si，为 a 区；Ⅱ层在钎缝中心，可以分为 b、c、d 三个区，其组织分别为 Cu-Ti、Ag、Cu；Ⅲ层在 TiAl 的界面，即 e 区，其组织为 AlCuTi。所以，接头区的组织为 Si_3N_4/TiAl+Ti-Si/Cu-Ti/Ag/Cu/AlCuTi/TiAl。

7.11.4 接头性能

图 7-122 所示为保温 30min、压力 0.04MPa 和中间层 Cu 的厚度为 70μm 时，钎焊温度对接头四点抗弯强度的影响。图 7-123 所示为钎焊温度 860℃、压力 0.04MPa 和中间层 Cu 的厚度为 70μm 时，保温时间对接头四点抗弯强度的影响。图 7-124 所示为保温 30min、钎焊温度 860℃、中间层 Cu 的厚度为 70μm 时，压力对接头四点抗弯强度的影响。从图 7-122～图 7-124 可以看到，钎焊温度为 860℃、保温时间 30min 及压力为 0.04MPa 时，接头强度最高，达到 170MPa。

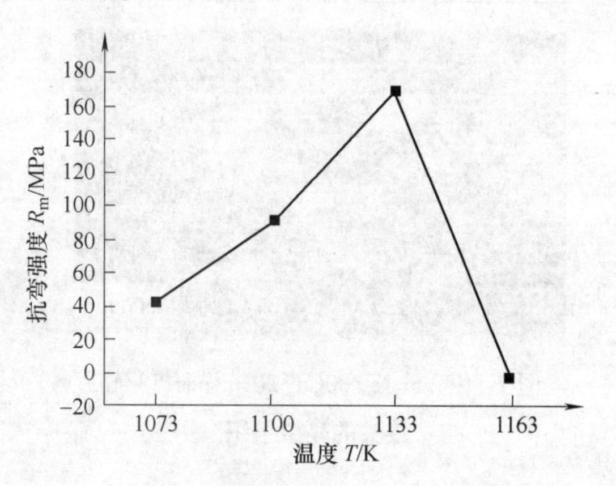

图 7-122 保温 30min、压力 0.04MPa 和中间层 Cu 的厚度为 70μm 时，钎焊温度对接头四点抗弯强度的影响

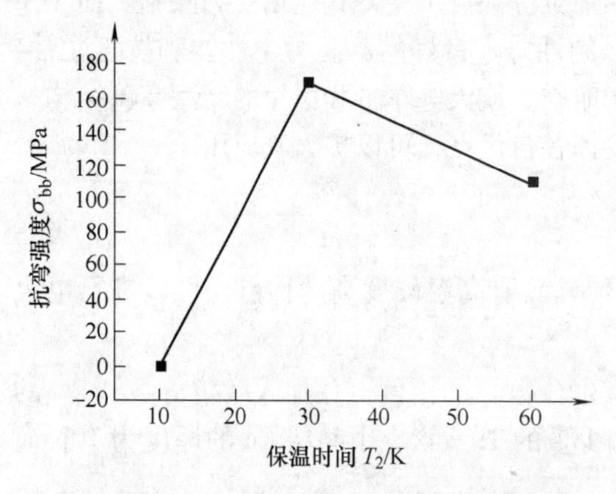

图 7-123 钎焊温度 860℃、压力 0.04MPa 和中间层 Cu 的厚度为 70μm 时，保温时间对接头四点抗弯强度的影响

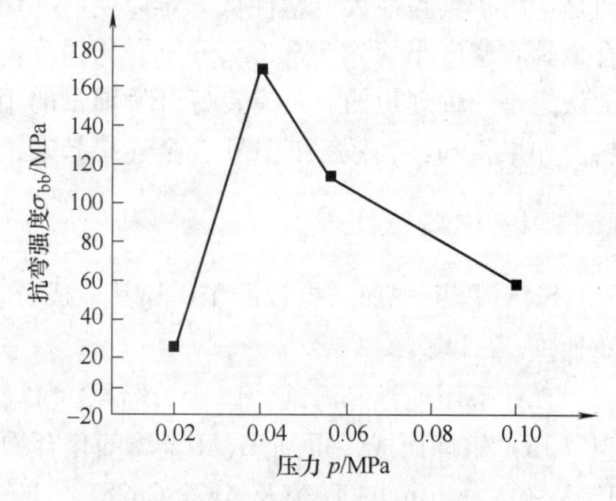

图 7-124 保温 30min、钎焊温度 860℃、中间层 Cu 的厚度为 70μm 时，压力对接头四点抗弯强度的影响

7.12 Si_3N_4 复相陶瓷的半固相连接

陶瓷材料的焊接大多采用固相扩散焊或者钎焊，扩散焊具有焊接工艺复杂、中间层材料与陶瓷材料的匹配要求严格、焊接时间较长、效率低等缺点。半固相连接是采用低熔点和高熔点的混合材料作为钎料进行钎焊，在钎焊温度下，钎料中的低熔点材料熔化，高熔点材料不熔化，因此称为半固相连接。低熔点材料熔化之后，润湿陶瓷，并且与陶瓷发生反应，从而与陶瓷发生连接作用；高熔点材料起到改变接头性能的作用。

通常人们一般采用 Ag-Cu-Ti 系钎料，在其中加入需要焊接的陶瓷作为固相。比如采用

Ag-Cu-Ti 系钎料，在其中加入 Al_2O_3 来钎焊 Al_2O_3 陶瓷；采用 Ag-Cu-Ti 系钎料，在其中加入 Si_3N_4 陶瓷来钎焊 Si_3N_4 陶瓷；采用 Ag-Cu-Ti 系钎料，在其中加入 SiC 来钎焊 SiC 陶瓷等。

7.12.1　材料

采用 TiN 作为强化相，因为一方面 TiN 是一种十分稳定的新型陶瓷，而且也是良好的强化相；另一方面 TiN 中存在活性元素 Ti，可以减少由于界面反应而对 Ti 的消耗；另外，其线胀系数（$9.3\times10^{-6}K^{-1}$）虽然比 Si_3N_4 陶瓷[$(3\sim3.6)\times10^{-6}K^{-1}$] 高，但是比 Ag-Cu-Ti 系钎料（$23.6\times10^{-6}K^{-1}$）低，可以缓解接头焊接应力。因此，采用 TiN 作为固相。

母材 Si_3N_4 复相陶瓷为质量分数 75%~80%的 Si_3N_4 陶瓷+20%~25%的 TiC 陶瓷加入少量的黏结剂 Y_2O_3+MgO。钎料为 Ag-Cu 共晶成分加入质量分数为 2%~3%的 Ti，制成 0.22mm 的箔状，TiN 为 10μm 的粉状，夹在两片 Ag-Cu-Ti 系钎料之间。

7.12.2　钎焊工艺

Ag-Cu-Ti 系钎料经过金刚石研磨膏研磨后，用丙酮进行超声波清洗。钎焊温度 900℃，保温 10min，在真空度 3×10^{-3}Pa 的真空炉中进行钎焊。

7.12.3　接头组织

图 7-125 所示为钎料 TiN 质量分数为 10%时的钎焊接头背散射组织，接头组织由母材 Si_3N_4 陶瓷/反应层/含微量 Ti 的 Ag-Cu+TiN/反应层/母材 Si_3N_4 陶瓷组成。可以看到 TiN 颗粒分布均匀，粒度没有发生明显变化，但是含量有所增多，这是液态钎料 Ag-Cu-Ti 流失的缘故。钎料中 Ag-Cu-Ti 没有与 TiN 发生反应，研究表明，在钎料中加入 TiN，也不影响钎料与陶瓷发生界面反应，只是起到降低接头线胀系数差、降低焊接内应力、增强钎料的作用，也就是提高了接头强度。

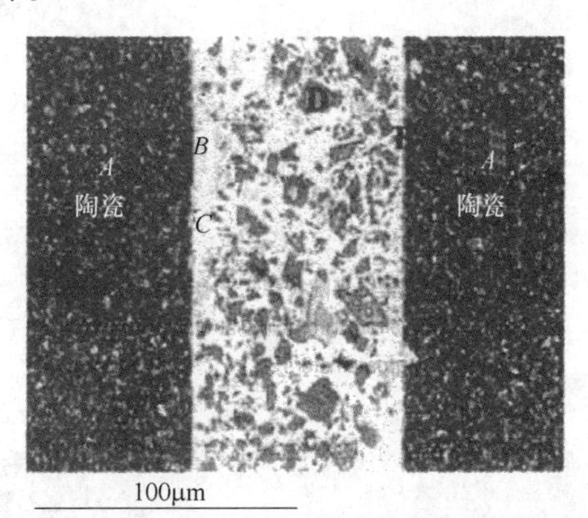

图 7-125　钎料 TiN 质量分数为 10%时的钎焊接头背散射组织

7.12.4　接头性能

图 7-126 所示为 600℃时钎料中 TiN 不同含量与接头高温抗剪强度之间的关系。图 7-127 所示为 TiN 不同含量对接头高温抗剪强度的影响。

TiN 不同含量对接头高温抗剪强度的影响有两个方面，一方面是 TiN 对接头的强化作用，随着 TiN 含量的增加，这种强化作用加强；另一方面 TiN 含量会影响界面反应层的厚度，这个反应层厚度增加，呈现出接头强度先增加后降低的趋势。两者的综合作用，就出现了如图 7-127 所示的变化。

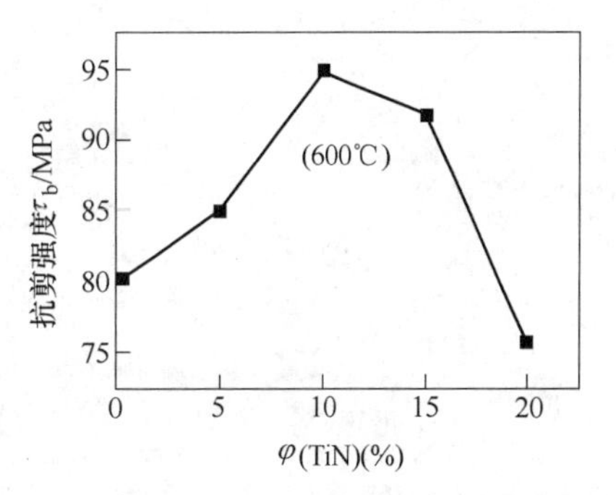

图 7-126　600℃时钎料中 TiN 不同含量与接头抗剪强度之间的关系

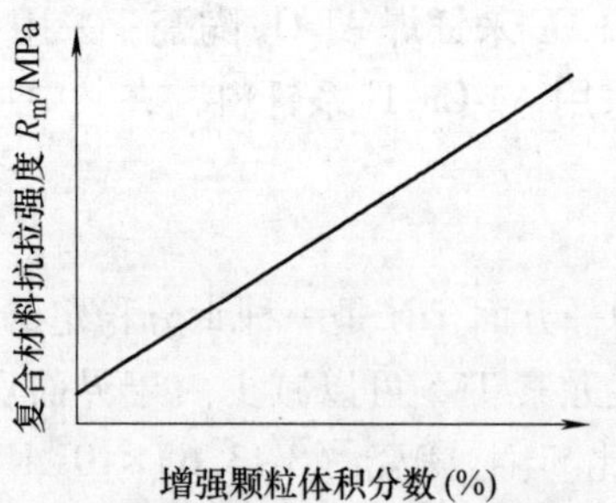

a) 增强颗粒体积分数对材料强度的影响

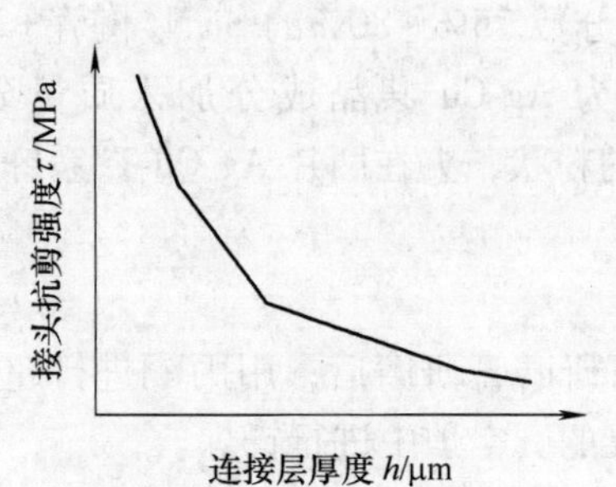

b) 连接层厚度对钎焊接头强度的影响

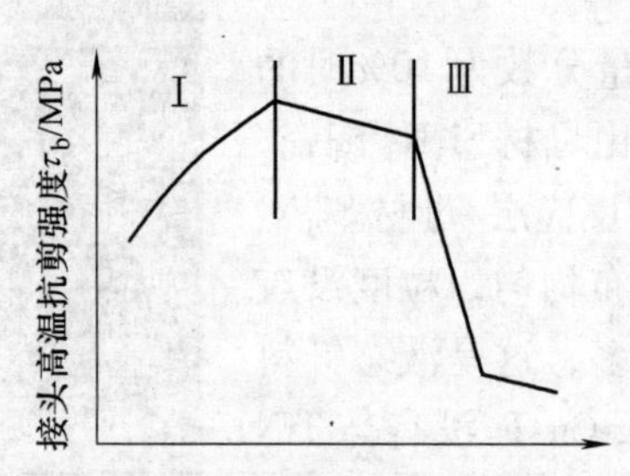

c) 增强颗粒含量对接头强度的综合作用

图 7-127　TiN 不同含量对接头高温强度的影响

第 8 章

其他陶瓷材料的焊接

8.1 超导用氧化物陶瓷材料 Y-Ba-Cu-O 的焊接

超导用氧化物陶瓷材料具有较高的临界温度，这种材料的焊接接头不仅要达到一定的强度，还必须保持原有的超导性能。因此，焊接更加困难。超导用氧化物陶瓷材料 Y-Ba-Cu-O 在熔化时会发生分解，根本不能采用熔化焊。陶瓷材料焊接的主要方法是扩散焊接，尤其是加中间层的扩散焊接是比较成功的。但是，超导用陶瓷材料的焊接，最好采用不加中间层的扩散焊接，以免影响其超导性能。如果必须采用加中间层的扩散焊接，中间层的选择必须满足焊后接头的超导性能。

8.1.1 加中间层的扩散焊

采用煅烧粉末中间层焊接超导用氧化物陶瓷材料 $YBa_2Cu_3O_{7-x}$。焊接在炉中进行。最佳扩散焊温度为 1000℃，焊接时间为 1~2h。焊后在流动的氧气中进行热处理，四种热处理的试验结果见表 8-1。在四种情况下试样在 90K 时电阻都出现了陡降，但都没有达到 0mΩ，这可能是接头中出现的局部熔化形成的气孔和夹杂的影响。图 8-1 所示为其中一个典型试样电阻和温度关系的曲线，图 8-2 所示为焊接区的断口形貌。从图 8-2 中可以清楚地看到接头

表 8-1 焊后四种热处理的试验结果

试样号	热处理温度/℃	热处理时间/h	T_c/K	T_c 时的电阻/mΩ
1	900	25	85	2.5
2	930	15	90	0.5
3	930	20	84	2.0
4	940	20	85	2.0

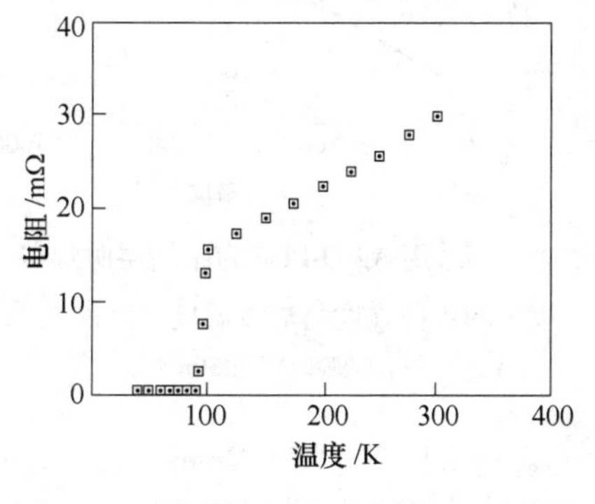

图 8-1 2 号试样电阻和温度之间的关系

图 8-2 焊接区断口 SEM 照片

中存在的气孔。X射线衍射表明它是杂质相为 $Y_{1.2}Ba_{0.8}CuO_{4-x}$，而且热处理后依然存在。因此，接头的超导行为主要取决于接头区的化学特性和物理完整性。

1. 以 Ag_2O 为中间层

以 Ag_2O 为中间层来焊接超导用氧化物陶瓷材料 Y-Ba-Cu-O 时，将 Ag_2O 粉末用有机溶剂调成膏状，直接刷在被焊表面，厚度约 50μm，焊接在大气中进行。焊接温度为 970℃，焊接压力为 2.1kPa，焊接时间与接头抗剪强度之间的关系如图 8-3 所示。可见，随着焊接时间的增加，接头抗剪强度增加，但焊接时间达到 75min 之后接头抗剪强度降低。断裂不是发生在连接部位的中心，而是发生在超导用氧化物陶瓷材料 Y-Ba-Cu-O 中。但是，当焊接时间超过 90min 之后，断裂就发生在连接界面。与此相对应，在沸点温度（-196℃）的液氮通过时焊接区的电阻和焊接时间之间的关系如图 8-4 所示。从图 8-4 可以看出，焊接时间超过 90min 之后电阻值不等于 0，并且随着焊接时间的增加，电阻迅速增加。这与焊接区 $YBa_2Cu_3O_{7-x}$ 的含量有关。

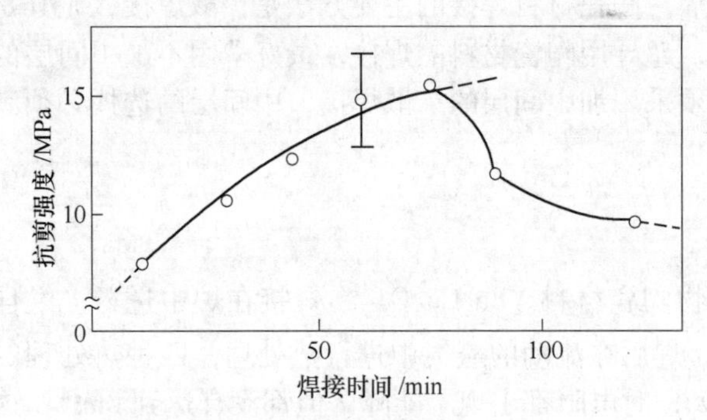

图 8-3　以 Ag_2O 为中间层焊接 Y-Ba-Cu-O 时焊接时间与接头抗剪强度之间的关系

注：试验温度为 970℃，变形速度为 5mm/min。

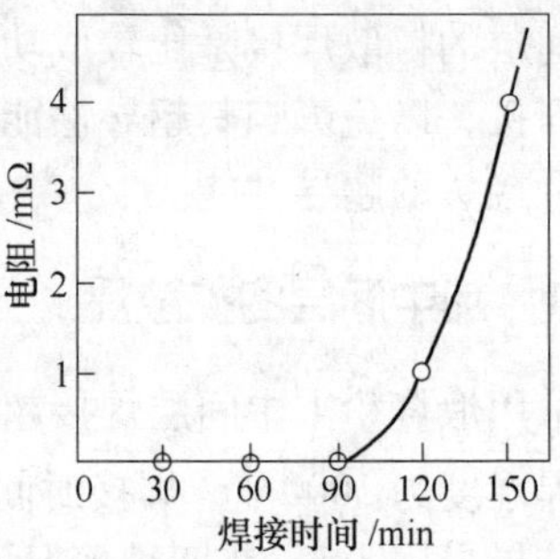

图 8-4　在沸点温度（-196℃）的液氮通过时电阻与焊接时间之间的关系

2. 以 Ag_2O-PbO 为中间层

采用厚度约 100μm 的 Ag_2O-PbO（质量分数各 50%）为中间层，在焊接温度为 970℃、焊接时间为 30min、焊接压力为 2.1kPa 的条件下，在大气中进行超导用氧化物陶瓷材料 Y-Ba-Cu-O 的扩散焊时，焊接接头的临界温度 T_c 为 -185℃，焊接接头的抗剪强度与焊接温度之间的关系如图 8-5 所示。

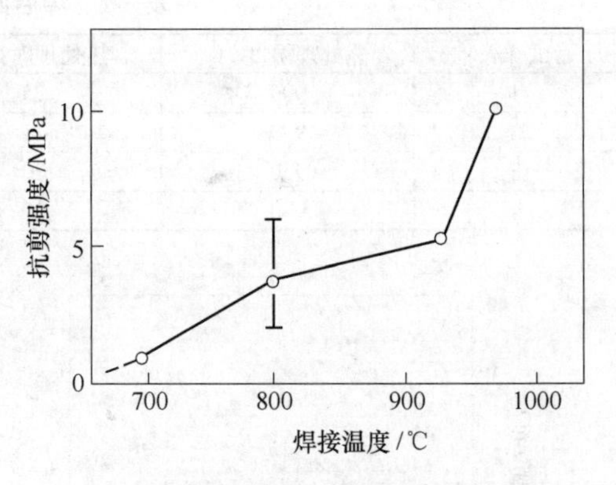

图 8-5　用 Ag_2O-PbO 为中间层时焊接接头的抗剪强度与焊接温度之间的关系

注：试验时间为 30min。

3. 以 Ag_2O-YBCO 为中间层

采用厚度约 100μm 的 Ag_2O-YBCO 为中间层来焊接超导用氧化物陶瓷材料 $Yba_2Cu_3O_{7-x}$，能得到良好的结果。图 8-6 所示为中间层中 Ag_2O 含量对焊接接头临界转变温度 T_c 的影响。所用的中间层是由混合粉末压成厚度为 2mm、直径为 10mm 和 15mm 的片子，并经 750℃、12h 烧结而成。扩散焊接参数：温度为 750℃、时间为 1h、压力为 2.4kPa。焊接在大气中进行。YBCO 的 T_c 为 -186℃，用 Ag_2O 的质量分数为 0、25%、50%

的中间层得到的焊接接头临界转变温度 T_c 分别为 −184.2℃、−184.9℃、−184.4℃。当 Ag_2O（质量分数）增加到 75%时的 T_c 为−197℃。当中间层材料 Ag_2O（质量分数）为 100%时，一直到 −223℃仍无超导现象。

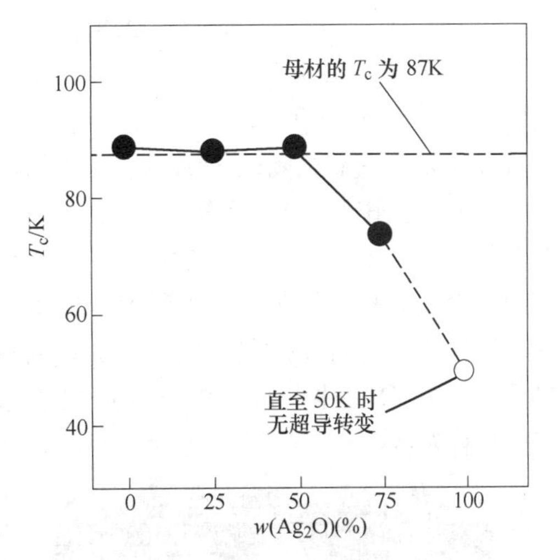

图 8-6　Ag_2O 含量对焊接接头临界转变温度 T_c 的影响

图 8-7 所示为中间层中 Ag_2O 含量对焊接接头抗剪强度的影响。可以看到，Ag_2O 的质量分数为 25%以下时对接头抗剪强度几乎没有影响，而其质量分数从 25%提高到 50%时，接头抗剪强度从 5.08MPa 直线提高到 19.8MPa，之后再继续增加 Ag_2O 含量对接头抗剪强度又几乎没有影响。

Ag_2O 含量对接头抗剪强度的这种影响与接头的致密度有关。从图 8-8 中可以看到，随着中间层中 Ag_2O 含量的提高，其密度明显提高。从图 8-9 中 YBCO 母材的 SEM 照片中可以看到，不加 Ag_2O 时，YBCO 母材中存在大量孔洞；加入 Ag_2O 后，不仅孔洞明显减少，而且产生了晶粒细化的影响。图 8-10 和图 8-11 所示分别为加质量分数为 75%的 Ag_2O 中间层 YBCO 的扩散焊和不加 Ag_2O 中间层 YBCO 的扩散焊的 SEM 照片，可以看到，后者的结合界面明显优越于前者。图 8-12 所示为加 75%（质量分数）Ag_2O 中间层的 YBCO 与 YBCO 扩散焊接头的 SEM 照片。

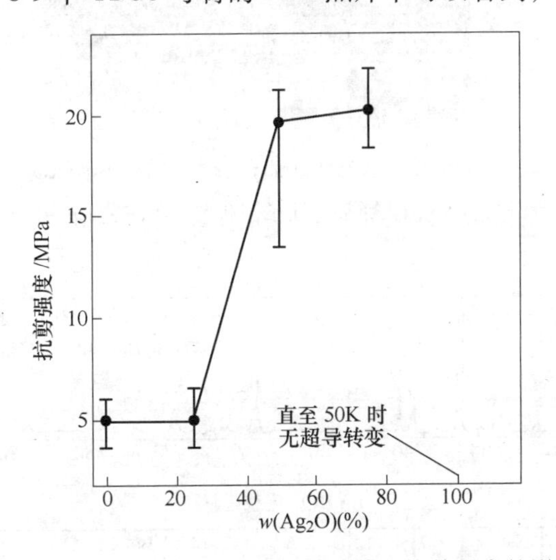

图 8-7　中间层中 Ag_2O 含量对焊接接头抗剪强度的影响

注：温度为 1223K（大气中）；焊接时间为 1h；载荷为 2.4kPa。母材 YBCO 陶瓷的强度为 27.2MPa。

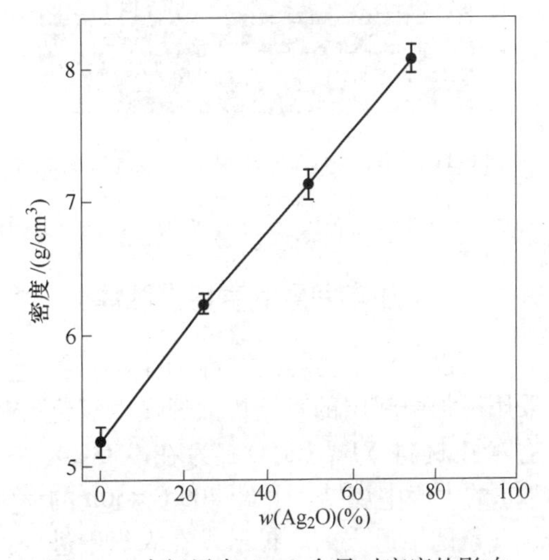

图 8-8　中间层中 Ag_2O 含量对密度的影响

注：温度为 1203K（大气中）；焊接时间为 12h。

图 8-9　YBCO 母材的 SEM 照片

分析发现，Ag_2O 在加热到427℃时就开始分解出 Ag；而 YBCO 陶瓷则加热到950℃也不发生任何转变。图 8-13 所示为它们的衍射图谱，从中可以看到，它们之间的区别在于在中间层中加入 Ag_2O 之后出现了 Ag 元素，而 Ag 元素过多会降低其超导性能。因此，虽然提高 Ag_2O 在中间层中的含量会提高接头的抗剪强度，但也会降低其超导性，其含量还是应当加以限制。从试验结果可知，Ag_2O 在中间层中的含量以质量分数为50%左右为佳。

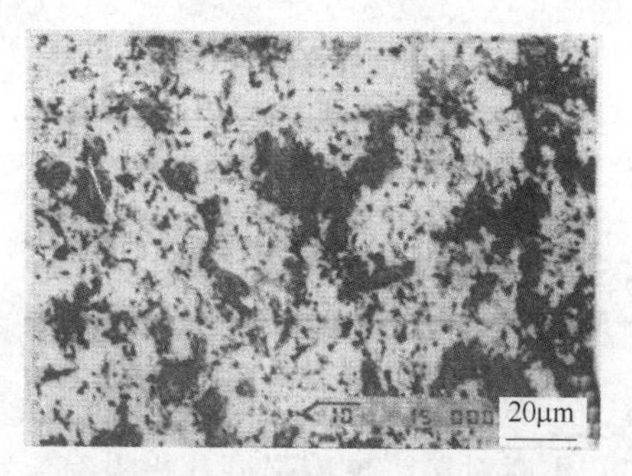

图 8-10 中间层中 Ag_2O 的质量分数为75%时 YBCO 的 SEM 照片

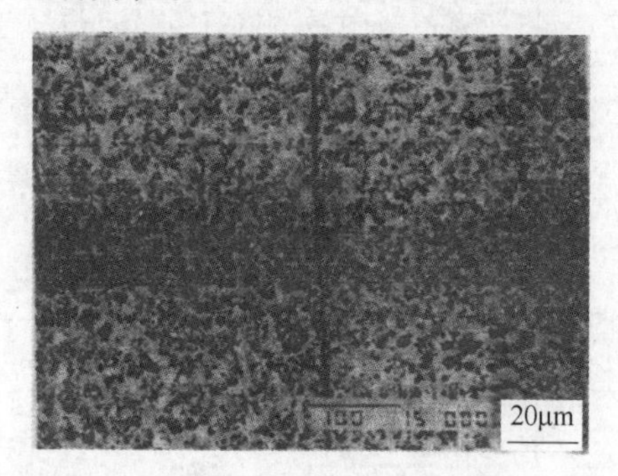

图 8-11 YBCO 不加中间层的扩散焊接头照片

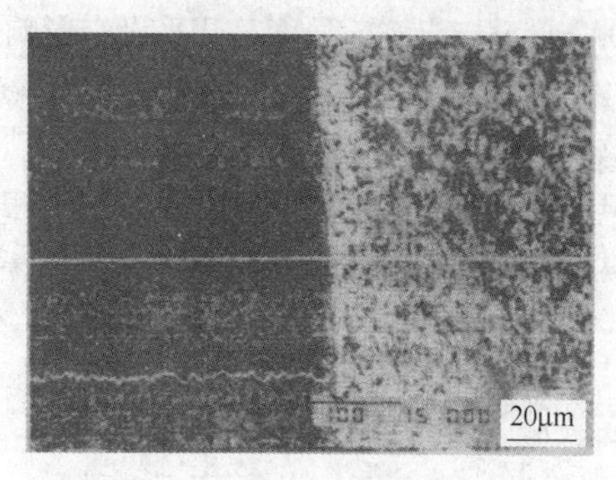

图 8-12 加 75%（质量分数）Ag_2O 中间层的 YBCO 与 YBCO 扩散焊接头的 SEM 照片

8.1.2 不加中间层的直接扩散焊

可以对氧化物陶瓷材料 $YBa_2Cu_3O_{7-x}$ 采用不加中间层的直接扩散焊接。氧化物陶瓷材料 $YBa_2Cu_3O_{7-x}$ 为在 950℃×12h 的大气中烧结，并经 400℃×50h 的氧气氛围中退火的。扩散焊在大气中进行，焊接温度为900~950℃、保温时间为4h、压力为 0.5~14.7MPa。焊后经400℃×50h 的氧气氛围中退火。图 8-14 所示为适合扩散焊的焊接温度和压力的配合。图 8-15 所示为氧化物陶瓷材料 $YBa_2Cu_3O_{7-x}$ 母材和在焊接温度为900~950℃、保温时间为4h、压力为0.5MPa 条件下的扩散焊试样的显微组织和电子探针分析结果。从这个结果来看，两者并没有明显差别，而且原始界面也完全消失。从图 8-16 可以看出，其X射线衍射图谱也没有发现母材与扩散焊接头之间有什么不同。图 8-17 所示为母材和不同焊接条件下焊接接头的温度与电阻率之间的关系，可以看到，母材的 T_c 为93K，而焊接温度为1223K 焊接接头的 T_c 为 88K。焊接界面的抗剪强度也是很高的，达到10~15MPa，几乎与母材等强。但是，当焊接保温时间低于2h 时，虽然焊接接头仍保持较高

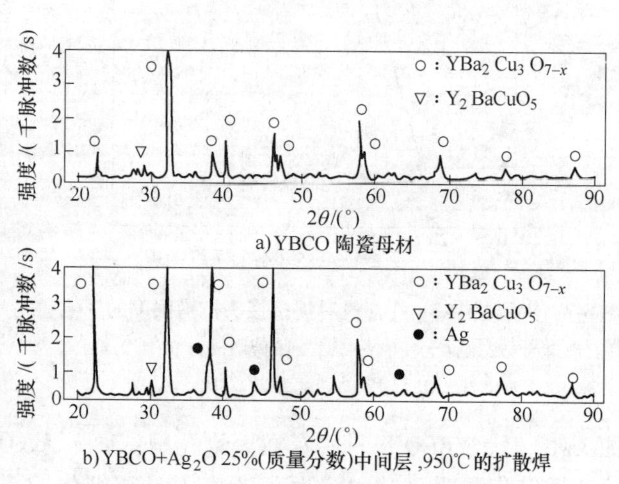

图 8-13 YBCO 陶瓷 X 射线衍射图谱

的抗剪强度，但接头仍保持局部原始界面，焊接接头的 T_c 为 77K。所以，为使焊接接头具有良好的超导性能，焊接保温时间应不低于 2h。

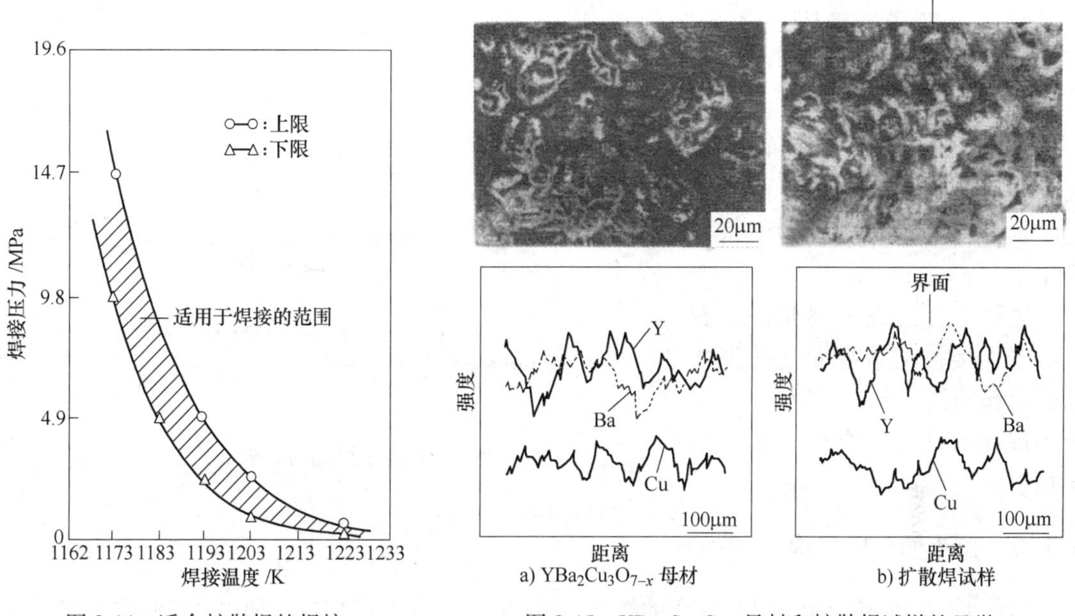

图 8-14　适合扩散焊的焊接温度和压力的配合

图 8-15　$YBa_2Cu_3O_{7-x}$ 母材和扩散焊试样的显微组织和电子探针分析结果

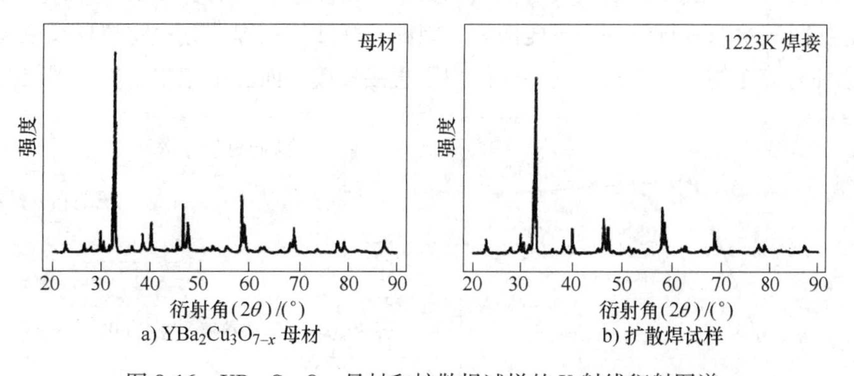

图 8-16　$YBa_2Cu_3O_{7-x}$ 母材和扩散焊试样的 X 射线衍射图谱

图 8-18 所示为焊接温度为 920℃、焊接压力为 1MPa 条件下，保温时间对接头电阻率的影响。可以看到，随着保温时间的延长，接头电阻率下降，但保温时间增大到一定程度时，其电阻率不再有明显的变化，而且，在所有的情况下，接头的电阻率都低于母材，表明接头质量良好。

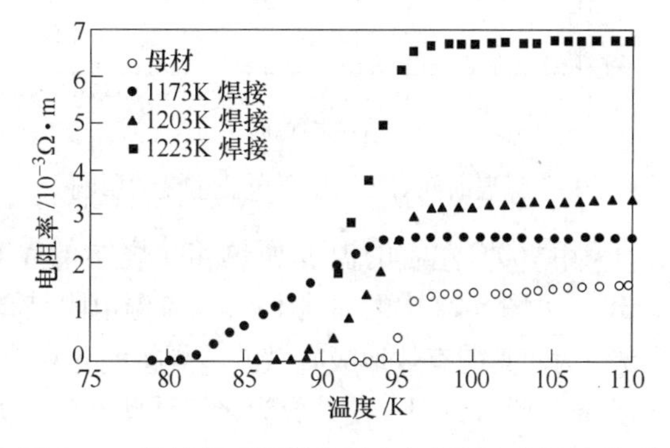

图 8-17　母材和不同焊接温度与电阻率之间的关系

应当指出，焊接接头的电阻率是衡量接头质量的重要指标。这种陶瓷一般是烧结而成的，烧结材料都存在一定的空隙，这种空隙会提高材料的电阻率。图 8-19 所示为与图 8-18 相同的焊接温度和焊接压力之下，不同保温时间对接头临界电流密度的影响。可以看到，在保温时间低于 48h（即 172. 8ks）时，其接头临界电流密度较低；而保温时间延长，其接头临界电流密度变化不大。

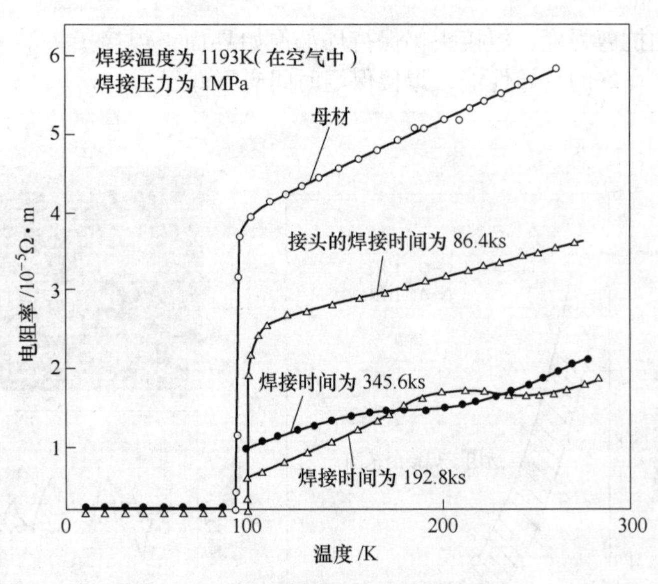

图 8-18　不同保温时间对电阻率的影响

之所以会出现上述情况，都是由于焊接接头结合面气孔率不同而引起的，图 8-20 和图 8-21 所示为焊接条件对结合面气孔率的影响。

8. 1. 3　微波加热扩散焊

微波加热已成功应用于结构陶瓷的烧结和焊接中。由于微波加热是利用材料吸收微波后产生的热量，因此它是一种体积加热，具有截面内温度分布均匀、热应力小、不易开裂和加热速度快、材料热损失小、晶粒不易长大等优点。另外，微波电磁场对扩散的非热作用也是促进陶瓷烧结和焊接过程快速进行的一个重要因素。因此，微波加热焊接氧化物超导陶瓷无疑也是一种比较合适和有前途的焊接方法。它不仅能用于直接焊接，而且也能用于加中间层的焊接。

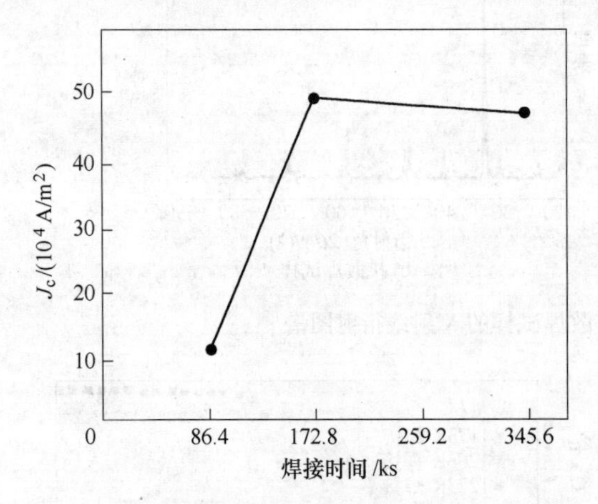

图 8-19　保温时间对接头临界电流密度的影响

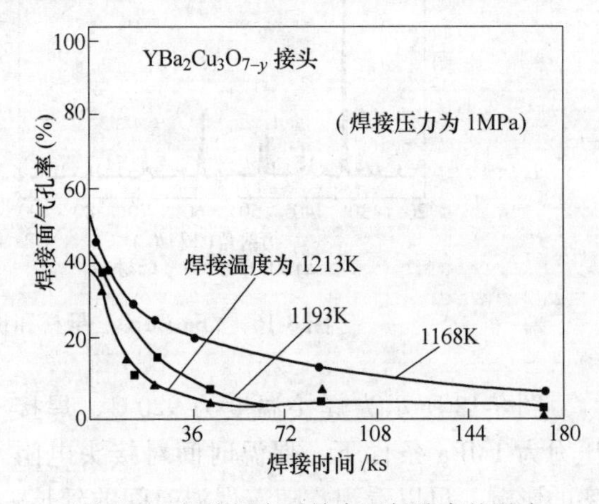

图 8-20　焊接温度对结合面气孔率的影响

采用 960℃左右的温度加热 48h 烧结的 YBCO 超导材料，具有纯正交相结构，其 T_c 为 91. 3K（见图 8-22 中的曲线 1），其室温电阻是 21. 3mΩ，正常状态表现为金属特性，强烈反射微波。为使其能有效地吸收微波，焊接前先在流动的氮气炉中进行加热温度为 700℃、保温时间为 4h 的脱氧处理，使其成为半导体状态的四方相。对其进行加热温度为 950～1000℃、保温时间为 5min 微波加热的扩散焊接。焊后试样的电阻与温度之间的关系如图8-22 中的曲线 2 所示，仍为半导体状态，在液氮温度下也没有发生超导转变。在 960℃左右的温度加热 15h 的空气中退火后的电阻与温度之间的关系如图 8-22 中的曲线 3 所示，其 T_c 为 89.7K。

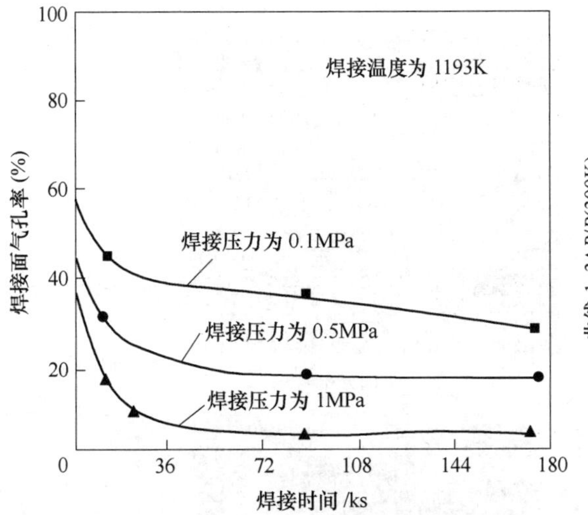

图 8-21　焊接压力对结合面气孔率的影响

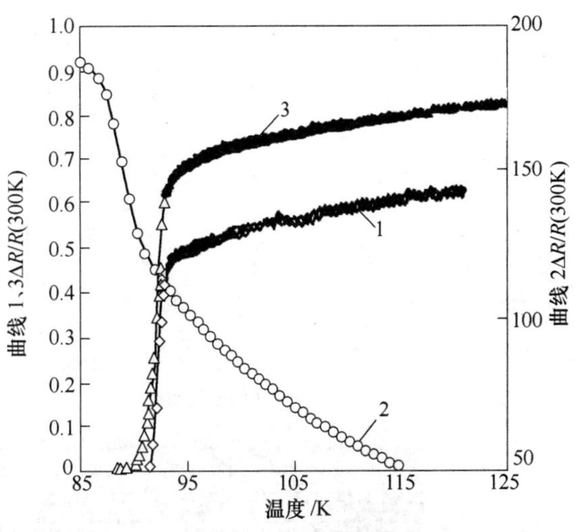

图 8-22　电阻变化率与温度之间的关系

注：曲线 1 为原始试样，其室温电阻 21.3mΩ；曲线 2 为 950℃、5min 的扩散焊接试样，其室温电阻 0.35mΩ；曲线 3 为 960℃左右加热 15h 的空气中退火后试样，其室温电阻 5.5mΩ

8.1.4　$YBa_2Cu_3O_x$ 陶瓷与 Ag 的钎焊

1. 钎料的选择

对钎料有如下要求：

1）钎料在氧化气氛中仍然保持一定的活性。

2）钎料对 $YBa_2Cu_3O_x$ 陶瓷必须具有良好的润湿性。

3）钎料必须具有良好的导电性。

4）钎料的熔点应当低于 960℃。对钎料熔点的要求，主要是因为 $YBa_2Cu_3O_x$ 陶瓷的温度超过 960℃时，将会分解出不导电的 $BaCuO_2$ 和 CuO。

根据以上要求，选择 BAg-8 作为钎料。

2. $YBa_2Cu_3O_x$ 陶瓷与 Ag 的钎焊

（1）钎焊工艺　为了提高钎料在 $YBa_2Cu_3O_x$ 陶瓷表面的润湿性，应该在 $YBa_2Cu_3O_x$ 陶瓷表面镀一层 Ag；而为了提高在 Ag 在 $YBa_2Cu_3O_x$ 陶瓷表面的润湿性，可以采用在 $YBa_2Cu_3O_x$ 陶瓷表面蒸发覆膜的方法镀一层 Au，再在 Au 膜表面再蒸发镀 Ag，形成如图 8-23 那样的接头。

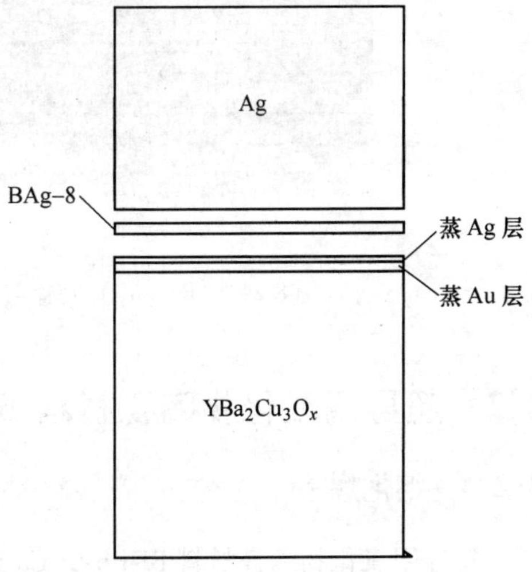

Ag
BAg-8
蒸 Ag 层
蒸 Au 层
$YBa_2Cu_3O_x$

图 8-23　$YBa_2Cu_3O_x$ 陶瓷与 Ag 的钎焊接头

BAg-8 钎料厚度为 0.05mm，在真空度为 0.13MPa 的真空炉中进行钎焊，以 2.7℃/s 的速度加热到钎料熔化，然后保温 18min，之后随炉冷却，这样得到的接头性能良好。

（2）接头组织　图 8-24 所示为 $YBa_2Cu_3O_x$ 陶瓷与 Ag 的钎焊接头的电镜扫描及其元素分布。

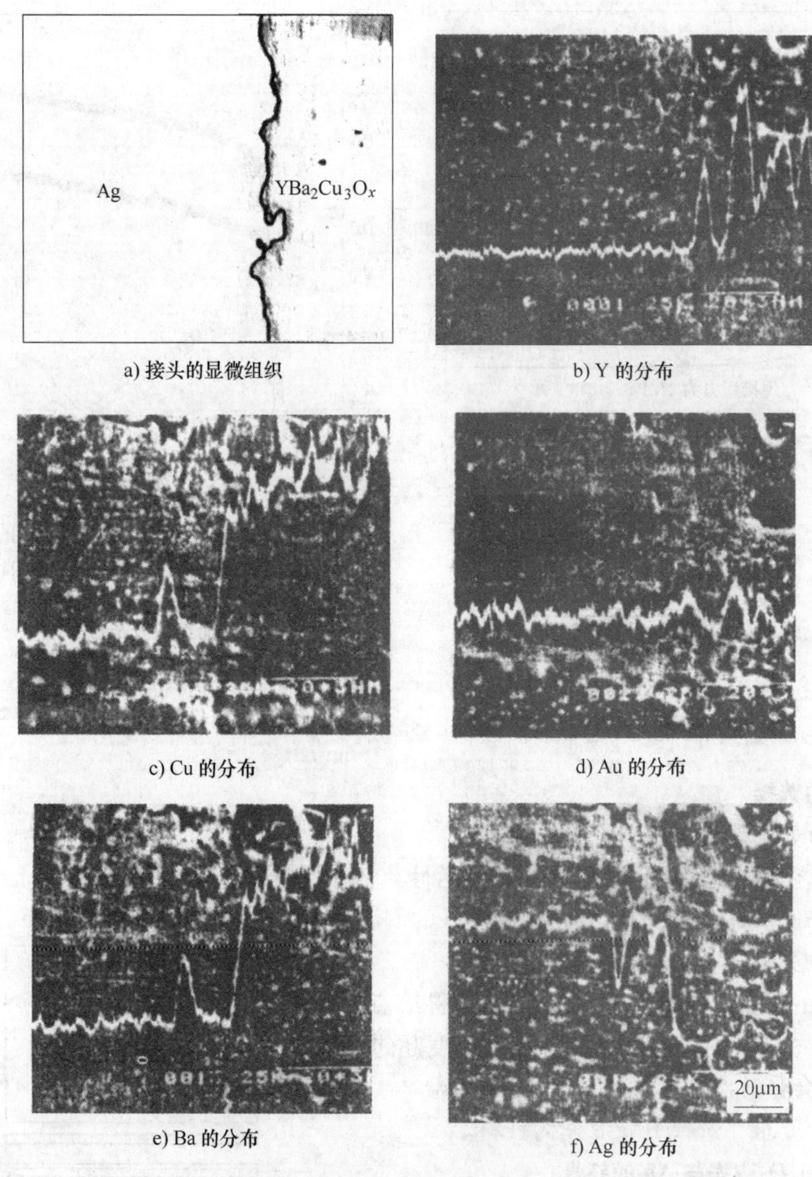

a) 接头的显微组织　b) Y 的分布　c) Cu 的分布　d) Au 的分布　e) Ba 的分布　f) Ag 的分布

图 8-24　$YBa_2Cu_3O_x$ 陶瓷与 Ag 的钎焊接头的电镜扫描及其元素分布

8.2　超导用氧化物陶瓷材料 Bi-Pb-Sr-Ca-Cu-O 的焊接

8.2.1　熔化焊

超导用氧化物陶瓷材料 Bi-Pb-Sr-Ca-Cu-O 大约在 900℃熔化，并且具有一个较宽的成分范围，可以采用液化石油气和氧（$LPG-O_2$）进行气焊。所用的母材和填充材料都是超导用氧化物陶瓷材料 $Bi_{1.6}Pb_{0.4}Sr_2Ca_2Cu_3O_y$，焊缝凝固后为玻璃态。这时，焊接接头的电阻随着温度的下降而增加，大约在80K 达到峰值（见图 8-25a），室温下的电阻也比母材大。但是，在加热温度为700℃、保温时间为 4h 的热处理后，焊缝结晶为多晶体，晶粒比母材细化。其电阻率与温度之间的关系如图 8-25b 所示。焊接接头在108K 的温度下电阻率降低到 0。分析表明，焊接过程并没有引起化学成分的明显变化。

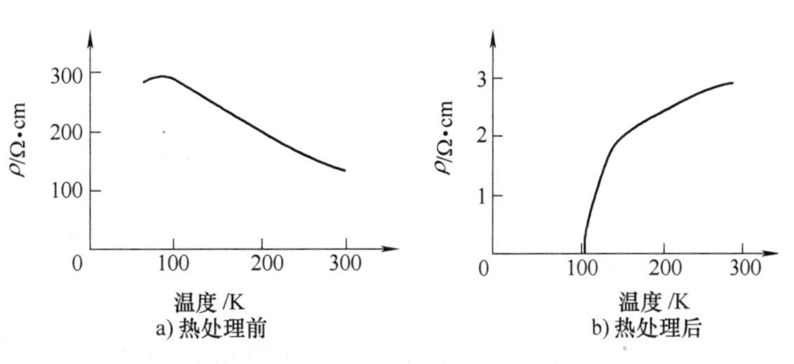

图 8-25　热处理前后焊接接头电阻率与温度之间的关系

8.2.2　扩散焊

1. 加中间层的扩散焊

采用 In_2O_3 和 Ag_2O 的混合物作为中间层材料可以采用扩散焊来焊接超导用氧化物陶瓷材料 Bi-Pb-Sr-Ca-Cu-O。采用 In_2O_3 和 Ag_2O 各 50%（摩尔分数）的粉末混合物作为中间层材料，用有机溶剂搅拌后刷在焊接面上。母材采用加 Pb 和 Sb 烧结的超导用氧化物陶瓷材料 Bi-Pb-Sr-Ca-Cu-O。当焊接压力为 2. 4kPa、保温时间为 30min 时，焊接接头抗剪强度与焊接温度之间的关系如图 8-26 所示。焊接压力为 2. 4kPa、焊接温度为 850℃时，焊接接头抗剪强度与保温时间之间的关系如图 8-27 所示。

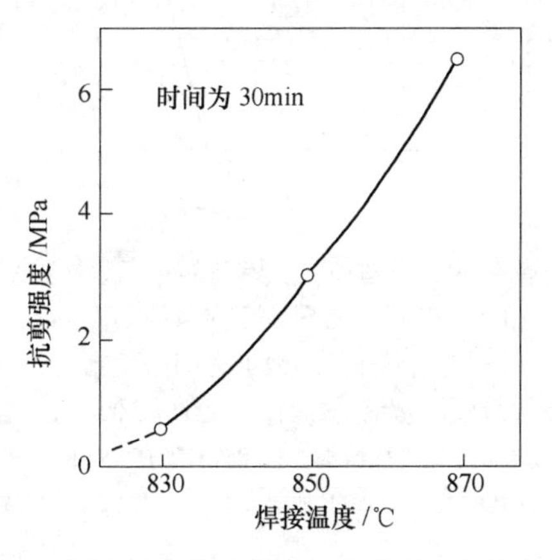

图 8-26　焊接接头抗剪强度与焊接温度之间的关系

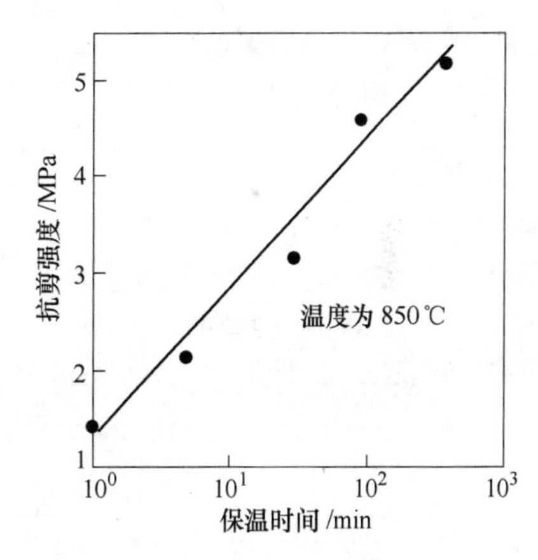

图 8-27　焊接接头抗剪强度与保温时间之间的关系

焊接接头抗剪强度并不是评价超导用氧化物陶瓷材料 Bi-Pb-Sr-Ca-Cu-O 焊接接头性能的唯一标准，更重要的是其超导性能。图 8-28 所示为焊接温度为 850℃时，保温时间与接头电阻之间的关系。可以看到，保温时间对接头电阻的影响很大。只有保温时间超过 90min 时，接头电阻才为 0，才具有超导性能。

2. 不加中间层的直接扩散焊

不加中间层的直接扩散焊采用的母材是热压的超导用氧化物陶瓷材料 $Bi_{0.85}Pb_{0.15}Sr_{0.8}Ca-Cu_{1.4}O_y$。焊接可以在大气中进行。焊接压力为 2. 5MPa、保温时间为 30min、焊接温度为780℃时，焊后经 830℃×40h 的退火处理。图 8-29 所示为母材和焊接接头的电阻率与试验温度之间的关系，可以看到，母材和焊接接头的电阻率和临界温度几乎相同。焊接接头的质量优良，没有发现明显的孔洞。

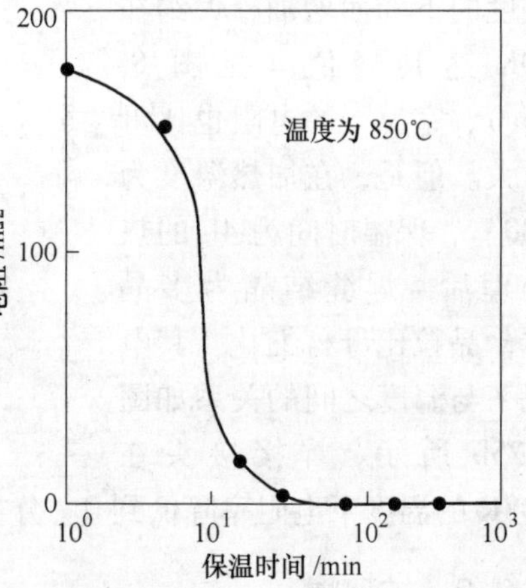

图 8-28　保温时间与接头电阻之间的关系

8.2.3　微波加热扩散焊接

超导用氧化物陶瓷材料 $Bi_{1.6}Pb_{0.4}Sr_2Ca_2Cu_3O_x$（BPSCCO2223）的 T_c 为 −166℃。对其在焊接温度为 900~1000℃及保温时间为 10min 的条件下进行了微波加热扩散焊接，焊后在温度为 855℃进行了不同保温时间的退火热处理。

图 8-30 所示为热处理前后以及 850℃加热 48h 和 60h 的退火处理后室温条件下的电阻率和试验温度之间的关系。可以看到，焊后状态并不具有超导性能，而经过一定的焊后热处理后其接头的超导性能已经可以达到母材的水平。

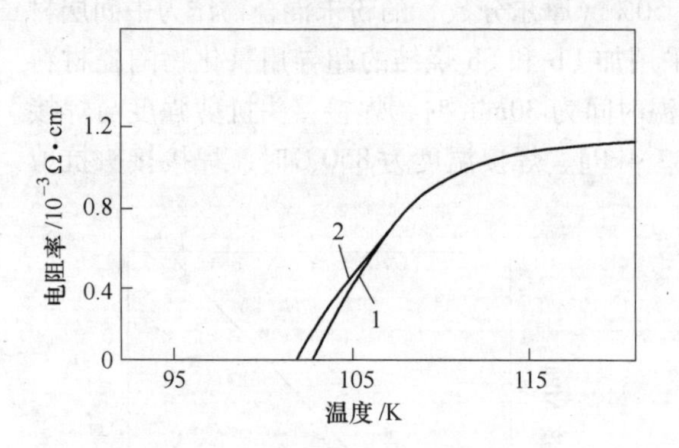

图 8-29　母材和焊接接头的电阻率与试验温度之间的关系

注：曲线 1 为焊接接头的曲线；曲线 2 为母材的曲线。

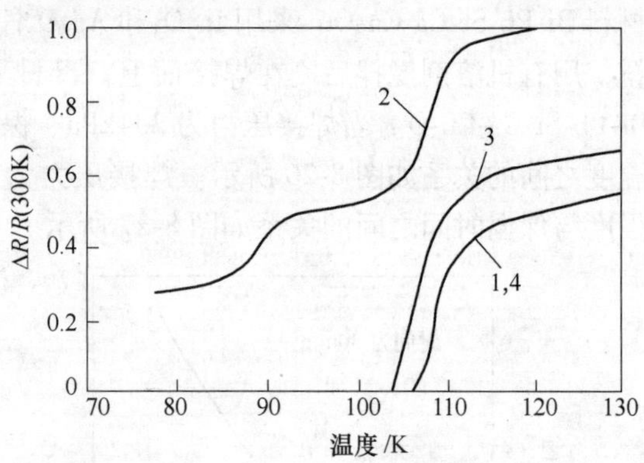

图 8-30　热处理前后以及 850℃加热 48h 和 60h 的退火处理后室温条件下的电阻变化率和试验温度之间的关系

1—母材，室温电阻 7mΩ；2—900~1000℃及保温时间 10min 的焊接接头；3—850℃加热 48h 的退火处理后的试样；4—850℃加热 60h 的退火处理后的试样

图 8-31 所示为焊接温度为 900~1000℃及保温时间为 10min 的条件下进行微波加热焊接接头的 SEM 照片，这时焊缝的平均宽度为 30μm；图 8-32 所示为焊接接头经过 850℃加热 60h 的退火处理后的 SEM 照片，这时焊缝的平均宽度已扩大到 100μm。图 8-33 所示为母材的显微组织。图 8-34a 所示为焊接接头的显微组织。可以看出，焊接接头比母材的显微组织粗大，这是焊接接头发生了再结晶而使晶粒长大的缘故。图 8-34b、c、d 所示分别为图 8-34a 中相对应部位的 Ca、Cu 和 Pb 元素的 X 射线面扫描照片。图 8-34a 中的 *A* 处对应于图 8-34b、c 中的富 Ca 相和富 Cu 相，电子探针定量分析的成分接近于 $SrCaCu_3O_x$ 相；图 8-34a 中的 *B* 处对应于图 8-34b 和 d 中的富 Ca 相和富 Pb 相，电子探针定量分析的成分接近于 $PbCa_2O_4$。在弯曲试验中断裂发生于远离接头部位的母材。

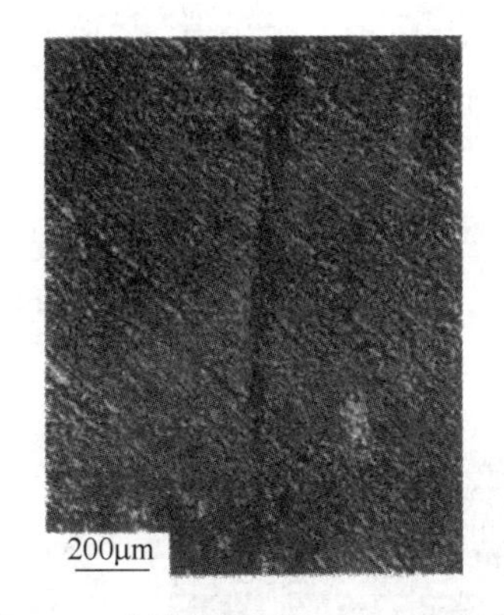

图 8-31　焊接温度为 900~1000℃及保温时间 10min 的条件下进行微波加热焊接接头的 SEM 照片

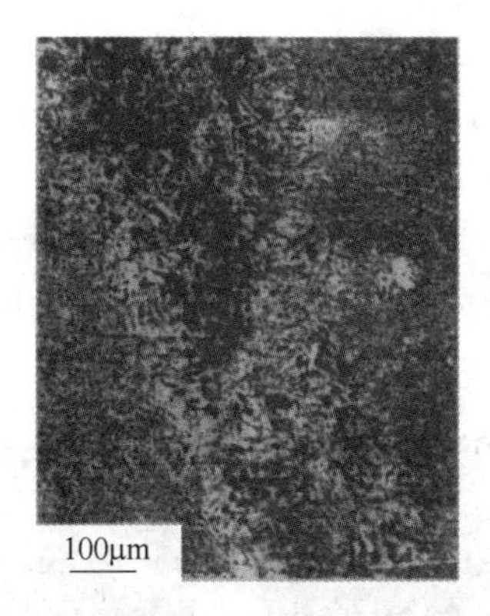

图 8-32　焊接接头经过 850℃加热 60h 的退火处理后的 SEM 照片

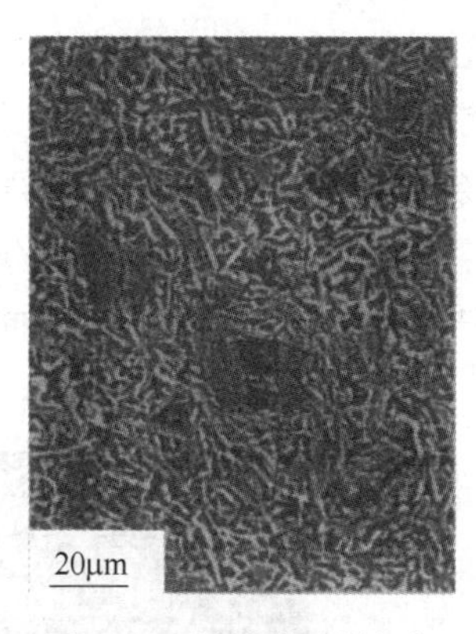

图 8-33　母材的显微组织

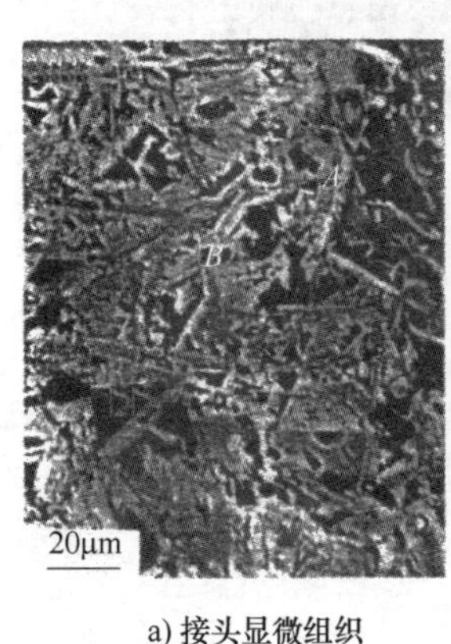

a) 接头显微组织

b) Ca

c) Cu

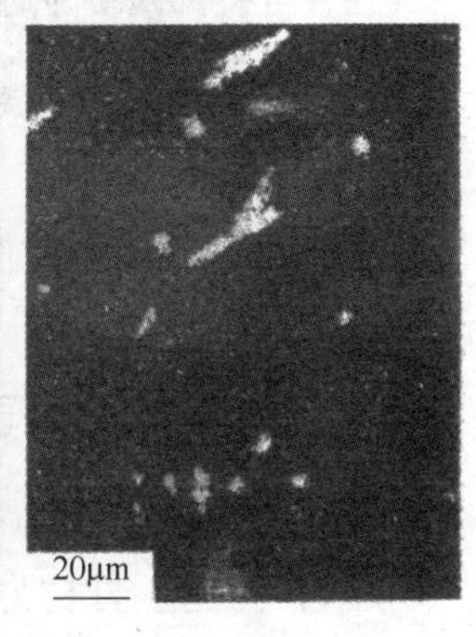

d) pb

图 8-34　经过 850℃加热 60h 的退火处理后的 SEM 照片

8.3　复合陶瓷的焊接

8.3.1　ZB_2/SiC 复合陶瓷的焊接

1. 材料

（1）母材　母材为 ZB_2/SiC 复合陶瓷。

（2）钎料　钎料为 Ti 箔和 Ni 箔。

2. 装配方法

采用钎料箔片不同方式（Ti/Ni/Ti 和 Ni/Ti/Ni）三层叠加的方法，即 ZB_2/SiC 复合陶瓷/Ti/Ni/Ti/ZB_2/SiC 复合陶瓷和 ZB_2/SiC 复合陶瓷 Ni/Ti/Ni/ZB_2/SiC 复合陶瓷的装配方法进行钎焊。

3. 接头组织和力学性能

图 8-35 所示为 ZB_2/SiC 复合陶瓷/Ti/Ni/Ti/ZB_2/SiC 复合陶瓷和 ZB_2/SiC 复合陶瓷 Ni/Ti/Ni/ZB_2/SiC 复合陶瓷两种不同装配方法得到的钎焊接头的显微组织。

可以看到两种不同装配方法得到的钎焊接头的显微组织是不同的。ZB_2/SiC 复合陶瓷/

Ti/Ni/Ti/ZB_2/SiC 复合陶瓷的陶瓷装配方法得到的钎焊接头的显微组织，由于是 Ti 首先与陶瓷反应，生成垂直于陶瓷表面的 TiB 晶须（见图 8-35b），有利于钎缝线胀系数的调节，接头强度比较高，抗剪强度达到 134MPa。

而 ZB_2/SiC 复合陶瓷/Ni/Ti/Ni/ZB_2/SiC 复合陶瓷钎焊接头，由于 Ni 容易渗透到陶瓷之中，因此发生了剧烈的界面化学反应，生成了大量脆性化合物，导致陶瓷发生分解（见图 8-35a），接头强度比较低，抗剪强度只有 40MPa。

a) Ni/Ti/Ni

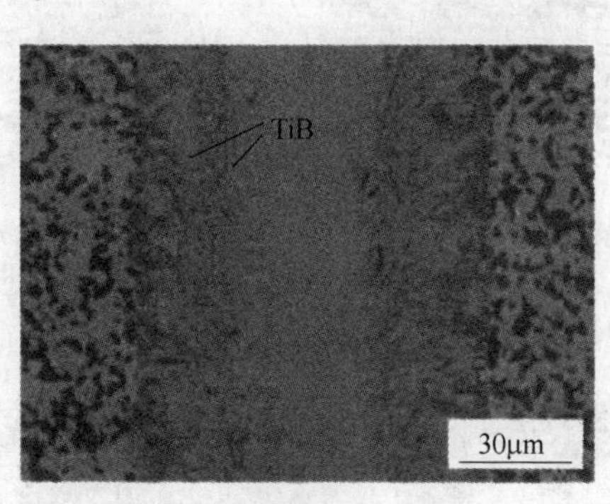

b) Ti/Ni/Ti

图 8-35　两种不同装配方法得到的钎焊接头的显微组织

8.3.2　C/SiC 复合陶瓷与 Nb 的钎焊

1. 材料

（1）母材　母材为 C/SiC 复合陶瓷和 Nb。

（2）钎料　钎料为 $Ti_{37}Ni_{37}Nb$ 合金。

2. 钎焊参数

钎焊温度为 1180～1260℃，保温时间为 20min。

3. 接头组织

钎焊温度为 1220℃、保温时间为 20min 的接头组织如图 8-36 所示。

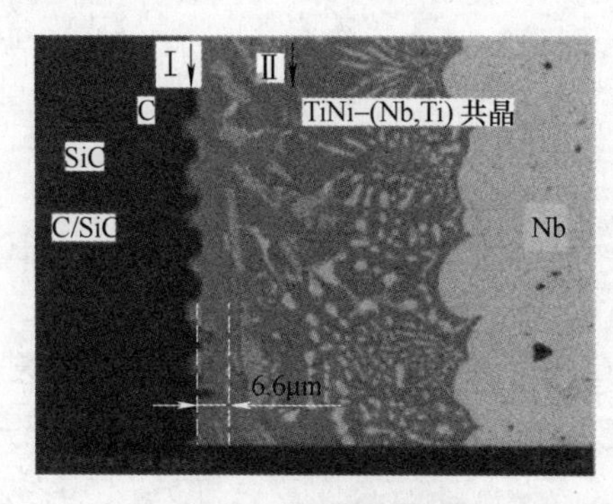

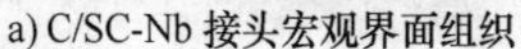
a) C/SC-Nb 接头宏观界面组织

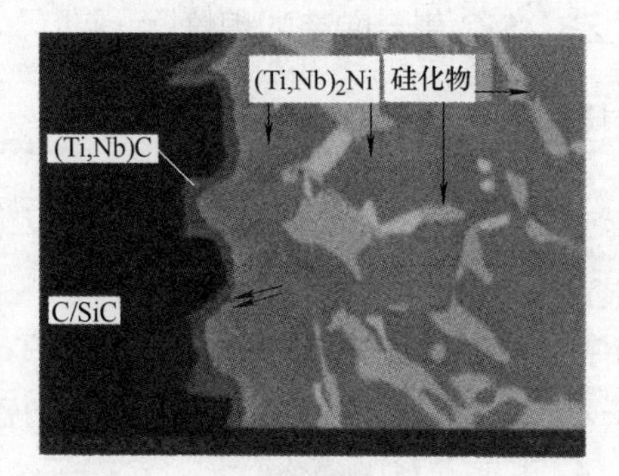

b) C/SiC 界面组织

图 8-36　钎焊温度 1220℃，保温 20min 的接头组织

4. 接头力学性能

钎焊温度为 1220℃、保温时间为 20min 接头的抗剪强度为 149MPa，该接头在 600℃及

800℃的高温抗剪强度分别为 120MPa 和 73MPa。

8.3.3　ZrB_2-SiC-C 复合陶瓷与 GH99 高温合金的焊接

1. 材料

(1) 母材　母材为 ZrB_2-SiC-C 复合陶瓷。

(2) 钎料　钎料为 FeCoNiCrCu 合金。钎料没有采用一般常用的 Ti 作为活性元素，这是因为 Ti 容易与 GH99 高温合金中的 Ni 反应，从而大大降低 Ti 的活性。而 Ni 又与陶瓷中的 ZrB_2、SiC 的反应过于激烈，导致接头性能降低，因此采用 FeCoNiCrCu 合金钎料。这种钎料中的合金元素，更容易形成固溶体而不是金属间化合物，保障 Cr 元素的活性。

2. 钎焊参数

钎焊温度为 1180℃，保温时间为 60min。

3. 接头组织

钎焊温度为 1180℃、保温时间为 60min 的接头组织，以面心立方固溶体为主。

4. 接头力学性能

接头的抗剪强度最高为 71MPa。

8.3.4　ZrB_2-SiC 复合陶瓷的焊接

1. 材料

(1) 母材　母材为 ZrB_2-SiC 复合陶瓷。

(2) 钎料　钎料采用 Cu41.83-Ti30.21-Zr19.76-Ni8.19。该钎料在 910℃和 10min 的条件下能够快速铺展，平衡润湿角为 5°。

2. 钎焊参数

钎焊温度为 910℃，保温时间为 10min。

3. 接头组织

其界面反应生成物主要为 TiC、Ti_2Si_2、Zr 固溶体、TiB、TiB_2和 $(Ti, Zr)_2(Ni, Cu)$。

4. 接头力学性能

接头室温抗剪强度为 210MPa，600℃的高温抗剪强度增加到 240MPa。这主要是 Ti_2Si_2和 Zr 固溶体在高温下仍然能够稳定存在的缘故。

8.3.5　蓝宝石陶瓷的焊接

1. 材料

(1) 母材　母材为蓝宝石陶瓷。

(2) 钎料　钎料为 Bi_2O_3-B_2O_3-ZnO 复合陶瓷。其中没有活性元素，可以在大气中钎焊。钎焊温度为 700℃时，熔化的 Bi_2O_3-B_2O_3-ZnO 复合陶瓷钎料在蓝宝石陶瓷表面上的润湿角为 11°。

2. 钎焊参数

钎焊温度为 700℃，保温时间为 20min。

3. 接头组织

蓝宝石陶瓷/Bi_2O_3-B_2O_3-ZnO 复合陶瓷钎料/蓝宝石陶瓷界面的反应产物主要为带状和颗

粒状的 $ZnAl_2O_4$相（见图 8-37），这种组织能够调节接头的线胀系数。

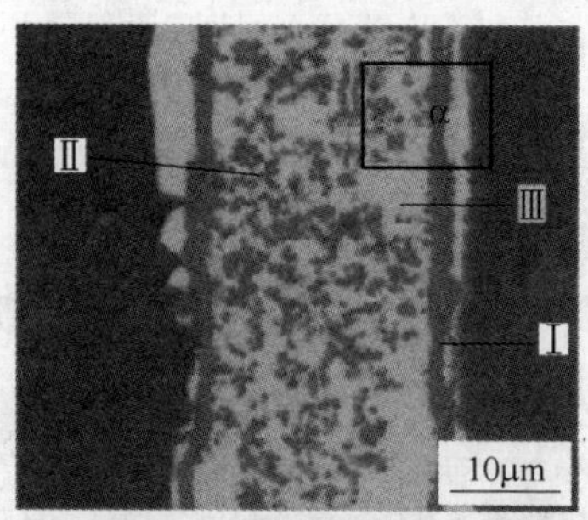

a) 700℃, 20min 连接蓝宝石 / 蓝宝石接头界面结构

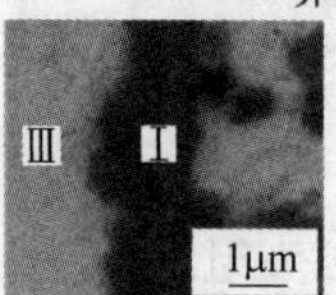

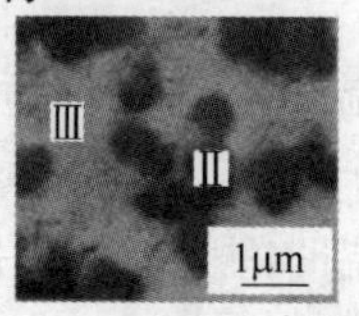

b) Ⅰ, Ⅲ相 SEM 放大照片 c)Ⅱ, Ⅲ相 SEM 放大照片

图 8-37 采用 Bi_2O_3-B_2O_3-ZnO 复合陶瓷钎料钎焊蓝宝石的接头组织

4. 接头力学性能

接头的抗剪强度最高达到 95MPa。

参 考 文 献

[1] 任家烈，吴爱萍．先进材料的连接［M］．北京：机械工业出版社，2000.

[2] 李亚江，王娟，刘鹏．异种难焊材料的焊接及应用［M］．北京：化学工业出版社，2004.

[3] 顾钰熹，邹耀弟，白闻多．陶瓷与金属的连接［M］．北京：化学工业出版社，2010.

[4] 曾令可，王慧．陶瓷材料表面改性技术［M］．北京：化学工业出版社，2006.

[5] 周玉．陶瓷材料学［M］．2版．北京：科学出版社，2004.

[6] 何贤昶．陶瓷材料概论［M］．上海：上海科学普及出版社，2005.

[7] 中国机械工程学会焊接学会．焊接手册［M］．北京：机械工业出版社，1992.

[8] 李志远，钱乙余，张九海，等．先进连接方法［M］．北京：机械工业出版社，2000.

[9] 赵越，等．钎焊技术及应用［M］．北京：化学工业出版社，2004.

[10] 周东明，自蔓延高温合成焊接新方法的研究［D］．大连：大连铁道学院，1997.

[11] 中村孝，小林德夫，森本一．抵抗溶接（溶接全书8）［M］．东京：产报出版，1979.

[12] 邢世凯．陶瓷-金属连接工艺研究现状及进展［J］．材料保护，2004（5）：35-39.

[13] 李淑华，李树堂，尹玉军，等．陶瓷-金属焊接研究的现状与分析［J］．河北科技大学学报，2001（2）：35-39.

[14] 方芳，陈铮，楼宏青，等．陶瓷部分瞬间液相连接的研究进展［J］．材料科学与工程，1999.（1）：70-74.

[15] 王颖，何鹏，冯吉才．接头形式对陶瓷/金属连接残余应力的影响［J］．焊接学报，2007（4）：13-17.

[16] 秦森．氧化铝陶瓷与不锈钢扩散连接研究［J］．热加工工艺，2007（23）：25-27.

[17] 赵文庆，吴爱萍，邹贵生，等．高纯氧化铝与金属钛的钎焊［J］．焊接学报，2006（5）：85-88.

[18] 王新阳，李炎，魏世忠，等．Al_2O_3陶瓷与Q235钢钎焊界面研究［J］．材料热处理学报，2010（5）：26-29.

[19] 徐富家，张丽霞，冯吉才，等．Al_2O_3陶瓷与5A05铝合金的间接钎焊工艺［J］．中国有色金属学报，2010（3）：463-468.

[20] 余圣甫，张远钦，谢明立，等．Al_2O_3陶瓷/不锈钢自蔓延高温原位合成连接［J］．焊接学报，2004（4）：119-122.

[21] 李淑华，董丽红，李树堂，等．陶瓷与不锈钢的焊接［J］．机械工程材料，2001（5）：29-31.

[22] 王大勇，冯吉才，刘会杰．Al_2O_3/Cu/Al扩散连接工艺参数的优化［J］．材料科学与工艺，2003（1）：73-76.

[23] 刘伟平，ElssnerG带Nb膜中间层的Cu/α-Al_2O_3扩散焊接研究［C］//第九次全国焊接会议论文集：第1册．哈尔滨：黑龙江人民出版社，1999.

[24] 赵彭生，徐 重，韩廷华．辉光放电离子轰击钎焊［C]//第六次全国焊接学会议论文集：第1集．哈尔滨：中国机械工程学会焊接分会，1990.

[25] 中桥．セラミックス同士および金属との结合（1）——接合部の金属组织的举动［J］．溶接学会志，1996（3）：190-195.

[26] 中桥．セラミックス同士および金属との结合（2）——接合部の力学的举动［J］．溶接学会志，1996（4）：319-323.

[27] 深谷保博，平井章三，小林敏郎．Cu_2O+Cu+Ag-Cu-Ti接合法によるAl_2O_3と钢の接合［J］．溶接技术，

1989（9）：78-83.
[28] 田中俊一郎．活性金属法によるセラミックスの结合［J］．溶接技术，1989（9）：84-89.
[29] 小笠原俊夫，安藤元英．セラミックスと金属の结合技术［J］．溶接学会志，2002（6）：36-42.
[30] 长崎诚三，平林真．二元合金状态图集［M］．刘安生，译．北京：冶金工业出版社，2004.
[31] 梁旭文，冯吉才，董占贵，等．Al_2O_3 陶瓷与 Al 低温连接工艺研究［J］．焊接，2000（10）：9-12.
[32] 顾小龙，王大勇，王颖，等．Al_2O_3陶瓷/AgCuTi/可伐合金钎焊接头力学性能［J］．材料科学与工艺，2007（3）：366-369.
[33] 杨沛，于治水，祁凯，等．Al_2O_3/Kovar 钎焊接头裂纹冶金因素分析［J］华东船舶工业学院学报，2005（1）：86-89.
[34] 李潇一，罗震，步贤政，等．Al_2O_3陶瓷与金属镍的活性钎焊研究［J］．材料工程，2008（9）：32-35，39.
[35] 李潇一，罗震，刘建，等．Al_2O_3陶瓷与金属 Ni 活性钎焊界面反应［J］．焊接技术，2009（7）：5-8.
[36] 张巨先，荀燕红，陈丽梅，等．高纯氧化铝陶瓷材料的焊接性能研究［J］．真空电子技术，2006（4）：14-16.
[37] 刘伟平，翟封祥，刘书华．燃烧合成焊接 Al_2O_3陶瓷的研究［J］．大连铁道学院学报，1999（1）：57-61.
[38] 李飞宾，吴爱萍，邹贵生．高纯氧化铝陶瓷与无氧铜的钎焊［J］．焊接学报，2008（3）：53-56.
[39] 刘军红，孙康宁，田永生．复相 Al_2O_3基陶瓷/钢在大气中直接钎焊的连接工艺［J］．热加工工艺，2005（4）：29-30.
[40] 朱定一，王永兰，高积强．Al_2O_3/Ni-Ti 钎料/Nb 的封接及其组织和性能的研究［J］．西安交通大学学报，1997（3）：37-42.
[41] 吴铭方，于治水，蒋成禹．Al_2O_3/Cu-Ti-Zr/Nb 钎焊研究［J］．机械工程学报，2001（5）：81-84.
[42] 刘军红，孙康宁，谭训彦．复相 Al_2O_3基陶瓷/钢在大气中直接钎焊连接界面的微观组织结构［J］．焊接学报，2003（6）：26-28.
[43] 李卓然，顾伟，冯吉才．日用陶瓷与不锈钢钎焊连接的界面组织与性能分析［J］．焊接学报，2008（10）：9-12.
[44] 李卓然，顾伟，冯吉才．陶瓷与金属连接的研究现状［J］．焊接，2008（3）：55-60.
[45] 张丽霞，吴林志，田晓羽．SiO_2陶瓷 TC4 钛合金的钎焊研究［J］．材料工程，2008（9）：13-16.
[46] 刘多，张丽霞，何鹏，等．SiO_2陶瓷玻璃陶瓷与 TC4 钛合金的活性钎焊［J］．焊接学报，2009（2）：117-120.
[47] 斯重遥，成正辉，何治经．氧化锆陶瓷与铸铁的钎焊机制［C］//第六次全国焊接学会议论文集：第1集．哈尔滨：中国机械工程学会焊接分会，1990.
[48] 潘厚宏，王克军，伊藤勳．ZrO_2陶瓷与 Ni-Bi 合金扩散焊研究［J］．金属铸锻焊技术，2011（1）：157-159.
[49] 董雪．氧化锆陶瓷在空气炉中钎焊的研究［D］．大连：大连交通大学，2007.
[50] 李卓然，樊建新，冯吉才．氧化铝陶瓷与低碳钢钎焊接头的界面反应［J］．材料工程，2008（9）：1-4.
[51] 黄小丽，林实，肖纪美．ZrO_2与 40Cr 钢钎焊中的缓冲层［J］．材料科学与工程，1996（3）：58-61.
[52] 裴艳虎，李红，黄海新．ZrO_2陶瓷与 TC4 真空钎焊接头组织和性能［J］．焊接，2016（6）：22-25.
[53] 林国标，黄继华，张建纲，等．SiC 陶瓷与 Ti 合金的（Ag-Cu-Ti）-W 复合钎焊接头组织结构研究［J］．材料工程，2005（10）：17-22.
[54] 李卓然，顾伟，冯吉才．陶瓷/AgCuTi/不锈钢钎焊连接界面组织与结构［J］．焊接学报，2009（7）：1-4.

[55] 周健，章桥新，刘桂珍，等．微波焊接陶瓷辊棒［J］．武汉工业大学学报，1999（3）：1-2.
[56] 刘会杰，冯吉才，钱乙余．SiC 陶瓷与 TC4 钛合金反应钎焊的研究［J］．焊接，1998（11）：22-25.
[57] 刘会杰，李卓然，冯吉才，等．SiC 陶瓷与 TiAl 合金的真空钎焊［J］．焊接，1999（3）：7-10.
[58] 刘会杰，冯吉才．陶瓷与金属的连接方法及应用［J］．焊接，1999（6）：5-9.
[59] 刘会杰，冯吉才，李广，等．陶瓷与金属扩散连接的研究现状［J］．焊接，2000（9）：7-12.
[60] 刘会杰，冯吉才，钱乙余，等．SiC 陶瓷与 TiAl 基合金扩散连接接头的强度及断裂路径［J］．焊接，2000（3）：13-17.
[61] 刘会杰，冯吉才，钱乙余，等．SiC/TiAl 扩散连接接头的界面结构及连接强度［J］．焊接学报，1999（9）：170-174.
[62] 张丽霞，冯吉才，李卓然，等．钎料对 TiC 陶瓷/铸铁钎缝处剪应力的影响［J］．焊接学报，2003（5）：10-12.
[63] 冯吉才，靖向萌，张丽霞，等．TiC 金属陶瓷/钢钎焊接头的界面结构和连接强度［J］．焊接学报，2006（1）：5-8.
[64] 张丽霞，冯吉才，李卓然，等．TiC 陶瓷/NiCrSiB/铸铁钎焊连接的界面组织与和强度分析［J］．材料科学与工艺，2005（2）5-8.
[65] 张丽霞，冯吉才，李卓然，等．连接温度对 TiC 陶瓷/铸铁钎缝处剪应力的影响［J］．焊接学报，2002（4）5-8.
[66] 王全兆，刘越，张玉政，等．TiC/NiCr 金属陶瓷与 1Cr13 不锈钢的真空钎焊［J］．焊接学报，2006（8）：43-46.
[67] 李先芬，丁厚福，徐道荣，等．Ti（C，N）基金属陶瓷与 45 钢钎焊的试验研究［J］．热加工工艺，2003（2）：24-25.
[68] 冯吉才，刘玉莉，张九海．碳化硅陶瓷和金属铌及不锈钢的扩散结合［J］．材料科学与工艺，1998，6（1）：5-7.
[69] 陈波，熊华平，毛唯，等．Pd-Co-Ni-V 钎料钎焊 SiC 陶瓷的接头组织及性能［J］．航空材料学报，2007（10）：49-52.
[70] 段辉平，李树杰，刘登科，等．SiC 陶瓷与 GH128 镍基高温合金反应连接研究［J］．航空学报，2000（4）：72-75.
[71] 蔡杰，等．Bi 系超导材料的微波焊接及其显微结构研究［J］．物理学报，1993，42（7）：1167-1171.
[72] 李先芬，徐道荣，刘宁．Ti（C，N）基金属陶瓷与 45 钢火焰钎焊试验研究［J］．硬质合金，2003（6）：94-97.
[73] 熊华平，毛唯，程耀永，等．几种钴基高温钎料对 SiC 陶瓷的润湿与界面结合［J］．金属学报，2001（9）：991-996.
[74] 毛唯，熊华平，谢永慧，等．两种钴基钎料钎焊 SiC 陶瓷的接头组织和强度［J］．稀有金属，2007（12）：766-771.
[75] 冯吉才，钱乙余，深井卓．SiC 陶瓷和 Fe-Ti 钎料的界面反应及结合强度［C］// 第八次全国焊接会议论文集：第一册．北京：机械工业出版社，1997.
[76] 深井卓，刘玉莉，奈贺正明．用 Fe-Ti 合金扩散连接 SiC 陶瓷［J］．焊接学报，1998（2）：93-97.
[77] 刘玉莉，冯吉才，奈贺正明．用 Ti-Co 合金液相扩散连接 SiC 陶瓷［J］．哈尔滨工业大学学报，1998（6）：61-64.
[78] 汤文明，郑治祥，丁厚福，等．Fe/SiC 界面反应机理及界面优化工艺研究的进展［J］．兵器材料科学与工程，1999（4）：64-68.
[79] 李树杰，张利．SiC 基材料自身及其与金属的连接［J］．粉末冶金技术，2004（2）：91-97.
[80] 吕宏，康志君，楚建新，等．铜基钎料钎焊 SiC/Nb 的接头组织及强度［J］．焊接学报，2005（1）：

29-32.
[81] 冯广杰，李卓然，徐慨，等. SiC 陶瓷真空钎焊接头界面结构及机理分析 [J]. 焊接学报，2014 (1)：13-16.
[82] 伊藤正也. 金属-セラミックスの接合 [J]. 溶接技术，1999 (6)：105-109.
[83] 森田重富，杉本繁孝. 超音波による异材金属接合 [J]. 溶接技术，1999 (6)：110-114.
[84] 本桥嘉信. 超塑性セラミックスた中间材に用いるセラミックスの固相结合 [J]. 溶接学会志，1999 (2)：25-28.
[85] 城田透，田头扶. 半溶融域での加压溶浸による金属-セラミックスの接合复合化 [J]. 溶接学会志，1999 (2)：29-32.
[86] 诸住. 金属-セラミックスの接合の今后の课题 [J]. 日本金属学会报，1990 (11)：880-881.
[87] 奈贺正明. アモルアスブCu-Ti 合金うづけぶう窒化ケ素の结合 [C] // 溶接学会论文集，1986.
[88] 见山克己，等. Si_3N_4 · Ni 接合体の破断强度に及ぼすろぅ付け时の昇温速度の影响 [J]. 日本金属学会志，1996，60 (5)：497-503.
[89] 陈铮，楼宏青，吴斌. 含 Ti 活性钎料与热压复合 Si_3N_4 陶瓷的反应浸润 [C] //第八次全国焊接会议论文集：第 1 册. 北京：机械工业出版社，1997.
[90] 吴爱萍，任家烈. 复合陶瓷挺柱钎焊连接的研究 [C] //第八次全国焊接会议论文集：第 1 册. 北京：机械工业出版社，1997.
[91] 张春雷，郭义，施克仁，等. Si_3N_4/40Cr 钢钎焊接头强度分析及改善 [C] //第九次全国焊接会议论文集：第 1 册. 哈尔滨：黑龙江人民出版社，1999.
[92] 邹贵生，吴爱萍，任家烈. 用 Al-Ti 和 Al-Zr 合金在大气中连接 Si_3N_4 陶瓷 [C] //第九次全国焊接会议论文集：第 1 册. 哈尔滨：黑龙江人民出版社，1999.
[93] 陈善平，董秀中，郭 义. Si_3N_4-LDZ125 的直接钎焊和复合钎焊研究 [C] //第九次全国焊接会议论文集：第 1 册. 哈尔滨：黑龙江人民出版社，1999.
[94] 邹贵生，吴爱萍，任家烈，等. 用 Al/Ni/Al 复合层钎焊 Si_3N_4 陶瓷及接头高温性能 [C] //第九次全国焊接会议论文集：第 1 册. 哈尔滨：黑龙江人民出版社，1999.
[95] 张永清，赵彭生，任家烈. 化学镀镍 Si_3N_4-Q235 钢钎焊接头的微观结构 [C] //第九次全国焊接会议论文集：第 1 册. 哈尔滨：黑龙江人民出版社，1999.
[96] 熊华平，李晓红，毛唯，等. Cu-Ni-Ti 系合金钎料对 Si_3N_4 陶瓷自身及其与金属的连接研究 [J]. 材料科学与工艺，1999 (增刊)：148-152.
[97] 陈波，熊华平，毛唯，等. Pd-Ni- (Cr，V) 基高温钎料对 Si_3N_4 陶瓷的润湿及界面反应 [J]. 金属学报，2008 (10)：1260-1264.
[98] 陈波，熊华平，毛唯，等. 两种 Pd-Ni 基高温钎料在 Si_3N_4 陶瓷上的润湿性 [J]. 焊接学报，2008 (3)：57-60.
[99] 邹家生，吴斌，赵其章，等. 活性 Cu-Ni-Ti 钎料对 Si_3N_4 陶瓷浸润性的影响 [J]. 华东船舶工业学院学报，2000 (4)：77-81.
[100] 吴斌，邹家生，陈铮，等. 用 Cu-Ni-Ti 钎料连接 Si_3N_4 陶瓷的试验研究 [J]. 华东船舶工业学院学报，2001 (1)：82-86.
[101] 陈剑虹，王国珍，野城清. Ag71Cu27Ti2 钎料钎焊 Inconel600 合金和 Si_3N_4 陶瓷的冶金行为 [C] //第七次全国焊接学会议论文集：第 1 册. 哈尔滨：中国机械工程学会焊接分会，1993.
[102] 杨俊，吴爱萍，邹贵生，等. Si_3N_4 复相陶瓷半固态连接的接头组织和界面反应 [J]. 材料科学与工程学报，2004 (2)：157-160.
[103] 杨俊，吴爱萍，邹贵生，等. TiN 改性钎料连接 Si_3N_4 陶瓷的接头高温性能 [J]. 焊接学报，2006 (7)：18-21.

[104] 陈铮，李志章，赵其章．用 Ti 箔连接 Si_3N_4/Ni 的界面结构与元素扩散［J］．浙江大学学报，1999（6）：587-591.

[105] 周运鸿，包芳涵，Si_3N_4陶瓷与钢的真空钎焊研究［J］．电子工艺技术，1990（2）：1-5.

[106] 包芳涵，任家烈，周运鸿．活性钎料真空钎焊 Si_3N_4/钢接头性能的研究［J］．焊接学报，1990（4）：200-204.

[107] 王文先，贾时君，赵彭生，等．渗钛 Si_3N_4/Q235 钎焊界面反应对接头强度的影响［J］．焊接学报，1997（4）：193-199.

[108] 杨敏，邹增大，刘秀忠，等．Si_3N_4陶瓷/Inconel600 合金液相诱导扩散连接接头的强度与断裂行为［J］．焊接学报，2003（4）：36-38.

[109] 邹家生，蒋志国，初亚杰，等．用 Ti/Cu/Ni 中间层二次部分瞬间液相连接 Si_3N_4陶瓷的研究［J］．航空材料学报，2005（5）：29-33.

[110] 周飞，李志章．活性金属部分瞬间液相连接氮化硅陶瓷的研究［J］．金属学报，2002（2）：172-176.

[111] 邹贵生，吴爱萍，任家烈，等．耐高温陶瓷接头的合金化——用 Al/Ni/Al 复合层连接 Si_3N_4陶瓷［J］．材料导报，2000（4）：61-63.

[112] 熊华平．CuNiTiB 急冷钎料对 Si_3N_4陶瓷的连接［J］．中国有色金属学报，1999（4）：765-768.

[113] 郭义，何治经，朱进满，等．Nb 中间层在 Si_3N_4/40Cr 钢钎焊接头中的作用［J］．材料研究学报，1995（4）：7-10.

[114] 邹家生，初亚杰，翟建广，等．Si_3N_4/Ti/Cu/Ti/Si_3N_4部分瞬间液相连接界面动力学［J］．焊接学报，2004（2）：43-46，51.

[115] 蒋志国，邹家生．Ti-Zr-Ni-Cu 非晶钎料钎焊 Si_3N_4陶瓷的连接强度［J］．中国有色金属学报，2006（11）：1955-1958.

[116] 邹家生，许志荣，初亚杰，等．非晶体焊接材料的特性及其应用［J］．材料导报，2004，18（4）：17-19.

[117] 邹家生，许志荣，蒋志国，等．Ti-Zr-Ni-Cu 非晶钎料［J］．焊接学报，2005（10）：51-54.

[118] 张奕琦．工程陶瓷/金属高温活性钎焊［C］//第九次全国焊接学会议论文集：第 1 册．哈尔滨：黑龙江人民出版社，1999.

[119] Cao J M，et al. Carbon Fiber Silver Copper Brazing Filler Composites for Brazing［J］．Ceramics Welding Journal，1992，71（1）：21-24.

[120] 黄勇，吴建銑．高性能结构陶瓷的现状和发展趋势［J］．材料科学进展，1990，4（2）：150-160.

[121] 洪谷纯市，等．超电起材料结合の结合プロセスと继手の性能评价［J］．溶接学会志，1993，11（4）：538-544.

[122] Su Zumura A，et al. Efect of Insert Materials on the Bondability and Superconductivity of YBCO Superconductors［C］// In：Proceedings of the 6th International Symposium of JWS Nagoya，1996.

[123] 张留琬，等．$Yba_2Cu_3O_x$（123）超导体的微波焊接及其对微观结构的影响［J］．物理学报，1994，43（5）：834-838.